"十三五"国家重点出版物出版规划项目
现代机械工程系列精品教材
新工科·普通高等教育汽车类系列教材

机械设计基础

（汽车类专业适用）

阎勤劳　李全民　编著

机 械 工 业 出 版 社

本书是“十三五”国家重点出版物出版规划项目。全书分上、下两篇，共17章，上篇第1~8章是机械基础部分，主要讲述常用机构及机器动力学基础知识，下篇第9~17章是机械零件部分，主要讲述常用机械零部件设计的基础知识。具体内容包括绪论、机构组成和机构分析基础知识、平面连杆机构、凸轮机构、齿轮机构、齿轮系、其他常用机构、机械系统动力学分析与设计、机械零件设计概论、非轴毂连接、齿轮传动和蜗杆传动、轴的连接与制动、挠性传动、轴、滑动轴承、滚动轴承和弹簧。

本书可作为高等院校车辆工程专业及其他相关专业的教材，也可作为从事机械和汽车设计的技术人员、管理人员和科研人员的参考书和培训教材。

本书配有PPT课件，免费赠送给采用本书作为教材的教师，可登录www.cmpedu.com注册下载，或联系编辑（tian.lee9913@163.com）索取。

图书在版编目（CIP）数据

机械设计基础：汽车类专业适用/阎勤劳，李全民编著. —北京：机械工业出版社，2020.10（2024.1重印）
“十三五”国家重点出版物出版规划项目　现代机械工程系列精品教材　新工科·普通高等教育汽车类系列教材
ISBN 978-7-111-66548-9

Ⅰ.①机…　Ⅱ.①阎…　②李…　Ⅲ.①机械设计-高等学校-教材
Ⅳ.①TH122

中国版本图书馆CIP数据核字（2020）第176397号

机械工业出版社（北京市百万庄大街22号　邮政编码100037）
策划编辑：宋学敏　责任编辑：宋学敏　戴　琳
责任校对：李　杉　封面设计：张　静
责任印制：常天培
北京机工印刷厂有限公司印刷
2024年1月第1版第3次印刷
184mm×260mm · 28.5印张 · 670千字
标准书号：ISBN 978-7-111-66548-9
定价：78.00元

电话服务
客服电话：010-88361066
010-88379833
010-68326294

网络服务
机　工　官　网：www.cmpbook.com
机　工　官　博：weibo.com/cmp1952
金　书　网：www.golden-book.com
机工教育服务网：www.cmpedu.com

前 言
Preface

车辆工程专业是机械工程大类中的专业之一，机械设计基础课程是这个专业的学生必修的专业基础课之一。为了进一步优化车辆工程专业课程的教学过程，提高教学质量，本书在对机械设计的讲解中，结合了汽车的机构和结构，使该课程与后续专业课程有序衔接。本书内容分为机械基础部分和机械零件部分，注重实用性和综合性。通过本课程的学习，车辆工程专业的学生能了解、掌握通用机械设计的基本原理和方法，并熟悉其在车辆设计上的应用，为后续专业课程的学习打下良好的基础。

本书的写作汲取了编著者多年来为车辆工程专业学生讲授机械设计基础、汽车构造、汽车理论和汽车设计等课程的经验，注重相关知识点在汽车设计、制造和维修方面的应用。在教学内容组织上，本书把机械零件的连接部分分为两章，一章是非轴毂连接，主要介绍螺纹和螺旋传动；另一章是轴的连接与制动，主要介绍轴毂连接、联轴器、离合器和制动器。这样整合使本书内容更加条理清楚、层次分明。本书按 64~96 学时的教学计划编写，各校在使用时可酌情增减相关内容。

本书由广州理工学院机电工程学院的阎勤劳（博士生导师）和李全民编著。本书在编写过程中参阅了大量的资料，并参考了不少文献中的内容，在此向相关技术资料的作者致以诚挚的谢意。

由于编者水平有限，书中疏漏和不当之处在所难免，敬请广大读者批评指正！

编著者

目　录
Contents

下篇 机械零件部分

上篇

机械基础部分

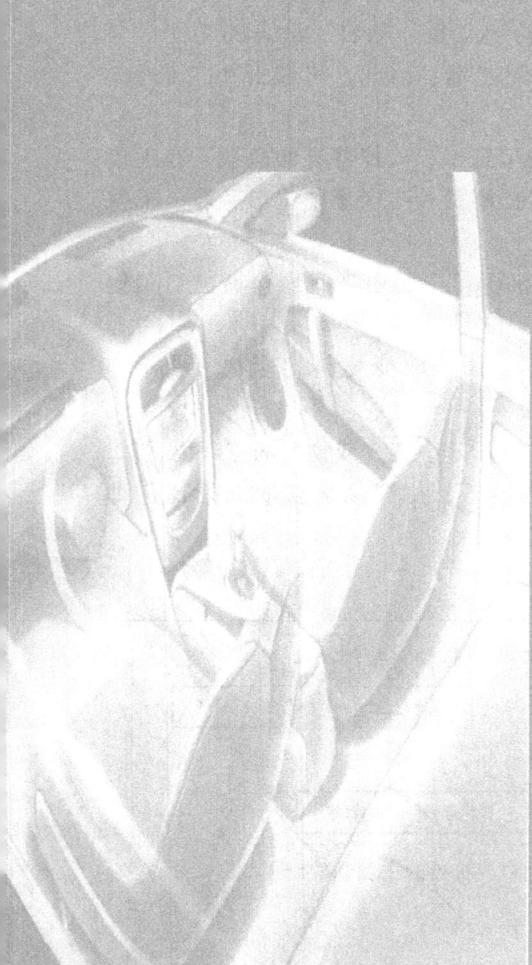

第1章 绪论

1.1 机器的类型和组成

1.1.1 机器的类型

机器与机构统称为机械，机构是机器的组成部分。机构与机器的区别在于：机构只是一个构件系统，而机器除构件系统之外，还包含电气、液压等其他装置；机构只用于传递运动和力，而机器除传递运动和力之外，还具有变换或传递能量、物料、信息的功能。但是，在研究构件的运动和受力情况时，机器与机构并无差别。因此，习惯上用“机械”一词作为机器和机构的总称。

人类为了满足生产和生活的需要，设计和制造了类型繁多、功能各异的机械。在现代生产和日常生活中，机械已成为代替或减轻人类劳动、提高劳动生产率的主要手段。机械种类很多，根据用途不同，可分为以下几种：

1）动力机械：如电动机、内燃机、发电机、液压机等，主要用来实现机械能与其他形式能量间的转换。

2）加工机械：如轧钢机、包装机及各类机床，主要用来改变物料的形状、性质和状态。

3）运输机械：如汽车、飞机、轮船、运输机等，主要用来改变人或物料的空间位置。

4）信息机械：如复印机、传真机、摄像机、照相机等，主要用来获取或处理各种信息。

1.1.2 机器的功能组成

机器虽然各种各样、千差万别，但从功能的角度讲，每台机器都主要由五部分组成，如图 1-1 所示。

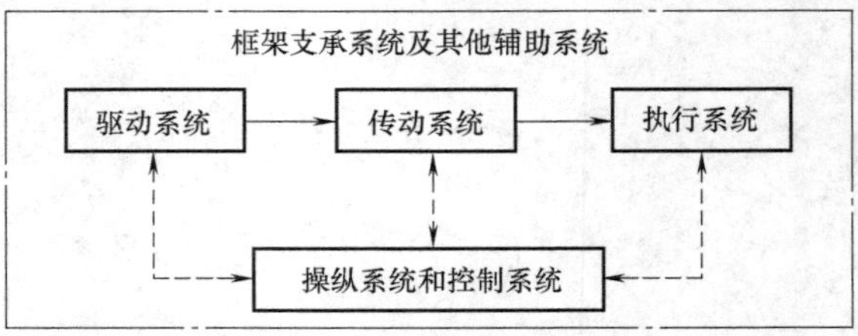

图 1-1　机器的主要功能组成

(1) 驱动系统　驱动系统常称为原动机，是机器的动力源，包括动力机及其配套装置。常用的动力机有电动机、内燃机、水轮机、蒸汽轮机、液动机和气动机等，其中电动机应用最为广泛。

(2) 执行系统　执行系统包括执行机构（工作机）和执行构件，通常处于机械系统的末端，其功能是按照工艺要求完成确定运动，实现预期工作。

(3) 传动系统　传动系统是把原动机的运动和动力传递给工作机的中间装置，其功能是实现运动和力的传递与变换，以满足工作机的需要。

(4) 操纵系统和控制系统　它是使驱动系统、传动系统、执行系统彼此协调工作，并准确可靠地完成整个机械系统功能的装置，包括机械控制、电气控制和液压控制等。其主要功能是控制或操纵上述各子系统的起动、离合、制动、变速、换向或各部件运动的先后次序、运动轨迹及行程等，此外，还控制换刀、测量、冷却与润滑的供应与停止等一系列工作。

(5) 框架支承系统及其他辅助系统　框架支承系统包括基础件（如床身、底座、立柱等）和支承构件（如支架、箱体等）。它用于安装和支承动力系统、传动系统和操纵系统等。机器各部分的位置精度、运动精度及机器的承载能力等主要依靠框架支承系统来保证，它是机械系统必不可少的组成部分。

此外，根据机械系统的功能要求，还有一些辅助系统，如润滑、冷却、显示和照明等。

汽车就是一台机器，如图 1-2 所示，发动机把其他形式的能量转化为机械能，它就是汽车的驱动系统；汽车行驶系统就是执行系统，包括车轮、悬架、车桥等，其中车轮为执行机构，其他为执行构件，使汽车能在路面上运动起来，并兼顾汽车的舒适性、操控性等其他性能；汽车传动系统包括离合器、变速器、传动轴、半轴等，主要负责把发动机输出的机械能传递到汽车驱动轮；离合器和变速器的操纵机构、转向系统及制动系统等就是汽车的操纵和控制系统，主要功能为截断和传递动力、控制转向和车速等，兼顾动力性、安全性、舒适性及通过性等；汽车的车架和车身就是它的框架支承系统，其他零部件都安装在车架或车身上，保证汽车上各零部件的位置精度、运动精度及承载能力，主要考虑整车的总体布置、安全性、通过性、舒适性、外形的美观性等因素。此外，汽车还有润滑、冷

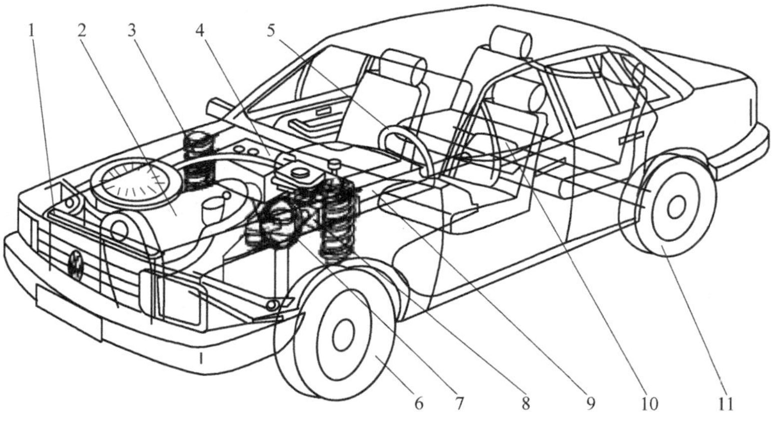

图 1-2　乘用车总体结构

1—散热片　2—发动机　3—悬架　4—蓄电池　5—转向盘　6—转向轮
7—离合器　8—变速器　9—传动轴　10—后桥　11—驱动轮

却、显示和照明等系统。

1.1.3 机器的结构组成

从机器的结构上讲，机器由机构组成，机构由构件组成，构件由零件组成。

(1) 零件 所有的机器都是由许多机械零件组合而成的，零件是机器中最小的制造单元。机械零件可分为两大类：一类是在各种机器中经常用到的零件，称为通用零件，如齿轮、链轮、蜗轮、螺栓、螺母等；另一类则是在特定类型的机器中才用到的零件，称为专用零件，如汽车发动机曲轴、连杆、凸轮轴等，汽车底盘中的飞轮、传动轴、半轴等。

(2) 构件 根据机器功能、结构要求，某些零件需固连成没有相对运动的刚性组合，成为机器中独立运动的最小单元，通常称为构件。构件与零件的区别在于：构件是运动的基本单元，而零件是加工单元。如图 1-3 所示，汽车发动机的连杆由连杆体 1、连杆盖 4、螺栓 2 及螺母 3 等零件组成，这些零件没有相对运动，而是形成一个运动整体，成为一个构件。构件是最小的运动单元，它可以是单一的零件，也可以是由几个零件组成的刚性结构。零件是制造的单元。

(3) 机构 机器的种类很多，但组成机器的机构并不太多。机构是具有特定功能的构件组合。若从运动的观点来研究机器，可知机器由机构组成，机构由若干构件组成，各构件之间具有确定的相对运动，而机构通常指传递运动的机械。一部机器可以包含一个机构（如电动机），也可以包含几个机构。图 1-4 所示为单缸四冲程发动机，它包含的机构主要有曲柄滑块机构、凸轮机构、齿轮机构等组成。

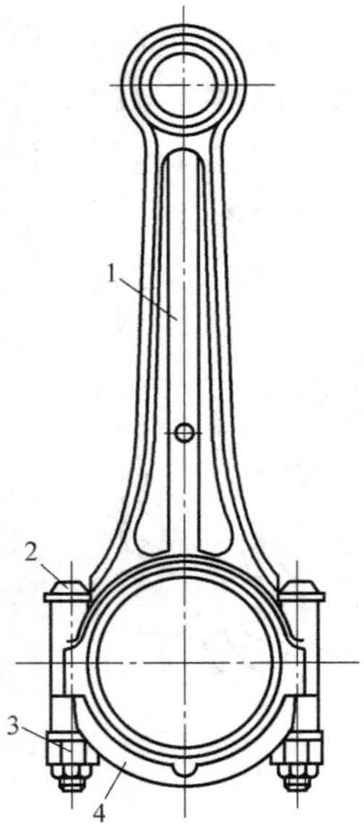

图 1-3 汽车发动机连杆

1—连杆体 2—螺栓

3—螺母 4—连杆盖

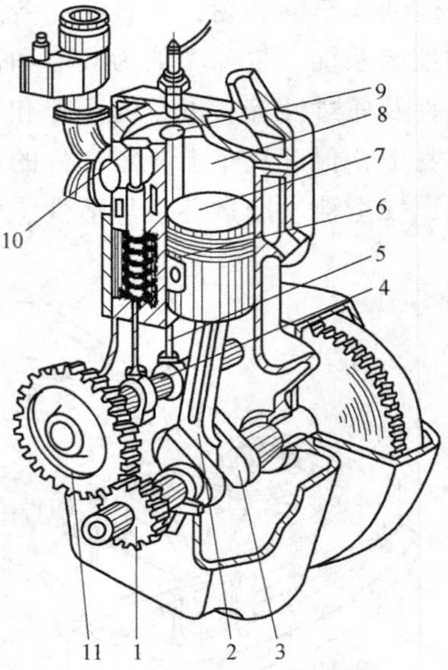

图 1-4 单缸四冲程发动机

1、11—正时齿轮 2—连杆 3—曲轴 4—凸轮 5—顶杆

6—气门弹簧 7—活塞 8—气缸体 9—排气阀 10—进气阀

其中，活塞、连杆、曲轴和气缸体组成一个曲柄滑块机构，燃气推动活塞做往复移动，经连杆转变为曲轴的连续转动；凸轮、顶杆和气缸体组成凸轮机构，凸轮和顶杆是用

来启闭进气阀和排气阀的，将凸轮轴的连续转动变为顶杆有规律的间歇移动；曲轴和凸轮轴上的齿轮与气缸体组成齿轮机构，为了保证曲轴每转两周进、排气阀各启闭一次，曲轴和凸轮轴之间安装了齿数比为 1∶2 的一对齿轮。这样，当燃气推动活塞运动时，各构件协调地动作，进、排气阀有规律地启闭，加上气化点火等装置的配合，就把热能转换为曲轴回转的机械能。

零件、构件、机构和机器之间的组成关系如图 1-5 所示。

零件（一个或多个）—静连接→ 构件（两个以上）—动连接→ 机构（一个或多个）—协调组合→ 机器

图 1-5　机器的结构组成关系

1.2　本课程研究的内容、对象与任务

1.2.1　本课程的主要内容及研究对象

本课程内容大致可分为两大部分，第一部分是机械基础，介绍机械中的常用机构（连杆机构、凸轮机构、齿轮机构、轮系和间歇运动机构）的工作原理及机械动力学的基本知识（机械调速和平衡）；第二部分是机械零件，在介绍机械传动系统基本设计方法的基础上，重点阐述常用的机械传动（如齿轮传动、蜗杆传动、带传动和链传动等），轴系零部件（如轴、轴承和联轴器等），常用连接（如螺纹连接、铆接及焊接等）和弹簧的工作原理、结构特点、基本设计理论和计算方法，以及有关标准件的选择方法，并扼要介绍了相关国家标准和规范。书中实例基本上是汽车中的机械零部件。

本课程研究的对象主要是具有通用性的机械传动装置及在普通条件下工作的一般参数的通用机械零部件。同时，本课程作为汽车类专业的专业基础课，对这些通用机械零部件在汽车上的应用也做了相应的介绍和讨论。

随着科学技术的发展，特别是计算机的应用，出现了一些新的机械设计方法。例如：用优化方法寻求最佳设计方案，用有限元法对强度、刚度、润滑、传热等进行数值计算，用可靠性设计精确评定机械零件的强度和寿命，用 CAD（计算机辅助设计）技术替代手工计算和绘图等。这些新的机械设计方法，目前已在我国高等学校单独设课讲授，故未列入本课程学习任务之中。

1.2.2　本课程的地位与性质

“机械设计基础”课程是一门培养学生机械设计能力的技术基础课程，在机械类各专业培养方案中都是主干课程。汽车类各专业都属于机械大类，虽然近年来电子产品在汽车上的应用越来越多，但机械零部件在汽车中还是占有绝对的优势，汽车属于机械产品这一根本特性并未改变，因此机械设计基础是汽车类本科专业学生必须学习的核心专业基础课之一。

在这门课程中，将综合运用已学过的高等数学、机械制图、理论力学、材料力学、电工学、工程材料及热处理、机械制造技术基础等多方面的知识来解决一般通用的机械零部件的设计问题。对汽车类专业的学生来讲，本课程一般安排在汽车结构学完以后或与汽车结构下册同时进行学习，因此可以与汽车结构的学习相互借鉴、相互参考，同时也为后续的汽车设计和专用汽车设计等专业课的学习打基础。

本课程在教学内容方面着重传授基础知识、基本理论、基本方法，在培养实践能力方面着重进行创新设计构思和综合设计技能的基本训练。

1.2.3 本课程的主要任务及学习方法

1. 本课程的主要任务

本课程包括理论学习、作业、现场直观教学课、习题课、讨论课、试验课和课程设计综合实践等教学环节，主要任务如下：

1）培养学生树立正确的设计思想，了解现代汽车机械设计方法及我国当前的有关技术经济政策。

2）使学生掌握通用机械零部件的设计原理、方法和机械设计的一般规律；突出创新意识和创新能力的培养，使学生具有一般机械系统综合设计的能力及计算机技术应用的能力。

3）培养学生具有应用标准、规范、手册、图册及网络资源等有关技术资料的能力。

4）使学生掌握典型的机械零件、装置的实验方法，获得实验技能的基本训练方法；通过工程实践活动，培养学生的机械创新设计能力。

5）使学生了解机械工程学科及机械设计方向的国内外发展动态。

通过本课程的学习和课程设计实践，学生可为日后从事自主产品的创新设计奠定基础，从事工艺、运行、管理的技术人员可在了解机械的传动原理、选购设备、正确使用和维护设备，以及设备的故障分析等方面获得必要的技术支持。

2. 本课程的学习方法

首先应当注意，机械设计基础课程是一门技术基础课程。一方面，相比物理、理论力学等理论课程，它更加贴合工程实际；另一方面，它又与专业机械课程有所不同。专业机械的种类繁多，各种机械有其特殊性，但也有它们的共性。特殊性问题由有关专业课程来研究。机械的共性问题则由机械设计基础课程来研究，是对各种机械的一些共性问题和各种机器中常用的一些机构进行较为深入的探讨。因此，机械设计基础课程是以高等数学、普通物理、机械制图、理论力学、材料力学及工程材料等先修课程为基础的，并为学习机械设计和有关专业课程奠定必要的基础。为了学好本课程，在学习过程中，学生要注重搞清楚基本概念，理解基本原理，掌握科学分析和综合设计的基本方法。

其次，在本课程的学习过程中，需要主动研究各种机器中常用的一些机构，特别是汽车上一些机构（如连杆机构、凸轮机构、齿轮机构、间歇机构等）的运动和动力性能及其设计方法。这些内容虽然自成体系，但又是互相联系的。在学习过程中，应注意把一般的原理和方法与研究实际机构和机器的具体运用密切联系起来，并应随时关注在生产和日常生活中所遇到的各种机构和机器，根据所学的原理和方法进行观察和分析，做到理论与实际的紧密结合。

最后，在本课程的学习过程中，要注意培养运用所学的基本知识和方法去分析问题，进而解决工程实际问题的能力。解决工程实际问题往往可以采用多种方法，所得结果一般也不是唯一的，这就涉及分析、对比、判断和决策的问题。对事物的分析、判断、决策的能力是一个工程技术人员所必须具备的基本能力，在学习中必须刻意加以培养。工程问题涉及多方面的综合问题，故要养成综合分析问题的习惯。另外，工程问题都要经过实践的严格考验，不允许有半点的疏忽大意，故在学习中一定要坚持科学严谨、一丝不苟的工作作风，认真负责的工作态度，以及讲求实效的工程素质。

1.3　机械设计的基本要求和一般程序

1.3.1　机械设计的基本要求

机械设计的基本要求主要有以下几方面：

(1) 实现预期功能要求　预期功能是指用户提出或由设计者与用户协商确定下来的机械产品需要满足的特性和能力。机械设计就是要实现机械的预期功能，并保证机械在预定的使用期限内和工作条件下能可靠地工作。

(2) 经济性要求　经济性是一个综合性指标，它与机械产品的设计、制造、销售及使用有密切的关系。它要求机械的设计和制造周期短、成本低，机械产品的工作效率高、能源材料消耗少、维护管理费用低。

(3) 操作方便与安全要求　机械的使用应简便可靠，符合人机工效学要求，减轻使用者的劳动强度。对机械中的危险部位应设置防护装置；为防止误操作引起事故，应设置报警装置和保险装置。

(4) 美学及环保要求　设计机械时应从工业美学角度考虑，机械的造型和色彩要美观宜人。此外，机械工作时产生的噪声、废水、废气及粉尘等应符合国家有关环保规定。

(5) 其他特殊要求　如大型机械应便于安装、拆卸和运输，机床能长期保证精度，食品、医药、纺织等机械不能污染产品等。

1.3.2　机械设计的一般程序和主要内容

设计一台新的机器是一项复杂细致的工作，要经过调查研究、设计、制造和运行鉴定等一系列过程，但并没有一个通用的固定程序。较为典型的一般程序和主要内容如下：

(1) 设计任务的研究和制订　根据社会、市场或用户的需要和使用要求确定机器的功能范围和工作指标，研究实现的可能性；明确设计需要解决的课题；编制出完整的设计任务书及明细表。

(2) 方案设计　根据设计任务书的要求，确定机器的工作原理和技术要求；拟订机器的总体布置、传动方案和机构简图等。在这一阶段中，往往要进行多方案比较和技术经济评价，从中选出最佳方案。

(3) 总体设计 机器的总体设计是根据方案设计中得到的最佳方案进行的，其内容包括：零部件的布置；机构的运动学和动力学分析；动力计算；零部件的工作能力计算，必要时可进行模型试验和测试，以获取设计数据；确定零部件和机器的主要参数和尺寸。在这一阶段中，要结合分析和计算绘制出总体设计图。

(4) 施工设计 根据总体设计和结果，考虑零部件的工作能力和结构工艺性，将零部件的全部尺寸和形状、装配关系和安装尺寸等完全确定下来，绘制出零部件和整机的全部工作图，编写出各种技术文件和说明书。

(5) 鉴定和评价 设计结果是否能满足使用要求，机器的预定功能是否能全部实现，可靠性和经济性指标是否合理，与同类机器相比有何改进效果，制造部门是否能够制造等均需经过鉴定，给予科学的评价。通常，新设计的机器要先经过试制，并进行模型或样机试验，有的还要进行破坏性测试，以鉴定机器的质量。

(6) 机器定型设计 经过鉴定和评价，对设计进行必要的修改后就可进行小批量的试制和试验了，必要时还应在实际使用条件下试用，对机器进行各种考核和测试。通过几次小批量生产，在进一步考察和验证的基础上将原设计进行改进之后，即可进行适用于成批生产的机器定型设计。

机械设计以上各个阶段是相互紧密关联的，某一阶段中发现的问题和不当之处，必须返回到前面的有关阶段去修改。因此，机械设计过程是一个不断返回、不断修改和完善，以逐渐接近最优结果的过程。

机械设计过程也是一个发现矛盾、分析矛盾和处理矛盾的过程。例如，要求机器的零部件强度大、刚性好和要求机器重量轻的矛盾，加工、装配精度高和制造成本低的矛盾等。设计者应尽可能运用现代科技的最新成果，抓住主要矛盾，恰如其分地处理好各种次要矛盾，以设计出高质量的机器。

综上所述，完成整个设计过程需要进行一系列艰苦细致的工作。设计者首先应树立正确的设计思想，努力掌握先进的科学技术知识和科学辩证的思维方法。同时，还要坚持理论联系实际，并在实践中不断总结和积累设计经验，向有关领域的科技工作者和从事生产实践的工作者学习，不断发展和创新，以更好地完成机械设计任务。

1.3.3 机械零件设计的基本要求和一般步骤

1. 机械零件设计的基本要求

机械零件设计的基本要求是机械零件既要在预定的期限内工作可靠，又要成本低廉。为满足机械零件工作可靠性要求，应在设计时使零件在强度、刚度、寿命及振动稳定性等方面满足一定条件，这些条件是判断机械零件工作能力的准则；要使机械零件成本低廉，就必须从设计和制造两方面着手，设计时应正确选择零件的材料、尺寸和符合工艺要求的结构，并合理规定制造时的公差等级和技术条件等。设计机械零件时，也往往需要拟出几种方案，认真比较后选用最佳方案。

2. 机械零件设计的一般步骤

由于机械零件种类不同，其具体的设计步骤也不一样，但一般可按下列步骤进行：

1）根据机器的总体设计方案，针对零件的工作情况进行载荷分析，建立力学模型，考虑影响载荷的各项因素，并确定零件的计算载荷。

2）分析零件在工作时可能出现的失效形式，确定零件工作能力的设计计算准则。

3）根据零件的工作条件和对零件的特殊要求选择合适的材料，并确定必要的热处理或其他处理。

4）分析零件的应力或变形，根据工作能力设计计算准则，建立或选定相应的计算式，计算出零件的主要尺寸，并加以标准化或圆整。

5）根据计算得出的主要尺寸并结合结构和工艺上的要求，绘制零件工作图，并写出零件的计算说明书。

3. 机械零件的常规设计方法

常规设计方法是目前广泛采用的设计方法，也是本课程中进行机械零件设计时主要采用的设计方法。常规设计方法有以下三种：

（1）理论设计　理论设计是根据现有的设计理论和试验数据所进行的设计。按照设计顺序的不同，零件的理论设计可分为设计计算和校核计算。

1）设计计算。该计算方法是根据零件的工作情况和要求进行失效分析，确定零件工作能力的设计计算准则，并按其理论设计公式确定零件的形状和尺寸。

2）校核计算。该计算方法是先参照已有实物、图样和经验数据，初步拟订零件的结构和尺寸，然后根据工作能力设计计算准则所确定的理论校核公式进行校核计算。

（2）经验设计　经验设计是根据同类机器及零件已有的设计和长期使用累积的经验而归纳出的经验公式，或者是根据设计者的经验用类比法所进行的设计。经验设计简单方便，对于那些使用要求变动不大而结构形状已典型化的零件是比较实用可行的设计方法，例如普通减速器箱体、齿轮及带轮等传动零件的结构设计。

（3）模型试验设计　对于尺寸特大、结构复杂且难以进行理论计算的重要零件，可采用模型试验设计。即把初步设计的零部件或机器做成小模型或小样机，通过模型或样机试验对其性能进行检验，根据试验结果修改初步设计，从而使设计结果满足工作要求。汽车车身外形设计一般都要先做模型。

思考练习题

1-1　试述机器、机构、构件、零件的含义及其相互关系。

1-2　试分别指出下列机器的动力部分、工作部分、传动部分、支承部分及控制部分：①汽车；②自行车；③电风扇；④缝纫机。

1-3　试分别指出汽车中的三个通用零件和专用零件。

第2章 机构组成和机构分析基础知识

2.1 机构的组成

2.1.1 构件及其分类

从绪论可知，构件是机构中的运动单元体。图 1-4 中的曲柄滑块机构就是由气缸体 8、活塞 7、连杆 2 和曲轴 3 四个构件组成的。而一个构件可能是一个零件，也可能是由几个零件固定连接而成的。如图 2-1 所示，曲轴是一个构件，也是一个零件；连杆是一个构件，它是由连杆体 1、连杆盖 2、轴瓦 3~5、螺栓 6、螺母 7、开口销 8 等零件组成的。组成一个构件的各零件之间没有相对运动。构件与零件的本质区别在于：构件是运动的单元体，而零件是制造的单元体。

根据构件在机构中所起的作用不同，可将构件分成机架（或固定件）、主动件（或原动件）和从动件。机构中固接于定参考系的构件称为机架，比如汽车的车架或车身、发动机的气缸体、变速器和车桥的壳体等；机构中可相对于机架运动的构件称为活动构件，其中按照给定运动规律独立运动的构件称为主动件，比如汽车中的发动机、发动机中的活塞、变速器和驱动桥的输入轴等；而其余活动构件称为从动件，比如汽车中的驱动车轮、发动机中的曲轴和飞轮、变速器和驱动桥的输出轴等。

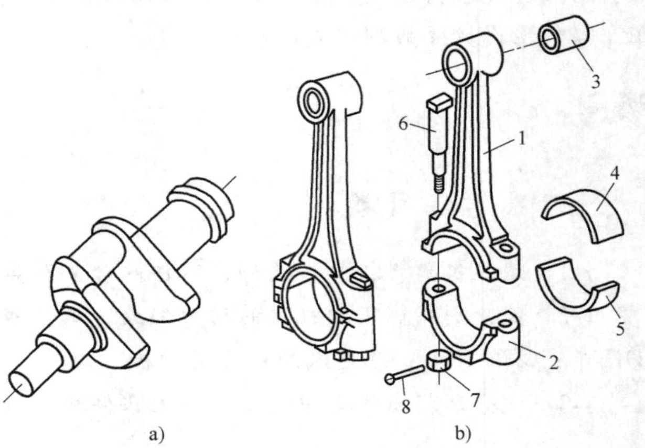

图 2-1 构件与零件

a）曲轴 b）连杆

1—连杆体 2—连杆盖 3~5—轴瓦

6—螺栓 7—螺母 8—开口销

根据组成机构中各构件之间的相对运动为平面运动或空间运动，也可把机构分为平面机构和空间机构两类。其中平面机构的应用特别广泛，其所有构件都在相互平行的平面内运动，这是本章的重点。

需要说明的是，从现代机器的

发展趋势来看，机构中的各构件可以是刚性的，也可以是挠性的或弹性的，或是由液压、气动、电磁件构成的。所以说，现代机器中的机构也不再是纯刚性构件的机构。

2.1.2　运动副及其分类

构件组成机构时，需要以一定的方式把各个构件彼此连接起来，而且每个构件至少要与另一构件相连接。显然这种连接应保证被连接的两构件之间仍能产生一定的相对运动。这种由两个或两个以上构件直接接触组成的可动连接称为运动副。运动副中构件间的接触形式有点、线、面三种，此点、线、面称为运动副元素。

组成运动副的两构件可做相对空间运动或平面运动，据此可将运动副分为空间运动副（图 2-2）与平面运动副（图 2-3）。根据组成运动副的两构件接触形式的不同，可将运动副分为低副和高副，面接触的运动副称为低副（图 2-2c～f 和图 2-3a、b），点或线接触的运动副称为高副（图 2-2a、b 和图 2-3c、d）。根据组成平面低副的两构件之间的相对运动性质不同，又可将其分为转动副（图 2-3a）和移动副（图 2-3b）。常见的平面高副有齿轮齿廓接触组成的齿轮副（图 2-3c）和凸轮从动件端部与凸轮轮廓之间的点或线接触所组成的凸轮副（图 2-3d）等。

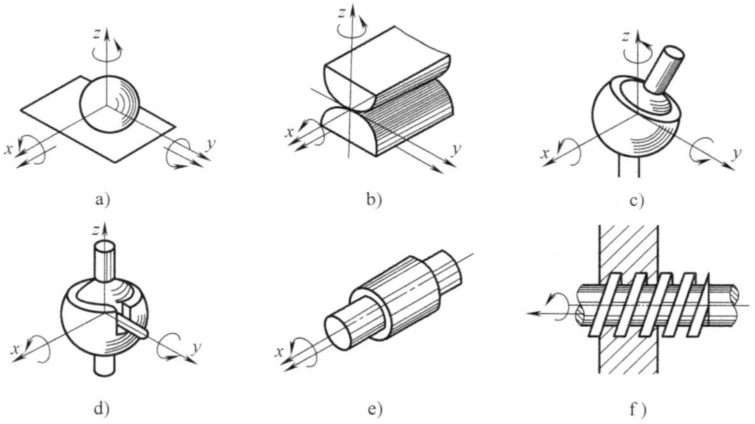

图 2-2　空间运动副

a）球面高副　b）柱面副　c）球面低副　d）球销副　e）圆柱副　f）螺旋副

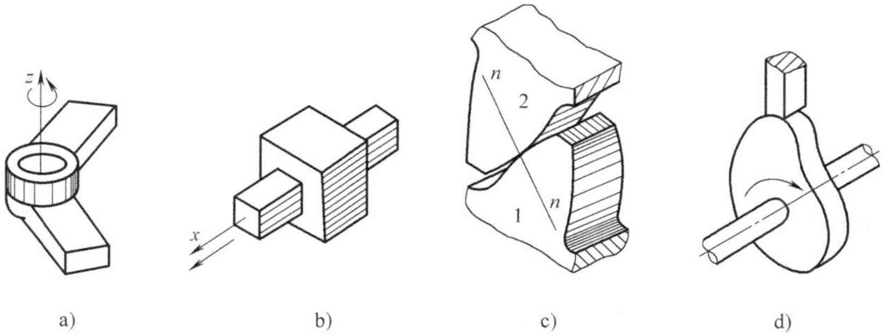

图 2-3　平面运动副

a）转动副　b）移动副　c）齿轮副　d）凸轮副

2.1.3 汽车中的运动副

在汽车中，活塞在气缸中的上下往复运动就是平面移动副；滑动轴承的轴颈和轴瓦组成了平面转动副；转向横拉杆接头中的球头销和球头座组成了球面低副（图 2-4）；循环球式转向器中一般有两级传动副，第一级是螺杆螺母传动副（图 2-5），第二级一般采用齿条齿扇传动副，前者为空间运动副，后者为平面高副；制动主缸中的活塞与壳体组成平面移动副（图 2-6）；滚动轴承的滚动体与内外圈一般形成平面高副；齿轮传动中的两啮合轮齿也组成了平面高副。

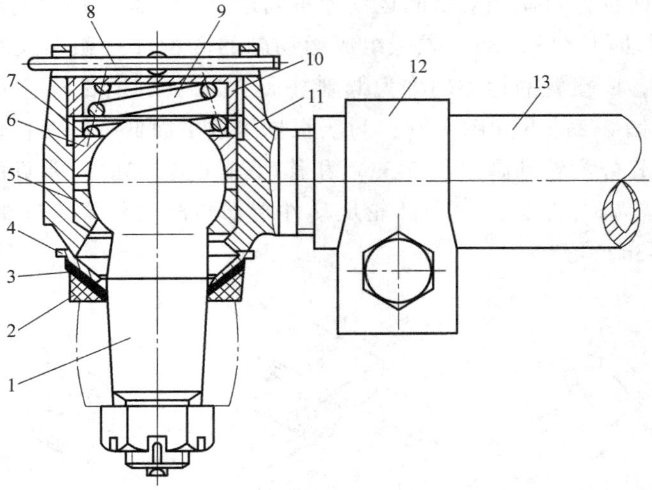

图 2-4 东风 EQ1090E 型汽车转向横拉杆接头

1—球头销 2—密封圈 3—下防尘罩 4—上防尘罩 5—下球头座 6—上球头座 7—限位套 8—开口销 9—圆锥弹簧 10—螺塞 11—左接头 12—卡箍 13—横拉杆体

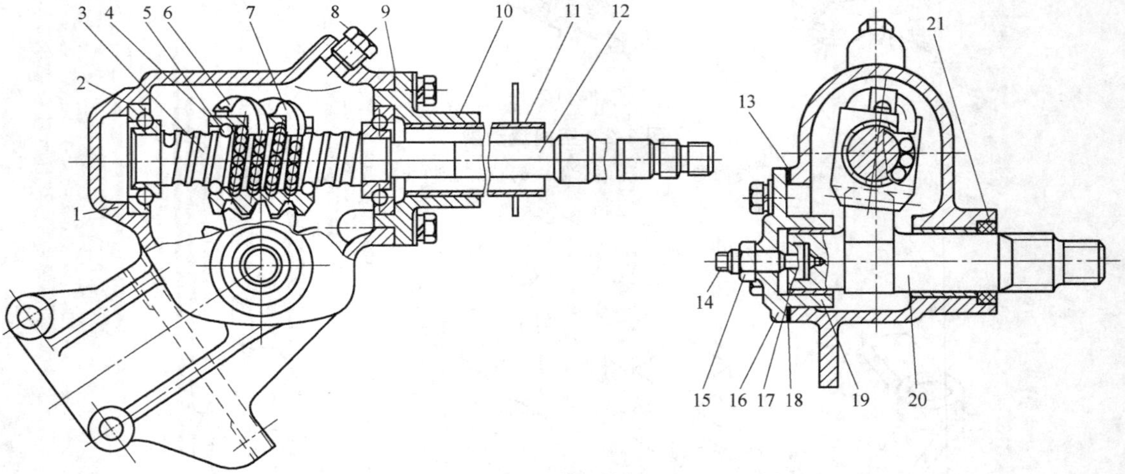

图 2-5 解放 CA1040 型系列轻型载货汽车转向器

1—转向器壳体 2—推力角接触球轴承 3—转向螺杆 4—转向螺母 5—钢球 6—钢球导管卡 7—钢球导管 8—六角头锥形螺塞 9—调整垫片 10—上盖 11—转向柱管总成 12—转向轴 13—转向器侧盖衬垫 14—调整螺钉 15—螺母 16—侧盖 17—孔用弹性挡圈 18—垫片 19—摇臂轴衬套 20—齿扇轴 21—油封

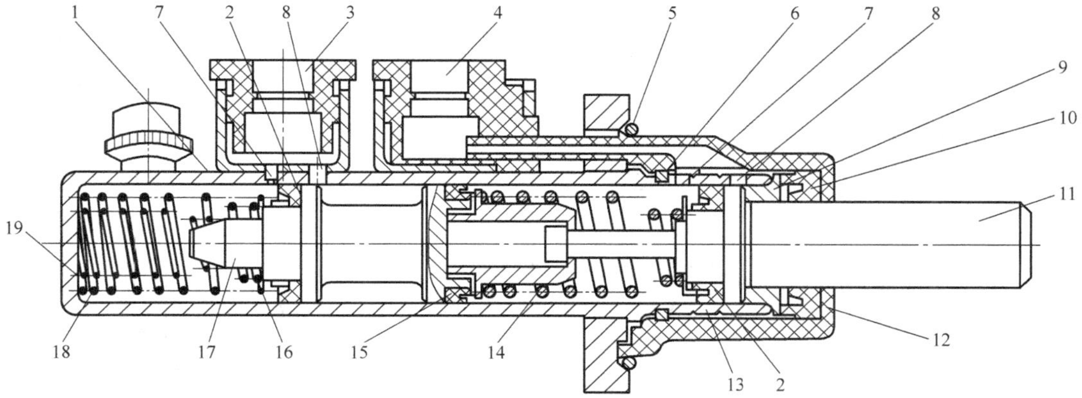

图 2-6　红旗 CA7220 型轿车制动主缸

1—壳体　2—皮碗　3、4—进油孔　5—密封环　6、15—密封圈　7—补偿孔　8—回油孔　9—限位环
10—油封　11—第一活塞　12—密封罩　13—单向弹簧卡片　14—第一活塞弹簧
16—弹簧座　17—第二活塞　18—第二活塞主回位弹簧　19—第二活塞副回位弹簧

2.2　平面机构运动简图

2.2.1　机构运动简图的概念

实际构件的外形和结构很复杂，在研究机构运动时，为了使问题简化，有必要撇开那些与运动无关的构件外形和运动副具体构造，仅用简单线条和符号来表示构件和运动副，并按比例定出各运动副的位置。这种表明机构各构件间相对运动关系的简化图形，称为机构运动简图。它主要反映机构中的构件数目、运动副类型、运动副数目、运动副的相对运动关系等信息。机构运动简图可以作为图解法进行运动分析、受力分析与机构设计的依据。应该注意的是：任何机构必有且只有一个机架，其他活动构件包括主动件、从动件和其他传递运动的构件。表 2-1 是常见机构运动简图的符号。

表 2-1　常见机构运动简图的符号

机构名称	运动简图的符号	机构名称	运动简图的符号
在机架上的电动机	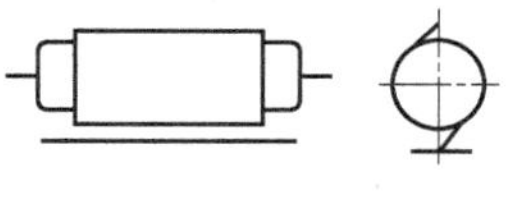	链传动	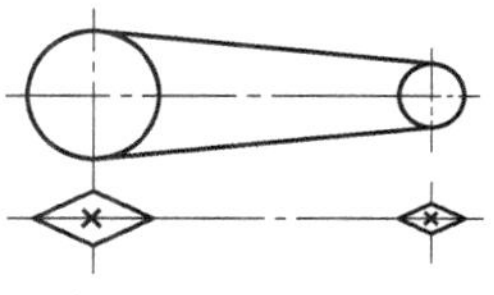
带传动	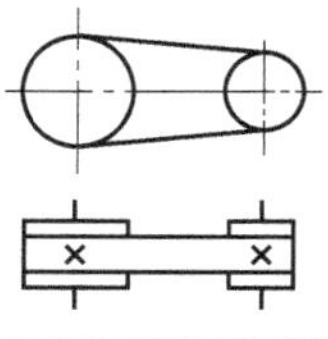	外啮合圆柱齿轮传动	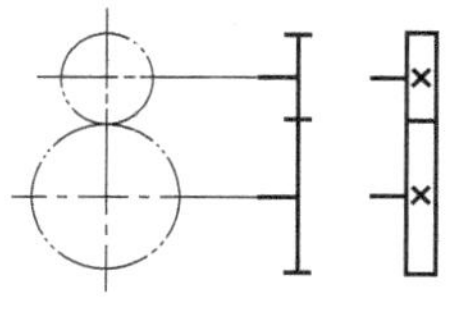

（续）

机构名称	运动简图的符号	机构名称	运动简图的符号
内啮合圆柱齿轮传动	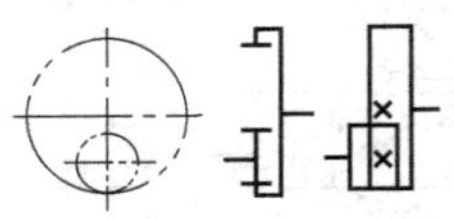	圆柱蜗杆传动	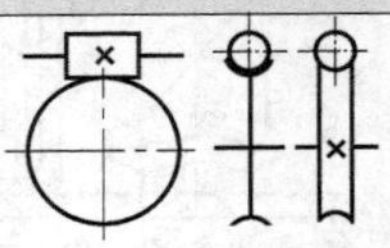
圆柱摩擦轮传动	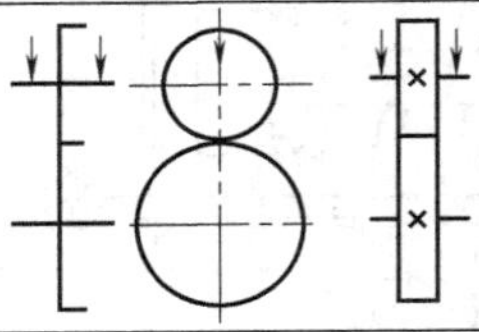	凸轮传动	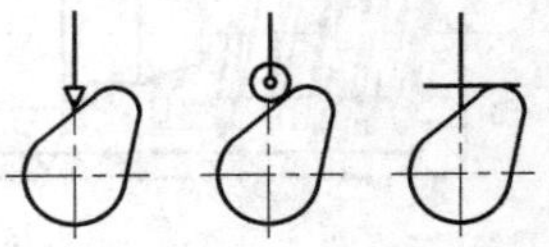
齿轮齿条传动	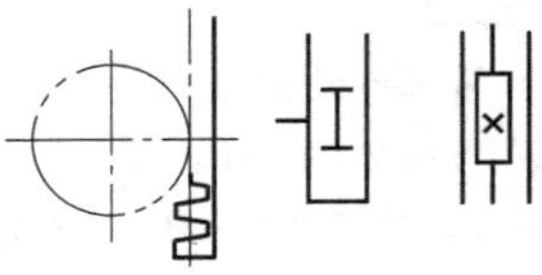	棘轮机构	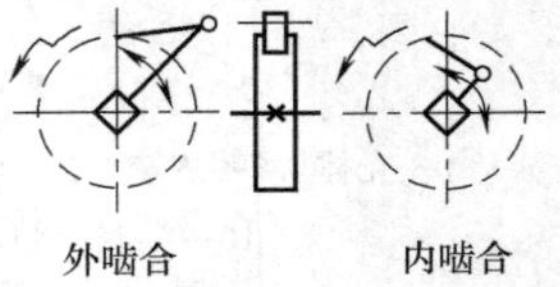
锥齿轮传动	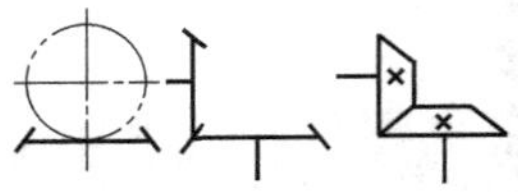	槽轮传动	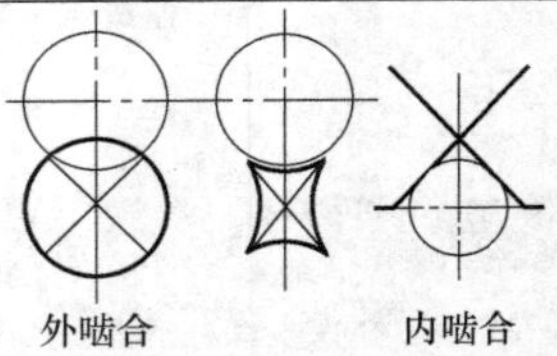

机构运动简图不仅可以简明地表达一部复杂机器的传动原理，而且可以在研究不同的机械运动时起到举一反三的效果，如活塞式内燃机、空气压缩机和压力机，尽管它们的外形和功用各不相同，但它们的主要传动机构都是曲柄滑块机构，可以用同一种方法研究它们的运动。

如果只是为了表明机构的组成情况和结构特征，也可以不严格按比例来绘制简图，这样的简图称为机构示意图。

2.2.2　运动副和构件的表示

在机构运动简图中，各种运动副和构件在不同视图中的表示方法是不同的，下面阐述常见运动副的表示符号和一般构件的表示方法。

1. 运动副的表示

（1）转动副　图 2-7a 所示为在垂直于回转轴线平面内的转动副表示方法，图 2-7b 所示为通过回转轴线平面内的转动副表示方法。其中有剖面线的构件表示机架，1、2 表示

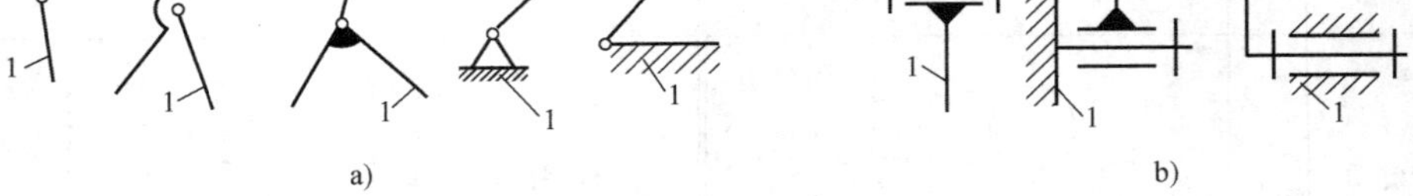

a)　　b)

图 2-7　转动副

注：图中未注释的零件序号均指构件，后文均同。

构成转动副的两个构件。

(2) 移动副　移动副如图 2-8 所示。

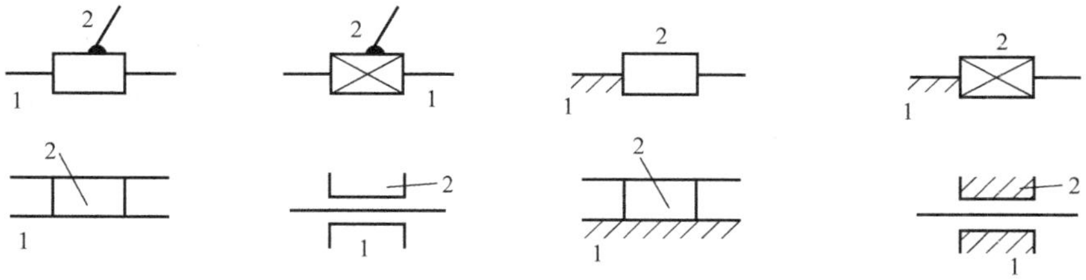

图 2-8　移动副

(3) 平面高副　平面高副如图 2-9 所示。

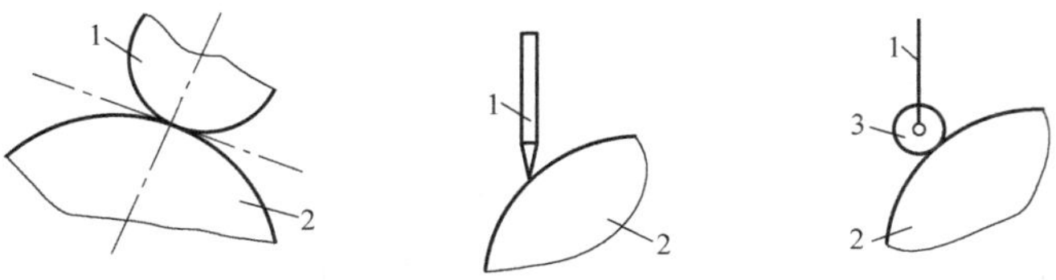

图 2-9　平面高副

2. 一般构件的表示

一般构件的表示方式见表 2-2。

表 2-2　一般构件的表示方式

构件名称	表示方式
杆、轴构件	
固定构件	
同一构件	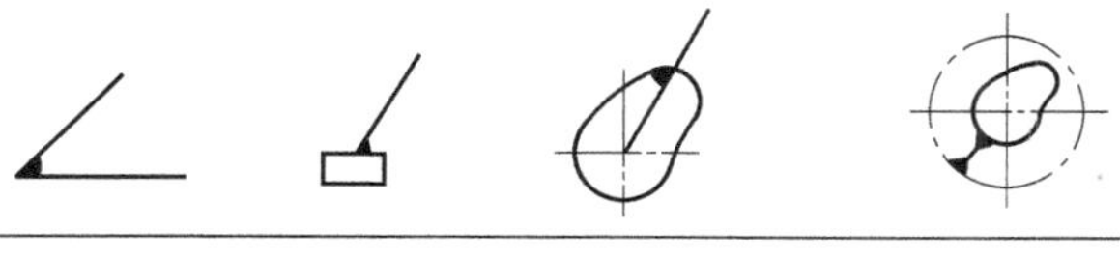
两副构件	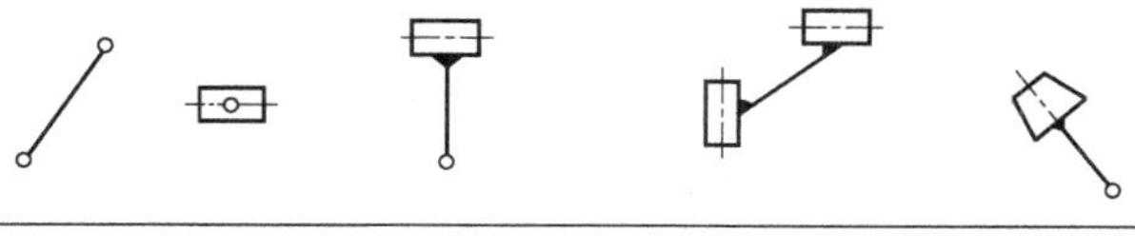
三副构件	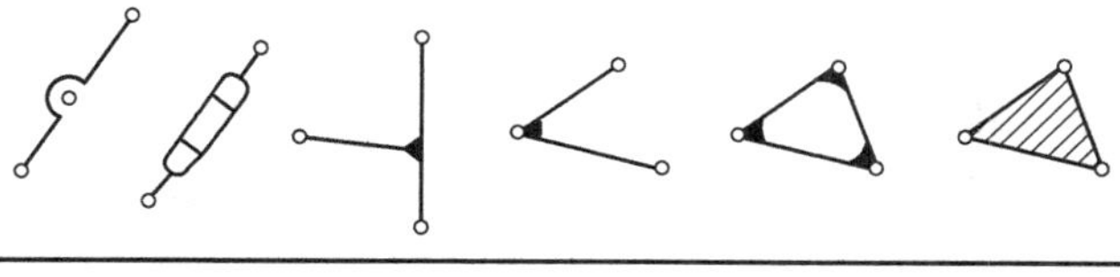

2.2.3 绘制平面机构运动简图的方法和步骤

机构运动简图用于描述一个机构或机器的组成及其运动特性，所以在绘制机构运动简图时，必须要抓住机械的运动特性，排除与运动无关的各种因素。因为构件的相对运动主要取决于运动副，所以在机构运动简图中表示构件时，首先用符号表示出机构中各运动副元素的相对位置，再用简单的线条将它们连接成构件。

绘制平面机构运动简图的方法和步骤归纳如下：

（1）观察并分析机构的工作原理、组成情况和运动情况 确定其各组成构件，弄清主动件、机架、执行部分和传动部分。从主动件开始，沿着运动传递路线，查明组成机构的构件数目和各构件组成的运动副的类别、数目及各运动副的相对位置。

（2）恰当地选择视图平面 选择原则是能够简单、清楚地把机构的运动情况表示出来。一般选机构中多数构件所在的运动平面为投影面，必要时可以选择两个及两个以上的视图平面，还可以另外绘制局部简图。

（3）根据机构的运动尺寸选取适当的长度比例尺 μ_1（单位为 m/mm）

$$\mu_1=\frac{\text{实际尺寸/m}}{\text{图示尺寸/mm}} \tag{2-1}$$

（4）画图 先确定各运动副的位置（如转动副的中心位置、移动副的导路方位及高副的接触点的位置等），并画上相应的运动副符号，然后用简单线条或几何图形连接起来，最后标出构件序号及运动副代号字母，并在主动件上标出箭头以表示其运动方向。

下面举例说明机构运动简图的绘制方法。

例 2-1 绘制图 2-10a 所示颚式破碎机的机构运动简图。

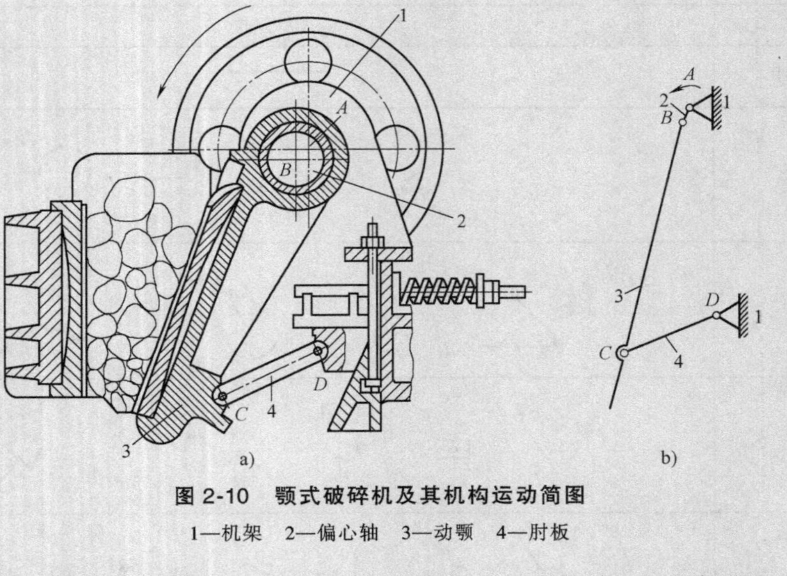

图 2-10 颚式破碎机及其机构运动简图

1—机架 2—偏心轴 3—动颚 4—肘板

解 颚式破碎机的主体机构由机架 1、偏心轴（又称曲轴）2、动颚 3、肘板 4 四个构件组成。带轮与偏心轴固连成一个整体，它是运动和动力输入构件，即主动件，其余构件都是从动件。当带轮和偏心轴 2 绕轴线 *A* 转动时，驱使输出构件动颚 3 做平面复杂运动，从而将矿石轧碎。

在确定构件数目之后，再根据各构件间的相对运动确定运动副的种类和数目。偏心轴 2 绕机架 1 的轴线 *A* 相对转动，故构件 1、2 组成以 *A* 为中心的转动副；动颚 3 与偏心轴 2 绕轴线 *B* 相对转动，故构件 2、3 组成以 *B* 为中心的转动副；肘板 4 与动颚 3 绕轴线 *C* 相对转动，故构件 3、4 组成以 *C* 为中心的转动副；肘板 4 与机架 1 绕轴线 *D* 相对转动，故构件 4、1 组成以 *D* 为中心的转动副。

选定适当比例尺，根据图 2-10a 的尺寸定出 *A*、*B*、*C*、*D* 的相对位置，用构件和运动副的规定符号绘出机构运动简图，如图 2-10b 所示。

最后，将图中的机架画上阴影线，并在主动件 2 上标注表示运动方向的箭头。

需要指出，虽然动颚 3 与偏心轴 2 是用一个半径大于 *AB* 的轴颈连接的，但是运动副的规定符号仅与相对运动的性质有关，而与运动副的结构尺寸无关，所以在机构运动简图中仍用小圆圈表示。

例 2-2　绘制图 2-11a 所示活塞泵的机构运动简图。

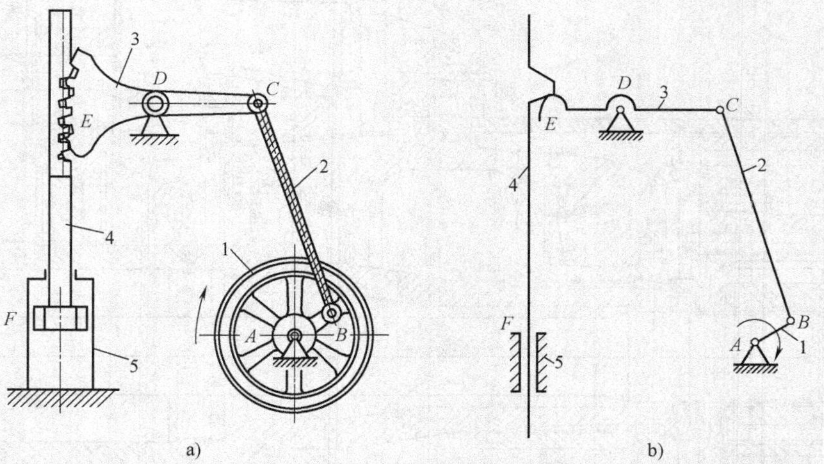

图 2-11　活塞泵及其机构运动简图

1—曲柄　2—连杆　3—齿扇　4—齿条活塞　5—机架

解　活塞泵由曲柄 1、连杆 2、齿扇 3、齿条活塞 4 和机架 5 这五个构件组成。曲柄 1 是主动件，构件 2、3、4 是从动件。当主动件 1 回转时，活塞在气缸中往复运动。

各构件之间的连接如下：构件 1 和 5、2 和 1、3 和 2、3 和 5 之间为相对转动，分别构成 *A*、*B*、*C*、*D* 转动副。构件 3 的轮齿与构件 4 的齿构成平面高副 *E*。构件 4 与 5 之间为相对移动，构成移动副 *F*。

选取适当比例，按图 2-11a 的尺寸定出 *A*、*B*、*C*、*D*、*E*、*F* 的相对位置，用构件和运动副的规定符号画出机构运动简图，在主动件 1 上标注表示运动方向的箭头，如图 2-11b 所示应当说明，绘制机构运动简图时，主动件的位置选择不同，所绘机构运动简图的图形也不同。当主动件位置选择不当时，构件互相重叠交叉，会使图形不易辨认。为了清楚地表达各构件的相互关系，绘图时应当选择一个恰当的主动件位置。

2.2.4 机构运动简图在汽车上的应用

斯太尔汽车的前、后驱动桥均为带轮边减速器的结构。轮边减速器的构造如图 2-12 所示，其结构示意图如图 2-13 所示。轮边减速器由内齿圈 1、行星齿轮 2、太阳轮 3 和行星架 4 等组成。内齿圈 1 固定在桥壳的半轴套管 7 上，它本身为非旋转件，是该行星齿轮机构中的固定元件。太阳轮 3 与半轴连接，随半轴一起旋转，为主动件。行星架 4 为从动件，轮毂 6 固定在行星架上。半轴传来的动力经太阳轮 3、行星齿轮 2 和行星架 4 传给轮毂 6。

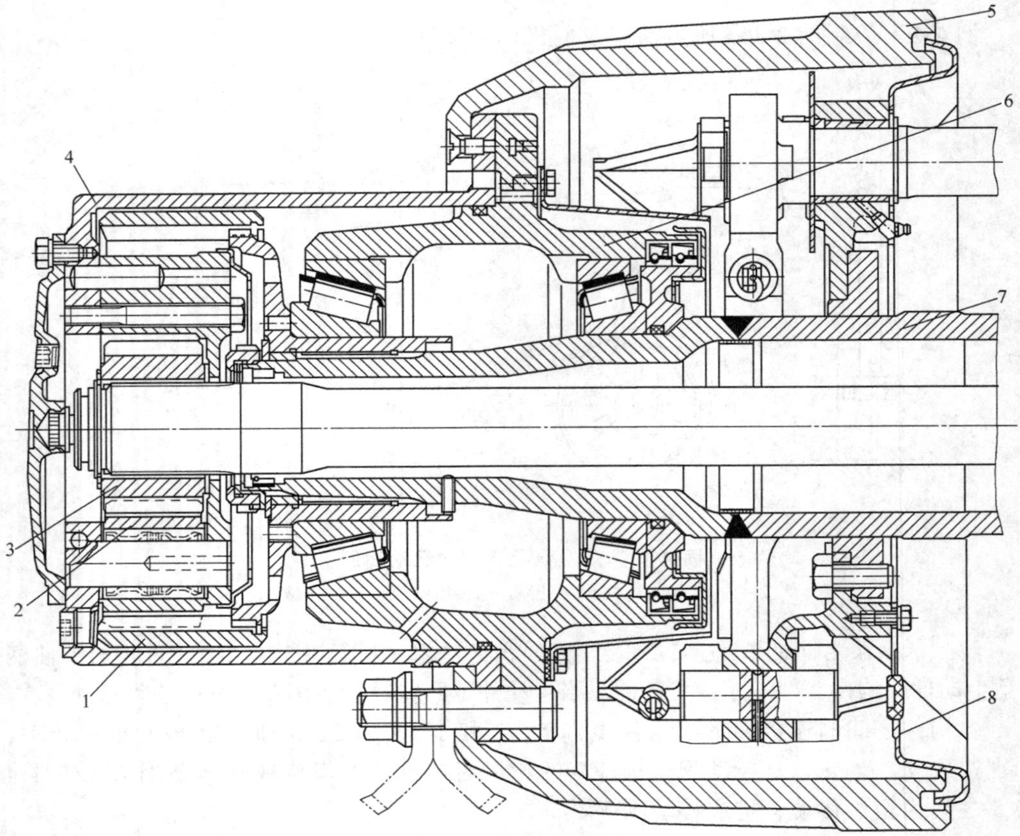

图 2-12 斯太尔汽车后驱动桥的轮边减速器的构造

1—内齿圈　2—行星齿轮　3—太阳轮　4—行星架　5—制动鼓　6—轮毂　7—半轴套管　8—制动底板

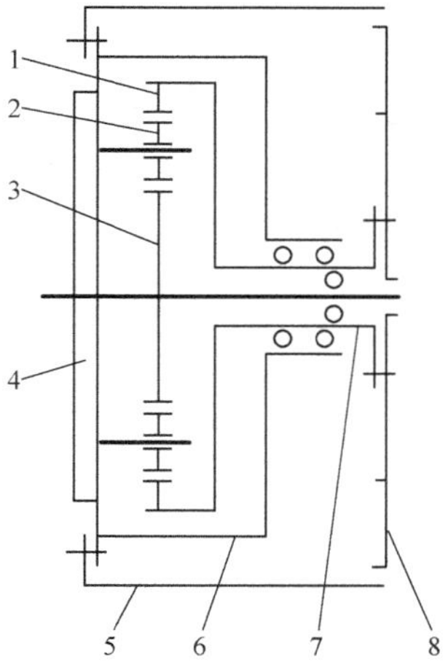

图 2-13　斯太尔汽车后驱动桥的轮边减速器结构示意图

1—内齿圈　2—行星齿轮　3—太阳轮　4—行星架　5—制动鼓　6—轮毂　7—半轴套管　8—制动底板

2.3　平面机构的自由度计算及具有确定运动的条件

机构的各构件之间应具有确定的相对运动。显然，不能产生相对运动或无规则乱动的一堆构件难以用来传递运动。为了使组合起来的构件能产生运动并具有运动确定性，有必要探讨机构自由度和机构具有确定运动的条件。

2.3.1　机构自由度的计算公式

一个构件或机构的自由度是确定这个构件或机构的运动（或位置）所需的独立参数的数目。在平面机构中，各构件只做平面运动。一个不受任何约束的构件在平面内运动时有 3 个自由度，具有 n 个活动构件（机架除外，因其相对固定不动）的平面机构，在各活动构件完全不受约束时，所有构件相对于机架共有 $3n$ 个自由度。但在构成机构时，每个构件至少必须与另一构件连接成运动副，当两构件连接成运动副后，其相对运动就受到约束，自由度将减少。自由度减少的数目，应等于运动副引入的约束数目。由于平面机构中的运动副只可能是转动副、移动副或平面高副，其中每个低副（转动副、移动副）引入的约束数为 2，每个平面高副引入的约束数为 1，因此对于平面机构，若各构件之间共构成了 P_L 个低副和 P_H 个高副，则它们共引入（$2P_L+P_H$）个约束。显然，机构的自由度 F 应为

$$F=3n-(2P_L+P_H)=3n-2P_L-P_H \tag{2-2}$$

这就是平面机构自由度的计算公式，也称为平面机构的结构公式。

2.3.2　机构具有确定运动的条件

对于图 2-14 所示的平面四杆机构，如果给定杆 AB 的运动规律 $\varphi_1=\varphi_1(t)$，B 点的位

置就确定了，此时其他各杆的运动也随之确定。而对于图 2-15 所示的平面五杆机构，如果只给定一个杆的运动规律，如给定杆 AB 的运动规律 $\varphi_1=\varphi_1(t)$，但构件 2、3 和 4 的位置并不能确定，则它们可以处在 BC、CD 和 DE 位置，也可以处于 BC'、$C'D'$ 和 $D'E$ 或其他位置。如果再给定一个杆的运动规律，例如，使杆 DE 按角位移规律 $\varphi_4=\varphi_4(t)$ 运动，则此时五杆机构中各构件的运动就完全确定了。

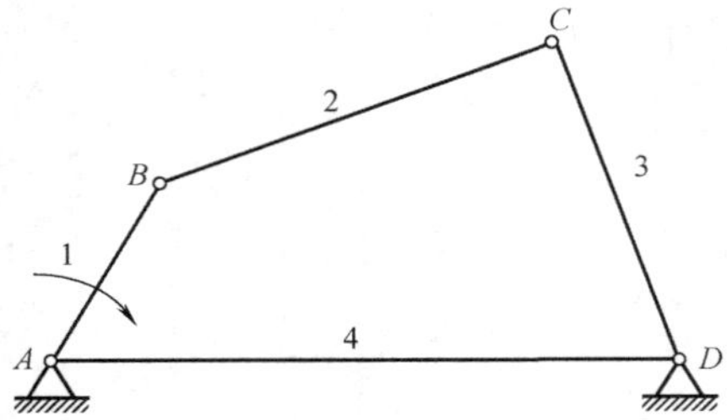

图 2-14　平面四杆机构

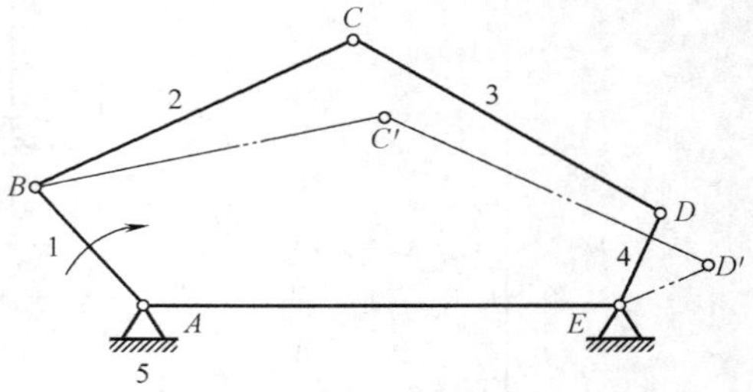

图 2-15　平面五杆机构

若从另一个角度考虑，图 2-14 所示平面四杆机构的运动位置可由 B、C 两点的位置确定，即 B、C 两点的位置一经确定，该四杆机构的运动位置就随之确定了。一方面，确定平面上每个点的位置需要两个位置变量，故平面四杆机构的任意位置状态需由四个位置变量确定；另一方面，这四个位置变量又必须满足杆 AB、BC 和 CD 引入的三个杆长约束方程。三个方程四个变量，说明确定平面四杆机构的位置实际上只需要一个独立参数，即它只有一个自由度，这与按式（2-2）计算的结果是一样的。

又如图 2-15 所示的平面五杆机构。其位置状态需要由 B、C 和 D 三个点的六个位置变量确定，但它们又必须满足杆 1、2、3 和 4 引入的四个杆长约束方程，这说明确定平面五杆机构的位置需要两个独立参数，即它有两个自由度，这与按式（2-2）计算的结果也是一样的。

由此可见，所谓机构的自由度，实质上就是机构具有确定位置时所必须给定的独立运动参数的数目。在机构中引入独立运动参数的方式，通常是使某一构件按给定的运动规律运动。

综上所述，机构的运动状态与机构的自由度 F 和机构主动件的数目有着密切关系：①若机构自由度 $F\leqslant 0$，则机构不能动；②若 $F>0$，而主动件数小于 F，则机构能动，但构件间的运动不确定；③若 $F>0$，而主动件数大于 F，则构件间不能实现确定的相对运动或会产生破坏；④若 $F>0$ 且与主动件数相等，则机构各构件间的相对运动是确定的。因此，机构具有确定运动的条件是：机构的自由度应大于 0，且机构的主动件数应等于机构的自由度数。

2.3.3　计算机构自由度时应注意的事项

在利用式（2-2）计算机构自由度时，应处理好下列三种情况，否则计算结果往往会发生错误。

1. 复合铰链

由两个以上构件在同一处构成的重合转动副称为复合铰链。图 2-16a 表示构件 1 和构件 2、3 组成两个转动副。连接状况如图 2-16b 所示。在计算自由度时，必须把它当成两个转动副来计算。同理，由 m 个构件汇集而成的复合铰链应当包含 $m-1$ 个转动副。

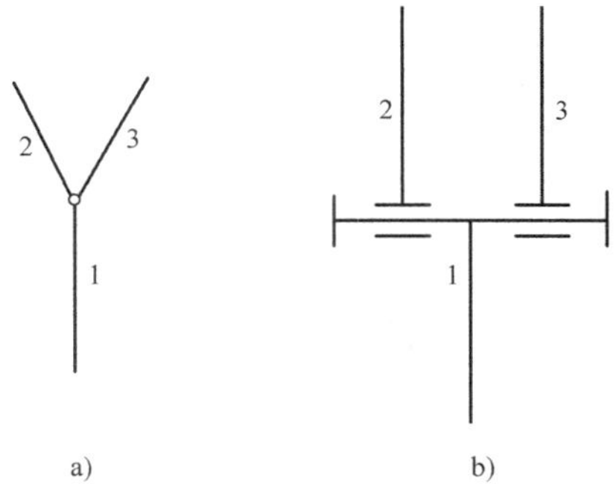

图 2-16　复合铰链

2. 局部自由度

如图 2-17a 所示凸轮机构，为了减少高副元素接触处的磨损，在凸轮和从动件之间安装了圆柱形滚子，滚子绕其本身轴线的自由转动不影响其他构件的运动。这种与整个机构运动无关的自由度，称为局部自由度。计算机构自由度时，局部自由度应当舍弃。可设想将滚子与从动件焊成一体预先排除局部自由度，如图 2-17b 所示，再进行计算。一般情况下，局部自由度只出现在带有滚子从动件的凸轮机构中。

3. 虚约束

在运动副所加的约束中，有些约束所起的限制作用可能是重复的，这种不起独立限制作用的约束称为虚约束。常见的虚约束有以下几种情况：

1）当两构件组成多个移动副，且其导路互相平行或重合时，则只有一个移动副起约束作用，其余都是虚约束，图 2-17a 所示便属于这种情况。

2）当两构件构成多个转动副，且轴线互相重合时，则只有一个转动副起作用，其余转动副都是虚约束。如图 2-18 所示发动机的曲轴 1 和轴承 2、2′、2″组成三个转动副，这三个转动副的中心轴线相互重合，因此只能起到一个转动副的约束作用。可以总结为一句话：两个构件只能构成一个平面低副。

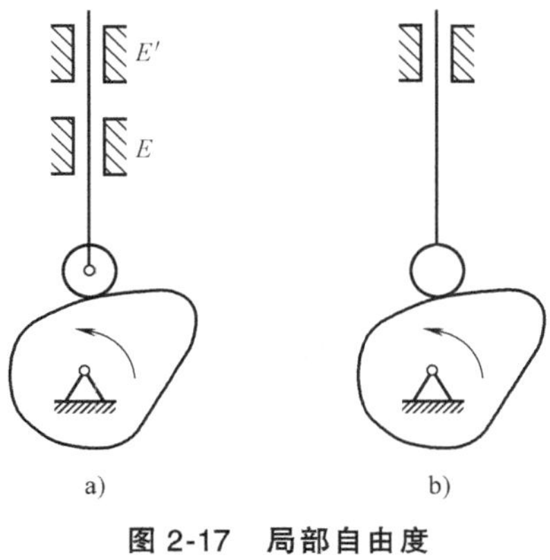

图 2-17　局部自由度

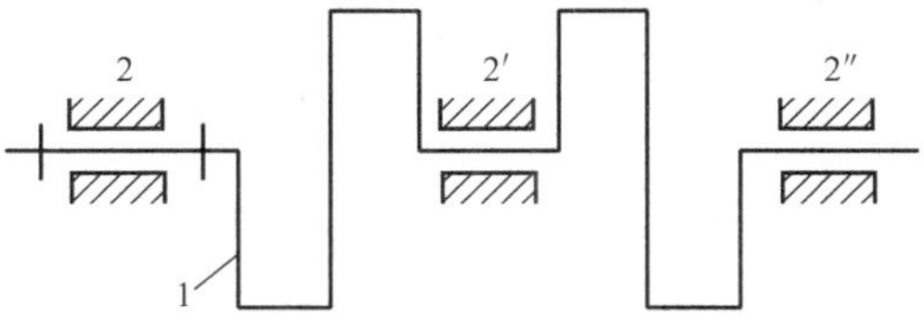

图 2-18　因两构件构成多个转动副引入的虚约束

3）如果机构中两活动构件上某两点的距离始终保持不变，用具有两个转动副的附加构件来连接这两个点，则会引入一个虚约束。如图 2-19 所示的机构中，$\triangle ABF \cong \triangle DCE$，当机构运动时，构件 1 和 3 上 F、E 两点间的距离始终保持不变，如果将 E、F 两点以构件相连，则由此多引入的一个约束显然是虚约束。

4）机构中对运动起重复限制作用的对称部分也往往会引入虚约束。如图 2-20 所示的行星轮系，为了受力均衡，采取三个行星齿轮 2、2′和 2″对称布置的结构，而事实上只要一个行星齿轮便可满足运动要求，其他两个行星齿轮则引入了两个虚约束。

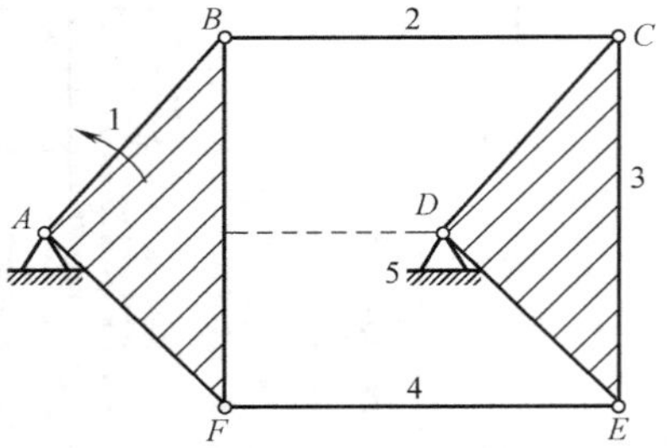

图 2-19　因两活动构件相对运动位置保持不变引入的虚约束

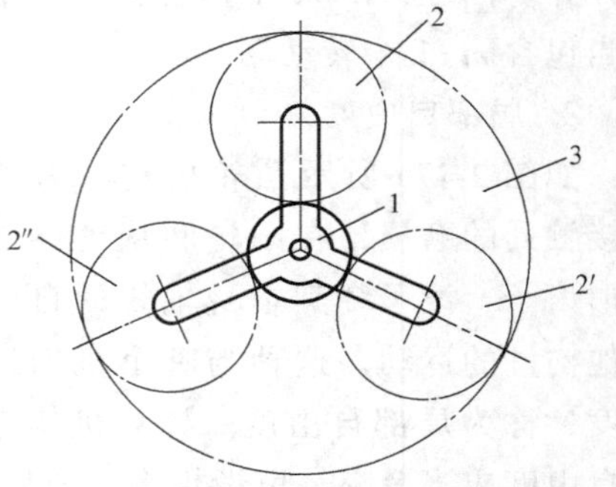

图 2-20　因对称结构引入的虚约束

5）因轨迹重合问题可能产生虚约束。在某些机构中，两个构件上的两点运动轨迹是重合的，在该重合点处用一个转动副将两个构件连接起来，会引入虚约束。如图 2-21 所示，构件 5 上的 *M* 点与构件 3 上 *M* 点的轨迹是重合的，所以，构件 5 及其两端的转动副、构件 2 及其两端的转动副或构件 4 及其两端的转动副三者之一为虚约束。

图 2-22 所示的椭圆仪机构中，构件 2 和构件 3 上 *B* 点的轨迹是重合的，所以，构件 2 及其两端的转动副、构件 4 及与其相连的转动副和移动副或构件 5 及与其相连的转动副和移动副三者之一为虚约束。

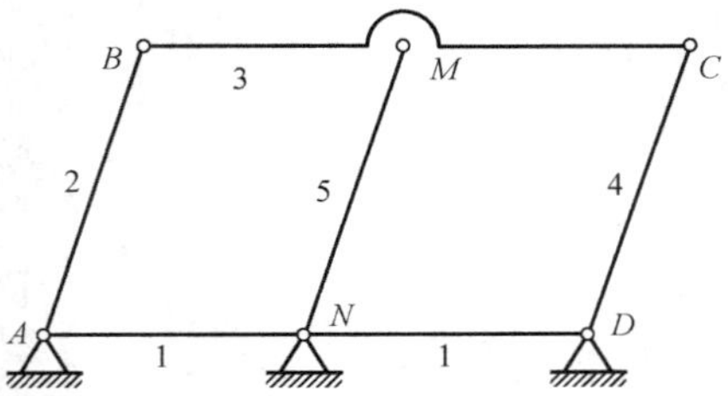

图 2-21　圆形轨迹重合引入的虚约束

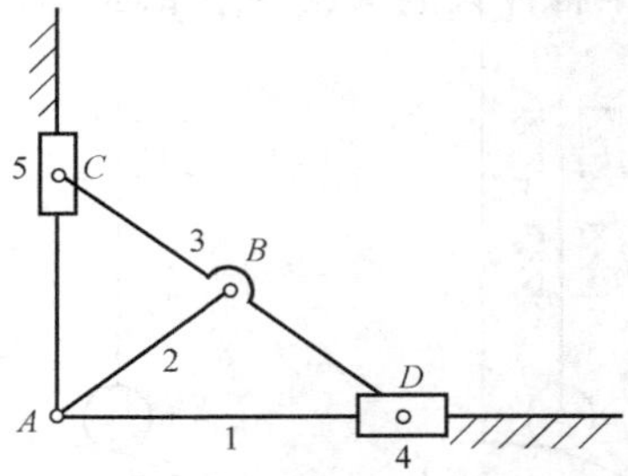

图 2-22　直线轨迹重合引入的虚约束

在此要特别指出，机构中的虚约束都是在特定几何条件下出现的，如果这些几何条件不能满足，则虚约束就会成为实际有效的约束，从而使机构卡住不能运动。

总之，在计算自由度时的三个注意事项中，应首先找到虚约束，并将虚约束去除后再寻找是否有复合铰链，这是避免判断复合铰链时出错的有效方法。另外，在本书所涉及的平面机构自由度计算问题中，局部自由度一般是出现在滚子从动件凸轮中，这也是判断是否有局部自由度的可靠方法。

例 2-3　计算图 2-23a 所示大筛机构的自由度，并判定其运动是否确定。

解　首先处理几个需要注意的问题：*G* 处滚子及转动副为局部自由度，*E*、*F* 处活塞及活塞杆与气缸组成两平行移动副，其中有一个是虚约束。去掉虚约束 *F* 和 *G* 处的局部自由度后，按图 2-23b 所示分析，活动构件数 $n=7$，C 处为复合铰链，$P_L=9$，$P_H=1$，则自由度为

$$F=3n-2P_L-P_H=3\times7-2\times9-1=2$$

如图 2-23a 所示，构件 1 和构件 5 为主动件，主动件数等于自由度数，机构运动是确定的。

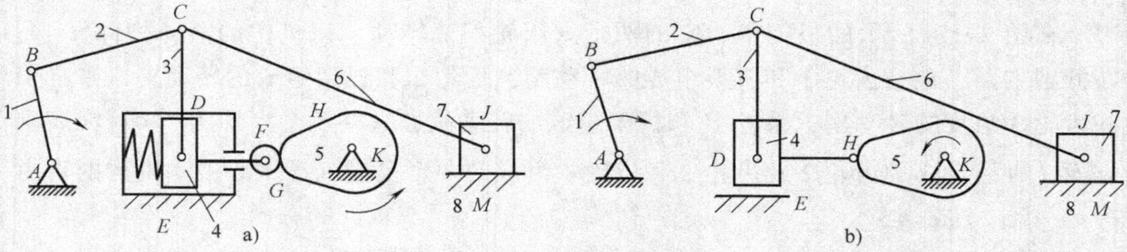

图 2-23 大筛机构

例 2-4 计算图 2-24a 所示推料机构的自由度。

解 首先处理几个需要注意的问题：G 处滚子及转动副为局部自由度，BE 杆和转动副 B、E 引入了一个虚约束，移动副 K 引入了一个虚约束。去掉虚约束和局部自由度后，按图 2-24b 所示分析，活动构件数 $n=8$，F 处为复合铰链，$P_L=11$，$P_H=1$，则自由度为

$$F=3n-2P_L-P_H=3\times8-2\times11-1=1$$

当取凸轮为主动件时，自由度数目与主动件数目相等，机构运动是确定的。

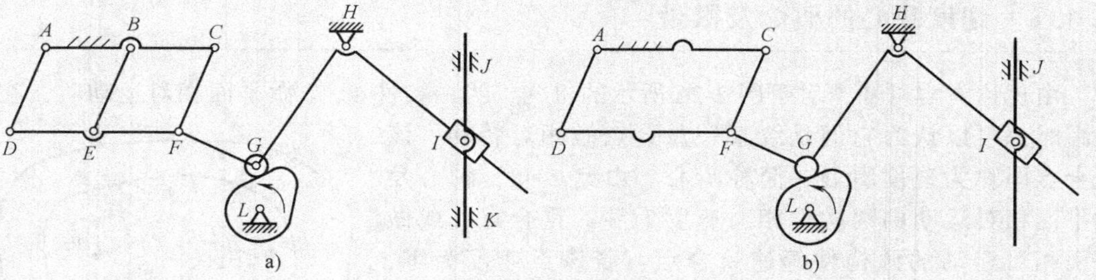

图 2-24 推料机构

例 2-5 计算图 2-25b、c 所示的行星齿轮机构的自由度。

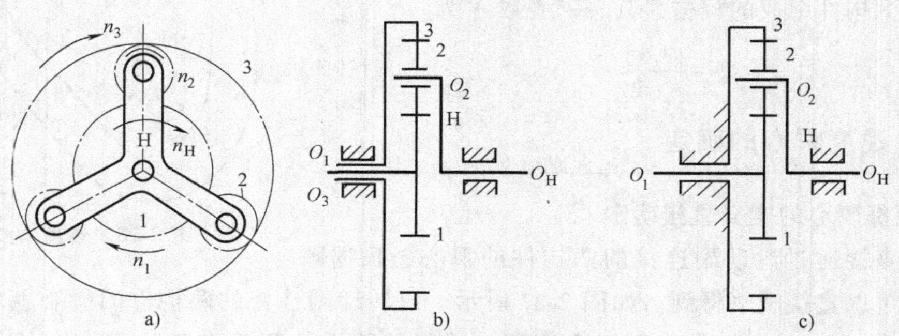

图 2-25 行星齿轮机构

解 首先分析图 2-25a 所示的行星齿轮机构，齿轮 1 和 3 以及构件 H 绕固定的相同轴线转动，三个对称的齿轮 2 空套在构件 H 的小轴上。当构件 H 转动时，齿轮 2 既绕自己的几何轴线转动（自转），又随构件 H 绕固定的几何轴线转动（公转）。

采用三个完全相同的齿轮 2 是为了使转动时的惯性力平衡以及减轻齿轮上的载荷，对研究该机构的运动没有任何影响，其中两个齿轮副为虚约束。所以在机构简图中去掉虚约束，只需画出一个齿轮 2，如图 2-25b 所示。

在图 2-25b 所示的机构中，它的两个太阳轮都能转动。该机构的活动构件 $n=4$；在低副方面，包括齿轮 1 和机架组成的转动副，齿轮 3 和机架组成的转动副，系杆 H 和齿轮 3 组成的转动副，系杆 H 和机架组成的转动副，总共四个，即 $P_L=4$；在高副方面，有齿轮 3 和齿轮 2 及齿轮 2 和齿轮 1 组成的两个高副，即 $P_H=2$。机构的自由度 $F=3\times4-2\times4-2=2$。

在图 2-25c 所示机构中，齿轮 3 固定，只有一个太阳轮能转动。参考图 2-25b 所做的分析，可知该机构的活动构件 $n=3$，$P_L=3$，$P_H=2$，机构的自由度 $F=3\times3-2\times3-2=1$。

2.4 速度瞬心及应用

2.4.1 速度瞬心的概念及数量

由理论力学可知，对于图 2-26 所示的机构，当两构件 1、2 做平面相对运动时，在任一瞬时都可以认为它们是绕某一重合点做相对转动，该重合点即称为速度瞬心，简称瞬心。由此可知，瞬心是做平面相对运动的两构件相对速度为零的重合点，或做平面相对运动的两构件等速重合点：若该点速度为零，则为绝对瞬心；若速度不为零，则为相对瞬心。通常用 P_{ij} 来表示两构件 i、j 间的瞬心。

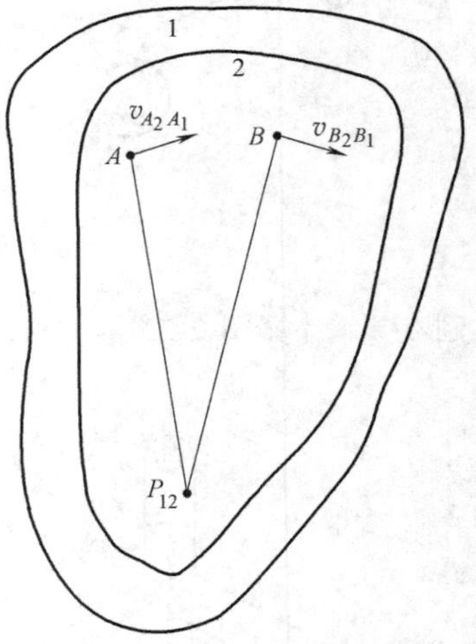

图 2-26　速度瞬心

由于每两个构件之间有一个瞬心，根据排列组合原理，由 n 个构件组成的机构，其总瞬心数 N 为

$$N=\frac{n(n-1)}{2} \tag{2-3}$$

2.4.2 速度瞬心的确定

1. 根据瞬心的定义直接确定

对于直接通过运动副连接的两构件的瞬心，根据瞬心的定义可以直接观察得到。如图 2-27 所示，以转动副连接的两构件的瞬心就在转动副的中心（图 2-27a）；以移动副相连的两构件间的瞬心位于垂直于导路方向的无穷远处

（图 2-27b）；当两构件以高副接触且做无滑动的纯滚动时，瞬心就在接触点处（图 2-27c）；当高副两元素间有相对滑动时，瞬心则在高副接触点的法线上（图 2-27d）。

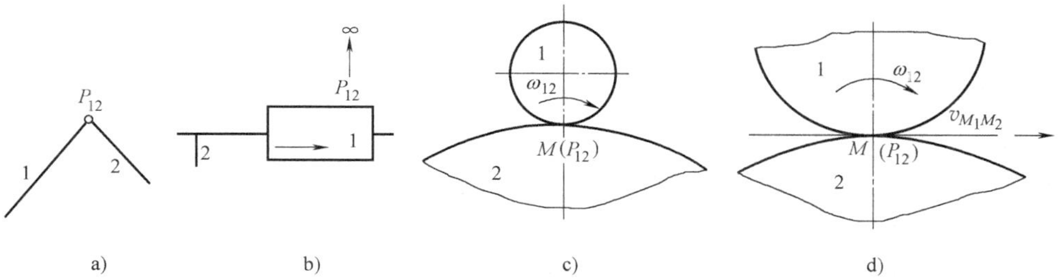

图 2-27　直接通过运动副连接的两构件的瞬心位置

2. 用三心定理来确定

对于不直接通过运动副连接的两构件间的瞬心，可借助三心定理来确定。三心定理为：做平面运动的三构件共有三个瞬心，它们位于同一条直线上。现证明如下：

如图 2-28 所示，由式（2-3）可知，构件 1、2、3 共有三个瞬心。为证明方便起见，设构件 1 为固定构件，则 P_{12} 和 P_{13} 各为构件 1、2 和构件 1、3 之间的绝对瞬心。下面采用反证法证明相对瞬心 P_{23} 应位于 P_{12} 和 P_{13} 的连线上。如图 2-28 所示，假定 P_{23} 不在直线 $P_{12}P_{13}$ 上，而在其他任一点 C，重合点 C_2 和 C_3 的绝对速度 v_{C_2} 和 v_{C_3} 各垂直于 CP_{12} 和 CP_{13}，显然这时 v_{C_2} 和 v_{C_3} 的方向不一致。瞬心应是绝对速度相同（方向相同，大小相等）的重合点，而 v_{C_2} 和 v_{C_3} 的方向不同，故 C 点不可能是瞬心。只有位于 P_{12} 和 P_{13} 连线上的重合点速度方向才可能一致，所以瞬心 P_{23} 必在 P_{12} 和 P_{13} 的连线上。

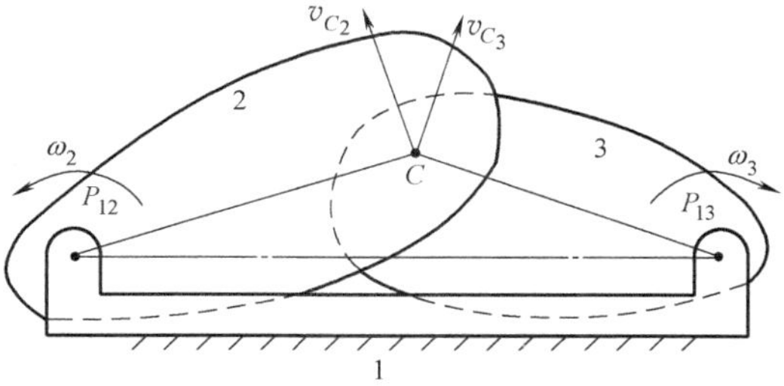

图 2-28　三心定理的证明

铰链四杆机构的速度瞬心如图 2-29 所示，曲柄滑块机构的速度瞬心如图 2-30 所示。

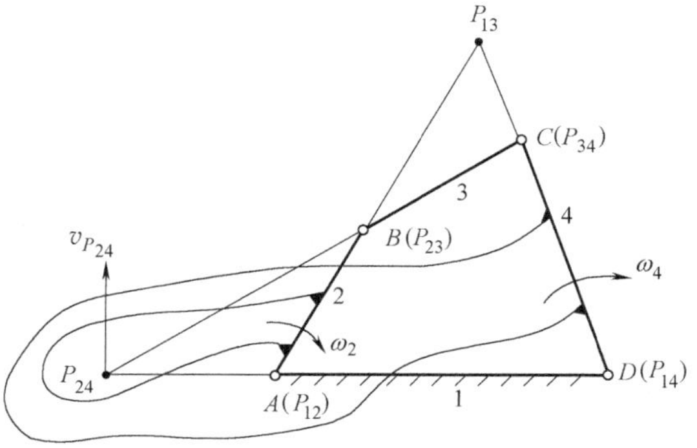

图 2-29　铰链四杆机构的速度瞬心

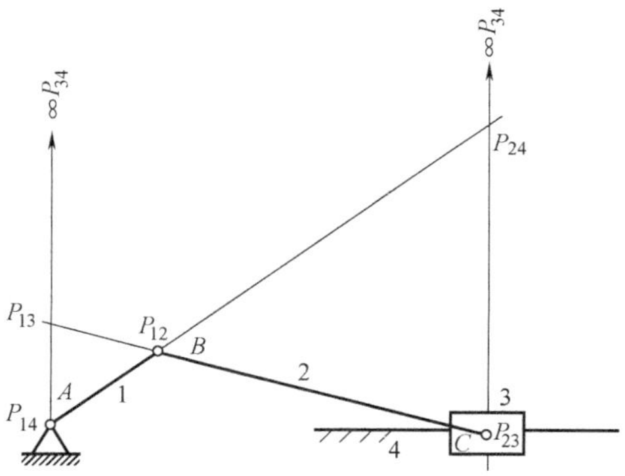

图 2-30　曲柄滑块机构的速度瞬心

2.4.3 速度瞬心在汽车设计中的应用

汽车底盘的转向系统中有转向梯形，分为整体式和断开式，前者主要应用于非独立悬架，后者主要应用于独立悬架。之所以称为断开式转向梯形，是因为该转向梯形的横拉杆做成断开的。断开式转向梯形方案之一如图 2-31 所示。断开式转向梯形的主要优点是能够保证一侧车轮上下跳动时，不会影响另一侧车轮。与整体式转向梯形比较，断开式转向梯形由于其杆系、球头增多，所以结构复杂，制造成本高，并且调整前束比较困难。

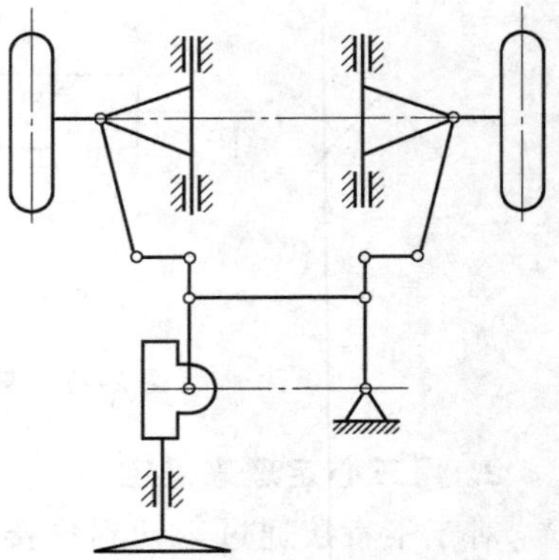

图 2-31　断开式转向梯形

横拉杆上断开点的位置与独立悬架形式有关，如图 2-32a 所示。当设计采用双横臂独立悬架时，基于三心定理的基本原理，常常用图解法确定断开点的位置。其求法（图 2-32b）为：

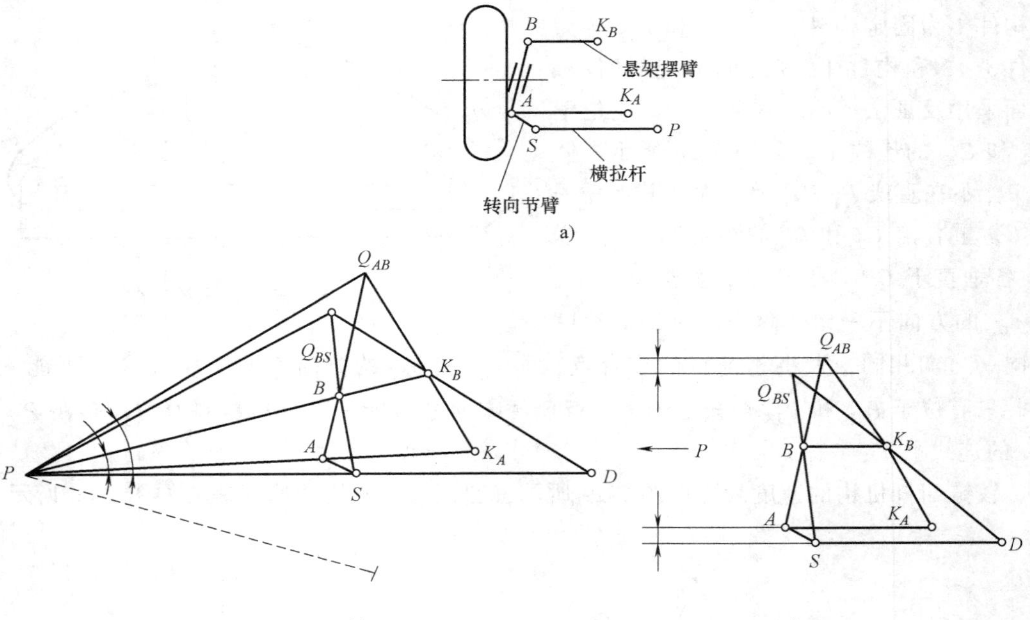

图 2-32　横拉杆上断开点位置的确定

1）延长 K_BB 与 K_AA，交于立柱 AB 的瞬心 P 点，由 P 点作直线 PS。S 点为转向节臂球销中心在悬架杆件（双横臂）所在平面上的投影。当悬架摆臂的轴线斜置时，应以垂直于摆臂轴的平面作为当量平面进行投影和运动分析。

2）延长直线 AB 与 K_AK_B，交于 Q_{AB} 点，连 PQ_{AB} 直线。

3）连接 S 和 B 点，延长直线 SB。

4）作直线 PQ_{BS}，使直线 PQ_{AB} 与 PQ_{BS} 间的夹角等于直线 PK_A 与 PS 间的夹角。当 S

点低于 A 点时，PQ_{BS} 线应低于 PQ_{AB} 线。

5）延长 PS，与 $Q_{BS}K_B$ 相交于 D 点，此 D 点便是横拉杆铰接点（断开点）的理想位置。

以上是在前轮没有转向的情况下，确定断开点 D 位置的方法。此外，还要对车轮向左转和向右转的几种不同工况进行校核。图解方法同上，但 S 点的位置变了。当车轮转向时，可认为 S 点在沿垂直于主销中心线 AB 的平面上画弧（不计主销后倾角）。如果用这种方法所得到的横拉杆长度在不同转角下都相同或十分接近，则汽车无论在直线行驶时，还是在转向时，车轮的跳动都不会对转向产生影响。双横臂互相平行的悬架能满足此要求，如图 2-32a、c 所示。

思考练习题

2-1　什么是构件？构件与零件有什么区别？

2-2　什么是运动副？运动副有哪些常用类型？

2-3　什么是自由度？什么是约束？自由度、约束、运动副之间存在什么关系？

2-4　什么是运动链？什么是机构？机构具有确定运动的条件是什么？当机构的主动件数少于或多于机构的自由度数时，机构的运动将发生什么情况？

2-5　机构运动简图有何用处？它能表示出原机构哪些方面的特征？如何绘制机构运动简图？

2-6　在计算机构的自由度时，应注意哪些事项？

2-7　绘出图 2-33 所示三个机构的运动简图。

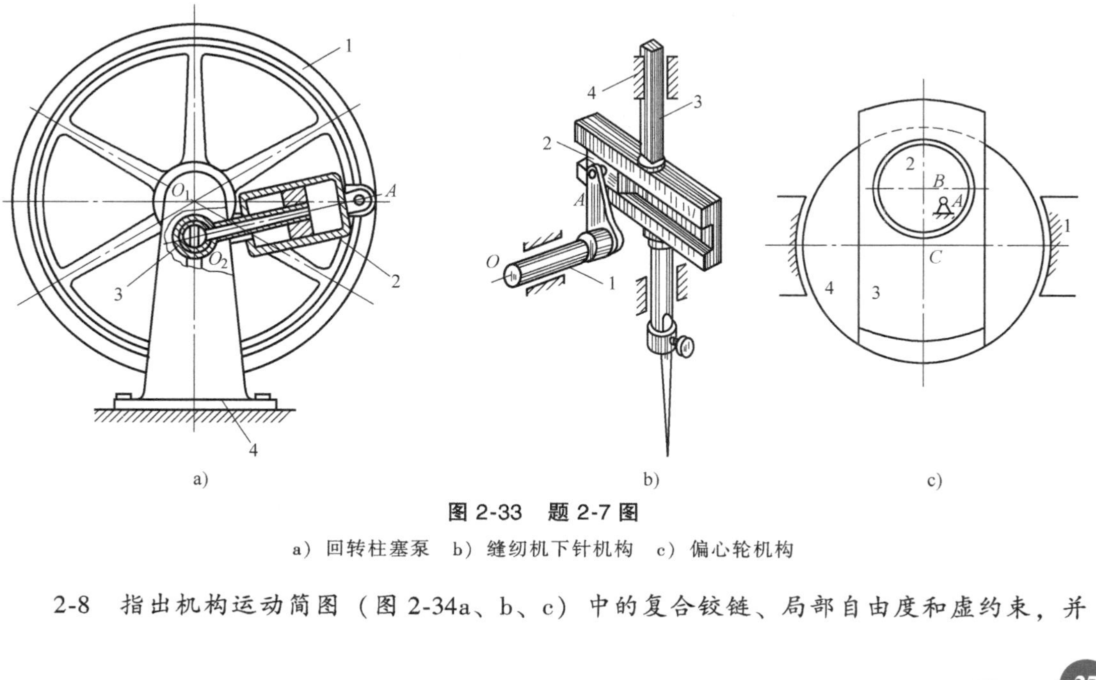

图 2-33　题 2-7 图

a）回转柱塞泵　b）缝纫机下针机构　c）偏心轮机构

2-8　指出机构运动简图（图 2-34a、b、c）中的复合铰链、局部自由度和虚约束，并计算各机构的自由度。

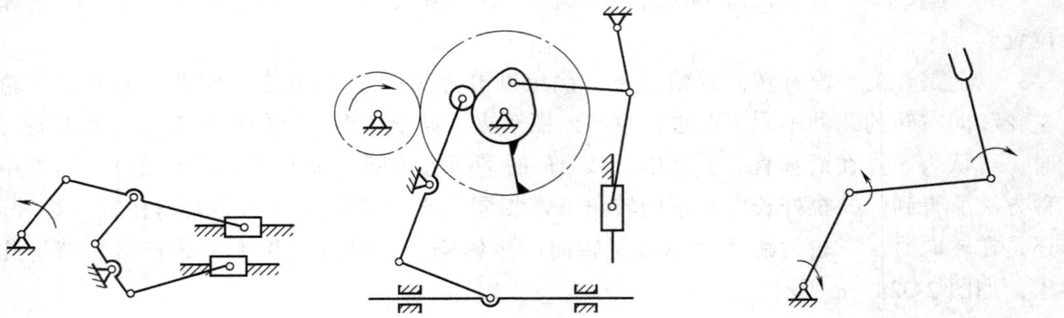

a)　　b)　　c)

图 2-34　题 2-8 图

a）发动机机构　b）冲压机构　c）机械手

2-9　求出图 2-35 所示导杆机构的全部瞬心和构件 1、3 的角速比。

2-10　求出图 2-36 所示正切机构的全部瞬心。设 $\omega_1=10\text{rad/s}$，求构件 3 的速度 v_3。

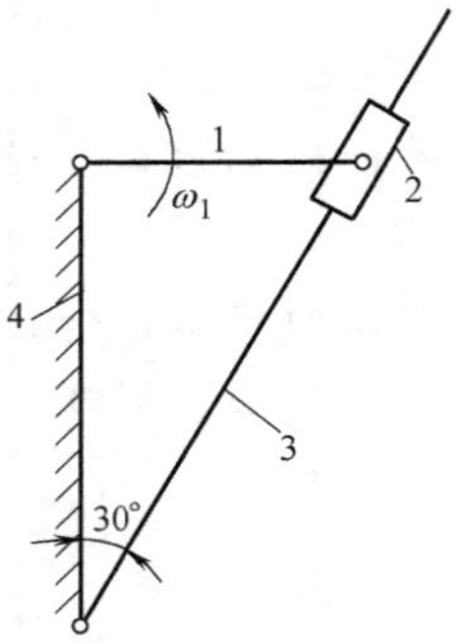

图 2-35　题 2-9 图

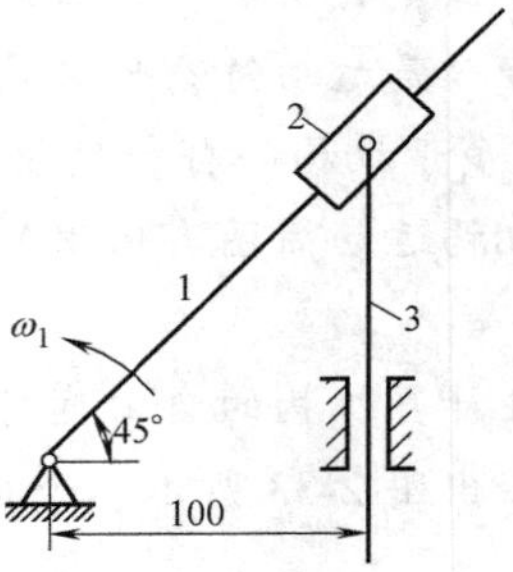

图 2-36　题 2-10 图

第3章 平面连杆机构

连杆机构是由低副将若干构件连接而成的低副机构。在连杆机构中，当组成机构的所有构件都在相互平行的平面内运动时，该连杆机构称为平面连杆机构，否则称为空间连杆机构。如图 3-1a 所示，在机构中固定构件 4 为机架，与机架相连的构件 1、3 为连架杆，连接连架杆的构件 2 称为连杆。连架杆中能绕机架做整周转动的构件 1 称为曲柄，其中能做整周转动的转动副称为周转副，如运动副 *A*、*B*；只能在某一范围内绕机架做往复摆动的构件 3 称为摇杆，其中不能做整周转动的转动副称为摆转副，如运动副 *C*、*D*。两连架杆可以实现预期的运动规律；连杆做平面运动，连杆上各点的轨迹能形成不同的封闭曲线，如图 3-1b 所示。因此，不同尺寸的连杆机构可以获得不同的运动规律和运动轨迹。

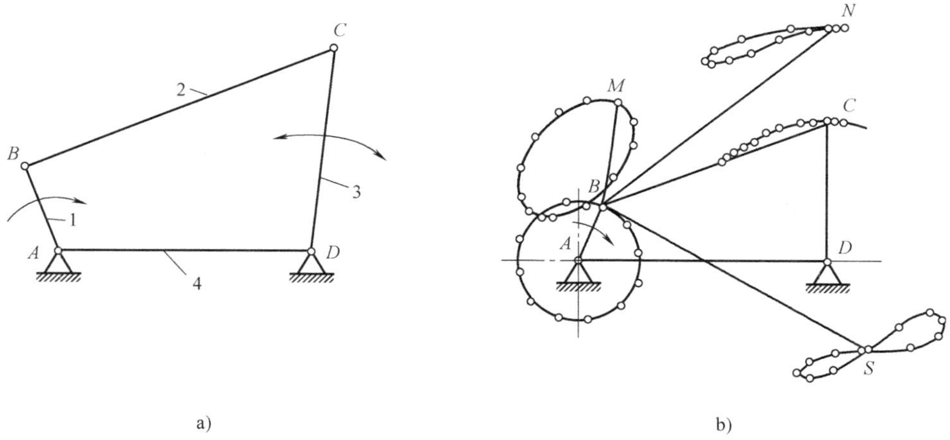

图 3-1 平面连杆机构

平面连杆机构的特点：能够实现多种运动规律和运动轨迹的要求；而且低副连接是面接触，单位面积上的压力较小，易润滑、磨损轻、工作可靠、寿命较长；另外，其接触表面都是圆柱面或平面，制造比较简单，易于获得较高的制造精度。所以平面连杆机构广泛应用于各种机械和仪器设备中，其缺点是结构复杂、累积运动误差大、惯性力难以平衡。由四个构件组成的平面连杆机构称为平面四杆机构，它不仅应用广泛，而且是多杆机构的基础。本章主要讨论平面四杆机构的基本类型、特点和常用的设计方法。

3.1 铰链四杆机构

所有运动副都是转动副的平面四杆机构称为铰链四杆机构，它是平面连杆机构中最基本的形式，其他各种平面连杆机构都可以看作是由它演变而来的。

在铰链四杆机构中，机架和连杆总是存在的，因此可根据连架杆是曲柄还是摇杆将其分为三种基本类型，即曲柄摇杆机构、双曲柄机构和双摇杆机构。这三种机构类型既不相同又有其内在联系，而其关键是有无曲柄存在和机架的选择。所以，下面先研究曲柄存在的条件。

3.1.1 曲柄存在的条件

下面以图 3-2 所示曲柄摇杆机构 $ABCD$ 为例进行分析。设图中机构的各杆长为 a、b、c、d，先取 AD 杆为机架，AB 为曲柄。从图中可以看出，当机构运动时，只要曲柄 AB 的 B 点能通过 B_1、B_2 两点位置（即曲柄与连杆的两次共线位置能够存在），AB 杆就能做整周转动，则曲柄存在。而此时图中形成了 $\triangle AC_1D$ 和 $\triangle AC_2D$，由三角形的边长关系可知：

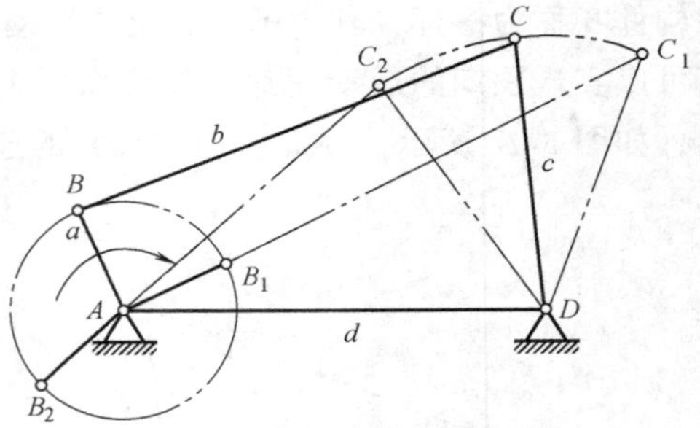

图 3-2 曲柄存在的条件

在 $\triangle AC_1D$ 中：　$b+a\leqslant c+d$

在 $\triangle AC_2D$ 中：　$b-a+d\geqslant c$

$b-a+c\geqslant d$

将以上三式整理后可得到此时机构的杆长关系为

$$\begin{cases}a+b\leqslant c+d\\a+c\leqslant b+d\\a+d\leqslant b+c\end{cases}\quad 和 \quad \begin{cases}a\leqslant b\\a\leqslant c\\a\leqslant d\end{cases}$$

即可得曲柄摇杆机构存在曲柄的必要杆长条件：最短杆与最长杆长度之和小于或等于其他两杆长度之和。

但这不是充分条件，还要看取哪个构件为机架。若如图 3-3a 所示，取与最短杆 AB 相邻的构件 AD 为机架，此时两连架杆中构件 AB 为曲柄、CD 为摇杆，则此机构为曲柄摇杆机构，机构存在曲柄；若如图 3-3b 所示，以与最短杆 AB 相邻的另一构件 BC 为机架，同样可得以上结果。此时两种情况最短杆都是连架杆。

由上面分析的曲柄摇杆机构两种情况可以看出，此时与最短杆 AB 相连的两个转动副 A、B 均为周转副，而 C、D 副均为摆转副。考虑运动的相对性，如图 3-3c 所示，以构件 AB 为机架，则构件 AD 和 BC 必能同时绕构件 AB 的 A、B 副做整周转动，此时两连架杆均为做整周转动的曲柄，故为双曲柄机构。此时的最短杆为机架。同样道理，如图 3-3d 所示，以构件 CD 为机架，此时的两连架杆 AD、BC 只能是绕 C、D 两副做往复摆动的摇杆，因此是双摇杆机构。注意，这时最短杆既不是机架，也不是连架杆，而是连杆。

由此得铰链四杆机构曲柄存在的充分条件（或判断铰链四杆机构类型的标准）为：

1）最短杆与最长杆长度之和小于或等于另外两杆长度之和。

2）最短杆为机架或连架杆。当最短杆为机架时，为双曲柄机构；当最短杆为连架杆时，为曲柄摇杆机构；当最短杆为连杆时，为双摇杆机构。

上述两个条件必须同时满足。如果最短杆与最长杆长度之和大于另外两杆长度之和，机构便不可能存在曲柄，而只能是双摇杆机构。

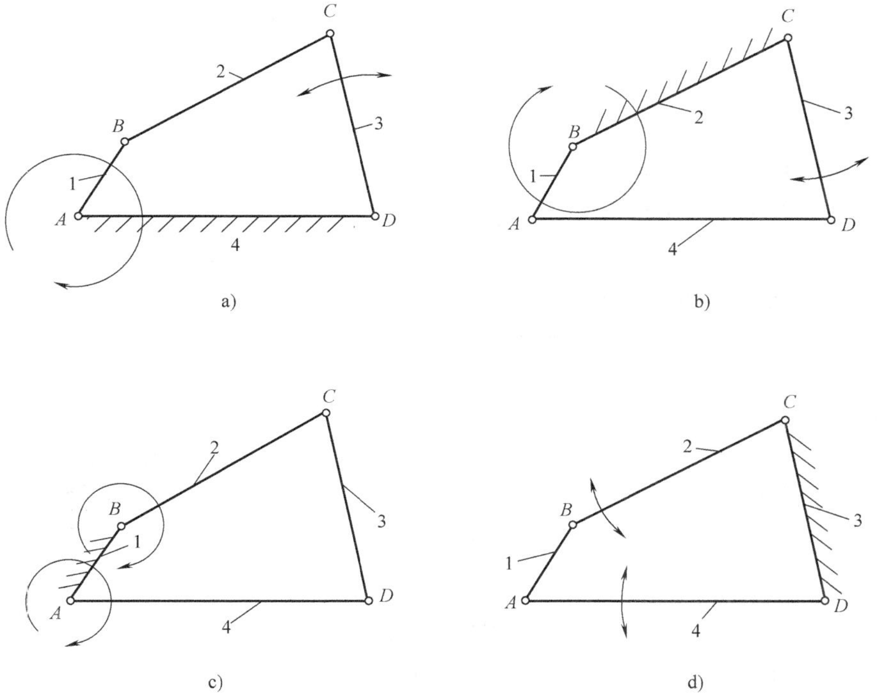

图 3-3　铰链四杆机构的基本类型及其演化

a）、b）曲柄摇杆机构　c）双曲柄机构　d）双摇杆机构

3.1.2　铰链四杆机构的基本形式及应用

1. 曲柄摇杆机构

曲柄摇杆机构应用较为广泛。当以曲柄为主动件时，转动可以被转换为摆动。例如，图 3-4 所示的搅拌器就是利用曲柄摇杆机构中连杆末端的特定轨迹将容器中的物料搅拌均匀。图 3-5 所示是一种将钢材送入加热炉的搬运机示意图：工作台通过铰链 E 和 E' 连接在完全相同的曲柄摇杆机构 $ABCD$ 与 $A'B'C'D'$ 的连杆上，E 和 E' 点的轨迹为近似于卵形的曲线。两曲柄以相同的角速度逆时针方向回转，

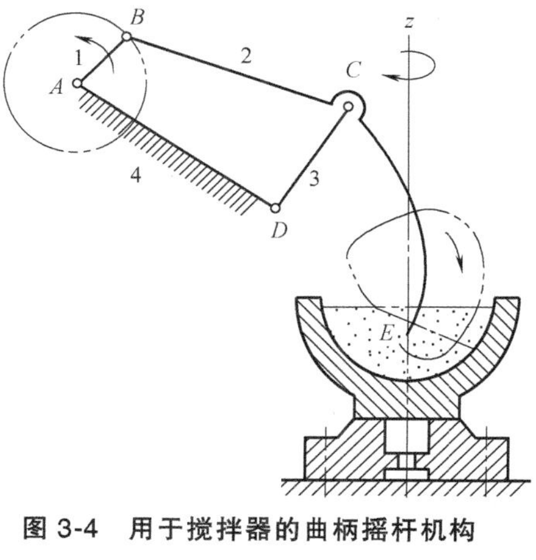

图 3-4　用于搅拌器的曲柄摇杆机构

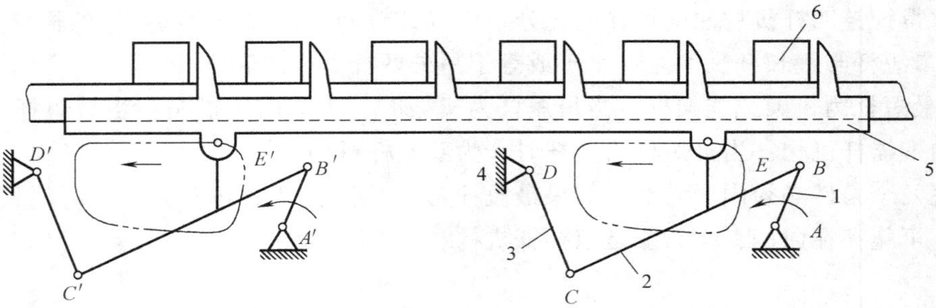

图 3-5　用于送料的曲柄摇杆机构

1—曲柄　2—连杆　3—摇杆　4—机架　5—工作台　6—钢材

当 E 和 E' 点行经卵形曲线的上部时（该段曲线近似于直线），工作台进入工作行程，将钢材推向左方。当 E 和 E' 点行经卵形曲线其他部分时，工作台进入空行程，此时工作台下降、返回并上升，以便实现第二次工作行程。当以摇杆为主动件时，摆动也可以被转换为转动。图 3-6 所示为一台老式缝纫机的主运动机构，它就是一个以摇杆为主动件的曲柄摇杆机构。

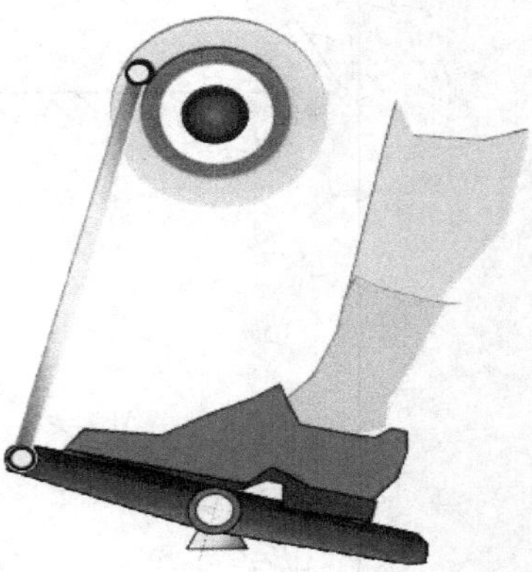

图 3-6　缝纫机中的曲柄摇杆机构

2. 双曲柄机构

图 3-7 所示惯性筛的主机构为双曲柄机构。当一个曲柄等速回转时，另一个曲柄则变速回转，因而可使筛子具有一定的加速度，物料便因惯性而达到筛分的目的。图 3-8 所示为旋转式水泵，它由相位依次相差 90°的四个双曲柄机构组成，图 3-8b 是其中一个双曲柄机构的运动简图。当主动曲柄 1 等角速顺时针转动时，连杆 2 带动从动曲柄 3 做周期性变速转动，因此相邻两从动曲柄（隔板）间的夹角也周期性地变化。转到右边时，相邻两隔板间的夹角及容积增大，形成真空，于是从进水口吸水；转到左边时，相邻两隔板间的夹角及容积变小，压力升高，从出水口排水，从而起到泵水的作用。

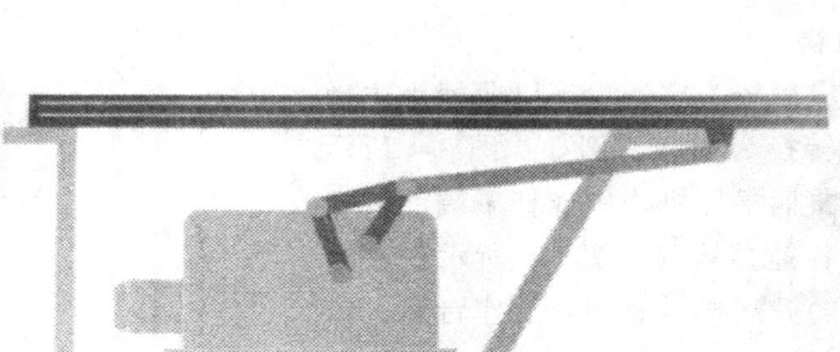

图 3-7　双曲柄机构在惯性筛中的应用

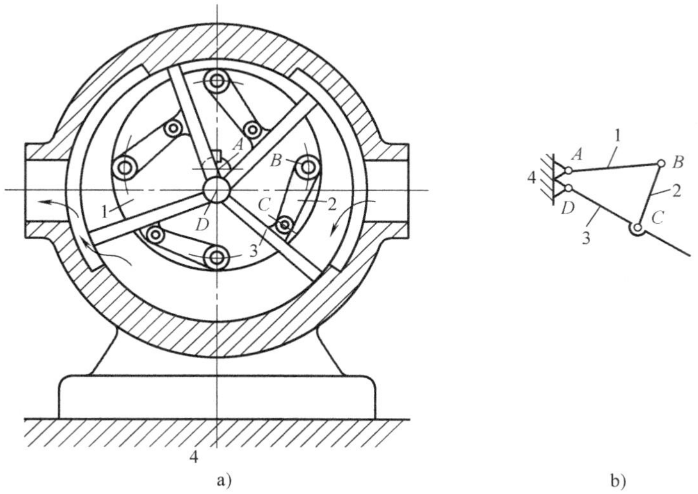

图 3-8　旋转式水泵

双曲柄机构中，用得最多的是平行四边形机构，或称为平行双曲柄机构。如图 3-9a 中的 AB_1C_1D 所示，这种机构的对边长度相等，组成平行四边形，四个转动副均为周转副。当杆 1 做等角速转动时，杆 3 也以相同角速度同向转动，连杆 2 则做平移运动。

必须指出，这种机构当四个铰链中心处于同一条直线（如图 3-9a 中 AB_2C_2D 所示）上时，将出现运动不确定状态，当曲柄 1 由 AB_2 转到 AB_3 时，从动曲柄 3 可能转到 DC_3'，也可能转到 DC_3''。解决的办法一般有两种：一是错开一定角度再安装一组平行四边形机构，如图 3-9b 所示，当上面一组平行四边形机构转到 $AB'C'D$ 共线位置时，下面一组平行四边形机构 $AB_1'C_1'D$ 处于正常位置，故机构仍然保持确定运动；二是如图 3-10 所示的机

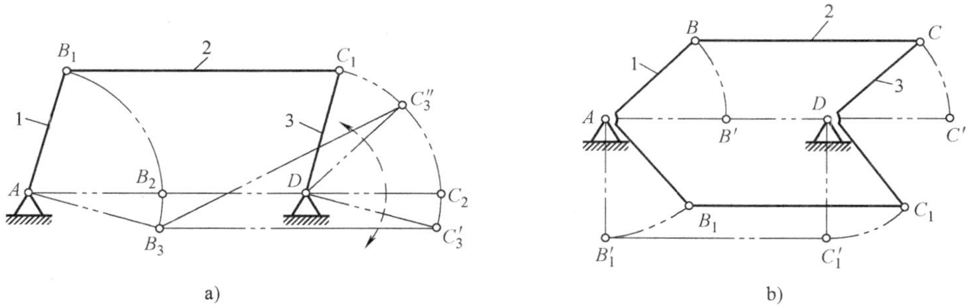

图 3-9　平行四边形机构

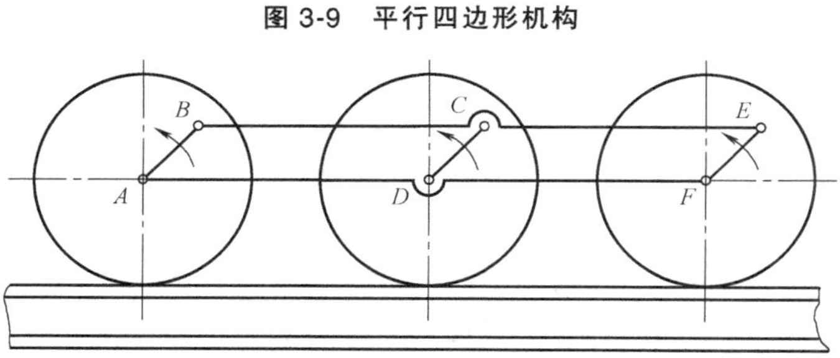

图 3-10　机车车轮联动机构

车车轮联动机构，利用惯性来消除平行四边形机构在这种位置的运动不确定状态。

3. 双摇杆机构

双摇杆机构的两连架杆都不能整周转动。如图 3-11 所示的摄影平台升降机构，其两个摇杆的摆动方向是一致的；图 3-12 所示的车门开闭机构，其两个摇杆的摆动方向相反，以使两扇车门同时打开或关闭。

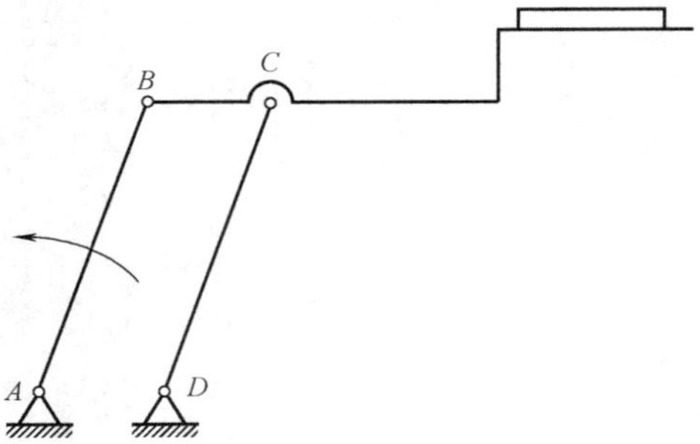

图 3-11 摄影平台升降机构

图 3-12 车门开闭机构

图 3-13 所示为飞机起落架机构的运动简图。飞机着陆前，需要将着陆轮 1 从机翼 4 中推放出来（图中实线所示）；起飞后，为了减小空气阻力，又需要将着陆轮收入翼中（图中虚线所示）。这些动作是由主动摇杆 3，通过连杆 2、从动摇杆 5 带动着陆轮来实现的。图 3-14 所示的鹤式起重机也应用了双摇杆机构。

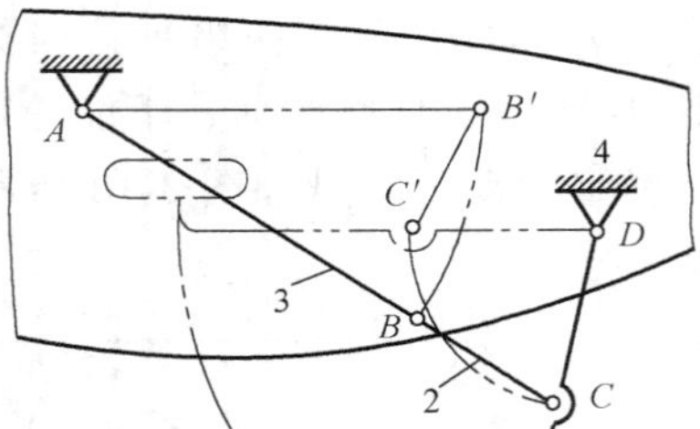

图 3-13 飞机起落架机构运动简图

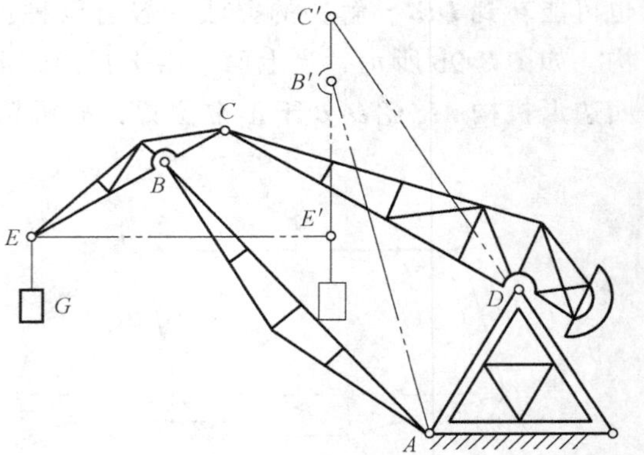

图 3-14 鹤式起重机

3.1.3 铰链四杆机构的演变

在实际机器中，四杆机构有多种形式，但各种形式之间往往具有一定的内在联系，因此可以看作是从基本的铰链四杆机构演化而来。掌握其演化方法就可以创造出新机构。

1. 扩大转动副

在图 3-15a 所示的曲柄滑块机构中，当曲柄 AB 的尺寸较小时，由于结构的需要，常将曲柄改为如图 3-15b 所示的偏心盘，其回转中心至几何中心的偏心距等于曲柄的长度，这种机构称为偏心轮机构。其运动特性与曲柄滑块机构完全相同。偏心轮机构可认为是将

转动副 B 的半径逐渐扩大至超过曲柄的长度演化而成。这种机构多用于曲柄销承受较大冲击载荷或者曲柄长度较短的机械中，如破碎机、剪切机、压力机等。

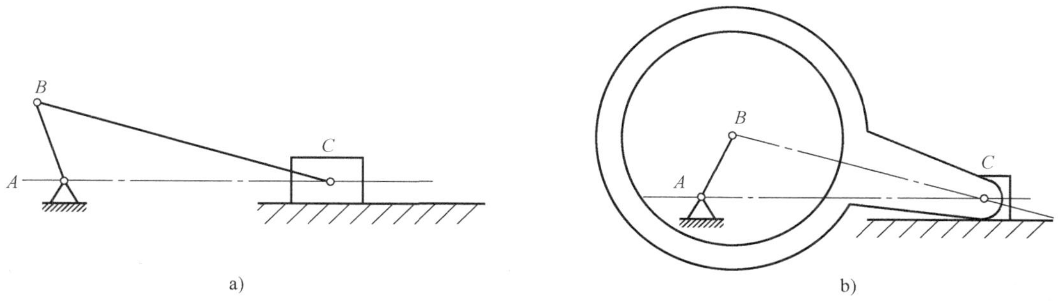

图 3-15　扩大转动副为偏心轮

2. 转动副演化成移动副

图 3-16 所示为一曲柄摇杆机构，其铰链 C 的运动轨迹为弧线 mm。如果将摇杆 3 的长度增加到无穷大，转动副 D 将移至无穷远处，则铰链 C 的轨迹变为直线。若将构件 3 用滑块代替，则 D 副由转动副转化为移动副，原机构也就演化成了图 3-17 所示的曲柄滑块机构了。曲柄滑块机构在活塞式内燃机、往复式水泵、空气压缩机、压力机等机械中有着广泛的应用。

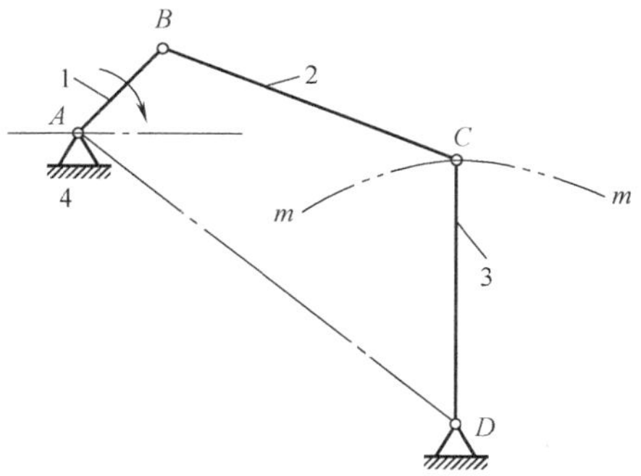

图 3-16　曲柄摇杆机构

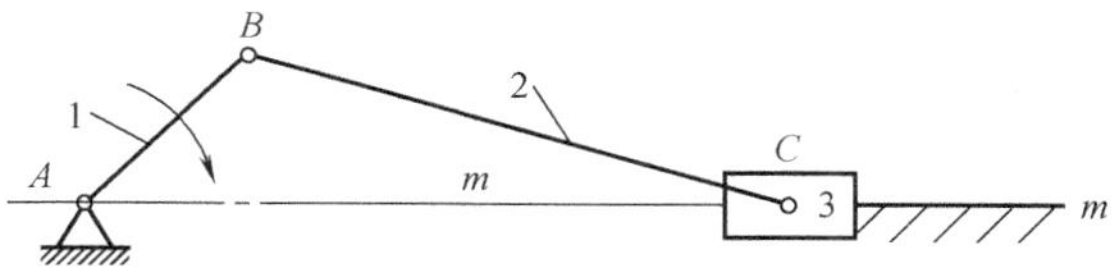

图 3-17　曲柄滑块机构

3. 以不同的构件为机架

铰链四杆机构的三种基本形式，可看作是曲柄摇杆机构取不同构件为机架而得到的。如图 3-18a 所示，设角 φ、β、θ 及 γ 分别为相邻两杆间的夹角。此机构为曲柄摇杆机构，因此，以曲柄为一边的角 φ、β 的变化范围应为 $0°\sim360°$，而其余两角 θ 和 γ 则应小于 360°，即构件 1 相对于构件 2 与 4 可做 360°回转，而构件 3 相对于构件 2 和 4 仅能做小于 360°的摆动。根据低副的运动可逆性，选取不同构件为机架时，便可得到不同形式的机构。例如，在图 3-18a 所示的铰链四杆机构中，如选取构件 1 为机架，则构件 2 和 4 均为曲柄，该机构便为双曲柄机构（图 3-18b）；如选取构件 3 为机架，则构件 2 和 4 均为摇杆，它便是双摇杆机构（图 3-18c）；如选取构件 2 为机架，则构件 1 为曲柄，构件 3 为摇杆，仍为曲柄摇杆机构（图 3-18d）。

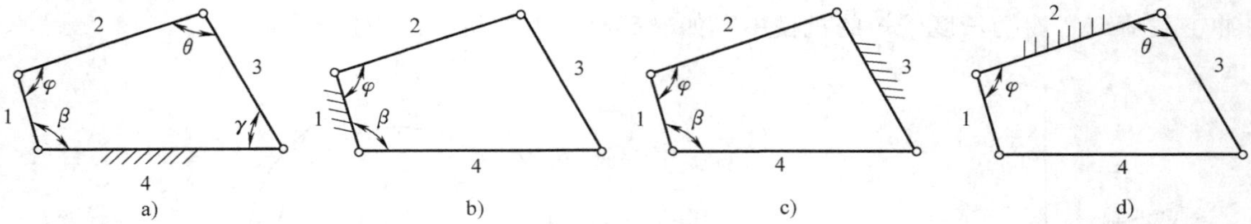

图 3-18　取不同的构件为机架

3.2　具有移动副的四杆机构及其扩展

铰链四杆机构的运动副全部都是转动副，本节主要讨论包含移动副的四杆机构及其扩展。

3.2.1　含有一个移动副的四杆机构

1. 曲柄滑块机构

前面已经讨论过，在图 3-16 所示的曲柄摇杆机构中，如果摇杆的半径逐渐增大直至无穷，铰链 C 的轨迹最终就成为一条直线，由转动副演变成移动副，如果再把构件 3 由摇杆变成滑块，于是曲柄摇杆机构就演化成曲柄滑块机构，如图 3-17 所示。当移动方位线 mm 不通过曲柄回转中心（A 点）时，称为偏心曲柄滑块机构，如图 3-19a 所示，曲柄转动中心至其移动方位线 mm 的垂直距离称为偏心距 e。当移动方位线 mm 通过曲柄转动中心 A 时（即 $e=0$），则称为对心曲柄滑块机构，如图 3-19b 所示。曲柄滑块机构广泛应用于内燃机、空压机及冲压机床中。

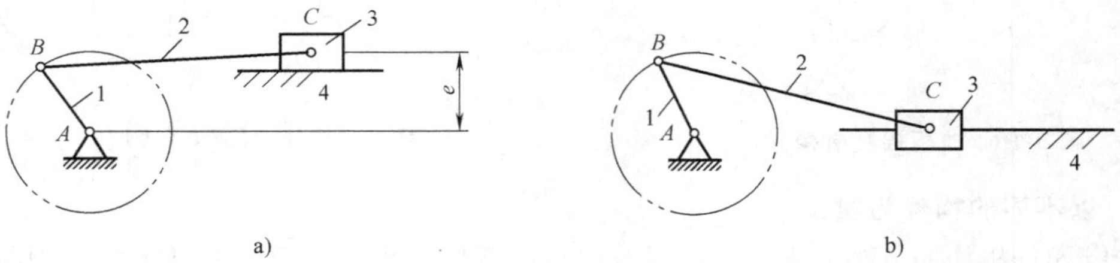

图 3-19　曲柄滑块机构的演化

2. 导杆机构

导杆机构可以理解为是由在曲柄滑块机构中选取不同构件作为机架演化而成的。

图 3-20a 所示为曲柄滑块机构，如将其中的曲柄 1 作为机架，连杆 2 作为主动件，则连杆 2 和构件 4 将分别绕铰链 B 和 A 转动，如图 3-20b 和图 3-21 所示。

当 $AB<BC$ 时（图 3-20b），杆 2 和杆 4 均可做整周回转，称为转动导杆机构；当 $AB>BC$ 时（图 3-21），杆 4 只能做往复摆动，称为摆动导杆机构。

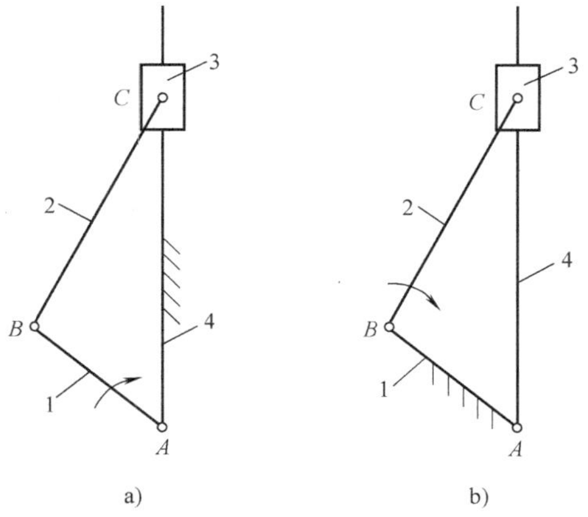

图 3-20　曲柄滑块向导杆机构演化

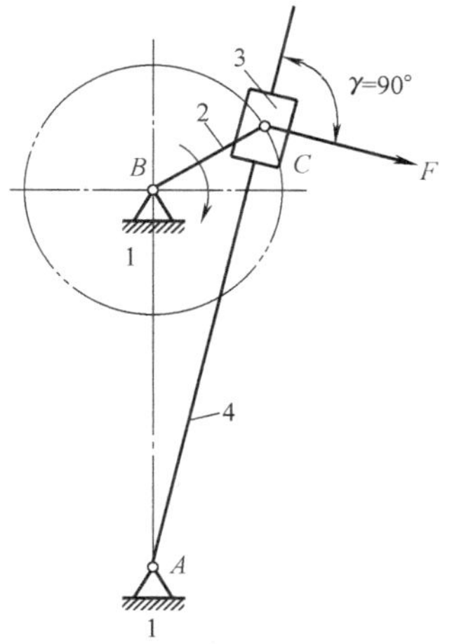

图 3-21　摆动导杆机构

图 3-22 所示为牛头刨床的摆动导杆机构。图 3-23 所示为牛头刨床回转导杆机构，当 *BC* 杆绕 *B* 点做等速转动时，*AD* 杆绕 *A* 点做变速转动，*DE* 杆驱动刨刀做变速往返运动。

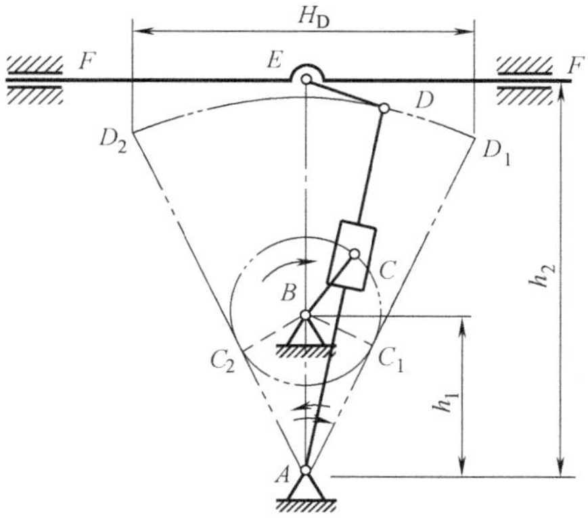

图 3-22　牛头刨床的摆动导杆机构

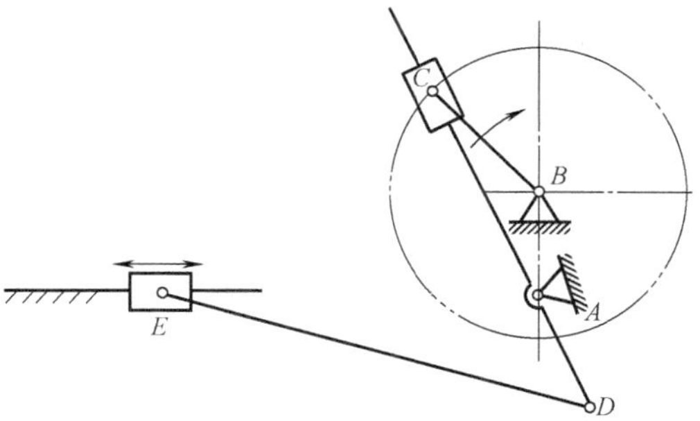

图 3-23　牛头刨床回转导杆机构

3. 摇块机构

在图 3-20a 所示的曲柄滑块机构中，若取杆 2 为机架，即可得图 3-24 所示的摆动滑块机构，又称为摇块机构。这种机构广泛应用于摆动式内燃机和液压驱动装置中。图 3-25 所示为 Y54 插齿机中驱动插刀切削的曲柄摇块机构，当曲柄 1 以等角速度绕 *B* 点回转时，通过齿条连杆 4 带动装在同一轴上的两个齿轮绕 *C* 点往复摆动，从而推动主轴上的齿条，使主轴连同插齿刀做上下往复运动。

4. 定块机构

在图 3-20a 所示曲柄滑块机构中，若取滑块 3 为机架，即可得图 3-26 所示的固定滑块机构，或称为定块机构。这种机构常用于如图 3-27 所示的抽水唧筒等机构中。

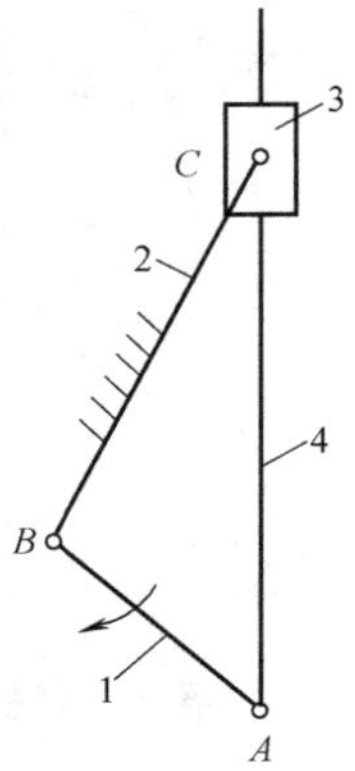

图 3-24　摇块机构

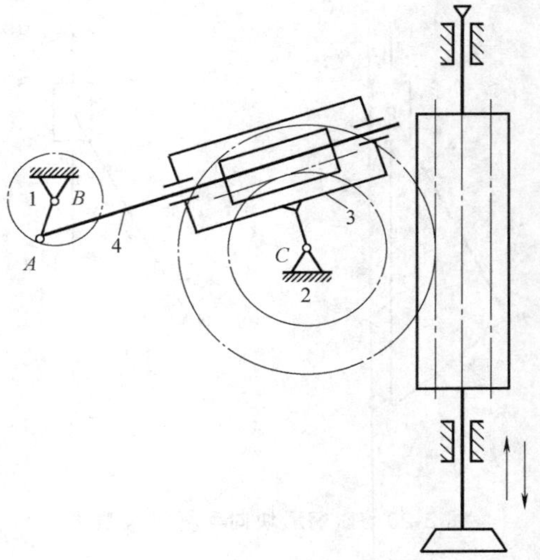

图 3-25　曲柄摇块机构在 Y54 插齿机中的应用

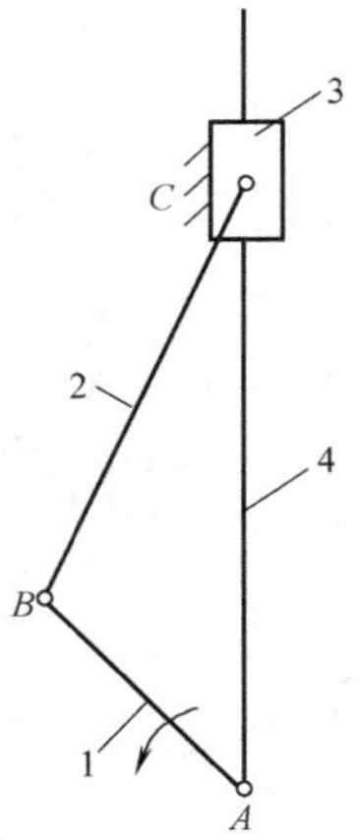

图 3-26　定块机构

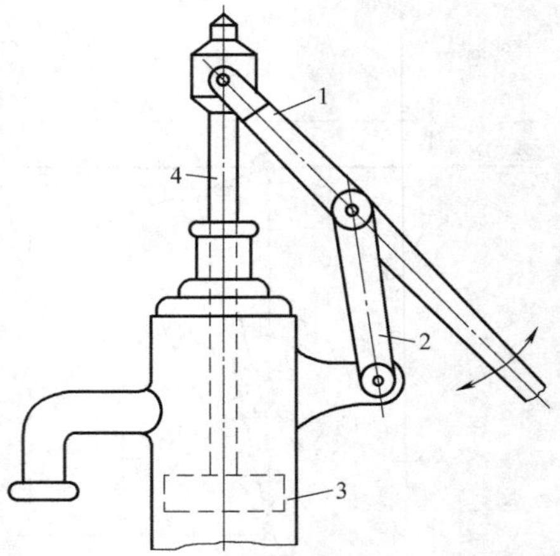

图 3-27　抽水唧筒机构

3.2.2　含有两个移动副的四杆机构（双滑块机构）

根据两个移动副所处的不同位置，可将双滑块机构分成如下四种形式：

1. 两个移动副不相邻

如图 3-28 所示。这种机构从动件 3 的位移与主动件转角的正切成正比，故称为正切机构。

2. 两个移动副相邻

其中一个移动副与机架相关联，如图 3-29 所示。这种机构从动件 3 的位移与主动件转角的正弦成正比，故称为正弦机构。

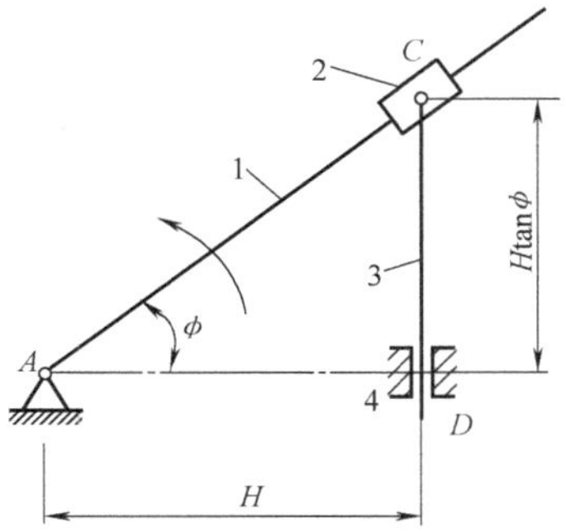

图 3-28　正切机构

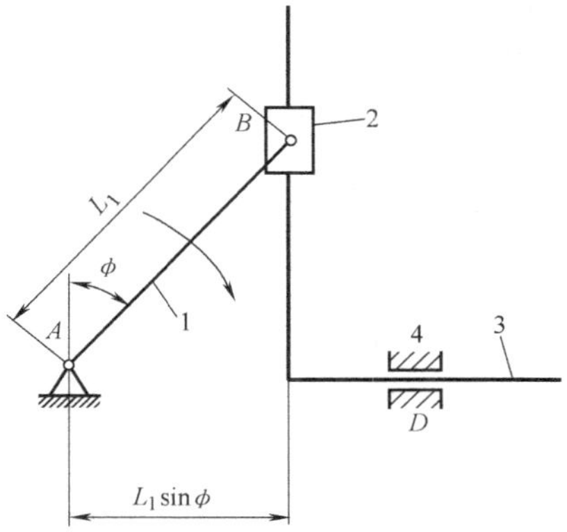

图 3-29　正弦机构

3. 两个移动副相邻，且均不与机架相关联

如图 3-30a 所示，这种机构的主动件 1 与从动件 3 具有相等的角速度。图 3-30b 所示的滑块联轴器就是这种机构的应用实例，它可用来连接中心线不重合的两根轴。

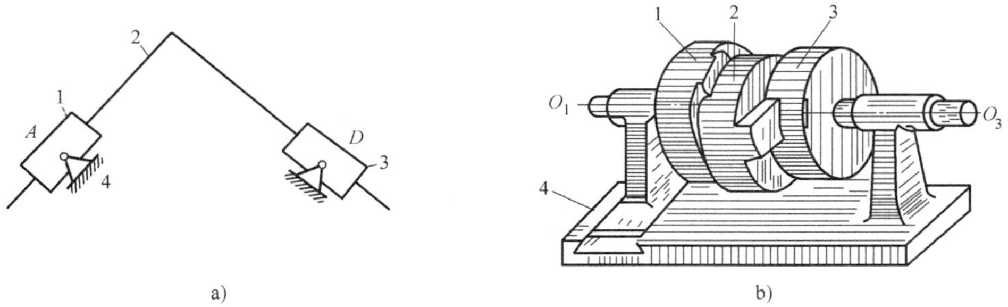

图 3-30　滑块联轴器

4. 两个移动副都与机架相关联

图 3-31 所示的椭圆仪就是这种机构的例子。当滑块 1 和 3 沿机架的十字槽滑动时，连杆 2 上的各点便描绘出长、短轴不同的椭圆。

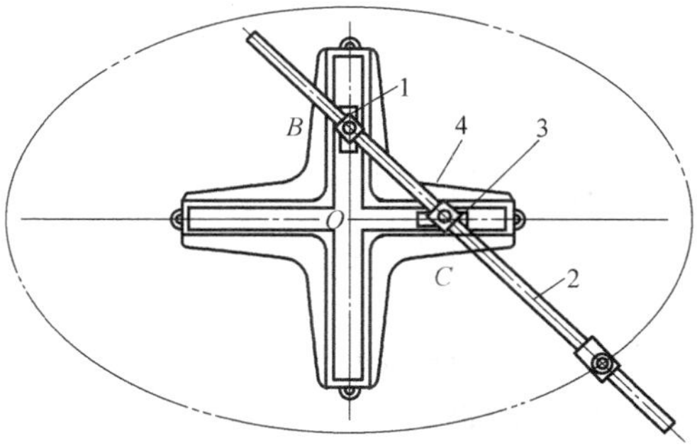

图 3-31　椭圆仪

3.2.3　四杆机构的扩展

除上述四杆机构外，生产中还会用到许多多杆机构。其中有些多杆机构可看成是由若干个四杆机构组合扩展形成的。

图 3-32 所示的手动压力机是一个六杆机构。它可以看成是由两个四杆机构组成的。第一个是由主动摇杆（手柄）1、连杆 2、从动摇杆 3 和机架 4 组成的双摇杆机构；第二个是由摇杆 3、小连杆 5、冲杆 6 和机架 4 组成的摇杆滑块机构。其中前一个四杆机构的输出件被作为第二个四杆机构的输入件。扳动手柄 1，冲杆 6 就上下运动。采用六杆机

构，使扳动手柄的力获得两次放大，从而增大了冲杆的作用力。这种增力作用在连杆机构中经常用到。

图 3-33 所示为筛料机主体机构的运动简图。这个六杆机构也可以看成由两个四杆机构组成。第一个是由主动曲柄 1、连杆 2、从动曲柄 3 和机架 6 组成的双曲柄机构；第二个是由曲柄 3（主动件）、连杆 4、滑块 5（筛子）和机架 6 组成的曲柄滑块机构。

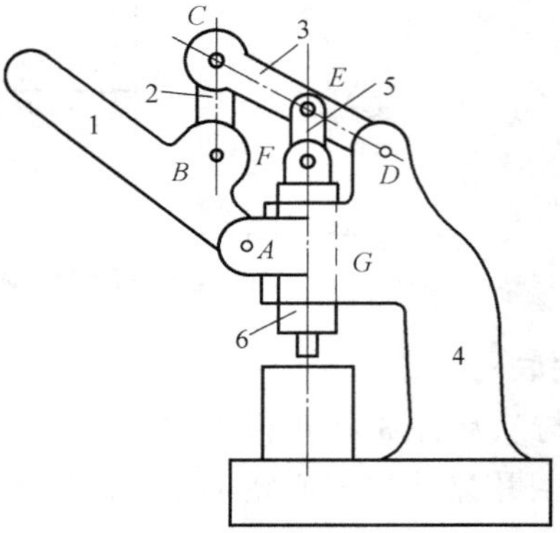

a)

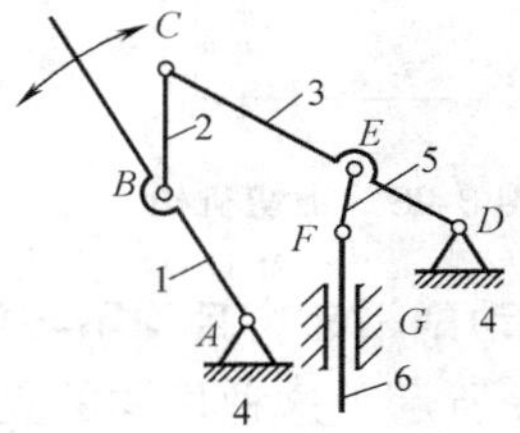

b)

图 3-32　手动压力机

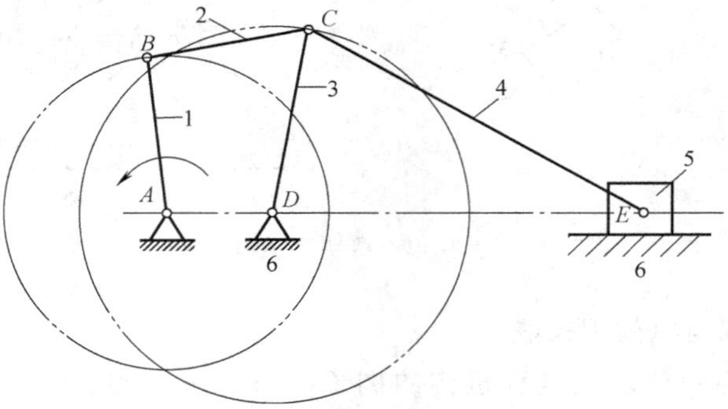

图 3-33　筛料机主体机构运动简图

3.3　平面四杆机构的基本特性

平面四杆机构的基本特性包括运动特性和传力特性两个方面，这些特性不仅反映了机构传递和变换运动与力的性能，而且也是四杆机构类型选择和运动设计的主要依据。现以曲柄摇杆机构为对象分析平面四杆机构传递和转换运动与力的性能。

3.3.1　四杆机构的急回特性和行程速比系数

急回运动是指机构在运动过程中，空回行程速度大于工作行程速度的现象。实际机器如牛头刨床、往复式运输机等机械利用这种急回特性来缩短非生产时间（空回行程时间），提高生产率。

图 3-34 所示为一曲柄摇杆机构，其曲柄 AB 在以 ω 为角速度匀速转动一周的过程中，有两次与连杆 BC 共线。在这两个位置，铰链中心 A 与 C 之间的距离 AC_1 和 AC_2 分别为最短和最长，因而摇杆 CD 的位置 C_1D 和 C_2D 分别为两个极限位置。摇杆在两极限位置间的夹角 ψ 称为摇杆的摆角。

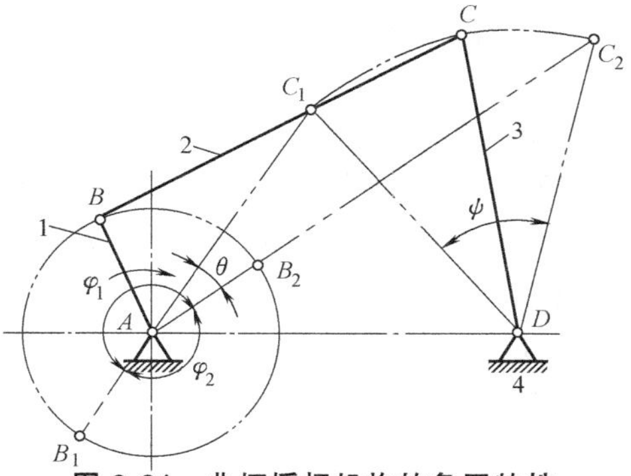

图 3-34　曲柄摇杆机构的急回特性

当曲柄由位置 AB_1，顺时针转到位置 AB_2 时，曲柄转角 $\varphi_1=180°+\theta$，这时，摇杆由极限位置 C_1D 摆到极限位置 C_2D，摇杆摆角为 ψ；而当曲柄顺时针再转过角度 $\varphi_2=180°-\theta$ 时，摇杆由位置 C_2D 摆回到位置 C_1D，其摆角仍然是 ψ。虽然摇杆来回摆动的摆角相同，但对应的曲柄转角却不等（$\varphi_1>\varphi_2$），当曲柄匀速转动时，对应的时间也不等（$t_1>t_2$），说明摇杆往复摆动的快慢不同。令摇杆自 C_1D 摆至 C_2D 为工作行程，这时铰链 C 的平均速度是$v_1=C_1C_2/t_1$；摇杆自 C_2D 摆回 C_1D 为空回行程，这时铰链 C 的平均速度是 $v_2=C_1C_2/t_2$。很明显 $v_1<v_2$，表明摇杆具有急回运动的特性。曲柄摇杆对应的运动关系见表 3-1。

表 3-1　曲柄摇杆对应的运动关系

曲柄参数	摇杆行程 ψ	
	工作行程 $C_1D\rightarrow C_2D$	空回行程 $C_2D\rightarrow C_1D$
位置	$AB_1\rightarrow AB_2$	$AB_2\rightarrow AB_1$
转角	$180°+\theta$	$180°-\theta$
时间	$t_1=\dfrac{180°+\theta}{\omega_1}$	$t_2=\dfrac{180°-\theta}{\omega_2}$

注：ω_1 和 ω_2 分别是 CD 杆在工作行程和空回行程的角速度。

急回运动特性可用行程速比系数 K 表示，即

$$K=\frac{\omega_2}{\omega_1}=\frac{\psi/t_2}{\psi/t_1}=\frac{t_1}{t_2}=\frac{\varphi_1}{\varphi_2}=\frac{180°+\theta}{180°-\theta} \tag{3-1}$$

式中，θ 为摇杆处于两极限位置（曲柄与连杆两次共线）时，对应的曲柄在两个位置（AB_1 和 AB_2）所夹的锐角，称为极位夹角。

将式（3-1）整理后，可得极位夹角的计算公式，即

$$\theta=\frac{K-1}{K+1}\times 180° \tag{3-2}$$

从以上分析可知：极位夹角与行程速比系数间具有一一对应的关系，所以机构的急回特性也可用极位夹角来反映。极位夹角 θ 越大，K 值越大，急回运动的性质也越显著，但机构运动的平稳性也越差。因此，设计时应根据其工作要求，恰当地选择 K 值，在一般机械中 $1<K<2$。

讨论：①当 $K>1$、$K=1$、$K<1$ 时，机构是否具有急回特性？②偏置的曲柄滑块机构和对心曲柄滑块机构的 K 值为多少？

3.3.2 压力角和传动角

在生产实际中，往往要求连杆机构不仅能实现预期的运动规律，还能运转轻便、效率高，这就需要考虑构件间的受力和相对角度。

压力角是指作用在从动件上的驱动力与该力作用点绝对速度之间所夹的锐角 α。在实际应用中，为度量方便起见，常用压力角的余角 γ 来衡量机构传力性能的好坏，γ 称为传动角（即连杆与从动摇杆之间所夹的锐角）。显然，$\alpha+\gamma=90°$。

如图 3-35 所示的曲柄摇杆机构，若不计各杆质量和运动副中的摩擦，则连杆 BC 为二力杆，它作用于从动摇杆 3 上的力 $\boldsymbol{F}$ 是沿 BC 方向的。作用在从动件上的驱动力 $\boldsymbol{F}$ 与该力作用点绝对速度 v_C 之间所夹的锐角 α 即为压力角。由图可见，力 $\boldsymbol{F}$ 在 v_C 方向的有效分力 $F_t=F\cos\alpha$，它可使从动件产生有效的回转力矩（绕 D 点的转动力矩），显然 F_t 越大越好。而 $\boldsymbol{F}$ 在垂直于 v_C 方向的分力 $F_n=F\sin\alpha$ 则为无效分力，它不仅无助于从动件的转动，反而增加了从动件转动时的摩擦阻力矩。因此，希望 F_n 越小越好。由此可知，压力角 α 越小，传动角 γ 越大，机构的传力性能就越好；反之，机构传动越费劲，效率越低。因此，压力角和传动角可作为衡量机构传动性能的标志，工程上多用传动角 γ 表示机构的传力性能。

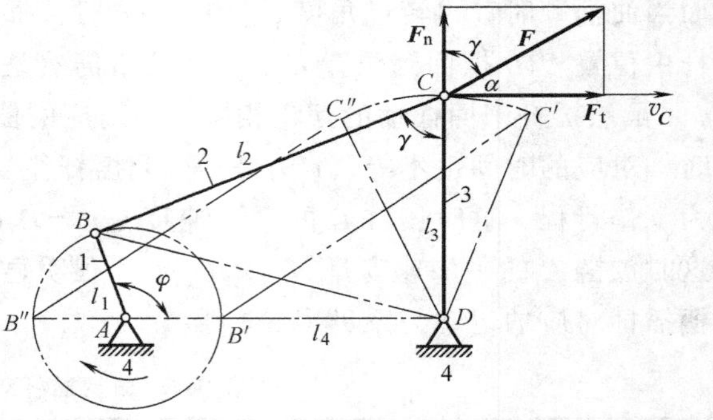

图 3-35 压力角与传动角

理想情况是 $\alpha=0°$，即 $\gamma=90°$时，机构传动效果最好。由于机构在运动中，压力角和传动角的大小随机构的不同位置而变化。为了保证机构的正常传动，通常应使传动角的最小值 $\gamma_{\min}$ 大于或等于其许用值 $[\gamma]$。一般机械中，推荐 $[\gamma]=40°\sim50°$。对于传动功率大的机构，如压力机、颚式破碎机中的主要执行机构，为使工作时得到更大的功率，可取 $\gamma_{\min}=[\gamma]\geqslant50°$。对于一些非传动机构，如控制、仪表等机构，也可取 $[\gamma]<40°$，但也不能过小。

通常，可以采用以下方法来确定最小传动角 $\gamma_{\min}$。由图 3-35 中 $\triangle ABD$ 和 $\triangle BCD$ 可分别得出

$$\overline{BD}^2=l_1^2+l_4^2-2l_1l_4\cos\varphi$$

$$\overline{BD}^2=l_2^2+l_3^2-2l_2l_3\cos\angle BCD$$

由此可得

$$\cos\angle BCD=\frac{l_2^2+l_3^2-l_1^2-l_4^2+2l_1l_4\cos\varphi}{2l_2l_3} \tag{3-3}$$

当 $\varphi=0°$ 和 180°时，$\cos\varphi=\pm1$，$\angle BCD$ 分别出现最小值 $\angle BCD_{min}$ 和最大值 $\angle BCD_{max}$。如上所述，传动角 γ 是用锐角表示的。当 $\angle BCD$ 为锐角时，传动角 γ 等于 $\angle BCD$，显然，$\angle BCD_{min}$ 即是传动角的最小值；当 $\angle BCD$ 为钝角时，传动角 γ 应以 $180°-\angle BCD$ 来表示，显然，$\angle BCD_{max}$ 对应传动角的另一极小值。若 $\angle BCD$ 由锐角变成钝角，则机构运动过程中，将在 $\angle BCD_{min}$ 和 $\angle BCD_{max}$ 位置两次出现传动角的极小值。两者中较小的一个即为该机构的最小传动角 γ_{min}。对于以曲柄为主动件的曲柄摇杆机构，当曲柄与机架两次共线时，传动角取得极大值和极小值。

3.3.3　机构的死点

在图 3-36 所示的曲柄摇杆机构中，如果摇杆 CD 为主动件，当机构运动到连杆 BC 与曲柄 AB 拉直或重叠共线的位置时，主动件通过连杆作用于从动件上的力恰好经过其转动中心，此时传动角 $\gamma=0°$，它不能推动曲柄转动而使机构“卡死”，这种位置称为机构的死点。

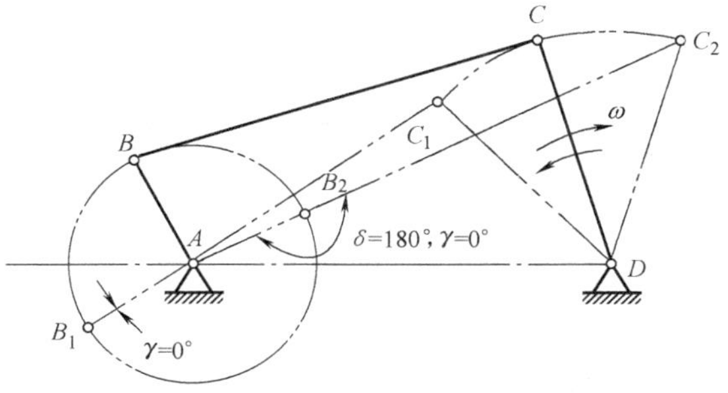

图 3-36　曲柄摇杆机构的死点

需要指出，机构有无死点位置与哪个构件为主动件有关。当曲柄摇杆机构中的曲柄为主动件时，机构就无死点。对于传动而言，机构有死点是一种缺陷，需设法克服。为了消除死点位置的不良影响，可以对从动曲柄施加外力，或利用飞轮及构件自身的惯性作用，使机构通过死点位置。

图 3-37 所示为缝纫机的踏板机构，及其机构运动简图。踏板 1（主动件）往复摆动，通过连杆 2 驱使曲柄 3（从动件）做整周转动，再经过带传动使机头主轴转动。在实际使用中，缝纫机有时会出现踏不动或倒车现象，这就是由于机构处于死点位置引起的。在正常运转时，借助安装在机头主轴上的飞轮（即上带轮）的惯性作用，可以使缝纫机踏板机构的曲柄冲过死点位置。

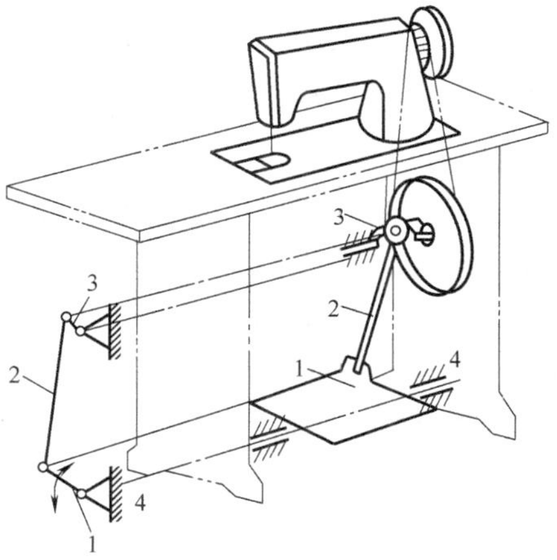

图 3-37　缝纫机踏板机构

但任何事情都具有两面性，也可以利用死点来实现一定的工作要求。图 3-38a 所示的飞机起落架机构，就是利用死点位置使降落更可靠。当机轮放下时，机构正好处于死点位置。这样，机轮受到地面的作用力经杆 BC 传给杆 CD 时正好通过其转动中心 D，所以起落架不会反转折回。图 3-38b、c 所示的工装夹具和电气设备开关的分合闸机构也都是利用死点来工作的。

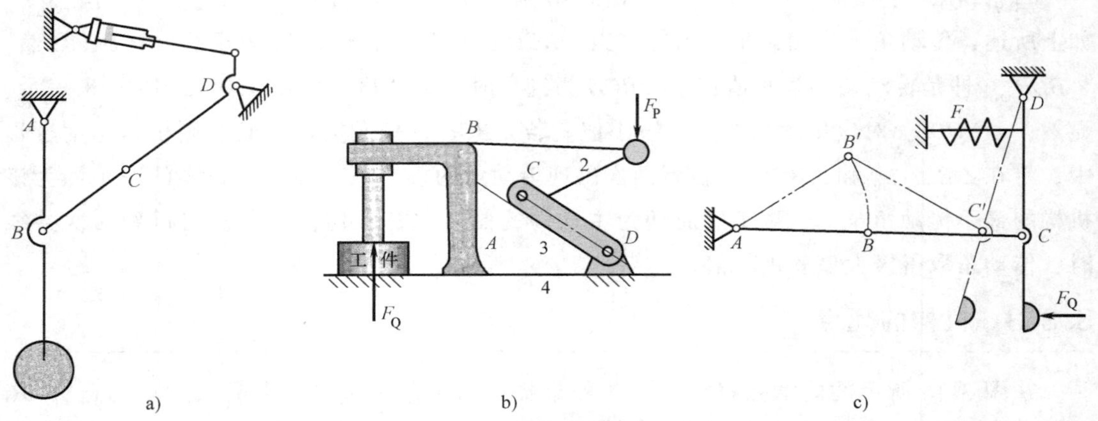

图 3-38　利用死点位置工作的机构

3.4　平面四杆机构的运动学设计

3.4.1　平面连杆机构设计概述

1. 平面连杆机构设计的主要任务

平面连杆机构运动学设计的主要任务是根据给定的条件和提出的要求，正确选定机构的类型，确定各构件的尺寸，同时还要满足结构条件（如要求存在曲柄、杆长比恰当等）、动力条件（如适当的传动角等）和运动连续条件等附加要求。

机械的用途和性能不同，其连杆机构设计的要求也不同，但这些设计要求可归纳为以下三类：

1）满足预定的连杆位置要求。要求连杆能占据一系列的预定位置。因这类设计问题要求机构能引导连杆按一定方位通过预定位置，故又称为刚体导引问题。

2）满足预定的运动规律要求。如要求两连架杆的转角能够满足预定的对应位置关系；或要求在主动件运动规律一定的条件下，从动件能够准确地或近似地满足预定的运动规律。

3）满足预定的轨迹要求。要求在机构运动过程中，连杆上某些点的轨迹能符合预定的轨迹要求。如图 3-14 所示的鹤式起重机构，为避免货物做不必要的上下起伏运动，连杆上吊钩滑轮的中心点 E 应沿水平直线 EE'移动；而对图 3-4 所示的搅拌器机构，应保证连杆上的搅拌端点能按预定的轨迹运动，以完成搅拌运动等。

2. 设计中检验机构是否满足附加要求

1）检验是否有曲柄存在。对于采用电动机、发动机等旋转式原动机驱动的机构，要求其主动件为曲柄，这时应检验该机构是否存在曲柄。

2）运动连续性检验。应检验机构能否连续运动到给定的位置，即机构在运动时确实能满足给定的运动要求，而不存在运动干涉。

3）传动效率的检验。为保证机构具有较高的传动效率，应使机构满足传动角要求（$\gamma_{min} \geqslant [\gamma]$，其中 $[\gamma]$ 为许用传动角）。

4）检查机构外廓尺寸和各构件尺寸是否合适。在实际机器中，由于结构上的限制，往往对机构所占的空间有一定的限制。因此，必须保证所设计的机构在允许的空间内运动。至于各构件尺寸，还应考虑具体结构设计和制造等方面的因素，确定其是否能够实现，以及是否合理。

3. 设计方法种类

平面连杆机构的设计方法大致分为图解法、解析法和实验法。其中图解法是利用几何作图原理来进行设计。图解法设计简明易懂、求解快，不足之处在于手工绘图精度差。但计算机绘图已解决了这一问题，目前，其精度完全可以满足任何工程需要。解析法是以机构参数来表达各构件运动间的函数关系，从而按给定条件来求解未知参数。解析法精度较高，而且还有一个突出的优点：当设计参数变化时，很容易由设计变量间的函数关系得到设计结果，如果引入数学线性规划，还可以寻求机构的最优设计，这一点是图解法和实验法难以企及的。虽然解析法相对于图解法来说比较繁杂，但现今 CAD 技术的发展成熟使得解析法也变得较为容易。实验法是利用试凑和连杆曲线图谱等方法来进行求解的。实验法直观、迅速，可近似达到要求，常用作设计的预选。

3.4.2　按给定的行程速比系数设计四杆机构

给定行程速比系数 K，也就是给定了四杆机构具有急回运动的条件。设计时先按 K 值算出极位夹角 θ，再按极限位置的几何关系，结合给定的有关辅助条件，确定机构的尺寸参数。

1. 曲柄摇杆机构的设计

已知曲柄摇杆机构中摇杆 CD 的长度、摆角 φ 和行程速比系数 K，试设计该曲柄摇杆机构。本题实质是确定曲柄 AB 的固定铰链点 A，由此便不难求出其他各杆长度，设计步骤如下：

1）由给定的行程速比系数 K，用式（3-2）算出极位夹角 θ。

$$\theta=\frac{K-1}{K+1}\times180^\circ$$

2）任选一固定铰链点 D，选取长度比例尺 μ_1，并按摇杆长 l_{CD} 和摆角 ψ 作出摇杆的两个极限位置 C_1D 和 C_2D，如图 3-39 所示。

3）连接 C_1、C_2，并自 C_1（或 C_2）作 C_1C_2 的垂线 C_1M。

4）作 $\angle C_1C_2N=90^\circ-\theta$，则直线 C_2N 与 C_1M 相交于点 P。由三角形的三内角和等于 180°可知，直角三角形 C_1PC_2 中，$\angle C_1PC_2=\theta$。

5）以 C_2P 为直径作直角三角形 C_1PC_2 的外接圆（圆心为 O），在圆弧 PC_1 上任选一点 A 作为

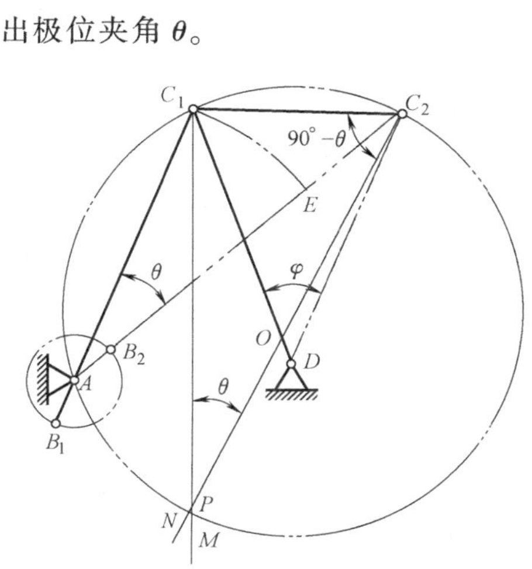

图 3-39　曲柄摇杆机构设计

曲柄 AB 的机架铰链点，并分别与 C_1、C_2 相连。则 $\angle C_1AC_2=\angle C_1PC_2=\theta$（同一弧所对的圆周角相等）。

6）由图可知，摇杆在两极限位置时曲柄和连杆共线，故有 $\overline{AC_1}=\overline{BC}-\overline{AB}$ 和 $\overline{AC_2}=\overline{BC}+\overline{AB}$。解此两方程可得：$\overline{AB}=\dfrac{\overline{AC_2}-\overline{AC_1}}{2}$，$\overline{BC}=\dfrac{\overline{AC_2}+\overline{AC_1}}{2}$。此结果也可通过作图在图上直接求出。方法是：以 A 为圆心、AC_1 为半径作圆弧交 AC_2 直线于 E 点，则 $\overline{EC_2}=2\overline{AB}$，然后，再以 A 为圆心，以 $\overline{EC_2}/2$ 为半径作圆，分别交 C_1A 的延长线和 C_2A 于点 B_1 和 B_2，则 $\overline{AB_1}=\overline{AB_2}=\overline{AB}$ 即为曲柄长， $\overline{B_1C_1}=\overline{B_2C_2}=\overline{BC}$ 为连杆长，$\overline{AD}$ 为机架长，则铰链四杆机构 AB_1C_1D 即为所求。

由于点 A 可在圆弧 PC_1 上任选（圆弧$\overparen{C_1C_2}$除外），故在满足行程速比系数 K 的条件下可有无穷多解。如前所述，点 A 位置不同，机构传动角大小也不同。为了获得较好的传力性能，可按最小传动角或其他辅助条件来确定点 A 的位置。

2. 曲柄滑块机构的设计

已知行程速比系数 K 和滑块的行程 S，试设计该曲柄滑块机构。本题实质也是确定曲柄 AB 的固定铰链点 A，由此便不难求出其他各杆长度，设计步骤如下：

1）由行程速比系数 K，按式（3-2）算出极位夹角 θ。

2）作 C_1C_2 等于滑块的行程 S，如图 3-40 所示。从 C_1、C_2 两点分别作 $\angle C_1C_2O=\angle C_2C_1O=90°-\theta$，得 C_1O 与 C_2O 的交点 O。这样，得到 $\angle C_1OC_2=2\theta$。再以 O 点为圆心、OC_1 为半径作圆 L。若给出偏心距 P 的值，则 A 点的具体位置就可以确定。如前所述，满足条件的 A 点有无数个，所以 A 点范围也需加以限制。

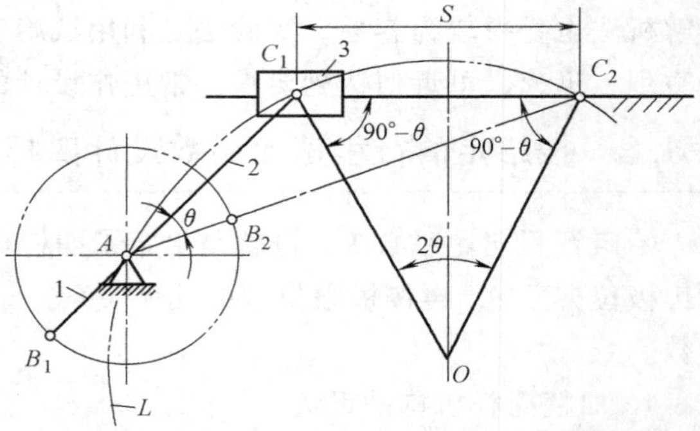

图 3-40　按行程速比系数 K 设计曲柄滑块机构

3）当 A 点确定后，连接 AC_1 和 AC_2。根据式 $\overline{AB}=\dfrac{\overline{AC_2}-\overline{AC_1}}{2}$ 算出曲柄 1 的长度 $\overline{AB}$。以 A 点为圆心、$\overline{AB}$ 为半径作圆，该圆即为曲柄 AB 上 B 点的轨迹。

3. 摆动导杆机构的设计

已知机架长度 l_4 和行程速比系数 K，试设计该摆动导杆机构。本题实质是确定曲柄的长度 l_1。对于摆动导杆机构来说，由图 3-41 可知，曲柄 AB 的极位夹角 θ 等于导杆的摆角 ψ，其设计步骤如下：

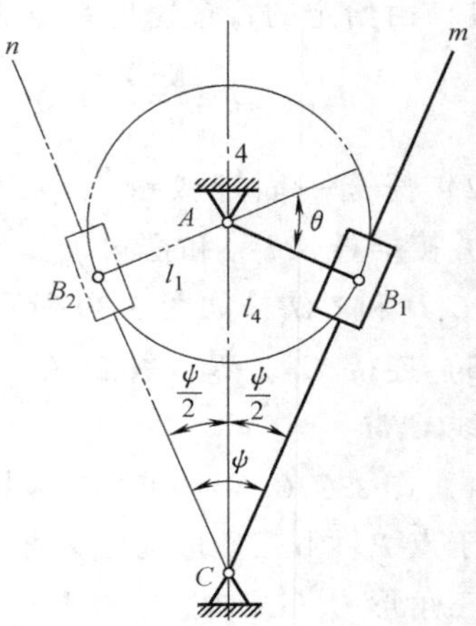

图 3-41　按行程速比系数 K 设计摆动导杆机构

1）由已知行程速比系数 K，按式（3-2）求得极位夹角 θ（即摆角 ψ）。

2）选取适当比例，任选固定铰链中心 C，以夹角 ψ 作出导杆两极限位置 Cm 和 Cn。

3）作摆角 ψ 的平分线 AC，并在线上取 $\overline{AC}=l_4$，得固定铰链中心 A 的位置。

4）过 A 点作导杆极限位置的垂线 AB_1（或 AB_2），即得曲柄长度 $l_1=\overline{AB}_1$。

3.4.3　按给定连杆的位置设计四杆机构

在生产实践中，常需要根据连杆的两个位置或三个位置来设计平面四杆机构。如加热炉炉门的启闭机构、铸造厂的翻台震实造型机的翻转机构等都是要求实现连杆两个位置的问题。下面介绍其设计方法和步骤。

已知连杆 2 的长度 b 和它的三个位置 B_1C_1、B_2C_2、B_3C_3，试设计该铰链四杆机构，如图 3-42 所示。

在铰链四杆机构中，连架杆 1 和 3 分别绕两个固定铰链 A 和 D 转动，所以连杆上 B 点的三个位置 B_1、B_2、B_3 应位于同一圆周上，其圆心即位于连架杆 1 的固定铰链 A 的位置。因此，分别连接 B_1、B_2 及 B_2、B_3，并作两连线各自的中垂线，其交点即为固定铰链 A。同理，可求得连架杆 3 的固定铰链 D。连线 $\overline{AD}$ 即为机架的长度。这样，构件 1、2、3、4 即组成所要求的铰链四杆机构。

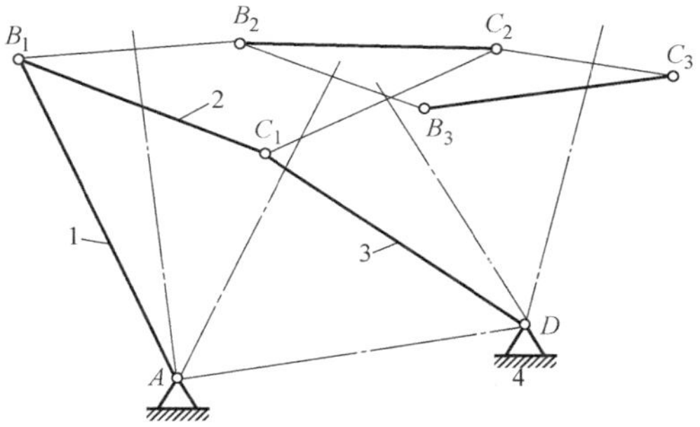

图 3-42　按给定连杆的位置设计铰链四杆机构

若只给定连杆的两个位置，则 A 点和 D 点可分别在 B_1B_2 和 C_1C_2 各自的中垂线上任意选择。因此，有无穷多解。为了得到确定的解，需根据机构具体的运动要求添加辅助条件来确定 A 点、D 点的位置，例如给定最小传动角或提出其他结构上的要求等。

3.4.4　按给定两连架杆的对应位置设计四杆机构

在图 3-43 所示的铰链四杆机构中，已知连架杆 AB 和 CD 的三对对应位置：φ_1、ψ_1，φ_2、ψ_2 及 φ_3、ψ_3，要求确定各杆的长度 l_1、l_2、l_3 和 l_4。现以解析法求解。此机构各杆长度按同一比例增减时，各杆转角间的关系不变，故只需确定各杆的相对长度。取 $l_1=1$，则该机构的待求参数只有三个。

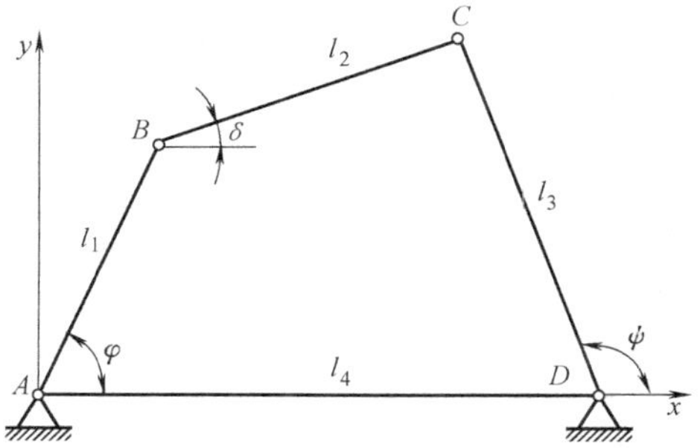

图 3-43　机构的封闭多边形

该机构的四个杆组成封闭多边形。取各杆在坐标轴 x 和 y 上的投影，可得以下关系式：

$$\begin{cases}\cos\varphi+l_2\cos\delta=l_4+l_3\cos\psi\\ \sin\varphi+l_2\sin\delta=l_3\sin\psi\end{cases}$$

将 $\cos\varphi$ 和 $\sin\varphi$ 移到等式右边，再把两个等式两边平方相加，即可消去 δ，整理后得

$$\cos\varphi=\frac{l_4^2+l_3^2+1-l_2^2}{2l_4}+l_3\cos\psi-\frac{l_3}{l_4}\cos(\psi-\varphi)$$

为简化上式，令

$$P_0=l_3, P_1=-\frac{l_3}{l_4},\qquad P_2=\frac{l_4^2+l_3^2+1-l_2^2}{2l_4} \tag{3-4}$$

则有

$$\cos\varphi=P_0\cos\psi+P_1\cos(\psi-\varphi)+P_2 \tag{3-5}$$

上式即为两连架杆转角之间的关系式。将已知的三对对应转角 φ_1、ψ_1，φ_2、ψ_2 及 φ_3、ψ_3 分别代入式（3-5）可得到方程组：

$$\begin{cases}\cos\varphi_1=P_0\cos\psi_1+P_1\cos(\psi_1-\varphi_1)+P_2\\ \cos\varphi_2=P_0\cos\psi_2+P_1\cos(\psi_2-\varphi_2)+P_2\\ \cos\varphi_3=P_0\cos\psi_3+P_1\cos(\psi_3-\varphi_3)+P_2\end{cases} \tag{3-6}$$

由方程组可以解出三个未知数 P_0、P_1 和 P_2。将它们代入式（3-4），即可求得 l_2、l_3 和 l_4。以上求出的杆长 l_1、l_2、l_3 和 l_4 可同时乘以大于零的任意比例常数，所得机构都能实现对应的转角关系。

若仅给定两连架杆两对位置，则由式（3-5）只能得到两个方程，P_0、P_1、P_2 三个参数中的一个可以任意给定，所以有无穷解。若给定两连架杆的位置超过三对，则不可能有精确解，只能用优化或试凑的方法求其近似解。

3.4.5 按给定点的运动轨迹设计四杆机构

对于要求按照给定点的运动轨迹设计四杆机构的问题，用实验法和图谱法更为简单易行。

1. 实验法

如图 3-44 所示，设已知主动件 *AB* 的长度及其固定铰链中心 *A* 和连杆上一点 *M*。现要求设计一个四杆机构，使连杆上的点 *M* 沿着预定的轨迹运动。为解决此问题，现在连杆上另取一些点 *C′*，*C″*，*C‴*，…，在点 *M* 沿着预期的轨迹运动过程中，这些点也将描绘出各自的连杆曲线。在这些曲线中，找出圆弧或近似圆弧的曲线，即可将描绘此曲线的点作为连杆与另一连架杆的铰接点 *C*，而将此曲线的曲率中心作为该连架杆与机架的铰接点 *D*。这样得到 *AD* 即为机架，*CD* 即为从动连架杆，从而设计出了能够实现预期运动轨迹的四杆机构。

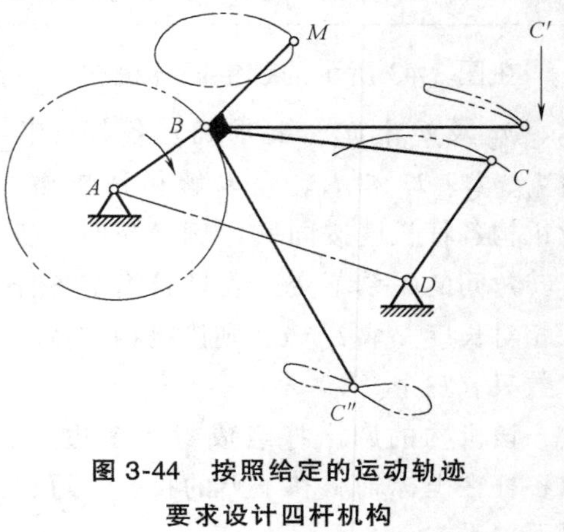

图 3-44　按照给定的运动轨迹要求设计四杆机构

2. 图谱法

实验法在实际运用中颇为麻烦，因此有时

用另一种更简便的方法——图谱法，即利用编纂汇集的连杆曲线图谱设计平面四杆机构。

图 3-45 所示为一描绘连杆曲线的仪器。设主动件为单位长度，其余构件的相对长度做成可调的。在连杆上固定一块多孔薄板，当机构运动时，板上每个孔的运动轨迹就是一条连杆曲线。为了把这些曲线记录下来，可利用光束照射的办法把这些曲线印在感光纸上。这样就得到了一组连杆曲线。然后改变各杆的相对长度，作出另外许多形状不同的连杆曲线。把这些记录下来的连杆曲线按顺序整理汇编成册，即成为连杆曲线图谱。图 3-46 所示即为《连杆曲线图谱》中的一张图。

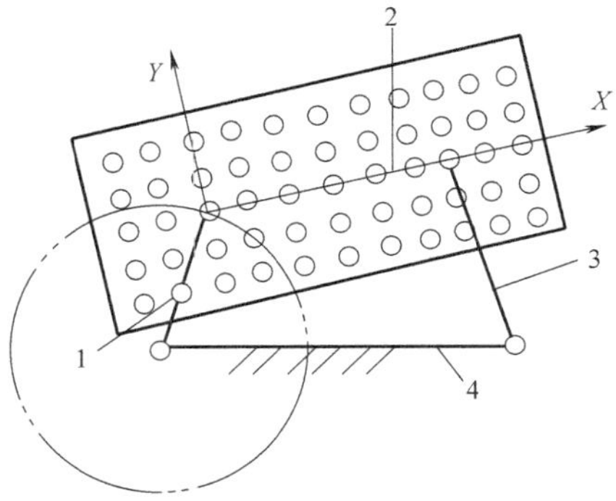

图 3-45　描绘连杆曲线的仪器

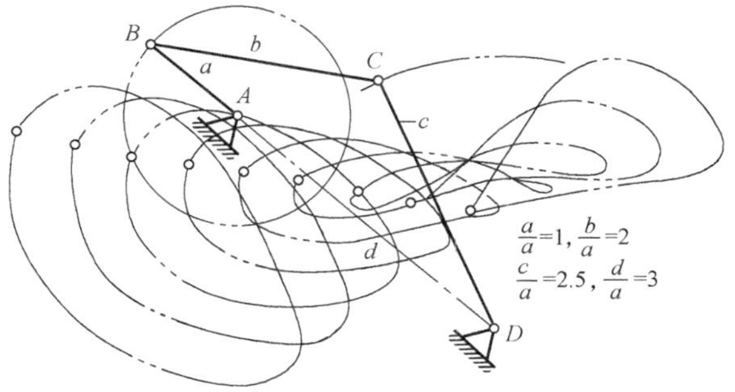

图 3-46　《连杆曲线图谱》中的一张图

图谱法的方法与步骤如下：

1）根据预定的运动轨迹从《连杆曲线图谱》中选择形状相近的曲线。

2）查得机构中各杆相对尺寸及描绘轨迹点在连杆上的位置。

3）用缩放仪求出图谱曲线与所需轨迹曲线的缩放倍数。

4）求得四杆机构的结构及运动尺寸。

3.5　平面机构在汽车上的应用

3.5.1　履带车辆悬挂装置

履带车辆悬挂装置是双摇杆机构的典型应用，如图 3-47 所示。当履带车辆在不平路面上行驶时，负重轮 6 相对于车体上下运动，带动平衡轴总成 2 绕扭力轴 O 摆动，通过拉臂 4、连接臂 5 使减振器轴 O'转动。减振器轴的转动产生摩擦力矩，并通过连接臂、拉臂反作用到平衡肘上，对负重轮起作用。摩擦式减振器 3 产生的摩擦阻力矩与负重轮行程近似成正比例。当车体振幅不大时，减振阻力也不大；当车体振幅增大时，减振阻力也加大，使振幅较大的振动很快衰减，从而缓和车辆行驶时负重轮传到车体上的冲击力，衰减车体的振动。

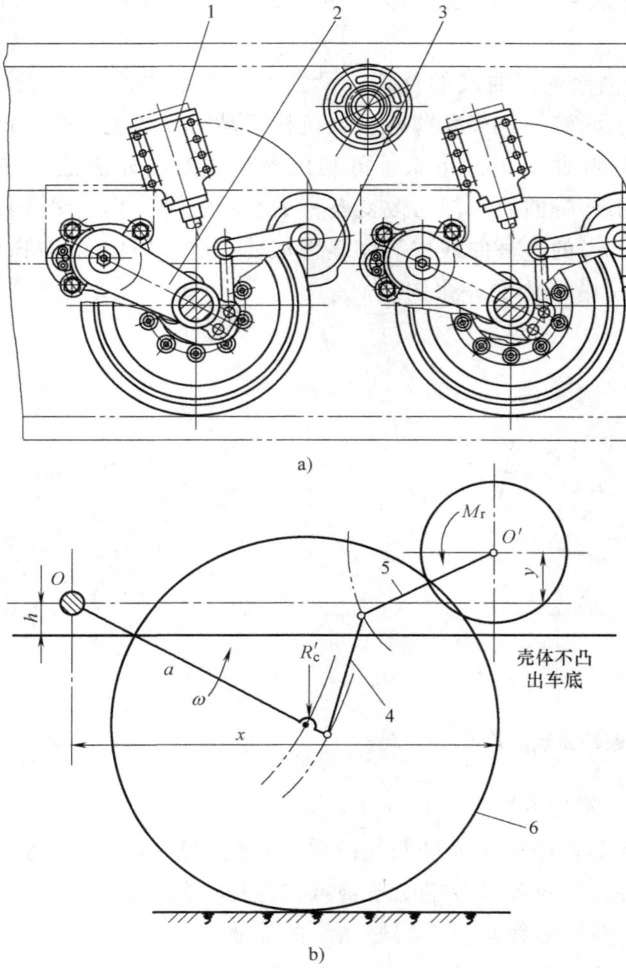

图 3-47　履带车辆悬挂装置

a）履带车辆悬挂装置结构　b）机构示意图

1—弹性缓冲器　2—平衡轴总成　3—摩擦式减振器　4—拉臂　5—连接臂　6—负重轮

O—扭力轴（扭杆）　O'—减振器轴

3.5.2　汽车发动机的曲柄连杆机构

汽车发动机的曲柄连杆机构实际上就是含有一个移动副的对心曲柄滑块机构，活塞（滑块）为主动件，曲柄为从动件，其主要功能就是把活塞的上下往复运动变为曲轴的旋转运动。当活塞处于上下止点时，该机构实际上就处于死点位置。解决的办法有两个：一是依靠曲轴和飞轮的惯性来通过死点；二是多缸发动机具有多组相互错位排列的曲柄滑块机构，当一个机构处于死点位置时，其他的机构还在正常运动，这样多组机构的死点位置就相互错开了。需要指出的是，帮助活塞连杆机构通过死点只是飞轮的一个功用，其另一个重要功用是调节曲轴转速的波动。图 3-48 所示的六缸发动机曲轴布置就是一典型的错位排列，六个缸对应的曲拐分成三组均匀错位排列，从而使三组机构的死点位置相互错开来通过死点。这样布置其实还有一个重要的作用，就是它们的惯性力可以相互平衡抵消，从而使得整个曲轴的惯性力为趋于零。

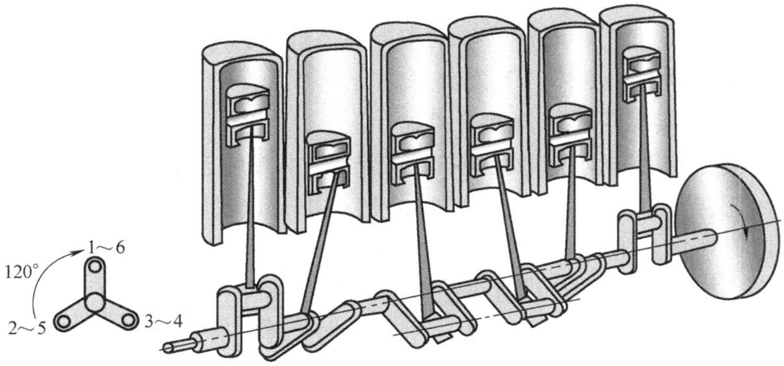

图 3-48　直列六缸发动机曲轴布置

3.5.3　汽车底盘的转向梯形

1. 基本的汽车转向梯形

图 3-49 所示是汽车前轮转向机构。相对固定件 4 是机架（汽车前轴），构件 1、2、3 和 4 构成双摇杆机构，连架杆 1 和 3 长度相等，组成一个等腰梯形，称为汽车的转向梯形机构。汽车的两个前轮浮套在梯形机构两连架杆 1 和 3 向两侧伸出的所谓“转向轴”上。当汽车直线前进时，两前轮平行，如图中的粗实线所示。当汽车向左转弯时，要求两前轮的转向轴轴线的交点位于后轴的延长线上的某点，即要求三条轴线交于一点，从而能使两前轮轮胎与地面保持纯滚动而减少摩擦。显然，此时要求两前轮的转向轴的转角 φ 和 ψ 有如下关系：

$$\tan\psi=\frac{L}{D}$$

$$\tan\varphi=\frac{L}{(D-H)}$$

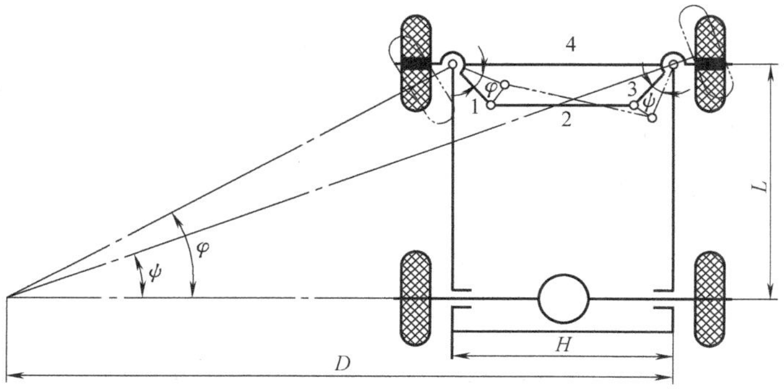

图 3-49　汽车前轮转向机构

由上两式可得：

$$\tan\psi=\left(\frac{D-H}{D}\right)\tan\varphi \tag{3-7}$$

图 3-49 所示的只是汽车转向梯形的基本型式，实际汽车上应用的转向梯形比较复杂，但基本上都是基本型的演化变体，下面分别进行介绍。

2. 汽车非独立悬架配用的转向传动机构

与非独立悬架配用的转向传动机构（图 3-50）主要包括转向摇臂 2、转向直拉杆 3、转向节臂 4 和梯形臂 5。在前桥仅为转向桥的情况下，由转向横拉杆 6 和左、右梯形臂 5 组成的转向梯形一般布置在前桥之后（图 3-50a）。当转向轮处于与汽车直线行驶相应的中立位置时，梯形臂与横拉杆在与道路平行的平面（水平平面）内的夹角 $\theta>90°$。在发动机位置较低或转向桥兼充驱动桥的情况下，为避免运动干涉，往往将转向梯形布置在前桥之前。此时，上述夹角 $\theta<90°$（图 3-50b）。若转向摇臂不是在汽车纵向平面内前后摆动，而是在与道路平行的平面内左右摆动（如 BJ2020N 型汽车），则可将转向直拉杆 3 横置，并借球头销直接带动转向横拉杆 6，使两侧梯形臂转动（图 3-50c）。

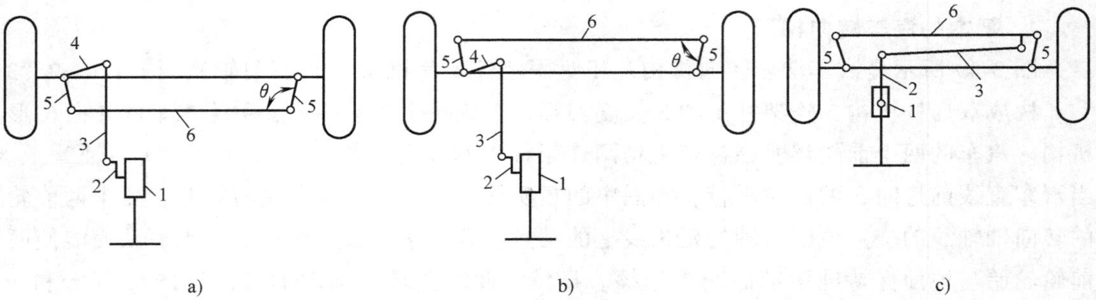

图 3-50　汽车非独立悬架配用的转向传动机构示意图

1—转向器　2—转向摇臂　3—转向直拉杆　4—转向节臂　5—梯形臂　6—转向横拉杆

3. 汽车独立悬架配用的转向传动机构

当转向轮采用独立悬架时，每个转向轮分别相对于车架做独立运动，因而转向桥必须是断开式的。与此相应，转向传动机构中的转向梯形也必须分成两段（图 3-51a）或三段

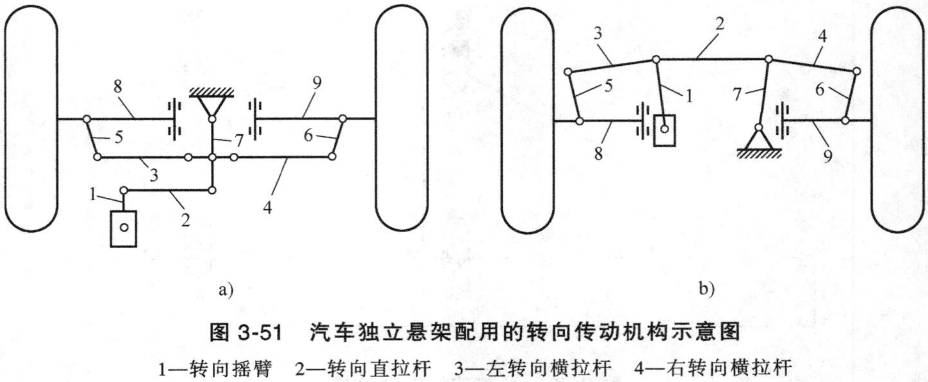

图 3-51　汽车独立悬架配用的转向传动机构示意图

1—转向摇臂　2—转向直拉杆　3—左转向横拉杆　4—右转向横拉杆

5—左梯形臂　6—右梯形臂　7—摇杆　8—悬架左摆臂　9—悬架右摆臂

（图 3-51b），并且由在平行于路面的平面中摆动的转向摇臂直接带动或通过转向直拉杆带动。很明显，它们是空间多杆机构。

3.5.4 中型货车的自卸机构

图 3-52 所示是一种简单的中型货车的自卸机构，它实际上是一个液压缸式的摇块机构。其中摇块 3 做成绕固定轴 C 摆动的液压缸，导杆 4 的一端固接在活塞上，另一端固连车厢。液压缸下端进油推动活塞 4 上移，从而推动与车斗固接的构件 1，使之绕点 B 转动，达到自动卸料的目的。图 3-52b 是它的机构运动简图。这种机构在建筑机械、农业机械，以及许多机床中应用广泛。

图 3-53 所示是一种比较复杂的中型货车的自卸机构，由摇块机构和双摇杆机构组成，其自卸重量和行程都比较大。

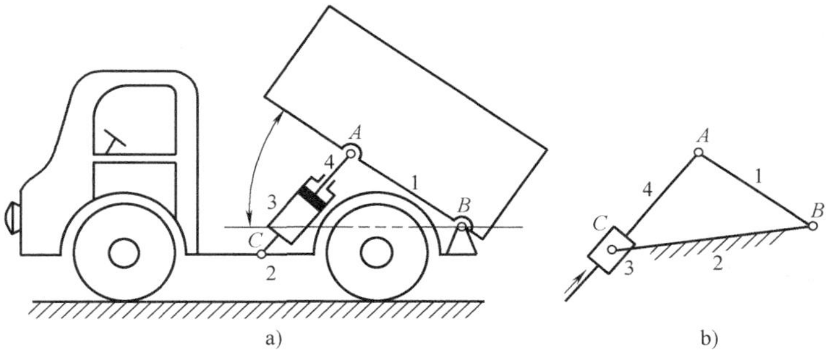

图 3-52 简单中型货车的自卸机构

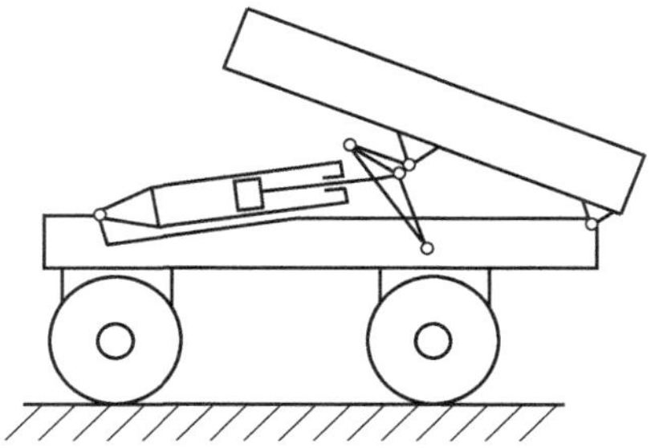

图 3-53 复杂的中型货车的自卸机构

思考练习题

3-1 平面四杆机构的基本形式是什么？它有哪些演化形式？

3-2 什么叫连杆、连架杆、连杆机构？连杆机构适用于什么场合，不适用于什么场合？

3-3 什么叫周转副、摆转副？什么叫曲柄？曲柄一定是最短杆吗？四杆机构具有曲柄的条件是什么？

3-4　什么叫连杆机构的急回特性？什么叫极位夹角？极位夹角与急回特性有什么关系？

3-5　什么叫连杆机构的压力角、传动角？几种常见四杆机构的最大压力角发生在什么位置？研究传动角的意义是什么？

3-6　什么叫“死点”？它在什么情况下出现？它与“自锁”现象在本质上有无区别？如何利用和避免“死点”？

3-7　试根据图3-54a～d中所注明的尺寸判断各铰链四杆机构是曲柄摇杆机构、双曲柄机构还是双摇杆机构。

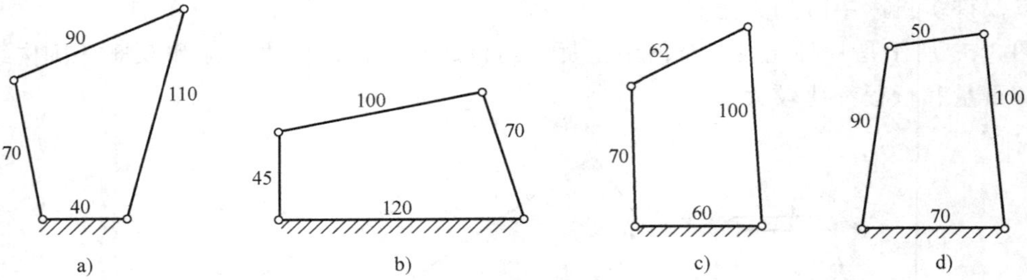

图3-54　题3-7图

3-8　画出图3-55所示各机构的传动角和压力角。图中标注箭头的构件为主动件。

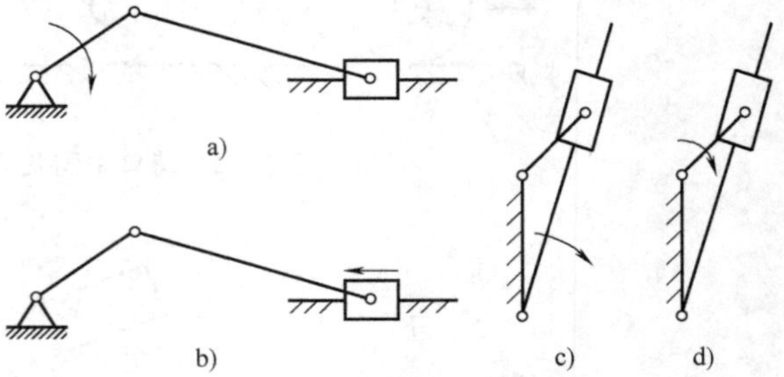

图3-55　题3-8图

3-9　已知某曲柄摇杆机构的曲柄匀速转动，极位夹角 θ 为 30°，摇杆工作行程需时7s。试问：①摇杆空回行程需时几秒？②曲柄每分钟转数是多少？

3-10　设计一曲柄摇杆机构。已知摇杆长度 $l_3=100\text{mm}$，摆角 $\psi=30°$，摇杆的行程速比系数 $K=1.20$。①用图解法确定其余三杆的尺寸；②确定机构最小传动角 γ_{min}（若 $\gamma_{min}<35°$，则应另选铰链 A 的位置重新设计）。

3-11　设计一曲柄滑块机构，如图3-56所示。已知滑块的行程 $S=50\text{mm}$，偏心距 $e=16\text{mm}$，行程速比系数 $K=1.2$，求曲柄和连杆的长度。

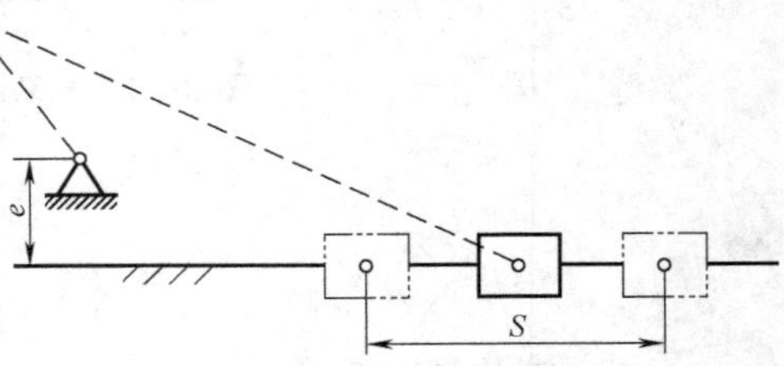

图3-56　题3-11图

3-12　设计一摆动导杆机构。已知机架长度 $l_4=100\text{mm}$，行程速比系数 $K=1.4$，求曲柄的长度。

第4章 凸轮机构

4.1 凸轮机构概述

4.1.1 凸轮机构的组成和特点

1. 凸轮机构的组成

凸轮机构是由凸轮、从动件和机架三个基本构件组成的，如图 4-1 所示。一般情况下，凸轮是具有曲线轮廓的盘状体或带有凹槽的柱状体。从动件既可做往复直线运动，也可做往复摆动。通常凸轮为主动件，且做等速运动。凸轮和从动件之间一般为高副连接。

当凸轮做等速转动时，从动件的运动规律（指位移、速度、加速度、跃度等）取决于凸轮轮廓的曲线形状。反之，按机器的工作要求给定从动件的运动规律后，可以合理地设计出凸轮的轮廓曲线。由于凸轮机构在机器中的功能不同，其从动件的运动规律也不相同。

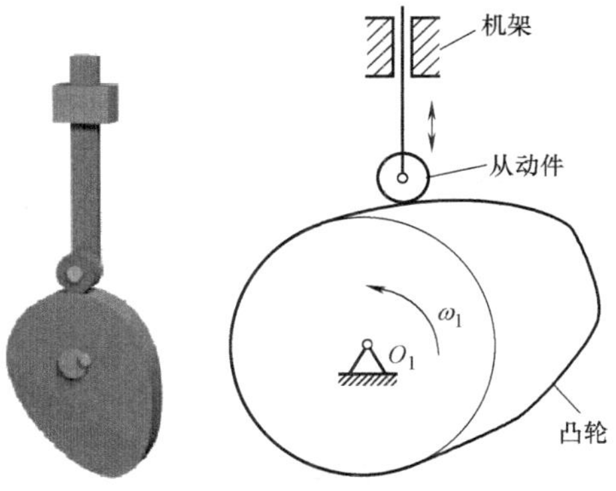

图 4-1 凸轮机构的组成

2. 凸轮机构的特点

凸轮机构的活动构件少，并且占据的空间较小，是一种结构简单、紧凑的机构。从动件的运动规律取决于凸轮轮廓曲线的形状，只要适当地设计凸轮的轮廓曲线，就可以使从动件获得各种预期的运动规律，这是凸轮机构的最大优点。

凸轮机构的缺点是：凸轮廓线与从动件之间是点或线接触的高副，易于磨损，所以多用于传力不太大的场合。

4.1.2 凸轮机构的分类

凸轮机构的种类很多，常用凸轮机构的分类标准有：凸轮形状、从动件的形状、从动件的运动形式。下面分别对其进行介绍。

1. 按凸轮的形状分类

（1）盘形凸轮 如图 4-1 所示，凸轮呈盘状，并且具有变化的向径。当其绕固定轴转动时，可推动从动件在垂直于凸轮转轴的平面内运动。它是凸轮最基本的形式，结构简单，应用最广。

（2）移动凸轮 当盘形凸轮的转轴位于无穷远处时，就演化成了图 4-2 所示的凸轮，这种凸轮称为移动凸轮。凸轮呈板状，它相对于机架做直线移动。

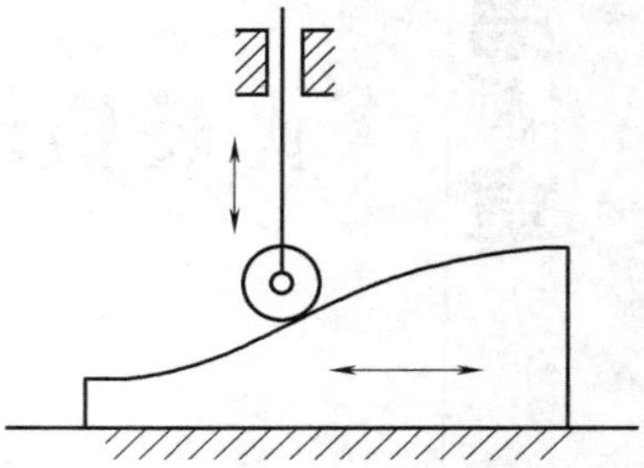

图 4-2 移动凸轮机构

在以上两种凸轮机构中，凸轮与从动件之间的相对运动均为平面运动，故又统称为平面凸轮机构。

（3）圆柱凸轮 如图 4-3 所示，凸轮的轮廓曲线做在圆柱体上，它可以看作是把上述移动凸轮卷成圆柱体演化而来的。还有一种凸轮的轮廓曲线做在圆柱体端面上，如图 4-4 所示，称为端面圆柱凸轮机构。在这些凸轮机构中，凸轮与从动件之间的相对运动是空间运动，故它们属于空间凸轮机构。

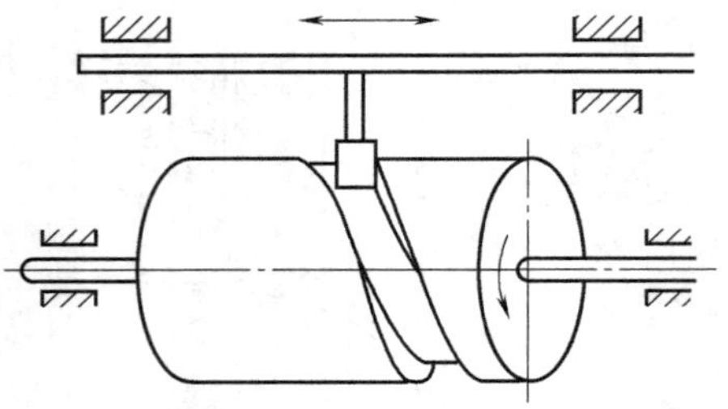

图 4-3 圆柱凸轮机构（1）

图 4-4 圆柱凸轮机构（2）

2. 按从动件的形状分类

（1）尖顶从动件 如图 4-5a 所示，从动件的尖顶能够与任意复杂的凸轮轮廓保持接触，从而使从动件实现任意的运动规律。这种从动件结构最简单，但尖顶处易磨损，故只适用于速度较低和传力不大的场合。

（2）滚子从动件 如图 4-5b 所示，从动件的端部安装有一个滚子。从运动学的角度看，这种从动件的滚子运动是多余的，但滚子的转动作用把凸轮与滚子之间的滑动摩擦转化为滚动摩擦，减小了凸轮机构的磨损，可以传递较大的动力，故应用最为广泛。

（3）平底从动件 图 4-5c 所示为平底从动件，从动件与凸轮轮廓之间为线接触，接触处易形成油膜，润滑状况好。此外，在不计摩擦时，凸轮对从动件的作用力始终垂直于从动件的平底，故受力平稳，传动效率高，常用于高速场合。其缺点是与之配合的凸轮轮廓必须全部为外凸形状。

（4）球面从动件 如图 4-5d 所示，从动件的端面为一球面。球面从动件克服了尖顶从动件的尖顶易磨损的缺点，在工程中的应用也较多。

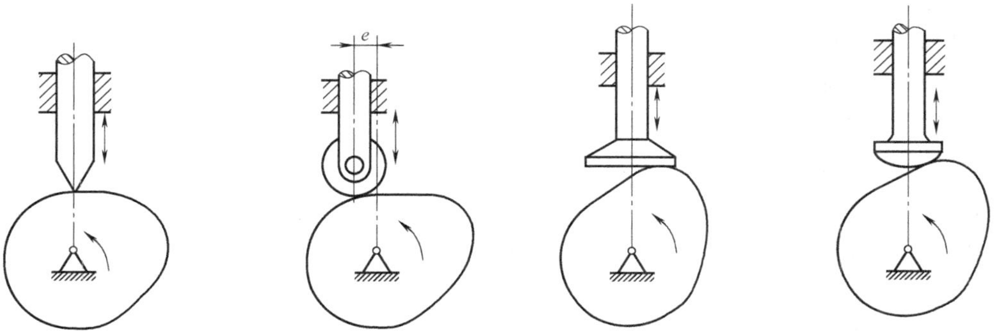

a)　b)　c)　d)

图 4-5　从动件的形状

a）尖顶从动件　b）滚子从动件　c）平底从动件　d）球面从动件

3. 按从动件的运动形式分类

无论从动件的形状如何，就从动件的运动形式来说，只有两种：

（1）直动从动件　如图 4-5 所示，直动从动件做往复直线移动。可根据其从动件轴线与凸轮回转轴心的相对位置，进一步分成对心直动从动件（图 4-5a 中偏心距 $e=0$）和偏置直动从动件（图 4-5b 中偏心距 $e\neq 0$）。

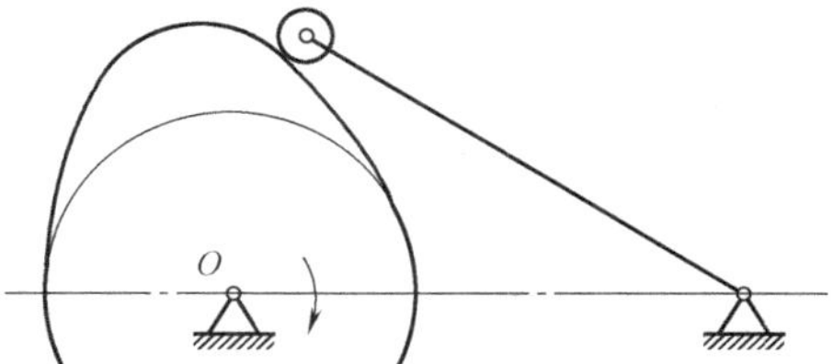

图 4-6　摆动从动件凸轮机构

（2）摆动从动件　如图 4-6 所示，摆动从动件做往复摆动。

4.1.3　凸轮与从动件维持高副接触的方式

凸轮机构是一种高副机构，凸轮轮廓与从动件之间所形成的高副是一种单面约束的开式运动副，因此就存在着如何维持凸轮轮廓与从动件始终保持接触而不脱开的问题。凸轮与从动件维持高副接触的方式主要有以下三种：

1. 利用重力维持接触

利用重力使从动件与凸轮轮廓始终保持接触的凸轮机构，又称为力封闭型凸轮机构。图 4-1、图 4-2 所示的凸轮机构就是利用重力维持高副接触。

2. 利用弹簧力维持接触

图 4-7 所示为发动机凸轮机构的基本型式，它是利用弹簧力来维持高副接触的实例。该机构利用凸轮来控制进、排气阀门的启闭。工作中对气阀的启闭时序及其速度和加速度都有严格的要求，这些要求均通过设计相应的凸轮 1 的轮廓曲线来实现。

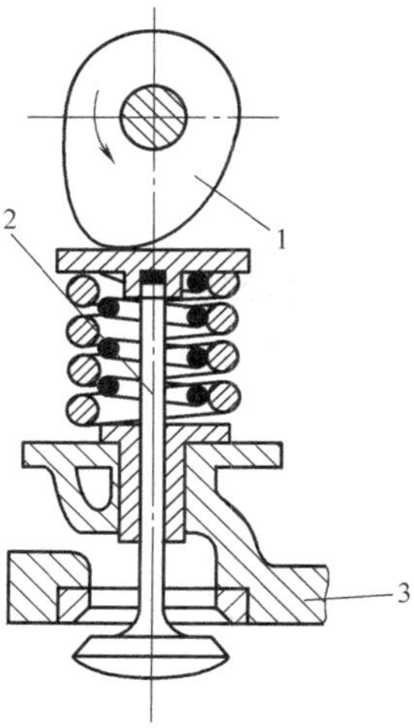

图 4-7　发动机凸轮机构的基本型式

1—凸轮　2—从动件　3—机架

3. 利用几何形状来维持接触

利用高副元素本身的几何形状使从动件与凸轮轮廓始终保持接触的凸轮机构，又称为形封闭型凸轮机构。常用的形封闭型凸轮机构有以下几种：

（1）槽凸轮机构 如图 4-8a 所示，凸轮轮廓曲线做成凹槽，从动件的滚子置于凹槽中，依靠凹槽两侧的轮廓曲线使从动件与凸轮在运动过程中始终保持接触。这种封闭方式结构简单，其缺点是加大了凸轮的尺寸和质量。

（2）等宽凸轮机构 如图 4-8b 所示，从动件做成矩形框架形状，而凸轮廓线上任意两条平行切线间的距离都等于框架上下两侧的宽度，因此，凸轮轮廓曲线与平底可始终保持接触。其缺点是从动件的运动规律的选择受到一定限制，当 180°范围内的凸轮廓线根据从动件的运动规律确定后，其余 180°范围内的凸轮廓线必须根据等宽的原则来确定。

（3）等径凸轮机构 如图 4-8c 所示，其从动件上装有两个滚子，凸轮廓线同时与两个滚子相接触，由于两滚子中心间的距离始终保持不变，故可使凸轮廓线与两滚子始终保持接触。其缺点与等宽凸轮机构相同，即当 180°范围内的凸轮廓线根据从动件的运动规律确定后，其余 180°范围内的凸轮廓线必须根据等径的原则来确定，因此，从动件运动规律的选择也受到一定的限制。

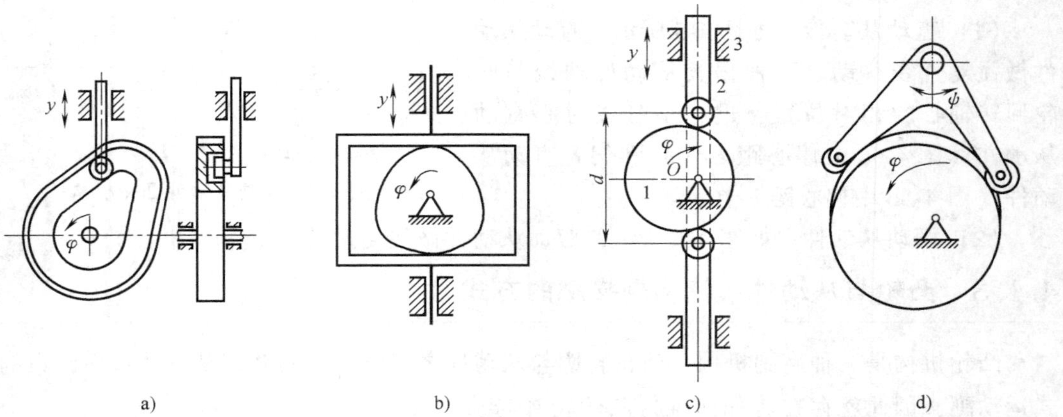

图 4-8 形封闭型凸轮机构

a）槽凸轮机构 b）等宽凸轮机构 c）等径凸轮机构 d）共轭凸轮机构

（4）共轭凸轮机构 为了克服等宽、等径凸轮机构的缺点，使从动件的运动规律可以在 360°范围内任意选取，可以用两个固接在一起的凸轮控制一个具有两滚子的从动件，如图 4-8d 所示。一个凸轮（称为主凸轮）推动从动件完成正行程的运动，另一个凸轮（称为回凸轮）推动从动件完成反行程的运动，故这种凸轮机构又称为主回凸轮机构。其缺点是结构较复杂，制造精度要求较高。

4.1.4 凸轮机构的应用

凸轮机构结构简单、紧凑，通过合理设计凸轮的轮廓曲线，便可实现从动件各种复杂的运动和动力要求。

1. 实现运动与动力特性要求

在图 4-7 所示的发动机凸轮机构是基本型式，图 4-9 所示为在现代发动机中经常见到的几种配气机构。在这种结构中，凸轮轴布置在气缸盖上，凸轮轴通过摇臂、摆臂驱动气门，或直接驱动气门。这种传动机构的往复运动质量小于凸轮轴中置式配气机构，因此适用于高速发动机。但凸轮轴离曲轴中心线更远，因此定时传动机构更为复杂，而且拆装气缸盖也比较困难。缸径较小的柴油机的凸轮轴上置时，还会给安装喷油器带来困难。

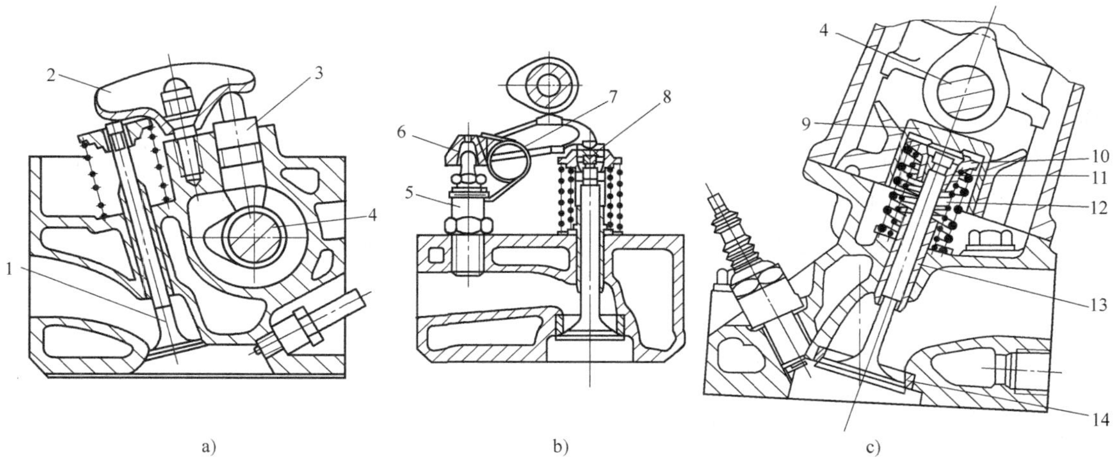

图 4-9　凸轮轴上置式配气机构

a）摇臂驱动　b）摆臂驱动　c）凸轮轴直接驱动

1—气门　2—摇臂　3—液力挺柱　4—凸轮轴　5—摆臂支座　6—摆臂　7—弹簧扣　8—气门间隙调整块　9—挺柱　10—气门弹簧座　11—气门锁夹　12—气门弹簧　13—气门导管　14—气门座圈

2. 实现预期的位置要求

图 4-10 所示为自动送料凸轮机构。当凸轮 1 转动时，通过其圆柱面上的沟槽推动从动件 2 往复移动，将待加工毛坯 3 推到预定的位置。凸轮每转一周，从动件 2 即从储料器 4 中推出一个待加工毛坯。这种自动送料凸轮机构，能够完成输送毛坯到达预定位置的功能，但对毛坯在移动过程中的运动没有特殊的要求。

3. 实现预期的运动规律要求

图 4-11 所示为自动机床的进刀机构。图中具有曲线凹槽的构件 1 是凸轮，当它做等速回转时，其上曲线凹槽的侧面推动从动件 2 绕 O 点做往复摆动，通过从动件 2 一端的扇形齿轮和固接在刀架 4 上的齿条，控制刀架做进刀和退刀运动。刀架的运动规律取决于凸轮 1 上曲线凹槽的形状。当切削零件时，要求凸轮 1 推动从动件 2 等速摆动，并

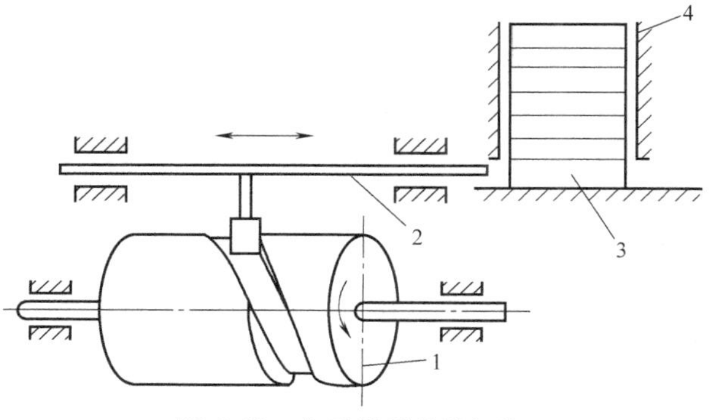

图 4-10　自动送料凸轮机构

1—凸轮　2—从动件　3—毛坯　4—储料器

通过其另一端的扇形齿轮推动刀架相对被加工零件实现等速进给运动。由于在等速进给状态下，机床承受的载荷波动最小，因此可使被加工零件获得较高的表面质量。

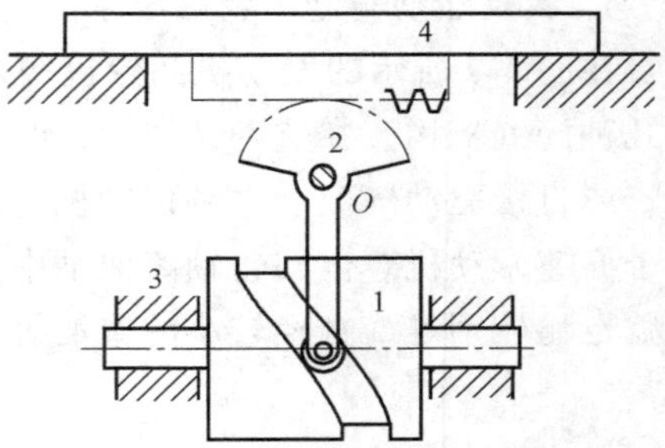

图 4-11　自动机床的进刀机构

1—凸轮　2—从动件　3—机架　4—刀架

图 4-12 所示为绕线机中的凸轮机构。这种凸轮在运动中能推动摆动从动件 2 实现均匀缠绕线绳的运动学要求。“心形”凸轮 1 转动时，摆动从动件 2 做往复摆动，其端部导叉能引导线绳均匀地从线轴 3 的一端缠绕到另一端，然后反向继续引导线绳均匀地缠绕，直至工作结束。

在前面介绍的各种形式的凸轮机构中，都是将凸轮作为主动件，推动从动件实现预期的运动规律。在工程实际中也有将凸轮作为从动件的，这种凸轮机构称为反凸轮机构。如图 4-13 所示，摆杆 1 为主动件，其端部装有滚子，凸轮 2 为从动件。当摆杆 1 左右摆动时，通过滚子与凸轮的沟槽接触，推动凸轮从动件上下往复运动。

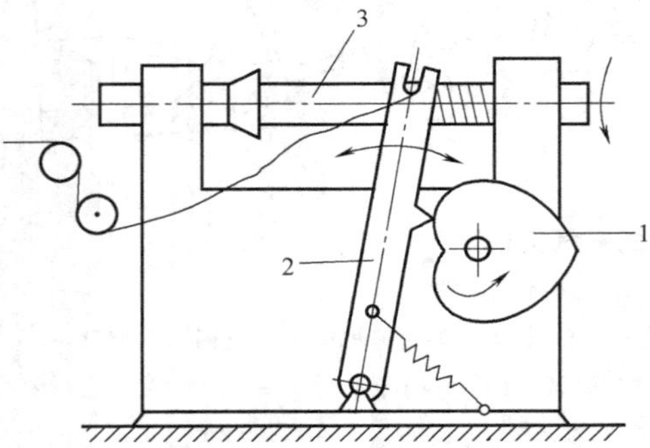

图 4-12　绕线机中的凸轮机构

1—凸轮　2—摆动从动件　3—线轴

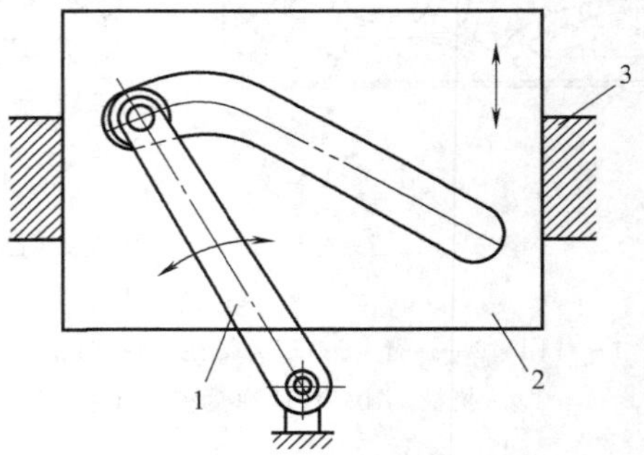

图 4-13　反凸轮机构

1—摆杆（主动件）　2—凸轮（从动件）　3—机架

4.2　凸轮机构的从动件运动规律

凸轮机构设计的主要任务是设计凸轮的轮廓曲线，以确保从动件按照预定的运动规律运动。因此，有必要在设计凸轮轮廓曲线之前，先对从动件的运动规律有一个初步的认识。所谓从动件的运动规律指的是从动件的位移 s、速度 v、加速度 a 随时间 t 变化的规律。又因凸轮一般为等速运动，即其转角 φ 与时间 t 成正比，所以从动件的运动规律通常表示为上述运动参数随凸轮转角 φ 变化的规律。如果以直角坐标系的纵坐标代表从动件的位移 s、速度 v、加速度 a，横坐标代表凸轮转角 φ，就可以分别画出凸轮从动件的位移曲线、速度曲线和加速度曲线。

4.2.1　基本名词术语

本节首先以图 4-14 所示的对心直动尖顶从动件盘形凸轮机构为例，介绍凸轮机构的基本名词术语。图 4-14 的右上角为从动件位移曲线。

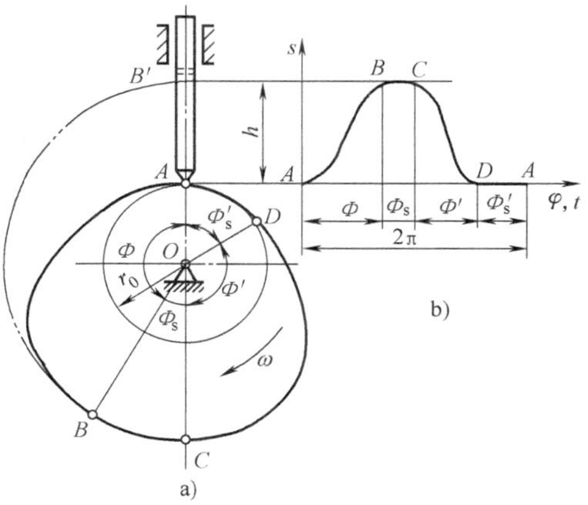

图 4-14　凸轮机构的基本名词术语

1. 基圆

以凸轮回转中心为圆心，以凸轮轮廓曲线上的最小半径为半径所作的圆称为凸轮的基圆。基圆半径用 r_0 表示。基圆是设计凸轮轮廓曲线的基准。

2. 推程运动角 Φ

当尖顶与凸轮轮廓上的 A 点（基圆与轮廓 AB 的连接点）相接触时，从动件处于上升的起始位置。当凸轮以 ω 等角速顺时针方向回转 Φ 角度时，从动件尖顶被凸轮轮廓推动，以一定的运动规律由离回转中心最近的位置 A 到达最远位置 B'，这个过程称为推程。这时它所走过的距离 h 称为从动件的升程，而与推程对应的凸轮转角 Φ 称为推程运动角。

3. 远休止角 Φ_s

凸轮继续回转，而以 O 为中心的圆弧 BC 与尖顶作用时，从动件在最远位置停留，此过程的凸轮转角 Φ_s 称为远休止角。

4. 回程运动角 Φ'

凸轮继续回转 Φ'时，从动件在弹簧力或重力作用下，以一定运动规律回到起始位置，这个过程称为回程，Φ'称为回程运动角。

5. 近休止角 Φ_s'

当凸轮继续回转 Φ_s'时，以 O 点为中心的圆弧 DA 与尖顶相作用，从动件在最近位置停留不动，Φ_s'称为近休止角。当凸轮连续回转时，从动件重复上述运动。

由以上分析可知，从动件的位移曲线取决于凸轮轮廓曲线的形状。也就是说，从动件的不同运动规律要求凸轮具有不同的轮廓曲线。

下面介绍几种常用的从动件运动规律。

4.2.2　常用的从动件运动规律

1. 等速运动规律

等速运动规律是指凸轮以等角速度转动时，从动件的运动速度为常量。

在推程阶段，$\varphi \in [0,\Phi]$，当 $\varphi=0$ 时，$s=0$；当 $\varphi=\Phi$ 时，$s=h$，从动件在推程时的运动方程为

$$\begin{cases} s=\dfrac{h}{\Phi}\varphi \\ v=\dfrac{h}{\Phi}\omega \\ a=0 \end{cases} \tag{4-1}$$

在回程阶段，$\varphi\in[0,\Phi']$，当 $\varphi=0$ 时，$s=h$；当 $\varphi=\Phi'$时，$s=0$，从动件在推程时的运动方程为

$$\begin{cases}s=h-\dfrac{h}{\Phi'}(\varphi-\Phi-\Phi_s)\\ v=-\dfrac{h}{\Phi'}\omega\\ a=0\end{cases}\tag{4-2}$$

从动件按等速运动规律变化时的位移曲线、速度曲线和加速度曲线运动线图如图 4-15 所示。在行程的起点与终点处（O，A，B），由于速度有限突变，加速度在理论上为无限突变，导致从动件产生非常大的冲击惯性力，这种冲击称为刚性冲击。另外，位移线图的尖点 A 必定在对应的凸轮廓线上产生尖点。这会对从动件的工作产生不良影响，同时也加快了凸轮机构的磨损。为消除等速运动规律的这种不良现象，常对起始点与终止点的运动规律进行必要的修正。

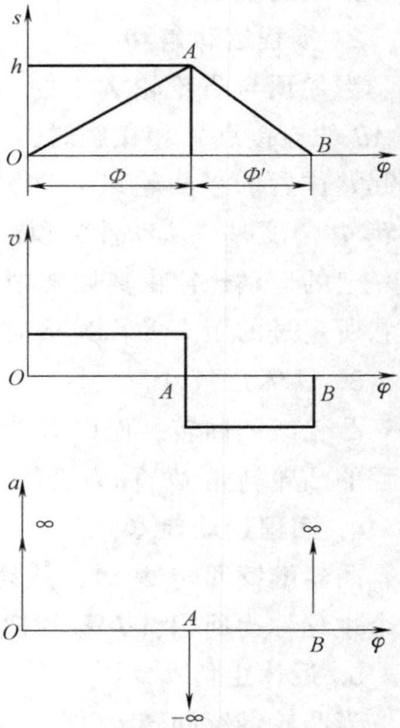

图 4-15　等速运动规律运动线图

2. 等加速等减速运动规律

等加速等减速运动规律是指从动件在一个运动行程中，前半段做等加速运动，后半段做等减速运动。

(1) 推程

1）在推程的前半段，$\varphi\in[0,\Phi/2]$，从动件做等加速运动，当 $\varphi=0$ 时，$s=0$，$v=0$；当 $\varphi=\dfrac{\Phi}{2}$时，$s=\dfrac{h}{2}$。从动件在推程前半段的运动方程为

$$\begin{cases}s=\dfrac{2h}{\Phi^2}\varphi^2\\ v=\dfrac{4h\omega}{\Phi^2}\varphi\\ a=\dfrac{4h\omega^2}{\Phi^2}\end{cases}\tag{4-3}$$

2）在推程的后半段，$\varphi\in[\Phi/2,\Phi]$，从动件做等减速运动，当 $\varphi=\dfrac{\Phi}{2}$时，$s=\dfrac{h}{2}$，$v=\dfrac{2h\omega}{\Phi}$；当 $\varphi=\Phi$ 时，$s=h$，$v=0$。从动件在推程后半段的运动方程为

$$\begin{cases}s=h-\dfrac{2h}{\Phi^2}(\Phi-\varphi)^2\\ v=\dfrac{4h\omega}{\Phi^2}(\Phi-\varphi)\\ a=-\dfrac{4h\omega^2}{\Phi^2}\end{cases}\tag{4-4}$$

(2) 回程　同理，可求出回程阶段的运动方程。

1）在回程前半段，$\varphi\in[0,\Phi'/2]$，从动件做等加速运动，其运动方程为

$$\begin{cases}s=h-\dfrac{2h}{\Phi'^2}\varphi^2\\ v=-\dfrac{4h\omega}{\Phi'^2}\varphi\\ a=-\dfrac{4h\omega^2}{\Phi'^2}\end{cases}\tag{4-5}$$

2）在回程后半段，$\varphi\in[\Phi'/2,\Phi']$，从动件做等减速运动，其运动方程为

$$\begin{cases}s=\dfrac{2h}{\Phi'^2}(\Phi'-\varphi)^2\\ v=-\dfrac{4h\omega}{\Phi'^2}(\Phi'-\varphi)\\ a=\dfrac{4h\omega^2}{\Phi'^2}\end{cases}\tag{4-6}$$

从动件按等加速等减速运动规律变化时的位移曲线、速度曲线和加速度曲线运动线图如图 4-16 所示。其位移曲线是凸轮转角的二次函数，为抛物线方程；从图 4-16 中可以看出，这种运动规律的速度曲线连续无突变；而加速度曲线在 O、A、B、C、D 五点不连续，为有限突变。因而凸轮机构在运动中由此引起的惯性冲击也是有限的，这种由于有限值的加速度突变而产生的冲击称为柔性冲击。这种运动规律适用于中、低速轻载的工况。

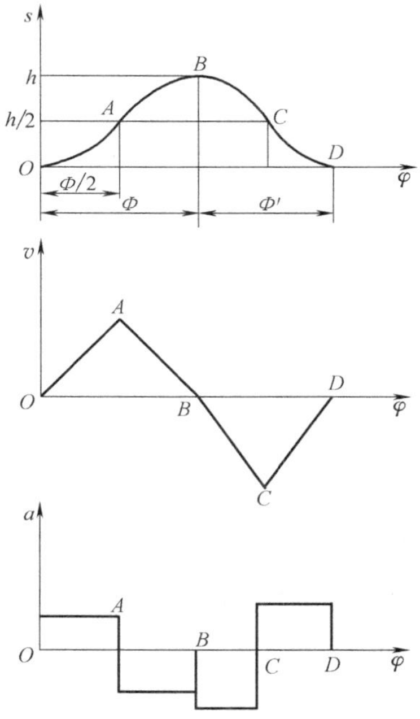

图 4-16　等加速等减速运动规律运动线图

(3) 简谐运动规律　如图 4-17 所示，动点 M 做圆周运动时，M 点在坐标轴 s 上投影的变化规律称为简谐运动规律。取动点 M 在 s 轴上的变化规律为从动件的运动规律，并设行程 h 等于圆周直径 $2R$。当动点 M 顺时针由 O 点转过 π 角，从动件推程为 $h-2R$，凸轮转过推程运动角 Φ。如果动点转过角 θ，从动件位移为 s，凸轮转角为 φ，则有如下关系式：

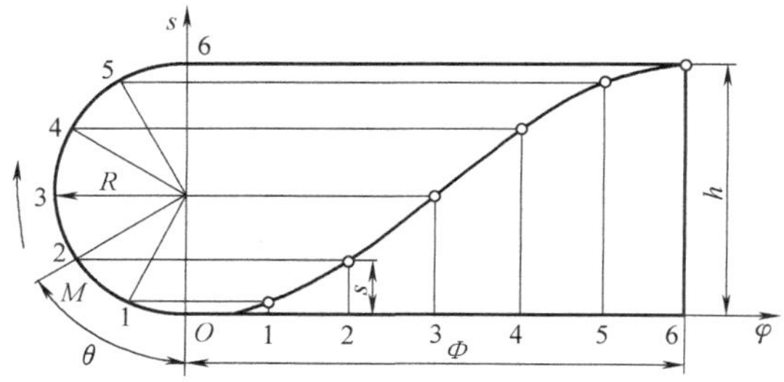

图 4-17　简谐运动规律

$$\frac{\pi}{\Phi}=\frac{\theta}{\varphi}$$

简化得 $\theta=\frac{\pi}{\Phi}\varphi$，这即是动点转过的角度 θ 与凸轮转过的角度 φ 之间的关系。

1）当 $\varphi\in[0,\Phi]$ 时，推程阶段的方程为

$$\begin{cases}s=\frac{h}{2}\left[1-\cos\left(\frac{\pi}{\Phi}\varphi\right)\right]\\ v=\frac{\pi h\omega}{2\Phi}\sin\left(\frac{\pi}{\Phi}\varphi\right)\\ a=\frac{\pi^2h\omega^2}{2\Phi^2}\cos\left(\frac{\pi}{\Phi}\varphi\right)\end{cases}\tag{4-7}$$

2）同理，当 $\varphi\in[0,\Phi']$ 时，回程阶段的运动方程为

$$\begin{cases}s=\frac{h}{2}\left[1+\cos\left(\frac{\pi}{\Phi'}\varphi\right)\right]\\ v=-\frac{\pi h\omega}{2\Phi'}\sin\left(\frac{\pi}{\Phi'}\varphi\right)\\ a=-\frac{\pi^2h\omega^2}{2\Phi'^2}\cos\left(\frac{\pi}{\Phi'}\varphi\right)\end{cases}\tag{4-8}$$

从动件按简谐运动规律变化时的运动线图如图 4-18 所示。这种运动规律的加速度曲线按余弦规律变化，故又称为余弦加速度运动规律。从图 4-18 可见，这种运动规律的速度曲线连续，但加速度曲线不连续，在行程的起始点及终止点有突变，这会引起柔性冲击。但在无休止角的升—降—升型凸轮机构的连续运动中，加速度曲线变成连续曲线，从而避免了柔性冲击的产生，可应用于高速工况场合。

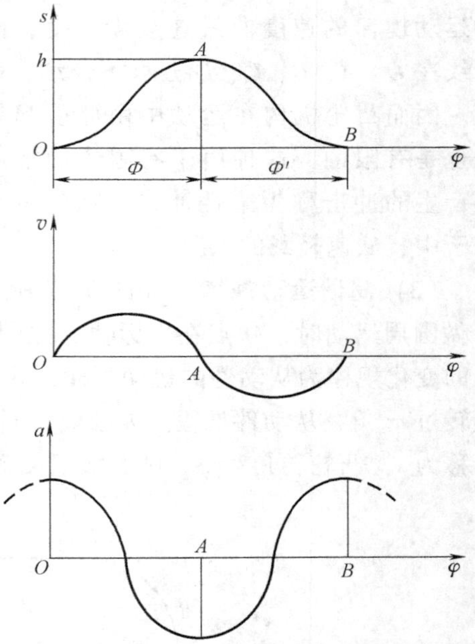

图 4-18　简谐运动规律变化时的运动线图

（4）摆线运动规律　半径为 R 的圆沿图 4-19 所示坐标系 $A\varphi s$ 的 s 轴做纯滚动，圆上动点 A 在 s 轴上投影的变化规律为摆线运动规律。取该圆滚动一周沿 s 轴上升的距离为从动件的行程，$h=2\pi R$。该圆滚动一周自转 2π，对应的从动件上升 h，凸轮转过推程运动角 Φ。当滚圆转过 θ 角时，对应的从动件上升 s，凸轮转角为 φ，则有如下关系式：

$$\frac{2\pi}{\Phi}=\frac{\theta}{\varphi}$$

简化得 $\theta=\dfrac{2\pi}{\Phi}\varphi$，这即是滚圆转角 θ 与凸轮转角 φ 之间的关系。

1）当 $\varphi\in[0,\Phi]$ 时，推程阶段的运动方程为

$$\begin{cases}s=h\left[\dfrac{\varphi}{\Phi}-\dfrac{1}{2\pi}\sin\left(\dfrac{2\pi}{\Phi}\varphi\right)\right]\\ v=\dfrac{h\omega}{\Phi}\left[1-\cos\left(\dfrac{2\pi}{\Phi}\varphi\right)\right]\\ a=\dfrac{2\pi h\omega^2}{\Phi^2}\sin\left(\dfrac{2\pi}{\Phi}\varphi\right)\end{cases}\tag{4-9}$$

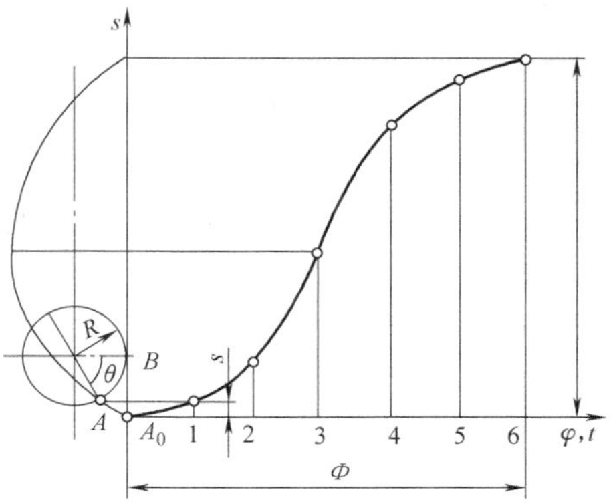

图 4-19　摆线运动规律

2）当 $\varphi\in[0,\Phi']$ 时，回程阶段的运动方程为

$$\begin{cases}s=h\left[1-\dfrac{\varphi}{\Phi'}-\dfrac{1}{2\pi}\sin\left(\dfrac{2\pi}{\Phi'}\varphi\right)\right]\\ v=-\dfrac{h\omega}{\Phi'}\left[1-\cos\left(\dfrac{2\pi}{\Phi'}\varphi\right)\right]\\ a=-\dfrac{2\pi h\omega^2}{\Phi'^2}\sin\left(\dfrac{2\pi}{\Phi'}\varphi\right)\end{cases}\tag{4-10}$$

从动件按摆线运动规律变化时的运动线图如图 4-20 所示。该运动规律的加速度曲线按正弦规律变化，因此又称为正弦加速度运动规律。从图 4-20 可见，这种运动规律的速度与加速度曲线均连续，因而在运动中没有冲击，可在高速工况下使用。

4.2.3　从动件运动规律的组合

在工程实际中，对从动件的运动特性和动力特性的要求是多种多样的。上述单一型的运动规律已不能满足工程的需要。为了获得更好的运动特性和动力特性，可以把几种运动规律曲线拼接起来，构成组合运动规律。构造组合运动规律时，可以根据凸轮机构的工作性能指标，选择一种基本运动规律作为主体，再用其他类型的基本运动规律与其拼接。拼接时应遵循以下原则：

1）位移曲线和速度曲线（包括运动的起始点和终止点）必须连续，以避免刚性冲击。

2）对于高速凸轮机构，要求其加速度曲线（包括运动的起始点和终止点）也必须连续，以避免柔性冲击。速度曲线可以不连续，但其突变必须是有限值。

因此，当用不同运动规律组合时，它们在连接点处的位移、速度和加速度值应分别相等，这是运动规律组合时

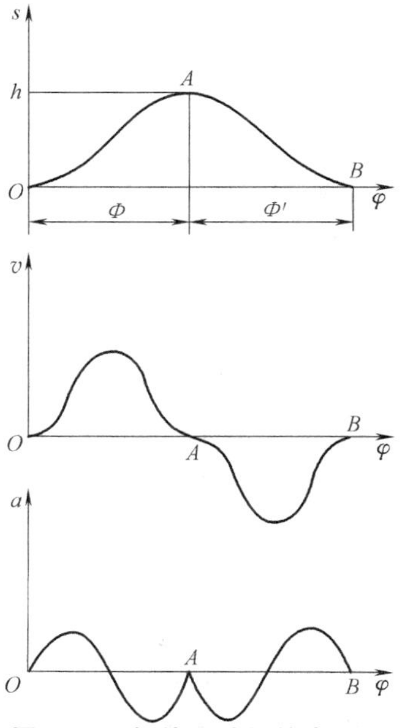

图 4-20　摆线运动规律变化时的运动线图

必须满足的边界条件。常用的组合运动规律有改进型等速运动规律、改进型正弦加速度运动规律、改进型梯形加速度运动规律等。图 4-21 所示为改进型等速运动规律运动线图。图 4-21a 中，位移曲线用切于停歇区的两段圆弧与直线拼接，这种组合运动规律避免了刚性冲击，但仍有柔性冲击。若要进一步改善凸轮机构的动力性能，可用正弦加速度运动规律与等速运动规律的两端拼接，这样的组合运动规律既无刚性冲击，又无柔性冲击，如图 4-21b 所示。

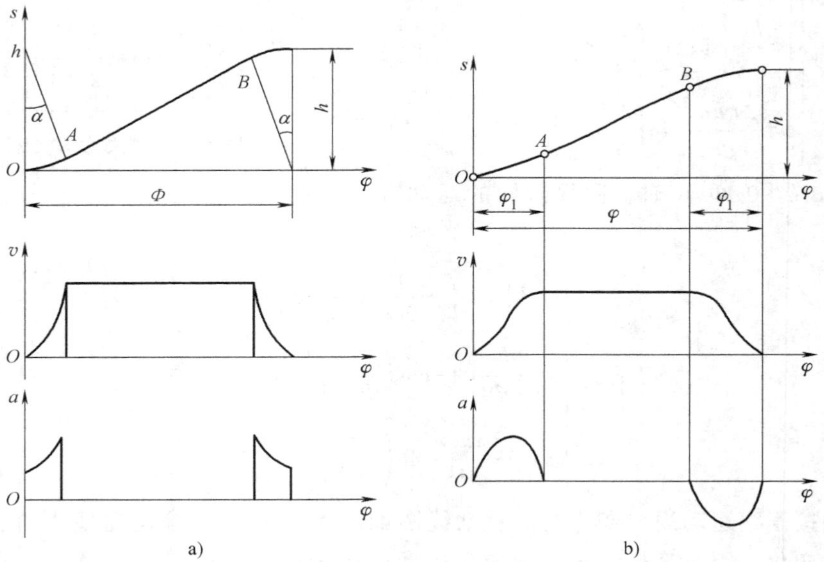

图 4-21　改进型等速运动规律运动线图

a）圆弧与直线组合　b）正弦加速度运动曲线与直线组合

4.3　凸轮机构的压力角

压力角的概念不仅适用于连杆机构，也适用于凸轮机构。凸轮机构的压力角就是作用于从动件的驱动力方向和该力作用点的绝对速度之间所夹的锐角。在不计摩擦的情况下，高副中构件间的力是接触轮廓的法线方向，所以对于像凸轮机构这样的高副机构，压力角就是接触轮廓的法线与从动件速度方向所夹的锐角。

在设计凸轮机构时，除了从动件要满足预定运动规律之外，整个机构具有较小的尺寸和较好的受力情况也十分重要，因此，需要研究压力角对机构的受力情况及尺寸的影响。

4.3.1　凸轮机构压力角与从动件受力之间的关系

图 4-22 所示为一对心直动尖顶从动件凸轮机构，当不考虑摩擦时，凸轮施加于从动件的力 F 是沿轮廓法线方向的，从动件运动方向与力 F 方向之间的夹角 α 即为压力角。

将力 F 分解为沿从动件运动方向的分力 F_t 和垂直于从动件运动方向的分力 F_n。很明显 F_t 为有效分力，F_n 是使从动件压紧导路的有害分力。两者之间的关系为

$$F_n = F_t \tan\alpha$$

因此，当驱动从动件的有效分力 F_t 一定时，压力角 α 越大，则有害分力 F_n 就越大，机构的效率就越低。当 α 增大到一定程度，以致 F_n 所引起的摩擦阻力大于有效分力 F_t 时，无论凸轮加于从动件多大的作用力，从动件都不能运动，这种现象称为自锁。因此，从改善机构受力情况、提高效率和避免自锁的角度考虑，压力角越小越好。

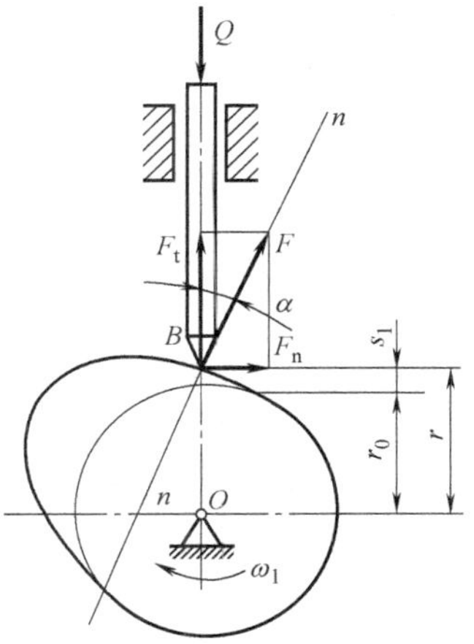

图 4-22　凸轮机构的压力角与作用力的关系

同时，凸轮轮廓线上各点的压力角是不一样的，为了保证凸轮机构正常工作并具有一定的传动效率，凸轮机构的最大压力角 α_{max} 不应超过许用的压力角［α］值。推荐的许用压力角［α］如下：

1）推程（工作行程）：移动从动件，$[\alpha]=30°$；摆动从动件，$[\alpha]=45°$。

2）回程：因受力较小且无自锁问题，故许用压力角可取得大些，通常 $[\alpha]=80°$。

4.3.2　凸轮机构压力角与尺寸之间的关系

从后面凸轮轮廓的设计可以知道，在其他条件不变的情况下，如果增大基圆半径，则凸轮的尺寸也随着增大。实际应用中，为了使凸轮机构结构紧凑，常需采用较小的基圆半径。但是基圆半径减小将引起压力角的增大，从而不利于机构传动和受力。现通过图 4-23 所示的偏心直动尖顶从动件盘形凸轮机构，来说明压力角与基圆尺寸之间的关系。

过凸轮与从动件的接触点 B 作公法线 $n—n$，它与过凸轮轴心 O 且垂直于从动件导路方向的直线交于 P 点，该点实际上为凸轮和从动件的相对速度瞬心。根据瞬心的定义易知

$$\overline{OP}=\frac{v}{\omega}=\frac{ds}{d\varphi}$$

还有　$\overline{CP}=\overline{OP}-e$，$\overline{CB}=s+\sqrt{r_0^2-e^2}$，$\angle CBP=\alpha$

综合以上等式可得

$$\tan\alpha=\frac{\left|\dfrac{ds}{d\varphi}\mp e\right|}{s+\sqrt{r_0^2-e^2}} \tag{4-11}$$

式中，s 为对应凸轮转角 φ 的从动件位移。式（4-11）说明，在其他条件不变的情况下，基圆半径 r_0 越小，压力角 α 越大。基圆半径过小，压力角就会超过许用值。因此，实际设计中应在保证凸轮轮廓的最大压力角不超过许用值的前提

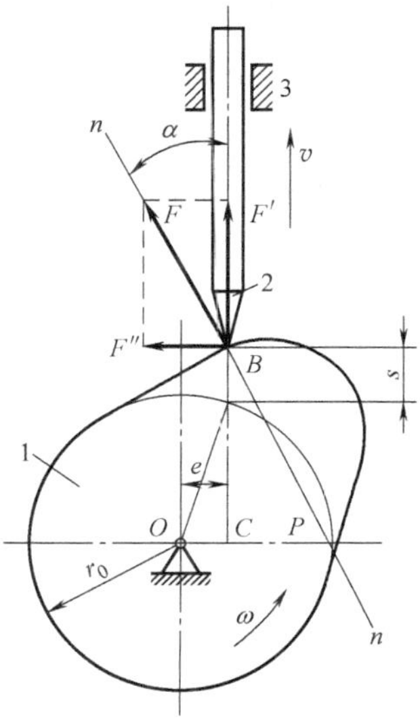

图 4-23　凸轮机构的压力角与基圆尺寸的关系

下，选取尽可能小的基圆半径，以缩小凸轮的尺寸。

在式（4-11）中，e 为从动件导路偏离凸轮回转中心的距离，称为偏心距。当导路和瞬心 P 在凸轮轴心 O 的同侧时，式中取“-”号，可使推程压力角减小；反之，当导路和瞬心 P 在凸轮轴心 O 的异侧时，式中取“+”号，推程压力角将增大。因此，为了减小推程压力角，应将从动件导路向推程相对速度瞬心的同侧偏置。但须注意，用导路偏置法虽可使推程压力角减小，但同时使回程压力角增大，所以偏心距 e 不宜过大。

4.4 用作图法设计凸轮轮廓曲线

通过学习前面的内容可知：凸轮机构的从动件运动规律取决于作为主动件的凸轮轮廓形状。在设计时通常根据工作条件要求，先选定从动件的运动规律，然后初步确定凸轮机构的形式、凸轮的基圆半径，最后进行凸轮轮廓曲线的设计。作图法和解析法是凸轮轮廓曲线设计的常用方法。下面介绍作图法在几种盘形凸轮轮廓设计中的应用。解析法将在下一节介绍。

4.4.1 反转原理

凸轮机构工作时，通常凸轮是运动的，而采用作图法绘制凸轮轮廓曲线时，要求凸轮与图样相对静止。因此绘制凸轮轮廓曲线时通常使用反转原理，用反转原理设计凸轮机构的方法称为反转法。所谓反转原理是根据相对运动的理论，对凸轮-从动件-机架三者组成的系统，施加一个与凸轮实际转动方向相反、大小相等的公共角速度 $-\omega$。这样做的结果是，凸轮固定不动，从动件一边以角速度 $-\omega$ 绕点 O 转动，另一边以原有运动规律相对于凸轮运动。

图 4-24a 所示为对心直动尖顶从动件盘形凸轮机构，当凸轮以 ω 逆时针转动一个角度 φ 以后，从动件滑过凸轮轮廓线上的 AB 段后与点 B 接触，与此同时，从动件沿导路上升位移 s。图 4-24b 则是运用了反转原理以后的情况。从动件以 $-\omega$ 顺时针转过一个角度 φ 后，与轮廓上的 B 点接触，同时沿导路产生位移 s，期间，从动件滑过的凸轮轮廓为 AB 段。由此可见，反转后从动件所经过的凸轮轮廓、产生的位移以及凸轮和从动件之间的相

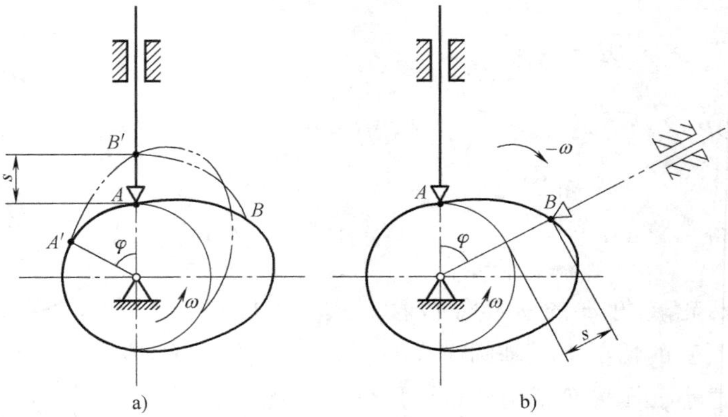

图 4-24　凸轮机构反转原理

对转角均与实际情况相符，而且反转期间从动件尖顶的轨迹就构成了凸轮轮廓。显然，若从动件以$-\omega$顺时针转过一周后，将得到一条完整的凸轮轮廓曲线。反转法适用于各种凸轮轮廓的设计。

4.4.2 直动尖顶从动件盘形凸轮轮廓的绘制

1. 对心直动尖顶凸轮轮廓的绘制

如图 4-25a 所示，已知某对心直动尖顶从动件盘形凸轮机构的基圆半径为 r_0，凸轮以角速度 ω 沿逆时针方向转动，行程为 h，推程运动角 $\Phi=120°$，远休止角 $\Phi_s=60°$，回程运动角 $\Phi'=90°$，近休止角 $\Phi_s'=90°$，凸轮的位移曲线如图 4-25b 所示。下面用作图法求凸轮轮廓。

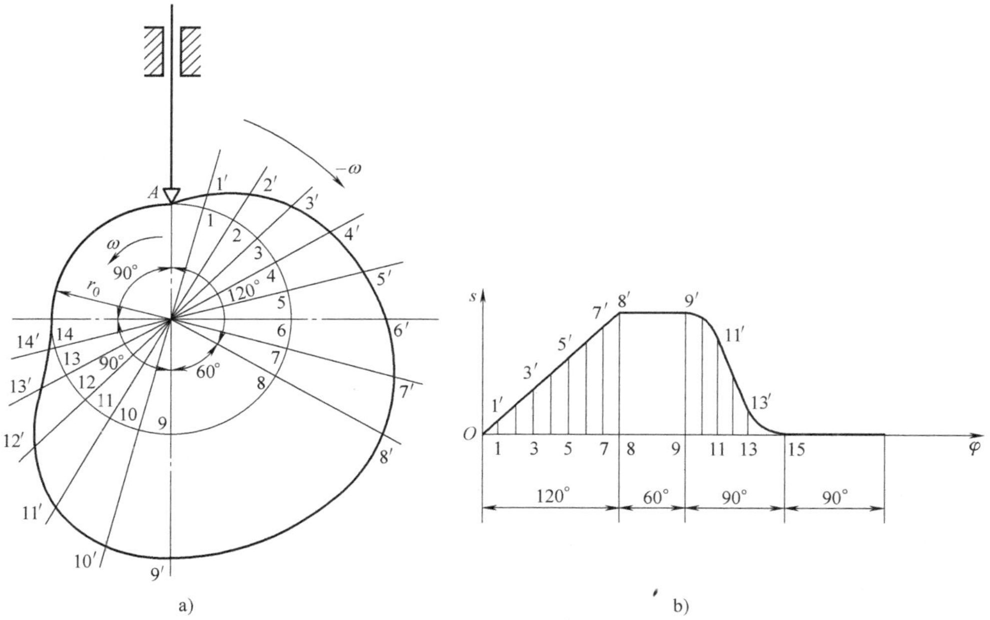

图 4-25 对心直动尖顶从动件盘形凸轮轮廓的绘制

作图步骤如下：

1）任选凸轮转动中心 O，选择适当比例尺后由给定半径作基圆。

2）在基圆上沿$-\omega$方向依次标出推程运动角 Φ、远休止角 Φ_s、回程运动角 Φ'及近休止角 Φ_s'。按照“陡密缓疏”的原则将推程运动角和回程运动角等分，并延长等分线，等分线与基圆分别交 1，2，3，…。本例中，推程运动角均按每份 15°等分。

3）在位移线图横坐标上将各运动角等分为相同的份数，并作垂线与位移线图分别交于 1′，2′，3′，…。

4）在位移线图上分别量取 11′，22′，33′，…，并在基圆等分线的延长线上截取相同长度 11′，22′，33′，…。

5）光滑连接基圆起点 A 及点 1′，2′，3′，…，即得到一条完整的凸轮轮廓曲线，如图 4-25a 所示。

2. 偏置直动尖顶凸轮轮廓的绘制

如图 4-26a 所示，已知某偏置直动尖顶从动件盘形凸轮机构的基圆半径为 r_0，偏心距为 e，凸轮以角速度 ω 沿顺时针方向转动，行程为 h，推程运动角 $\Phi=180°$，远休止角 $\Phi_s=30°$，回程运动角 $\Phi'=90°$，近休止角 $\Phi_s'=60°$，凸轮的位移曲线如图 4-26b 所示。下面用作图法求凸轮轮廓。

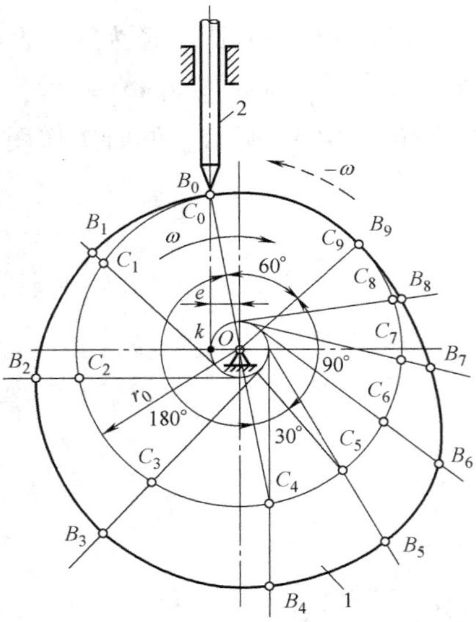

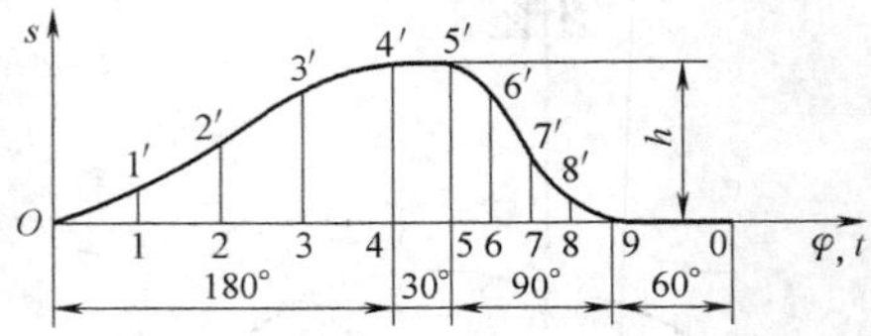

图 4-26　偏置直动尖顶从动件盘形凸轮轮廓的绘制

1）选取适当比例尺，以 r_0 为半径作基圆，以 e 为半径作偏心距圆与从动件导路切于 k 点。基圆与导路的交点 $B_0(C_0)$ 即为从动件的起始位置。

2）将位移线图上的推程运动角和回程运动角分别进行若干等分（图中各为 4 等分）。

3）在基圆上，自 OC_0 开始，沿 ω 的反方向取推程运动角 $\Phi=180°$、远休止角 $\Phi_s=30°$，回程运动角 $\Phi'=90°$，近休止角 $\Phi_s'=60°$，并将推程运动角和回程运动角分别进行与图 4-26b 相对应的等分，得到 C_1、C_2、C_3 和 C_6、C_7、C_8 诸点。

4）过 C_1，C_2，C_3，…作偏心距圆的一系列切线，它们便是反转后从动件导路的一系列位置。

5）沿以上各切线自基圆开始量取从动件相应的位移量，即取线段 $C_1B_1=11'$，$C_2B_2=22'$，$C_3B_3=33'$，…，得反转后尖顶的一系列位置 B_1，B_2，B_3，…。

6）将点 B_1，B_2，B_3，…连接成光滑曲线（B_4 和 B_5 之间以及 B_9 和 B_{10} 之间均为以 O 为中心的圆弧），便得到所求的凸轮轮廓曲线。

4.4.3　对心直动滚子凸轮轮廓的绘制

1. 绘制步骤

已知条件同前面的对心直动尖顶凸轮，将原来的尖顶从动件换成滚子从动件，滚子的半径 r_T 已知。用作图法求凸轮轮廓，作图步骤如下：

1）将滚子中心视为尖顶，按直动尖顶从动件作图方法作出理论轮廓 η。

2）以理论轮廓 η 上各点为中心，作出一系列滚子，这些滚子的内包络线 η' 即为盘形凸轮的实际轮廓，对于凹槽凸轮则还应包括外包络线 η''，如图 4-27 所示。

凸轮的基圆半径通常是指理论轮廓的基圆半径，即图 4-27 中所示的 r_0。

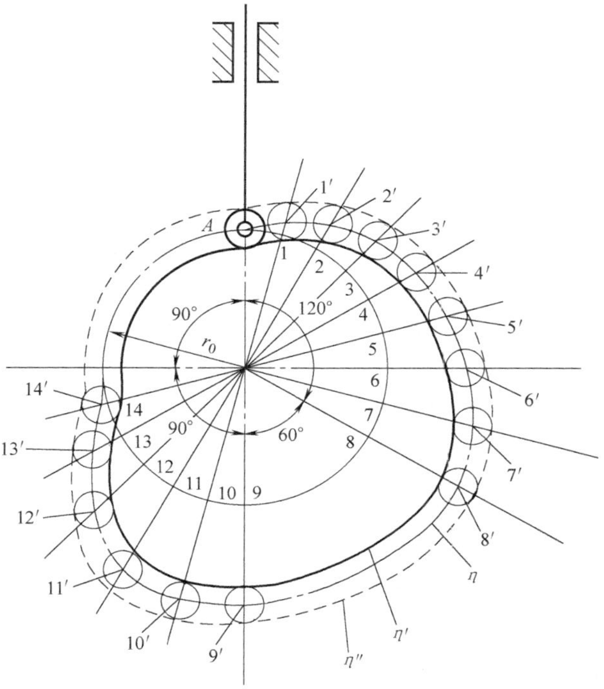

图 4-27　对心直动滚子从动件盘形凸轮轮廓的绘制

2. 滚子半径的选择

应当注意的是，当从动件为滚子时，滚子的半径大小对凸轮的实际轮廓影响较大。在理论轮廓相同的情况下，由不同的滚子半径可以得到不同的凸轮实际轮廓曲线。实际的凸轮轮廓曲线通常有内凹和外凸两种。如图 4-28 所示，假设理论轮廓上最小曲率半径为 ρ_{min}、滚子半径

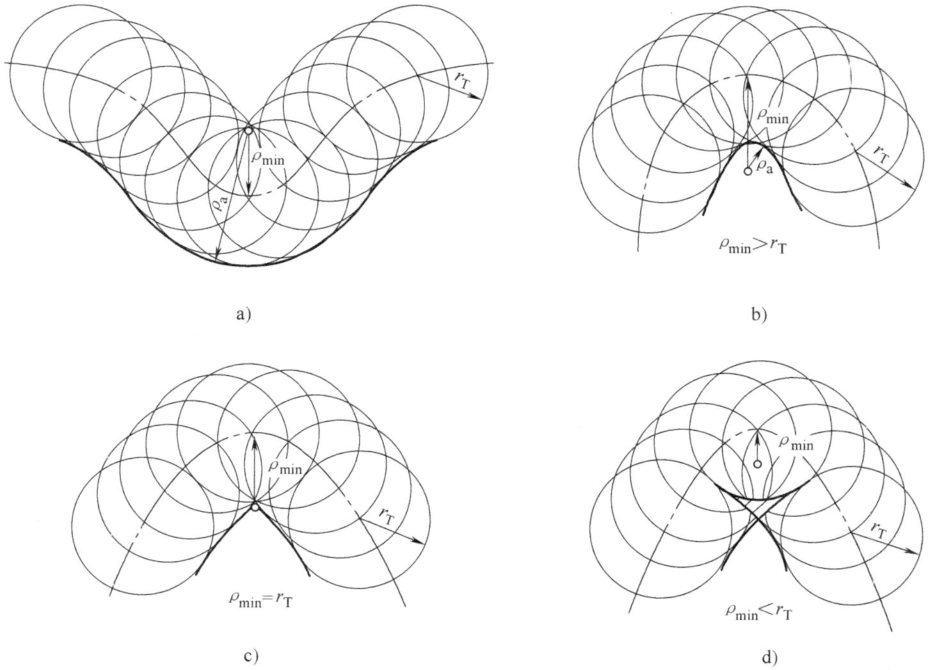

图 4-28　滚子半径对凸轮轮廓的影响

为 r_T、对应的实际轮廓曲线半径为 ρ_a，它们之间有如下关系：

（1）凸轮理论轮廓的内凹部分 由图 4-28a 可得

$$\rho_a=\rho_{min}+r_T \tag{4-12}$$

由式（4-12）可知：实际轮廓曲率半径总是大于理论轮廓曲率半径。所以，不论选择多大的滚子，都能作出实际轮廓。

（2）凸轮理论轮廓的外凸部分 由图 4-28b 可得

$$\rho_a=\rho_{min}-r_T \tag{4-13}$$

当 $\rho_{min}>r_T$ 时，$\rho_a>0$，如图 4-28b 所示，实际轮廓为一平滑曲线；当 $\rho_{min}=r_T$ 时，$\rho_a=0$，如图 4-28c 所示，在凸轮实际轮廓曲线上产生了尖点，这种尖点接触时为高副，故极易磨损，且磨损后从动件预定的运动规律将发生改变；当 $\rho_{min}<r_T$ 时，$\rho_a<0$，如图 4-28d 所示，这时实际轮廓曲线发生自相交，交点以上的轮廓（图中阴影部分的轮廓曲线）在实际加工时被切去，从而使这一部分运动规律无法实现。

在设计此类凸轮轮廓时，希望在任何位置凸轮轮廓既不变尖也不相交，为了达到这个目的，应对所用滚子的半径加以限制：滚子半径必须小于理论轮廓外凸部分的最小曲率半径 ρ_{min}。如果 ρ_{min} 过小，按上述条件选择的滚子半径太小而不能满足安装和强度要求时，就应加大凸轮基圆尺寸，重新设计凸轮轮廓曲线。

4.4.4 其他凸轮轮廓曲线的绘制

1. 对心直动平底凸轮轮廓曲线的绘制

已知条件同前面的对心直动尖顶凸轮，将原来的尖顶从动件换成平底从动件，用作图法求凸轮轮廓。

作图步骤如下：

1）将平底和导路的交点 A 视为尖顶，按直动尖顶从动件作图法作出点 1′，2′，3′，…。

2）过点 1′，2′，3′，…作出一系列的平底，得到一个代表平底的直线簇。

3）作直线簇的包络线，即得所求凸轮轮廓，如图 4-29 所示。

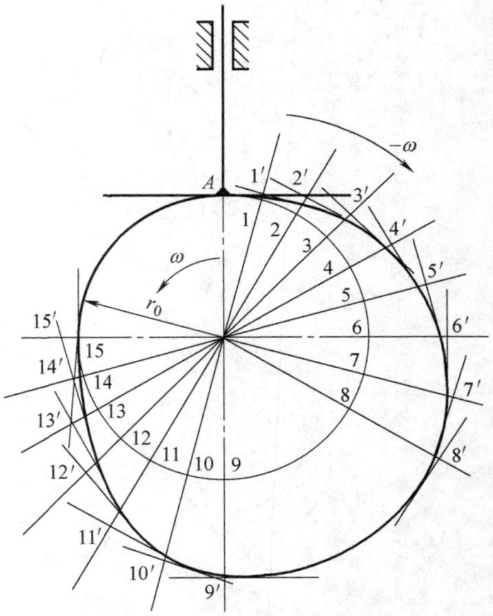

图 4-29 对心直动平底从动件盘形凸轮轮廓的绘制

2. 摆动尖顶从动件盘形凸轮轮廓曲线的绘制

图 4-30a 所示为摆动尖顶从动件盘形凸轮机构，绘制其凸轮轮廓采用的作图方法与直动从动件盘形凸轮机构的作图方法相似。所不同的是摆动从动件的位移应改为角位移，用 ψ 表示。假设该凸轮机构的运动规律如图 4-30b 所示，其纵坐标的比例尺为 μ_ψ（μ_ψ 是 1mm 长度代表的角度值），从动件摆动中心 A 到凸轮转动中心 O 的距离为 a，从动件长度为 l，用作图法求凸轮轮廓。

作图步骤如下：

1）任选凸轮转动中心 O，选择适当比例尺后由给定半径 r_0 作基圆。

2）以 O 为圆心，以中心距 a 为半径作从动件回转中心的轨迹圆（运用反转法后，从动件的转动中心 A 将绕点 O 反向转动）。

3）在轨迹圆上沿 $-\omega$ 方向依次标出推程运动角 Φ、远休止角 Φ_s、回程运动角 Φ' 及近休止角 Φ_s'，按照"陡密缓疏"的原则将推程运动角和回程运动角等分。本例中推程运动角和回程运动角均按每份 30°等分，得各等分点 A_1，A_2，A_3，…。

4）以起点 A 和各等分点 A_1，A_2，A_3，…为圆心，l 为半径，作圆弧，分别与基圆交于 B 和 B_1，B_2，B_3，…。

5）分别以 A_1B_1，A_2B_2，A_3B_3，…为基准量取角位移，使 $\angle B_1A_1B_1'=\psi_1$，$\angle B_2A_2B_2'=\psi_2$，$\angle B_3A_3B_3'=\psi_3$，…，得 B_1'，B_2'，B_3'，…。

6）光滑连接 B 和 B_1'，B_2'，B_3'，…，即得所求凸轮轮廓曲线，如图 4-30a 所示。

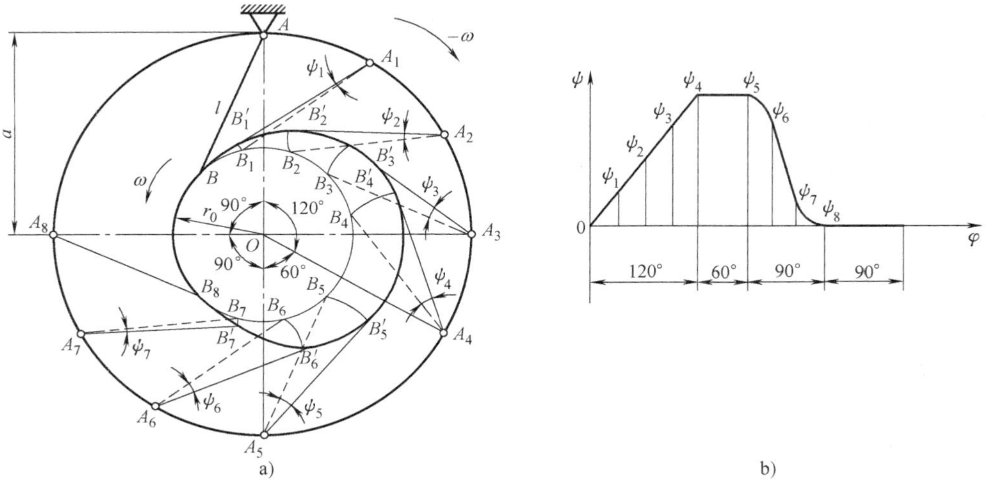

图 4-30　摆动尖顶从动件盘形凸轮轮廓曲线的绘制

若将从动件的形状改成滚子或者平底，则只需将滚子中心和平底与导路的交点视为尖顶，求出理论轮廓或者平底位置后，通过作包络线的办法得到凸轮实际轮廓，这和直动从动件是一样的，这里就不再赘述。

4.5　用解析法设计凸轮轮廓曲线

采用作图法能方便快捷地求出凸轮轮廓，但是作图的精度与作图者关系很大，容易产生较大误差，故作图法一般仅用于从动件运动规律要求不太高的场合。采用解析法设计时是根据工作所要求的从动件的运动规律和已知的机构参数，求出凸轮廓线的方程式，并精确地计算出凸轮廓线上各点的坐标值。因此，解析法常用于精度要求较高的高速凸轮、靠模凸轮等的设计。解析法的工作量较大，因此，凸轮轮廓的曲线方程常常借助计算机求解。

随着机械不断朝着高速、精密、自动化方向发展，计算机和各种数控加工机床在生产中的广泛应用，用解析法设计凸轮廓线越来越广泛地应用于生产实践中。下面介绍几种常用凸轮机构设计的解析法。

4.5.1 直动滚子从动件盘形凸轮轮廓曲线的设计

图 4-31 所示为一偏置直动滚子从动件盘形凸轮机构，偏心距为 e。过凸轮的回转中心 O 建立图示直角坐标系 xOy。点 B_0 为从动件滚子中心在推程阶段的起始位置。当凸轮转过 δ 角度时，从动件的位移为 s。根据反转法原理作图可知，滚子中心应处于点 B，该点的直角坐标为

$$\begin{cases} x=(s+s_0)\sin\delta+e\cos\delta \\ y=(s+s_0)\cos\delta-e\sin\delta \end{cases} \tag{4-14}$$

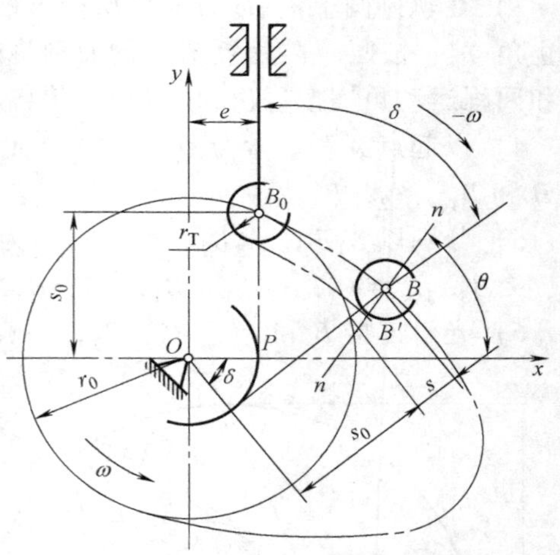

图 4-31 偏置直动滚子从动件盘形凸轮机构

式（4-14）即为凸轮理论廓线的方程式。若为对心直动从动件，则 $e=0$，$s_0=r_0$。另外，e 的值为代数值，其正负做如下规定：当凸轮沿逆时针方向转动时，若从动件位于凸轮转动中心的右侧，则 e 的值为正，反之为负；当凸轮沿顺时针方向转动时，若从动件位于凸轮转动中心的左侧，则 e 的值为正，反之为负。

凸轮的实际廓线与理论廓线为等距曲线，且在法线方向的距离等于滚子半径 r_T。所以当已知理论廓线上任一点的坐标（x，y）时，只要沿理论廓线在该点的法线方向取距离 r_T，即可得到实际廓线上相应点 B' 的坐标（x'，y'）。

由高等数学知识可知，曲线上任一点的法线斜率与该点的切线斜率互为负倒数，故理论廓线上点 B 处的法线 n-n 的斜率为

$$\tan\theta=-\frac{\mathrm{d}x}{\mathrm{d}y}=-\frac{\dfrac{\mathrm{d}x}{\mathrm{d}\delta}}{\dfrac{\mathrm{d}y}{\mathrm{d}\delta}}=\frac{\sin\theta}{\cos\theta} \tag{4-15}$$

把式（4-14）对 δ 求导得

$$\begin{cases} \dfrac{\mathrm{d}x}{\mathrm{d}\delta}=\left(\dfrac{\mathrm{d}s}{\mathrm{d}\delta}-e\right)\sin\delta+(s+s_0)\cos\delta \\ \dfrac{\mathrm{d}y}{\mathrm{d}\delta}=\left(\dfrac{\mathrm{d}s}{\mathrm{d}\delta}-e\right)\cos\delta+(s+s_0)\sin\delta \end{cases} \tag{4-16}$$

由式（4-15）和式（4-16）可得

$$\begin{cases} \sin\theta=\dfrac{\dfrac{\mathrm{d}x}{\mathrm{d}\delta}}{\sqrt{\left(\dfrac{\mathrm{d}x}{\mathrm{d}\delta}\right)^2+\left(\dfrac{\mathrm{d}y}{\mathrm{d}\delta}\right)^2}} \\ \cos\theta=-\dfrac{\dfrac{\mathrm{d}y}{\mathrm{d}\delta}}{\sqrt{\left(\dfrac{\mathrm{d}x}{\mathrm{d}\delta}\right)^2+\left(\dfrac{\mathrm{d}y}{\mathrm{d}\delta}\right)^2}} \end{cases} \tag{4-17}$$

由图 4-31 可以看出，实际廓线上对应点 B' 的坐标为

$$\begin{cases} x' = x \mp r_T\cos\theta \\ y' = x \mp r_T\sin\theta \end{cases} \tag{4-18}$$

式（4-18）即为凸轮实际廓线的方程式。式中，“+”号用于外包络线，“−”号用于内包络线。

4.5.2　直动平底从动件盘形凸轮轮廓曲线的设计

图 4-32 所示为一对心直动平底从动件盘形凸轮机构。以凸轮的回转中心 O 为原点，从动件的导路中心线为 y 轴建立直角坐标系 xOy。当从动件处于起始位置时，平底与凸轮廓线切于点 B_0；当凸轮转过 δ 角度时，从动件的位移为 s。根据反转法可知，平底与凸轮轮廓切于点 B。其坐标（x，y）为

$$\begin{cases} x = (s+r_0)\sin\delta + \overline{OP}\cos\delta \\ y = (s+r_0)\cos\delta + \overline{OP}\sin\delta \end{cases} \tag{4-19}$$

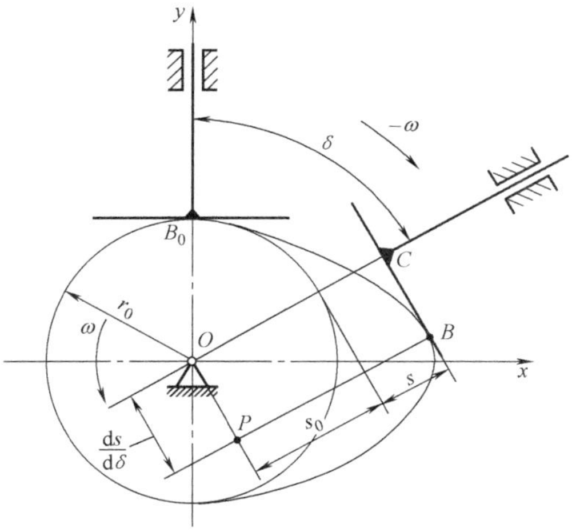

图 4-32　对心直动平底从动件盘形凸轮机构

由三心定理可知，P 点为从动件与凸轮的瞬心，故从动件在该瞬时的运动速度为

$$v = v_p = \overline{OP}\omega \quad 或 \quad \overline{OP} = \frac{v}{\omega} = \frac{ds}{d\delta}$$

可得点 B 的坐标（x，y），凸轮实际廓线的方程式为

$$\begin{cases} x = (s+r_0)\sin\delta + \dfrac{ds}{d\delta}\cos\delta \\ y = (s+r_0)\cos\delta + \dfrac{ds}{d\delta}\sin\delta \end{cases} \tag{4-20}$$

4.5.3　摆动滚子从动件盘形凸轮轮廓曲线的设计

图 4-33 所示为一摆动滚子从动件盘形凸轮机构。已知凸轮转动轴心 O 与摆杆摆动轴

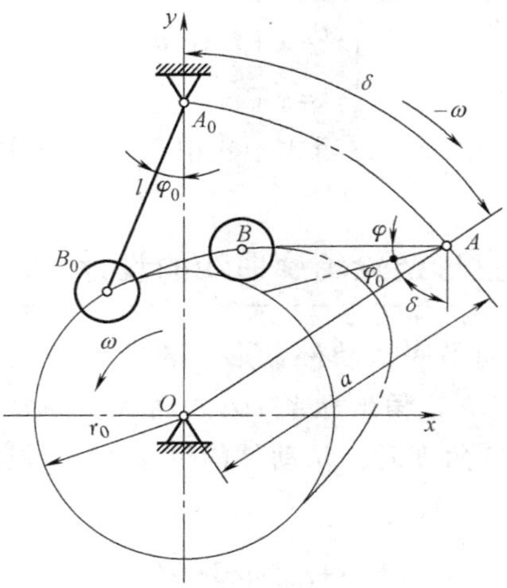

图 4-33　摆动滚子从动件盘形凸轮机构

心 A_0 之间的中心距为 a，摆杆长度为 l，以凸轮的回转中心 O 为原点，OA_0 为 y 轴，建立直角坐标系 xOy。当摆杆处于起始位置时，滚子中心处于点 B_0，摆杆与连心线 OA_0 间的夹角为 φ_0；当凸轮转过 δ 角度后，从动件摆角为 φ。由反转法可知，此时滚子中心将处于点 B，其坐标（x，y）即凸轮理论廓线方程为

$$\begin{cases} x=a\sin\delta-l\sin(\delta+\varphi+\varphi_0) \\ y=a\cos\delta-l\cos(\delta+\varphi+\varphi_0) \end{cases} \tag{4-21}$$

凸轮实际廓线方程的推导思路与直动滚子从动件盘形凸轮机构相同，不再赘述。

思考练习题

4-1　什么是凸轮机构？它有哪些优、缺点？凸轮机构是如何分类的？

4-2　什么是推程运动角、回程运动角、近休止角、远休止角？它们的度量起始位置分别是哪里？

4-3　何谓从动件的运动规律？为什么经常将从动件的运动规律表示为凸轮转角的函数？

4-4　何谓凸轮机构传动中的刚性冲击和柔性冲击？请指出哪些运动规律有刚性冲击，哪些运动规律有柔性冲击，哪些运动规律没有冲击。

4-5　作图法和解析法各有何特点？

4-6　什么是凸轮机构的压力角、基圆半径？应如何选择它们的数值大小？这对凸轮机构的运动特性、动力特性有何影响？

4-7　常用从动件的运动规律有哪些？各有什么特点？

4-8　基圆半径对凸轮机构的压力角有何影响？

4-9　图 4-34 所示为一偏置直动从动件盘形凸轮机构。已知 AB 段为凸轮的推程轮廓线，试在图上标注推程运动角。

4-10　图 4-35 所示为一偏置直动从动件盘形凸轮机构。已知凸轮是一个以 C 为圆心的圆盘，试求轮廓上 D 点与尖顶接触时的压力角，并作图表示。

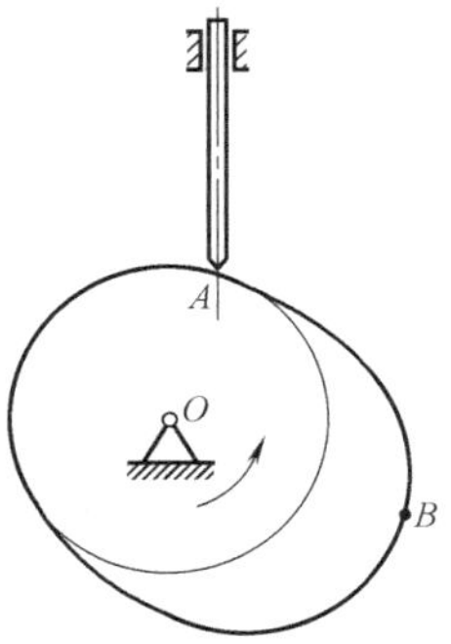

图 4-34　题 4-9 图

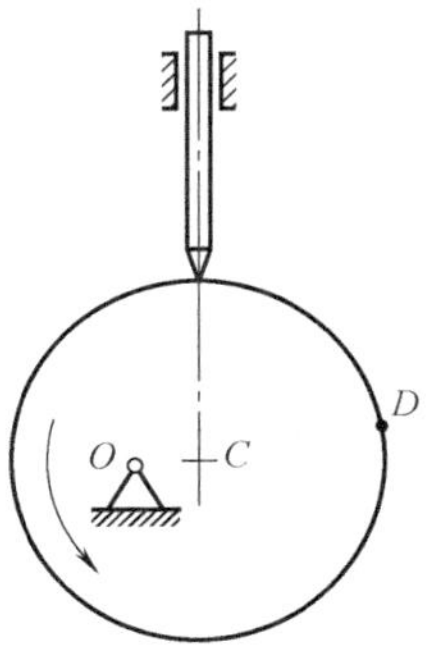

图 4-35　题 4-10 图

4-11　已知直动从动件升程 $h=30\text{mm}$，$\Phi=150°$，$\Phi_s=30°$，$\Phi'=120°$，$\Phi_s'=60°$，从动件在推程和回程均做简谐运动。试运用作图法或解析法绘出其运动线图 s-t、v-t 和 a-t。

4-12　设计一直动平底从动件盘形凸轮机构。已知凸轮以等角速度 ω 逆时针方向回转，凸轮的基圆半径 $r_0=40\text{mm}$，从动件升程 $h=40\text{mm}$，$\Phi=120°$，$\Phi_s=30°$，$\Phi'=120°$，$\Phi_s'=90°$，从动件在推程和回程均做简谐运动。试绘出凸轮轮廓。

第5章 齿轮机构

5.1 齿轮机构概述

齿轮机构主要用来传递空间任意两轴的回转运动和动力，或者实现回转和直线运动之间的转换，是现代机械传动中最重要的机构之一，其应用范围十分广泛，形式多样，传递功率的范围较广（最大可高达数万千瓦）。

5.1.1 齿轮机构的特点

（1）传动准确可靠 齿轮传动能保持传动比恒定不变，因而传动平稳，冲击、振动和噪声较小。

（2）传动效率高、工作寿命长 齿轮传动的机械效率可达0.95~0.99，且能可靠地连续工作几年甚至几十年。

（3）可实现两轴间任意布置的传动 齿轮传动可传递两轴平行、相交和交错的运动和动力。

（4）结构紧凑、功率和速度范围广 与其他传动相比，在传递功率相同的情况下，齿轮传动所占空间位置较小，而且齿轮传动所传递的功率范围为$1\sim10^9$W，传递的速度可达300m/s。

（5）成本较高、不适宜两轴中心距过大的传动 齿轮的制造和安装精度要求较高，维护费用较高，因而成本也较高。另外，当两轴中心距过大时，齿轮的径向尺寸会很大，或者齿轮的个数很多，致使机构庞大，这是齿轮传动的主要缺点。

5.1.2 齿轮机构的类型

齿轮机构可根据两齿轮轴线的相对位置及齿向的不同进行分类，如图5-1所示。

5.1.3 齿轮机构在汽车上的应用

齿轮机构是汽车上最重要的机构之一，下面对它的应用进行简单讨论。

1. 发动机正时齿轮

图5-2所示的凸轮轴齿轮传动机构中的5和6就是发动机的正时齿轮。一般在凸轮轴

- 齿轮机构
  - 平面齿轮机构（两轴平行的齿轮机构）
    - 圆柱齿轮机构
      - 直齿
        - 外啮合(图a)
        - 内啮合(图b)
        - 齿轮与齿条(图c)
      - 斜齿(图d)
      - 人字齿(图e)
  - 空间齿轮机构（两轴不平行的齿轮机构）
    - 两轴相交的齿轮机构（锥齿轮机构）
      - 直齿(图f)
      - 曲齿(图g)
    - 两轴交错的齿轮机构
      - 交错轴斜齿轮(图h)
      - 蜗杆蜗轮(图i)

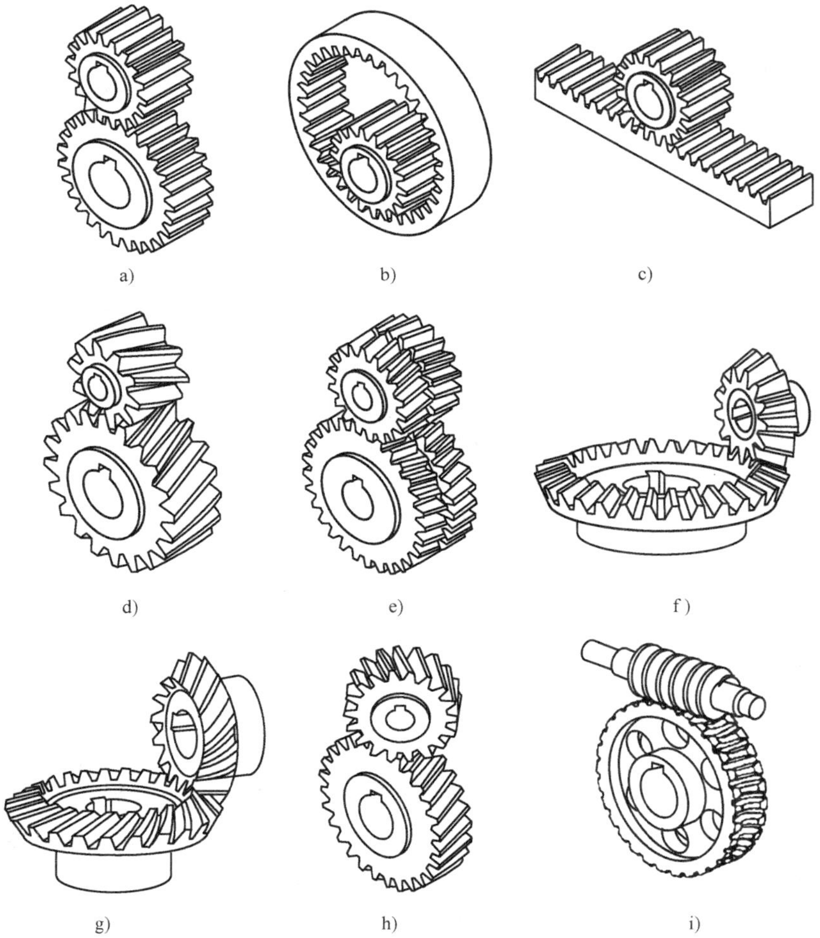

图 5-1　齿轮机构的分类

下置和中置的发动机中大多采用圆柱形正时齿轮传动。一般曲轴与凸轮轴之间的传动只需一对正时齿轮，必要时可加装惰轮。为了使齿轮传动平稳，减小噪声，正时齿轮多采用斜齿轮。在中、小功率发动机上，曲轴正时齿轮用钢来制造，而凸轮轴正时齿轮则用铸铁或夹布胶木制造，以减小噪声。

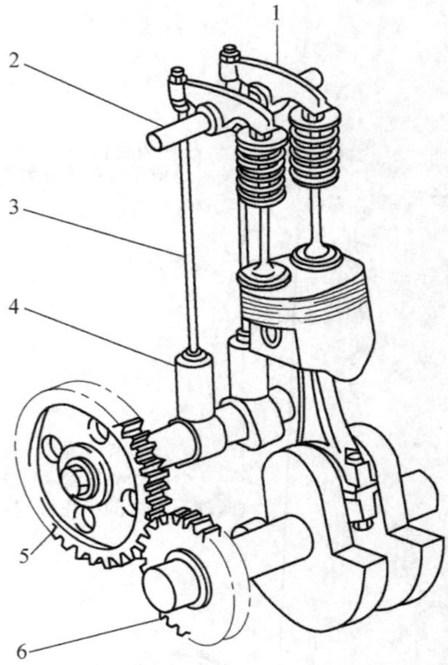

图 5-2　凸轮轴的齿轮传动机构

1—摇臂　2—摇臂轴　3—推杆　4—挺柱

5—凸轮轴正时齿轮　6—曲轴正时齿轮

2. 发动机曲轴飞轮组

如图 5-3 所示，发动机齿圈与汽车起动机驱动小齿轮（图中未画出）啮合。汽车起动时，起动机驱动小齿轮通过齿圈带动曲轴旋转。发动机齿圈是与飞轮热压套合的，而不是把飞轮直接加工成一个大齿轮，主要因为齿圈牙齿若单面磨损，可将齿圈翻面使用；若个别牙齿损坏，也可堆焊修复，避免整个飞轮报废。若齿圈两面均严重磨损超过 30%或牙齿连续损坏四个以上时，可堆焊修复或更换新件。装配时，是将齿圈加热到 300～350℃，热套在飞轮外周的凸缘上。

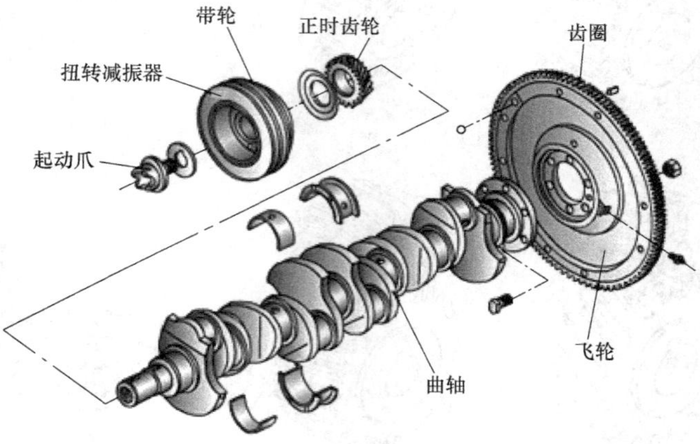

图 5-3　发动机曲轴飞轮组

3. 汽车变速器齿轮

现代汽车都有变速器，其主要组成部分就是齿轮机构。手动变速器主要是圆柱齿轮机构，有直齿圆柱齿轮和斜齿圆柱齿轮两种。与直齿圆柱齿轮比较，斜齿圆柱齿轮有使用寿命长、运转平稳、工作噪声低等优点；缺点是制造时稍复杂，工作时有轴向力，这对轴承不利。变速器中的常啮合齿轮均采用斜齿圆柱齿轮，尽管这样会使常啮合齿轮数增加，并导致变速器的质量和转动惯量增大。直齿圆柱齿轮仅用于低速档和倒档。自动变速器主要使用行星齿轮变速机构，主要有辛普森式和拉维娜式两种。图 5-4 所示为三轴式手动变速器，图 5-5 所示为辛普森式自动变速器。

图 5-4　三轴式手动变速器

图 5-5　辛普森式自动变速器

4. 汽车驱动桥

图 5-6 所示的汽车驱动桥由驱动桥壳、主减速器、差速器、半轴和轮毂组成。从变速器或分动器经万向传动装置输入驱动桥的转矩首先传到主减速器，在此增大转矩并相应降低转速后，经差速器分配给左、右两半轴，最后通过半轴外端的凸缘盘传至驱动轮的轮毂。驱动桥壳由主减速器壳和半轴套管组成，轮毂借助轴承支承在半轴套管上。其中，主减速器是一对准双曲面锥齿轮，差速器主要是由一对半轴齿轮

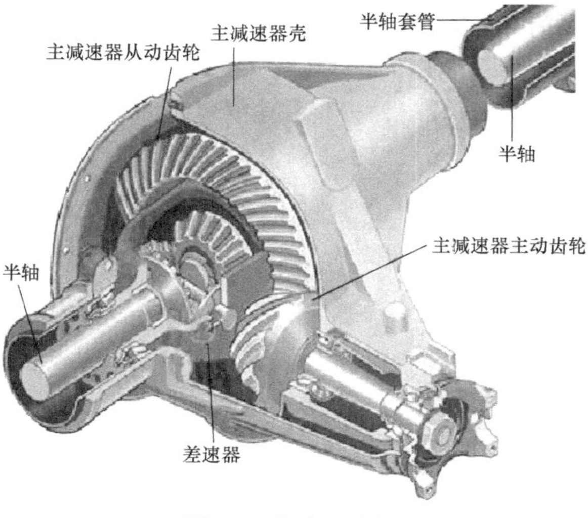

图 5-6　汽车驱动桥

和四个（或两个）行星齿轮组成的行星齿轮机构，半轴齿轮和行星齿轮都是锥齿轮。

5.2 渐开线齿廓的啮合特性

5.2.1 齿廓啮合基本定律

齿轮机构是通过主动轮的齿廓依次推动从动轮的齿廓来传递运动和动力的。而齿轮传动的基本要求之一是瞬时角速度之比必须保持不变，否则当主动轮等角速度回转时，从动轮的角速度为变数，从而产生惯性力。这种惯性力不仅影响齿轮的寿命，而且还会引起机器的振动和噪声，影响其工作精度。齿轮传动的瞬时角速度比取决于轮齿的齿廓曲线形状。以下讨论齿轮轮齿的齿廓曲线与两轮传动比的关系。

图 5-7 所示为轮齿正在啮合的一对齿廓。主动轮 1 绕 O_1 轴转动，齿廓 C_1 推动齿廓 C_2，从而使从动轮 2 绕 O_2 轴转动，两齿轮的角速度分别是 ω_1 和 ω_2。两齿廓在点 K 处接触，这个接触点称为啮合点。过啮合点 K 作两齿廓的公法线 n-n，n-n 与连心线 O_1O_2 交于点 P。要使这一对齿廓通过接触来传动，那么，它们的接触点在公法线方向是不能有相对运动的，即各轮接触点处的绝对速度 v_{K1}、v_{K2} 在公法线 n-n 方向的分速度应相等。否则，两齿廓将不是彼此分离就是相互嵌入，因而不能实现正常的传动。

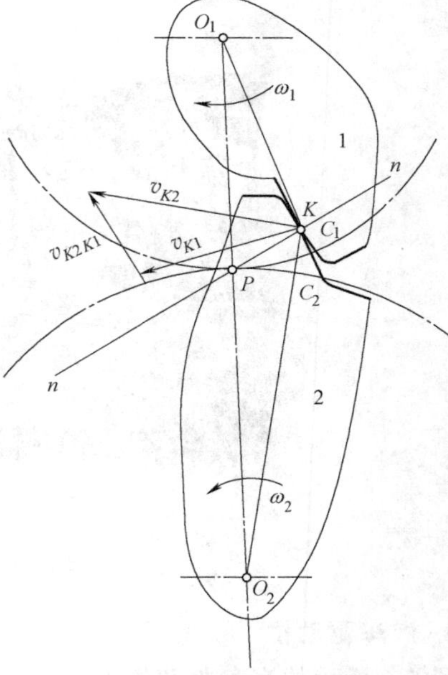

图 5-7 齿廓啮合的基本定律

从图 5-7 可以看出，齿轮机构是由齿轮 1、齿轮 2 和机架三个构件组成的机构，O_1、O_2 分别是两齿轮的绝对速度瞬心，由三心定理可知，点 P 就是齿轮 1 和齿轮 2 的相对速度瞬心 P_{12}。在齿轮啮合过程中，将相对速度瞬心称为啮合节点，简称节点。根据速度瞬心的性质，两齿廓曲线在节点 P 处有相同的速度，即

$$v_P = \overline{O_1P}\omega_1 = \overline{O_2P}\omega_2$$

由此可得瞬时传动比为

$$i_{12} = \frac{\omega_1}{\omega_2} = \frac{\overline{O_2P}}{\overline{O_1P}} \tag{5-1}$$

式（5-1）表明，点 P 位置固定了，两啮合齿轮的传动比也就恒定了。也就是说，互相啮合传动的一对齿轮，两齿廓在任一位置接触时，过接触点 K 所作的两齿廓公法线 n-n 必须与两轮的连心线 O_1O_2 相交于一定点 P，且该对齿轮的瞬时传动比就等于连心线 O_1O_2 被节点 P 所分成的两段线段长度的反比，这一规律称为齿廓啮合基本定律。凡满足齿廓

啮合基本定律的一对齿廓称为共轭齿廓，共轭齿廓的齿廓曲线称为共轭曲线。对于变传动比的齿轮机构，虽然点 P 不再固定，但其传动比还等于连心线 O_1O_2 被节点 P 所分成的两段线段长度的反比。

分别以两轮的回转中心 O_1、O_2 为中心，以 $r_1'=\overline{O_1P}$、$r_2'=\overline{O_2P}$ 为半径，作两个圆相切于节点 P，这两个圆称为两齿轮的节圆，r_1'和 r_2'即为节圆半径。节圆是节点在两齿轮运动平面上的轨迹，两轮在节圆上的速度相等。因此，两齿轮的啮合传动可以视为这一对节圆做无滑动的纯滚动。

从理论上讲，共轭齿廓曲线有很多种，定传动比齿轮传动可采用渐开线、摆线、圆弧线等齿廓。但考虑到啮合特性、制造、安装、互换、使用等问题，目前常用的还是渐开线齿廓。汽车驱动桥主要使用弧齿锥齿轮、双曲面齿轮及准双曲面齿轮等。

5.2.2　渐开线的形成及性质

如图 5-8 所示，当直线 n-n 沿半径为 r_b 的圆周从点 A 开始纯滚动到点 B 时，直线上任一点 K 画出的轨迹 AK 就是该圆的渐开线。这个圆称为渐开线的基圆，半径 r_b 称为基圆半径，直线 n-n 称为渐开线的发生线，$\theta_K=\angle AOK$ 称为渐开线上点 K 的展角。渐开线齿廓有如下性质：

(1) 发生线沿基圆滚过的长度等于基圆上被滚过的圆弧长度　由于发生线在基圆上做纯滚动，由图 5-8 可知：$\overline{KB}=\overset{\frown}{AB}$。

(2) 渐开线上任一点的法线恒与基圆相切　当发生线 n-n 沿基圆做纯滚动时，发生线与基圆的切点 B 即为发生线上点 K 的速度瞬心，所以发生线 n-n 即为渐开线在点 K 的法线。又由于发生线恒切于基圆，可得出结论：渐开线上任一点的法线恒与基圆相切。

(3) 渐开线上离基圆越远的部分其曲率半径越大，渐开线越平直　由于发生线 n-n 与基圆的切点 B 也是渐开线在点 K 的曲率中心，而线段 BK 是相应的曲率半径，由图 5-8 可知：渐开线上离基圆越远的部分，其曲率半径越大，渐开线越平直；渐开线上离基圆越近的部分，其曲率半径越小，渐开线就越弯曲；渐开线在基圆上起始点处的曲率半径为零。

(4) 渐开线齿轮上任一点的压力角　若用图 5-8 所示的渐开线作为齿轮的齿廓，则当齿轮绕 O 点转动时，点 K 的速度 v 方向应垂直于 OK，则$\overline{OK}$称为向径，用 r_K 表示。法线 BK（受力的方向线）与点 K 速度 v 方向所夹的锐角 α_K 就是 K 点的压力角。以 r_b 表示基圆的半径，由图可知

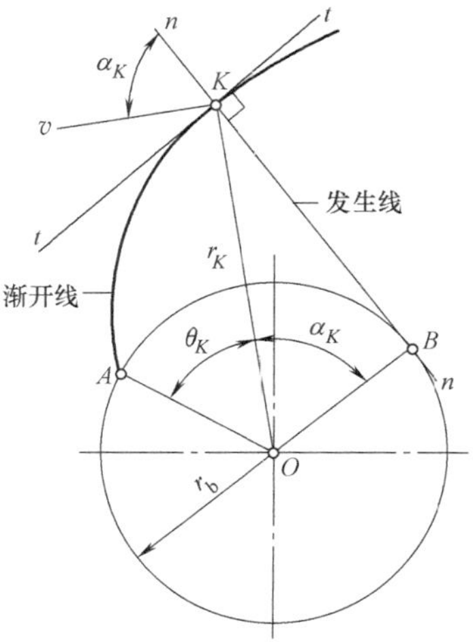

图 5-8　渐开线的形成

$$\cos\alpha_K=\frac{\overline{OB}}{\overline{OK}}=\frac{r_b}{r_K} \tag{5-2}$$

上式表示，渐开线各点压力角不等，向径 r_K 越大（即离旋转中心越远），压力角越大。

（5）渐开线的形状取决于基圆的大小 如图 5-9 所示，基圆越小，渐开线越弯曲；基圆越大，渐开线越平直。当基圆半径为无穷大时，其渐开线将成为一条垂直于 B_3K 的直线，它就是后面将介绍的齿条的齿廓曲线。

（6）基圆内无渐开线 因为渐开线是由基圆开始向外展开的，所以基圆内无渐开线。

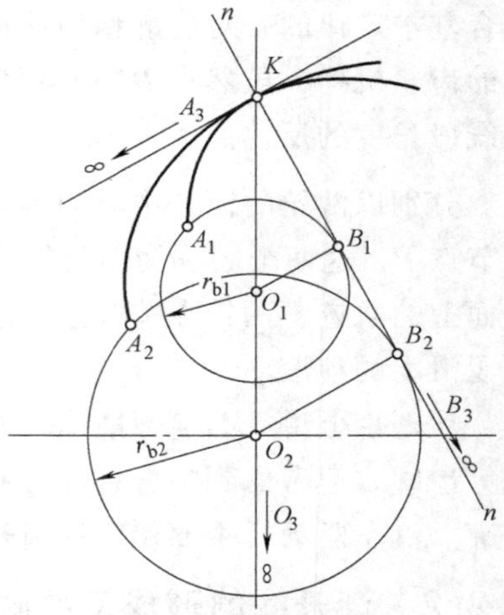

图 5-9 渐开线的形状

5.2.3 渐开线的啮合特性

1. 渐开线齿廓满足定传动比要求

由图 5-7 可知，两齿廓在任意点 K 啮合时，过点 K 作两齿廓的公法线 n-n，n-n 也是两基圆的内公切线，为定直线。而两轮中心连线 O_1O_2 也为定直线，故两定直线的交点 P 必为定点，则有

$$i_{12}=\frac{\omega_1}{\omega_2}=\frac{\overline{O_2P}}{\overline{O_1P}}=\text{常数} \tag{5-3}$$

i_{12} 为常数意味着当主动轮以等角速度回转时，从动轮的角速度也为常数，可减少因从动轮速度变化所产生的附加动载荷、振动和噪声，延长齿轮的使用寿命，提高机器的工作精度。

2. 齿廓间正压力方向不变

齿轮传动时其齿廓接触点的轨迹曲线称为啮合线，N_1N_2 是啮合点的轨迹，所以 N_1N_2 即为啮合线，如图 5-10a 所示，实际上就是渐开线齿廓的发生线。啮合线 N_1N_2 与节圆

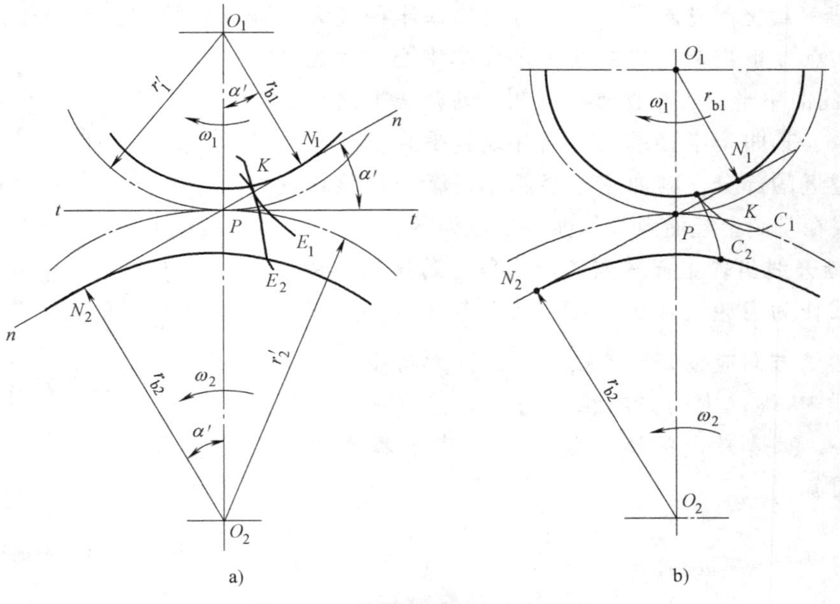

图 5-10 齿廓间正压力方向不变

公切线 t-t 之间的夹角 α' 称为啮合角。实际上，α'就是节点 P 上的压力角。

由渐开线的性质可知，渐开线齿廓的发生线就是渐开线在接触点 K 的法线，所以啮合线又是接触点的法线，而正压力总是沿法线方向，故渐开线齿轮的正压力方向不变。该特性对传动的平稳性有利。

3. 中心距的可分性

在图 5-10b 中，$\triangle O_1N_1P \backsim \triangle O_2N_2P$，因此两轮的传动比又可写成

$$i_{12}=\frac{\omega_1}{\omega_2}=\frac{\overline{O_2P}}{\overline{O_1P}}=\frac{r_2'}{r_1'}=\frac{r_{b2}}{r_{b1}} \tag{5-4}$$

也就是说，一对渐开线齿轮的传动比只与基圆半径有关，而与中心距无关。因此在实际安装过程中其中心距略有变化时，并不影响传动比 i_{12}，这一特性称为中心距的可分性，对加工和装配渐开线齿轮很有利。

5.3　渐开线标准直齿圆柱齿轮的主要参数和几何尺寸计算

5.3.1　渐开线齿轮各部分的名称和符号

以图 5-11 所示的渐开线标准直齿圆柱外齿轮为例，各部分的名称和表示符号说明如下：

(1) 齿顶圆　齿轮所有齿的顶端都在同一个圆上，这个过齿轮各齿顶端的圆称为齿顶圆，用 d_a 或 r_a 表示其直径或半径。

(2) 齿根圆　齿轮所有齿之间的齿槽底部也在同一圆上，这个圆称为齿根圆，用 d_f 或 r_f 表示其直径或半径。

(3) 基圆　前面已经提到过这个圆。它是形成渐开线齿廓的基础圆，其直径和半径分别用 d_b 和 r_b 表示。

(4) 齿厚　在任意圆周上，轮齿两侧齿廓之间的弧长为齿厚，用 s_i 表示。

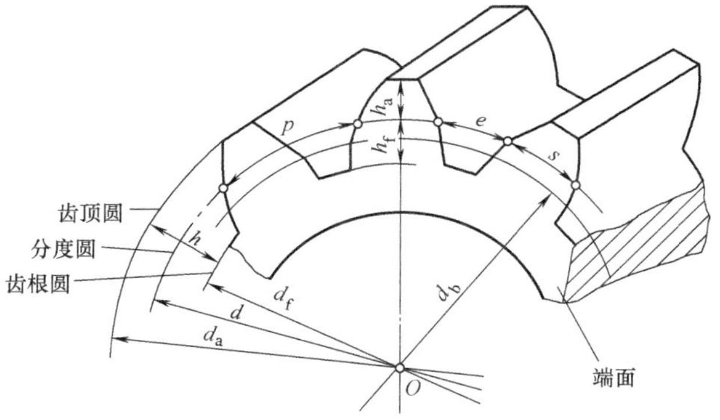

图 5-11　齿轮各部分的名称

(5) 齿槽宽　相邻两轮齿之间的空间称为齿槽，齿槽两侧齿廓之间在任意圆周上的弧长为齿槽宽，用 e_i 表示，又称为齿间宽。

(6) 分度圆　为计算方便，在齿顶圆和齿根圆之间规定一个圆作为计算齿轮各部分尺寸的基准，称为分度圆，其直径和半径分别用符号 d 和 r 表示。在图 5-11 所示的渐开线标准直齿圆柱齿轮中，分度圆上的齿厚和齿槽宽相等。

(7) 齿距 任意圆周上相邻两齿间同侧齿廓之间的弧长，用 p_i 表示，显然 $p_i=s_i+e_i$。基圆上的齿距为基圆齿距，用 p_b 表示。

(8) 法向齿距 相邻两齿间同侧齿廓之间的法向距离，用 p_n 表示。根据渐开线的性质，法向齿距等于基圆齿距，即 $p_n=p_b$。

(9) 齿顶高 齿顶高是分度圆与齿顶圆之间的径向高度，用 h_a 表示。

(10) 齿根高 齿根高是分度圆与齿根圆之间的径向高度，用 h_f 表示。

(11) 齿高 齿高是齿顶圆与齿根圆之间的径向高度，用 h 表示。

(12) 齿宽 齿宽是轮齿沿轴线方向的宽度，用 b 表示。

注：分度圆上齿厚、齿槽宽和齿距没有下标，分别用 s、e、p 表示。

5.3.2 渐开线齿轮的主要参数

(1) 齿数 在齿轮整个圆周上，轮齿的总数称为齿数，用 z 表示。

(2) 模数 齿距与分度圆直径有如下计算关系：$zp=\pi d$，所以

$$d=\frac{p}{\pi}z \tag{5-5}$$

式 (5-5) 中含有无理数“π”，这对齿轮的计算和测量都不方便。因此，将比值 $\frac{p}{\pi}$ 规定为整数或简单的有理数，并作为计算齿轮几何尺寸的一个基本参数，这个比值称为模数，以 m 表示，单位为 mm，即 $m=\frac{p}{\pi}$。图 5-12 所示为齿数相同、模数不同的三个齿轮。由图 5-12 可以看出：模数越大，齿轮尺寸越大；模数越小，则齿轮尺寸越小。所以，模数 m 是决定齿轮几何尺寸的重要参数。

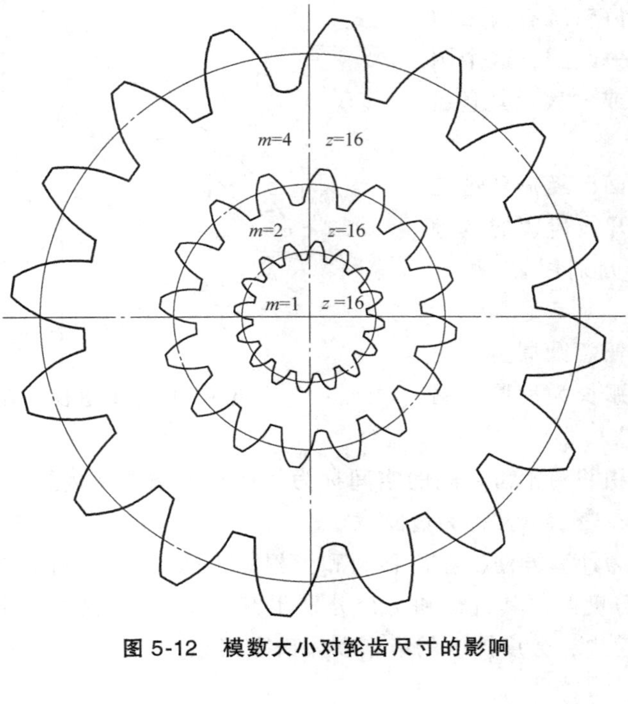

图 5-12 模数大小对轮齿尺寸的影响

现在齿轮的模数已经标准化，国家标准中规定的模数系列见表 5-1。

表 5-1　标准模数系列（GB/T 1357—2008）　　(单位：mm)

第一系列	1	1.25	1.5	2	2.5	3	4	5	6	8	10	12	16	20	25	32	40	50
第二系列	1.125	1.375	1.75	2.25	2.75	3.5	4.5	5.5	(6.5)	7	9	11	14	18	22	28	36	45

注：1. 本表适用于渐开线圆柱齿轮，对斜齿轮是指法向模数。
2. 优先采用第一系列，括号内的模数尽可能不用。

(3) 压力角　由渐开线的性质可知，对于同一渐开线齿廓，向径 r_K 不同，压力角 α_K 也不同，即在同一齿廓上，不同圆周上渐开线的压力角是不同的。国家标准规定：在分度圆上的压力角为 20°，用 α 表示，称为标准压力角。由式 (5-2) 可得标准压力角公式

$$\alpha = \arccos\frac{r_b}{r} \tag{5-6}$$

由式 (5-6) 可知，模数、齿数相同的齿轮，若其压力角不同，其基圆的大小也不同，因而其齿廓渐开线的形状也不同。因此，压力角是决定渐开线齿廓形状的重要参数。

(4) 齿顶高系数和顶隙系数　h_a^* 和 c^* 分别称为齿顶高系数和顶隙系数，齿顶高和齿根高可表示为

$$h_a = h_a^* m \tag{5-7}$$

$$h_f = (h_a^* + c^*) m \tag{5-8}$$

对于圆柱齿轮，其标准值按正常齿制和短齿制规定见表 5-2。

表 5-2　渐开线圆柱齿轮的齿顶高系数和顶隙系数

正常齿制	$h_a^* = 1.0$	$c^* = 0.25$
短齿制	$h_a^* = 0.8$	$c^* = 0.30$

(5) 几何尺寸计算　若一齿轮的模数、分度圆压力角、齿顶高系数、顶隙系数均为标准值，且其分度圆上齿厚与齿槽宽相等，则该齿轮称为标准齿轮。且 z、m、α、h_a^*、c^* 为决定渐开线标准直齿齿轮的几何尺寸和齿廓形状的五个基本参数。对于标准齿轮有

$$s = e = \frac{p}{2} = \frac{\pi m}{2} \tag{5-9}$$

标准直齿圆柱齿轮几何尺寸的计算公式见表 5-3。

表 5-3　标准直齿圆柱齿轮的几何尺寸计算公式

名　称	表示符号	计算公式
齿数	z	根据工作要求确定
模数	m	由轮齿的承载能力确定
压力角	α	$\alpha = 20°$
分度圆直径	d	$d = mz$
齿顶高	h_a	$h_a = h_a^* m$

（续）

名　　称	表示符号	计算公式
齿根高	h_f	$h_f=(h_a^*+c^*)m$
齿高	h	$h=h_a+h_f$
齿顶圆直径	d_a	$d_a=d+2h_a$
齿根圆直径	d_f	$d_f=d-2h_f$
分度圆齿距	p	$p=\pi r_n$
分度圆齿厚	s	$s=\frac{\pi m}{2}$
分度圆齿槽宽	e	$e=\frac{\pi m}{2}$
基圆齿距与法向齿距	p_b, p_n	$p_n=p_b=p\cos\alpha$
顶隙	c	$c=c^*m$
标准中心距	a	$a=\frac{1}{2}(d_1+d_2)=\frac{m}{2}(z_1+z_2)$

5.3.3　齿条与内齿轮

图 5-13 所示为齿条结构，可以将它看成齿轮传动的一种特殊形式。当齿轮基圆半径增大到无穷大时，其圆心将位于无穷远处，这时渐开线变为直线，渐开线齿廓也变成直线齿廓。该齿轮的各个圆周都变成直线，并且齿条运动为平动，这时齿条直线齿廓上各点的压力角相等，其大小等于齿廓倾斜角，即齿形角，故齿形角为标准值。因为齿条上同侧齿廓平行，所以在与分度线平行的其他直线上的齿距均相等，为 $p=\pi m$，但只有在分度线上 $s=e=\frac{p}{2}=\frac{\pi m}{2}$ 才成立。其他尺寸可参照标准直齿齿轮计算。

对于图 5-14 所示的内齿轮，其轮齿和齿槽相当于外齿轮的齿槽和轮齿，故内齿轮的齿廓为内凹的，并且齿根圆大于分度圆，分度圆大于齿顶圆，而齿顶圆必须大于基圆才能保证其啮合齿廓全部为渐开线。内齿轮的有关参数和计算公式与外齿轮类似，详细计算公式可参阅有关机械设计手册。

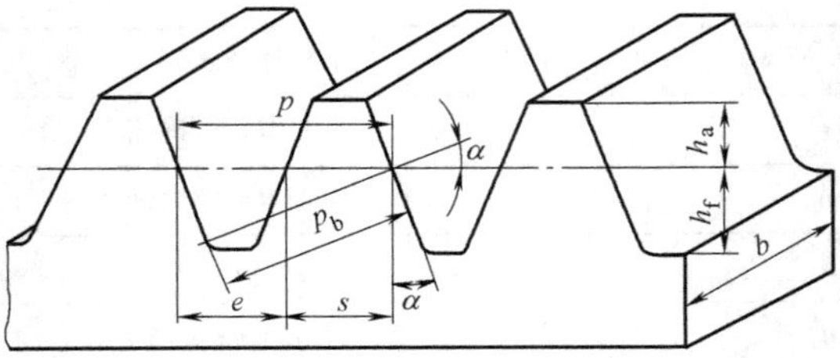

图 5-13　齿条各部分的尺寸

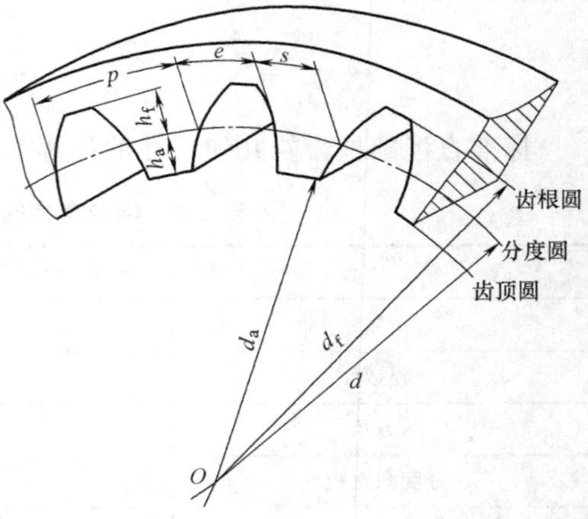

图 5-14　内齿轮各部分的尺寸

5.4 渐开线标准直齿圆柱齿轮的啮合

前面对单个渐开线齿轮进行了介绍，但实际生产中齿轮总是成对使用的，单个齿轮无法组成传动机构，所以还必须研究一对渐开线齿轮的啮合情况。

5.4.1 正确啮合的条件

在前面的分析中可以得出结论：一对渐开线齿廓是满足啮合的基本定律并能保证定传动比传动的。但这并不说明任意两个渐开线齿轮都能搭配起来进行正确传动。例如，一个齿轮的齿距很小，而另一个齿轮的齿距很大，显然，这两个齿轮是无法啮合传动的。下面以图 5-15 所示的一对齿轮为例，分析一对渐开线齿轮要正确啮合传动应该具备的条件。

一对渐开线齿轮在啮合传动过程中，每对齿廓仅啮合一段时间便要分离，然后由后一对齿廓接替。这中间总有两对齿廓都啮合的时刻，而且两对齿廓的啮合点都应在啮合线 N_1N_2 上，如图 5-15 所示。设 K 和 K' 为两对齿廓的啮合点，为了保证 K 和 K' 都在啮合线上，两对啮合轮齿的同侧相邻齿廓间的法线距离必须相等，即两齿轮的法向齿距应相等。

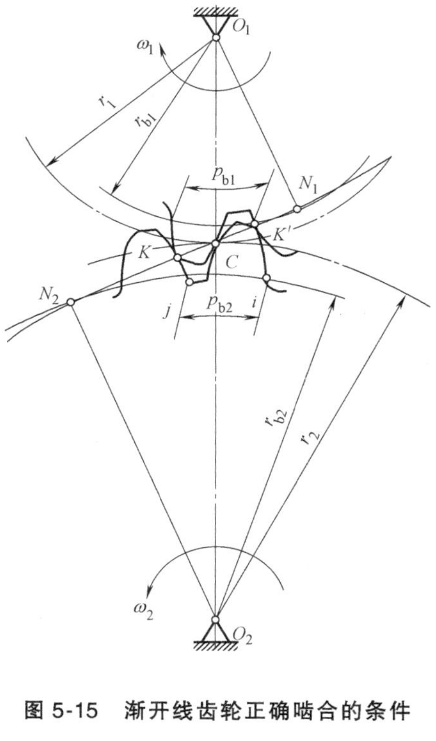

图 5-15　渐开线齿轮正确啮合的条件

根据渐开线的性质，齿轮的法向齿距与其基圆上的齿距 p_b 相等，因此两齿轮的基圆齿距相等，即

$$p_{b1}=p_{b2}$$

又因为 $p_b=\dfrac{\pi d_b}{z}=\dfrac{\pi d}{z}\cos\alpha=\pi m\cos\alpha$

$$p_{b1}=\pi m_1\cos\alpha_1,\quad p_{b2}=\pi m_2\cos\alpha_2$$

所以 $\pi m_1\cos\alpha_1=\pi m_2\cos\alpha_2$

如前所述，m 和 α 都已标准化了，所以要满足上式必须有

$$\begin{cases}m_1=m_2=m\\ \alpha_1=\alpha_2=\alpha\end{cases}\tag{5-10}$$

这就是渐开线齿轮正确啮合的条件，即两齿轮的模数和压力角必须分别相等。

5.4.2 重合度

设图 5-16 中轮 O_1 为主动轮，轮 O_2 为从动轮，转动方向如图所示。一对齿廓开始啮合时，应是主动轮的齿根部分与从动轮的齿顶接触，所以开始啮合点是从动轮的齿顶圆与

啮合线 N_1N_2 的交点 A。当两轮继续转动时，啮合点的位置沿啮合线 N_1N_2 向下移动，轮 2 齿廓上的接触点由齿顶向齿根移动，而轮 1 齿廓上的接触点则由齿根向齿顶移动。终止啮合点是主动轮的齿顶圆与啮合线 N_1N_2 的交点 E。线段 AE 为啮合点的实际轨迹，称为实际啮合线段。

当两轮齿顶圆加大时，点 A 和 E 趋近于点 N_1 和 N_2，但基圆之内无渐开线，故线段 N_1N_2 为理论上可能的最大啮合线段，称为理论啮合线段。

如前所述，满足正确啮合条件的一对齿轮有可能在啮合线上两点同时啮合。但是，如果实际啮合线段 AE 小于齿轮上两啮合点间的距离 EK，则两点不会同时啮合，连续传动也不能实现。也就是说，满足正确啮合条件只是连续传动的必要条件，而不是充分条件。为了保证连续传动，还必须研究齿轮传动的重合度。

为了更加直观，下面讨论分度圆上的情况。一对齿从开始啮合到终止啮合，分度圆上任一点所经过的弧线距离称为啮合弧，图 5-16 中圆弧 $\overset{\frown}{FG}$ 就是啮合弧。如图所示，如果啮合弧 $\overset{\frown}{FG}$ 的长度大于分度圆齿距 p，当前一对齿正要在终止啮合点 E 分离时，后一对齿已经在啮合线上 K 点啮合，故能保证连续正确传动；如果啮合弧长度等于齿距，则当前一对齿在啮合线上正要分离时，后一对齿在啮合线上正要进入啮合，处于传动连续和不连续的边界状态；如果啮合弧长度小于齿距，则当前一对齿在啮合线上的 E 点终止啮合时，后一对齿还未进入啮合，若轮 1 继续回转，则轮 1 前一个齿的齿顶尖角将沿轮 2 渐开线齿廓滑过，这时接触点不在啮合线上，不能保证定角速比。由此可知，当考虑制造误差影响时，为了保证渐开线齿轮连续以定角速比传动，啮合弧长度必须大于齿距。

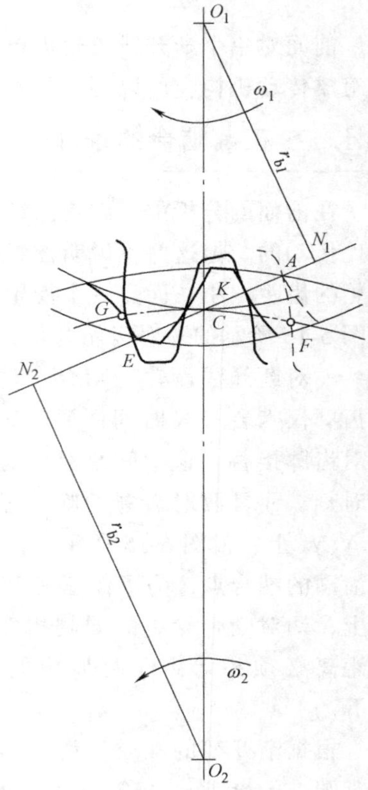

图 5-16　重合度

啮合弧长度与齿距之比称为重合度，用 ε 表示，因此齿轮连续传动的条件是

$$\varepsilon=\frac{\text{啮合弧长度}}{\text{分度圆齿距}}=\frac{\overset{\frown}{FG}}{p}>1 \tag{5-11}$$

重合度越大，表示同时啮合轮齿的对数越多。如果 $\varepsilon=1$，只有在转换啮合轮齿瞬间（即在 A 和 E 两点接触时），才有两对轮齿同时啮合，其余时间只有一对轮齿啮合。如果 $\varepsilon=2$，只有在转换啮合轮齿瞬间，才有三对轮齿同时啮合，其余时间只有两对轮齿啮合。如果 ε 不是整数，比如 $\varepsilon=1.2$，表明在啮合线上长度各为 0.2 倍基圆齿距的两段范围内，有两对轮齿同时啮合，称为双齿啮合区；在节点 F 附近段内（长度为 0.8 倍基圆齿距），只有一对轮齿啮合，称为单齿啮合区。

重合度的详细计算公式可参阅有关机械设计手册。对于标准齿轮传动，其重合度都大于 1，故可不必验算。

5.4.3　标准中心距

一对齿轮啮合传动时，一个齿轮节圆上的齿槽宽与另一个齿轮节圆上的齿厚之差称为齿轮啮合的齿侧间隙。在齿轮加工时，刀具轮齿与工件轮齿之间是没有齿侧间隙的。在齿轮传动中，为了消除反向传动空程和减小撞击，也要求齿侧间隙等于零。因此，在机械设计中，正确安装的齿轮都按照无齿侧间隙的理想情况计算其公称尺寸。

由前所述已知，标准齿轮分度圆的齿厚与齿槽宽相等，又知正确啮合的一对渐开线齿轮的模数相等，故

$$s_1=e_1=s_2=e_2=\frac{\pi m}{2}$$

若安装时令分度圆与节圆重合（即两分度圆相切，如图 5-17 所示），则 $e_1'-s_2'=e_1-s_2=0$，即齿侧间隙为零，称为齿轮传动的标准安装。一对标准齿轮分度圆相切时的中心距称为标准中心距，以 a 表示，即

$$a=r_1'+r_2'=r_1+r_2=\frac{m}{2}(z_1+z_2) \quad (5\text{-}12)$$

因两分度圆相切，故顶隙

$$c=c^* m=h_f-h_a \quad (5\text{-}13)$$

应当指出，分度圆和压力角是单个齿轮所具有的，而节圆和啮合角是两个齿轮相互啮合时才出现的。标准齿轮传动只有在分度圆与节圆重合时，压力角与啮合角才相等。

由此一对啮合的渐开线齿轮传动比可表示为

$$i_{12}=\frac{\omega_1}{\omega_2}=\frac{r_2'}{r_1'}=\frac{r_{b2}}{r_{b1}}=\frac{d_2}{d_1}=\frac{z_2}{z_1} \quad (5\text{-}14)$$

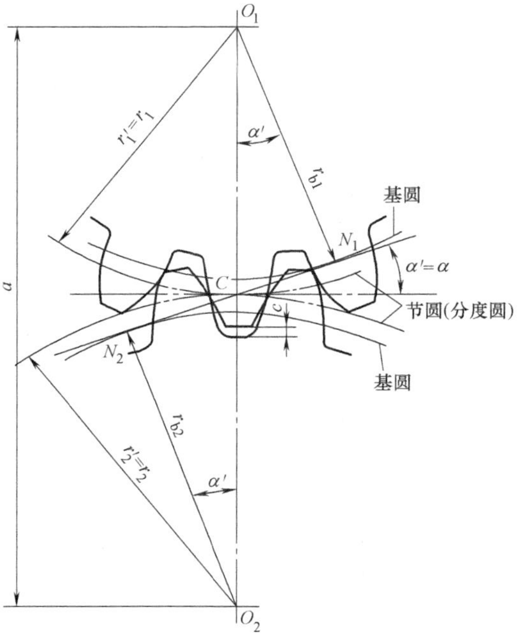

图 5-17　标准齿轮正确安装

但应当知道的是，实际上，考虑轮齿热膨胀、润滑和安装的需要，规定了不同用途的传动齿轮应有的微小齿侧间隙，其值由制造公差加以控制。

5.5　渐开线齿轮的加工、根切与变位

5.5.1　渐开线齿轮的加工方法

轮齿加工的基本要求是齿形准确和分齿均匀。轮齿的加工方法很多，最常用的是切削

加工法，此外还有铸造法、热轧法、冲压法及电加工法等。轮齿的切削加工方法按其原理可分为成形法和展成法两类。

1. 成形法

成形法是用渐开线齿形的成形刀具直接切出齿形。常用刀具有盘形齿轮铣刀（图 5-18a）和指形齿轮铣刀（图 5-18b）两种。加工时，铣刀绕本身轴线旋转，同时轮坯沿齿轮轴线方向直线移动。铣出一个齿槽以后，将轮坯转过 $2\pi/z$，再铣第二个齿槽。其余依次类推。

这种切齿方法简单，不需要专用机床，但生产率低，精度差，仅适用于单件生产、精度要求不高的齿轮加工以及不完全齿轮的加工。

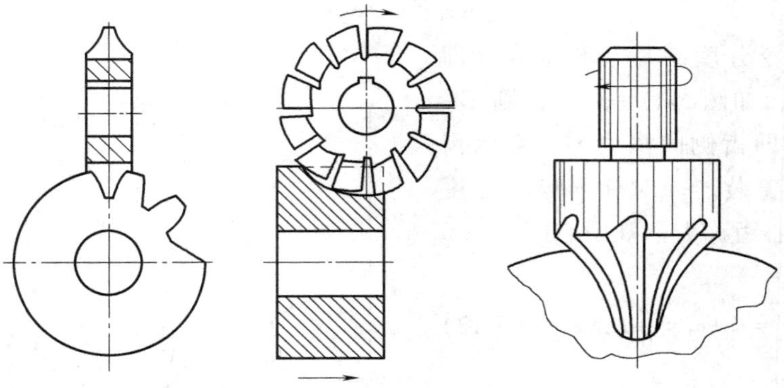

图 5-18 成形法切齿

2. 展成法（又称滚切法）

展成法是目前齿轮加工中最常用的一种方法。它依据前述的共轭曲线原理，利用一对齿轮互相啮合传动时，两轮的齿廓互为包络线的原理来加工。设想将一对互相啮合传动的齿轮之一变为刀具，而另一个作为轮坯，两者都是主动轮并按原传动比进行传动，则在传动过程中，刀具的齿廓便在轮坯上包络出与其共轭的齿廓。用展成法加工齿轮时，常用的刀具有齿轮插刀、齿条插刀和齿轮滚刀。

(1) 齿轮插刀 图 5-19 所示为用齿轮插刀加工齿轮时的情形。齿轮插刀的外形像一个具有切削刃的渐开线外齿轮，其模数和压力角均与被加工齿轮相同。加工时，插刀沿轮坯轴线方向做上下往复的切削运动；同时，机床的传动系统严格地保证插刀与轮坯之间的展成运动；为了防止插刀退刀时擦伤已加工好的齿廓表面，在插刀退刀时，轮坯还需有让开一小段距离（在插刀向下切削时，轮坯又恢复到原来位置）的让刀运动；另外，为了切出轮齿的高度（刀具顶部比正常齿高出 c^*m，以便切出顶隙部分），插刀还需向轮坯中心移动，即进给运动。

(2) 齿条插刀 用齿条插刀切齿是模仿齿轮与齿条的啮合过程，把刀具做成齿条状，如图 5-20 所示。图 5-21 表示齿条插刀齿廓在水平面上的投影，其顶部比传动用的齿条高出 c^*m（圆角部分），以便切出传动时的顶隙部分。齿条的齿廓为一直线，由图可见，不论在中线（齿厚与齿槽宽相等的直线）上还是在与中线平行的其他任一直线上，它们都

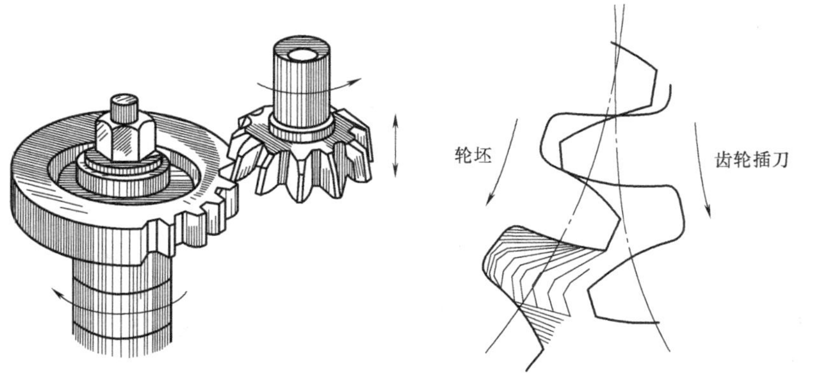

a)　　　　b)

图 5-19　齿轮插刀切齿

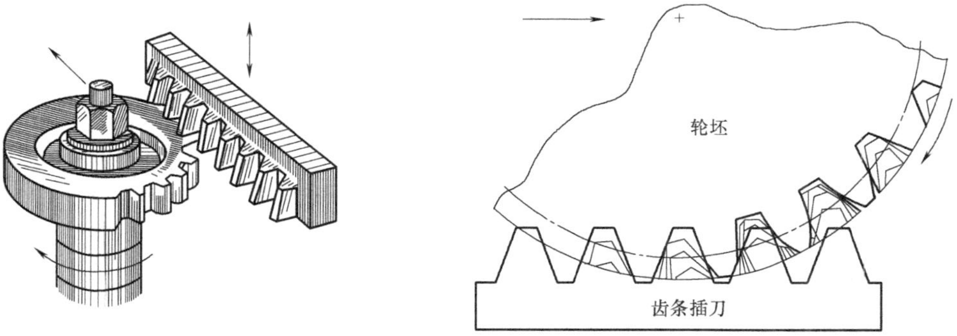

a)　　　　b)

图 5-20　齿条插刀切齿

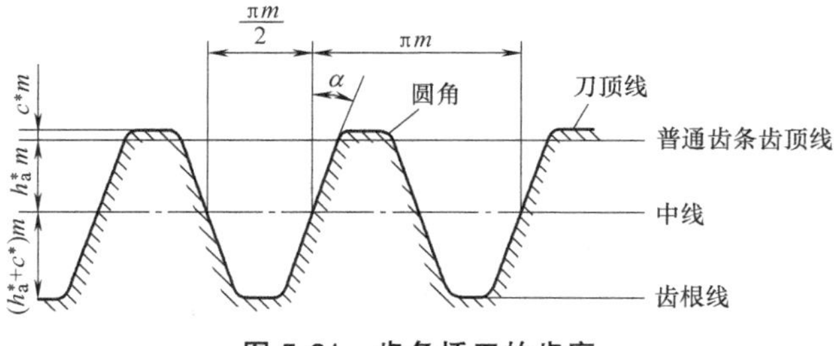

图 5-21　齿条插刀的齿廓

具有相同的齿距 $p(\pi m)$、相同的模数 m 和相同的压力角 α（20°）。对于齿条刀具，α 也称为齿形角或刀具角。

在切制标准齿轮时，轮坯径向进给直至刀具中线与轮坯分度圆相切并保持纯滚动。这样切成的齿轮，分度圆齿厚与分度圆齿槽宽相等，即 $s=e=\dfrac{\pi m}{2}$，且模数和压力角与刀具的模数和压力角分别相等。

（3）齿轮滚刀　由加工过程可以看出，以上两种方法的切削都不是连续的，这样，就影响了生产率的提高。因此，在生产中更广泛地采用齿轮滚刀来加工齿轮。

图 5-22 所示为用齿轮滚刀切制齿轮的情况。滚刀的形状像一个螺旋，它的轴向剖面为一齿条，所以它属于齿条型刀具。当滚刀转动时，就相当于一个齿条在移动，所以用滚刀切制齿轮的原理和齿条插刀切制齿轮的原理基本相同。滚刀除了旋转之外，还沿着轮坯的轴线缓慢移动，以便切出整个齿宽。加工直齿轮时，滚刀轴线与轮坯端面之间的夹角应等于滚刀的螺旋升角 γ，以使其螺旋的切线方向与轮坯径向相同。

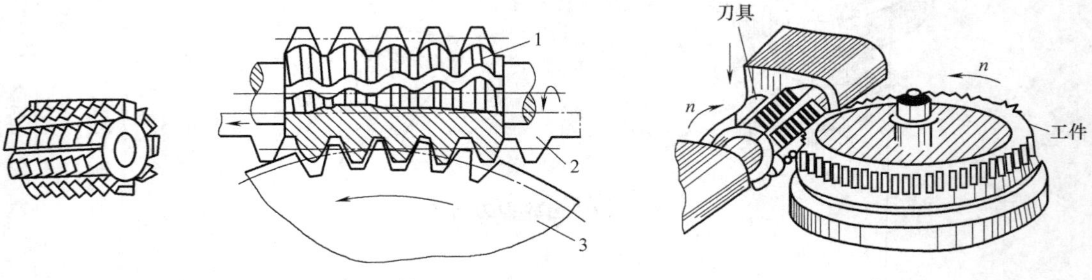

图 5-22　齿轮滚刀切齿

a）滚刀　b）滚切原理　c）滚削加工

1—滚刀　2—假想齿条　3—轮坯

用展成法加工齿轮时，只要刀具与被切齿轮的模数和压力角相同，不论被加工齿轮的齿数是多少，都可以用同一把刀具来加工，而且加工效率高，这给生产带来了很大的方便，因此，展成法得到了广泛的应用。

5.5.2　根切现象及最少齿数

1. 根切及其危害

经过前面的讨论可知，在模数和传动比已经给定的情况下，小齿轮的齿数 z_1 越少，大齿轮齿数 z_2 以及齿数和（z_1+z_2）也越少，齿轮机构的中心距、尺寸和质量也减小，但其传动比还可以保持不变。因此，设计时一般希望把 z_1 取得尽可能少。

但是对于渐开线标准齿轮，其最少齿数是有限制的。用展成法加工齿轮时，如果齿轮的齿数过小，就会发现刀具的齿顶部分会把被加工齿轮齿根的渐开线齿廓切去一部分，如图 5-23 所示，这种现象称为根切现象。

产生严重根切，一方面削弱了轮齿的抗弯强度，另一方面会使实际啮合线段缩短，从而使重合度降低，影响传动的平稳性。因此，在设计齿轮时应尽量避免发生根切现象。

2. 发生根切的原因

现以齿条刀具切削标准齿轮为例说明，若不考虑齿顶线与刀顶线间非渐开线圆角部分（这部分切削刃主要用于切出顶隙，它不能展成渐开线），则其相互关系如图 5-24a 所示。图中 N_1 为啮合线的极限点，此点在基圆上。若刀具齿顶线超过 N_1 点（图中虚线齿条所示），则由基圆之内无渐开线的性质可知，超过 N_1 点的切削刃不仅不能展成渐开线齿廓，而且会将根部已加工出的渐开线切去一部分（如图中虚线齿廓），

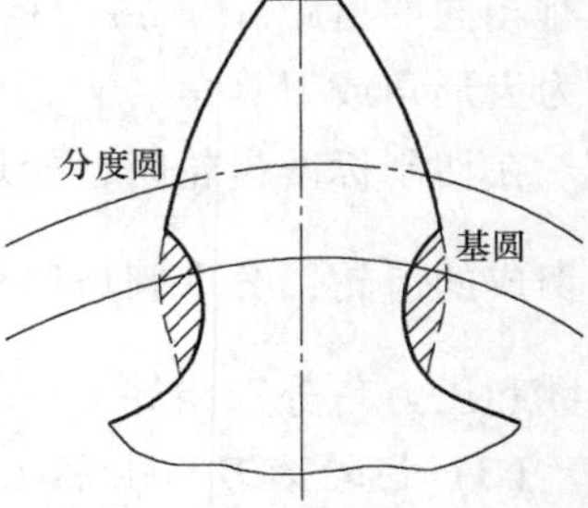

图 5-23　根切现象

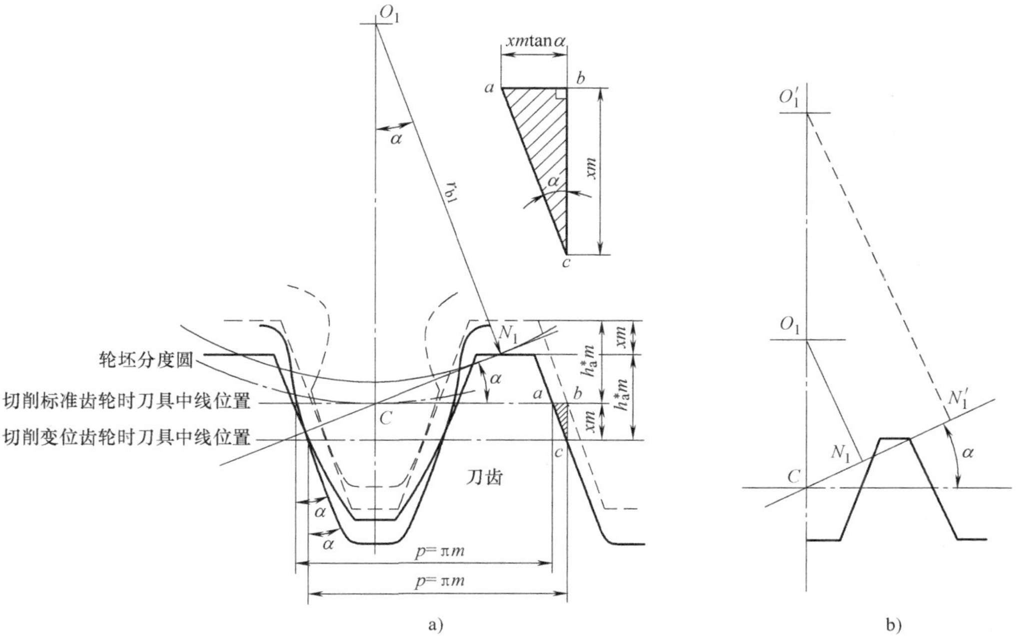

图 5-24　根切和变位齿轮

3. 标准齿轮不发生根切的最少齿数

标准齿轮是否发生根切取决于其齿数的多少。如图 5-24b 所示，线段 CO_1 表示某被切齿轮的分度圆半径，其 N_1 点在刀具齿顶线下方，故该齿轮必发生根切。当齿数增加时，分度圆半径增大，轮坯中心上移至 O_1'处，极限点也相应地沿啮合线上移至齿顶线上方的 N_1' 处，N_1'处于刀具齿顶线上方，从而避免了根切。反之，齿数越少，分度圆半径越小，轮坯中心越低，极限点越往下移，根切越严重。标准齿轮要避免根切，其齿数必须大于或等于不根切的最少齿数 $z_{\min}$。根据相关计算，对于 $\alpha=20°$和 $h_a^*=1$ 的正常齿制标准渐开线齿轮，当用齿条刀具加工时，其最少齿数 $z_{\min}=17$；若允许略有根切，正常齿制标准齿轮的实际最少齿数可取 14；对于 $\alpha=20°$和 $h_a^*=0.8$ 的短齿制渐开线齿轮，当用齿条刀具加工时，其最少齿数 $z_{\min}=14$。

5.5.3　变位齿轮

1. 渐开线标准齿轮的缺点

渐开线标准齿轮具有许多优点，如设计计算简单、互换性好等。但标准齿轮传动也存在着以下一些局限性：

1）受根切限制，齿数不得少于 $z_{\min}$，否则会产生根切，这样就使传动结构不够紧凑。

2）不适合于实际安装中心距 a'不等于标准中心距 a 的场合。当 $a'<a$ 时，较大的齿厚不能嵌入较小的齿槽宽，导致无法安装；当 $a'>a$ 时，虽然可以安装，也能保证定角速比，但会产生过大的侧隙而引起冲击振动，影响传动的平稳性，重合度也会减小。

3）一对标准齿轮传动时，小齿轮的齿根厚度小而啮合次数又较多，故小齿轮的强度较低，齿根部分磨损也较严重，因此小齿轮容易损坏，同时也限制了大齿轮的承载能力。

针对标准齿轮的这些不足，工程上广泛使用变位修正齿轮，有效地解决了这些问题。

2. 变位修正法

由前述内容可知，产生轮齿根切的根本原因是刀具的齿顶线超过了啮合极限点 N_1，如图 5-24a 中虚线齿条所示。当标准刀具从发生根切的虚线位置相对于轮坯中心向外移动至刀具齿顶线不超过啮合极限点 N_1 的实线位置（如图 5-24a 中实线齿条位置）时，切出的齿轮就不会发生根切。这种改变刀具与轮坯相对位置的齿轮加工方法称为变位修正法，加工出的齿轮称为变位齿轮。刀具移动的距离称为变位量，用 xm 表示，x 称为变位系数，并规定相对于轮坯中心，刀具向外移动称为正变位（$x>0$）；反之，刀具向里移动，称为负变位（$x<0$）。正变位加工出来的齿轮称为正变位齿轮，负变位加工出来的齿轮称为负变位齿轮，如图 5-25 所示。

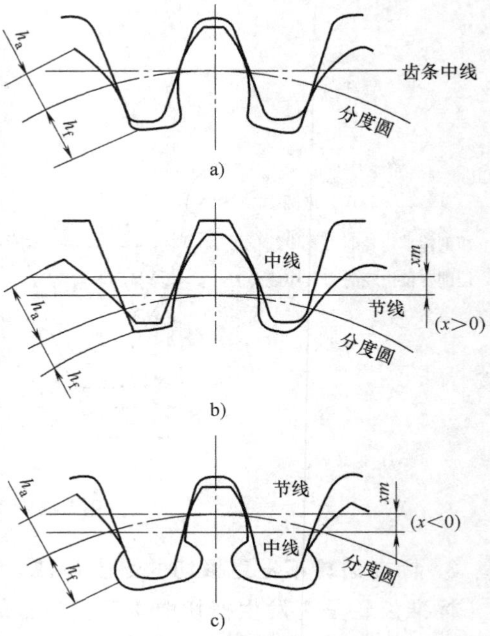

图 5-25 变位齿轮的齿廓

图 5-25a 中齿条刀具的中线与被加工齿轮的分度圆相切，加工出来的齿轮为标准齿轮；图 5-25b 中齿条刀具的中线远离被加工齿轮的分度圆，加工出来的齿轮为正变位齿轮；图 5-25c 中齿条刀具的中线与被加工齿轮的分度圆相割，加工出来的齿轮为负变位齿轮。

3. 变位齿轮的几何尺寸

变位齿轮的齿数、模数、压力角与标准齿轮均相同，所以分度圆直径、基圆直径和齿距也都相同，其齿廓曲线和标准齿轮的齿廓曲线为同一基圆形成的渐开线，只是使用的部位不同，如图 5-26 所示，但变位齿轮的某些尺寸是非标准的，下面简单讨论。

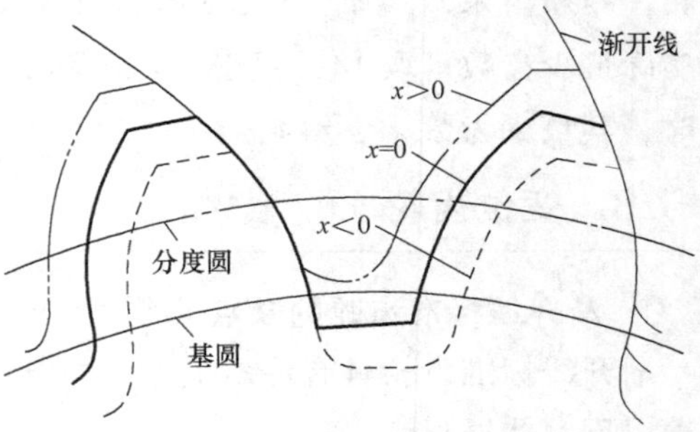

图 5-26 变位齿轮的加工

（1）分度圆和基圆 由于分度圆和基圆仅与齿轮的 z、m、α 有关，并且加工变位齿轮的刀具仍是标准刀具，故变位齿轮的分度圆和基圆的直径仍为

$$d=mz \tag{5-15}$$

$$d_b=mz\cos\alpha \tag{5-16}$$

（2）齿厚和齿槽宽 由于加工变位齿轮时，与轮坯分度圆相切的不再是刀具中线（即刀具分度线），如图 5-24a 所示，则齿厚和齿槽宽为

$$s=\frac{m\pi}{2}+2mx\tan\alpha \tag{5-17}$$

$$e=\frac{m\pi}{2}-2mx\tan\alpha \tag{5-18}$$

（3）齿顶高和齿根高　由于正变位时，刀具向外移出 xm 距离，故加工出的齿轮的齿根高减小 xm，即

$$h_f=h_a^* m+c^* m-xm=(h_a^*+c^*-x)m \tag{5-19}$$

同样，齿顶高增大 xm，即

$$h_a=h_a^* m+xm=(h_a^*+x)m \tag{5-20}$$

变位齿轮需要利用被切齿轮毛坯的直径（外径）保证齿顶高。

注：式（5-17）~式（5-20）对正变位和负变位都适用，负变位时，x 以负值代入。

5.5.4　齿轮传动类型

按照一对齿轮的变位系数之和（x_1+x_2）的不同，齿轮传动可分为三种类型。

1. 零传动

如果一对齿轮的变位系数 $x_1+x_2=0$，则这种齿轮传动称为零传动。零传动又可分为两种情况。

（1）标准齿轮传动　一对标准齿轮按标准中心距安装就构成了标准齿轮传动。两轮的变位系数都为零，即 $x_1=x_2=0$，啮合角 α' 等于分度圆压力角 α，节圆与分度圆重合。为了避免根切，两轮的齿数须满足 $z_1\geqslant z_{min}$、$z_2\geqslant z_{min}$ 的条件。这种齿轮传动的优、缺点前面已提及，故不赘述。

（2）高度变位齿轮传动（又称等移距变位齿轮传动或等变位齿轮传动）　高度变位齿轮传动两轮的变位系数之和 $x_1+x_2=0$，但 $x_1=-x_2\neq 0$。其中心距 a' 等于标准中心距 a，啮合角 α' 等于分度圆压力角 α，节圆与分度圆重合。虽然两轮的齿高没有变，但每个齿轮的齿顶高和齿根高已经不是标准值，并且两轮齿数之和必须大于或等于不发生根切的最少齿数的两倍。正常齿高度变位齿轮传动的几何尺寸计算见表 5-4。

表 5-4　正常齿高度变位齿轮传动的几何尺寸计算

序号	名称	符号	计算公式及参数选择
1	齿数	z_1,z_2	$z_1+z_2\geqslant 34$
2	变位系数	x_1,x_2	$x_1=-x_2\neq 0,x_1\geqslant\frac{17-z_1}{17},x_2\geqslant\frac{17-z_2}{17}$
3	中心距	a'	$a'=a=\frac{m}{2}(z_1+z_2)$
4	啮合角	α'	$\alpha'=\alpha=20°$
5	节圆直径	d_1',d_2'	$d_1'=d_1=mz_1,d_2'=d_2=mz_2$
6	齿顶圆直径	d_{a1},d_{a2}	$d_{a1}=d_1+m(2+2x_1),d_{a2}=d_2+m(2+2x_2)$
7	齿根圆直径	d_{f1},d_{f2}	$d_{f1}=d_1-m(2.5-2x_1),d_{f2}=d_2-m(2.5-2x_2)$

高度变位齿轮传动的变位系数是一正一负，从强度观点出发，显然小齿轮应采用正变位，而大齿轮应采用负变位，这样可以使大、小齿轮的强度接近，从而使一对齿轮的承载能力相对提高。而且，采用正变位可以制造 $z_1<z_{min}$ 且无根切的小齿轮，因而可以减少小

齿轮的齿数。这样，在模数和传动比不变的情况下，能使整个齿轮机构的结构更加紧凑。

2. 正传动

如果一对齿轮的变位系数之和大于零，则这种传动称为正传动。因为 $x_1+x_2>0$，$x_1\neq -x_2\neq 0$，所以啮合角 α'大于分度圆压力角 α，中心距 a'大于标准中心距 a，节圆与分度圆相分离，且两轮的齿高均比标准齿轮降低了。

正传动的优点很多。由于正传动的两轮中必有一个齿轮采用较大的正变位，两轮齿数不受 $z_1+z_2\geqslant 2z_{\min}$ 的限制，所以可以减小齿轮机构的尺寸，齿轮机构可以设计得更为紧凑；由于两轮有可能均采用正变位，使齿轮机构的承载能力有较大提高；由于啮合角 α'大于分度圆压力角 α，轮齿在节点啮合时的综合曲率半径增加，从而降低了齿廓接触应力，提高了轮齿的接触强度；由于啮合角增大和齿高的减小，使得实际啮合线段远离啮合极限点 N_1 和 N_2（图 5-16），从而可减轻两轮齿根部位的磨损。

正传动的主要缺点是，由于啮合角增大和实际啮合线段缩短，会使重合度较小，也易使齿顶变尖。因此在设计正传动时，需要校核重合度和齿顶厚度。

3. 负传动

如果一对齿轮的变位系数之和小于零，则这种传动称为负传动。因为 $x_1+x_2<0$，$x_1\neq -x_2\neq 0$，所以啮合角 α'小于分度圆压力角 α，中心距 a'小于标准中心距 a，两齿轮的分度圆呈交叉状态。

正传动的优点恰好是负传动的缺点，因此负传动是一种缺点较多的齿轮传动。通常只是在给定的中心距 a'小于标准中心距 a 的情况下，才利用它来配凑中心距。与上述两种传动相比，负传动的重合度会略有增加。需要注意的是，由于 $x_1+x_2<0$，两轮的齿数之和必须满足 $z_1+z_2\geqslant 2z_{\min}$。

由于正传动和负传动的啮合角均不等于分度圆的压力角，即啮合角发生了变化，这两种传动又统称为角变位齿轮传动（又称不等移距变位齿轮传动或不等变位齿轮传动）。

应当注意，除了标准齿轮，所有变位齿轮不满足互换性，即在实际应用时，所有变位齿轮必须成对设计、制造和使用，不能互换。

5.6 平行轴斜齿圆柱齿轮机构

5.6.1 斜齿轮概述

1. 直齿圆柱齿轮齿廓曲面的形成及啮合特点

如前所示，直齿轮的齿廓是由发生线在基圆上做纯滚动而形成的。由于轮齿具有一定的宽度，直齿轮的轮齿齿廓曲面实际上是发生面在基圆柱上做纯滚动时，其上某一条与基圆柱母线平行的直线 KK 在空间形成的渐开面，如图 5-27 所示。

这种齿轮啮合时，齿面的接触线与齿轮的轴线平行，轮齿沿整个齿宽同时进入或退出啮合，因而轮齿上的载荷是突然加上或卸掉，容易引起噪声，传动平稳性较差。

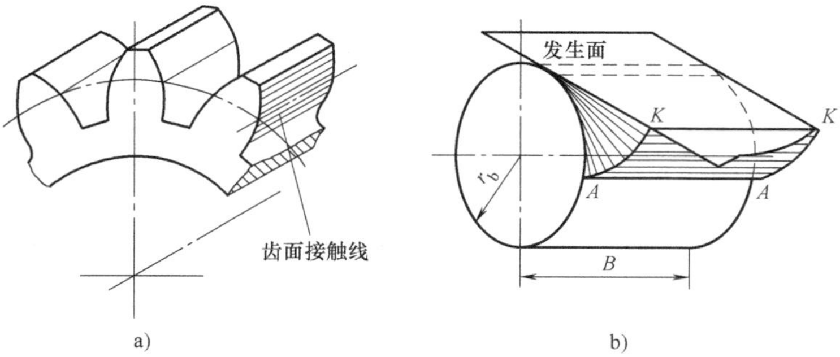

图 5-27　直齿轮齿廓曲面

a）直齿轮齿面接触线　b）直齿轮的齿面形成

2. 斜齿圆柱齿轮齿廓曲面的形成及啮合特点

斜齿轮的齿廓形成原理与直齿轮基本相同，只是发生面上的直线 *KK* 不与基圆柱上的轴线平行，而是有一夹角 β_b，称为基圆柱上的螺旋角。当发生面 *S* 沿基圆柱做纯滚动时，直线 *KK* 在空间展开的轨迹为斜齿轮的齿廓曲面（图 5-28a）。

一对斜齿轮啮合时，齿面接触线是斜直线（图 5-28b），接触线先由短变长，而后又由长变短，直至脱离啮合。所以在传动中，载荷是逐渐加上的，这种接触方式使齿轮传动的冲击振动减小，传动较平稳，故适合于高速传动。

由斜齿轮齿廓曲面的形成可见，其端面（垂直于轴线的截面）的齿廓曲线为渐开线。从端面看，一对渐开线斜齿轮传动就相当于一对渐开线直齿轮传动，所以斜齿圆柱齿轮也满足定角速比的要求。

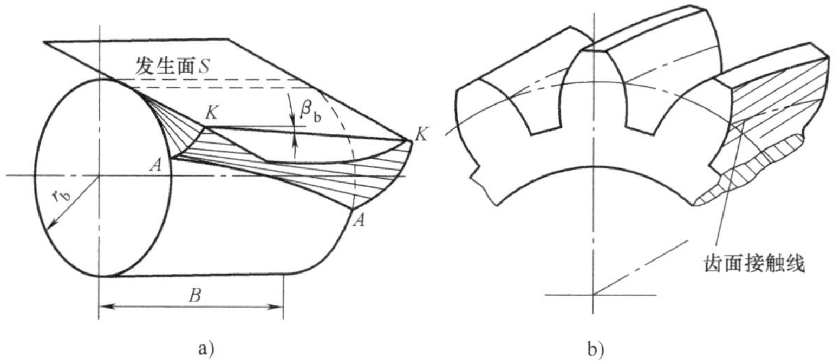

图 5-28　斜齿轮齿廓曲面

a）斜齿轮的齿面形成　b）斜齿轮齿面接触线

3. 斜齿圆柱齿轮螺旋角 β 及左、右旋的概念

螺旋角是斜齿轮区别于直齿轮的一个重要参数。把斜齿轮的分度圆柱面展开成一个长方形，如图 5-29 所示，其中阴影线部分为轮齿，空白部分为齿槽，*b* 为斜齿轮的轴向宽度，πd 为分度圆周长。将分度圆柱面展成平面后，分度圆柱面与轮齿相贯所得的螺旋线便成为一条斜直线，它与轴线的夹角称为斜齿轮分度圆柱上的螺旋角，简称斜齿轮的螺旋角，用 β 表示。

在图 5-29a 中，代表斜齿圆柱齿轮轮齿的斜直线可向左偏也可向右偏，因此斜齿圆柱

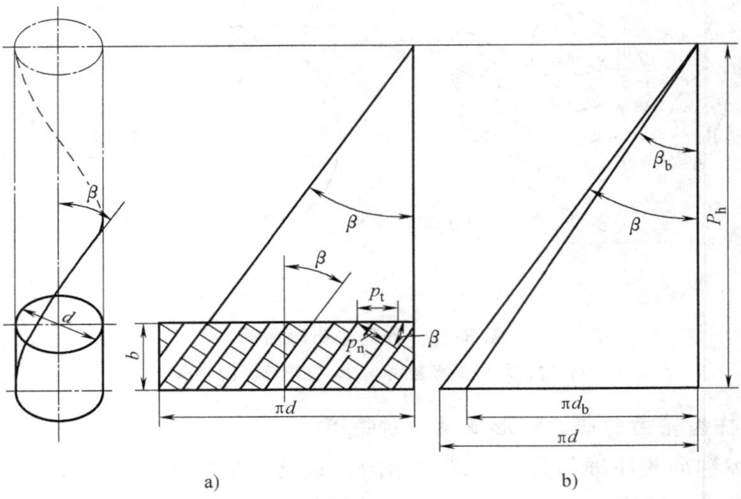

图 5-29 斜齿轮的螺旋角

齿轮有左、右旋之分。判断左、右旋的方法是，把斜齿圆柱齿轮直立起来（即其中心轴线垂直于水平线），观察代表斜齿走向的斜线，右边高就是右旋，左边高就是左旋。

4. 斜齿轮左右旋的判断及正确啮合条件

和直齿轮一样，一对斜齿轮的两个齿轮的模数及压力角应分别相等，此外，它们的螺旋角还必须相匹配，以保证两轮在啮合处的齿廓螺旋面相切。一对斜齿轮正确啮合时，两轮的螺旋角对于外啮合，应大小相等，方向相反；对于内啮合，应大小相等，方向相同。因此，一对斜齿轮的正确啮合条件为

$$\begin{cases} m_{n1}=m_{n2}=m_n \\ \alpha_{n1}=\alpha_{n2}=\alpha_n \\ \beta_1=\pm\beta_2 \end{cases} \tag{5-21}$$

又因互相啮合的两轮螺旋角绝对值相等，所以其端面模数及压力角也分别相等，即

$$m_{t1}=m_{t2}=m_t,\quad \alpha_{t1}=\alpha_{t2}=\alpha_t$$

根据图 5-29b 可以算出，基圆螺旋角 β_b 与斜齿轮螺旋角 β 之间的关系为

$$\tan\beta_b=\tan\beta\cos\alpha_t \tag{5-22}$$

5.6.2 斜齿轮的主要参数及几何尺寸

因斜齿轮的轮齿呈螺旋形，所以其基本参数有端面（垂直于轮齿轴线的平面）参数和法向（垂直于轮齿的方向）参数之分，如图 5-30 所示。由图可见，法向齿距 p_n 和端面齿距 p_t 之间的关系为

$$p_n=p_t\cos\beta \tag{5-23}$$

因 $p=\pi m$，故法向模数 m_n 和端面模数 m_t 之间的关系为

$$m_n=m_t\cos\beta \tag{5-24}$$

用铣刀切制斜齿轮时，铣刀的齿形应等于齿轮的法向齿形。在计算强度时，也需要研究最小截面——法向齿形，因此国家标准规定斜齿轮的法向参数为标准值，包括法向模数

m_n、法向压力角 α_n、法向齿距 p_n 等，而端面参数为非标准值。

一对斜齿轮传动在端面上相当于一对直齿轮传动，故可将直齿轮的几何尺寸计算公式用于斜齿轮的端面。渐开线正常齿外啮合标准斜齿轮圆柱齿轮的几何尺寸可按表 5-5 进行计算。

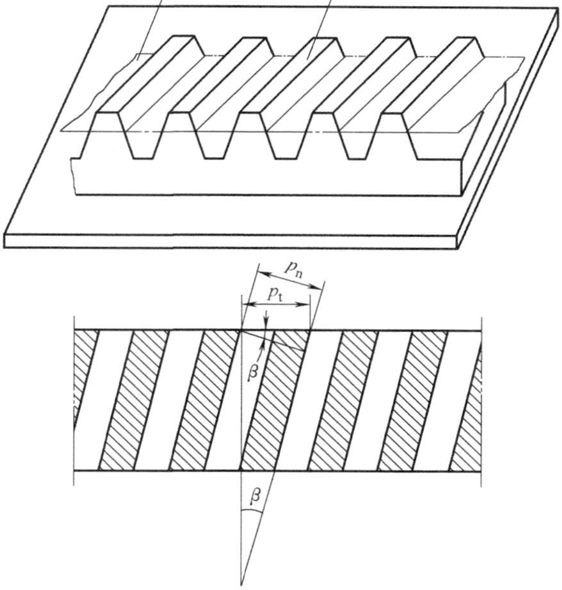

图 5-30 端面齿距与法向齿距

表 5-5 渐开线正常齿外啮合标准斜齿圆柱齿轮的几何尺寸计算

序号	名称	符号	计算公式及参数选择
1	端面模数	m_t	$m_t=\dfrac{m_n}{\cos\beta}$，$m_n$ 为标准值
2	螺旋角	β	一般取 $\beta=8°\sim20°$
3	分度圆直径	d_1,d_2	$d_1=m_tz_1=\dfrac{m_nz_1}{\cos\beta},d_2=m_tz_2=\dfrac{m_nz_2}{\cos\beta}$
4	齿顶高	h_a	$h_a=m_n$
5	齿根高	h_f	$h_f=1.25m_n$
6	齿高	h	$h=h_a+h_f=2.25m_n$
7	顶隙	c	$c=h_f-h_a=0.25m_n$
8	齿顶圆直径	d_{a1},d_{a2}	$d_{a1}=d_1+2h_a,d_{a2}=d_2+2h_a$
9	齿根圆直径	d_{f1},d_{f2}	$d_{f1}=d_1-2h_f,d_{f2}=d_2-2h_f$
10	中心距	a	$a=\dfrac{d_1+d_2}{2}=\dfrac{m_t}{2}(z_1+z_2)=\dfrac{m_n(z_1+z_2)}{2\cos\beta}$

5.6.3 斜齿轮传动的重合度

为便于分析斜齿轮的重合度，将端面参数与直齿轮参数相当的斜齿轮和直齿轮进行比较。图 5-31 所示为直齿圆柱齿轮传动和斜齿圆柱齿轮传动的轮齿，B_1B_1 与 B_2B_2 之间为啮合区。对于直齿轮传动来说，轮齿在 B_2B_2 处是沿整个齿宽进入啮合，在 B_1B_1 处脱离啮合时，也是沿整个齿宽同时脱离，故直齿轮的重合度为 $\varepsilon=\dfrac{L}{p}$，其中 p 为直齿轮的分度圆齿距。

对于斜齿圆柱齿轮来说，由于轮齿倾斜了 β_b 角度，当一对轮齿在前端面的 B_2B_2 处进入啮合时，后端面还未进入啮合，同样该对轮齿的前端面在 B_1B_1 处脱离啮合时，后端面还未脱离啮合，直到该轮齿转到图中虚线位置时，这对轮齿才完全脱离接触。这样，斜齿轮传动的实际啮合区比直齿轮传动增大了 $\Delta L=B\tan\beta_b$，因此，斜齿轮传动的重合度比直齿轮传动大。设其增加部分的重合度以 ε_β 表示，则有

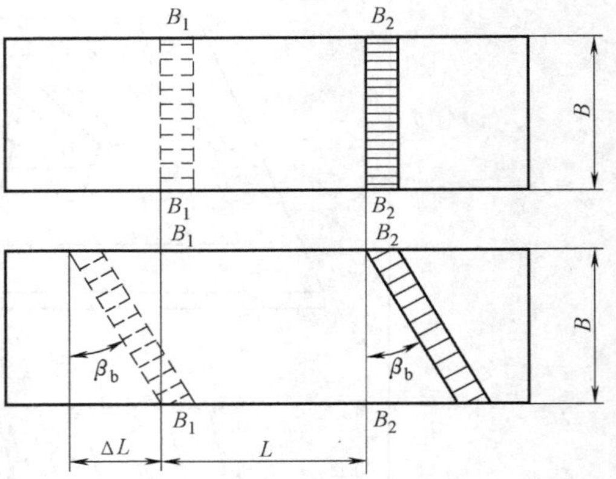

图 5-31　斜齿轮的实际啮合线

$$\varepsilon=\varepsilon_t+\varepsilon_\beta=\frac{L}{p_t}+\frac{\Delta L}{p_b}=\frac{L}{p_t}+\frac{B\tan\beta_b}{p_b} \tag{5-25}$$

式中，ε_t 为端面重合度。根据式（5-22）可得

$$\varepsilon_\beta=\frac{B\tan\beta_b}{p_b}=\frac{B\sin\beta}{\pi m_n} \tag{5-26}$$

因为 ε_β 随 β 和齿宽 B 的增加而增大，所以斜齿轮传动的总重合度 ε 比直齿轮的重合度大，且随着螺旋角 β 的增大而增大。

5.6.4　斜齿轮的当量齿轮与当量齿数

如前所述，由于切制斜齿轮时，刀具是沿螺旋形齿槽方向进刀的，而且在计算斜齿轮轮齿强度时，力也是作用在法向的，所以选择刀具时以法向参数为依据。但斜齿轮的法向齿形较为复杂，一般采用下述近似的方法进行分析。

为了研究斜齿轮的法向齿形而虚拟一个直齿轮，这个直齿轮的齿形与斜齿轮的法向齿形相当，则这一虚拟齿轮称为该斜齿轮的当量齿轮。这个当量齿轮的模数与压力角，就是该斜齿轮的法向模数和法向压力角，其齿数称为该斜齿轮的当量齿数，以 z_v 表示。

如图 5-32 所示，过斜齿轮分度圆柱上宽度方向中间位置的点 C，作轮齿螺旋线的法向线 nn，将此斜齿轮的分度圆柱剖开，得一椭圆剖面。在此剖面上点 C 附近的齿形可以近似视为该斜齿轮的法向齿形。如果以椭圆上点 C 的曲率半径 ρ 为半径作一个圆，作为虚拟的直齿轮的分度圆，并设此虚拟的直齿轮的模数和压力角分别等于该斜齿轮的法向模数和法向压力角，则虚拟的直齿轮的齿形与上述斜齿轮的法向齿形十分相近，故此虚拟的直齿轮即为该斜齿轮的当量齿轮，其齿数为当量齿数。

根据计算，斜齿圆柱齿轮的当量齿数z_v 与实际齿数 z 的关系为

$$z_v = \frac{z}{\cos^3\beta} \tag{5-27}$$

正常齿标准斜齿轮不发生根切的最小齿数 z_{min} 可由其当量直齿轮的最小齿数 z_{vmin}（z_{vmin} = 17）计算出来：

$$z_{min} = z_{vmin}\cos^3\beta \tag{5-28}$$

很明显，斜齿圆柱齿轮不发生根切的最少齿数小于 17，因此斜齿轮可做得更小一些。

当量齿数可用于：选取齿轮铣刀的刀号；计算斜齿轮的强度；确定斜齿轮不发生根切的最少齿数 z_{min}。

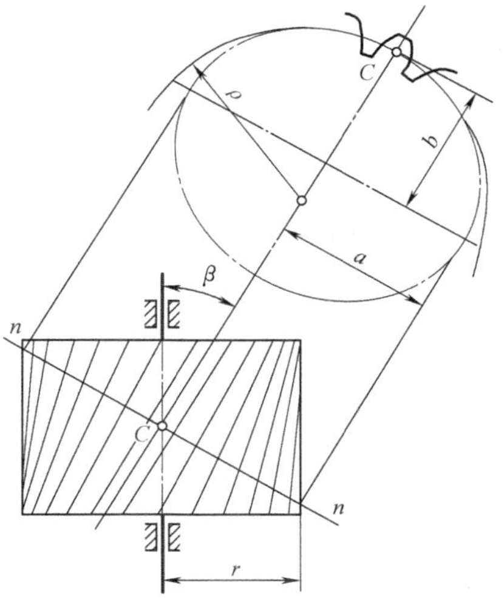

图 5-32　斜齿轮的当量齿轮

5.6.5　斜齿轮的啮合特点

(1) 与直齿轮相比，斜齿轮的优点

1）齿廓接触线是斜线，一对齿是逐渐进入啮合和逐渐脱离啮合的，故运转平稳，噪声小。

2）重合度大，并随齿宽和螺旋角的增大而增大，故承载能力高，适于高速传动。

3）斜齿轮不发生根切的最少齿数小于直齿轮，因此其结构可以更紧凑一些。

(2) 斜齿轮的主要缺点

1）根据斜齿轮的传动特点，它不能用作滑移齿轮。比如在汽车手动变速器中，如果低速档和倒档是直接滑动挂档的，低速档和倒档的齿轮就只能用直齿轮。斜齿轮一般用在高速重载的场合。

2）斜齿轮的主要缺点是斜齿齿面受法向力 F 时会产生轴向分力 F_a（图 5-33a），需要安装推力轴承，从而使结构复杂化。为了克服这一缺点，可以采用人字齿轮（图 5-33b）。人字齿轮可看作由螺旋角大小相等、方向相反的两个斜齿轮合并而成，因左右对称而使两轴向力的作用互相抵消。人字齿轮的缺点是制造较困难，成本较高。

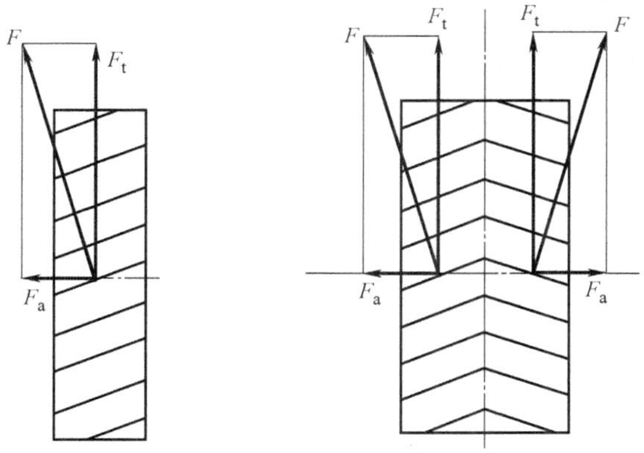

图 5-33　斜齿上的轴向作用力

由上述可知，螺旋角 β 的大小对斜齿轮的传动性能影响很大。若 β 太小，则斜齿轮的优点不能充分体现；若 β 太大，则会产生很大的轴向力。一般机械设计时取 $\beta=8°\sim20°$。设计汽车变速器齿轮时 β 可适当放大，比如：两轴式乘用车手动变速器齿轮，β 可取 $20°\sim25°$；三轴式乘用车手动变速器齿轮，β 可取 $22°\sim34°$；货车变速器齿轮 β 一般为 $16°\sim28°$。

5.7 锥齿轮机构

5.7.1 锥齿轮概述

锥齿轮机构用于两相交轴之间运动或动力的传递，其轮齿分布在一个截圆锥体上，且齿形由大端到小端逐渐变小。对于圆柱齿轮，有基圆柱、分度圆柱、齿顶圆柱和齿根圆柱四个同轴线圆柱，且在圆柱齿轮啮合过程中，一对节圆柱始终相切并做纯滚动。相应地对于锥齿轮，则有基圆锥、分度圆锥、齿顶圆锥和齿根圆锥四个同轴线圆锥，且一对锥齿轮啮合时，其节圆锥始终相切并做纯滚动。

和圆柱齿轮机构一样，锥齿轮机构也有外啮合和内啮合之分，如图 5-34a、b 所示，但和圆柱齿轮机构稍有不同的是，锥齿轮机构还有一种如图 5-34c 所示的介于外啮合与内啮合之间的平面啮合。

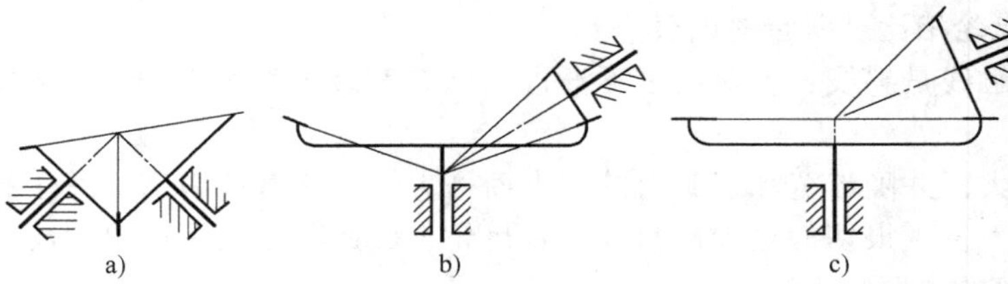

图 5-34　锥齿轮机构的啮合形式

按轮齿的形状差异，可将锥齿轮分为直齿、斜齿及曲线齿等形式。直齿锥齿轮制造、安装都较方便，故应用较多，曲线齿锥齿轮一般用在具有高速重载传动要求的机械中。汽车上的锥齿轮都是外啮合，汽车驱动桥的差速器为直齿锥齿轮，驱动桥中的主减速器一般为曲线齿锥齿轮。

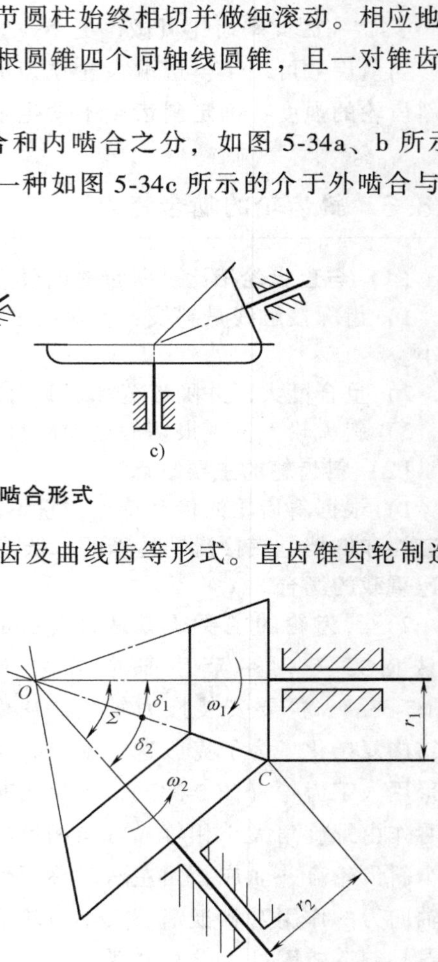

图 5-35　锥齿轮传动

图 5-35 所示为一对正确安装的标准锥齿轮，其节圆锥与分度圆锥重合。设 δ_1 和δ_2 分别为小齿轮和大齿轮的分锥角，两轴线的交角 $\Sigma=\delta_1+\delta_2$。有

$$r_1=\overline{OC}\sin\delta_1, \quad r_2=\overline{OC}\sin\delta_2$$

故传动比

$$i_{12}=\frac{\omega_1}{\omega_2}=\frac{z_2}{z_1}=\frac{r_2}{r_1}=\frac{\sin\delta_2}{\sin\delta_1} \tag{5-29}$$

5.7.2 直齿锥齿轮机构

1. 直齿锥齿轮齿廓曲面的形成原理

一对直齿锥齿轮传动时，两轮锥顶理论上应重合于一点 O，且其上任一点与锥顶 O 的

距离保持不变，所以该点的运动为球面曲线。因此锥齿轮理论上的齿廓曲线与圆柱齿轮有着明显的差异。如前所述，一平面与一基圆柱相切并做纯滚动时，平面上一点将形成一条平面渐开线。如图 5-36 所示，当一圆平面发生面与一基圆锥相切并做纯滚动时，该圆平面的圆心将与锥顶 O 始终保持重合，平面上任一点 $K(K')$ 所形成的渐开线 $AK(A'K')$ 就必定位于以锥顶 O 为球心、以点 $K(K')$ 到锥顶 O 的距离 $OK(OK')$ 为半径的球面上（曲面 AKN 就是以 O 为圆心、以 OK 为半径的球面）。因此，锥齿轮的齿廓曲线 AK（$A'K'$）为球面渐开线，曲面 $AKK'A'$就展出了一个截圆锥上的齿廓曲面。

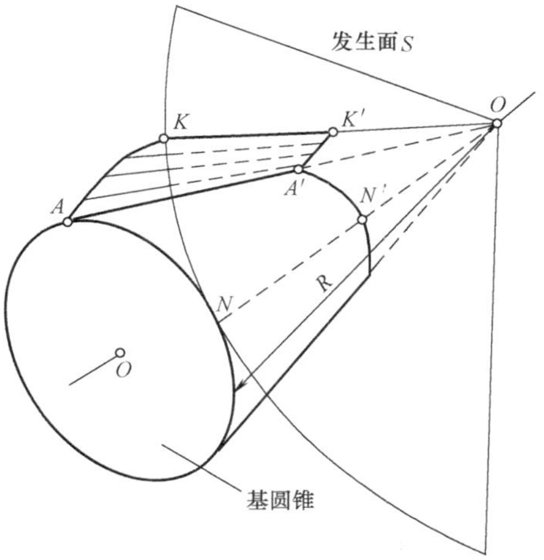

图 5-36　直齿锥齿轮齿廓曲面的形成原理

2. 直齿锥齿轮的背锥和当量齿数

（1）背锥的概念　按照上述原理形成的球面渐开线是锥齿轮的理论齿廓曲线，但是球面渐开线无法展开成平面渐开线，因而给锥齿轮的设计计算与制造带来很多困难。为便于工程应用，只得采用近似的方法来处理球面渐开线。

图 5-37 所示为一直齿锥齿轮的轴向半剖视图，OAB 代表其分度圆锥，AB 代表分度圆锥大端的端面；OCD 及 OEF 分别代表其齿顶圆锥和齿根圆锥。过大端分度圆锥上的点 A 作球面的切线 O_1A 与其轴线相交于点 O_1，设想以 OO_1 为轴、O_1A 为母线作一圆锥，与锥齿轮大端的球面相切，则 O_1AB 即代表该圆锥，此圆锥即称为该锥齿轮的背锥（或辅助圆锥）。显然，背锥与球面相切于锥齿轮大端的分度圆。

由于背锥在点 A 和球面相切，球面上的渐开线就会在背锥上形成投影，如图中渐开线上的点 C、D、E、F 对应的投影为 C'、D'、E'、F'。显然，背锥可以展开为一扇形平面，其上的投影展开后将与平面渐开线十分相似。作为圆锥面的背锥可以展成平面扇形，这样就可以把球面渐开线简化成平面曲线来研究。

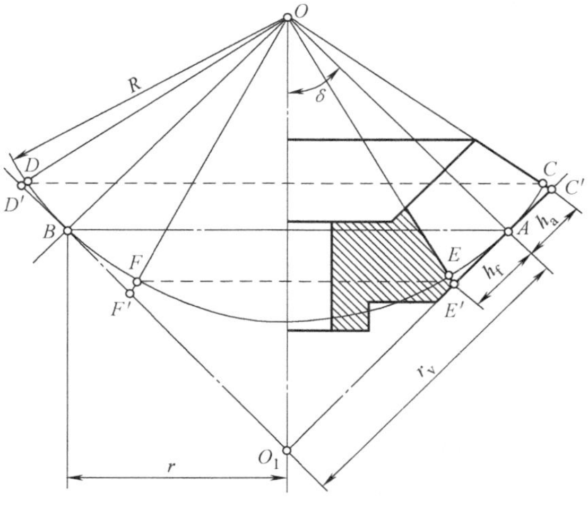

图 5-37　直齿锥齿轮轴向半剖视图

（2）当量齿轮和当量齿数　如图 5-38 所示，上部为一对互相啮合的直齿锥齿轮在其轴平面上的投影。$\triangle OCA$ 和 $\triangle OCB$ 分别为两轮的分度圆锥，δ_1 和 δ_2 分别为小齿轮和大齿轮的分锥角，线段 OC 称为外锥距，圆锥 O_1CA 和 O_2CB 为两轮的背锥。在图 5-38 下部，将背锥 O_1CA 和 O_2CB 展开为两个平面扇形。以 O_1C 和 O_2C 为分度圆半径，以锥齿轮大端模数为模数，并取标准压力角，按照圆柱齿轮的作图法画出两扇形齿轮的齿廓，该齿廓即为锥齿轮大端的近似齿廓，两扇形齿轮的齿数即为两锥齿轮的真实齿数。将两扇形齿轮补足为完整的圆柱齿轮，则它们的齿数分别增加到z_{v1}和z_{v2}。由图 5-37 可知

$$r_{v1}=\frac{r_1}{\cos\delta_1}=\frac{mz_1}{2\cos\delta_1}$$

而
$$r_{v1}=\frac{mz_{v1}}{2}$$

$$\begin{cases} z_{v1}=\dfrac{z_1}{\cos\delta_1} \\ z_{v2}=\dfrac{z_2}{\cos\delta_2} \end{cases} \tag{5-30}$$

齿数 z_{v1} 和 z_{v2} 称为锥齿轮的当量齿数，上述圆柱齿轮称为锥齿轮的当量齿轮。

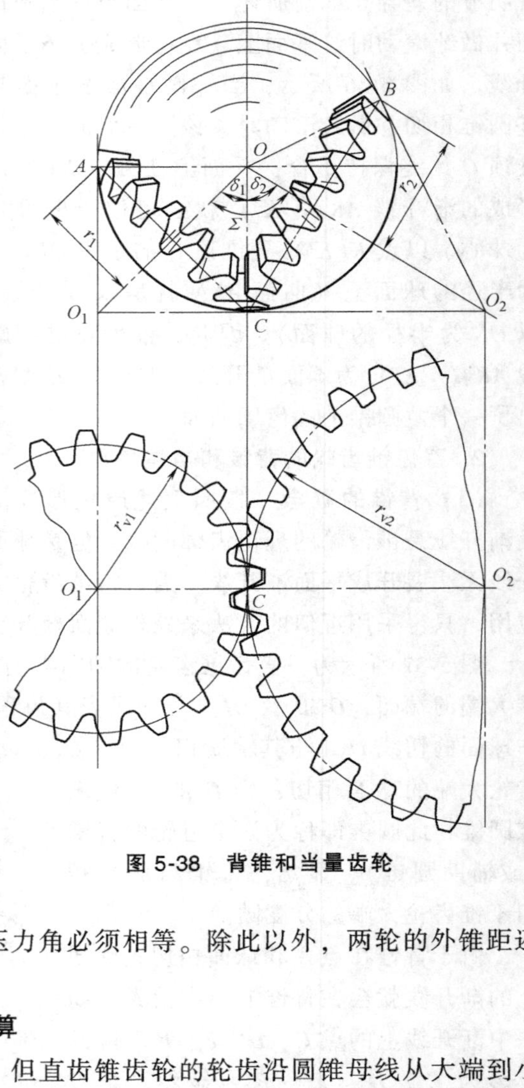

图 5-38　背锥和当量齿轮

应用背锥和当量齿数就可以把圆柱齿轮的原理近似地用到锥齿轮上。例如，直齿锥齿轮的最少齿数 z_{min} 与当量圆柱齿轮的最少齿数 z_{vmin} 之间的关系为

$$z_{min}=z_{vmin}\cos\delta \tag{5-31}$$

由式（5-31）可见，直齿锥齿轮的最少齿数比直齿圆柱齿轮的少。例如，当 $\delta=45°$，$\alpha=20°$，$h_a^*=1.0$ 时，$z_{vmin}=17$，则 $z_{min}=17\cos 45°\approx12$。

直齿锥齿轮的正确啮合条件可从当量圆柱齿轮得到，即两轮大端模数必须相等，压力角必须相等。除此以外，两轮的外锥距还必须相等。

3. 直齿锥齿轮机构的参数和几何尺寸计算

直齿圆柱齿轮的端面参数被定为标准值。但直齿锥齿轮的轮齿沿圆锥母线从大端到小端逐渐收缩，故在锥齿轮不同端面上，其直径与模数等就有大端和小端之分。为减小测量误差，也为了便于加工及估计机构尺寸，通常取锥齿轮的大端参数为标准值。大端模数按 GB 12368—1990 选取。但是无论大端或者小端，直齿锥齿轮不同背锥上的齿顶高系数 h_a^*、顶隙系数 c^* 和压力角 α 均相等。其中 $\alpha=20°$。一般取 $h_a^*=1$，$c^*=0.2$。

标准直齿锥齿轮机构的几何尺寸如图 5-39 所示，其计算公式可参见表 5-6。

表 5-6　标准直齿锥齿轮机构的几何尺寸计算公式（$\delta_1+\delta_2=90°$）

基本参数		$z_1,z_2,m,\alpha,h_a^*,c^*$
名称	符号	计算公式
分锥角	δ	$\delta_1=\text{arccot}(z_2/z_1)$　　$\delta_2=90°-\delta_1$
分度圆直径	d	$d_1=mz_1=2R\sin\delta_1$　　$d_2=mz_2=2R\sin\delta_2$
齿顶高	h_a	$h_a=h_a^*m$
齿根高	h_f	$h_f=(h_a^*+c^*)m$

（续）

基本参数		$z_1, z_2, m, \alpha, h_a^*, c^*$
名称	符号	计算公式
齿顶圆直径	d_a	$d_{a1}=d_1 \pm 2h_a\cos\delta_1 \quad d_{a2}=d_2 \pm 2h_a\cos\delta_2$
齿根圆直径	d_f	$d_{f1}=d_1 \mp 2h_f\cos\delta_1 \quad d_{f2}=d_2 \mp 2h_f\cos\delta_2$
锥距	R	$R=1/2\sqrt{d_1^2+d_2^2}=\frac{m}{2}\sqrt{z_1^2+z_2^2}=mz/(2\sin\delta)$
齿顶角	θ_a	$\theta_a=\arctan(h_a/R)$ （收缩顶隙传动）
齿根角	θ_f	$\theta_f=\arctan(h_1/R)$
当量齿数	z_v	$z_{v1}=z_1/\cos\delta_1 \quad z_{v2}=z_2/\cos\delta_2$
顶锥角	δ_a	$\delta_{a1}=\delta_1+\theta_a \quad \delta_{a2}=\delta_2+\theta_a$ （收缩顶隙传动） $\delta_{a1}=\delta_1+\theta_f \quad \delta_{a2}=\delta_2+\theta_f$ （等顶隙传动）
根锥角	δ_f	$\delta_{f1}=\delta_1-\theta_f \quad \delta_{f2}=\delta_2-\theta_f$
顶隙	c	$c=c^* m$
分度圆齿厚	s	$s=\pi m/2$
齿宽	B	$B \leqslant R/3$
传动比	i	$i_{12}=\omega_1/\omega_2=z_2/z_1=d_2/d_1=\sin\delta_2/\sin\delta_1=\tan\delta_2$

注：符号“±”“∓”中，上面的用于外啮合，下面的用于内啮合。

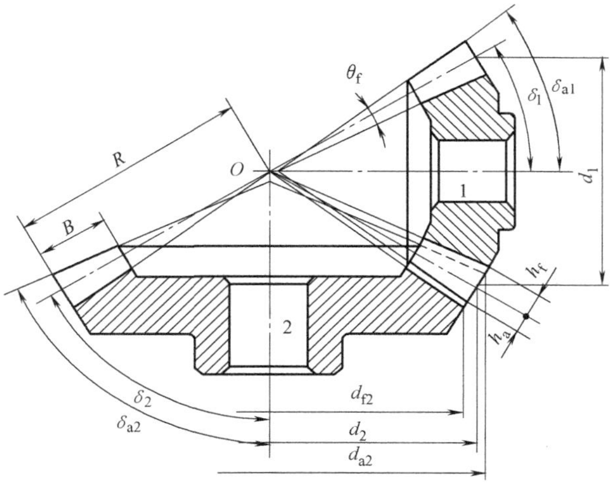

图 5-39 标准直齿锥齿轮机构的几何尺寸

5.7.3 汽车主减速器常用的锥齿轮简介

汽车主减速器常用的齿轮有弧齿锥齿轮、准双曲面齿轮、圆柱齿轮等形式，前两类都属于曲线齿锥齿轮。圆柱齿轮将在本书其他章节详细讨论，这里主要对弧齿锥齿轮、准双曲面齿轮做简单介绍。

1. 弧齿锥齿轮传动

弧齿锥齿轮传动又称为格里森（Gleason）或奥力康（Oerlikon）螺旋锥齿轮传动（图 5-40a），其特点是主、从动齿轮的轴线垂直相交于一点。由于轮齿端面重叠的影响，至少有两对以上的轮齿同时啮合，因此它可以承受较大的负荷，加之其轮齿不是在齿的全长上同时啮合，而是逐渐由齿的一端连续而平稳地转向另一端，所以工作平稳，噪声和振动小。但弧齿锥齿轮对啮合精度很敏感，齿轮副锥顶稍不吻合就会使工作条件急剧变坏，并加剧齿轮的磨损和使噪声增大。

2. 准双曲面齿轮传动

分度曲面为双曲面的齿轮称为双曲面齿轮。由于双曲面齿轮制造困难，多用接近双曲面的准双曲面作为分度曲面，这种齿轮称为准双曲面齿轮，其外形极似曲线齿锥齿轮。准双曲面齿轮又称为“海拔齿轮”。

准双曲面齿轮传动（图 5-40b）的特点是主、从动齿轮的轴线相互垂直而不相交，且主动齿轮轴线相对从动齿轮轴线向上或向下偏移一距离 E，称为偏移距。此偏移距使主动齿轮的螺旋角 β_1 大于从动齿轮的螺旋角 β_2，将 β_1 与 β_2 之差称为偏移角。

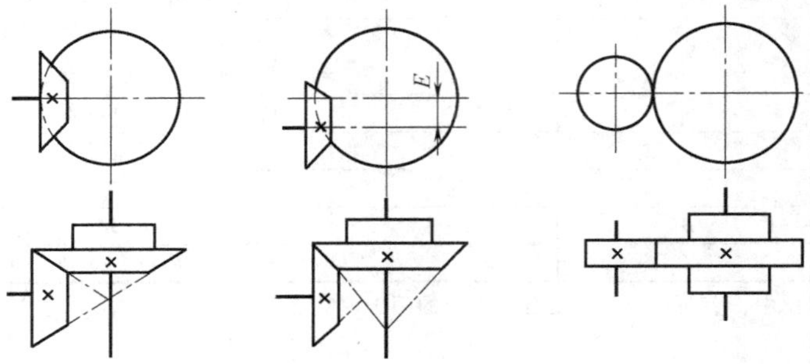

图 5-40　主减速器齿轮传动形式

a）弧齿锥齿轮传动　b）准双曲面齿轮传动　c）圆柱齿轮传动

（1）优点　与弧齿锥齿轮传动相比较，准双曲面齿轮传动有以下优点：

1）当准双曲面齿轮与弧齿锥齿轮尺寸相同时，准双曲面齿轮传动具有更大的传动比；当传动比一定，从动齿轮尺寸相同时，准双曲面主动齿轮比相应的弧齿锥齿轮有更大的直径，且具有较高的轮齿强度及较大的主动齿轮轴和轴承刚度；当传动比一定，主动齿轮尺寸相同时，准双曲面从动齿轮比相应的弧齿锥齿轮的尺寸要小，从而可以获得更大的离地间隙。

2）由于偏移距的存在，准双曲面齿轮在工作过程中不仅存在与弧齿锥齿轮相同的沿齿高方向的侧向滑动，而且还有沿齿长方向的纵向滑动，从而可以改善齿轮的磨合过程，使其具有更高的运转平稳性。

3）准双曲面主动齿轮的螺旋角较大，同时啮合的齿数较多，重合度更大，既可提高传动的平稳性，又可以使齿轮的抗弯强度提高约 30%。

4）准双曲面主动齿轮直径及螺旋角都较大，所以相啮合轮齿的当量曲率半径比相应的弧齿锥齿轮大，从而可以降低齿面间的接触应力。准双曲面主动齿轮螺旋角较大，则不产生根切的最少齿数可减少，因此可以选用较少的齿数，有利于增加传动比。

5）准双曲面主动齿轮较大，因此加工时所需的刀盘刀顶距较大，切削刃寿命较长。

6）准双曲面齿轮的偏移距有利于实现汽车的总体布置。例如，主动齿轮轴线采用下偏移的准双曲面齿轮可以降低乘用车万向传动轴的高度，从而降低地板中部凸起通道的高度或车厢地板的高度，进而降低车身的高度。当采用上偏移的准双曲面齿轮时，便于实现多桥驱动汽车采用贯通式驱动桥结构。

（2）缺点　准双曲面齿轮传动也存在下述缺点：

1）沿齿长方向的纵向滑动会使摩擦损失增加，降低传动效率，准双曲面齿轮的传动效率约为 96%，而弧齿锥齿轮可达 99%。

2）准双曲面齿轮齿面间的压力和摩擦力较大，可能导致油膜破坏和齿面烧结咬死，抗胶合能力较低。因此，需要选用可改善油膜强度和带有防刮伤添加剂的准双曲面齿轮油来进行润滑。

3）对于准双曲面齿轮，由于齿面是复杂的曲面，用通常的方法很难得到较精确的几何模型，更难得到较精确的有限元模型。而要较准确地模拟分析这种复杂的曲面接触过程，对有限元模型的精确性要求是很高的。

因为准双曲面齿轮传动具有如上所述的较多优点，所以准双曲面齿轮在汽车后桥总成开发中越来越受到开发者的重视，比弧齿锥齿轮的应用更为广泛。一般情况下，当主减速器传动比大于 4.5 而轮廓尺寸又有限时，采用准双曲面齿轮传动更为合理；而当传动比小于 2.0 时，准双曲面齿轮传动的主动齿轮相对于弧齿锥齿轮传动的主动齿轮就显得过大，此时选用弧齿锥齿轮更合理，这是因为后者具有较大的差速器可利用空间；对于中等传动比，两种齿轮传动均可采用。

5.8　蜗杆机构

5.8.1　蜗杆传动的形成和种类

蜗杆传动是用来传递空间两交错轴的运动和力的，它由蜗杆和蜗轮组成，如图 5-41a 所示。其实质就是空间交错轴斜齿轮传动，常用的是轴交角为 90°的减速运动。传动中一般蜗杆为主动件，蜗轮为从动件。蜗杆传动广泛应用于各种机器和仪器中。

1. 蜗杆传动的形成

一对交错轴传动，若其中齿轮 1 的螺旋角 β_1 很大，分度圆直径 d_1 较小，而其轴向尺寸又很长时，则轮齿将在分度圆柱上形成完整的螺旋线，称为蜗杆；与其配对的齿轮 2 的螺旋角 β_2 很小，分度圆直径 d_2 较大，称为蜗轮，如图 5-41b 所示。这样得到的蜗杆传动的传动比 i_{12} 很大，一般 $i_{12}=10\sim80$，需要时其传动比可达 300 以上。

a)　　b)

图 5-41　蜗杆传动

a）蜗杆与蜗轮　b）蜗杆蜗轮的啮合形式

从蜗杆的形成可知，它既有斜齿轮的特点，也有螺纹的特点。其螺旋角 β_1 和导程角 γ 的关系为 $\beta_1+\gamma=90°$。如果蜗杆传动的轴交角为 90°（即 $\Sigma=\beta_1+\beta_2=90°$），则蜗轮的螺旋角 β_2 与蜗杆的导程角相等。如果蜗杆上只有一个螺旋曲面，即端面上只有一个齿，这种蜗杆称为单头蜗杆；有两个或多个螺旋曲面的，称为双头或多头蜗杆。蜗杆的头数即蜗杆齿数，用 z_1 表示。蜗杆也有左、右旋之分，判断方法与斜齿轮一样，常用右旋。

对于一般蜗杆传动，常按照 7 级精度（适用于蜗杆圆周速度 $v_1<7.5\text{m/s}$）、8 级精度（适用于蜗杆圆周速度 $v_1<3\text{m/s}$）、9 级精度（适用于蜗杆圆周速度 $v_1<1.5\text{m/s}$）制造。

2. 蜗杆的分类

（1）根据蜗杆的加工方法分类 蜗杆多在车床上粗加工而后经磨制而成，图 5-42 所示为圆柱蜗杆的加工原理。车刀两切削刃夹角 $2\alpha=40°$，加工时随车刀放置的位置和姿态的不同，可得到三种齿廓形状的蜗杆。

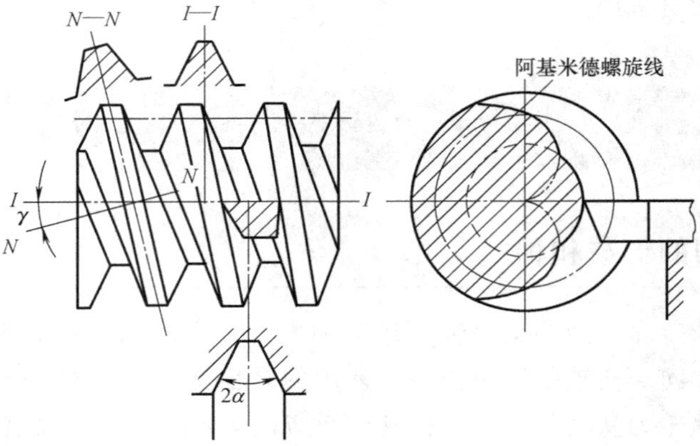

图 5-42 圆柱蜗杆的加工原理

1）阿基米德蜗杆。将车刀切削刃放置于蜗杆轴线的同一平面内，加工出的蜗杆的轴剖面 *I—I* 为直线齿形，与轴线垂直的端面内的齿形为阿基米德螺旋线，故称为阿基米德蜗杆或 ZA 蜗杆。因为它的加工工艺性好，所以在生产中应用最多。

2）法向直廓蜗杆。将车刀切削刃放在蜗杆齿面的法向位置，这样加工出来的蜗杆，在法向剖面 *N—N* 内为直线齿廓，其端面齿形为延伸渐开线，因而称为法向直廓蜗杆或 ZN 蜗杆。

3）渐开线蜗杆。将车刀切削刃与蜗杆的基圆柱相切，这样加工出来的蜗杆的端面为渐开线齿形，故称为渐开线蜗杆，或称为 ZI 蜗杆。

（2）根据蜗杆的形状分类

蜗杆按形状不同可分为圆柱蜗杆机构（图 5-43a）、环面蜗杆机构（图 5-43b）和锥蜗杆机构（图 5-43c）。其中圆柱蜗杆机构最常用。

5.8.2 蜗杆传动的正确啮合条件

图 5-44 为阿基米德蜗杆与蜗轮的啮合情况，过蜗杆轴线并垂直于蜗轮轴线的平面称为蜗杆传动的中间平面。在中间平面内蜗轮与蜗杆的啮合就相当于齿轮与齿条啮合，因

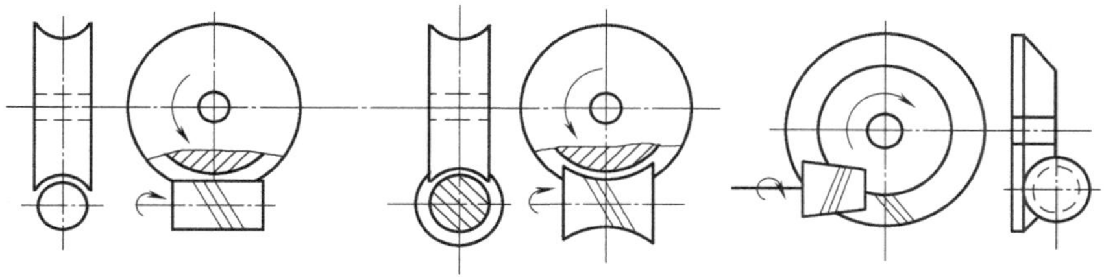

图 5-43　按蜗杆形状的分类

此，蜗杆蜗轮的正确啮合条件为：在中间平面内其模数和压力角应分别相等。即蜗轮的端面模数 m_{t2} 应等于蜗杆的轴向模数 m_{a1}，蜗轮的端面压力角 α_{t2} 等于蜗杆的轴向压力角 α_{a1}。当其轴交角 $\Sigma=\beta_1+\beta_2=90°$时，蜗轮的螺旋角 β_2 应等于蜗杆的导程角 γ。即有蜗杆蜗轮啮合的正确条件：

$$\begin{cases} m_{t2}=m_{a1}=m \\ \alpha_{t2}=\alpha_{a1}=\alpha \\ \beta_2=\gamma \end{cases} \tag{5-32}$$

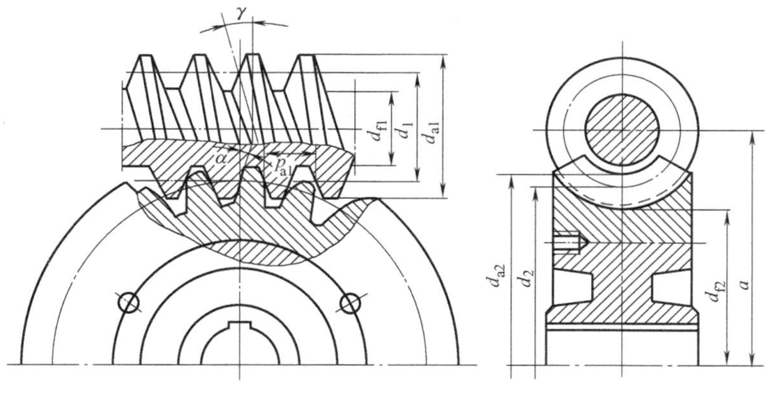

图 5-44　蜗杆传动的中间平面

5.8.3　蜗杆传动的基本参数和几何尺寸

1. 模数 m 和压力角 α

模数是蜗杆的主要参数，蜗杆的轴向模数 m_{a1} 和蜗轮的端面模数 m_{t2} 应相等，均应取标准值，以 m 表示，其值由 GB/T 10088—2018 规定。压力角 α 也应取标准值，阿基米德蜗杆取轴向压力角 $\alpha_{a1}=20°$ 为标准值，其余两种蜗杆取法向压力角为标准值，即 $\alpha_{n1}=20°$。

2. 齿顶高系数 h_a^* 和顶隙系数 c^*

一般采用 $h_a^*=1$，$c^*=0.2$。

3．蜗杆头数 z_1、蜗轮齿数 z_2 与传动比 i_{12}

蜗杆传动的传动比为

$$i_{12}=\frac{\omega_1}{\omega_2}=\frac{z_2}{z_1} \tag{5-33}$$

当单头蜗杆与蜗轮啮合时，蜗杆转动一周，蜗轮才转一个齿距。因此为获得大传动比 i_{12}，应采用 $z_1=1$ 的单头蜗杆。单头蜗杆传动不仅可以得到大传动比，而且还具有传动自锁性，但其传动效率低。为了提高效率，应增加蜗杆的头数，但这样又会造成蜗杆加工困难。一般取 $z_1=1$、2、4 和 6。动力传动中，为提高效率，常用多头蜗杆。

蜗杆头数 z_1 确定后，按传动比 i_{12} 的大小确定蜗轮齿数 z_2。z_1、z_2 推荐值见表 5-7。

表 5-7　蜗杆头数 z_1 与蜗轮齿数 z_2 的推荐值

传动比 i_{12}	7~13	14~27	28~40	>40
蜗杆头数 z_1	4	2	2、1	1
蜗轮齿数 z_2	28~52	28~54	28~80	>40

4．蜗杆直径系数 q 与蜗杆导程角 γ

为保证蜗杆与蜗轮能够啮合传动，除了多一个顶隙外，加工蜗轮的滚刀应采用与其啮合的蜗杆相同的尺寸、形状。同时，在加工中保持蜗杆蜗轮啮合时的中心距与啮合传动关系。这样加工出的蜗轮与蜗杆啮合时，可保持线接触，以提高其承载能力。

同一模数 m 的蜗杆可有不同的直径 d_1，为了减少蜗轮滚刀的数量，在 GB/T 10085—2018 中规定了 d_1 与 m 的匹配系列值，其值见表 5-8。

表 5-8　圆柱蜗杆的基本尺寸和参数

m/mm	d_1/mm	z_1	q	m^2d_1/mm³	m/mm	d_1/mm	z_1	q	m^2d_1/mm³
1	18	1	18.000	18	6.3	63	1,2,4,6	10.000	2500
1.25	20	1	16.000	31.25		112	1	17.778	4445
	22.4	1	17.920	35	8	80	1,2,4,6	10.000	5120
1.6	20	1,2,4	12.500	51.2		140	1	17.500	8960
	28	1	17.500	71.68	10	90	1,2,4,6	9.000	9000
2	22.4	1,2,4,6	11.200	89.6		160	1	16.000	16000
	35.5	1	17.750	142	12.5	112	1,2,4	8.960	17500
2.5	28	1,2,4,6	11.200	175		200	1	16.000	31250
	45	1	18.000	281	16	140	1,2,4	8.750	35840
3.15	35.5	1,2,4,6	11.270	352		250	1	15.625	64000
	56	1	17.778	556	20	160	1,2,4	8.000	64000
4	40	1,2,4,6	10.000	640		315	1	15.750	126000
	71	1	17.750	1136	25	200	1,2,4	8.000	125000
5	50	1,2,4,6	10.000	1250		400	1	16.000	250000
	90	1	18.000	2250					

注：1. 本表取材于 GB/T 10085—2018，所列 d_1 数值为国家标准规定的优先使用值。

2. 表中同一模数有两个 d_1 值，当选取其中较大的 d_1 值时，蜗杆导程角 γ 小于 3°30′，有较好的自锁性。

设蜗杆的分度圆直径为 d_1，螺旋导程为 P_H，轴向齿距（螺距）为 p_x，导程角为 γ，如图 5-45 所示。

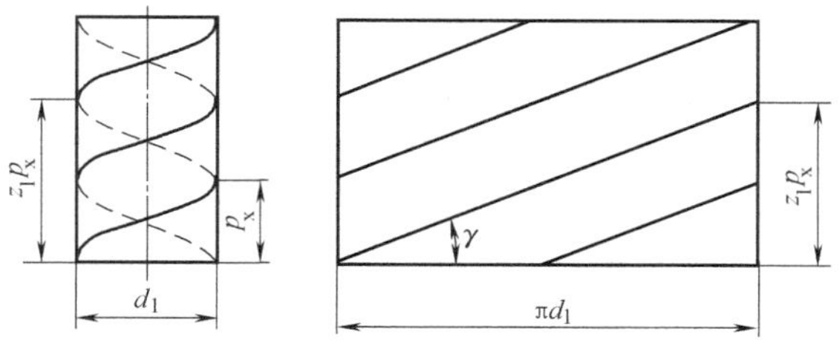

图 5-45 蜗杆导程

$$\tan\gamma=\frac{P_H}{\pi d_1}=\frac{z_1p_x}{\pi d_1}=\frac{z_1m}{d_1}=\frac{z_1}{q} \tag{5-34}$$

式中，$q=\frac{d_1}{m}$，称为蜗杆直径系数。从式（5-34）中可以看出，为保证蜗杆分度圆直径 d_1 和模数 m 均为标准系列，蜗杆导程角 γ 不能随便取值，必须按该式计算而得。当 m 一定时，增大 d_1 值（q 也增大），可以提高蜗杆轴的强度和刚度，但 γ 减小，传动效率降低，自锁性能提高；增大 γ 值，可提高蜗杆传动的效率，自锁性能下降。对于要求高效率的传动，常采用 $\gamma=15°\sim30°$，且常用多头蜗杆；对于要求具有自锁性能的蜗杆，$\gamma\leqslant3.5°$，且应采用单头蜗杆。

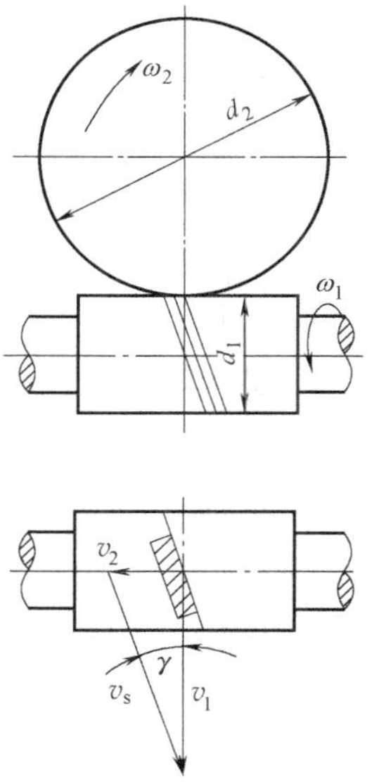

图 5-46 齿面间的滑动速度

5. 齿面间的滑动速度 v_s

蜗杆传动即使在节点 C 处啮合，齿廓之间也有较大的相对滑动，滑动速度 v_s 沿蜗杆螺旋线方向。设蜗杆圆周速度为 v_1、蜗轮圆周速度为 v_2，由图 5-46 可得

$$v_s=\sqrt{v_1^2+v_2^2}=\frac{v_1}{\cos\gamma} \tag{5-35}$$

滑动速度的大小，对齿面的润滑情况、齿面失效形式、发热及传动效率等都有很大影响。

6. 蜗杆传动的几何尺寸计算

1）蜗杆分度圆直径d_1 可根据传动要求从表 5-8 中选定，蜗轮分度圆直径为

$$d_2=mz_2 \tag{5-36}$$

蜗杆的齿顶高、齿根高、齿顶圆直径和齿根圆直径等尺寸可参照圆柱齿轮相应公式计算。必须注意，蜗杆传动的 $c^*=0.2$。表 5-9 列出了两轴交角为 90°的圆柱蜗杆传动的几何尺寸计算。

2）利用变位修正蜗杆传动，不仅可以满足不同中心距的要求，还能提高传动的承载能力。蜗轮蜗杆啮合相当于齿轮齿条啮合，而且切制蜗轮的滚刀与标准蜗杆相同，是不变位的，因而只需对蜗轮采取适当的变位即可。蜗杆蜗轮的齿顶圆直径按下式计算：

$$d_{a1}=d_1+2h_{a1}=d_1+2h_a^* m \tag{5-37}$$

$$d_{a2}=d_2+2h_{a2}=mz_2+2(h_a^*+x)m \tag{5-38}$$

式中，x 为变位系数。

表 5-9 圆柱蜗杆传动的几何尺寸计算（参见图 5-44）

名　称	计算公式	
	蜗杆	蜗轮
蜗杆分度圆直径，蜗轮分度圆直径	$d_1=mq$	$d_2=mz_2$
齿顶高	$h_a=m$	$h_a=m$
齿根高	$h_f=1.2m$	$h_f=1.2m$
蜗杆齿顶圆直径，蜗轮喉圆直径	$d_{a1}=m(q+2)$	$d_{a2}=m(z_2+2)$
齿根圆直径	$d_{f1}=m(q-2.4)$	$d_{f2}=m(z_2-2.4)$
蜗杆轴向齿距，蜗轮端面齿距	$p_{a1}=p_{t2}=p_x=\pi m$	
顶隙	$c=0.20m$	
中心距	$a=0.5(d_1+d_2)=0.5m(q+z_2)$	

注：蜗杆传动中心距标准系列为：40、50、63、80、100、125、160、(180)、200、(225)、250、(280)、315、(355)、400、(450)、500。

3）标准蜗杆传动的中心距为

$$a=\frac{1}{2}(d_1+d_2) \tag{5-39}$$

变位蜗杆传动的中心距为

$$a'=a+xm \tag{5-40}$$

5.8.4 蜗杆机构的主要特点

1）蜗杆轮齿具有连续不断的螺旋齿特点，致使蜗杆驱动蜗轮时，既不存在突然啮合，也不发生突然脱离啮合的现象，因此传动平稳、冲击小且噪声低。

2）蜗杆齿数极少，蜗杆转一周，蜗轮才转一个或几个齿，因此蜗杆机构可在结构十分紧凑的条件下获得很大的传动比。

3）蜗杆蜗轮轴线交错 90°，两者啮合点之间的速度也交错 90°，因此啮合点间存在很大的相对滑动。这就必然导致较为严重的摩擦磨损，传动的机械效率由此将大为降低。大量摩擦热的产生和积累还会加速机构的失效。

4）缠绕在蜗杆上的螺旋齿就像螺杆上的螺纹牙一样，其导程角 γ 一般都比较小。如果 γ 值小于啮合齿间的当量摩擦角 φ，则该蜗杆机构具有自锁性。在此情况下，蜗轮只能作为从动件，而且机构的效率更低。

5）为了在充分利用蜗杆机构优点的同时，又能最大限度地减小其不利因素的影响，合理选择配对材料就变得特别重要。当所选配对材料既能减摩抗磨，又能快速导热散热，同时还具有其他良好的力学性能时，蜗杆机构的优势就可得到较为充分的发挥，但是整个机构的成本会有较大程度的提高。

思考练习题

5-1　渐开线具有哪些重要性质？渐开线齿轮传动具有哪些特点和优点？

5-2　具有标准中心距的标准齿轮传动具有哪些特点？

5-3　何谓重合度？重合度的大小与齿数 z、模数 m、压力角 α、齿顶高系数 h_a^*、顶隙系数 c^* 及中心距 a 之间有何关系？

5-4　用齿条形刀具加工齿轮时，被加工齿轮的模数、压力角、齿数和变位系数如何获得？

5-5　齿轮齿条啮合传动有何特点？

5-6　节圆与分度圆、啮合角与压力角有什么区别？

5-7　何谓根切？简述产生根切现象的原因和避免根切现象的方法。

5-8　齿轮为什么要变位？何谓最小变位系数？变位系数的最大值也有限制吗？

5-9　变位齿轮传动的类型有几种？其啮合特点及优、缺点有哪些？

5-10　试将正变位齿轮与标准齿轮比较，哪些几何参数变化了？哪些几何参数没有变？

5-11　斜齿轮的正确啮合条件及连续传动条件与直齿轮有何异同？

5-12　为什么斜齿轮的标准参数要规定在法向上，而其几何尺寸却要按端面计算？

5-13　什么是斜齿轮的当量齿轮？为什么要提出当量齿轮的概念？

5-14　若齿轮传动的设计中心距不等于标准中心距，可以用哪些方法满足中心距的要求？

5-15　何谓蜗杆传动的中间平面？蜗杆的直径系数有何重要意义？

5-16　什么是直齿锥齿轮的背锥和当量齿轮？

5-17　斜齿轮、蜗杆蜗轮、锥齿轮的模数、压力角、齿顶高系数及顶隙系数的标准值以哪一个面为准？而几何尺寸计算又是按哪一个面进行的？

5-18　比较渐开线直齿圆柱齿轮、斜齿圆柱齿轮、锥齿轮及蜗杆传动的正确啮合条件和特点，并思考它们各自的应用场合。

5-19　已知一对外啮合正常齿制标准直齿圆柱齿轮 $m=3\text{mm}$，$z_1=19$，$z_2=41$，试计算这对齿轮的分度圆直径、齿顶高、齿根高、顶隙、中心距、齿顶圆直径、齿根圆直径、基圆直径、齿距、齿厚和齿槽宽。

5-20　已知一正常齿制标准直齿圆柱齿轮 $\alpha=20°$，$m=5\text{mm}$，$z=40$，试分别求出分度圆、基圆、齿顶圆上渐开线齿廓的曲率半径和压力角。

5-21　试与标准齿轮相比较，说明正变位直齿圆柱齿轮的下列参数：m、α、α'、d、d'、s、s'、s_f、h_f、d_f、d_b，哪些不变？哪些变了？变大还是变小？

5-22　试设计一对外啮合圆柱齿轮，已知 $z_1=21$，$z_2=32$，$m_n=2\text{mm}$，实际中心距为

55mm，问：①该对齿轮能否采用标准直齿圆柱齿轮传动？②若采用标准斜齿圆柱齿轮传动来满足中心距要求，其分度圆螺旋角 β、分度圆直径 d_1、d_2 和节圆直径 d_1'、d_2' 各为多少？

5-23　已知一对等顶隙收缩齿渐开线标准直齿锥齿轮 $\Sigma=90°$，$z_1=17$，$z_2=43$，$m_e=3$mm，试求分锥角、分度圆直径、齿顶圆直径、齿根圆直径、外锥距、齿顶角、齿根角、顶锥角、根锥角。

5-24　已知一蜗杆传动，蜗杆头数 $z_1=2$，蜗轮齿数 $z_2=40$，蜗杆轴向齿距 $p=15.70$mm，蜗杆顶圆直径 $d_{a1}=60$mm，试求模数 m、蜗杆直径系数 q、蜗轮螺旋角 β_2、蜗轮分度圆直径 d_2 及中心距 a。

第6章 齿轮系

6.1 齿轮系的应用及类型

在第 5 章中，研究了一对齿轮的啮合原理和运动设计方法，这种简单的齿轮机构所能得到的传动比实际上并不大。在实际机械中，为了满足不同的工作要求，经常采用若干对互相啮合的齿轮进行传动。例如在汽车的传动系统中，要将发动机的一种转速转化为不同的驱动轮转速，以适应不同路况和驾驶需要，就需要变速器；要实现降速增矩，就需要主减速器；汽车转弯时左右驱动轮的转速不同，就需要差速器等。这些变速器、多级和多速主减速器及差速器都是由一系列相互啮合的齿轮所组成的。这种由一系列相互啮合的齿轮所组成的传动系统称为齿轮系，简称轮系。它通常介于原动机和执行机构之间，把原动机的运动和动力传递给执行机构。

根据轮系在传动时各齿轮轴线在空间的相对位置是否变动，轮系可分为定轴轮系、周转轮系和复合轮系三类。

6.1.1 定轴轮系

轮系运转时，如果各齿轮的轴线相对于机架其位置都是固定不动的，则这种轮系称为定轴轮系。图 6-1 所示即为一定轴轮系。图中箭头表示齿轮靠外一侧的运动方向。

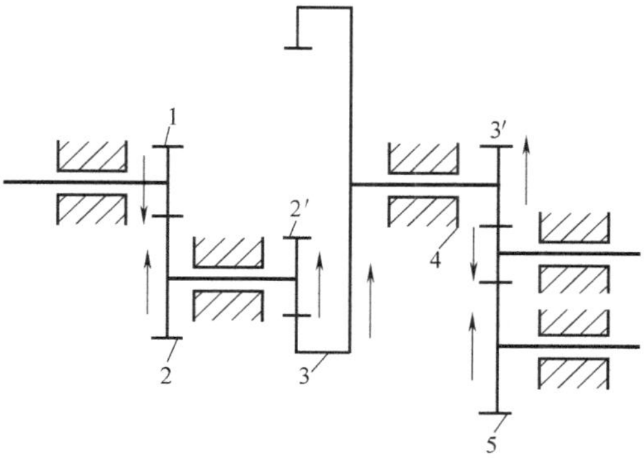

图 6-1 定轴轮系

6.1.2 周转轮系

在轮系运转时，至少有一个齿轮轴线的位置不固定，而是绕某一固定轴线回转，则该轮系称为周转轮系。如图 6-2 所示的轮系，外齿轮 3（又称内齿圈）和内齿轮 1 均绕着固定的轴线 OO 转动，统称为太阳轮；齿轮 2 的转轴装在构件 H 的端部，而构件 H 是绕固定轴线 OO 回转的，所以当轮系转动时，齿轮 2 一边绕自身的轴线 O_1O_1 回转，另一方面又随着构件 H 绕固定轴线 OO 公转，如同行星的运动，故齿轮 2 称为行星齿轮；支承行星齿轮的构件 H 称为行星架或系杆，行星架绕之转动的轴线称为主轴线。在周转轮系中，一般都把太阳轮和行星架称为周转轮系的基本构件。基本构件均绕着同一固定轴线回转。

周转轮系又可以根据自由度数的不同做进一步划分。若周转轮系的自由度为 2（图 6-2a），则称为差动轮系，要想使差动轮系具有确定的相对运动，就需要给定轮系两个独立的运动规律。若周转轮系的自由度为 1（图 6-2b，其中内齿圈 3 为机架），则称为行星轮系，为了确定行星轮系的运动，只需给定轮系一个独立的运动规律（可参考例 2-5）。

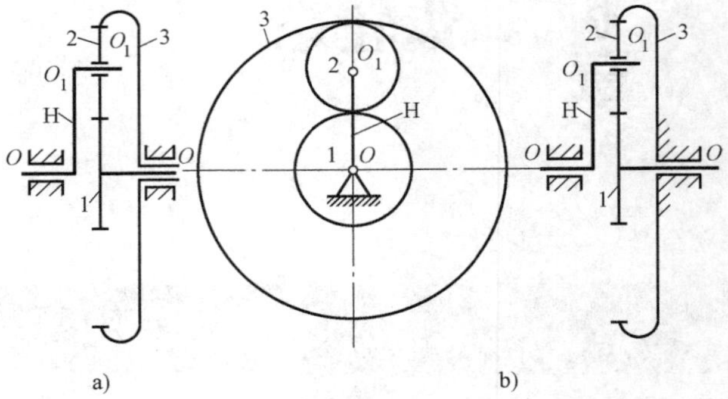

图 6-2　周转轮系及其组成

a）差动轮系　b）行星轮系

6.1.3　复合轮系

在实际机械中，除了采用单一的定轴轮系和单一的周转轮系外，还经常用到既包含定轴轮系又包含周转轮系（图 6-3a）或由几部分周转轮系组成（图 6-3b）的复杂轮系，这种轮系称为复合轮系或混合轮系。

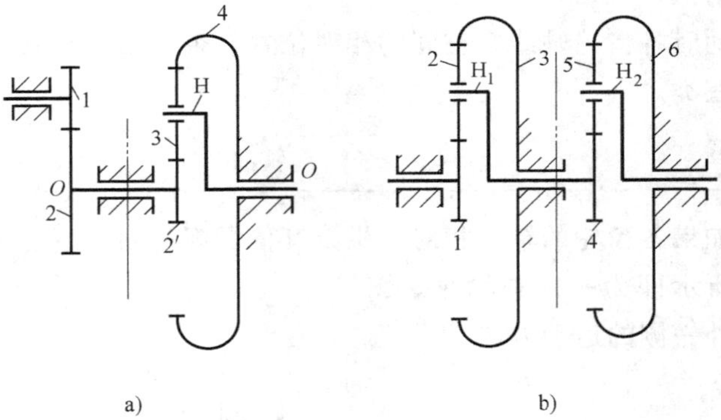

图 6-3　复合轮系

6.1.4　轮系的基本概念

1. 传动比

所谓轮系的传动比，是指该轮系中输入、输出两构件角速度（或转速）之比。通常，传动比用 i 表示，对输入轴 a 与输出轴 b 的传动比可表示为

$$i_{ab}=\frac{n_a}{n_b}=\frac{\omega_a}{\omega_b} \tag{6-1}$$

同时应注意，计算轮系的传动比不仅要确定它的数值，还要确定两轴的相对转动方向，这样才能完整表达输入轴与输出轴间的关系。

2. 齿轮转动方向的表示

（1）箭头表示 定轴轮系各轮的相对转向可以通过逐对齿轮标注箭头的方法来确定。各种类型齿轮机构标注箭头的规则如图 6-4 和图 6-5 所示。在图 6-5 所示的轴线与纸面平行时的转向表示方法中，箭头表示齿轮靠外一侧的运动方向。

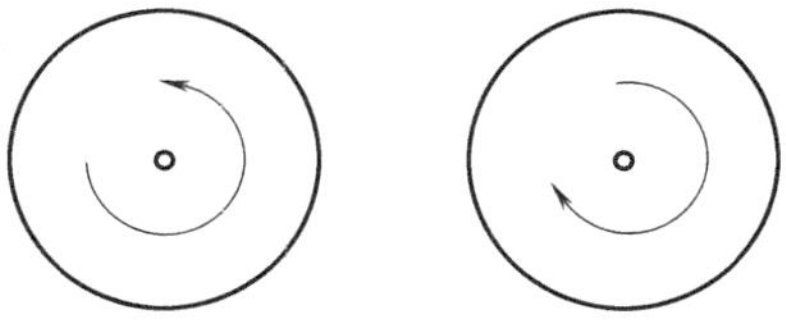

图 6-4 轴线与纸面垂直时的转向表示方法

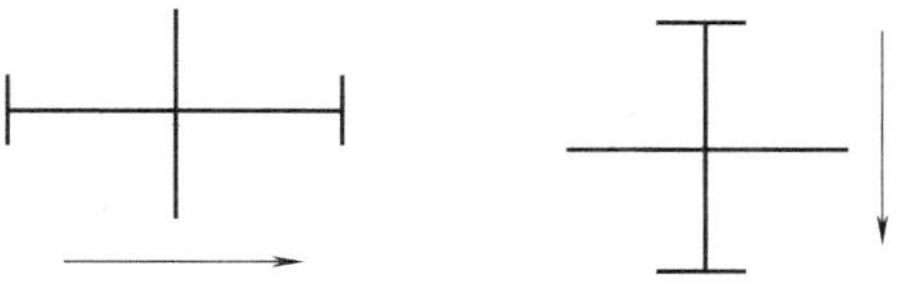

图 6-5 轴线与纸面平行时的转向表示方法

（2）符号表示 当两轴或齿轮的轴线平行时，可以用正号“+”或负号“−”表示两轴或一对啮合齿轮的转向相同或相反，并直接标注在传动比的公式中。例如，$i_{ab}=10$，表明轴 a 和 b 的转向相同，转速比为 10。又如，$i_{ab}=-5$，表明轴 a 和 b 的转向相反，转速比为 5。

注意：当轴线相互平行的齿轮啮合时，其齿轮转向可以用箭头表示，也可以用符号表示；当轴线不平行的齿轮啮合时，其齿轮转向只能用箭头表示，不能用符号表示。

（3）判断一对相互啮合齿轮转向的几个要点

1）内啮合的圆柱齿轮转向相同，因此其传动比取“+”。

2）外啮合的圆柱齿轮转向相反，因此其传动比取“−”。

3）锥齿轮的转动方向要么同时指向啮合点，要么同时背离啮合点。图 6-6 所示为圆

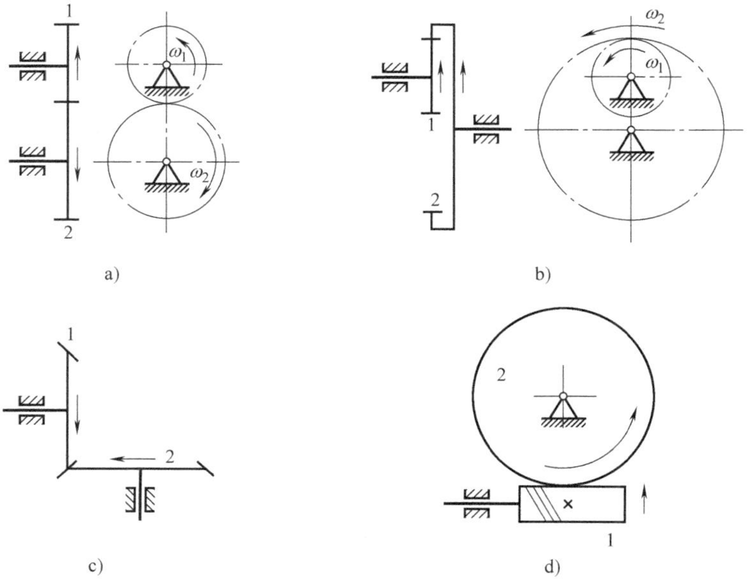

图 6-6 齿轮转动方向间的关系

a）圆柱齿轮外啮合 b）圆柱齿轮内啮合 c）锥齿轮啮合 d）蜗轮蜗杆啮合

柱齿轮和锥齿轮的几种情况。

4）在蜗杆传动中，一般蜗杆为主动件，蜗轮为从动件，且蜗杆与蜗轮螺旋线的方向相同。蜗轮的转向不仅与蜗杆的转向有关，而且与其螺旋线方向有关。判断时可将蜗杆看成螺杆、蜗轮看成螺母来考察其相对运动。首先判断蜗杆螺旋线的方向，判断方法与在5.6.1节讲过的判断斜齿圆柱齿轮左右旋的方法一样。例如图6-6d中的右旋蜗杆按图示方向转动时，可借助右手判断如下：拇指伸直，其余四指握拳，令四指弯曲方向与蜗杆转动方向一致，则拇指的指向（向左）即是螺杆相对螺母前进的方向。按照相对运动原理，螺母相对螺杆的运动方向应与此相反，故蜗轮上的啮合点应向右运动，从而使蜗轮逆时针转动。同理，对于左旋蜗杆，则应借助左手按上述方法分析判断。

按照上述规则，可以依次画出定轴轮系所有齿轮的转动方向。

6.2 定轴轮系传动比的确定

6.2.1 定轴轮系传动比的计算

图6-7所示为一定轴轮系，齿轮1为主动轮（输入轴），齿轮5为最后的从动轮，各齿轮的齿数已知，求传动比 i_{15}。

由图6-7可见，主动轮1到从动轮5之间的传动，是通过一对对齿轮依次啮合来实现的，要求出总传动比 i_{15}，可先求出各对啮合齿轮的传动比的大小。

按照前面的讨论可得

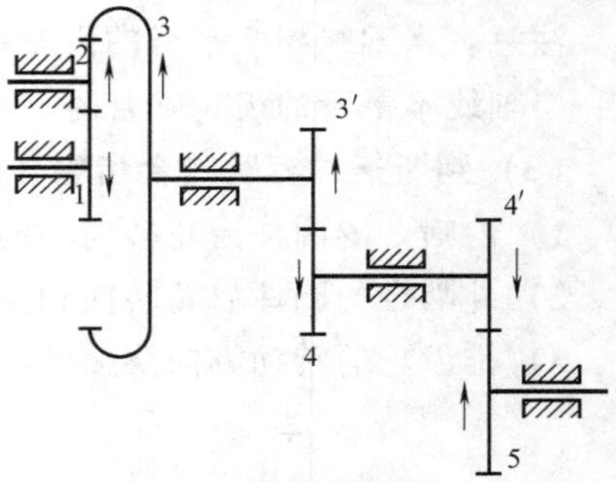

图6-7 定轴轮系

$$i_{12}=\frac{\omega_1}{\omega_2}=\frac{z_2}{z_1},\quad i_{23}=\frac{\omega_2}{\omega_3}=\frac{z_3}{z_2},\quad i_{3'4}=\frac{\omega_{3'}}{\omega_4}=\frac{z_4}{z_{3'}},\quad i_{4'5}=\frac{\omega_{4'}}{\omega_5}=\frac{z_5}{z_{4'}}$$

图中齿轮3和3′、齿轮4和4′是安装在同一轴上的两个齿轮，称为同轴齿轮。显然，同轴齿轮的转速相同，即 $\omega_3=\omega_{3'}\omega_4=\omega_{4'}$。将以上各式两边分别连乘可得

$$i_{12}i_{23}i_{3'4}i_{4'5}=\frac{\omega_1}{\omega_5}=i_{15}=\frac{z_2z_3z_4z_5}{z_1z_2z_{3'}z_{4'}}=\frac{\text{由 1 至 5 所有从动轮齿数的连乘积}}{\text{由 1 至 5 所有主动轮齿数的连乘积}}$$

上式表明，定轴轮系的传动比等于组成该轮系的各对啮合齿轮传动比的连乘积，其大小等于各对齿轮中所有从动轮齿数的连乘积与所有主动轮齿数的连乘积之比。

在图6-7中，齿轮2同时与齿轮1和齿轮3相啮合，对于齿轮1来讲，它是从动轮；对于齿轮3来讲，它又是主动轮。因此，其齿数在上式的分子和分母中将同时出现而被约去，所以齿轮2的齿数多少并不影响传动比的大小，而仅起着中间过渡和改变从动轮转向的作用。轮系中的这种齿轮称为惰轮。

以上结果可推广到一般情况，设A、B分别为某定轴轮系中的输入轮与输出轮，即得

A、B 之间传动比计算的一般性公式为

$$i_{AB}=\frac{\omega_A}{\omega_B}=\frac{\text{由 A 至 B 所有从动轮齿数的连乘积}}{\text{由 A 至 B 所有主动轮齿数的连乘积}} \tag{6-2}$$

6.2.2 定轴轮系主、从动轮转向关系的确定

在实际机械中，不仅需要知道轮系传动比的大小，还需要根据主动轮的转动方向来确定从动轮的转动方向。这可根据各齿轮轴线是否平行而采用下述方法进行判断。

1. 轮系中各齿轮的轴线相互平行的情况

组成这种轮系的各对啮合齿轮均为直齿或斜齿圆柱齿轮，即各齿轮的轴线都相互平行。由于一对内啮合两齿轮的转向相同，而一对外啮合两齿轮的转向相反，所以轮系传动每经过一对外啮合就改变一次方向，故可用轮系中外啮合的对数来确定轮系中主、从动轮的转向。若用 m 来表示轮系中外啮合的对数，则可用 $(-1)^m$ 来确定轮系传动比的正负号。若计算结果为正，说明主、从动轮转向相同；若结果为负，则说明主、从动轮转向相反。式（6-2）变为

$$i_{AB}=\frac{\omega_A}{\omega_B}=(-1)^m\frac{\text{由 A 至 B 所有从动轮齿数的连乘积}}{\text{由 A 至 B 所有主动轮齿数的连乘积}} \tag{6-3}$$

2. 轮系中各轮的轴线不完全平行，但首、末两轮轴线相互平行的情况

对于轴线不平行的齿轮，它们的转向无所谓相同或相反。这种情况下，这些齿轮的转向就不可用 $(-1)^m$ 来确定，只能在图上用画箭头的方法来表示各轮的转向。但由于轮系中首、末两轮的轴线相互平行，通过画箭头，就可在传动比的计算结果中加上“+”或“-”号来表示首、末两轮主、从动轮的转向关系。

3. 轮系中首、末两轮轴线不平行的情况

如图 6-8 所示，如果轮系中首、末两轮的轴线不平行，便不能采用在传动比的计算结果中加“+”或“-”号的方法来表示主、从动轮转向间的关系。这时它们的转向关系只能在图上用箭头表示。

例 6-1　图 6-8 所示轮系中，已知各轮齿数：$z_1=18$、$z_2=36$、$z_{2'}=20$、$z_3=80$、$z_{3'}=20$、$z_4=18$、$z_5=30$、$z_{5'}=15$、$z_6=30$、$z_{6'}=2$（右旋）、$z_7=60$，$n_1=1440\text{r/min}$，其转向如图所示。求传动比 i_{17}、i_{15}、i_{25} 及蜗轮的转速和转向。

解　按前述的判断规则，从轮 2 开始，顺次标出各对啮合齿轮的转动方向。由图 6-8 可见，1、7 两轮的轴线不平行，1、5 两轮转向相反，2、5 两轮转向相同，故由式（6-1）得

$$i_{17}=\frac{n_1}{n_7}=\frac{z_2z_3z_4z_5z_6z_7}{z_1z_{2'}z_{3'}z_4z_{5'}z_{6'}}=\frac{36\times80\times18\times30\times30\times60}{18\times20\times20\times18\times15\times2}=720\text{（转向如图所示）}$$

$$i_{15}=\frac{n_1}{n_5}=-\frac{z_2z_3z_4z_5}{z_1z_{2'}z_{3'}z_4}=-\frac{36\times80\times18\times30}{18\times20\times20\times18}=-12$$

$$i_{25}=\frac{n_2}{n_5}=\frac{z_3z_4z_5}{z_{2'}z_{3'}z_4}=\frac{80\times18\times30}{20\times20\times18}=6$$

$$n_7=\frac{n_1}{i_{17}}=\frac{1440}{720}\text{r/min}=2\text{r/min}\text{（转向如图所示为逆时针）}$$

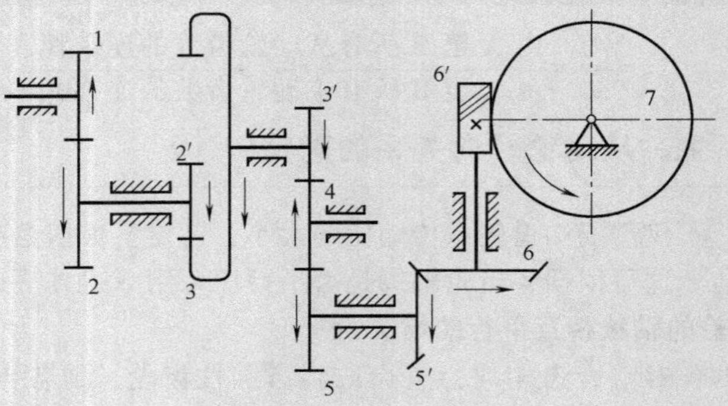

图 6-8　轮系

6.3　周转轮系传动比的计算

6.3.1　转化轮系

通过对周转轮系和定轴轮系的观察和比较发现，它们的根本差别在于周转轮系中有转动着的行星架，从而使行星齿轮既自转又公转，所以，周转轮系的传动比不能直接用定轴轮系传动比的计算公式来计算。但如果能使行星架的角速度为 0，即行星架固定不动，并保持周转轮系中各个构件之间相对运动不变，这样，周转轮系就转化成了一个假想的定轴轮系。

按照 4.4.1 节介绍的反转法思路，在图 6-2a 所示的周转轮系中，设 n_H 为行星架 H 的转速。根据相对运动原理，当给整个周转轮系加上一个绕太阳轮轴线 O 旋转、大小为 n_H、而方向与 n_H 相反的公共转速（$-n_H$）后，行星架 H 便静止不动了，而各构件间的相对运动并不改变。这样，所有齿轮的几何轴线的位置全部固定，原来的周转轮系便成了定轴轮系，如图 6-9 所示，这一定轴轮系称为原来周转轮系的转化轮系。现将各构件转化前后的转速列入表 6-1 中。

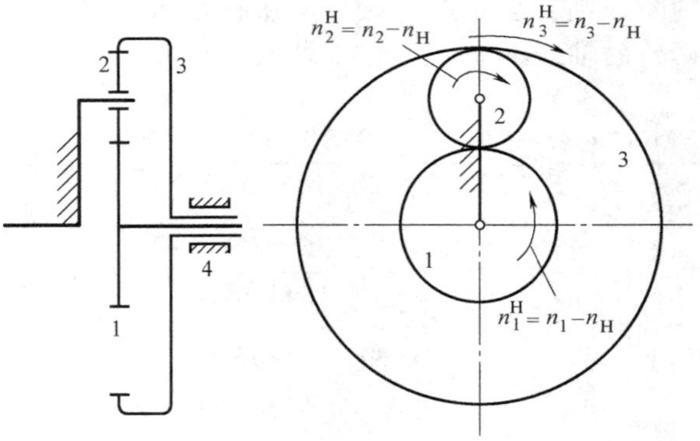

图 6-9　转化轮系

表 6-1　各构件转化前后的转速

构件	原来的转速	转化轮系中的转速	构件	原来的转速	转化轮系中的转速
1	n_1	$n_1^H=n_1-n_H$	3	n_3	$n_3^H=n_3-n_H$
2	n_2	$n_2^H=n_2-n_H$	H	n_H	$n_H^H=0$

转化轮系中各构件的转速 n_1^H、n_2^H、n_3^H 及 n_H^H 的右上方都带有角标 H，表示这些转速是各件对行星架 H 的相对转速。因为转化轮系是定轴轮系，所以可用计算定轴轮系传动比的方法来计算它的传动比。通过转化轮系传动比的计算，就可得出周转轮系中各构件之间的角速度关系，进而求出周转轮系的传动比。

6.3.2　转化轮系传动比的计算

现计算图 6-9 中转化轮系的传动比。根据计算定轴轮系传动比的方法可知，转化轮系中齿轮 1 与齿轮 3 的传动比为

$$i_{13}^H=\frac{n_1^H}{n_3^H}=\frac{n_1-n_H}{n_3-n_H}$$

应注意 i_{13} 和 i_{13}^H 的区别，前者是两轮真实的传动比；而后者是假想的转化轮系中两轮的传动比。

转化轮系是定轴轮系，且其起始主动轮 1 与最末从动轮 3 轴线平行，转向相反。故由定轴轮系传动比计算公式可得

$$i_{13}^H=\pm\frac{z_2z_3}{z_1z_2}$$

合并以上两式可得

$$i_{13}^H=\frac{n_1^H}{n_3^H}=\frac{n_1-n_H}{n_3-n_H}=\pm\frac{z_2z_3}{z_1z_2}$$

现将以上分析推广到一般情形。设 n_G 和 n_K 为周转轮系中任意两个齿轮 G 和 K 的转速，n_H 为行星架 H 的转速，则有

$$i_{GK}^H=\frac{n_G^H}{n_K^H}=\frac{n_G-n_H}{n_K-n_H}=(\pm)\frac{\text{转化轮系从 G 至 K 所有从动轮齿数的连乘积}}{\text{转化轮系从 G 至 K 所有主动轮齿数的连乘积}}\tag{6-4}$$

应用式（6-4）时，齿轮 G 视为起始主动轮，齿轮 K 视为最末从动轮，中间各轮的主从地位应按这一假定去判别。转化轮系中齿轮 G 和齿轮 K 的相对转向，用画虚线箭头的方法判定。转向相同时，i_{GK}^H 取“+”；转向相反时，i_{GK}^H 取“−”。在利用式（6-4）求解未知转速或齿数时，必须先确定 i_{GK}^H 的“+”或“−”。注意只有两轴平行时，两轴转速才能代数相加，因此，式（6-4）只适用于齿轮 G、K 和行星架 H 的轴线平行的场合。

例 6-2　如图 6-10 所示的行星轮系，已知各轮的齿数：$z_1=27$，$z_2=17$，$z_3=61$，齿轮 1 的转速 $n_1=6000\text{r/min}$。求该行星轮系传动比 i_{1H}、行星架 H 转速 n_H 和行星齿轮 2 的转速 n_2。

解　将行星架视为固定，画出轮系中各轮的转向，如图 6-10 中虚线箭头（虚线箭头不是齿轮的真实转向，只表示假想的转化轮系中的齿轮转向）所示。

由式（6-4）得

$$i_{13}^{H}=\frac{n_1^H}{n_3^H}=\frac{n_1-n_H}{n_3-n_H}=-\frac{z_2 z_3}{z_1 z_2}$$

图中 1、3 两轮虚线箭头反向，故取“-”。由此得

$$\frac{n_1-n_H}{0-n_H}=-\frac{61}{27}$$

解得

$$i_{1H}=\frac{n_1}{n_H}=1+\frac{61}{27}=3.26$$

$$n_H=\frac{n_1}{i_{1H}}=\frac{6000}{3.26}\text{r/min}\approx 1840\text{r/min}$$

i_{1H} 为正，n_H 转向与 n_1 相同。

利用式（6-4）还可计算出行星齿轮 2 的转速 n_2，即

$$i_{12}^{H}=\frac{n_1^H}{n_2^H}=\frac{n_1-n_H}{n_2-n_H}=-\frac{z_2}{z_1}$$

代入已知数据

$$\frac{6000-1840}{n_2-1840}=-\frac{17}{27}$$

解得 $n_2\approx -4767$r/min，负号表示 n_2 的转向与 n_1 相反。

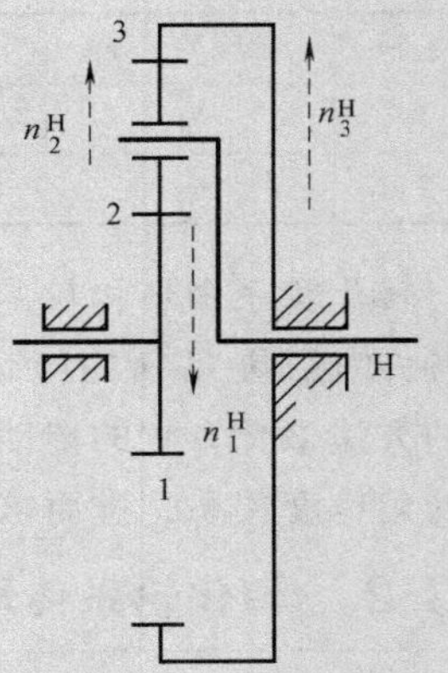

图 6-10　行星轮系

例 6-3　在图 6-11 所示锥齿轮组成的差动轮系中，已知 $z_1=60$，$z_2=40$，$z_{2'}=z_3=20$，若 n_1 和 n_3 均为 120r/min，但转向相反（如图中实线箭头所示），求 n_H 的大小和方向。

解　将 H 固定，画出转化轮系各轮的转向，如虚线箭头所示。由式（6-4）得

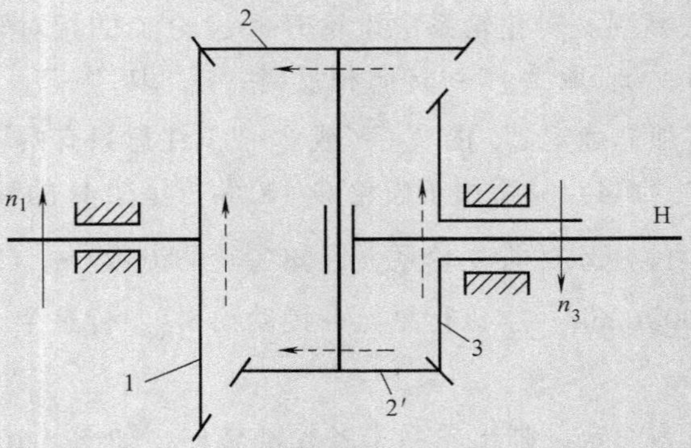

图 6-11　差动轮系

$$i_{13}^{H}=\frac{n_1^H}{n_3^H}=\frac{n_1-n_H}{n_3-n_H}=+\frac{z_2z_3}{z_1z_{2'}}$$

上式中的“+”号是由轮 1 和轮 3 虚线箭头同向而确定的，与实线箭头无关。设实线箭头朝上为正，则 $n_1=120\text{r/min}$，$n_3=-120\text{r/min}$，代入上式得

$$\frac{120-n_H}{-120-n_H}=+\frac{40}{60}$$

解得 $n_H=600\text{r/min}$，n_H 为正，说明其转向与 n_1 相同，箭头朝上。

注意，本例中行星齿轮 2-2′的轴线和齿轮 1（或齿轮 3）及行星架 H 的轴线不平行，所以不能用式（6-4）来计算 n_2。

图 6-10 和图 6-11 中标注了两种箭头。实线箭头表示齿轮的真实转向，对应于 n_1、n_2、n_3 等；虚线箭头表示虚拟的转化轮系中的齿轮转向，对应于 n_1^H、n_2^H、n_3^H。运用式（6-4）时，i_{13}^H 的正负取决于 n_1^H 和 n_3^H，即取决于虚线箭头。而代入 n_1、n_2、n_3 的数值时又必须根据实线箭头判定其正负。

6.4　复合轮系的传动比

由前述可知，复合轮系是由基本周转轮系与定轴轮系组成的，或者是由几个周转轮系组成的。对于这样的复杂轮系传动比的计算，既不能直接套用定轴轮系的公式，也不能直接套用周转轮系的公式。求解复合轮系传动比可遵循以下步骤：

1）正确划分定轴轮系和基本周转轮系。划分轮系时应先找出基本周转轮系，根据周转轮系具有行星齿轮的特点，首先找出轴线不固定的行星齿轮，支承行星齿轮做公转的构件就是行星架（值得注意的是有时行星架不一定是杆状），而几何轴线与行星架的回转轴线重合，且直接与行星齿轮相啮合的定轴齿轮就是太阳轮和内齿圈。这样的行星齿轮、行星架和太阳轮便组成一个基本周转轮系。分出一个基本的周转轮系后，还要判断是否还有其他行星齿轮被另一个行星架支承，每一个行星架对应一个周转轮系。在逐一找出所有的周转轮系后，剩下的就是定轴轮系了。

2）分别代入周转轮系和定轴轮系的公式，计算各轮系的传动比。

3）将各传动比关系式联合在一起求解。

例 6-4　如图 6-12 所示的轮系中，单头（$z_1=1$）右旋蜗杆 1 的回转方向如图所示，各轮齿数分别为 $z_2=37$，$z_{2'}=15$，$z_3=25$，$z_{3'}=20$，$z_4=60$，试求 i_{1B} 及 n_B 的方向。

解　1）由蜗杆 1 和蜗轮 2 组成定轴轮系，则有

$$i_{12}=\frac{n_1}{n_2}=\frac{z_2}{z_1}=37$$

所以

$$n_1 = 37n_2$$

2）由齿轮 2′、齿轮 3、齿轮 3′、齿轮 4 及行星架 H(B) 组成行星轮系，则有

$$i_{2'4}^{H} = \frac{n_{2'} - n_H}{n_4 - n_H} = -\frac{z_3 z_4}{z_{2'} z_{3'}} = -\frac{25\times60}{15\times20} = -5$$

3）因为

$$n_2 = n_{2'}, n_4 = 0, n_B = n_H$$

代入得

$$\frac{n_2 - n_B}{0 - n_B} = -5$$

得

$$\frac{n_2}{n_B} = 6$$

n_B 方向与 n_2 相同，即向上。则

$$i_{1B} = \frac{n_1}{n_B} = \frac{37n_2}{n_B} = 222$$

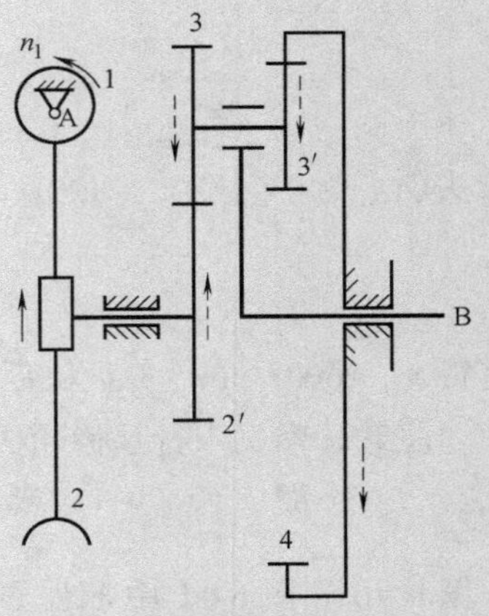

图 6-12 周转轮系

6.5 轮系在汽车中的应用

6.5.1 轮系在汽车手动变速器中的应用

1. 变速器的功用和结构

变速器是传统燃油汽车中不可缺少的重要总成之一，它主要由轮系组成。它的功用是：改变传动比，扩大驱动轮转矩和转速的变化范围，以适应经常变化的行驶条件，如起步、加速、上坡等，同时使发动机在有利的工况下工作；在发动机旋转方向不变的前提下，使汽车能倒退行驶；利用空档中断动力传递，以使发动机能够起动、怠速，并便于变速器换档或进行动力输出。汽车手动变速器有三轴和两轴之分，其轮系通常都是定轴轮系。下面举例说明。

图 6-13 所示为解放 CA1040 系列轻型载货汽车变速器的传动示意图。当第一轴旋转时，通过齿轮 2 带动中间轴及其上的齿轮旋转，其从动齿轮 17、16、9、8 随第一轴的旋转而在第二轴上空转，因此第二轴不能被驱动。固定在第二轴上的各个花键毂 35、24、13 的外圆表面上均制有与其相邻的接合齿圈齿形完全相同的外花键，分别与相应的具有内花键的各个接合套相接合，接合套可沿花键毂轴向滑动。

为实现汽车的倒退行驶，在中间轴的一侧还设置了一根较短的倒档轴 27（图中按惯例采用展开画法，将倒档轴画在中间轴的下方）。倒档轴 27 的两端支承在变速器后壳体

上，用倒档轴锁片锁止，防止其轴向移动。倒档中间齿轮 28 空套在该轴上，与第二轴倒档齿轮 22 及中间轴倒档齿轮 25 均为常啮合的斜齿轮。

在变速器中利用同步器和接合套换档，可把中间轴和第二轴上相啮合的传动齿轮制成常啮合的斜齿轮，从而减小变速器工作时的噪声，减小变速器尺寸并提高齿轮使用寿命。

为了减少内摩擦引起的零件磨损及功率损耗，须在壳体内注入润滑油，采用飞溅润滑方式润滑各齿轮副、轴与轴承等零件的工作表面。因此，壳体一侧有加油口，底部有放油塞。

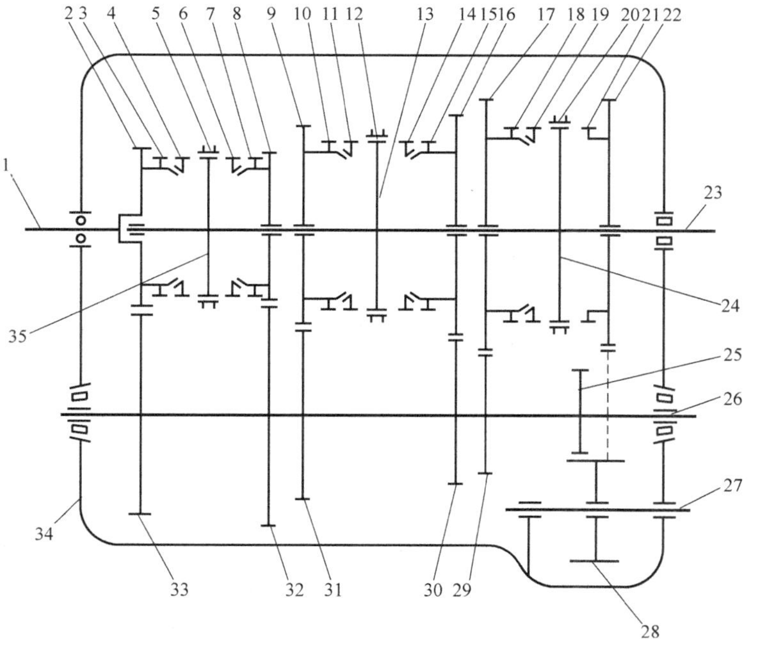

图 6-13 解放 CA1040 系列轻型载货汽车变速器传动示意图

1—第一轴 2—第一轴常啮合齿轮 3—第一轴齿轮接合齿圈 4—四档同步器锁环 5、12、20—接合套 6—五档同步器锁环 7—五档齿轮接合齿圈 8—第二轴五档齿轮 9—第二轴三档齿轮 10—三档齿轮接合齿圈 11——档同步器锁环 13、24、35—花键毂 14—二档同步器锁环 15—二档齿轮接合齿圈 16—第二轴二档齿轮 17—第二轴一档齿轮 18——档齿轮接合齿圈 19——档同步器锁环 21—倒档齿轮接合齿圈 22—第二轴倒档齿轮 23—第二轴 25—中间轴倒档齿轮 26—中间轴 27—倒档轴 28—倒档中间齿轮 29—中间轴一档齿轮 30—中间轴二档齿轮 31—中间轴三档齿轮 32—中间轴四档齿轮 33—中间轴常啮合传动齿轮 34—变速器壳体

2. 变速器动力传递及各档传动比

1）欲挂上一档，可操纵变速杆，通过拨叉使接合套 20 左移，与一档同步器锁环 19 的接合齿圈和一档齿轮接合齿圈 18 接合后，动力便可从第一轴依次经齿轮 2、33，中间轴 26，齿轮 29、17，接合齿圈 18，接合套 20 及花键毂 24，传给第二轴 23 输出。一档传动比为

$$i_1=\frac{z_{33}z_{17}}{z_2z_{29}}=5.568$$

欲脱开一档，可通过拨叉使接合套20右移，与接合齿圈18脱离啮合，则变速器退回空档位置。

2）欲挂上二档，可通过拨叉使接合套12右移，使之与二档同步器锁环14的接合齿圈和二档齿轮接合齿圈15接合后，变速器便从一档换入了二档。此时，动力从第一轴依次经齿轮2、33，中间轴26，齿轮30、16，接合齿圈15，接合套12及花键毂13，最后传给第二轴。其传动比为

$$i_2=\frac{z_{33}z_{16}}{z_2z_{30}}=2.832$$

3）同理，使接合套12左移到与接合齿圈10接合，则可换到三档，传动比为

$$i_3=\frac{z_{33}z_9}{z_2z_{31}}=1.634$$

4）若使接合套5左移到与接合齿圈3接合，则换入第四档，此时动力从第一轴经齿轮2、接合齿圈3、接合套5和花键毂35直接传给第二轴，而不再经过中间齿轮传动，故这种档位称为直接档，其传动比为 $i_4=1$。

5）欲挂上五档，可操纵变速杆，通过拨叉使接合套5右移，使之穿过同步器锁环6与五档齿轮接合齿圈7接合，动力便可以从第一轴依次经齿轮2、33，中间轴26，齿轮32、8，接合齿圈7，接合套5及花键毂35，最后传给第二轴。五档传动比为

$$i_5=\frac{z_{33}z_8}{z_2z_{32}}=0.794$$

因 $i_5<1$，该档称为超速档。超速档主要用于在良好路面上轻载或空车驾驶的场合，借此提高汽车的燃油经济性。但如果发动机功率不高，则超速档使用率很低，节油效果不显著，甚至影响汽车的动力性。超速档的传动比一般为0.7~0.85。

6）欲挂倒档时，使接合套20右移，与倒档齿轮接合齿圈21接合，即换入倒档。动力从第一轴经齿轮2、33，中间轴26，齿轮25、28、22，接合齿圈21，接合套20，花键毂24传到第二轴。由于增加了一个倒档中间齿轮，故第二轴的旋转方向与第一轴相反，汽车便倒退行驶。倒档传动比为

$$i_R=\frac{z_{33}z_{28}z_{22}}{z_2z_{35}z_{28}}=5.011$$

i_R 的数值较大，一般与 i_1 相近。这是考虑到安全，希望倒车时速度尽可能慢些。

6.5.2 汽车自动变速器行星齿轮机构的工作原理

1. 概述

自动变速器具有自动变速、连续变矩、换档时不中断动力传递的特点，并具有操作轻便、换档平稳、乘坐舒适、过载保护性能好等优点。目前越来越多的汽车，尤其是九座以下的乘用车，装备了自动变速器。液力机械自动变速器是汽车中采用较多的一种自动变速器，它主要由六部分组成：液力变矩器、行星齿轮变速器、液压操纵系统、电子或液压控制系统、油冷却和滤清装置及壳体。

液力变矩器虽能在一定范围内自动、无级地改变转矩比和传动比，但存在着变矩能力

与效率之间的矛盾。目前应用的变矩器的变矩系数都不够大，难以满足汽车的使用要求，故在汽车上广泛采用的是液力变矩器与齿轮式变速器组成的液力机械式变速器。而齿轮式变速器多数是行星齿轮变速器。本节主要介绍行星齿轮机构的变速原理。

2. 行星齿轮机构的特性方程

行星齿轮机构的特性方程反映了单排行星齿轮机构的基本运动规律，是行星齿轮机构变速的理论基础。下面进行讨论。

图 6-14 所示为单排行星齿轮机构示意图，它实际上是一个差动轮系，其自由度为 2。图上还标出了行星齿轮所受到的作用力。

作用于太阳轮 1 上的力矩为　$M_1=F_1\ r_1$

作用于内齿圈 2 上的力矩为　$M_2=F_2\ r_2$

作用于行星架 3 上的力矩为　$M_3=F_3r_3$

令内齿圈与太阳轮的齿数比为 α，很明显 $\alpha>1$，则

$$\alpha=\frac{z_2}{z_1}=\frac{r_2}{r_1},r_2=\alpha r_1$$

规定　$r_3=\dfrac{r_1+r_2}{2}=\dfrac{1+\alpha}{2}r_1$

式中，r_1 和 r_2 分别为太阳轮和内齿圈的节圆半径；r_3 为行星齿轮与太阳轮的中心距。

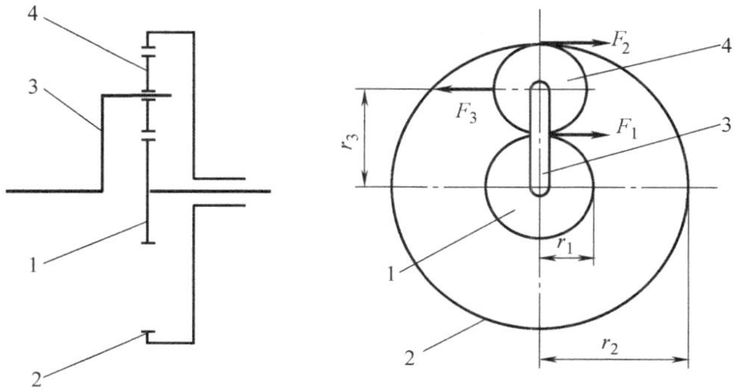

图 6-14　单排行星齿轮机构及作用力

1—太阳轮　2—内齿圈　3—行星架　4—行星齿轮

行星齿轮一般可看成匀速转动，可使用静力学公式，由行星齿轮 4 的力平衡条件可得

$$F_1=F_2,F_3=-2F_1$$

因此，太阳轮、内齿圈和行星架上的力矩分别为

$$\begin{cases}M_1=F_1r_1\\M_2=\alpha F_1r_1\\M_3=-(\alpha+1)F_1r_1\end{cases}\tag{6-5}$$

根据能量守恒定律，三个元件上输入和输出功率的代数和应等于零，即

$$M_1\omega_1+M_2\omega_2+M_3\omega_3=0\tag{6-6}$$

式中，ω_1、ω_2、ω_3 分别为太阳轮、内齿圈和行星架的角速度。

将式（6-5）代入式（6-6）中，即可得到表示单排行星齿轮机构一般运动规律的特性方程式为

$$\omega_1+\alpha\omega_2-(\alpha+1)\omega_3=0\tag{6-7}$$

若以转速代替角速度，则式（6-7）可写成

$$n_1+\alpha n_2-(\alpha+1)n_3=0\tag{6-8}$$

式（6-8）就是单排行星齿轮机构的特性方程。由前面内容可知，差动轮系有两个自由度，要有两个主动件（输入）才能有确定的运动。通常的处理方式是，用制动器固定

一个主动件，或用离合器使这个主动件的运动受到约束，用另外一个主动件作为机构输入，这样就可以使机构有确定的运动了。具体到式（6-8）表示的特性方程中，在太阳轮、内齿圈和行星架这三个元件中，可任选两个分别作为主动件和从动件，而使另一元件固定不动（即使该元件转速为零），或使其运动受一定的约束（即该元件的转速为某定值），则整个轮系即以一定的传动比传递动力。

3. 行星齿轮机构的变速原理

下面分八种情况来讨论，基本涵盖了汽车的前进档、倒档和空档。

1）主动件——太阳轮，被动件——行星架，固定件——内齿圈。当内齿圈被固定时，$n_2=0$，代入式（6-8）得

$$n_1=(\alpha+1)n_3$$

所以传动比为

$$i=\frac{n_1}{n_3}=1+\alpha>1$$

此式说明，输出轴的转速仅是输入轴转速的 $1/(1+\alpha)$，这是一种减速增矩传动。

2）主动件——内齿圈，被动件——行星架，固定件——太阳轮。当太阳轮被固定时，$n_1=0$，代入式（6-8）得

$$\alpha n_2=(\alpha+1)n_3$$

所以传动比为

$$i=\frac{n_2}{n_3}=\frac{1+\alpha}{\alpha}>1$$

此式说明，输出轴的转速是输入轴转速的 $\alpha/(1+\alpha)$，也是一种减速增矩传动，但减速比相对要小。

3）主动件——太阳轮，被动件——内齿圈，固定件——行星架。当行星架被固定时，$n_3=0$，代入式（6-8）得

$$n_1+\alpha n_2=0$$

所以传动比为

$$i=\frac{n_1}{n_2}=-\alpha$$

此式说明，输出轴的转速是输入轴转速的 $-1/\alpha$，负号表示内齿圈的转动方向与太阳轮的转动方向相反，也就是所谓倒档，但绝对值 $|-1/\alpha|<1$，故仍为一种减速增矩传动。

4）主动件——行星架，被动件——内齿圈，固定件——太阳轮。当太阳轮被固定时，$n_1=0$，代入式（6-8）得

$$\alpha n_2=(\alpha+1)n_3$$

所以传动比为

$$i=\frac{n_3}{n_2}=\frac{\alpha}{1+\alpha}<1$$

此式说明，输出轴的转速是输入轴转速的 $(1+\alpha)/\alpha$，这是一种增速减矩传动。

5）主动件——行星架，被动件——太阳轮，固定件——内齿圈。当内齿圈被固定

时，$n_2=0$，代入式（6-8）得

$$n_1=(\alpha+1)n_3$$

所以传动比为

$$i=\frac{n_3}{n_1}=\frac{1}{1+\alpha}<1$$

此式说明，输出轴的转速是输入轴转速的（$1+\alpha$），这也是一种增速减矩传动，但增速相对较大。

6）主动件——内齿圈，被动件——太阳轮，固定件——行星架。当行星架被固定时，$n_3=0$，代入式（6-8）得

$$n_1+\alpha n_2=0$$

所以传动比为

$$i=\frac{n_2}{n_1}=-\frac{1}{\alpha}$$

此式说明，输出轴的转速是输入轴转速的$-\alpha$，负号表示太阳轮的转动方向与内齿圈转动方向相反，这也是倒转，但绝对值$|-\alpha|>1$，故也是一种增速减矩传动。

7）直接传动。当太阳轮和内齿圈连成一体转动时，即 $n_1=n_2$，代入式（6-8）得 $n_1=n_2=n_3$。所以传动比为 $i=1$，说明行星齿轮机构三元件间没有相对运动，形成直接传动。同样道理得出结论，当太阳轮、两齿圈和行星架三元件中任两个元件连成一体时，则第三个元件必然与前两者转速相同，形成直接传动。

8）自由转动，主动件——太阳轮，被动件——行星架，内齿圈不固定。此时因内齿圈处于无负荷自由状态，来自太阳轮的转矩均通过行星齿轮传至内齿圈，使内齿圈旋转，而行星架无转矩输出。同样道理可以得出，如果所有元件都不受约束，可以自由转动，则行星齿轮机构失去传动作用。此种状态相当于空档。

通过以上分析可知，行星齿轮机构存在一些规律：行星架固定，无论其他两元件中哪个输入或输出，都为反向传动；行星架输入，无论其他两元件中哪个输出或固定，都为增速传动；行星架输出，无论其他两元件中哪个输入或固定，都为减速传动。表 6-2 所示为单排行星齿轮机构的运动方案。

表 6-2　单排行星齿轮机构的运动方案

序号	太阳轮 Z_1	行星架 Z_3	内齿圈 Z_2	传动比 i	档位说明
1	输入	输出	制动	$n_2=0,i=1+\alpha$	减速传动前进低档
2	制动	输出	输入	$n_1=0,i=(1+\alpha)/\alpha$	减速传动前进高档
3	制动	输入	输出	$n_1=0,i=\alpha/(1+\alpha)$	前进超速传动
4	输出	输入	制动	$n_2=0,i=1/(1+\alpha)$	前进超速传动
5	输入	制动	输出	$n_3=0,i=-\alpha$	倒档减速
6	输出	制动	输入	$n_3=0,i=-1/\alpha$	倒档升速
7	三元件任何两个连成一体,第三个元件与前两个转速相等			$i=1$	直接档传动
8	所有元件都不受约束			自由转动	机构失去传动作用

实际上，自动变速器只有一个行星排是满足不了自动变速的要求的，最少要有两个或三个行星排的联合，才能满足换档要求，但上述结论同样适用于各行星排。如辛普森式自动变速器的行星齿轮机构就由一个太阳轮、两排行星齿轮和两个内齿圈组成。拉维娜式自动变速器的行星齿轮机构由两个太阳轮、两排行星齿轮和一个内齿圈组成。

6.5.3 行星齿轮机构在汽车驱动桥差速器中的应用

汽车驱动桥差速器主要由行星齿轮机构组成。图 6-15a 所示的是一种汽车上常用的对称式锥齿轮差速器。差速器壳 3 与行星齿轮轴 5 连成一体，形成行星架。因为它又与主减速器从动齿轮 6 固连在一起，故为主动件，设其角速度为 ω_0；半轴齿轮 1 和 2 为从动件，其角速度分别为 ω_1 和 ω_2。A、B 两点分别为行星齿轮 4 与半轴齿轮 1 和 2 的啮合点。行星齿轮的中心点为 C，A、B、C 三点到差速器旋转轴线的距离均为 r。

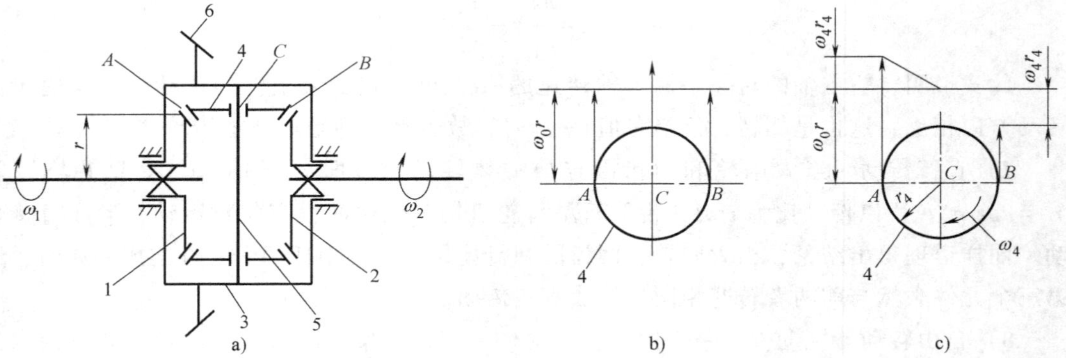

图 6-15　汽车差速器差速原理

1、2—半轴齿轮　3—差速器壳　4—行星齿轮　5—行星齿轮轴　6—主减速器从动齿轮

当汽车直线行驶时，行星齿轮只是随同行星架绕差速器旋转轴线公转，显然，处在同一半径 r 上的 A、B、C 三点的圆周速度都相等（图 6-15b），其值为 $\omega_0 r$。于是，$\omega_0=\omega_1=\omega_2$，即差速器不起差速作用，而半轴角速度等于差速器壳 3 的角速度。

当汽车转弯行驶时，行星齿轮 4 除公转外，还绕本身的轴 5 以角速度 ω_4 自转（图 6-15c），啮合点 A 的圆周速度为 $\omega_1 r=\omega_0 r+\omega_4 r$，啮合点 B 的圆周速度为 $\omega_2 r=\omega_0 r-\omega_4 r$。于是两式相加得

$$\omega_1 r+\omega_2 r=(\omega_0 r+\omega_4 r)+(\omega_0 r-\omega_4 r)$$

即

$$\omega_1+\omega_2=2\omega_0 \tag{6-9}$$

式（6-9）为两半轴齿轮直径相等的对称式锥齿轮差速器的运动特性方程式，也是差动轮系进行运动分解的方程式。它表明左右两侧半轴齿轮的转速之和等于差速器壳转速的两倍，而与行星齿轮转速无关。因此，在汽车转弯行驶或其他行驶情况下，都可以借行星齿轮以相应转速自转，使两侧驱动轮以不同转速在地面上无滑动地滚动。

由式（6-9）还可得知：①当任何一侧半轴齿轮的转速为零时，另一侧半轴齿轮的转速为差速器壳转速的两倍；②当差速器壳转速为零（例如用中央制动器制动传动轴）时，若

一侧半轴齿轮受其他外来力矩而转动，则另一侧半轴齿轮即以相同的转速反向转动。

思考练习题

6-1　齿轮系如何分类？周转轮系包含几种齿轮类型？

6-2　如何计算定轴轮系的传动比？怎样确定圆柱齿轮所组成的轮系及空间齿轮所组成的轮系的传动比符号？

6-3　如何计算周转轮系的传动比？周转轮系有何优点？何谓周转轮系的“转化轮系”？i_{12}^{H} 是不是周转轮系中轮 1 和轮 2 的传动比？为什么？如何确定周转轮系中从动轮的回转方向？

6-4　怎样从一个复合轮系中划分周转轮系和定轴轮系？怎样求复合轮系的传动比？

6-5　在图 6-16 所示双级蜗杆传动中，已知右旋蜗杆 1 的转向如图所示，试判断蜗轮 2 和蜗轮 3 的转向，用箭头表示。

6-6　在图 6-17 所示轮系中，已知 $z_1=15$，$z_2=25$，$z_{2'}=15$，$z_3=30$，$z_{3'}=15$，$z_4=30$，$z_{4'}=2$（右旋），$z_5=60$，$z_{5'}=20$（$m=4\text{mm}$），若 $n_1=500\text{r/min}$，求齿条 6 线速度的大小和方向。

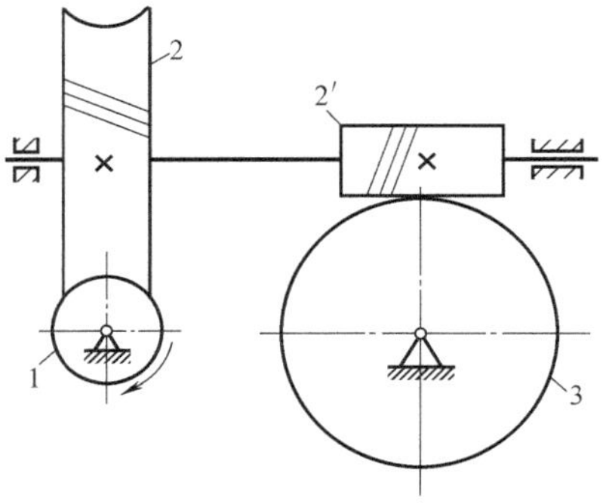

图 6-16　题 6-5 图

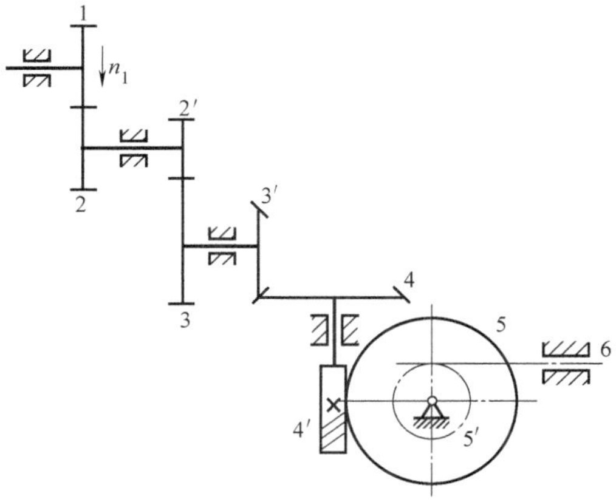

图 6-17　题 6-6 图

6-7　在图 6-18 所示钟表传动示意图中，E 为擒纵轮，N 为发条盘，S、M、H 分别为秒针、分针、时针。设 $z_1=72$，$z_2=12$，$z_3=64$，$z_4=8$，$z_5=60$，$z_6=8$，$z_7=60$，$z_8=6$，$z_9=8$，$z_{10}=24$，$z_{11}=6$，$z_{12}=24$，求秒针与分针的传动比 i_{SM} 和分针与时针的传动比 i_{MH}。

6-8　在图 6-19 所示行星减速装置中，已知 $z_1=z_2=17$，$z_3=51$。当手柄转过 90° 时，转盘 H 转过多少角度？

6-9　在图 6-20 所示差动轮系中，已知各轮的齿数 $z_1=30$，$z_2=25$，$z_{2'}=20$，$z_3=75$，齿轮 1 的转速为 200r/min（箭头向上），齿轮 3 的转速为 50r/min（箭头向下），求行星架转速 n_H 的大小和方向。

6-10　在图 6-21 所示机构中，已知 $z_1=17$，$z_2=20$，$z_3=85$，$z_4=18$，$z_5=24$，$z_6=21$，$z_7=63$，求：①当 $n_1=10001\text{r/min}$、$n_4=10000\text{r/min}$ 时，n_P 为多少？②当 $n_1=n_4$ 时，n_P 为多少？③当 $n_1=10000\text{r/min}$、$n_4=10001\text{r/min}$ 时，n_P 为多少？

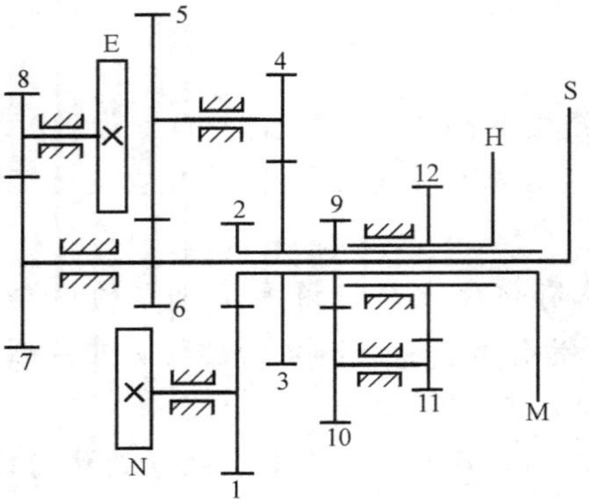

图 6-18　题 6-7 图

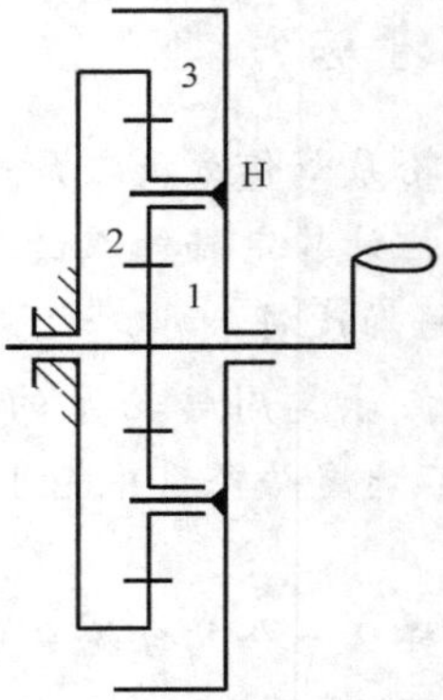

图 6-19　题 6-8 图

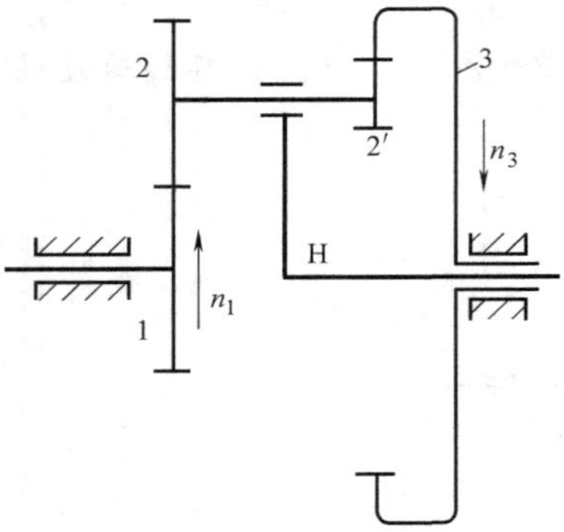

图 6-20　题 6-9 图

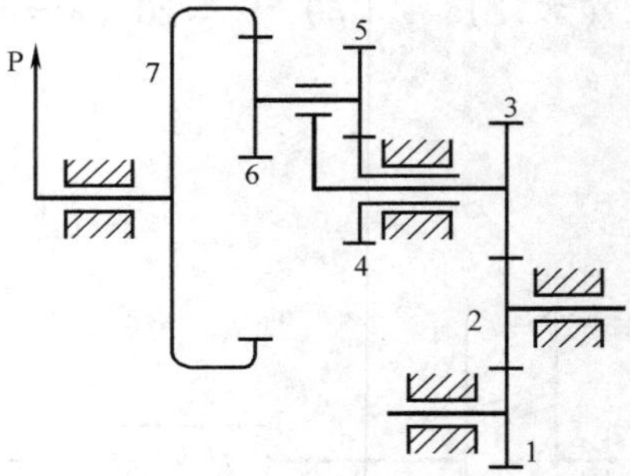

图 6-21　题 6-10 图

第7章 其他常用机构

在各种机械中，除了广泛采用前面介绍的连杆机构、凸轮机构和齿轮机构等几种典型机构外，还经常用到其他一些类型的机构，如棘轮机构、槽轮机构、不完全齿轮机构、螺旋机构和万向联轴器等。本章将对这些机构的工作原理、类型、特点及应用等方面做一些简要的介绍。

7.1 棘轮机构

棘轮机构是一种间歇运动机构。所谓间歇运动机构，是指当主动件连续运动（连续旋转或连续往复运动）时，从动件做周期性时动时停的运动机构。本节先讨论棘轮机构，其余间歇运动机构在下节讨论。

7.1.1 棘轮机构的组成及工作原理

外啮合棘轮机构的结构如图 7-1 所示，它主要由主动摆杆 1、主动棘爪 2、棘轮 3、止动棘爪 4、机架 5 和弹簧 6 组成。止动棘爪 4 依靠弹簧 6 与棘轮 3 保持接触，主动摆杆 1 空套在与棘轮 3 固连的转轴 O_3 上，并绕 O_3 轴做往复摆动。

当主动摆杆沿顺时针方向转动时，摆杆上铰接的主动棘爪 2 插入棘轮 3 的齿槽内，推动棘轮同向转动一定的角度，而止动棘爪 4 仅在棘轮 3 的齿背上滑过。当主动摆杆 1 沿逆时针方向转动时，则使主动棘爪 2 在棘轮 3 的齿背上滑过，而止动棘爪 4 插入棘轮 3 的齿槽内阻止棘轮向逆时针方向反转，所以棘轮静止不动。这样就把主动摆杆 1 的往复摆动转换为棘轮 3 的单向间歇转动。

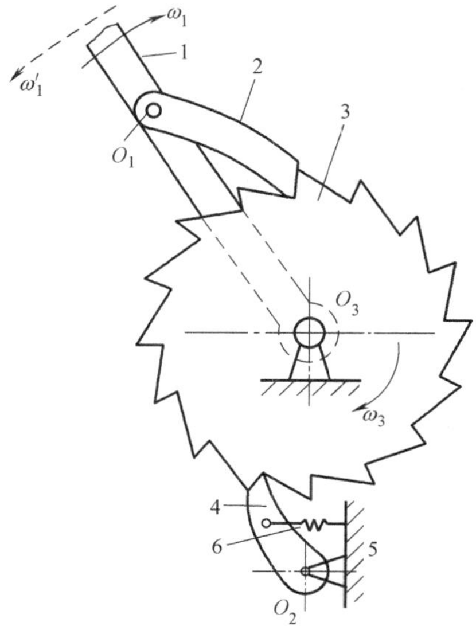

图 7-1 外啮合棘轮机构的结构

1—主动摆杆　2—主动棘爪　3—棘轮
4—止动棘爪　5—机架　6—弹簧

根据棘轮机构的结构特点，常用的棘轮机构可分为轮齿式棘轮机构和摩擦式棘轮机构两大类。

7.1.2 轮齿式棘轮机构

轮齿式棘轮机构在棘轮的外缘或内缘上具有刚性的轮齿，按照不同的分类标准，可分为多种类型。

1. 按照啮合方式分类

（1）外啮合棘轮机构 如图 7-1 所示，它的棘爪均安装在棘轮的外部。

（2）内啮合棘轮机构 如图 7-2 所示，它的棘爪均安装在棘轮的内部。

2. 按照运动形式分类

（1）单向式棘轮机构

1）单向单动式棘轮机构。如图 7-1 所示，当主动摆杆向一个方向摆动时，棘轮沿同一方向转过一定的角度；而当主动摆杆向反方向摆动时，棘轮则静止不动。在图 7-1 中，当棘轮的半径无穷大时，棘轮就变为棘条，如图 7-3 所示，此时，当主动摆杆 1 做往复摆动时，棘条 3 做单向间歇移动。

2）单向双动式棘轮机构。如图 7-4 所示，主动摆杆 1 上铰接有两个棘爪，在摆杆往复摆动一次的过程中，它通过两个棘爪能使棘轮沿同一方向间歇转动两次。

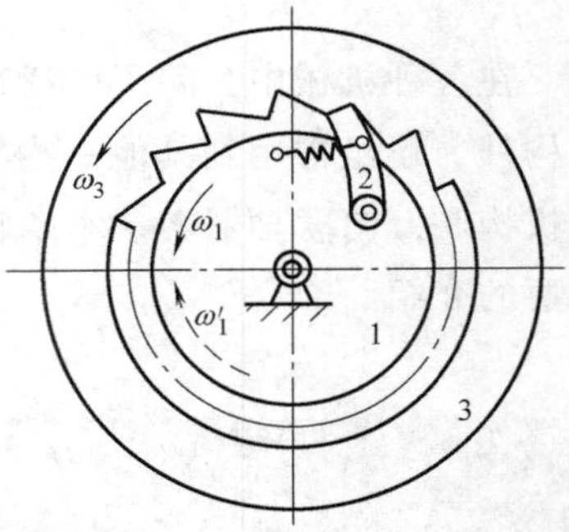

图 7-2 内啮合棘轮机构

1—主动轮 2—棘爪 3—棘轮

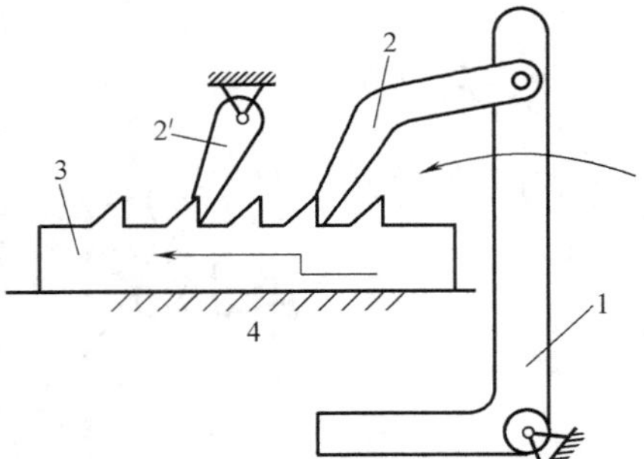

图 7-3 棘条传动机构

1—主动摆杆 2、2′—棘爪 3—棘条 4—机架

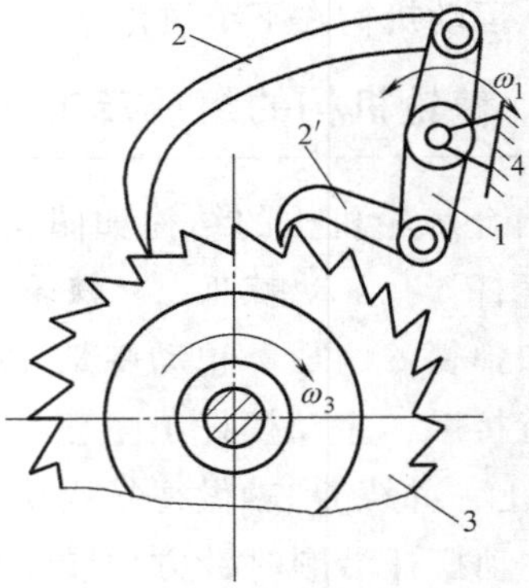

图 7-4 单向双动式棘轮机构

1—主动摆杆 2、2′—棘爪 3—棘轮 4—机架

（2）双向式棘轮机构 如图 7-5 所示，双向式棘轮的轮齿一般做成梯形或矩形，通过改变棘爪的放置位置或方向，可改变棘轮的转动方向。例如，在图 7-5a 中，当棘爪 1 位于实线位置时，棘轮可以实现沿逆时针方向的单向间歇转动；当棘爪翻转到图示双点画线位置时，棘轮沿顺时针方向做单向间歇转动。在图 7-5b 中，当棘爪在图示位置时，棘轮将沿逆时针方向做单向间歇转动；若将棘爪提起并绕自身轴线转 180°后再放下，棘轮就可沿顺时针方向做单向间歇转动。所以，双向式棘轮机构的棘轮在正、反两个方向上都可以实现间歇转动。

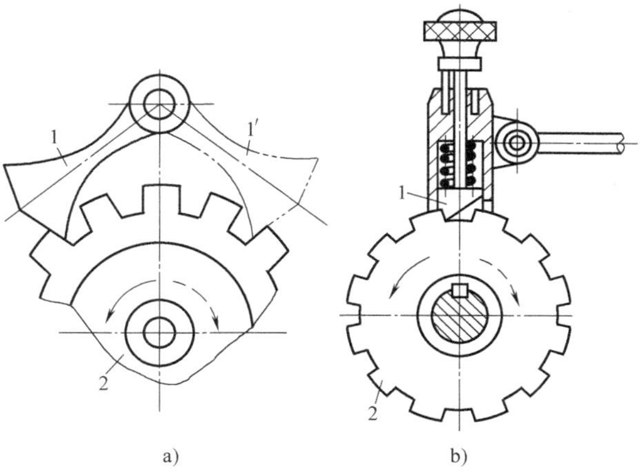

图 7-5　双向式棘轮机构

1—棘爪　2—棘轮

7.1.3　摩擦式棘轮机构

摩擦式棘轮机构可分为以下两类：

1. 偏心楔块式棘轮机构

如图 7-6 所示，其工作原理与轮齿式棘轮机构相同，只不过是用偏心扇形楔块 2 代替了棘爪，用摩擦轮 3 代替了棘轮。当主动摆杆 1 沿逆时针方向摆动时，偏心扇形楔块 2 在摩擦力的作用下楔紧摩擦轮 3，与之成为一体，从而使摩擦轮 3 也随之同向转动，这时止动楔块 4 打滑；当主动摆杆 1 沿顺时针方向摆动时，偏心扇形楔块 2 在摩擦轮 3 上打滑，这时止动楔块 4 楔紧，以防止摩擦轮 3 反转。这样，随着主动摆杆 1 的往复摆动，摩擦轮 3 便做单向间歇转动。

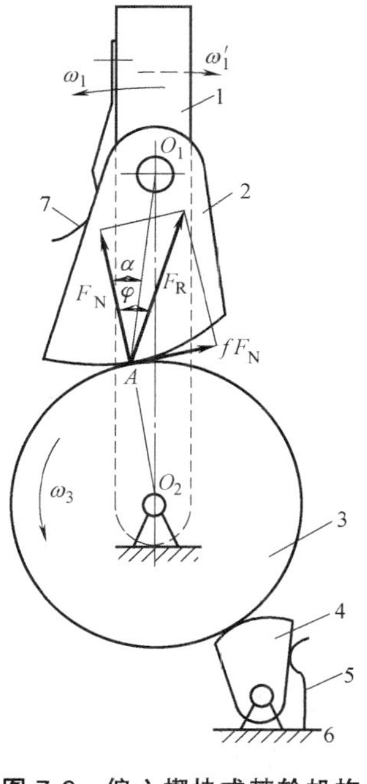

图 7-6　偏心楔块式棘轮机构

1—主动摆杆　2—偏心扇形楔块　3—摩擦轮　4—止动楔块　5、7—压紧弹簧　6—机架

2. 滚子楔紧式棘轮机构

如图 7-7 所示，当套筒 1 沿逆时针方向转动或棘轮 3 沿顺时针方向转动时，由于摩擦力的作用使滚子 2 楔紧在构件 1、3 之间的收敛狭隙处，使构件 1、3 成为一体而一起转动；当套筒 1 沿顺时针方向转动或棘轮 3 沿逆时针方向转动时，滚子 2 松开，构件 1、3 未楔紧在一起，则构件 3 静止不动。

7.1.4　棘轮机构的特点和应用

1. 轮齿式棘轮机构的特点和应用

轮齿式棘轮机构的优点是结构简单，制造方便，运动可靠，棘轮转角容易实现有级调整。其缺点是棘爪在棘轮齿面滑过时，将引起噪声和冲击，在高速时更为严重，为了使棘爪能顺利地落入棘轮的齿槽内，主动摆杆的摆角要比棘轮运动的角度大，因而会产生一定的空程。因此，轮齿式棘轮机构常用于在低速、轻载的场合实现间歇运动。

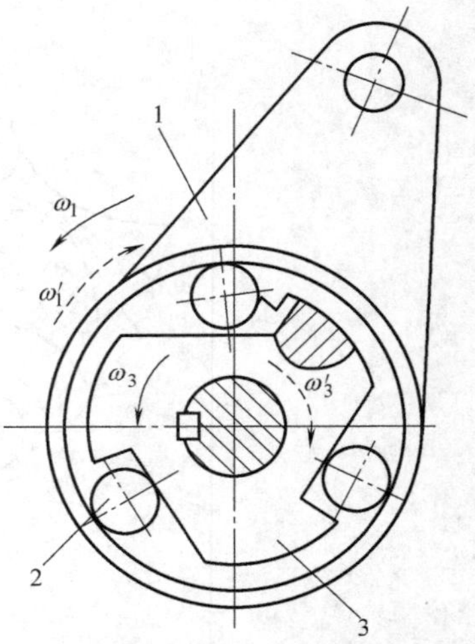

图 7-7 滚子楔紧式棘轮机构

1—套筒 2—滚子 3—棘轮

图 7-8 所示为自行车后轮轴上的棘轮机构，它是一个内啮合棘轮机构，可以实现超越运动。当脚蹬踏板时，经链轮 1 和链条 2 带动内圈具有棘轮的链轮 3 顺时针转动，再通过棘爪 4 的作用，使后轮 5 顺时针转动，从而驱使自行车前进。自行车前进时，如果令踏板不动，后轮 5 便会超越链轮 3 而转动，让棘爪 4 在棘轮齿背上滑过，从而实现不蹬踏板的自由滑行。

又如图 7-9 所示，牛头刨床工作台的横向进给运动就是靠棘轮机构来实现的。运动首先由一对齿轮传给固连在大齿轮上的曲柄 1，再经连杆 2 带动摇杆 4 做往复摆动，摇杆 4 上装有双向式棘轮机构的棘爪，而双向式棘轮机构的棘轮 3 与丝杠 5 固连，这样，当棘爪带动棘轮做单向间歇转动时，丝杠可使与工作台 6 固连的螺母做间歇进给运动。如果改变曲柄 1 的长度，就可以改变棘爪的摆角，以调节进给量。而如果将棘爪提起绕自身轴线转 180°后放下，即改变棘爪的位置，就可以改变工作台 6 的进给方向。

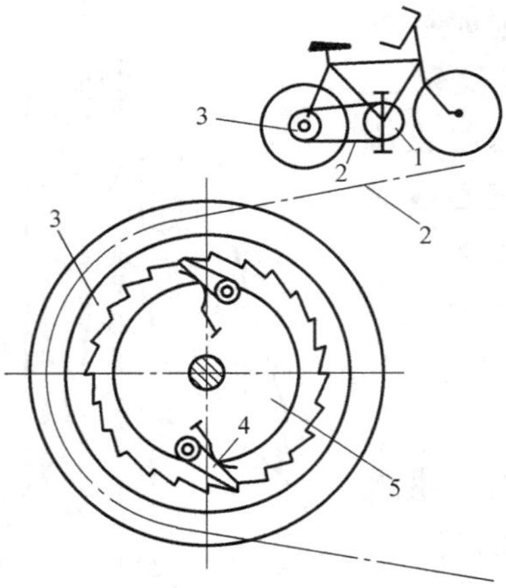

图 7-8 超越式棘轮机构

1、3—链轮 2—链条

4—棘爪 5—后轮

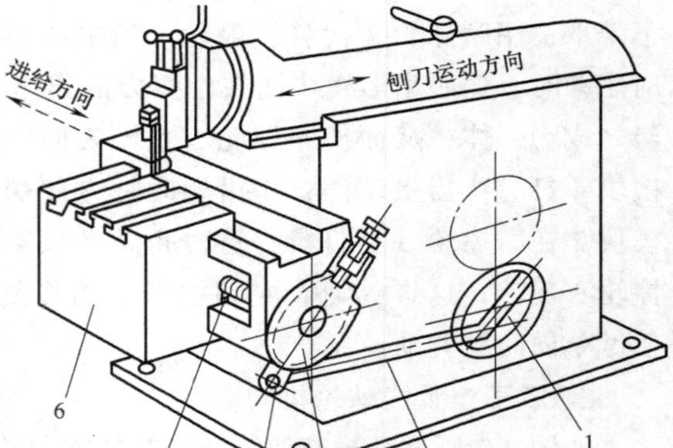

图 7-9 牛头刨床工作台的横向进给运动

1—曲柄 2—连杆 3—棘轮 4—摇杆

5—丝杠 6—工作台

2. 摩擦式棘轮机构的特点和应用

摩擦式棘轮机构的优点是传递运动较平稳，无噪声，从动件的转角可做无级调整。其缺点是难以避免打滑现象，所以运动的准确性较差，不能承受较大的载荷，因此它不宜用于运动精度要求高的场合。

从 6.5.2 节可知，液力变矩器是液力机械自动变速器中的重要部件，它主要由三轮两器组成。三轮是指泵轮、导轮和蜗轮，两器是指单向离合器和锁止离合器。其中单向离合器就是利用图 7-7 所示的滚子楔紧式棘轮机构来工作的。

图 7-10 所示为液力变矩器的滚柱式单向离合器。它由外座圈 2、内座圈 1、滚柱 5 及不锈钢叠片弹簧 6 组成。导轮 3 用铆钉 4 铆在外座圈 2 上（也可用花键连接）。内座圈 1 与固定套管用花键连接，因而内座圈 1 是固定不动的。外座圈 2 的内表面有若干个偏心的圆弧面。滚柱 5 经常被叠片弹簧 6 压向内、外座圈之间滚道比较狭窄的一端，从而将内、外座圈楔紧。

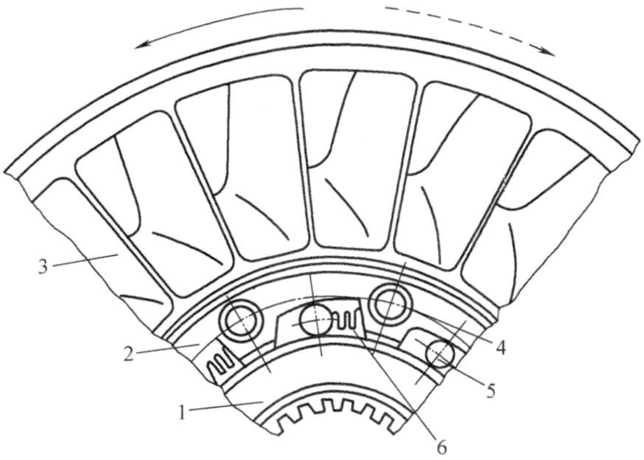

图 7-10　液力变矩器的滚柱式单向离合器

1—内座圈　2—外座圈　3—导轮　4—铆钉
5—滚柱　6—叠片弹簧

当蜗轮转速较低、与泵轮转速差较大时，从蜗轮流出的液流冲击导轮叶片，力图使导轮 3 顺时针方向（虚线箭头所示）旋转。由于滚柱 5 楔紧在滚道的窄端，导轮便同单向离合器外座圈 2 一起被卡紧在内座圈 1 上而固定不动，此时液力变矩器起增大转矩的作用。当蜗轮转速升高到一定程度时，液流对导轮的冲击力反向，于是导轮自由地相对于内座圈按实线箭头方向与蜗轮同向转动。

7.2　其他间歇运动机构

间歇运动机构除了棘轮机构以外，还有槽轮机构、不完全齿轮机构、凸轮机构等，下面简单介绍。

7.2.1　槽轮机构

1. 槽轮机构的组成及工作原理

槽轮机构又称为马耳他机构，也是一种常用的间歇运动机构，如图 7-11 所示，槽轮机构由装有圆柱销的主动拨盘 1、开有径向槽的从动槽轮 2 和机架 3 组成。其工作原理为：当主动拨盘 1 上的圆柱销 A 未进入从动槽轮 2 的径向槽时，槽轮 2 上的四段内凹锁止弧 $\overset{\frown}{tt}$ 中的一个被主动拨盘 1 上的外凸圆弧 $\overset{\frown}{ss}$ 锁住，因此槽轮 2 静止不动；当主动拨盘 1 上的圆柱销 A 在图示位置开始进入槽轮径向槽时，锁止弧 $\overset{\frown}{tt}$ 刚好被松开，因而圆柱销 A 能驱动槽轮沿着与拨盘 1 相反的方向转动；当圆柱销 A 开始脱出槽轮 2 的径向槽时，槽轮 2 上的另一个内凹锁止弧又被拨盘 1 上的外凸圆弧锁住，槽轮又静止不动，直至圆柱销 A 再次进入槽轮上的另一个径向槽时，槽轮才重新被驱动。如此循环往复，就可以把主动拨盘的连续转动转变为从动槽轮的单向间歇转动。

2. 槽轮机构的类型

槽轮机构有两种类型：平面槽轮机构和空间槽轮机构。

1）平面槽轮机构。这种槽轮机构用于传递平行轴的运动，它又有两种形式：一种是外槽轮机构，如图 7-11 所示，其槽轮上径向槽的开口从圆心向外，主动拨盘 1 与从动槽轮 2 的转向相反；另一种是内槽轮机构，如图 7-12 所示，其槽轮上径向槽的开口朝着圆心向内，主动拨盘 1 与从动槽轮 2 的转向相同。

2）空间槽轮机构。这种槽轮机构用于传递两相交轴的运动。图 7-13 所示为从动槽轮 2 为球面的空间槽轮机构。从动槽轮 2 呈半球形，主动构件 1 和销 3 的轴线都与从动槽轮 2 的旋转轴线交于槽轮的球心 O，当主动构件 1 连续转动时，从动槽轮 2 做间歇转动。

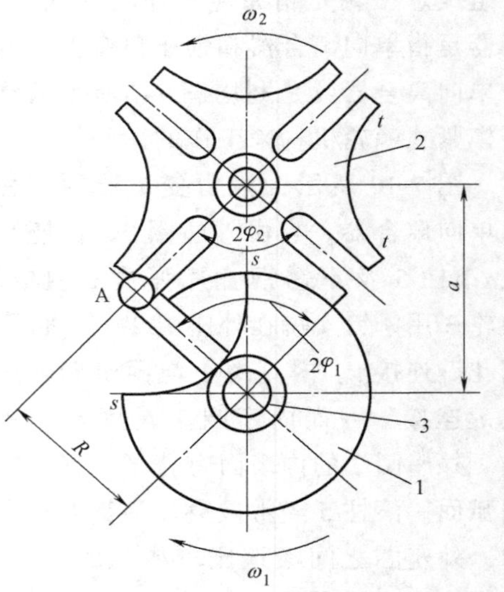

图 7-11 外槽轮机构

1—主动拨盘 2—从动槽轮 3—机架

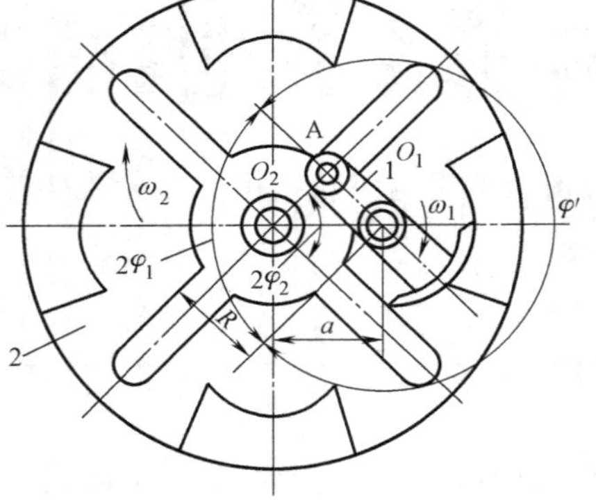

图 7-12 内槽轮机构

1—主动拨盘 2—从动槽轮

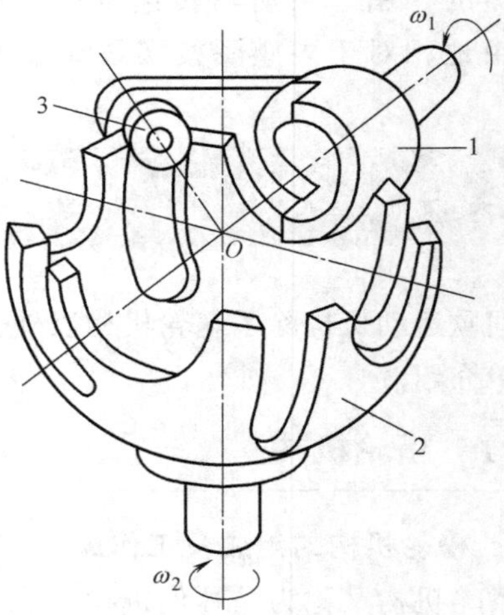

图 7-13 空间槽轮机构

1—主动构件 2—从动槽轮 3—销

3. 槽轮机构的特点和应用

槽轮机构的优点是结构简单，制造容易，能准确控制转角，工作可靠。其缺点是槽轮在起动和停止时加速度变化大、有冲击，所以一般不宜用于高速转动的场合。

槽轮机构在各种自动机械中应用很广泛，如用于自动机床、轻工机械、食品机械和仪器仪表中。图 7-14 所示为槽轮机构在电影放映机中用于间歇抓片。

7.2.2　不完全齿轮机构

不完全齿轮机构是由齿轮机构演变而来的一种间歇运动机构。即在主动轮上只做出一个或一部分齿，并根据运动时间与停歇时间的要求，而在从动轮上做出与主动轮相啮合的轮齿。当主动轮做连续回转运动时，从动轮做间歇回转运动。在图 7-15 所示的不完全齿轮机构中，主动轮 1 为只有一个齿或几个齿的不完全齿轮，从动轮 2 由正常齿和带锁止弧的厚齿彼此相间地组成。当主动轮 1 的有齿部分作用时，从动轮 2 就转动；当主动轮 1 的无齿圆弧部分作用时，从动轮停止不动。因而当主动轮连续转动时，从动轮获得时转时停的间歇运动。不难看出，每当主动轮 1 连续转过一圈时，图 7-15a、b 所示机构的从动轮分别间歇地转过 1/8 圈和 1/4 圈。为了防止从动轮在停歇期间游动，两轮轮缘上各装有锁止弧。当主动轮匀速转动时，这种机构的从动轮在运动期间也保持匀速转动，但是当从动轮由停歇而突然到达某一转速以及由某一转速突然停止时，都会像等速运动规律的凸轮机构那样产生刚性冲击。因此，它不宜用于主动轮转速很高的场合。

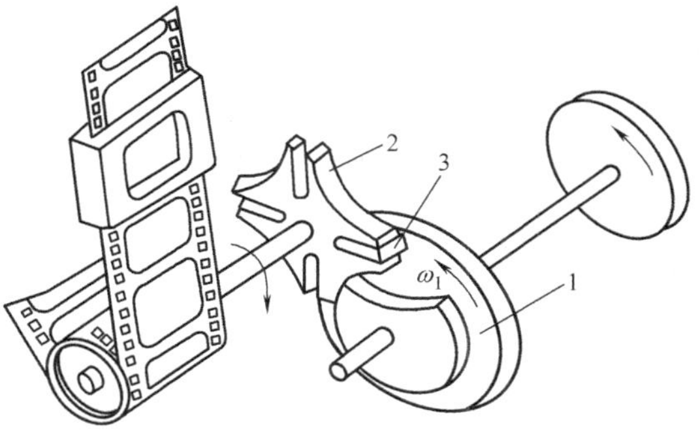

图 7-14　电影放映机中的槽轮机构

1—主动拨盘　2—从动槽轮　3—销

不完全齿轮机构常应用于计数器、电影放映机和某些具有特殊运动要求的专用机械中。图 7-16 所示的机构中，主动轴 I 上装有两个不完全齿轮 A 和 B，当主动轴 I 连续回转时，从动轴Ⅱ能周期性地输出正转—停歇—反转运动。为了防止从动轮在停歇期间游动，应在从动轴上加设阻尼装置或定位装置。

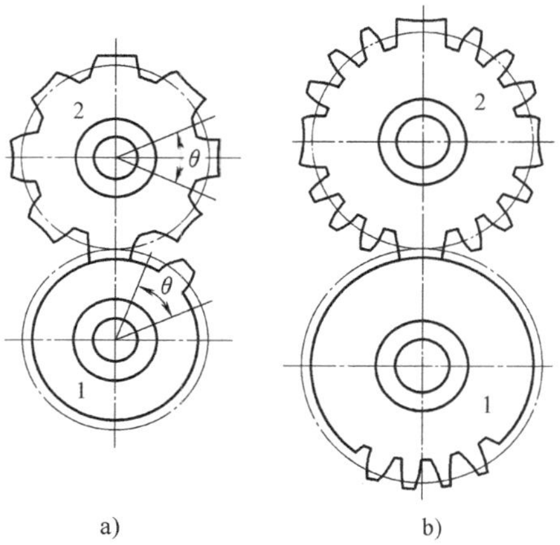

图 7-15　不完全齿轮机构

1—主动轮　2—从动轮

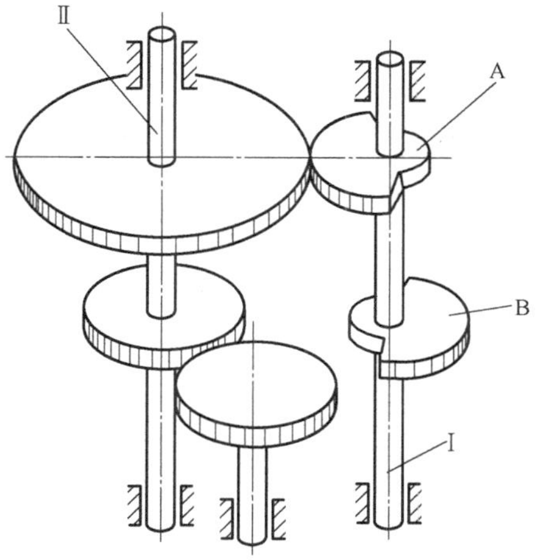

图 7-16　不完全齿轮机构的应用

7.2.3　凸轮间歇运动机构

凸轮间歇运动机构一般由主动凸轮、从动转盘和机架组成。主动凸轮做连续转动时，从动转盘做间歇运动。凸轮间歇运动机构的优点是运转可靠、传动平稳、定位精度高，适用于高速转动的场合，转盘可以实现任何运动规律，还可以用改变凸轮推程运动角来得到所需要的转盘转动与停歇时间的比值。凸轮间歇运动机构通常有如下两种形式：

1. 圆柱形凸轮间歇运动机构

如图 7-17 所示，凸轮 1 呈圆柱形，滚子 3 均匀地分布在转盘 2 的端面，滚子中心与转盘中心的距离等于 R_2。当凸轮转过角度 δ_t 时，从动转盘以某种运动规律转过的角度 $\delta_{2max}=2\pi/z$（式中 z 为滚子数目）；当凸轮继续转过其余角度（$2\pi-\delta_t$）时，转盘静止不动。当凸轮继续转动时，第二个滚子与凸轮槽相作用，进入第二个运动循环。这样，当凸轮连续转动时，转盘实现单向间歇转动。这种机构相当于一个摆杆长度等于 R_2、只有推程和远休止角的摆动从动件圆柱凸轮机构。

2. 蜗杆形凸轮间歇运动机构

如图 7-18 所示，凸轮形状如同圆弧面蜗杆，滚子均匀地分布在转盘的圆柱面上，犹如蜗轮的齿。这种凸轮间歇运动机构可以通过调整凸轮与转盘的中心距来消除滚子与凸轮接触面间的间隙以补偿磨损。

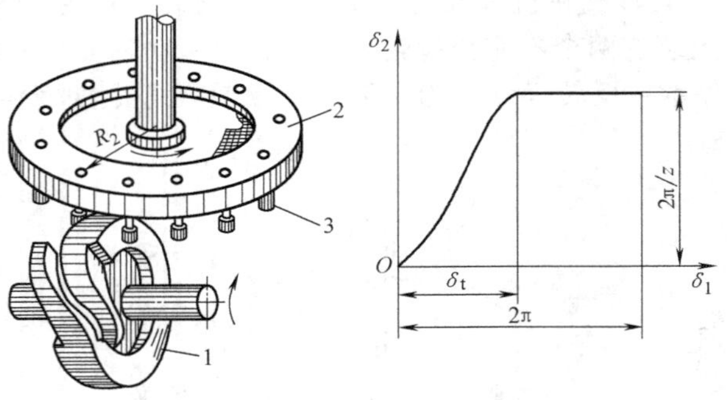

图 7-17　圆柱形凸轮间歇运动机构

1—凸轮　2—转盘　3—滚子

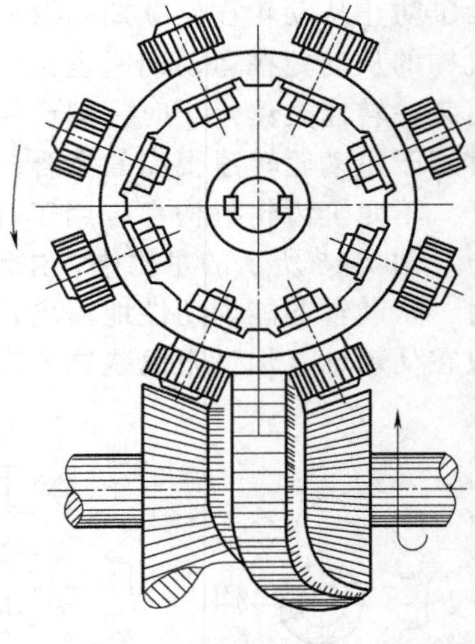

图 7-18　蜗杆形凸轮间歇运动机构

7.3　螺旋机构

7.3.1　螺旋机构概述

螺旋机构在各种机械设备中经常用到。其主要优点是能获得很大的减速比和力的增益。此外，选择合适的导程角，还可以使机构具有自锁性。它的主要缺点是机械效率较低，特别是具有自锁性的螺旋机构的效率低于 50%。因此，螺旋机构常用于起重机、压力机、机床夹具系统以及功率不大的进给系统和微调装置中。关于螺旋传动的类型和设计计算将在第 10 章论述，下面仅对螺旋机构的运动分析加以简要介绍。

螺旋机构主要由螺杆、螺母和机架组成。一般情况下，它是将旋转运动转换为直线运动。在图 7-19 所示的螺旋机构中，螺杆 1 为主动件，做回转运动，螺母 2 为从动件，做轴向移动。也可以使螺母不动，而螺杆一面旋转，一面轴向移动。在导程角大于当量摩擦角的情况下，也可以将螺母作为主动件，令其沿轴向移动，而迫使螺杆转动。

在图 7-19 所示的单螺旋机构中，当螺杆 1 转过角 φ 时，螺母 2 将沿螺杆的轴向移动一距离 s(单位为 mm)，其值为

$$s=\frac{P_{\mathrm{h}}\varphi}{2\pi} \tag{7-1}$$

式中，P_{h} 为螺纹导程（mm）。

7.3.2　差动螺旋机构

在图 7-20 所示的双螺旋机构中，螺杆 1 的 A 段螺旋在固定的螺母中转动，而 B 段螺旋在不能转动但能移动的螺母 2 中转动。设 A、B 段的螺纹导程分别为 $P_{\mathrm{h}A}$、$P_{\mathrm{h}B}$，如果这两段螺纹的旋向相同（即同为左旋或同为右旋），则根据式（7-1）可求出当螺杆 1 转过角 φ 时，螺母 2 移动的距离 s 为

$$s=\frac{P_{\mathrm{h}A}-P_{\mathrm{h}B}\varphi}{2\pi} \tag{7-2}$$

由式（7-2）可知，当 $P_{\mathrm{h}A}$ 与 $P_{\mathrm{h}B}$ 相差很小时，位移 s 可以很小。这种含有双螺旋副且两螺旋副旋向相同的螺旋机构称为差动（或微动）螺旋机构，常用于测微计、分度机构及调节机构中。图 7-21 所示为用于调节镗刀进刀量的微动螺旋机构。其镗刀固定于螺杆上，而螺杆上的两螺旋副均为右旋，导程 $P_{\mathrm{h}A}=1.25\mathrm{mm}$，$P_{\mathrm{h}B}=1\mathrm{mm}$，螺杆转动一周时，镗刀相对镗杆的位移仅为 0.25mm，故可实现进刀量的微量调节，以保证加工精度。

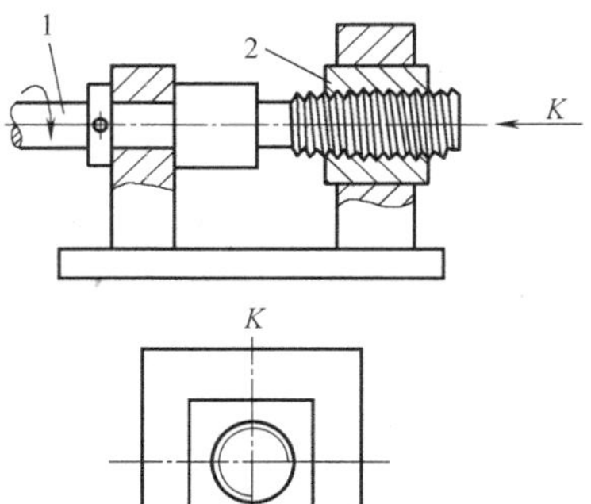

图 7-19　单螺旋机构

1—螺杆　2—螺母

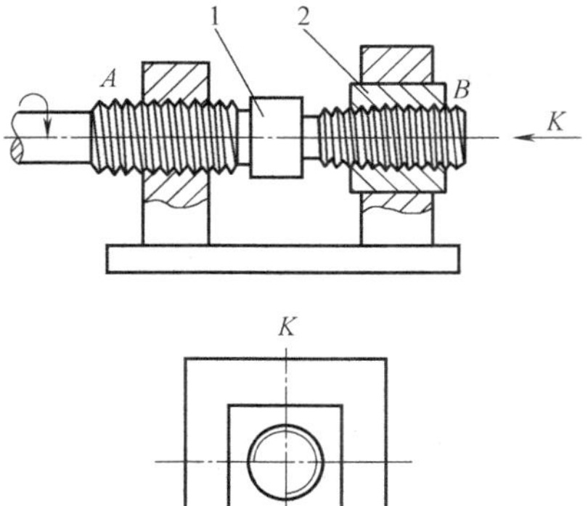

图 7-20　双螺旋机构

1—螺杆　2—螺母

7.3.3　复式螺旋机构

若图 7-20 中两段螺旋的螺纹旋向相反（即一个为左旋，另一个为右旋），则当螺杆 1 转过角 φ 时，螺母 2 的位移为

$$s=\frac{(P_{hA}+P_{hB})\varphi}{2\pi} \tag{7-3}$$

由式（7-3）可知，螺母可产生很快的移动。这种含有双螺旋副且两螺旋副旋向相反的螺旋机构称为复式螺旋机构。图 7-22 所示为复式螺旋机构用于车辆连接的实例，它可以使车钩 E 和 F 较快地接近或离开。

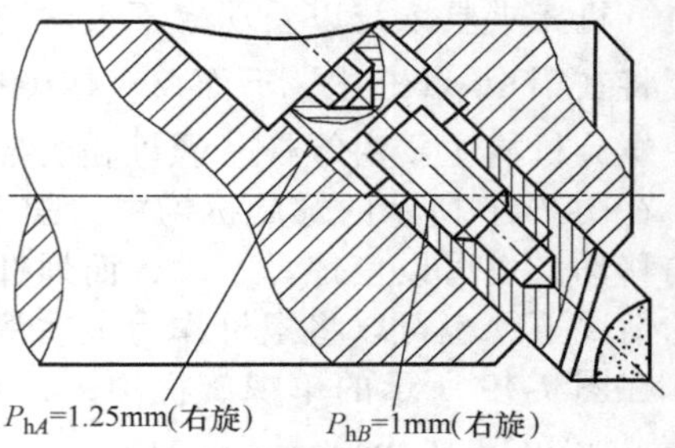

图 7-21　用于调节镗刀进刀量的微动螺旋机构

7.3.4　双移动螺旋机构

若把图 7-20 所示双螺旋机构做如下改进：两段螺旋的螺纹旋向相反（即一个为左旋，另一个为右旋）；左右两边的螺母都只能移动不能转动；左右两个螺旋机构除旋向外其他参数完全相同。则当共用螺杆 1 转动时，左右两边的螺母将同时以相同的速度，相向或相背离移动。这种机构称为双移动螺旋机构。

双移动螺旋机构多用于机床的定心夹紧机构。定心夹紧机构是在实现定心作用（定位基准与工序基准重合于机床夹具定位元件的对称轴线或对称中心平面上）的同时，将工件夹紧的机构。如图 7-23 所示，双点画线代表需要定位和夹紧且外形对称的工件。定心夹紧机构中与工件定位基准（基面）相接触的元件，既是定位元件，又是夹紧元件。定心夹紧机构是利用定位夹紧元件的等速移动来实现工件的定心或对中的机构。

图 7-24 所示为双移动螺旋 V 形块式定心夹紧机构。工件装在两个可左右移动的 V 形块 2 和 3 之间，V 形块的移动由具有左、右旋的螺杆 1 操纵。螺杆 1 的中部支承在叉形支

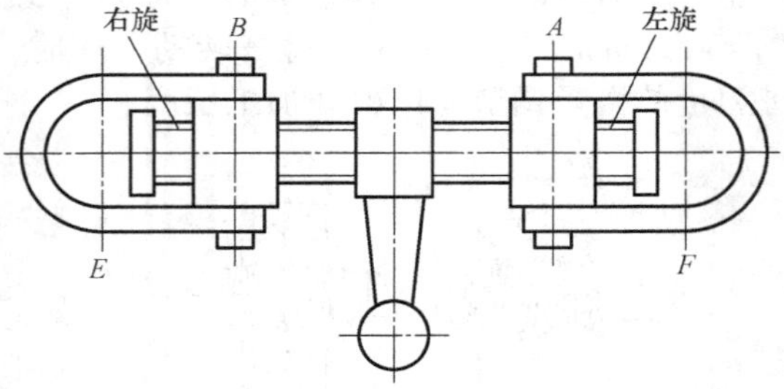

图 7-22　复式螺旋机构用于车辆连接

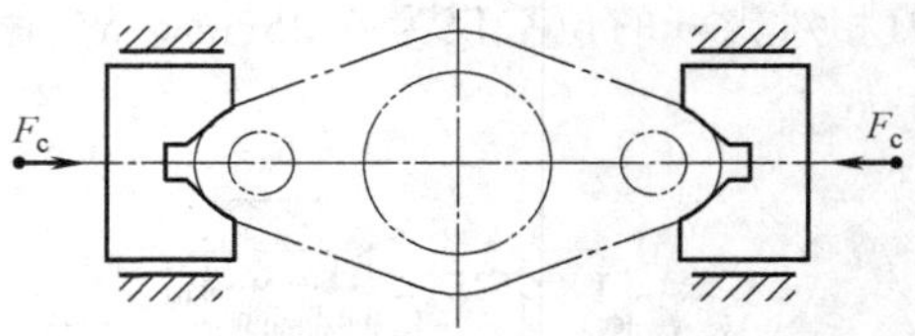

图 7-23　外形对称工件的定心与夹紧

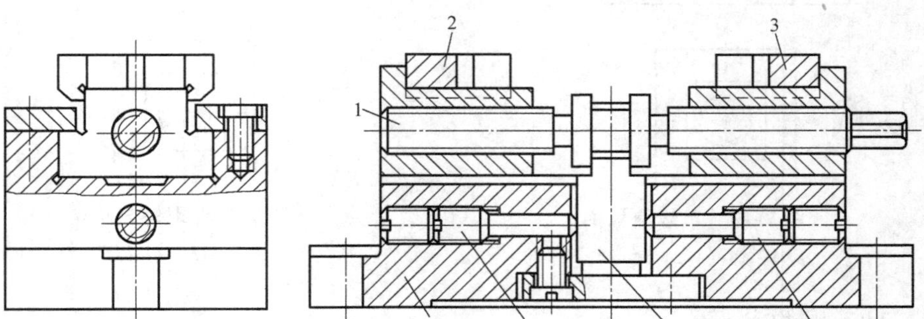

图 7-24　双移动螺旋 V 形块式定心夹紧机构

1—左、右旋螺杆　2、3—V 形块　4—叉形支架　5、6—调整螺钉　7—夹具体

架 4 上，支架用螺钉紧固在夹具体 7 上。借助调整螺钉 5 和 6 可调节叉形支架 4 的位置，以保证两个 V 形块的对中性。

7.4　万向联轴器

万向联轴器，在汽车行业中又称万向节，可用于传递两相交轴间的运动和动力，而且在传动过程中，两轴之间的夹角可以变动，故万向联轴器是一种常用的变角度动力传动机构，在汽车中应用广泛。万向联轴器可分为单万向联轴器和双万向联轴器两大类，下面分别介绍。

7.4.1　单万向联轴器

单万向联轴器用于传递两相交轴之间的运动。图 7-25 所示为单万向联轴器的结构简图，它由端部为叉形的主动轴 1 和从动轴 3、十字头 2 和机架 4 组成。轴 1 和轴 3 的叉与十字头 2 组成转动副 B、C，轴 1 和轴 3 与机架间组成转动副 A、D，转动副 A 和 B、B 和 C、C 和 D 的回转轴线都分别互相垂直，并且都相交于十字头的中心 O。轴 1 和轴 3 间所夹的锐角为 β。

当主动轴 1 转动一周时，从动轴 3 也随着转动一周，但主、从动轴间的瞬时传动比却不是常数，经推导，两者的角速度比关系如下：

$$\frac{\omega_3}{\omega_1}=\frac{\cos\beta}{1-\sin^2\beta\cos^2\varphi_1} \tag{7-4}$$

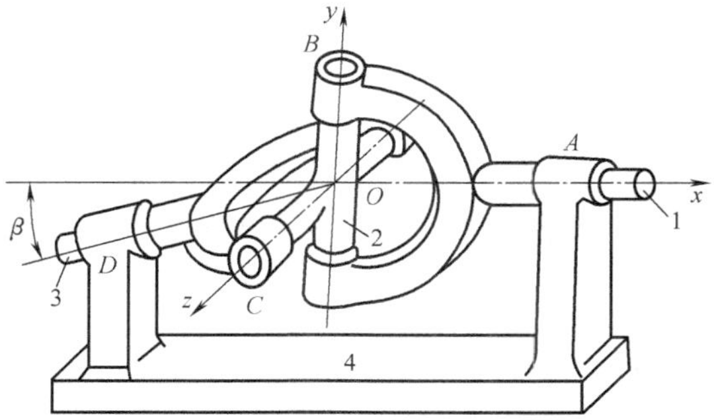

图 7-25　单万向联轴器

1—主动轴　2—十字头　3—从动轴　4—机架

式中，φ_1 为主动轴 1 所转过的角度。从式（7-4）中可看出，当主动轴 1 以角速度ω_1 做匀速回转时，从动轴 3 做变速回转。如果两轴的夹角 β 一定，则当主动轴转角 $\varphi_1=0°$（图示位置）或 180°时，ω_3 为最大值；当主动轴转角 $\varphi_1=90°$或 270°时，ω_3 为最小值。

单万向联轴器在结构上的特点使它能传递不平行轴间的运动，并且在工作中，当两轴的夹角发生变化时，它仍能继续传递运动，因此安装、制造精度要求不高。但因为单万向联轴器的从动轴 3 的角速度做周期性的变化，所以传动过程中将引起从动轴及其相连的传动部件产生扭转振动，从而产生附加的交变动载荷，影响零部件的使用寿命。

7.4.2　双万向联轴器

为了消除单万向联轴器的缺点，可采用双万向联轴器，其结构如图 7-26 所示。它是由一个中间轴 2 将两个单万向联轴器连接起来形成的，因为传动中主、从动轴 1、3 间的相对位置会发生变化，所以中间轴做成两段，并采用滑键连接，以适应两轴间距离的变化。在双万向联轴器中，主、从动轴的传动比可套用式（7-4）。

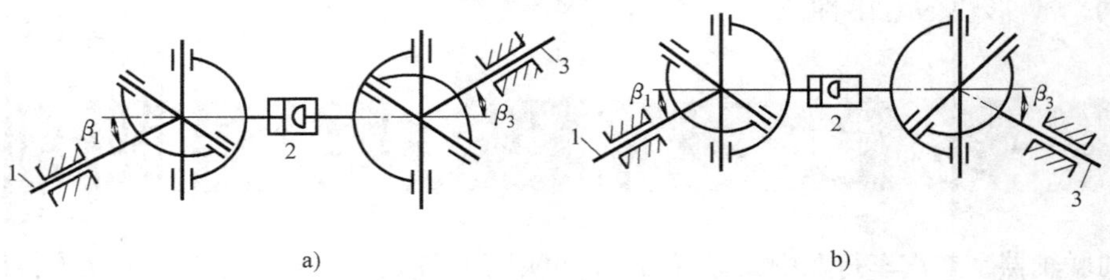

图 7-26 双万向联轴器

a）主、从动轴平行 b）主、从动轴相交

1—主动轴 2—中间轴 3—从动轴

$$\frac{\omega_2}{\omega_1}=\frac{\cos\beta_1}{1-\sin^2\beta_1\cos^2\varphi_1}$$

$$\frac{\omega_3}{\omega_2}=\frac{\cos\beta_3}{1-\sin^2\beta_3\cos^2(\varphi_2+90°)}$$

$$\frac{\omega_3}{\omega_1}=\frac{\cos\beta_1}{1-\sin^2\beta_1\cos^2\varphi_1}\ \frac{1-\sin^2\beta_3\cos^2(\varphi_2+90°)}{\cos\beta_3} \tag{7-5}$$

式中，ω_2 为中间轴的角速度；φ_1、φ_2 分别为轴 1 叉平面和轴 2 右端叉平面的转角，起始位置如式（7-4）规定。

在式（7-4）中，当 $\varphi_1=0°$时的起始位置是轴 1 的叉平面位于两轴所构成的平面内时的位置。因为相连两叉平面是相互垂直的，故在式（7-5）中，当 $\varphi_1=0°$时，轴 2 的叉平面应垂直于由轴 1 与轴 2 所构成的平面内；同样，当 $\varphi_2=90°$时，轴 2 的叉平面也应垂直于轴 3 与轴 2 所构成的平面内。要使式（7-5）中的 $\omega_3/\omega_1=1$，则必须满足下列两个条件：

1）中间轴与主动轴、从动轴之间的夹角必须相等，即 $\beta_1=\beta_3$。

2）在任何时刻，由于起始位置的规定是统一的，轴 1 的转角和轴 2 的转角应相差 90°，即 $\varphi_1=\varphi_2+90°$。又因为中间轴的两部分之间是用滑键连接的，无相对转动，所以只要中间轴两端的叉平面位于同一平面内即可。

因为图 7-26 中两种双万向联轴器都能满足上面两个条件，所以 $\omega_3=\omega_1$。

图 7-27 所示为双万向联轴器在汽车传动系统中的应用。其中发动机和变速器 1 安装在车架上，而后桥 3 用弹簧和车架连接。在汽车行驶时，由于道路不平，使弹簧不断发生变形，致使后桥与变速器之间的相对位置不断发生变化。在变速器输出轴与后桥传动装置的输入轴之间通过采用双万向联轴器 2，可实现等角速比传动。双万向联轴器 2 的中间轴采用滑键连接，以适应后桥与变速器之间

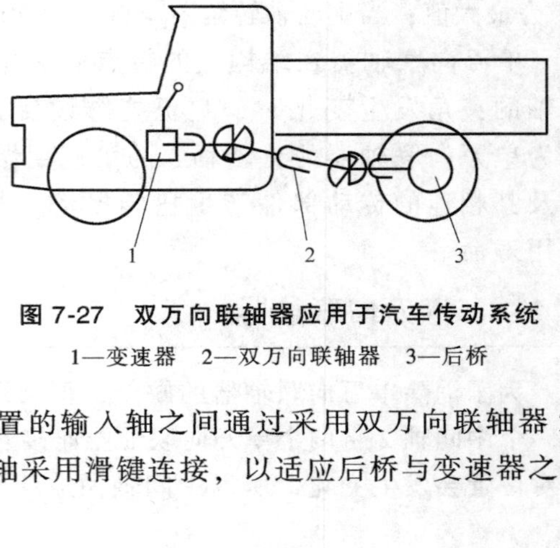

图 7-27 双万向联轴器应用于汽车传动系统

1—变速器 2—双万向联轴器 3—后桥

相对位置的变化。

思考练习题

7-1　棘轮机构的工作原理是什么？其转角大小如何调节？

7-2　槽轮机构的工作原理是什么？

7-3　试分析不完全齿轮机构中一对齿轮的啮合过程，并说明为什么主动轮轮齿的齿顶高通常都不是标准值。

7-4　本章介绍的四种间歇机构——棘轮机构、槽轮机构中、不完全齿轮机构和凸轮间歇机构中，在运动平面的稳定性、加工难易和制造成本方面各具有哪些优、缺点？各适用于什么场合？

7-5　什么叫差动螺旋？什么叫复式螺旋？它们有何异同？

7-6　双万向联轴器用于平面内两轴等角速度传动时的安装条件是什么？

7-7　如图 7-28 所示螺旋机构中，已知左旋双线螺杆的螺距为 3mm，当螺杆按图示方向转动 180°时，螺母移动了多少距离？向什么方向移动？

7-8　如图 7-29 所示为一微调螺旋机构，通过调整螺杆 1 的转动可使被调螺母 2 左、右微移。设螺旋副 A 的导程为 1mm，要求调整螺杆按图示方向转动一周，被调螺母向左移动 0.2mm，则 A、B 两螺旋副的旋向和螺旋副 B 的导程应如何设计？

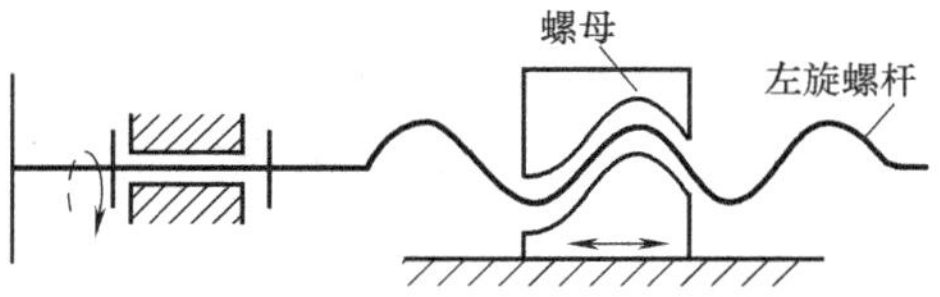

图 7-28　题 7-7 图

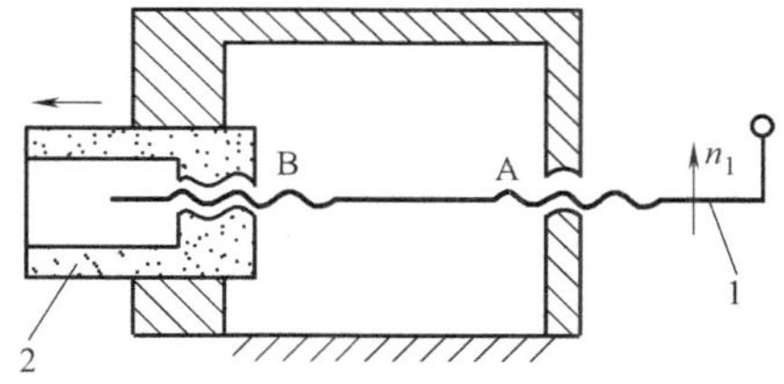

图 7-29　题 7-8 图

7-9　设单万向联轴器的主动轴 1 以等角速度 $\omega_1=157\text{rad/s}$ 转动，从动轴 2 的最大瞬时角速度 $\omega_2=180\text{rad/s}$，求轴 2 的最小角速度 ω_{min} 及两轴的夹角 α。

7-10　如图 7-30 所示为一摩擦式单向离合器，若以构件 1 为主动件，试问：构件 1 在什么转向下能带动构件 3 同速转动？在什么转向下构件 1 不能带动构件 3 转动？

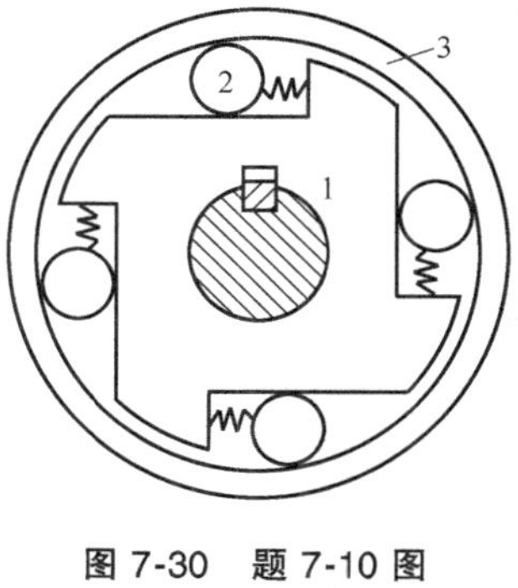

图 7-30　题 7-10 图

第8章 机械系统动力学分析与设计

前面在对机构进行运动分析时，一般认为主动件为等速运动。实际上，机械在驱动力和阻力共同作用下运转，如果驱动力在一段时间内所做的功等于阻力所做的功，则机械保持匀速运动，速度恒定；当驱动力所做的功大于阻力所做的功时，则使机械动能增加，速度增加；当驱动力所做的功小于阻力所做的功时，则使机械动能减少，速度降低。在大多数情况下，驱动力所做的功与阻力所做的功都是不相等的，因此其速度是波动的。机械波动会产生附加的动压力，降低机械效率和工作可靠性，引起机械振动，影响零件的强度和寿命，降低机械的精度和工艺性能，使产品质量下降。因此，需要对机械的速度波动进行调节，使其速度波动保持在一个可接受的正常范围之内。

同时，机械在运转过程中，其活动构件大多会产生惯性力和惯性力偶矩，它们在机构各运动副中引起动压力，并传到机架上。惯性力和惯性力偶矩的大小和方向会随着机械的运转而产生周期性变化，因此当它们不平衡时，将使机械及其机座产生振动，引起工作精度和可靠性的下降，加剧运动副的磨损，降低机械效率和使用寿命。该振动频率接近振动系统的固有频率时，将会引起共振，使机械难以正常工作，严重时将危及周围建筑和人员的安全。为了完全地或部分地消除惯性力和惯性力偶矩的不良影响，必须设法使构件质量合理地分布并在结构上采取特殊的措施，将惯性力和惯性力偶矩限制在预期的允许范围内，这种措施称为质量平衡。

本章主要讨论机械速度波动的调节和机械的质量平衡两个问题。

8.1 机械周期性速度波动与调节

机械的速度波动分为两类：周期性速度波动和非周期性速度波动。本节主要介绍周期性速度波动与调节，非周期性速度波动与调节在8.2节介绍。

8.1.1 周期性速度波动

1. 周期性速度波动的概念

当外力做周期性变化时，速度也做周期性的波动。如图8-1所示，由于在一个周期中，外力功的和为零，角速度在经过一个周期后又回到初始状态。但是，在周期中的某一时刻，驱动力与阻力所做的功并不相等，因而出现速度的波动。这种速度波动称为周期性速度波动，其周期通常与机械主轴的回转一圈所需时间有关。如压力机的运动周期（T）一般为其主轴回转一周的时间，四冲程内燃机的运动周期（T）一般为其主轴回转两周的时间，轧钢机的运动周期（T）一般为其主轴回转数周的时间。

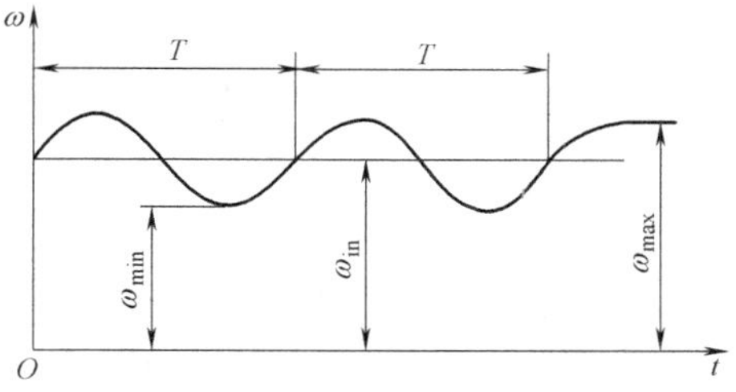

图 8-1　周期性速度波动

2. 描述周期性速度波动的相关指标

如果在图 8-1 中，已知机械主轴角速度随时间变化的规律 $\omega=f(t)$，一个周期内角速度的已知平均值为

$$\omega_m=\frac{1}{T}\int_0^T f(t)\,dt$$

式中，ω_m 称为其额定转速。

通常角速度 ω 的变化规律很复杂，为简化工程计算，通常都以算术平均值代替实际平均值，即

$$\omega_m=\frac{\omega_{max}+\omega_{min}}{2} \tag{8-1}$$

式中，ω_{max} 和 ω_{min} 分别为最大角速度和最小角速度。而机械运转速度波动的相对值用机械运转速度不均匀系数 δ 表示，即

$$\delta=\frac{\omega_{max}-\omega_{min}}{\omega_m} \tag{8-2}$$

若已知ω_m 和 δ，则由式（8-1）、式（8-2）可得

$$\omega_{max}=\omega_m\left(1+\frac{\delta}{2}\right) \tag{8-3}$$

$$\omega_{min}=\omega_m\left(1-\frac{\delta}{2}\right) \tag{8-4}$$

由以上式（8-3）和式（8-4）可知，δ 越小，主轴越接近匀速转动。

各种不同机械许用的机械运转速度不均匀系数 δ 是根据它们的工作要求确定的。例如发电机的主轴速度波动太大，势必影响输出电压的稳定，所以这类机械的机械运转速度不均匀系数应当取小些；反之，如压力机、破碎机等机械，速度波动稍大也不影响其工艺性能，这类机械的机械运转速度不均匀系数便可取大些。几种常见机械的机械运转速度不均匀系数可按表 8-1 选取。

表 8-1　部分机械运转速度不均匀系数 δ 的取值范围

机械名称	δ许用值	机械名称	δ许用值	机械名称	δ许用值
石料破碎机	$\frac{1}{5}\sim\frac{1}{20}$	压力机、剪切机等	$\frac{1}{7}\sim\frac{1}{10}$	轧钢机	$\frac{1}{10}\sim\frac{1}{25}$
汽车与拖拉机	$\frac{1}{20}\sim\frac{1}{60}$	金属切削机床	$\frac{1}{20}\sim\frac{1}{50}$	压缩机	$\frac{1}{50}\sim\frac{1}{100}$
造纸机等	$\frac{1}{40}\sim\frac{1}{50}$	水泵与风机	$\frac{1}{30}\sim\frac{1}{50}$	交、直流发电机	$\frac{1}{100}\sim\frac{1}{300}$
内燃机	$\frac{1}{80}\sim\frac{1}{150}$	航空发动机	$<\frac{1}{200}$	汽轮发电机	$<\frac{1}{200}$

8.1.2 周期性速度波动调节的基本原理

调节周期性速度波动的常用方法是在机械中加上一个转动惯量很大的回转件——飞轮。盈功（即驱动力所做的功大于阻力所做的功）使飞轮的动能增加，机械主轴转速增加；亏功（即驱动力所做的功小于阻力所做的功）使飞轮的动能减小，机械主轴转速下降。由此可见，盈亏功的出现是机械系统速度波动的根本原因。

飞轮具有较大转动惯量，就像一个蓄能器，可以调节机械速度的周期性波动。当盈功出现时，飞轮转速少许增加就能吸收外界的多余能量，避免机械主轴转速过多地上升；反之，当阻力矩做功较大而出现亏功时，飞轮转速稍稍减小便可将自身储蓄的能量释放出来，从而避免机械主轴转速过多地下降。因此飞轮可以稳定机械主轴的转速。

若飞轮在一个运动周期开始时的角速度为 ω_0，之后另一时刻的角速度为 ω，则飞轮动能的变化为

$$\Delta E=\frac{1}{2}J(\omega^2-\omega_0^2) \qquad (8\text{-}5)$$

显然，动能变化数值相同时，飞轮的转动惯量 J 越大，角速度 ω 的波动越小。如图 8-2 所示，虚线所示为没有安装飞轮时主轴的速度波动，实线所示为安装飞轮后的速度波动。

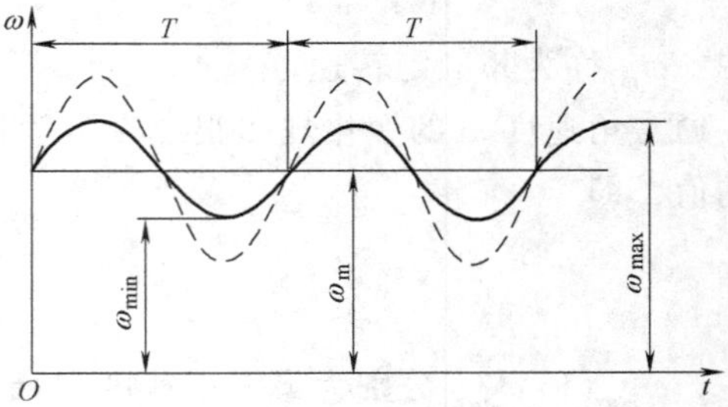

图 8-2 周期性速度波动调节

8.1.3 飞轮设计

1. 飞轮设计的基本原理

飞轮设计的主要目的是，在作用在主轴上的驱动力矩和阻力矩的变化规律已知的条件下，确定安装在主轴上的飞轮的转动惯量，并保证机械运转速度在不均匀系数 δ 容许的范围内。

一般情况下，飞轮转动惯量 J 较之系统其他构件所具有的动能要大得多。因此，为简化计算起见，可以不考虑其他构件所具有的动能的影响，近似认为该机械系统所具有的动能完全集中在飞轮上。

在带有飞轮、速度波动机械系统的一个运行周期中，其机械主轴的转速总是由最大值到最小值变化着。当主轴处于最大角速度 ω_{max} 时，飞轮具有动能最大值 E_{max}；反之，当主轴处于最小角速度 ω_{min} 时，飞轮具有动能最小值 E_{min}。E_{max} 与 E_{min} 之差即为一个周期内动能的最大变化量，称为最大盈亏功，用 W_{max} 表示。即

$$W_{max}=E_{max}-E_{min}$$

根据式（8-5），可得

$$W_{max}=\frac{1}{2}J(\omega_{max}^2-\omega_{min}^2)$$

把式（8-3）和式（8-4）代入上式，得

$$W_{max}=J\omega_m^2\delta$$

即

$$J=\frac{W_{max}}{\omega_m^2\delta} \tag{8-6}$$

通常习惯于使用机械的额定转速 ω_m(r/min)，且$\omega_m=\frac{2\pi n}{60}$，因此飞轮转动惯量常按下式计算：

$$J=\frac{900W_{max}}{\delta\pi^2n^2} \tag{8-7}$$

式（8-6）和式（8-7）就是安装在机械主轴上的飞轮的转动惯量公式。

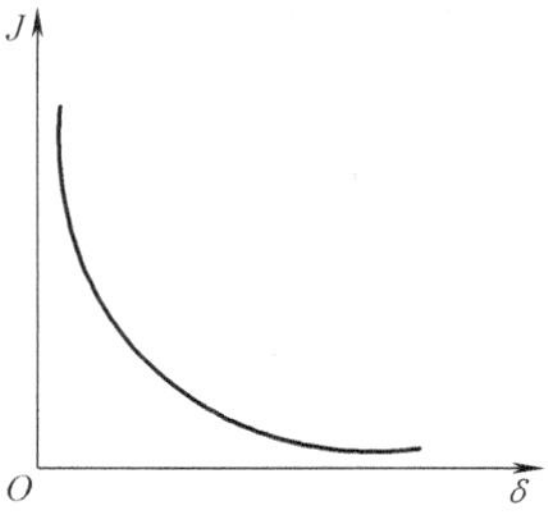

图 8-3　J-δ 变化曲线

由式（8-7）可得出如下结论：

1）当 W_{max} 和 n 一定时，J 与 δ 的乘积为定值。如果要求 δ 极小，则飞轮转动惯量会极大，如图 8-3 所示，无疑会极大地增加制造成本。因此，不能盲目追求机械运转的高度均匀性。

2）当 J 和 n 一定时，W_{max} 和 δ 成正比。即最大盈亏功越大，机械运转速度的不均匀性就越显著。这说明，盈亏功是引起机械运转速度不均匀的根本原因。

3）W_{max} 和 δ 一定时，J 和 n 的二次方成反比。只要 n 略有增加，J 就可大幅度减小，飞轮成本可显著降低。因此，设计时一般都将飞轮安装在高速轴上。但因为主轴具有良好的刚性，所以大部分机器的飞轮仍安装在主轴上。

2. 最大盈亏功 W_{max} 的计算

现以汽车上四冲程发动机驱动汽车行驶为例来讨论此问题。从发动机结构知识可知，四冲程发动机曲轴每转两周（4π）才有一个冲程做功，其余冲程则为吸气、压缩和排气。因此，在一个运转循环中，发动机曲轴输出的驱动转矩在做功行程最大，其他行程为零或负数，不可能是常数，如图 8-4 的M_d 曲线所示。假设汽车在水平路面上匀速直行，则发动机曲轴上的阻力矩为常数，图 8-4 的M_r 水平线所示。如图 8-4 的横轴 φ 代表发动机曲轴转角。

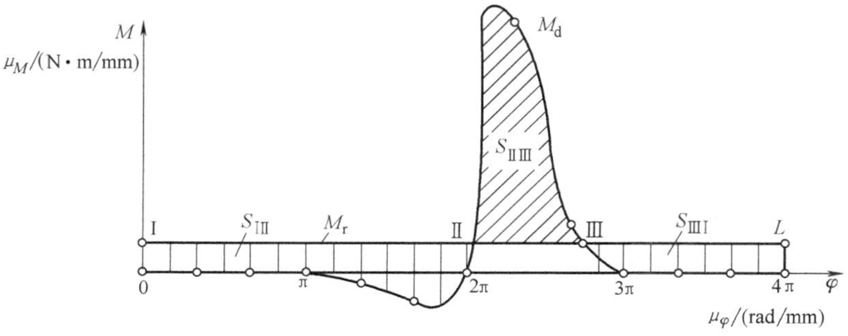

图 8-4　汽车发动机驱动转矩-行驶阻力矩示功图

按照一个周期内驱动力矩与阻力矩做功相等原则，曲线 M_d（φ）与坐标轴所围曲边梯形面积应当等于直线 M_r 与坐标轴所围矩形面积，由此即有

$$M_r = \frac{1}{4\pi}\int_0^{4\pi} M_d(\varphi)\,d\varphi$$

由图 8-4 中 M_d 与 M_r 的关系可知，在曲轴转动 4π 的周期之内，曲线 $M_d(\varphi)$ 与水平线 M_r 相交于Ⅱ和Ⅲ两个点，从而将一个周期分成两个区段，即Ⅱ—Ⅲ区段和Ⅲ—Ⅰ—Ⅱ区段。在Ⅱ—Ⅲ段，M_d 处处大于 M_r，飞轮转速持续增加；反之，在Ⅲ—Ⅰ—Ⅱ区段，转速持续下降。因此，在点Ⅱ处，飞轮角速度最小，而在点Ⅲ处，角速度达到最大值。根据定义可以确定，Ⅱ—Ⅲ区段间 M_d 与 M_r 做功之差即为最大盈亏功 W_{max}。或者，图 8-4 中斜线阴影区间所示面积 $S_{ⅡⅢ}$ 即代表最大盈亏功 W_{max}。此面积 $S_{ⅡⅢ}$ 可通过解析法或数值法计算确定。

知道了最大盈亏功 W_{max}、n 和 δ 以后，根据式（8-7）就可以算出机器主轴上安装飞轮的转动惯量 J。

3. 飞轮尺寸与结构设计

求出飞轮的转动惯量 J 之后，还要确定它的结构和具体尺寸。飞轮的结构一般有两种，带轮辐的飞轮和等厚的实心圆盘飞轮。下面分别介绍。

1）图 8-5 所示为带有轮辐的飞轮。这种飞轮的轮毂和轮辐的质量很小，回转半径也较小，近似计算时可将它们的转动惯量略去，认为飞轮质量 m 集中于轮缘。设轮缘的平均直径为 D_m，则

$$J = m\left(\frac{D_m}{2}\right)^2 \tag{8-8}$$

按照机器的结构和空间位置选定轮缘的平均直径 D_m 之后，由式（8-8）便可求出飞轮的质量 m（单位为 kg）。设轮缘为矩形截面，它的体积、厚度、宽度分别为 V(单位为 m^3)、H(单位为 m)、B(单位为 m)，材料的密度为 ρ(单位为 kg/m^3)，则

$$m = V\rho = \pi D_m HB\rho \tag{8-9}$$

选定飞轮的材料与比值 H/B 之后，轮缘的截面尺寸便可求出。

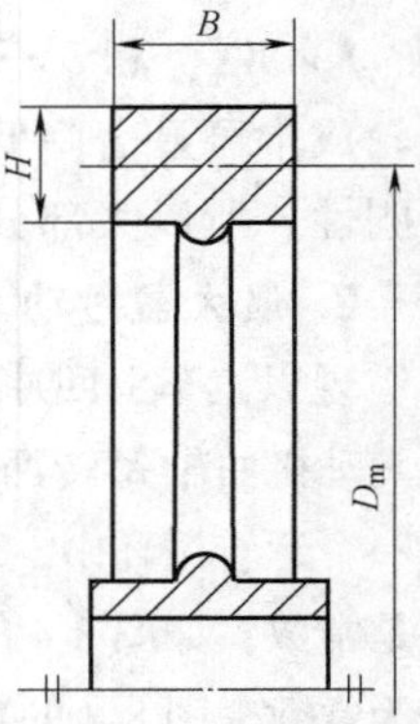

图 8-5　带轮辐的飞轮结构

2）对于外径为 D 的等厚实心圆盘式飞轮，由理论力学可知

$$J = \frac{1}{2}m\left(\frac{D}{2}\right)^2 \tag{8-10}$$

选定圆盘直径 D，便可求出飞轮的质量 m，再由

$$m = V\rho = \frac{\pi D^2}{4}B\rho \tag{8-11}$$

选定材料之后便可得出飞轮的宽度 B。

4. 关于飞轮的其他说明

飞轮的转速越高，其轮缘材料产生的离心力越大。当轮缘材料所受离心力超过其强度极限时，轮缘便会爆裂。为了安全，在选择平均直径 D_m 和外缘直径 D 时，应使飞轮外缘的圆周速度不大于以下安全数值：

1）对铸铁飞轮，$v_{max}<36m/s$。

2）对铸钢飞轮，$v_{max}<50m/s$。

应当说明，飞轮不一定是外加的专门构件。实际机械中往往用增大带轮（或齿轮）的尺寸和质量的方法，使它们兼有飞轮的作用。这种带轮（或齿轮）也就是机器中的飞轮。还应指出，本节所介绍的飞轮设计方法，没有考虑除飞轮外其他构件动能的变化，因而是近似的设计方法。因为机械运转速度不均匀系数 δ 容许有一个变化范围，所以当 δ 取表 8-1 中的较小值时，这种近似设计是可以满足一般使用要求的。

8.2　机械非周期性速度波动与调节

8.2.1　非周期性速度波动

机械主轴发生非周期性速度波动时，其转速表现为不规则地向一个方向的突然变化，并且这种变化趋势有一定的持续性。机械之所以出现非周期性速度波动，大多是在某些原因影响下，驱动力矩做的功突然大于阻力矩做的功，或者阻力矩做的功突然大于驱动力矩做的功。当两者做的功不再相等时，机械原有的稳定运动平衡条件由此遭到破坏，致使机械主轴运转突然加速或减速。这种速度的波动是非周期性的，因此无法通过安装飞轮来调节其速度波动的幅度。

比如，汽车柴油机的负荷经常变化，当负荷突然减小时，若不及时减少喷油泵的供油量，则柴油机的转速将迅速增高并远远超出柴油机设计所允许的最高转速，这种现象称为超速或飞车。当发生超速或飞车时，柴油机性能急剧恶化，并可能造成机件损坏。相反，当负荷骤然增大时，若不及时增加喷油泵的供油量，则柴油机的转速将急速下降直至熄火。

另外，汽车柴油机还经常在怠速下运转。柴油机怠速时，对外不输出有效转矩，这时喷油泵的供油量很少，柴油机转速很低，气缸内燃烧气体所做的膨胀功全部用来克服柴油机内部的摩擦阻力和驱动外部的附件。在这种情况下，若出现气缸缺火或内部阻力发生变化，将引起柴油机怠速转速的波动甚至熄火。

柴油机超速或怠速不稳，往往出自于偶然的原因，汽车驾驶员难以及时做出响应。通常用调速器对柴油机这种非周期性速度波动进行调节，及时调节喷油泵的供油量，保持柴油机稳定运行。

汽车柴油机调速器按其工作原理的不同，可分为机械式、气动式、液压式、机械气动复合式、机械液压复合式和电子式等多种形式。但目前应用最广的当属机械式调速器，其结构比较简单，工作可靠，性能良好。

8.2.2　非周期性速度波动的调节

下面用汽车柴油发动机的调速器工作原理来说明对非周期性速度波动的调节。

如图 8-6 所示的 VE 型分配泵调速器，在飞锤支架 2 上装有四个飞锤 3，飞锤通过止推片推动调速套筒 4 移动。张力杠杆 12、起动杠杆 15 和导杆 16 组成调速器杠杆系统。这三个杠杆通过销轴 N 连在一起并可分别绕销轴 N 摆动。导杆 16 通过销轴 M 固定在分配泵体上。起动杠杆 15 的下端是球头销，嵌入供油量调节套筒 21 的凹槽中。当起动杠杆摆动时，球头销将拨动供油量调节套筒 21，改变其与分配柱塞 19 上的泄油孔 20 的相对位置，从而改变分配柱塞的有效行程。张力杠杆 12 上端通过怠速弹簧 10 与调速弹簧 8 连接，调速弹簧的另一端挂在调速手柄 5 的销轴上。导杆 16 的下端受回位弹簧 17 的推压，使其上端靠在最大供油量调节螺钉 11 上。

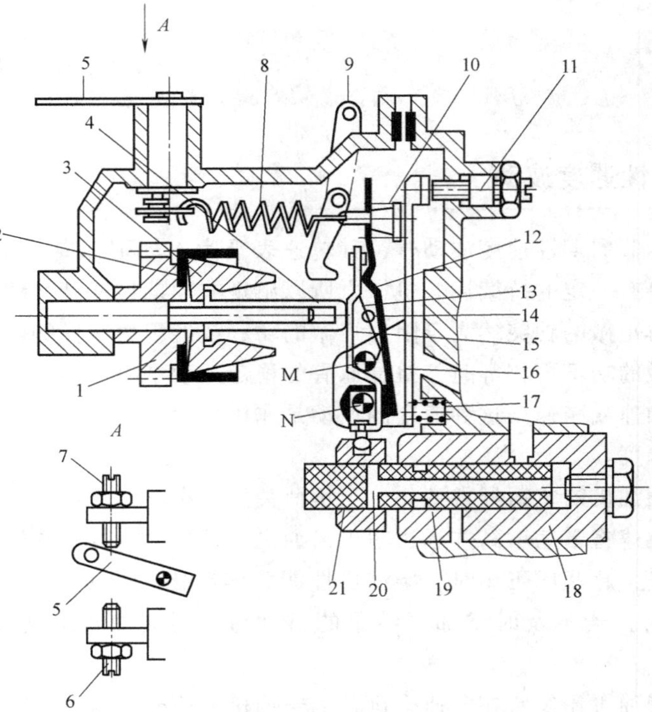

图 8-6　VE 型分配泵调速器结构示意图

1—调速器传动齿轮　2—飞锤支架　3—飞锤　4—调速套筒　5—调速手柄
6—怠速调节螺钉　7—最高速限止螺钉　8—调速弹簧　9—停车手柄
10—怠速弹簧　11—最大供油量调节螺钉　12—张力杠杆　13—起动弹簧
14—张力杠杆挡销　15—起动杠杆　16—导杆　17—回位弹簧
18—柱塞套　19—分配柱塞　20—泄油孔　21—供油量调节套筒
M—导杆支承销轴（固定）　N—起动杠杆、张力杠杆及导杆支承销轴（可动）

全程式调速器的基本调速原理是，由于调速器传动轴旋转所产生的飞锤离心力与调速弹簧力相互作用，如果两者不平衡，调速套筒便会移动。调速套筒的移动通过调速器的杠杆系统使供油量调节套筒的位置发生变化，从而增减供油量，以适应柴油机运行工况变化的需要。比如，若由于某种原因使柴油机转速升高，则飞锤离心力增大，调速器传动轴旋转所产生的飞锤离心力与调速弹簧力的平衡被打破，飞锤推动调速套筒、起动杠杆和张力杠杆进一步压缩怠速弹簧而向右摆动，供油量调节套筒则向左移，供油量减少，转速回落复原；同理，若柴油机转速降低，飞锤离心力减小，怠速弹簧推动张力杠杆和起动杠杆向左摆动，供油量调节套筒则向右移，增加供油量，使转速回升。

8.3　机械平衡概述

在机械设计时，除应保证满足功能要求及制造工艺要求外，还应在结构设计时考虑消除和减少可能导致有害振动的不平衡惯性力与惯性力矩。同时，经过理论计算达到平衡的机械，由于制造误差、装配误差及材质不均匀等非设计因素的影响，往往仍会产生不平衡现象。因此，工程实际中必须通过试验进行检测与校正。

8.3.1　绕固定轴回转的构件的惯性力平衡

绕固定轴回转的构件统称为转子，它在汽车上的应用十分广泛，如汽车发动机的曲轴飞轮组、离合器的压盘、变速器的齿轮、传动轴、主减速器和差速器中的齿轮、车轮等。汽车传动轴和车轮等部件的不平衡惯性力通常可采用在该构件上增加或除去一部分质量的方法予以平衡。这类转子又分为刚性转子和挠性转子两种。

1. 刚性转子的平衡

在一般机械中，转子的刚性都比较好，其共振转速较高，转子的工作转速一般低于 $(0.6\sim0.75)n_{c1}$（n_{c1} 为转子的第一阶临界转速）。在此情况下，转子产生的弹性变形很小，故把这类转子称为刚性转子。刚性转子的平衡原理是基于理论力学中的力系平衡理论。刚性转子的平衡问题又可分为以下两种情况：

1）由于转子的质心不在回转轴线上，在转子静止时也会显现出不平衡的状态。这样的转子称为静不平衡转子，使其平衡的措施称为静平衡。

2）转子的质心即使位于回转轴线上，但不在同一回转平面内的各离心惯性力构成了惯性力偶矩，致使其回转运动时出现不平衡。这样的转子称为动不平衡转子，使其平衡的措施称为动平衡。

本章主要介绍刚性转子的平衡原理和方法。

2. 挠性转子的平衡

在机械中还有一类转子，如航空涡轮发动机、汽轮机、发电机中的大型转子，其质量和跨度很大，而径向尺寸却较小，其共振转速较低，而工作转速又往往很高 $[n\geqslant(0.6\sim0.75)n_{c1}]$，故转子在工作过程中将会产生较大的弯曲变形，从而使其惯性力显著增大。这类转子称为挠性转子。挠性转子的平衡原理是基于弹性梁的横向振动理论。

8.3.2　机构的平衡

对于做往复移动或平面复合运动的构件，其所产生的惯性力无法在该构件本身上平衡，而必须就整个机构加以研究，设法使各运动构件惯性力的合力和合力偶得到完全或部分平衡，以消除或降低其不良影响。由于惯性力的合力和合力偶最终均由机械的机座所承受，故这类平衡问题又称为机械在机座上的平衡。

8.3.3 转子的平衡品质

1. 转子不平衡量的表示方法

转子不平衡量的表示方法一般有两种，即质径积表示法与偏心距表示法。

1）若一个质量为 m、偏心距为 e 的转子，其回转时所产生的离心惯性力可用一个矢径为 $\boldsymbol{r}_i$ 的平衡质量 m_i 加以平衡，即

$$me = m_i\boldsymbol{r}_i \tag{8-12}$$

则该转子的不平衡量可用质径积的大小 m_ir_i 表示。

2）对于质径积相同而质量不同的两个转子，它们的不平衡程度显然是不同的。因此，需用偏心距来表征不同转子的不平衡量。由式（8-12）可得

$$e = \frac{m_i\boldsymbol{r}_i}{m} \tag{8-13}$$

式（8-13）表明，转子的偏心距 e 表示单位质量的不平衡量。

2. 转子的许用不平衡量及平衡品质

平衡试验后，转子的不平衡量已大大减少，但绝对的平衡是无法做到的，也是没有必要的。因此，应根据转子工作条件的不同，规定不同的许用不平衡质径积 $[mr]$ 或许用偏心距 $[e]$。

转子平衡状态的优良程度称为平衡品质。转子运转时，其不平衡量所产生的离心惯性力与转子的角速度 ω 有关，故工程上常用 $e\omega$ 来表征转子的平衡品质。国际标准化组织（ISO）以平衡精度 $A=[e]\omega/1000$ 作为转子平衡品质的等级标准。其中，A、$[e]$ 及 ω 的单位分别为 mm/s、mm 与 rad/s。表 8-2 给出了各种典型刚性转子的平衡品质等级，供使用时参考。

表 8-2 各种典型刚性转子的平衡品质等级

平衡品质等级	平衡精度 A/(mm/s)	转子类型示例
G4000	4000	刚性安装的具有奇数气缸的低速①船用柴油机曲轴部件②
G1600	1600	刚性安装的大型两冲程发动机曲轴部件
G630	630	刚性安装的大型四冲程发动机曲轴部件；弹性安装的船用柴油机曲轴部件
G250	250	刚性安装的高速①四缸柴油机曲轴部件
G100	100	六缸及六缸以上高速柴油机曲轴部件；汽车、机车用发动机整机
G40	40	汽车轮、轮缘、轮组、传动轴；弹性安装的六缸及六缸以上高速四冲程发动机曲轴部件；汽车、机车用发动机曲轴部件
G16	16	特殊要求的传动轴（螺旋桨轴、万向联轴器轴）；破碎机械和农业机械的零部件；汽车、机车用发动机特殊部件；特殊要求的六缸及六缸以上发动机曲轴部件
G6.3	6.3	作业机械的回转零件；船用主汽轮机的齿轮；风扇；航空燃气轮机转子部件；泵的叶轮；离心机的鼓轮；机床及一般机械的回转零部件；普通电动机转子；特殊要求的发动机回转零部件

（续）

平衡品质等级	平衡精度 A/(mm/s)	转子类型示例
G2.5	2.5	燃气轮机和汽轮机的转子部件；刚性汽轮发电机转子；透平压缩机转子；机床主轴和驱动部件；特殊要求的大、中型电动机转子；小型电动机转子；透平驱动泵
G1.0	1.0	磁带记录仪及录音机驱动部件；磨床驱动部件；特殊要求的微型电动机转子
G0.4	0.4	精密磨床的主轴、砂轮盘及电动机转子；陀螺仪

① 按国际标准，低速柴油机的活塞速度小于 9m/s，高速柴油机的活塞速度大于 9m/s。
② 曲轴部件是指包括曲轴、飞轮、离合器、带轮等的组合件。

8.4　刚性转子的平衡设计

8.4.1　刚性转子的静平衡计算

对于轴向尺寸较小的盘状转子（转子轴向宽度 b 与其直径 d 之比 $b/d<0.2$），如齿轮、盘形凸轮、带轮、叶轮等，可以近似认为其偏心质量位于同一平面内。设计的关键问题是找出转子在该平面上应加配重或应减配重的大小和方位，其平衡原理是转子上各不平衡质量所产生的离心惯性力与所加配重或所减配重所产生的离心惯性力的矢量和为零。

图 8-7a 所示为一盘状转子，已知其具有偏心质量 m_1、m_2，它们各自的回转半径为 r_1、r_2，方向如图所示。当此转子以等角速度 ω 回转时，各偏心质量所产生的离心惯性力分别为

$$\boldsymbol{F}_i = m_i\omega^2\boldsymbol{r}_i \tag{8-14}$$

式中，$\boldsymbol{r}_i$ 表示第 i 个偏心质量的矢径，$i=1$，2。

为平衡这些离心惯性力，可在此转子上加上部分平衡质量 m_b，使它所产生的离心惯性力 $\boldsymbol{F}_b$ 与 $\sum\boldsymbol{F}_i$ 相平衡，即

$$\sum\boldsymbol{F} = \sum\boldsymbol{F}_i + \boldsymbol{F}_b = \boldsymbol{0} \tag{8-15}$$

设平衡质量 m_b 的矢径为 $\boldsymbol{r}_b$，则得

$$\boldsymbol{F}_b = m_b\omega^2\boldsymbol{r}_b \tag{8-16}$$

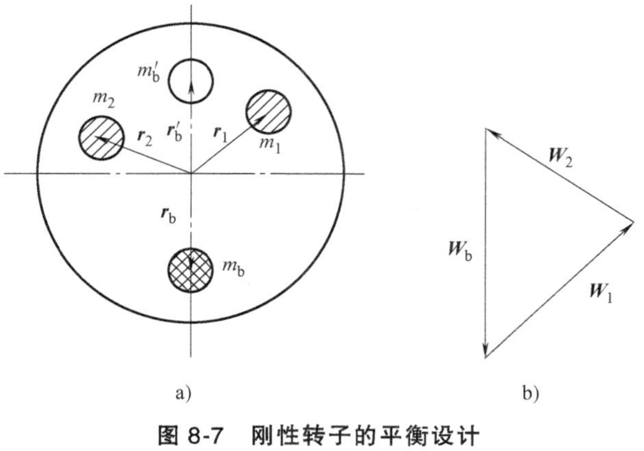

图 8-7　刚性转子的平衡设计

将式（8-14）、式（8-16）代入式（8-15），整理可得

$$m_1\omega^2\boldsymbol{r}_1 + m_2\omega^2\boldsymbol{r}_2 + m_b\omega^2\boldsymbol{r}_b = \boldsymbol{0} \tag{8-17}$$

式中，$m_i\boldsymbol{r}_i$ 称为质径积，为矢量，它相对地表达了各质量在同一转速下的离心惯性力的

大小和方向。

质径积 $m_i\boldsymbol{r}_i$ 的大小和方位可用图解法求得。如图 8-7b 所示，以质径积比例尺 $\mu_w=m_i\boldsymbol{r}_i/W_i$（单位为 kg · cm/mm）按矢径$\boldsymbol{r}_1$、$\boldsymbol{r}_2$ 的方向连续作矢量$\boldsymbol{W}_1$、$\boldsymbol{W}_2$ 分别代表质径积 $m_i\boldsymbol{r}_1$、$m_i\boldsymbol{r}_2$，则封闭矢量$\boldsymbol{W}_b$就代表平衡质径积 $m_b\boldsymbol{r}_b$，其方向为$\boldsymbol{W}_b$ 的方向，大小为$\mu_w\boldsymbol{W}_b$ 的值。当根据回转体的结构选定半径$\boldsymbol{r}_b$ 值后，即可求出平衡质量m_b。

根据转子的结构条件，也可以在平衡矢径$\boldsymbol{r}_b$ 的反方向$\boldsymbol{r}'_b$去掉相应的一部分质量m'_b来使转子达到平衡，只要保证$m_b\boldsymbol{r}_b=m'_b\boldsymbol{r}'_b$就行。

根据以上分析可知，对于静不平衡的转子，不论有多少个偏心质量，只需要在同一个平衡平面内加上或在相反方向减去一个适当的平衡质量即可获得平衡，故又可称为单面平衡。

8.4.2 刚性转子的动平衡计算

对于轴向尺寸较大的转子（转子轴向宽度 b 与其直径 d 之比 $b/d\geqslant0.2$），如内燃机曲轴、电动机转子、汽轮机转子以及一些机床的主轴等，其质量分布不能再近似地认为是位于同一回转面内，这时偏心质量往往是分布在若干个不同的回转面内，如图 8-8 所示的曲轴。回转件所产生的离心力不再是一个平面汇交力系，而是空间力系。在这种情况下，即使回转件的质心 S 在回转轴线上（图 8-9），但由于各偏心质量所产生的离心惯性力不在同一回转面内，当转子在运转时则将形成惯性力偶矩而造成不平衡。对这类转子进行平衡，要求转子在运转时其各偏心质量所产生的惯性力和惯性力偶矩同时得以平衡，故称其为动平衡。

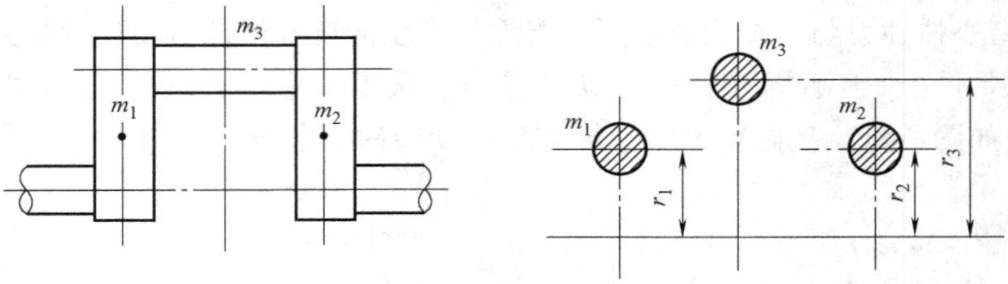

图 8-8　曲轴上的不平衡质量分布示意图

如图 8-10a 所示，设该转子的不平衡质量分布在 1、2、3 三个回转面内，依次以 m_1、m_2、m_3 表示，它们的回转半径分别为 r_1、r_2、r_3，方位如图所示。当此转子以角速度 ω 回转时，它们产生的惯性力$\boldsymbol{F}_1$、$\boldsymbol{F}_2$ 和$\boldsymbol{F}_3$ 将形成一空间力系。因此这类转子单靠在某一回转面内加一平衡质量以达到静平衡的方法是不能解决转动时不平衡问题的。

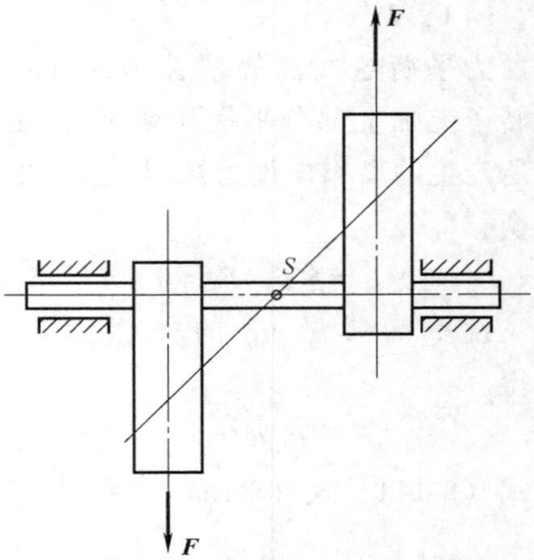

图 8-9　转子质心在回转轴线上但不平衡的情况

由理论力学知识可知，一个力可以分解为与它相平行的两个分力。因此可以根据该转子的结构，选定两个平衡基面Ⅰ和Ⅱ，然后再将各离心惯性力分解到平面Ⅰ和Ⅱ内，即将$\boldsymbol{F}_1$、$\boldsymbol{F}_2$ 和$\boldsymbol{F}_3$ 分解为$\boldsymbol{F}_{1\mathrm{I}}$、$\boldsymbol{F}_{2\mathrm{I}}$和$\boldsymbol{F}_{3\mathrm{I}}$（在平衡基面Ⅰ内）和$\boldsymbol{F}_{1\mathrm{II}}$、

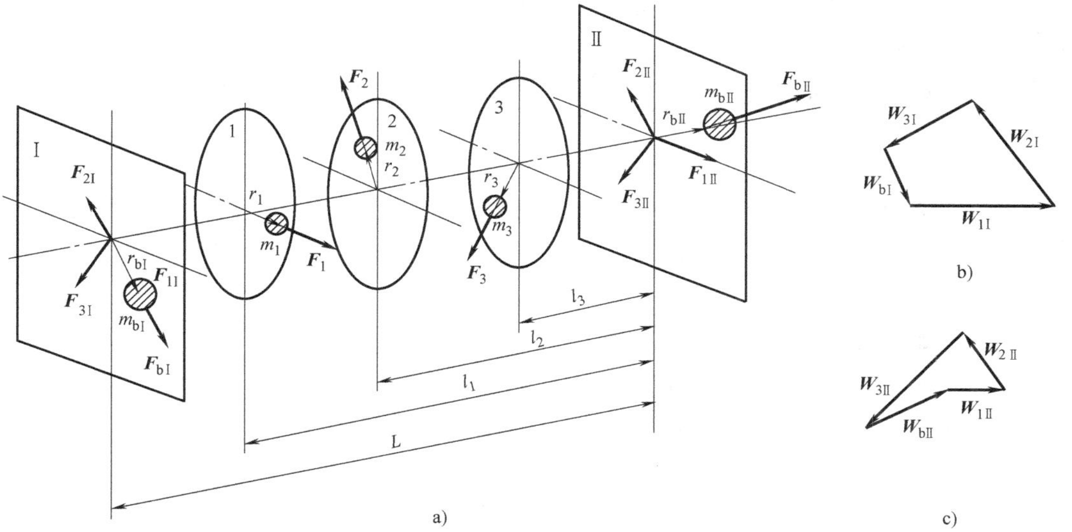

图 8-10　动平衡情况示意图

$\boldsymbol{F}_{2\mathrm{II}}$和$\boldsymbol{F}_{3\mathrm{II}}$（在平衡基面Ⅱ内）。这样就把空间力系的平衡问题转化为两个平面汇交力系的平衡问题。因而，只要在平面Ⅰ和Ⅱ内适当地各加一个平衡质量，使两个平衡基面的惯性力之和均等于零，这个转子便可得以平衡。根据力的等效原理，有

$$\boldsymbol{F}_{1\mathrm{I}}=\boldsymbol{F}_1\frac{\boldsymbol{l}_1}{\boldsymbol{L}}=m_1\omega^2\boldsymbol{r}_1\frac{\boldsymbol{l}_1}{\boldsymbol{L}},\quad \boldsymbol{F}_{1\mathrm{II}}=\boldsymbol{F}_1\frac{\boldsymbol{L}-\boldsymbol{l}_1}{\boldsymbol{L}}=m_1\omega^2\boldsymbol{r}_1\frac{\boldsymbol{L}-\boldsymbol{l}_1}{\boldsymbol{L}}$$

$$\boldsymbol{F}_{2\mathrm{I}}=\boldsymbol{F}_2\frac{\boldsymbol{l}_2}{\boldsymbol{L}}=m_2\omega^2\boldsymbol{r}_2\frac{\boldsymbol{l}_2}{\boldsymbol{L}},\quad \boldsymbol{F}_{2\mathrm{II}}=\boldsymbol{F}_2\frac{\boldsymbol{L}-\boldsymbol{l}_2}{\boldsymbol{L}}=m_2\omega^2\boldsymbol{r}_2\frac{\boldsymbol{L}-\boldsymbol{l}_2}{\boldsymbol{L}}$$

$$\boldsymbol{F}_{3\mathrm{I}}=\boldsymbol{F}_3\frac{\boldsymbol{l}_3}{\boldsymbol{L}}=m_3\omega^2\boldsymbol{r}_3\frac{\boldsymbol{l}_3}{\boldsymbol{L}},\quad \boldsymbol{F}_{3\mathrm{II}}=\boldsymbol{F}_3\frac{\boldsymbol{L}-\boldsymbol{l}_3}{\boldsymbol{L}}=m_3\omega^2\boldsymbol{r}_3\frac{\boldsymbol{L}-\boldsymbol{l}_3}{\boldsymbol{L}}$$

至于两个平衡基面Ⅰ和Ⅱ内的平衡质量$m_{b\mathrm{I}}$和$m_{b\mathrm{II}}$的大小及方位的确定，与前述静平衡的计算方法完全相同。对于平衡基面Ⅰ而言，平衡条件为

$$\boldsymbol{F}_{1\mathrm{I}}+\boldsymbol{F}_{2\mathrm{I}}+\boldsymbol{F}_{3\mathrm{I}}+\boldsymbol{F}_{b\mathrm{I}}=\boldsymbol{0} \tag{8-18}$$

式中，$\boldsymbol{F}_{b\mathrm{I}}$为平衡质量$m_{b\mathrm{I}}$产生的惯性离心力。

将各力的大小代入式（8-18）并整理可得

$$m_1\boldsymbol{r}_1\frac{\boldsymbol{l}_1}{\boldsymbol{L}}+m_2\boldsymbol{r}_2\frac{\boldsymbol{l}_2}{\boldsymbol{L}}+m_3\boldsymbol{r}_3\frac{\boldsymbol{l}_3}{\boldsymbol{L}}+m_{b\mathrm{I}}\boldsymbol{r}_{b\mathrm{I}}=\boldsymbol{0} \tag{8-19}$$

该矢量方程可用图解法求解。选定比例尺μ，作质径积矢量图（图 8-10b），求出质径积$m_{b\mathrm{I}}\boldsymbol{r}_{b\mathrm{I}}$的大小和方向。当选定$\boldsymbol{r}_{b\mathrm{I}}$的大小后，即得$m_{b\mathrm{I}}$。同理，对于平衡基面Ⅱ可得

$$m_1\boldsymbol{r}_1\frac{L-l_1}{L}+m_2\boldsymbol{r}_2\frac{L-l_2}{L}+m_3\boldsymbol{r}_3\frac{L-l_3}{L}+m_{b\mathrm{II}}\boldsymbol{r}_{b\mathrm{II}}=\boldsymbol{0} \tag{8-20}$$

作质径积矢量图如图 8-10c 所示，可求出质径积 $m_{b\mathrm{II}}\boldsymbol{r}_{b\mathrm{II}}$的大小和方向。当选定$\boldsymbol{r}_{b\mathrm{II}}$的大小后即可得$m_{b\mathrm{II}}$。

由以上分析结果可知，当不平衡质量分布的回转面的数目为任意时，只要依次将各质量向所选的平衡基面Ⅰ和Ⅱ内分解，总可以求得相应的平衡质量$m_{bⅠ}$和$m_{bⅡ}$。只要在两个平衡基面上加上或在相反方向减去相应的平衡质量，即可达到完全平衡。因此，动平衡又称为双面平衡。

8.5 刚性转子的平衡试验

经过上述平衡设计的刚性转子在理论上是完全平衡的，但由于制造和安装不精确以及材料质量不均匀等原因，仍会产生新的不平衡，这在设计时是无法靠计算的方法来确定和消除的，而只能借助平衡试验的方法加以平衡。

8.5.1 静平衡试验

对于轴向尺寸较小（转子轴向宽度 b 与其直径 d 之比 $b/d<0.2$）的刚性转子，一般只需进行静平衡试验，所用的试验设备称为静平衡架。

1. 导轨式静平衡架

图 8-11a 所示为导轨式静平衡架，其主体部分是位于同一水平面内的两根相互平行的导轨。为减小与转子轴颈的摩擦，导轨的端口常制成刀口状或圆弧状。试验时，将转子的轴颈支承在导轨上，并令其轻轻地自由滚动。若转子上有偏心质量存在，则其质心 S 必偏离回转中心。在重力的作用下，待其停止滚动时，质心 S 总是在回转中心的铅垂下方。此时，可在回转中心的铅垂上方任意矢径大小处加一个平衡质量。反复试验，加减平衡质量，直至转子可在任意位置保持静止。导轨式静平衡架结构简单，平衡精度较高，但必须保证两导轨在同一水平面内且相互平行，故安装、调整较为困难。

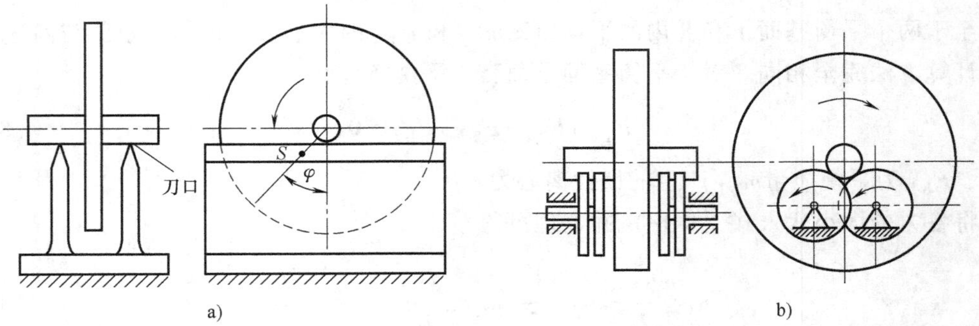

图 8-11 静平衡架

a）导轨式 b）圆盘式

2. 圆盘式静平衡架

若转子两端的轴颈尺寸不同，可采用图 8-11b 所示的圆盘式静平衡架进行平衡。试验时，将待平衡转子的轴颈放置于分别由两个圆盘所组成的支承上，其平衡方法与导轨式静平衡架相同。圆盘式静平衡架使用方便，其一端支承的高度可以调节，但因圆盘的摩擦阻力较大，故平衡精度不如导轨式静平衡架。

8.5.2　动平衡试验

对于轴向尺寸较大的转子（转子轴向宽度 b 与其直径 d 之比 $b/d \geqslant 0.2$），必须进行动平衡试验。动平衡试验一般应在专用的动平衡机上完成。动平衡机的种类很多，其构造、工作原理也不尽相同。下面介绍汽车车轮的动平衡检测。

因为动平衡的车轮一定是静平衡的，所以只要检测了动平衡，就不需要检测静平衡。车轮动平衡检测有离车式检测和就车式检测两种方法。

根据转轴的形式不同，平衡机又可分成软式平衡机和硬式平衡机两种；根据测量装置的不同，车轮动平衡机分成机械式和电测式两种。电测式是将车轮不平衡产生的振动转变成电信号而显示出来。目前，电测式车轮动平衡机应用比较广泛。

1. 离车式车轮动平衡机

使用离车式车轮动平衡机时，需将车轮从车上拆下，安装到检测机转轴上进行平衡状况检测。离车式车轮动平衡机如图 8-12 所示。它由驱动装置、转轴与支承装置、显示与控制装置、制动装置、机箱和车轮防护罩等组成。

驱动装置由电动机和传动机构等组成，可驱动转轴旋转。转轴由两个滚动轴承支承，每个轴承上都装有把动反力变为电信号的传感器。转轴的外端通过锥体和快速锁紧螺母固定被测车轮。驱动装置、转轴与支承装置等均装在机箱内。车轮防护罩可防止车轮旋转时，轮辋上的平衡块或花纹内夹杂物飞出伤人。制动装置可使车轮停转。

目前的车轮动平衡机中，显示与控制装置多为计算机系统，具有自动诊断和自动调校系统，能将传感器送来的电信号通过计算机的运算、分析、判断后显示出不平衡量及相位。为了使显示的不平衡量恰是轮辋边缘所加平衡块的质量，还必须将测得的轮辋直径、轮辋宽度和轮辋边缘至平衡机机箱的距离（轮辋外悬尺寸）输入计算机。

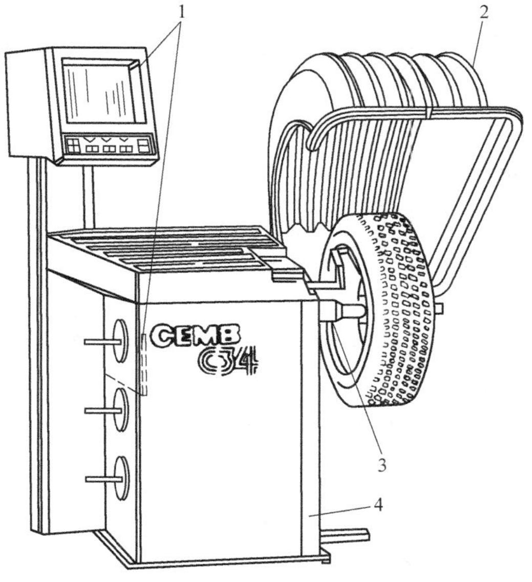

图 8-12　离车式车轮动平衡机

1—显示与控制装置　2—车轮防护罩
3—转轴　4—机箱

2. 就车式车轮动平衡机

使用就车式车轮动平衡机时，不必从车上拆下车轮，可就车测量车轮平衡状况。就车式车轮动平衡机一般由驱动装置、测量装置、指示与控制装置、制动装置和小车等组成，其示意图如图 8-13 所示。

驱动装置由电动机、转轮等组成，用以带动支离地面的车轮转动。测量装置由传感磁头、可调支杆、底座和传感器等组成，它将车轮不平衡量产生的振动变成电信号，送到指示与控制装置。指示与控制装置由频闪灯、不平衡度表或数字显示器等组成。频闪灯用来指示车轮不平衡点位置，不平衡度表或数字显示器用来指示车轮的不平衡量。一般有两个档位：第一档往往用于初查时的指示，第二档往往用于装上平衡块后复查时的指示。制动装置用于使车轮停转。除测量装置外，车轮动平衡机的其余装置都装在小车上，可方便地移动。

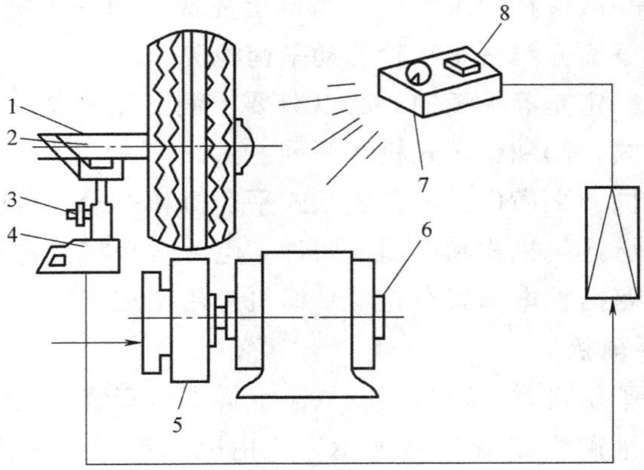

图 8-13　就车式车轮动平衡机示意图

1—汽车转向节　2—传感磁头　3—可调支杆　4—底座　5—转轮　6—电动机　7—频闪灯　8—不平衡度表

思考练习题

8-1　飞轮设计时是否使速度不均匀系数越小越好？为什么？飞轮的安装位置如何选择？

8-2　试述机械系统周期性与非周期性速度波动的产生原因及相应的调节方法。

8-3　飞轮设计的基本原理是什么？为什么说飞轮在调速的同时还能起到节约能源的作用？

8-4　为什么刚性转子的静、动平衡也分别称为单、双面平衡？静、动平衡的条件各是什么？

8-5　为什么做一般平面运动的构件，其惯性力不能在构件内部平衡？机构在机架上平衡的条件是什么？

8-6　机构总惯性力的完全、部分平衡方法有哪些？各有何特点？

8-7　待平衡转子在静平衡架上滚动至停止时，其质心理论上应处于最低位置。但实际上由于存在滚动摩擦阻力，质心不会到达最低位置，因而导致试验误差。试问用什么方法进行静平衡试验可以消除该项误差？

8-8　主轴做周期性速度波动时会使机座产生振动，而回转体不平衡时也会使机座产生振动。试比较这两种振动产生的原因，并说明能否在理论上和实践上消除这两种振动。

8-9　图 8-14 所示为作用在多缸发动机曲轴上的驱动力矩M'和阻力矩 M'' 的变化曲线，其驱动力矩曲线与阻力矩曲线围成的面积顺次为$+580\text{mm}^2$、-320mm^2、$+390\text{mm}^2$、-520mm^2、$+190\text{mm}^2$、-390 mm^2、$+260\text{ mm}^2$ 及 -190 mm^2。该图的比例尺$\mu_M = 100\text{N}\cdot\text{m/mm}$，$\mu_\varphi = 0.01\text{rad/mm}$，设曲柄平均转速为 120r/min，其瞬时角速度不超过其平均角速度的$+3\%$，求装在该曲柄轴上的飞轮的转动惯量。

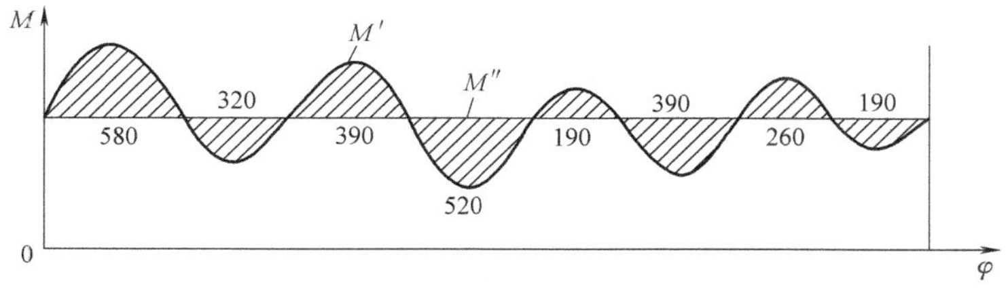

图 8-14　题 8-9 图

8-10　设某机组由发动机供给的驱动力矩 $M' = \dfrac{1000}{\omega}$（即驱动力矩与瞬时角速度成反比），阻力矩 M''的变化如图 8-15 所示，$t_1 = 0.1\text{s}$，$t_2 = 0.9\text{s}$，若忽略其他构件的转动惯量，求在 $\omega_{max} = 134\text{rad/s}$、$\omega_{min} = 116\text{rad/s}$ 状态下飞轮的转动惯量。

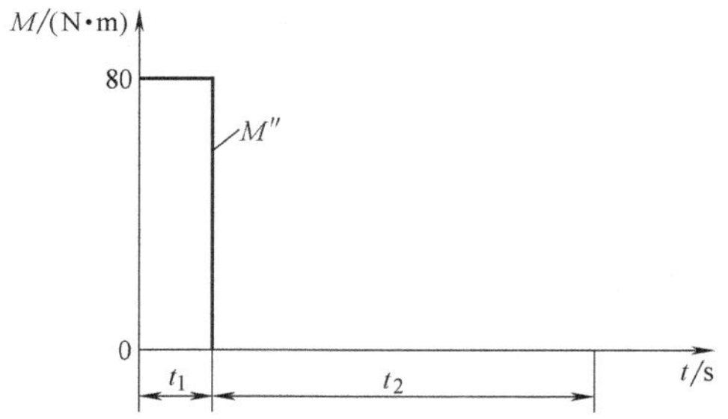

图 8-15　题 8-10 图

8-11　某汽轮机转子质量为 1t，由于材质不均匀及叶片安装误差致使质心偏离回转轴线 0.5mm，当该转子以 5000r/min 的转速转动时，其离心力有多大？离心力是它本身重力的几倍？

8-12　图 8-16 所示转鼓存在空间分布的不平衡质量。已知 $m_1 = 10\text{kg}$，$m_2 = 15\text{kg}$，$m_3 = 20\text{kg}$，$m_4 = 10\text{kg}$。各不平衡质量的质心至回转轴线的距离 $r_1 = 50\text{mm}$，$r_2 = 40\text{mm}$，$r_3 = 60\text{mm}$，$r_4 = 50\text{mm}$。轴向距离 $l_{12} = l_{23} = l_{34}$，相位夹角 $\alpha_{12} = \alpha_{23} = \alpha_{34} = 90°$。设向径 $r_{\text{I}} = r_{\text{II}} = 100\text{mm}$，试求在校正平面 Ⅰ 和 Ⅱ 内需加的平衡质量 m_{I} 和m_{II} 及其相位。

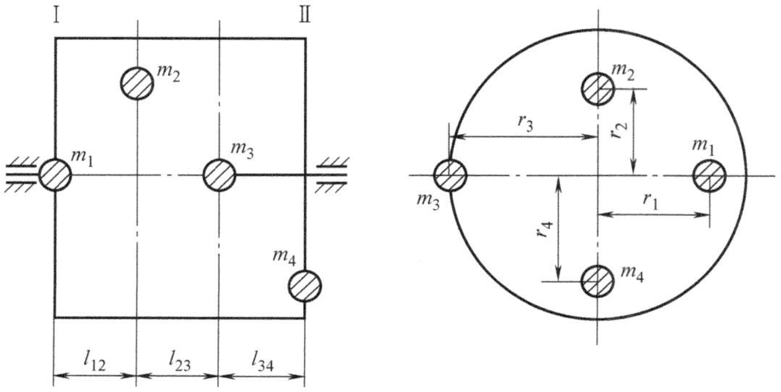

图 8-16　题 8-12 图

下　篇

机械零件部分

第9章 机械零件设计概论

前面几章主要论述了常用机器和机构的运动学及动力学基础知识，属于机械原理部分。从本章开始，主要从零件的工作原理、承载能力、构造和维护等方面论述常用机械零件的设计问题，包括如何合理确定零件的形状和尺寸，如何适当选择零件的材料以及如何使零件具有良好的工艺性等。

9.1 机械零件的工作能力

9.1.1 机械零件的主要失效形式

零件的工作能力是指零件在不发生失效前提下的安全工作限度。所谓零件的失效就是指机械零件由于某些原因而不能正常工作的情况，一般根据零件的失效极限来研究零件的承载能力。机械零件的主要失效形式如下：

1. 断裂

断裂可分为韧性断裂、脆性断裂和疲劳断裂等几种形式。当零件在外载荷作用下，由于某一危险截面上的应力超过零件的抗拉强度时将发生前两种断裂；在变应力状态下工作时间较长的零件，最易发生疲劳断裂，这是大多数机械零件的失效形式。

断裂是一种严重的失效形式，它不但使零件失效，有时还会导致严重的人身及设备事故。

2. 过量变形

机械零件受载工作时，必然会发生弹性变形。在允许范围内的微小弹性变形对机器工作影响不大，但过量的弹性变形会使零件或机器不能正常工作，有时还会造成较大振动，致使零件损坏。

当零件过载时，塑性材料还会发生塑性变形。这会造成零件的尺寸和形状改变，破坏零件与零件间的相互位置和配合关系，使零件或机器不能正常工作。

3. 表面损伤

绝大多数零件都会与别的零件产生静或动的接触和配合关系。载荷作用于表面，摩擦和磨损发生在表面，环境介质也包围着表面，因此失效大都会出现在表面。

表面损伤包括表面疲劳、磨损、胶合、塑性变形、压溃及腐蚀等。表面损伤后通常都会增大摩擦，增加能量消耗，破坏零件的工作表面，致使零件尺寸发生变化，最终造成零件报废。零件的使用寿命在很大程度上受到表面损伤的限制。

4. 破坏正常工作条件引起的失效

有些零件只有在一定的工作条件下才能正常工作。例如，液体摩擦的滑动轴承，只有在存在完整的润滑油膜时才能正常工作；带传动和摩擦轮传动，只有在传递的有效拉力小于最大有效拉力时才能正常工作；高速转动的零件，只有其转速与转动件系统的固有频率相差一定间隔时才能正常工作等。如果破坏了这些必备的条件，将发生不同类型的失效。例如，滑动轴承将发生过热、胶合、磨损等形式的失效；带传动将发生打滑的失效；高速转子将发生共振，从而使振幅增大，以致引起断裂失效等。

同一种零件可能有多种失效形式，例如，轴可能发生疲劳断裂，也可能发生过大的弹性变形，还可能发生共振。在各种失效形式中，到底哪一种是主要失效形式，这应根据零件的材料、具体结构和工作条件等来确定。对于载荷稳定的、一般用途的转轴，疲劳断裂是其主要失效形式；对于精密主轴，弹性变形量过大是其主要失效形式；而对于高转速的轴，发生共振，丧失振动稳定性可能是其主要失效形式。

9.1.2 机械零件的设计计算准则

为了避免零件的失效，设计机械零件时就应使其具有足够的强度。零件的强度可对载荷而言，也可对变形、速度、温度、压力而言，通常是对载荷而言，故又称为承载能力。对于不同的失效形式，零件的承载能力也不同，应按照承载能力的最小值去设计零件，即应保证按照各种失效形式求得的最小承载能力大于或等于外加载荷。

设计机械零件时，保证零件不产生失效所依据的基本原则称为设计计算准则。主要有以下几个设计计算准则：

1. 强度准则

强度是零件在载荷作用下抵抗断裂的能力，包括整体强度和表面强度，是机械零件首先应满足的基本要求。整体强度主要用来判断机械零件是否会发生断裂，如韧性断裂、脆性断裂和疲劳断裂等；表面强度主要用来判断机械零件表面是否会发生影响工作能力的破坏，如表面磨损、表面压溃和表面接触疲劳破坏等。

在理想的平稳工作条件下作用在零件上的载荷称为名义载荷。然而在机器运转时，零件还会受到各种附加载荷作用，通常用引入载荷系数 K（有时只考虑工作情况的影响，则用工作情况系数 KA）的办法来估计这些因素的影响。载荷系数与名义载荷的乘积，称为计算载荷。按照名义载荷用力学公式求得的应力，称为名义应力；按照计算载荷求得的应力，称为计算应力。工程实际中一般都是使用计算载荷和计算应力。

为了保证零件具有足够的强度，计算时，应使其在载荷作用下，零件危险截面或工作表面的工作应力不超过零件的许用应力。具体判断形式可采用许用应力法或安全系数法。

1）许用应力法是比较危险截面处的计算应力（σ、τ）是否小于零件材料的许用应力（$[\sigma]$、$[\tau]$），即

$$\begin{cases}\sigma \leqslant [\sigma], 而 [\sigma]=\dfrac{\sigma_{\lim}}{S} \\ \tau \leqslant [\tau], 而 [\tau]=\dfrac{\tau_{\lim}}{S}\end{cases} \tag{9-1}$$

式中，$\sigma_{\lim}$、$\tau_{\lim}$ 分别为极限正应力和极限切应力；S 为安全系数。

2）安全系数法是比较危险截面处的安全系数 S 是否大于或等于许用安全系数 $[S]$，即

$$\begin{cases}S=\dfrac{\sigma_{\lim}}{\sigma} \geqslant [S] \\ S=\dfrac{\tau_{\lim}}{\tau} \geqslant [S]\end{cases} \tag{9-2}$$

材料的极限应力一般都是在简单应力状态下用试验方法测出的。对于在简单应力状态下工作的零件，可直接按式（9-1）和式（9-2）进行计算；对于在复杂应力状态下工作的零件，则应根据材料力学中所讲述的强度理论确定其强度条件。

2. 刚度准则

刚度是零件在载荷作用下抵抗弹性变形的能力。刚度越小，则零件发生过量变形的可能性越大。为此，设计计算时应使零件工作时产生的弹性变形量 y（广义的代表任何一种形式的弹性变形量）不超过机器工作性能所允许的极限值，即许用变形量 $[y]$。其表达式为

$$y \leqslant [y]$$

弹性变形量可根据不同的变形形式由理论计算或试验方法来确定；许用变形量主要根据机器的工作要求、零件的使用场合等由理论计算或工程经验来确定其合理的数值。

3. 寿命准则

影响零件寿命的主要失效形式是腐蚀、磨损和疲劳，它们的产生机理、发展规律及对零件寿命的影响是完全不同的，应分别加以考虑。

由于磨损影响机理还未完全研究清楚，工程应用中常用耐磨性来反映零件在载荷作用下抵抗磨损的能力，并常用条件性计算方法做近似计算。疲劳寿命通常是以在使用寿命期间零件的疲劳极限或额定载荷为计算依据的。迄今为止，还没有提出关于腐蚀寿命有效而实用的计算方法和设计准则。

4. 振动稳定性准则

对于速度较高或刚度较小的机械，在工作时易发生强烈振动现象。由于机器中存在许多周期性变化的激振源，例如齿轮的啮合、轴的偏心转动、滚动轴承的振动等，当机械或零件的固有频率 f 与上述激振源的频率 f_p 重合或成整数倍关系时，就会发生共振，导致振幅急剧增大，短期内就会使零件破坏。这不仅影响机械的正常工作，甚至还会造成破坏性事故。振动稳定性准则就是要求所设计的零件的固有频率 f 与其工作时所受的激振频率 f_p 错开。通常只需避开一阶共振，即

$$f_p<0.85f \text{ 或 } f_p>1.15f \tag{9-3}$$

5. 散热性准则

机械零部件在高温条件下工作，由于过度受热，会引起润滑油失效、氧化、胶合，产生热变形，硬度降低，使零件失效或机械精度降低。因此，为保证零部件在高温下正常工作，应合理设计其结构及合理选择材料，对发热较大的零部件（蜗杆、滑动轴承等）还要进行热平衡计算，必要时应采用冷却降温措施。

6. 可靠性准则

满足强度要求的一批完全相同的零件，由于零件的工作应力和极限应力都是随机变量，在规定的工作条件下和规定的使用期限内，并非所有的零件都能完成规定的功能，会有一定数量的零件因丧失工作能力而失效。机械零件在规定工作条件下和规定使用时间内完成规定功能的概率称为可靠度。

设有 N_t 个零件在预定时间 t 内有 N_f 个零件失效，剩下 N_s 个零件仍能继续工作，则可靠度为

$$R=\frac{N_s}{N_t}=1-\frac{N_f}{N_t} \tag{9-4}$$

9.2 机械零件的常用材料及选用

9.2.1 机械零件的常用材料

机械零件中常用的材料主要是钢、铸铁，其次是有色金属合金和非金属材料。

1. 钢

钢是含碳量 w_C 小于 2.11%的铁碳合金。钢具有高的强度、良好的韧性和塑性，并可以通过热处理工艺保证和提高其力学性能、物理性能和化学性能，因此应用十分广泛。

钢按品质（即含硫量和含磷量）分为普通钢（$w_S \leqslant 0.055\%$，$w_P \leqslant 0.045\%$）、优质钢（$w_S \leqslant 0.040\%$，$w_P \leqslant 0.040\%$）、高级优质钢（$w_S \leqslant 0.030\%$，$w_P \leqslant 0.035\%$）；按化学成分分为碳素钢和合金钢；按用途分为结构钢、工具钢和特殊性能钢；按成形方法分为锻钢、铸钢、热轧钢和冷拉钢。钢的品种繁多，一般综合用途、成分及品质这三种分类方法来命名，例如普通碳素结构钢、优质碳素结构钢、碳素工具钢、合金结构钢和合金工具钢等。

（1）普通碳素结构钢 普通碳素结构钢的牌号以“Q”+“数字”+“字母”+“字母”表示。其中，“Q”是钢材的屈服强度“屈”字的汉语拼音字首，紧跟其后的是屈服强度值，再后面分别是质量等级符号和脱氧方法。质量等级包括 A、B、C、D 四级，A 级质量最差，D 级质量最好。脱氧方法中“F”表示沸腾钢，“Z”表示镇静钢。例如，Q235AF 即表示屈服强度值为 235MPa 的 A 级沸腾钢。普通碳素结构钢主要用于制造一般要求的机械零件。

（2）优质碳素结构钢 正常含锰量（w_{Mn} 为 0.25%～0.8%）的优质碳素结构钢以“两位数字”表示，含锰量较高（w_{Mn} 为 0.70%～1.20%）的优质碳素结构钢以“两位数字”+“Mn”表示。有些要加脱氧方法符号，方法同普通碳素结构钢。若为高级优质钢，

则在其钢号后加"高"或"A"。钢号的前两位数字表示平均含碳量（质量分数，下同）的万分之几，例如 10F 表示平均含碳量 w_C 为 0.10%的沸腾钢；45 钢表示平均含碳量 w_C 为 0.45%的优质碳素结构钢；65Mn 表示平均含碳量 w_C 为 0.65%，含锰量 w_{Mn} 为 0.70%~1.20%的高锰优质碳素结构钢。优质碳素结构钢具有良好的综合力学性能，可用来制造各种机械零件。

普通碳素结构钢和优质碳素结构钢统称为碳素结构钢。从含碳量来说，这类钢中碳的质量分数一般不超过 0.7%。对于碳的质量分数低于 0.25%的低碳钢，它的强度极限和屈服极限较低，塑性很高，且具有良好的焊接性，适于冲压、焊接，常用来制造螺钉、螺母、垫圈、轴、气门导杆和焊接构件等。碳的质量分数为 0.1%~0.2%的低碳钢还用以制造渗碳的零件，如齿轮、活塞销、链轮等。通过渗碳淬火可使零件表面硬而耐磨，心部韧性好而耐冲击。如果要求有更高强度和耐冲击性能，可采用低碳合金钢。对于碳的质量分数为 0.25%~0.6%的中碳钢，它的综合力学性能较好，既有较高的强度，又有一定的塑性和韧性，常用于制造受力较大的螺栓、螺母、键、齿轮和轴等零件。碳的质量分数大于 0.6%的高碳钢具有较高的强度和弹性，多用来制造普通的板弹簧、螺旋弹簧或钢丝绳等。

（3）合金结构钢　为了改善钢的性能，特意加入了一些合金元素的钢称为合金钢。合金结构钢牌号以"两位数字"+"元素"+"数字"+…的方法表示。合金元素以化学元素符号表示，合金元素后面的数字则表示该元素的含量，一般以百分之几表示。凡合金元素的平均含量（质量分数）小于 1.5%时，钢号中一般只标明元素符号而不标明其含量；如果平均含量（质量分数）≥1.5%、≥2.5%、≥3.5%等，则相应地在元素符号后面标以 2、3、4 等。如果为高级优质钢，则在其钢号后加"高"或"A"。钢中的 V、Ti、Al、B 等合金元素，虽然含量很低，但在钢中能起相当重要的作用，故仍应在钢号中标出。例如 20CrMnTi 表示碳的平均质量分数为 0.20%，主要合金元素 Cr、Mn 的质量分数均低于 1.5%，并含有微量 Ti 的合金结构钢。合金结构钢具有强度高、韧性好和耐蚀性强等良好性能，常用于制造重要或有特殊要求的机械零件。

钢中添加合金元素的作用在于改善钢的性能。例如：镍能提高强度而不降低钢的韧性；铬能提高硬度、高温强度、耐蚀性和提高高碳钢的耐磨性；锰能提高耐磨性、强度和韧性；钼的作用类似于锰，其影响更大些；钒能提高韧性及强度；硅可提高弹性极限和耐磨性，但会降低韧性。合金元素对钢的影响是很复杂的，特别是当为了改善钢的性能需要同时加入几种合金元素时。应当注意，合金钢的优良性能不仅取决于化学成分，而且在更大程度上取决于适当的热处理。

（4）铸钢　铸钢是以铸造方式冶炼的碳素钢，可以铸造成各种形状的零件，其强度和韧性都比较好。铸钢牌号由"ZG"和两组数字组成，"ZG"表示"铸钢"二字汉语拼音字首，前一组数字表示最低屈服强度值（R_{eL}），后一组数字表示最低抗拉强度值（R_m）。例如，ZG270-500 表示 $R_{eL}\geqslant 270$MPa、$R_m \geqslant 500$MPa 的一般工程用铸造碳素钢。

铸钢的液态流动性比铸铁差，所以用普通砂型铸造时，壁厚常不小于 10mm。铸钢件的收缩率比铸铁件大，故铸钢件的圆角和不同壁厚的过渡部分均应比铸铁件大些。

选择钢材时，应在满足使用要求的条件下，尽量采用价格便宜、供应充分的碳钢，必须采用合金钢时也应优先选用我国资源丰富的硅、锰、硼、钒类合金钢。例如，我国齿轮减速器规范中，已采用35SiMn和ZG35SiMn等代替原有的35Cr、40CrNi等材料。

2. 铸铁

铸铁是碳的质量分数大于2.11%的铁碳合金。铸铁是历史上使用得较早的材料，也是成本最低廉的金属材料之一。铸铁成形零件毛坯只能用铸造方法，不能用锻造或轧制方法。铸铁中的石墨形态、尺寸及分布状况对性能影响很大。按石墨的形态，铸铁可分为普通灰铸铁（片状石墨）、蠕墨铸铁、球墨铸铁（球状石墨）、可锻铸铁和特殊性能铸铁等。

（1）灰铸铁 灰铸铁是价格最低廉、应用最广泛的一种铸铁，在各类铸铁的总产量中，灰铸铁占80%以上。与普通碳素钢相比，灰铸铁的抗拉强度、塑性和韧性都远远低于钢，但是它的耐磨性与消振性好，工艺性能好。灰铸铁常用于制造带轮、机座和箱体等零件。灰铸铁的牌号由“HT”和一组数字组成，“HT”表示“灰铁”二字汉语拼音的字首，“HT”后面的数字表示最低抗拉强度值（R_m）。

（2）球墨铸铁 与灰铸铁相比，球墨铸铁具有较高的抗拉强度和对称弯曲疲劳极限，也具有良好的塑性及韧性，球墨铸铁的刚性也比灰铸铁好，但球墨铸铁的消振能力比灰铸铁低很多。

球墨铸铁可通过合金化和热处理强化的方法进一步提高它的力学性能。因此，球墨铸铁可以在一定条件下代替铸钢、锻钢等，用以制造受力复杂、载荷较大和要求耐磨的铸件。例如可用球墨铸铁来制造内燃机曲轴、凸轮轴、阀门和犁铧等。

球墨铸铁的牌号由“QT”和两组数字组成，“QT”表示“球铁”二字汉语拼音字首，“QT”后面的两组数字分别表示最低抗拉强度值（R_m）和最低伸长率（A）。

3. 有色金属合金

在工业生产中，通常把钢铁材料称为黑色金属，而把其他金属材料称为有色金属，例如铜、锡、铝以及铜合金（黄铜、青铜）、铝合金和轴承合金等。与钢铁材料相比，有色金属具有许多优良的特性。例如，锡青铜具有较好的耐磨性和耐蚀性，因此蜗杆传动中的蜗轮齿圈常用锡青铜材料制造；轴承合金具有良好的耐磨性、耐蚀性和导热性，以及一定的塑性、韧性和较小的膨胀系数，因此常用于制造滑动轴承轴瓦及内衬。

4. 非金属材料

非金属材料包括除金属材料以外几乎所有的材料，例如橡胶、塑料、陶瓷、木材、棉、麻等。

（1）橡胶 橡胶有优良的伸缩性、耐磨性、隔声和绝缘等性能，被广泛用于制造密封件、减振件、传动带和轮胎等制品。同时，橡胶富有弹性，有良好的储能能力，能吸收较多的冲击能量，常用于制造联轴器或减振器的弹性元件、带传动的胶带等。硬橡胶可用于制造用水润滑的轴承衬。

（2）塑料 塑料的密度小，易于制成形状复杂的零件，而且不同的塑料具有不同的特点，如耐蚀性、绝热性、绝缘性、减摩性、摩擦系数大等，所以近年来塑料在机械制造中的应用日益广泛。以木屑等做填充物，用热固性树脂压结而成的塑料称为结合塑料，可用来制造仪表支架、手柄等受力不大的零件。以布、薄木板等层状填充物为基体，用热固性树脂压结而成的塑料称为层压塑料，可用来制造无声齿轮、轴承衬和摩擦片等。

此外，在机械制造中也常用到其他非金属材料，如皮革、木材、纸板、棉、丝等。

(3) 复合材料　复合材料是用两种或两种以上具有明显不同的物理和化学性能的材料经复合工艺处理而得到所需性能的一种新型材料。例如用玻璃、石墨（碳）、硼、塑料等非金属材料可以复合成各种纤维增强复合材料。在普通碳素钢板表面贴附塑料，可以获得强度高而又耐腐蚀的塑料复合钢板，其主要优点是有较高的强度和弹性模量，而质量又特别小，但也有耐热性差、导热和导电性能较差的缺点。此外，复合材料的价格比较昂贵。所以，目前复合材料主要用于航空航天等高科技领域，在民用产品中，复合材料也有一些应用。

5. 粉末冶金材料

粉末冶金法是采用成形和烧结等工序将金属粉末或金属与非金属粉末的混合物，通过固结使其成为具有一定形状金属制品的工艺方法，其制件统称为粉末冶金零件或烧结零件。

粉末冶金既可制取用普通熔炼方法难以制取的特殊材料，又可制造各种精密的机械零件，省工省料。汽车工业中使用的各类粉末冶金零件，已占粉末冶金总产量的 70%～80%。由于零部件的高强度化、高精度化及低成本化，粉末冶金零件在汽车上的应用越来越多，如汽车发动机的气门座、带轮、粉末冶金链轮和连杆等。

表 9-1 给出了常用钢材、铸铁的牌号和力学性能。

表 9-1　常用钢材、铸铁的牌号和力学性能

材料		力学性能			试件尺寸 /mm
类别	牌号	抗拉强度 R_m/MPa	屈服强度 R_{eL}/MPa	伸长率 A(%)	
碳素结构钢 (GB/T 700—2006)	Q215 Q235 Q275	335～410 375～460 490～610	215 235 275	31 26 20	$d\leqslant16$
优质碳素结构钢 (GB/T 8162—2018)	20 35 45	410 530 600	245 315 355	25 20 16	$d\leqslant25$
合金结构钢 (GB/T 3077—2015)	35SiMn 40Cr 20CrMnTi	885 980 1080	735 785 850	15 9 10	$d=25$ $d=25$ $d=15$
铸钢 (GB/T 11352—2009)	ZG270-500 ZG310-570 ZG42SiMn	500 570 600	270 310 380	18 15 12	$d\leqslant100$
灰铸铁 (GB/T 9439—2010)	HT150 HT200 HT250	145 195 240	— — —	— — —	壁厚 10～20
球墨铸铁 (GB/T 1348—2009)	QT400-15 QT500-7 QT600-3	400 500 600	250 320 370	15 7 3	壁厚 30～200

注：钢铁材料的硬度与热处理方法、试件尺寸等因素有关，其数值详见机械设计手册及本书有关章节。

9.2.2 机械零件材料的选用

从各种各样的材料中选出适用的材料，是一项受多方面因素制约的工作。因此，如何选择零件的材料是零件设计的重要一环。选择机械零件材料的原则是所选材料应满足零件的使用要求、有良好的工艺性和经济性等。

1. 使用要求

1）根据零件的工作状况和受载情况，以及为避免相应的失效形式而提出的要求。

工作状况是指零件所处的环境特点、工作温度、摩擦磨损的程度等。对于在湿热环境或腐蚀介质中工作的零件，其材料应有良好的防锈和耐蚀能力，例如不锈钢、铜合金等。工作温度对材料选择有较大影响，一方面要考虑互相配合的两零件的材料的线膨胀系数不能相差过大，以免在温度变化时产生过大的热应力或者使配合松动，另一方面也要考虑材料的力学性能随温度而改变的情况。对于在滑动摩擦条件下工作的零件，要提高其表面硬度，以增强耐磨性，应选择适于进行表面处理的淬火钢、渗碳钢、渗氮钢等品种或选用减摩和耐磨性能好的材料。

受载情况是指载荷、应力的大小和性质。脆性材料原则上只适用于制造在静载荷下工作的零件；在有冲击的情况下，应以塑性材料作为主要材料；对表面受较大接触应力的零件，应选择可以进行表面处理的材料，如表面硬化钢；对受应变力的零件，应选择抗疲劳的材料；对于受冲击载荷的零件，应选择冲击韧性较高的材料；对于尺寸取决于强度而尺寸和质量又受限的零件，应选择强度较高的材料；对于尺寸取决于刚度的零件，应选择弹性模量较大的材料。

金属材料的性能一般可通过热处理加以提高和改善，因此，要充分利用热处理的手段来发挥材料的潜力。对于最常用的调质钢，由于其回火温度的不同可得到力学性能不同的毛坯。回火温度越高，材料的硬度和刚度将越低，而塑性越好。所以在选择材料的品种时，应同时规定其热处理规范，并在图样上注明。

2）对零件尺寸和质量的限制要求。

零件尺寸及质量的大小与材料的品种及毛坯制造方法有关。生产铸造毛坯时，一般可以不受尺寸及质量大小的限制；而生产锻造毛坯时，则需注意锻压机械及设备的生产能力。此外，零件尺寸和质量的大小还和材料的比强度有关，应尽可能选择比强度大的材料，以便减小零件的尺寸及重量。

3）根据零件在整机及部件中的重要程度而提出的要求。

4）其他特殊要求，如需要绝缘、抗磁等。

2. 工艺要求

为使零件便于加工制造，选择材料时应考虑零件结构的复杂程度、尺寸大小及毛坯类型。对于外形复杂、尺寸较大的零件，若采用铸造毛坯，应考虑材料的铸造性能，如液态流动性、产生缩孔或偏析的可能性；若采用焊接毛坯，则应考虑材料的焊接性和产生裂纹的倾向等。对于外形简单、尺寸较小、批量较大的零件，适合冲压和模锻，应选择延伸性、热脆性和变形能力较好的材料。对于需要热处理的零件，应考虑材料的热处理性能，如材料的淬透性及淬火变形的倾向等。另外，对于需要经过切削加工的零件，要考虑材料的易切削性、切削后能达到的表面粗糙度值和表面性质的变化等，还应考虑材料热处理后的易切削性。

3. 经济要求

1）材料的相对价格。在满足零件工作能力的前提下，应尽量选用价格低廉的材料。

2）材料的加工费用。如单件生产箱体零件采用铸铁，虽然其材料价格比钢低，但需制作木模和砂型等，若改用钢板焊接，则其加工费用会降低。

3）材料的利用率。采用无切削或少切削毛坯，如精锻、模锻及冲压等，以提高材料的利用率。

4）采用组合式零件结构，不同部位采用不同材料，各尽其用。例如蜗轮的齿圈用青铜，发挥其减摩和抗胶合的长处，轮心用铸铁，发挥其价廉的优点。

5）采用热处理、表面强化、表面喷镀等工艺，充分发挥和利用材料潜在的力学性能，降低腐蚀或磨损的速度，延长零件的使用寿命。

6）采用代用材料，节约稀有材料。例如，用铝青铜代替锡青铜制造轴瓦，用锰硼系合金钢代替铬镍系合金钢等。

7）考虑材料供应情况。为简化供应和储存材料的品种，对小批量制造的零件，应尽可能地减少同一台机器上使用的材料品种和规格。

表 9-2 列出了一些常用材料的相对价格，供选择时参考。

表 9-2 常用材料的相对价格

材　料	种类、规格	相对价格
热轧圆钢	普通碳钢 Q235（ϕ33～ϕ42mm）	1
	优质碳钢（ϕ29～ϕ50mm）	1.5～1.8
	合金结构钢（ϕ29～ϕ50mm）	1.7～2.5
	滚动轴承钢（ϕ29～ϕ50mm）	3
	合金工具钢（ϕ29～ϕ50mm）	3～20
	4Cr9Si2 耐热钢（ϕ29～ϕ50mm）	5
铸件	灰铸件铸件	0.85
	碳钢铸件	1.7
	铜合金、铝合金铸件	8～10

为了材料供应和生产管理上的方便，应尽量缩减材料的品种。通常，各企业都对所用材料的品种、牌号加以限制，并制订适用于本地区、本企业的材料目录，供设计时选用。

9.3 机械零件的强度

9.3.1 载荷和应力的分类

1. 载荷分类

作用在零件上的载荷可分为静载荷和变载荷两类。大小、位置和方向不随时间变化或变化小的载荷称为静载荷，随时间变化的载荷称为变载荷。变载荷又可以分为周期载荷、随机载荷和动载荷。随时间周期性变化的载荷称为周期载荷。每个工作循环内的载荷不变、各循环的载荷相同时，称为稳定周期载荷（图 9-1）；若每个工作循环内的载荷是变化的，则称为不稳定周期载荷（图 9-2）。随时间随机变化的载荷称为随机载荷（图 9-3）。突然作用且作用时间很短的载荷为动载荷，如冲击载荷、惯性载荷和振动载荷等。

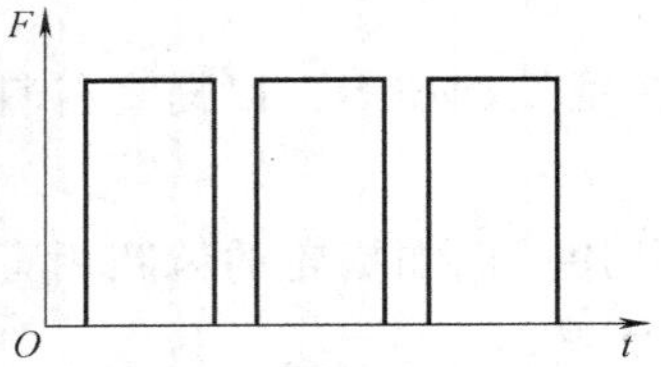

图 9-1　稳定周期载荷

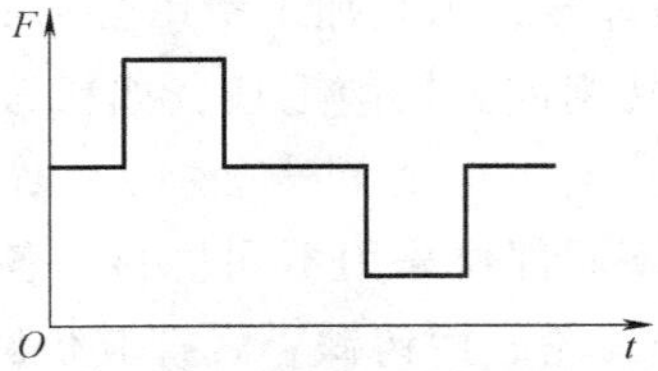

图 9-2　不稳定周期载荷

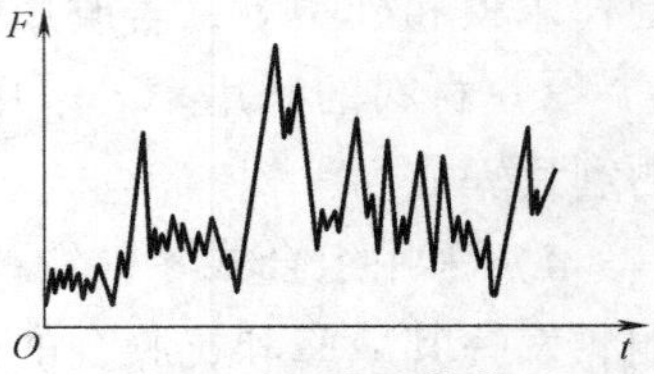

图 9-3　随机载荷

2. 应力分类

按应力随时间变化的特性不同，可分为静应力和变应力。不随时间变化或变化较小的应力称为静应力（图 9-4a）。随时间变化的应力称为变应力。绝大多数机械零件都是在变应力状态下工作的。变应力可分为稳定循环应力（图 9-5）、不稳定循环应力（图 9-4b）及随机应力（图 9-4c）。瞬时作用的过载或冲击所产生的应力称为尖峰应力（图 9-4c）。

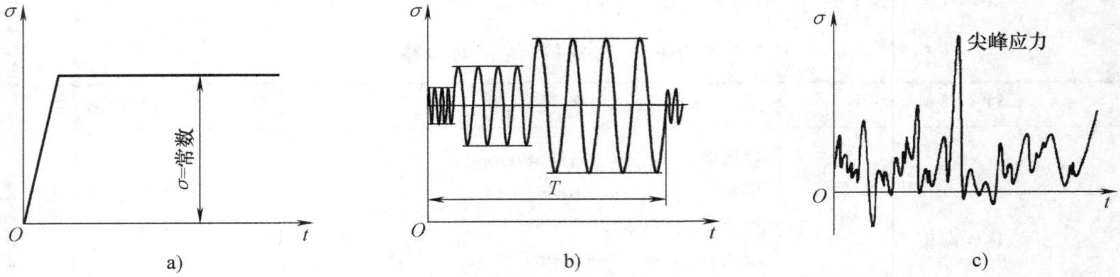

图 9-4　静应力和变应力

周期变化的应力称为稳定循环应力或循环变应力，它有三种基本类型：对称循环变应力（图 9-5a）、脉动循环变应力（图 9-5b）和非对称循环变应力（图 9-5c）。图 9-5 中 T 为变应力的循环周期。

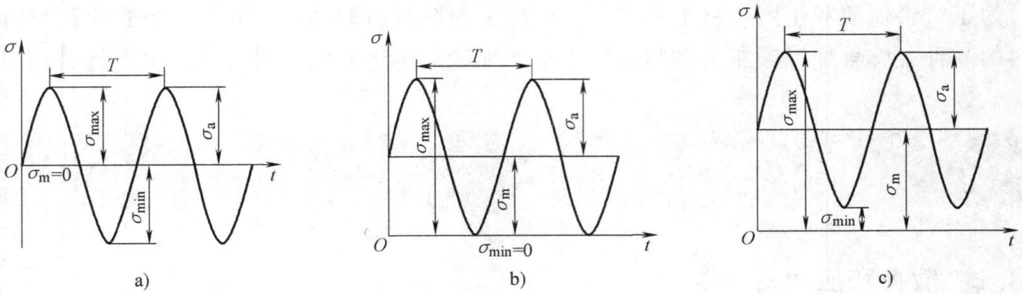

图 9-5　稳定循环应力

为了表示稳定循环应力状况，引入下列五个变应力参数：最大应力值 σ_{max}、最小应

力值 σ_{min}、平均应力值 σ_m、应力幅 σ_a 和循环特性 γ。如图 9-5 所示，它们之间的关系如下：

$$\sigma_{max}=\sigma_m+\sigma_a,\sigma_{min}=\sigma_m-\sigma_a \tag{9-5}$$

$$\sigma_m=\frac{\sigma_{max}+\sigma_{min}}{2},\sigma_a=\frac{\sigma_{max}-\sigma_{min}}{2} \tag{9-6}$$

$$\gamma=\frac{\sigma_{min}}{\sigma_{max}}=\frac{\sigma_m-\sigma_a}{\sigma_m+\sigma_a} \tag{9-7}$$

已知这五个参数中的任意两个参数就可以确定变应力的类型和特性。当 $\gamma=-1$ 时，σ_{max} 和 σ_{min} 的大小相等但符号（即方向）相反，为对称循环变应力；当 $\gamma=0$ 时，$\sigma_{min}=0$，$\sigma_m=\sigma_a=\sigma_{max}/2$，为脉动循环变应力；当 γ 为其他任意值时，为非对称循环变应力。当 $\gamma=+1$ 时，$\sigma_{max}=\sigma_{min}$，为静应力，因此可以把静应力看成是变应力的特例。通常在设计时，对于应力变化次数较少（例如在整个使用寿命期间应力变化次数小于 10^3 的通用零件）的变应力，可近似地按静应力处理。

当零件受变切应力作用时，以上概念仍然适用，只需将公式中的 σ 改成 τ 即可。变应力可能由变载荷产生，也可能由静载荷产生。零件的失效形式与材料的极限应力及零件工作时的应力类型有关。在进行强度计算时，首先要弄清楚零件所受应力的类型。

9.3.2　机械零件的疲劳破坏

所谓疲劳破坏是指在变应力作用下，零件的应力值即使低于材料的屈服强度，也会在经受一定应力循环周期后突然断裂，而且断裂时没有明显的宏观塑性变形。

1. 疲劳断裂过程

绝大多数机械零件在工作时受变应力载荷，因而产生的破坏形式是疲劳破坏。据统计，零件的疲劳断裂约占零件断裂总量的 80%以上。

1）初始裂纹形成。如果零件在制造过程中出现划伤、裂纹、非金属夹杂物及酸洗小坑等缺陷，则疲劳裂纹将首先在这些位置产生和扩展。零件的圆角、凹槽、缺口等造成的应力集中，也会促使零件表面裂纹的生成和发展。

2）疲劳光滑区形成。在变应力下形成初始裂纹后，裂纹继续发展形成疲劳区，疲劳区有标志裂纹发展过程的前沿线。裂纹边缘反复压紧和分开，使疲劳区呈光滑状态。

3）突然断裂。随着应力循环次数的增加，裂纹沿尖端扩展，疲劳光滑区越来越大，直至余下的未断裂截面不足以承受外载荷时，即使最大工作应力远低于材料的强度极限，甚至远低于屈服极限，零件都会发生突然断裂。无论是塑性材料还是脆性材料，其断口均表现为无明显塑性变形的脆性突然断裂。

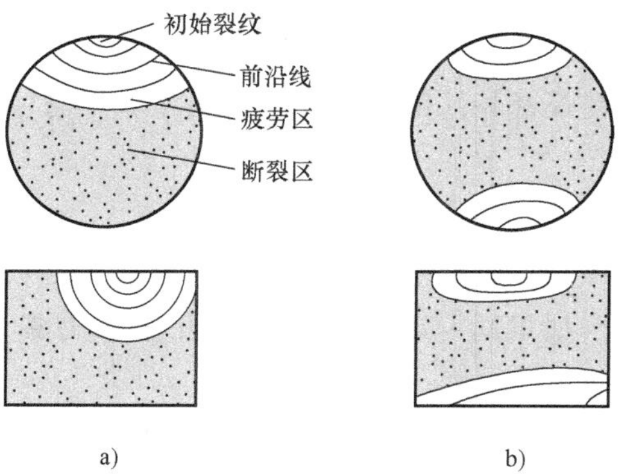

图 9-6　金属的疲劳破坏断面

疲劳破坏断面由光滑的疲劳区和粗粒状的断裂区组成。图 9-6a 所示的初始裂纹为一个，图 9-6b 所示的初始裂纹为两个。粗粒状的断裂区是由于当裂纹达到临界尺寸后，在较少的应力循环次数作用下迅速发生断裂而造成的。

2. 疲劳曲线

疲劳断裂不同于一般静力断裂，它是损伤到一定程度，即裂纹扩展到一定程度后才发生的突然断裂。所以疲劳断裂与应力循环次数（即使用期限或寿命）密切相关。

由材料力学知识可知，表示应力 σ 与应力循环次数 N 之间的关系曲线称为疲劳曲线。如图 9-7 所示，横坐标为循环次数 N，纵坐标为断裂时的循环应力 σ。从图中可以看出，应力越小，试件能经受的循环次数就越多。从大多数钢铁材料的疲劳试验可知，当循环次数 N 超过某一数值 N_0 以后，曲线趋向水平（图 9-7）。N_0 称为应力循环基数，对于钢通常取 $N_0 \approx (1\sim25)\times10^7$。对应于 N_0 的应力称为材料的疲劳极限。通常用 σ_{-1} 表示材料在对称循环变应力下的弯曲疲劳极限。

疲劳曲线的左半部（$N<N_0$），可近似地用下列方程式表示：

$$\sigma_{-1N}^{m}N=\sigma_{-1}^{m}N_0=C \tag{9-8}$$

式中，σ_{-1N} 为对应于循环次数 N 的疲劳极限；C 为常数；m 为随应力状态而不同的幂指数，例如对受弯的钢制零件，$m=9$。

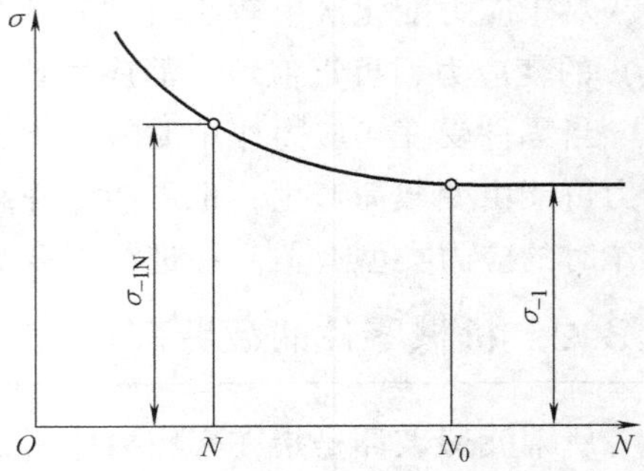

图 9-7　疲劳曲线

从式（9-8）可求得对应于循环次数 N 的弯曲疲劳极限

$$\sigma_{-1N}=\sigma_{-1}\sqrt[m]{\frac{N_0}{N}}=K_n\sigma_{-1} \tag{9-9}$$

式中，K_n 为寿命系数，$K_n=\sqrt[m]{\frac{N_0}{N}}$，当 $N\geqslant N_0$，$K_n=1$。

3. 影响机械零件疲劳强度的主要因素

在变应力条件下，影响机械零件疲劳强度的因素很多，有应力集中、零件尺寸、表面状态、环境介质、加载顺序和频率等，其中以前三种最为重要。

（1）应力集中的影响　由于结构要求，实际零件一般都有截面形状的突然变化处（如孔、圆角、键槽、缺口等），零件受载时，它们都会引起应力集中。常用有效应力集中系数 K_σ 来表示疲劳强度的真正降低程度。有效应力集中系数定义为：材料、尺寸和受载情况都相同的一个无应力集中试样与一个有应力集中试样的疲劳极限的比值，即

$$K_\sigma=\frac{\sigma_{-1}}{(\sigma_{-1})_K} \tag{9-10}$$

式中，σ_{-1} 和 $(\sigma_{-1})_K$ 分别为无应力集中试样和有应力集中试样的疲劳极限。

如果同一截面上同时有几个应力集中源，应采用其中最大有效应力集中系数进行计算。

（2）零件尺寸的影响　当其他条件相同时，零件尺寸越大，则其疲劳强度越低。其原因是零件尺寸大时，则材料晶粒粗，出现缺陷的概率大，机械加工后表面冷作硬化层相

对较薄，疲劳裂纹容易形成。

截面绝对尺寸对疲劳极限的影响，可用绝对尺寸系数表示。绝对尺寸系数定义为：直径为 d 的试样的疲劳极限 $(\sigma_{-1})_{\mathrm{d}}$ 与直径 $d_0=6\sim10\mathrm{mm}$ 的试样的疲劳极限 $(\sigma_{-1})_{\mathrm{d}_0}$ 的比值，即

$$\varepsilon_\sigma=\frac{(\sigma_{-1})_{\mathrm{d}}}{(\sigma_{-1})_{\mathrm{d}_0}} \tag{9-11}$$

(3) 表面状态的影响　零件的表面状态包括表面粗糙度和表面处理的情况。零件表面光滑或经过各种强化处理（如喷丸、表面热处理或表面化学处理等），可以提高零件的疲劳强度。表面状态对疲劳极限的影响可用表面状态系数 β 表示。表面状态系数定义为：试样在某种表面状态下的疲劳极限 $(\sigma_{-1})_\beta$ 与精抛光试样（未经强化处理）的疲劳极限 $(\sigma_{-1})_{\beta_0}$ 的比值，即

$$\beta=\frac{(\sigma_{-1})_\beta}{(\sigma_{-1})_{\beta_0}} \tag{9-12}$$

9.3.3　许用应力

许用应力都是按照式（9-1）来计算的，这里主要介绍极限应力和安全系数的取值情况。

1. 极限应力

(1) 静应力下的极限应力　在静应力作用下，机械零件有脆性断裂和塑性变形两种失效形式。对于脆性断裂，应取脆性材料的抗拉强度 R_{m} 为极限应力，故脆性材料的许用应力为

$$[\sigma]=\frac{R_{\mathrm{m}}}{S} \tag{9-13}$$

对于塑性变形，应取塑性材料的屈服强度 R_{eL} 为极限应力，故塑性材料的许用应力为

$$[\sigma]=\frac{R_{\mathrm{eL}}}{S} \tag{9-14}$$

表 9-1 列出了常用材料的抗拉强度 R_{m} 和屈服强度 R_{eL}。

(2) 变应力下的极限应力　在变应力作用下，材料的疲劳极限就是它的极限应力，同时还应考虑零件的切口和沟槽等截面突变、绝对尺寸和表面状态等影响。综合前面讨论的影响机械零件疲劳强度的主要因素及式（9-9），机械零件在变应力下的极限应力为

$$\sigma_{\mathrm{lim}}=\frac{\varepsilon_\sigma\beta\sigma_{\gamma\mathrm{N}}}{K_\sigma} \tag{9-15}$$

式中，γ 为循环特性。所以当应力是对称循环变化时，许用应力为

$$[\sigma_{-1}]=\frac{\sigma_{\mathrm{lim}}}{S}=\frac{\varepsilon_\sigma\beta\sigma_{-1\mathrm{N}}}{K_\sigma S} \tag{9-16}$$

当应力是脉动循环变化时，许用应力为

$$[\sigma_0]=\frac{\sigma_{\mathrm{lim}}}{S}=\frac{\varepsilon_\sigma\beta\sigma_{0\mathrm{N}}}{K_\sigma S} \tag{9-17}$$

式中，S 为安全系数；$\sigma_{-1\mathrm{N}}$ 和 $\sigma_{0\mathrm{N}}$ 分别为材料对称循环疲劳极限和脉动循环疲劳极限；

K_σ、ε_σ 和 β 意义同上，其值可在材料力学或机械设计相关手册中查到。

2. 安全系数

安全系数定得正确与否对零件尺寸影响很大。如果安全系数过大，则零件尺寸大、笨重，在用料、加工、运输方面都不经济；如果安全系数过小，零件可能又不安全。设计人员的任务在于：在保证零件工作安全可靠的前提下，尽可能减小许用安全系数的数值，或者尽可能提高许用应力的数值。

影响许用安全系数（或许用应力）数值大小的因素主要有：

1）与工作应力的计算有关的因素。如工作应力计算时所依据的载荷值的准确程度、所用的力学模型与实际状况之间的差异等。

2）与材料的极限应力有关的因素。如材料力学性能本身的变化、零件的尺寸效应、不同的毛坯制取方法及机械加工工艺对材料力学性能的影响等。

3）与零件重要性有关的因素。按照零件失效后引起事故严重性的顺序，如：零件破坏会导致人身事故；会导致严重的设备事故；会使机器停车修理，但不致引起事故；不会使机器立即停止工作等，安全系数可从大到小选取，但不能小于1。

在实际应用中，各个不同的机械设计部门中，通过多年的生产实践，已制定了本部门的安全系数专用规范。在设计时，如无特殊原因，应当结合具体要求按照规范中的规定酌情选取许用安全系数。在没有规范可循时，可参照下列原则来选定安全系数 S：

1）静应力下，塑性材料以屈服极限为极限应力。由于塑性材料可以缓和过大的局部应力，故可取安全系数 $S=1.2\sim1.5$；对于塑性较差的材料（如$\dfrac{\sigma_s}{\sigma_b}>0.6$）或铸钢件，可取 $S=1.5\sim2.5$。

2）静应力下，脆性材料以强度极限为极限应力，这时应取较大的安全系数。例如，对于高强度钢或铸铁件，可取 $S=3\sim4$。

3）变应力下，以疲劳极限作为极限应力，可取 $S=1.3\sim1.7$；若材料不够均匀、计算不够精确，可取 $S=1.7\sim2.5$。

安全系数也可用部分系数法来确定，即用几个系数的连乘积来表示总的安全系数：$S=S_1S_2S_3$。式中：S_1 考虑载荷及应力计算的准确性；S_2 考虑材料力学性能的均匀性；S_3 考虑零件的重要性。关于各项系数的具体数值可参阅有关资料。

例 9-1 一小型转臂吊车如图 9-8 所示，横梁采用工字钢，电动葫芦（图中未示出）与横梁上的小车相连。小车移动和横梁转动通过人力操纵。小车、电动葫芦的自重及起重量总计为 $W=20\text{kN}$。试分析：①拉杆 AC、横梁 BC 及支承 B 的作用力；②拉杆 AC、横梁 BC 可能出现的主要失效形式及其判定条件。

解 1）如图 9-8 所示，已知尺寸 L、l、H 后，即可进行受力分析。取横梁 BC 为研究对象，略去横梁自重，其上作用有载荷 W、拉杆 AC 的拉力 F 及支承 B 的约束反力 F_B，这些力处于同一平面内。

小型起重设备一般工作不频繁，满载起重次数不多，故本题可按承受静载荷考虑，以最大起重量（包括小车、电动葫芦自重）作为计算载荷。

由绕 B 的合力矩为零得拉杆拉力

$$F=\frac{WL}{H\cos30^\circ}=\frac{20\times2.2}{1.5\times0.866}\text{kN}=33.87\text{kN}$$

拉力 F 可分解为

$$F_x=F\cos30^\circ=33.87\cos30^\circ\text{kN}=29.33\text{kN}$$

$$F_y=F\sin30^\circ=33.87\sin30^\circ\text{kN}=16.94\text{kN}$$

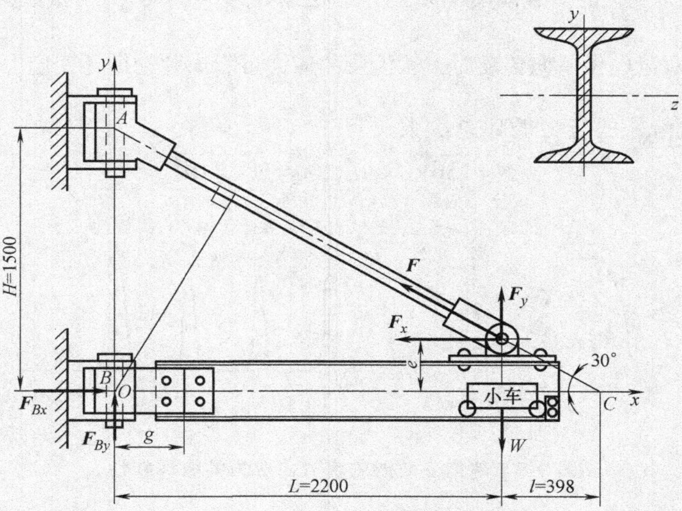

图 9-8　转臂吊车

由 x 轴方向合力为零得

$$F_{Bx}=F_x=29.33\text{kN}$$

由 y 轴方向合力为零得

$$F_{By}=W-F_y=3.06\text{kN}$$

2）拉杆、横梁的失效形式分析及判定条件见表 9-3。

表 9-3　拉杆、横梁的失效形式分析及判定条件

项目	载荷	可能出现的主要失效形式	判定条件
拉杆 AC	拉力 F	强度不足，出现塑性变形或断裂	$\sigma\leqslant[\sigma]$
横梁 BC（即压杆）	主要有移动载荷 W 及压力 F	当移动载荷位于横梁中部时： 弯曲变形量（挠度 y）过大，即刚度不足，可能引起小车在横梁上行走困难	$y\leqslant[y]$
		强度不足，弯曲应力与由 F 引起的压应力的合应力过大，可能出现塑性变形或断裂	$\sigma\leqslant[\sigma]$
		压杆长细比较大时，可能出现侧弯，即抗侧弯刚度不足，属于压杆稳定性问题	$S=\frac{F_{cr}}{F_x}\geqslant S_{min}$ F_{cr} 为细长压杆的临界载荷，S_{min} 为最小安全系数

例 9-2 一对齿轮做单向传动时，轮齿的弯曲应力可看成哪类循环变应力？若主动轮的转速 $n=200\text{r/min}$，每天工作 8h，一年内（以 250 天计）该齿轮应力循环总数是多少？

解 1）图 9-9a 所示为正在啮合的轮齿，在法向力 F_n 作用下 A 点产生弯曲应力 σ_b。在啮合过程中，轮齿 A 点的弯曲应力由零变化到某一最大值，然后又回到零。齿轮旋转一周，这个齿啮合一次。齿轮不断地转动，A 点的应力就不断地重复上述过程。作为定性显示，应力随时间 t 变化的曲线如图 9-9b 所示。由于 $\sigma_{bmin}=0$；$\sigma_{bmax}=$常数，故循环特性$\gamma=\dfrac{\sigma_{bmin}}{\sigma_{bmax}}=0$。故一对齿轮做单向传动时，轮齿弯曲应力可看成脉动循环变应力。

2）一年内齿轮的应力循环总次数

$$N=250\times8\times60\times200=2.4\times10^7$$

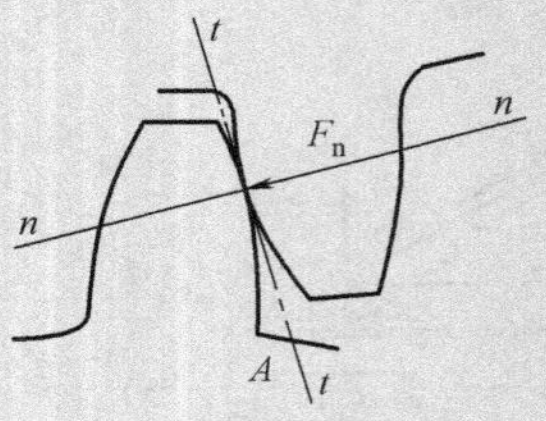

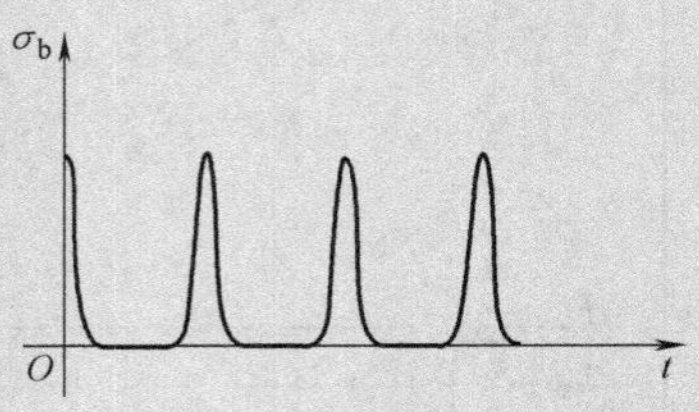

图 9-9 单侧受载时轮齿弯曲应力的循环特性

9.4 机械零件的表面强度

通常，零件受载时是在较大的体积内产生应力，这种应力状态下的零件强度称为整体强度（见 9.3 节）。但还有一些依靠表面接触而工作的零件，其工作能力取决于接触表面的强度。根据接触状态和工作条件不同，表面强度分为三种：表面挤压强度、表面磨损强度和接触疲劳强度。下面分别讨论。

9.4.1 表面挤压强度

对于通过局部配合面间的接触挤压来传递载荷的零件，其挤压面上的压应力称为挤压应力，用 σ_p 表示。

图 9-10a 所示为受横向载荷 F 的销轴连接，在销和孔的挤压面间可能产生挤压破坏。当挤压应力过大时，塑性材料将产生塑性变形，脆性材料将产生表面破碎。如图 9-10b 中虚线所示，挤压应力分布比较复杂，工程上通常采用条件性计算方法（简化某些条件的计

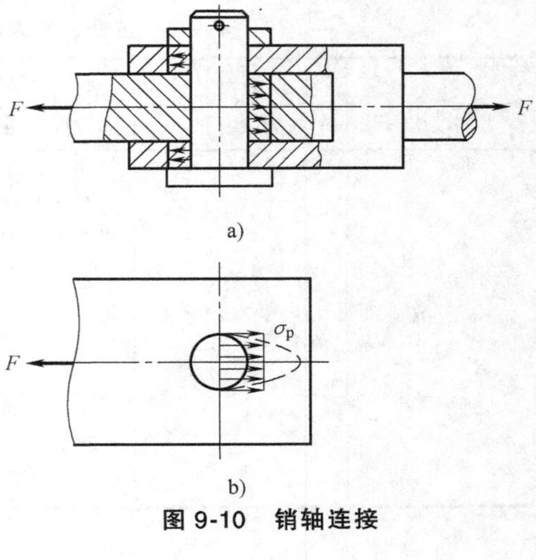

图 9-10 销轴连接

算方法)，假设挤压应力在有效挤压面（挤压面在垂直于总挤压力作用线的平面上的投影）上呈均匀分布。

挤压应力和挤压强度条件为

$$\sigma_{p}=\frac{F}{A}\leqslant[\sigma_{p}] \tag{9-18}$$

式中，σ_p、$[\sigma_p]$ 分别为挤压应力和许用挤压应力，一般，$[\sigma_p]=(1.7\sim2)[\sigma]$；$A$ 为有效挤压面的面积。

9.4.2　表面磨损强度

在滑动摩擦下工作的零件，常因过度磨损而失效。影响磨损的因素很多，而且比较复杂，通常采用条件性计算，并按照不同的滑动速度区别对待。

1. 滑动速度低、载荷大

滑动速度较低时，可只限制工作表面的平均压力 p，即

$$p\leqslant[p] \tag{9-19}$$

2. 滑动速度较高

滑动速度较高时，除了限制平均压力外，还要限制摩擦功耗，以免工作温度过高而使润滑失效。摩擦功耗与 fpv 成正比，摩擦系数 f 可认为是常数，故常限制 pv 值，即

$$pv\leqslant[pv] \tag{9-20}$$

3. 滑动速度很高

滑动速度很高时，除了限制平均压力和摩擦功耗以外，还要限制滑动速度 v，以免由于速度过高而加速磨损，降低零件工作寿命，即

$$v\leqslant[v] \tag{9-21}$$

$[p]$、$[pv]$ 和 $[v]$ 均为许用值。

9.4.3　接触疲劳强度

若两个零件在受载前是点接触或线接触，受载后由于变形其接触处为一小面积，通常此面积很小，而表层产生的局部应力却很大，这种应力称为接触应力，这时零件强度称为接触疲劳强度。如果载荷是随时间不断发生变化的变载荷，则零件的强度被称为接触疲劳强度。如齿轮、滚动轴承等机械零件，都是通过很小的接触面积传递载荷的，因此它们的承载能力不仅取决于整体强度，还取决于表面的接触疲劳强度。

机械零件的接触应力通常是随时间变化的变应力。在载荷重复作用下，首先在表层内约 20μm 处产生初始疲劳裂纹，然后裂纹逐渐扩展（若有润滑油，则会被挤进裂纹中产生高压，使裂纹加快扩展)，最终使表层金属呈小片状剥落下来而在零件表面形成一些小坑(图 9-11)。这种现象称为疲劳点蚀。发生疲劳点蚀后，减小了接触面积，损坏了零件的光滑表面，因而也降低了承载能力，并会引起振动和噪声。疲劳点蚀常是齿轮、滚动轴承等零件的主要失效形式。

由弹性力学的分析可知，当两个轴线平行的圆柱体相互接触并受压时（图 9-12)，其

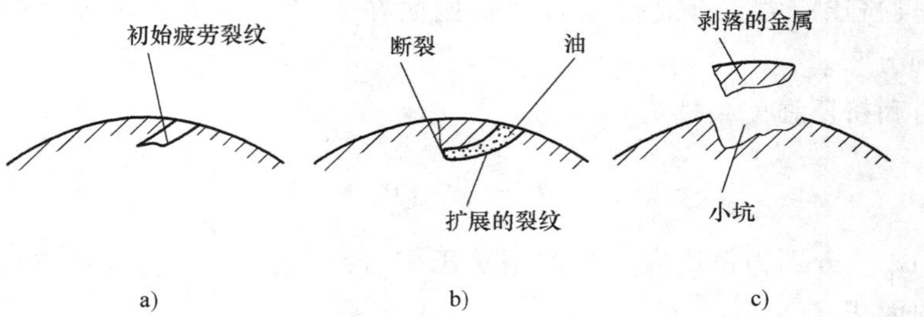

图 9-11　疲劳点蚀

a）产生初始疲劳裂纹　b）裂纹扩展　c）金属剥落

接触面为一狭长矩形，最大接触应力发生在接触区中线上，其值为

$$\sigma_H=\sqrt{\frac{F_n}{\pi b}\frac{\dfrac{1}{\rho_1}\pm\dfrac{1}{\rho_2}}{\dfrac{1-\mu_1^2}{E_1}+\dfrac{1-\mu_2^2}{E_2}}} \tag{9-22}$$

令$\frac{1}{\rho_1}\pm\frac{1}{\rho_2}=\frac{1}{\rho}$及$\frac{1}{E_1}+\frac{1}{E_2}=\frac{2}{E}$，对于钢或铸铁取$\mu_1=\mu_2=\mu=0.3$，则上式可化简为

$$\sigma_H=\sqrt{\frac{1}{2\pi(1-\mu^2)}\frac{F_nE}{b\rho}}=0.418\sqrt{\frac{F_nE}{b\rho}} \tag{9-23}$$

式中，σ_H为最大接触应力或赫兹应力；b为接触长度；F_n为作用在圆柱体上的载荷；ρ为综合曲率半径，$\rho=\frac{\rho_1\rho_2}{\rho_2\pm\rho_1}$，正号用于外接触（图 9-12a），负号用于内接触（图 9-12b）；E为综合弹性模量，$E=\frac{2E_1E_2}{E_1+E_2}$，$E_1$、$E_2$分别为两圆柱体材料的弹性模量。

式（9-22）、式（9-23）称为赫兹（H. Hertz）公式。

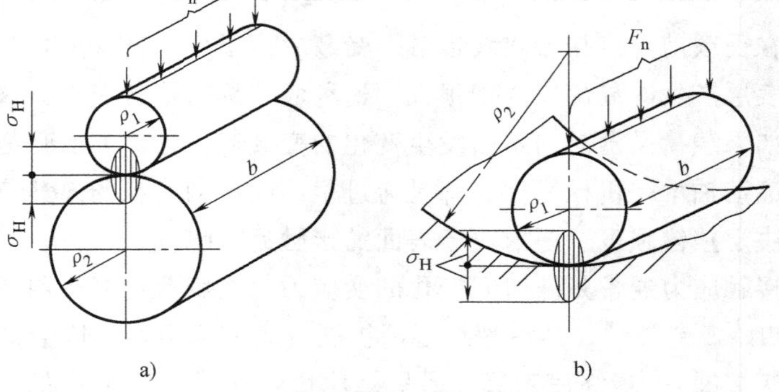

图 9-12　两圆柱体的接触应力

接触疲劳强度的判定条件为

$$\sigma_H\leqslant[\sigma_H],\quad [\sigma_H]=\frac{\sigma_{Hlim}}{S_H} \tag{9-24}$$

式中，σ_{Hlim} 为由试验测得的材料的接触疲劳极限。对于钢，其经验公式为

$$\sigma_{Hlim}=2.76HBW-70MPa \tag{9-25}$$

当两零件的硬度不同时，常以较软零件的接触疲劳极限为准。由图 9-12 可看出，作用在两圆柱体上的接触应力具有大小相等、方向相反且左右对称及稍离接触区中线即迅速降低等特点。由于接触应力是局部性的应力，且应力的增长与载荷 F_n 并不成直线关系，而要缓慢得多［见式（9-22）或式（9-23）］，故安全系数 S_H 可取等于或稍大于 1。

例 9-3 图 9-13 所示为一平底直动从动件盘形凸轮机构，凸轮转速较低，在图示接触位置，从动件上受到力 F_{max} 的作用，摩擦力忽略不计。已知 $F_{max}=7.5kN$，$r_c=40mm$，$L=40mm$，$E=2\times10^5MPa$，安全系数 $S_H=1.2$，材料的硬度为 300HBW。试求该接触表面的接触疲劳强度是否足够。

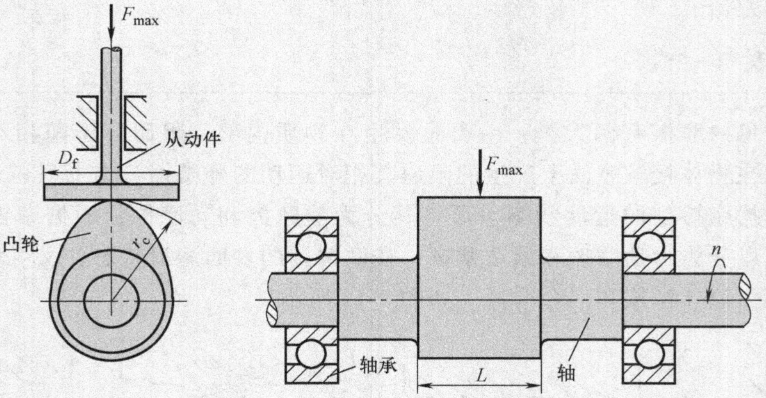

图 9-13 平底直动从动件盘形凸轮机构

解 （1）计算接触应力

使用式（9-22），其中 $F_n=7500N$，$E=2\times10^5MPa$，$b=L=40mm$，$\rho=r_c=40mm$。则

$$\sigma_H=0.418\sqrt{\frac{F_nE}{b\rho}}=0.418\times\sqrt{\frac{7500\times2\times10^5}{40\times40}}MPa=404.73MPa$$

（2）确定许用接触疲劳应力 $[\sigma_H]$

根据式（9-24）有

$$\sigma_{Hlim}=2.76HBW-70MPa=(2.76\times300-70)MPa=758MPa$$

根据式（9-23）有

$$[\sigma_H]=\frac{\sigma_{Hlim}}{S_H}=\frac{758}{1.2}MPa=631.67MPa$$

（3）判断

因为 $\sigma_H\leqslant[\sigma_H]$，所以该接触表面的接触疲劳强度足够。

9.5 摩擦、磨损和润滑概述

摩擦、磨损和润滑是一个密不可分的统一体。相互接触的两个物体在力的作用下发生相对运动或有相对运动趋势时，在接触表面上就会产生抵抗运动的阻力，这一自然现象叫摩擦，此时所产生的阻力称为摩擦力。在两物体的摩擦过程中，必然有能量损耗以及摩擦表面物质的损失或转移，即在接触表面上产生磨损。为了减小摩擦和磨损，可以在接触表面间加入润滑剂来进行润滑。由此可见，摩擦是不可避免的自然现象，磨损是摩擦的必然结果，而润滑则是减小摩擦和磨损、节约能源和材料的有效措施。

据估计，目前世界上的能源有1/3～1/2消耗在各种各样的摩擦上。汽车上因磨损而报废的零件约占全部失效零件的75%。采用现代润滑技术可以极大地节约能源和提高汽车零件的使用寿命。

9.5.1 摩擦

机械中常见的摩擦有两大类：一类是发生在物质内部，阻碍分子间相对运动的内摩擦；另一类是在物体接触表面上产生的阻碍其相对运动的外摩擦。本书只讨论外摩擦。对于外摩擦，根据摩擦副的运动状态，可将其分为静摩擦和动摩擦；根据摩擦副的运动形式，动摩擦又可分为滑动摩擦和滚动摩擦；按摩擦副的表面润滑状态，又可将其分为干摩擦、边界摩擦、流体摩擦和混合摩擦，如图9-14所示。

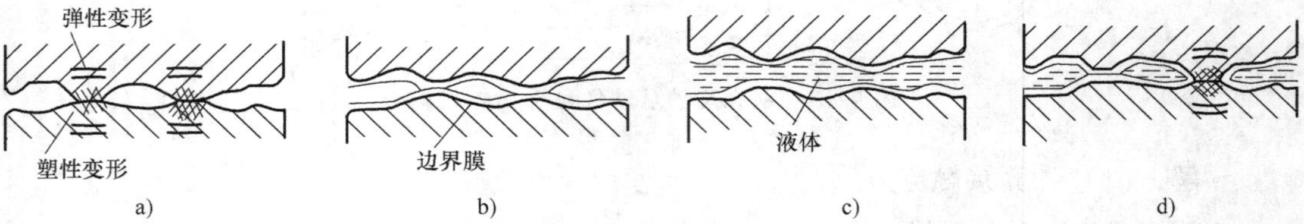

图9-14 摩擦状态

a）干摩擦 b）边界摩擦 c）流体摩擦 d）混合摩擦

1. 干摩擦

两摩擦表面间无任何润滑剂或保护膜的纯净金属接触时的摩擦，称为干摩擦。真正的干摩擦只有在真空中才能见到，在工程实际中没有真正的干摩擦。因为暴露在大气中的任何零件的表面，不仅会因氧化而形成氧化膜，且或多或少会被含有润滑剂分子的气体所湿润或受到“污染”，这时，其摩擦系数将显著降低。在机械设计中，通常把未经人为润滑的摩擦，当作干摩擦处理，如图9-14a所示。干摩擦的摩擦性质取决于配对材料的性质，其摩擦阻力和摩擦功耗最大，磨损最严重，零件的使用寿命最短，应尽可能避免。

2. 边界摩擦

两摩擦表面间有润滑油存在，由于润滑油中的极性分子与金属表面的吸附作用，在金属表面上形成了极薄的边界膜（图9-14b）。边界膜不足以将两金属表面分隔开，所以相互运动时，两金属表面微观的高峰部分仍将互相摩擦，这种状态称为边界摩擦。一般而言，金属表层覆盖一层边界膜后，虽不能绝对消除表面的磨损，却可以起减轻磨损的作用。这种摩擦状态的摩擦系数 $f\approx0.1\sim0.3$。

按边界膜形成机理，边界膜可分为两类：吸附膜（物理吸附膜和化学吸附膜）和化学反应膜。由润滑油中脂肪酸的极性分子与金属表面相互吸引所形成的吸附膜称为物理吸附膜；由润滑油中的分子通过化学键力作用而吸附在金属表面上所形成的吸附膜称为化学吸附膜。化学反应膜是润滑剂中含有以原子形式存在的硫、氯、磷，在较高的温度（通常在 150~200℃）下，这些元素与金属发生化学反应而产生硫、氯、磷的化合物，从而在润滑油与金属界面处形成的薄膜。

为了提高边界膜的强度可以采取以下措施：合理选择摩擦副的材料和润滑剂，降低表面粗糙度值，在润滑剂中加入油性添加剂和极压添加剂。

3. 流体摩擦

流体摩擦又称为液体摩擦。若两摩擦表面间有充足的润滑油，而且能满足一定的条件，则在两摩擦面间可形成厚度达几十微米的压力油膜。它能将相对运动着的两金属表面分隔开，如图 9-14c 所示。此时，只有液体之间的摩擦，称为流体（液体）摩擦，又称为流体（液体）润滑。换言之，形成的压力油膜可以将重物托起，使其浮在油膜之上。因为两摩擦表面被油膜隔开而不直接接触，摩擦系数很小（$f\approx0.001\sim0.01$），所以流体摩擦是最理想的情况，它的摩擦和磨损将显著地减少。

4. 混合摩擦

两表面间同时存在干摩擦、边界摩擦和流体摩擦的状态称为混合摩擦，如图 9-14d 所示。随着摩擦面间油膜厚度的增大，表面微凸体直接接触的面积减小，油膜承载的比例增大。在一般机器中，摩擦表面多处于混合摩擦状态，又称为非流体（液体）摩擦或非流体（液体）润滑。

图 9-15 所示为摩擦副的摩擦特性曲线，这条曲线是由试验得到的。图中纵坐标为轴承的摩擦系数 f；横坐标为轴承特性数 $\frac{\eta n}{p}$，其中 η 为润滑油的动力黏度（见 9.5.3 节），n 为轴每秒的转数，p 为轴承的压强。随着 $\frac{\eta n}{p}$ 的不同，摩擦副分别处于边界摩擦、混合摩擦、流体摩擦状态。

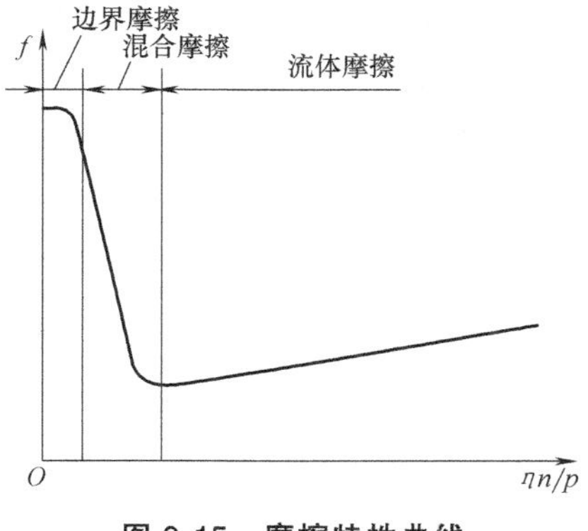

图 9-15　摩擦特性曲线

9.5.2　磨损

1. 磨损的定义和分类

在运动副中，由于摩擦表面相对运动而使物质不断损失的现象称为磨损。磨损会逐渐改变零件尺寸和摩擦表面状态。零件抗磨损的能力称为耐磨性。除非运动副摩擦表面被一层润滑剂所隔开而不直接接触，否则磨损总是难以避免的。但是只要磨损速度稳定、缓慢，零件就能保持一定寿命。所以，在预定使用期限内，零件的磨损量不超过允许值时，就认为是正常磨损。

出现剧烈磨损时，运动副的间隙增大，将使机械的精度丧失，效率下降，振动、冲击和噪声增大。这时应立即停车检修、更换零件。磨损的成因和表现形式是非常复杂的，有物理、化学和力学等多方面原因。按磨损的损伤机理，磨损现象可分为黏着磨损、磨粒磨损、表面疲劳磨损和腐蚀磨损，其有关概念和破坏特点见表 9-4。

表 9-4　磨损的基本类型

类型	基本概念	破坏特点	实例
黏着磨损	两相对运动的表面，由于黏着作用（包括“冷焊”和“热黏着”），使材料由一表面转移到另一表面所引起的磨损	黏结点剪切破坏是发展性的，它造成两表面凹凸不平，可表现为轻微磨损、划伤及胶合等破坏形式	活塞与气缸壁的磨损
磨粒磨损	在摩擦过程中，由硬颗粒或硬凸起的材料破坏分离出磨屑或形成划伤的磨损	磨粒对摩擦表面进行微观切削，表面有犁沟或划痕	犁铧和挖掘机铲齿的磨损
表面疲劳磨损	摩擦表面材料的微观体积受变应力作用，产生重复变形而导致表面疲劳裂纹形成，并分离出微片或颗粒的磨损	应力超过材料的疲劳极限，在一定循环次数后，出现疲劳破坏，表面呈麻坑状	润滑良好的齿轮传动和滚动轴承的疲劳点蚀
腐蚀磨损	在摩擦过程中，金属与周围介质发生化学或电化学反应而引起的磨损	表面腐蚀破坏	化工设备中与腐蚀介质接触的零部件的腐蚀

2. 磨损过程

由于影响磨损的因素很多，磨损过程非常复杂，一般可将其分为磨合磨损、稳定磨损和剧烈磨损三个阶段，如图 9-16 所示。在磨合磨损阶段，开始时磨损速度很快，随后逐渐减慢，最后进入稳定磨损阶段。磨合磨损可将原始粗糙度部分逐渐磨平，使两摩擦表面贴合得很好，因而有利于延长机器的使用寿命。稳定磨损阶段是摩擦副的正常工作阶段，此时磨损缓慢而稳定。当磨损达到一定量时，进入剧烈磨损阶段，此时摩擦条件将发生很大的变化，温度急剧升高，磨损速度大大加快，机械效率明显降低，精度丧失，并出现异常的噪声和振动，最后导致零件完全失效。

如果摩擦表面间初始压力过大、速度过高、润滑不良，则经过短暂的磨合磨损阶段后将直接进入剧烈磨损阶段，如图 9-16 中虚线所示，这种情况必须避免。

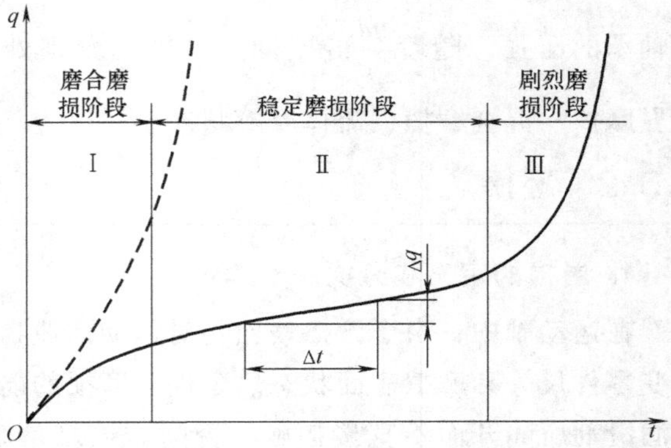

图 9-16　磨损过程

3. 减少磨损的措施

为了减少摩擦表面的磨损，设计时，除了必须满足一定的磨损约束条件外，还必须采取必要的减少磨损的措施。

1）正确选用材料。正确选用摩擦副的配对材料是减少磨损的重要途径。当以黏着磨损为主时，应当选用互溶性小的材料；当以磨粒磨损为主时，应当选用硬度高的材料或设法提高所选材料的硬度，也可以选用抗磨粒磨损的材料；当以疲劳磨损为主时，除应选用硬度高的材料或设法提高所选材料的硬度外，还应减少钢中的非金属夹杂物，特别是脆性的带有尖角的氧化物，这是因为这些非金属夹杂物容易引起应力集中，产生微裂纹，对疲劳磨损影响很大。

2）进行有效的润滑。润滑是减少磨损的重要措施，应根据不同的工况条件，正确选用润滑剂，创造条件使摩擦表面尽可能在流体摩擦或混合摩擦的状态下工作。

3）采用适当的表面处理。为了降低磨损，提高摩擦副的耐磨性，可采用适当的表面处理方法，如刷镀 0.1~0.5μm 的六方晶格的软金属（如 Cd）膜层，可使黏着磨损减少约三个数量级。也可采用化学气相沉积处理，即在零件摩擦表面上沉积 10~1000μm 的高硬度 TiC 覆层，可大大降低磨粒磨损。

4）改进结构设计，提高加工和装配精度。正确的结构设计可以减少磨损。例如，设计出来的结构应该有利于表面膜的形成与恢复，压力的分布应当是均匀的，而且还应有利于散热和磨屑的排出等。

5）正确地使用、维修与保养。例如，新机器使用之前的正确“磨合”可以延长机器的使用寿命。经常检查润滑系统的油压、油面密封情况，对轴承等部位定期润滑，定期更换润滑油等，对减少磨损都十分重要。

9.5.3　润滑

1. 润滑的分类

所谓润滑，就是向承载的两个摩擦表面之间引入润滑剂，以减少摩擦力和磨损等表面破坏现象的一种措施。由前面介绍可知，根据摩擦面间油膜形成的原理，润滑可分为流体润滑和非流体润滑两大类。而流体润滑又可分为动压润滑和静压润滑两大类。动压润滑是指利用摩擦面间的相对运动而自动将黏性流体带入摩擦面，建立压力流体膜，把摩擦面完全隔开并平衡外载荷的一种润滑方式。流体静压润滑是指利用外部供油（气）装置，将压力流体强制送入摩擦副之间，以建立压力流体膜的一种润滑方式。

当两个受力摩擦表面做相对滚动或者滚-滑运动（如滚动轴承中滚动体与内、外圈滚道之间的接触，齿轮传动中两齿轮表面间的接触等）时，若条件合适，也能在接触处形成承载油膜。这时，接触处的弹性变形和油膜厚度彼此影响，因而把这种润滑称为弹性流体动压润滑。

本小节只介绍润滑剂和润滑方法，流体润滑的基本原理将在第 15 章讨论。

2. 润滑剂

润滑剂的作用是改善摩擦状态、减小摩擦、减轻磨损，保护零件不遭受锈蚀，而且在采用循环润滑时，润滑剂还能起到散热作用。此外，润滑剂形成的润滑油膜还具有缓冲、吸振的能力。使用润滑脂，既可以防止内部润滑剂外泄，又可阻止外部杂质侵入，避免加剧零件磨损，起到密封作用。

润滑剂可分为液体润滑剂、半固体润滑剂、固体润滑剂及气体润滑剂四种基本类型。其中，液体润滑剂主要是润滑油，应用最为广泛；半固体润滑剂主要是各种润滑脂，它是润滑油和稠化剂的稳定混合物；固体润滑剂是可以形成固体膜以减小摩擦阻力的物质，如石墨、二硫化钼、聚四氟乙烯等。任何气体都可以成为气体润滑剂，其中用得最多的是空气，主要应用于高速、轻载的场合，如磨床高速磨头的空气轴承。

(1) 润滑油 目前使用的润滑油大部分为石油系润滑油（矿物油）。在轴承润滑中，润滑油最重要的物理性能是黏度，它也是选择润滑油的主要依据。黏度表征液体流动的内摩擦性能。如图 9-17 所示，有两块平板 A 及 B，两板之间充满着液体。设板 B 静止不动，板 A 以速度 v 沿 x 轴运动。由于液体与金属表面的吸附作用（称为润滑油的油性），板 B 表层的液体与板 B 一起静止不动，板 A 表层的液体随板 A 以同样的速度 v 一起运动。两板之间液体的速度分布如图 9-17a 所示。也可以看作两板间的液体逐层发生了错动，如图 9-17b 所示。因此层与层间存在着液体内部的摩擦切应力 τ，根据试验结果得到以下关系式：

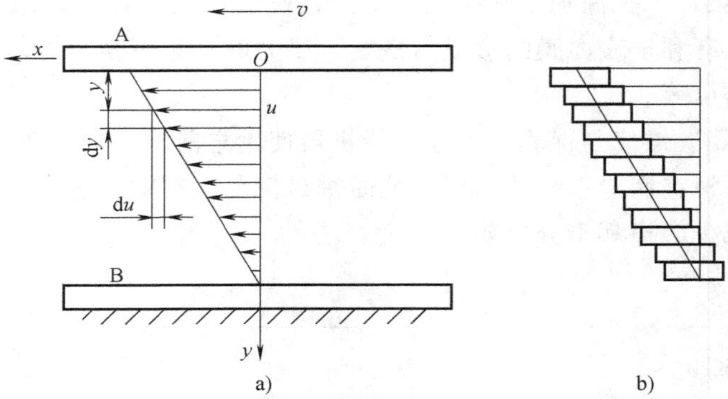

图 9-17　平行平板间液体的流动

$$\tau=-\eta\frac{du}{dy} \tag{9-26}$$

式中，u 是液体层中任一点的速度，$\frac{du}{dy}$是该点的速度梯度；“-”号表示$\frac{du}{dy}$随 y 的增大而减小；η 是比例系数，即液体的动力黏度，常简称为黏度。式（9-26）又称为牛顿液体流动定律。

根据式（9-26）可知，动力黏度的量纲是力·时间/长度^2。在国际单位制中，它的单位是 $N\cdot s/m^2$（即 $Pa\cdot s$）。动力黏度的厘米-克-秒制单位是 P（Poise，单位名称为泊），$1P=1dyn\cdot s/cm^2$，$1Pa\cdot s=10P=10^3cP$。

此外，还有运动黏度，它等于动力黏度与液体密度 ρ 的比值，即

$$\nu=\frac{\eta}{\rho} \tag{9-27}$$

在国际单位制中，ν 的单位是 m^2/s。实用上这个单位偏大，故常采用它的厘米-克-秒制单位 St（Stokes，单位名称为斯）或 cSt（厘斯），$1St=\frac{1cm^2}{s}=100cSt$。我国石油产品是用运动黏度（单位为 cSt 或 mm^2/s）标定的。如表 9-5 所示，GB/T 3141—1994 规定润滑油的黏度等级采用润滑油在 40℃时的中间点运动黏度来表示，共有 20 个等级，每个黏度等级的运动黏度范围允许为中间点运动黏度的±10%，黏度等级越高，润滑油黏度越大。

表 9-5　ISO 黏度分类（摘自 GB/T 3141—1994）

ISO 黏度等级	中间点运动黏度(40℃)/(mm²/s)	运动黏度范围(40℃)/(mm²/s)	ISO 黏度等级	中间点运动黏度(40℃)/(mm²/s)	运动黏度范围(40℃)/(mm²/s)
2	2.2	1.98～2.42	100	100	90.0～110
3	3.2	2.88～3.52	150	150	135～165
5	4.6	4.14～5.06	220	220	198～242
7	6.8	6.12～7.48	320	320	288～352
10	10	9.00～11.0	460	460	414～506
15	15	13.5～16.5	680	680	612～748
22	22	19.8～24.2	1000	1000	900～1100
32	32	28.8～35.2	1500	1500	1350～1650
46	46	41.4～50.6	2200	2200	1980～2420
68	68	61.2～74.8	3200	3200	2880～3520

润滑油的黏度随温度变化的关系称为润滑油的黏温性，黏度通常随温度的升高而降低。一般来说，要求润滑油的黏温性不能太大。

除了黏度以外，润滑油还有以下几个性能指标：

1）润滑性（油性）。它是指润滑油中极性分子与金属表面形成油膜以减少摩擦和磨损的能力。润滑性越好，油膜与金属表面的吸附能力越强。在低速、重载或润滑不充分的场合，润滑性具有特别重要的意义。

2）极压性。它是指在加入含硫、磷、氯的有机极性化合物后，油中极性分子在金属表面生成抗磨、耐高压的化学反应边界膜的性能，在重载、高速、高温条件下，可改善边界润滑性能。

3）闪点。它是指润滑油在标准仪器中加热所蒸发的油气一遇火焰即能发出闪光时的最低温度。它是衡量油的易燃性的指标。对于在高温下工作的机器，这是润滑油的一个十分重要的指标。通常应使工作温度比油的闪点低 20～30℃。

4）凝点。它是指润滑油在规定条件下不能再自由流动时的最高温度。它是衡量润滑油低温性能的重要指标，直接影响到机器在低温下的起动性能和磨损情况。通常工作环境的最低温度应比润滑油的凝点高 5～7℃。

5）氧化稳定性。从化学意义上讲，矿物油是很不活泼的，但当它们暴露在高温气体中时，也会发生氧化并生成硫、磷、氯的酸性化合物。这是一些胶状沉积物，它们不但会腐蚀金属表面，而且会加剧零件的磨损。

（2）润滑脂（半固体润滑剂）　润滑脂是在润滑油中加入稠化剂（如钙、锂、钠的金属皂基）而制成的膏状混合物，又称为黄油或干油。

按用途不同，润滑脂可分为：①抗磨润滑脂，主要用于改善摩擦副的摩擦状态以减缓磨损；②防护润滑脂，用于防止零件和金属制品的腐蚀；③密封润滑脂，主要用于密封真空系统、管道配件和螺纹连接。

根据调制润滑脂所用皂基不同，润滑脂可分为：①钙基润滑脂，具有良好的抗水性，但耐热能力差，工作温度不宜超过 65℃；②钠基润滑脂，具有较好的耐热性，工作温度可达 120℃，但抗水性差，能与少量水乳化，从而保护金属表面免遭腐蚀，比钙基润滑脂防锈能力强；③锂基润滑脂，既能抗水，又耐高温（工作温度不宜超过 145℃），有较好的机械稳定性，是一种多用途的润滑脂；④铝基润滑脂，具有良好的抗水性，对金属表面有很高的吸附能力，可起到很好的防锈作用。

润滑脂的主要性能指标有以下几个：

1）锥入度（或稠度）。它是指润滑脂在外力作用下抵抗变形的能力。具体规定为，一个重 1.5N 的标准锥体，在 20℃ 恒温下，由润滑脂表面经 5s 后刺入的深度（单位以 0.1mm 表示）。它标志着内阻力的大小和流动性的强弱，是润滑脂的一项重要指标。锥入度越小表明润滑脂越稠，越不易从摩擦表面被挤出，承载能力越强，密封性越好，但摩擦阻力越大，且不易填充到较小的摩擦间隙中去。润滑脂的牌号就是该润滑脂的锥入度等级，按锥入度自大到小分 0~9 号，共 10 个牌号。号数越大，锥入度越小，润滑脂越稠。常用 0~4 号。

2）滴点。在规定的加热条件下，润滑脂从标准测量杯的孔口滴下第一滴液态油时的温度称为润滑脂的滴点。它决定了润滑脂的工作温度。选择润滑脂时，工作温度至少应低于滴点 20℃。

此外，还有水分、灰分、机械杂质等性能指标。

与润滑油相比，润滑脂的优点是密封简单，不需经常添加，载荷、速度、温度的变化对其影响不大；缺点是摩擦损耗大，机械效率低，常用于低速、受冲击载荷或间歇运动的场合。

（3）固体润滑剂 固体润滑剂是利用固体粉末或薄膜将摩擦表面隔开，以达到降低摩擦、减轻磨损的目的。它主要用于怕污染、不易维护和特殊工况（如载荷极大、速度极低、低温、高温、辐射环境、太空或真空等）中。固体润滑剂的材料有无机化合物、有机化合物和软金属等。无机物有石墨、二硫化钼、二硫化钨、硼砂、一氮化硼和硫酸银等。石墨和二硫化钼都是惰性物质，热稳定性好。有机物有聚合物、金属皂、动物蜡和油脂等。聚合物包括聚四氟乙烯、聚氯氟乙烯、尼龙等。软金属有铅、金、银、锡和铟等。

使用固体润滑剂时，通常将润滑剂粉末与黏结剂调成混合物，用擦涂或黏结的方法在摩擦表面上形成一层 0.1~10μm 厚的光滑薄膜。黏结剂有环氧树脂、丙烯树脂、酚醛树脂、玉米糖浆和硅酸钠等。也可将固体粉末分散于油或脂中使用。软金属固体润滑剂可用真空沉积、化学喷涂、电镀等方法获得软金属膜，膜厚 0.25~1μm，主要用于真空和高温场合。

（4）气体润滑剂 空气、氢气、氮气、水蒸气、其他工业气体及液态金属蒸气等都可以作为气体润滑剂。最常用的为空气，它对环境没有污染。气体润滑剂黏度很低，因此摩擦阻力极小，温升很低，故特别适用于高速场合。气体的黏温性很小，所以能在低温（−200℃）或高温（2000℃）环境中应用。但气体润滑剂的气膜厚度和承载能力都较小，密封也困难。

3. 润滑方法及装置

（1）润滑油润滑时的润滑方法及润滑装置 目前，润滑油润滑的方法主要有分散润滑和集中润滑两大类。按润滑方式，集中润滑又分为全损耗系统、循环系统及静压系统三种基本类型。其中全损耗系统是指润滑剂输送到润滑点以后，不再回收循环使用，常用于润滑剂回收困难或无须回收、需油量很小，或难以安装油箱或油池的场合；而循环系统的润滑剂送至润滑点进行润滑以后又流回油箱再循环使用；静压系统则是用于静压流体润滑的润滑系统。

1）手工加油润滑。最简单的润滑方法就是每隔适当时间利用油壶或油枪向油孔注油，或直接加在摩擦面上，如开式齿轮、链等。对于封闭型机械设备（如闭式齿轮等），如果为了防止杂物或灰尘进入摩擦面，可以在油孔上加装压配式注油杯（图 9-18）或旋套式注油杯（图 9-19），这种润滑方式只能做到间歇润滑。该种润滑方法简单，但维护工作量较大。由于完全是靠手工操作，若忘记及时加油则易造成发热磨损。另外，手工加油不能控制油量，送油不均匀，送油的连续性和油的利用率极差。所以手工加油润滑只能适用于小型、低速或间歇运动的摩擦副。

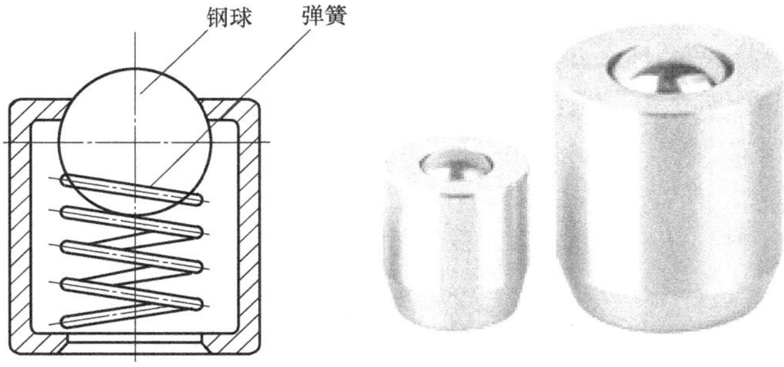

图 9-18 压配式注油杯

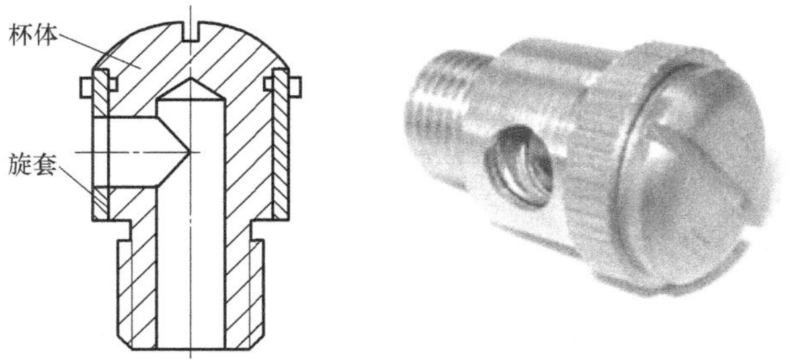

图 9-19 旋套式注油杯

2）滴油润滑。对于中高速和连续运转的重要摩擦部位应连续供油。图 9-20a 是针阀式油杯，平放手柄 1 时，针杆 3 借弹簧的推压而堵住底部油孔。直立手柄时，针杆被提起，油孔敞开，于是润滑油自动滴到轴颈上。在针阀式油杯的上端面开有小孔，供补充润滑油用，平时由簧片 4 遮盖。图中 5 是观察孔，6 是滤油网，螺母 2 可调节针杆下端油口大小，以控制供油量。图 9-20b 是 A 型弹簧盖油杯，扭转弹簧 8 将盖 7 紧压在油杯体 9 上，铝管 10 中装有毛线或棉纱绳 11，依靠毛线或棉纱绳的毛细管作用，将油杯中的润滑油滴入轴承。虽然这种油杯给油是自动且连续的，但不能调节给油量，油杯中油面高时给油多，油面低时给油少，停车时仍会继续给油，直到滴完为止。

3）油环润滑。图 9-21 所示为油环润滑。其装置为油环套在轴颈上，下部浸在油中。

当轴颈转动时带动油环转动，将油带到轴颈表面进行润滑。轴颈转速过高或过低，油环带的油量都会不足。油环润滑通常用于连续运转和工作稳定的水平放置的轴承，转速范围为 50～3000r/min。油环润滑结构简单、供油充分、耗油量小。

4）油池和飞溅润滑。如图 9-22 所示，油池润滑是指在闭式传动中，利用浸在油池中的回转件（如齿轮）将润滑油带到摩擦表面进行润滑。飞溅润滑是利用旋转零件飞溅出来的油滴来润滑摩擦表面。减速器中支承齿轮轴的轴承，往往就是借助齿轮旋转时溅起的油雾进行润滑的。

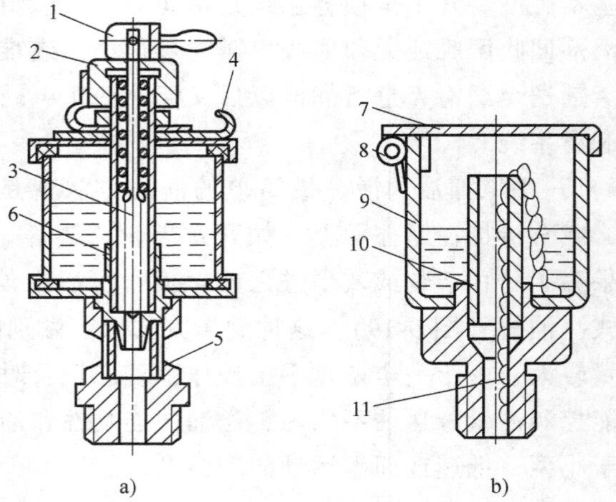

图 9-20　滴油润滑装置

1—手柄　2—螺母　3—针杆　4—簧片　5—观察孔　6—滤油网　7—盖　8—弹簧　9—油杯体　10—铝管　11—棉纱绳

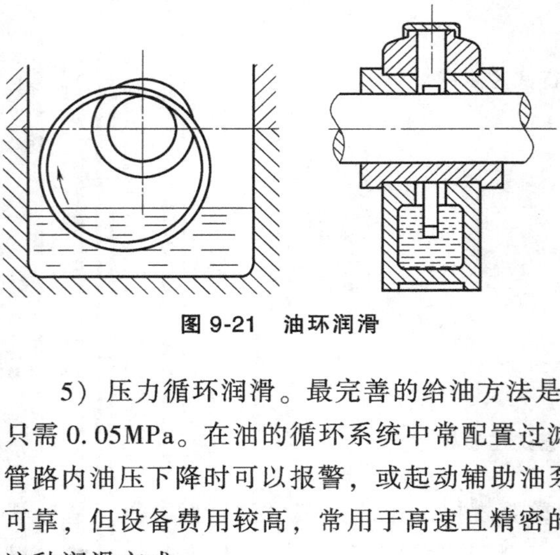

图 9-21　油环润滑

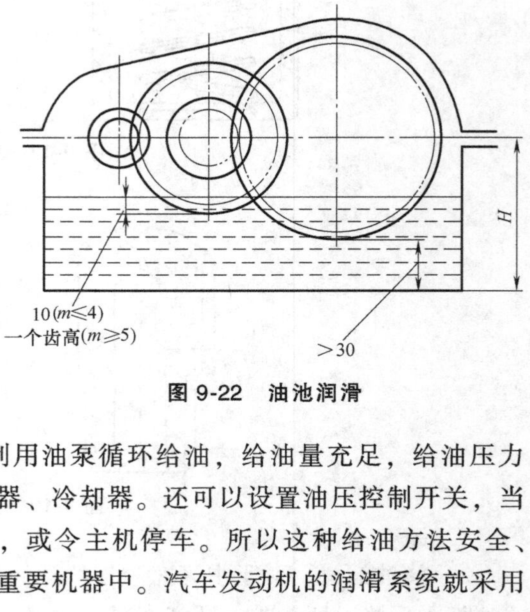

图 9-22　油池润滑

5）压力循环润滑。最完善的给油方法是利用油泵循环给油，给油量充足，给油压力只需 0.05MPa。在油的循环系统中常配置过滤器、冷却器。还可以设置油压控制开关，当管路内油压下降时可以报警，或起动辅助油泵，或令主机停车。所以这种给油方法安全、可靠，但设备费用较高，常用于高速且精密的重要机器中。汽车发动机的润滑系统就采用这种润滑方式。

（2）润滑脂润滑时的润滑方法及润滑装置　润滑脂润滑时只能间歇供应润滑脂。一般是在装配机械时将润滑脂装填入润滑部位或用压力将润滑脂从外部挤入润滑部位。如图 9-23 所示，旋盖式油脂杯是应用最广的润滑脂润滑装置。杯中装满润滑脂后，旋动上盖即可将润滑脂挤入润滑部位。有的也使用油枪向润滑部位补充润滑脂。

（3）润滑剂的选择　选用润滑剂时，既要考虑具体零部件对润滑性能的要求，又要考虑具体工况对润滑剂的影响。

1）润滑油的选用。选用润滑油主要是确定油品的种类及牌号。通常根据机械设备的工作条件、载荷和速度，先确定合适的黏度范围，再选择合适的润滑油品种。具体的选择原则是：①高温、重载、低速，或工作中有冲击、振动，运转不平稳，并经常起动、停车、反转、变载，或摩擦副间隙较大、表面粗糙时，选用黏度较高的润滑油；②高速、轻载、低温，采用压力循环润滑、滴油润滑等情况下，选用黏度较低的润滑油。

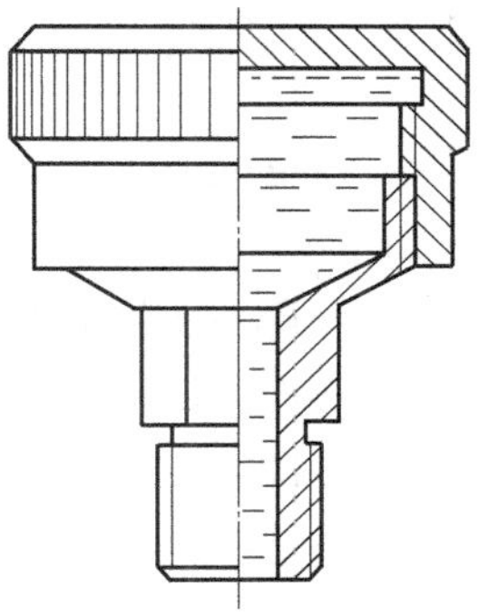
图 9-23　旋盖式油脂杯

2）润滑脂的选用。润滑脂在一般转速、温度和载荷情况下应用较为广泛，特别是常用于滚动轴承的润滑。选用润滑脂的原则是：①高速重载（$P>4.9\times10^3$MPa）或有严重冲击、振动时，选用锥入度较小的润滑脂；中等载荷（$P=2.9\times10^3\sim4.9\times10^3$MPa）和轻载时，一般选用 2 号润滑脂；②温度、速度较高时，选抗氧化性好、蒸发损失小、滴点高的润滑脂；③对于滚动轴承，若 $dn\leqslant75\times10^3$mm · r/min（d 为轴径，n 为转速），选用 1 号或 2 号润滑脂，$dn>75\times10^3$mm · r/min 时，选用 3 号润滑脂；④潮湿和有水的环境下，选用抗水性好的润滑脂。

9.6　机械零件的“三化”

9.6.1　“三化”的含义及其优越性

1. “三化”的含义

标准化、系列化和通用化简称为“三化”。“三化”是我国现行的一项很重要的技术政策，在机械设计中要认真贯彻执行。

标准化是指将产品（特别是零部件）的质量、规格、性能、结构等方面的技术指标加以统一规定并作为标准来执行。

系列化是指对同一产品，在同一基本结构或基本条件下规定若干不同的尺寸系列。如基于相同结构和内径，制造出不同外径及宽度的滚动轴承，形成滚动轴承的直径系列。

通用化是指在不同种类的产品或不同规格的同类产品中尽量采用同一结构和尺寸的零部件。如不同汽车可以采用相同的内燃机、变速器和后桥等。

2. 贯彻“三化”的优越性

1）减轻设计工作量，有利于提高设计质量并缩短生产周期。

2）减少刀具和量具的规格，便于设计与制造，从而降低成本。

3）便于组织标准件的规模化、专门化生产，易于保证产品质量，节约材料，降低成本。

4）提高互换性，便于维修。

5）便于国家的宏观管理与调控以及国内、外贸易。

6）便于评价产品质量，解决经济纠纷。

9.6.2 机械零部件的标准化

零部件的标准化就是针对零部件的尺寸、结构要素、材料性能、检验方法、设计方法及制图要求等，制定出被大家共同遵守的标准。在机械设计中，应尽可能采用有关标准。

1. 我国机械零部件标准的主要内容

1）各种零部件标准，如螺栓、螺母、垫圈、键、花键和滚动轴承标准。

2）零件参数标准，如标准直径、齿轮模数、螺纹形状和各种机械零件的公差等。

3）零件设计方法标准，如渐开线圆柱齿轮承载能力计算方法、普通 V 带传动设计方法等。

4）材料标准，如各种材料的牌号、型钢的形状和尺寸等。

2. 我国标准的分类

我国已经形成一个庞大的标准体系，各类标准在国家工业建设和经济生活中发挥着巨大的作用。我国主要标准的分类如下：

1）按照标准的适用范围分类：国家标准（GB）、行业标准（例如 JB、SH、YB 等）、地方标准和企业标准四级。

2）按标准实施的方式分类：强制性标准和推荐性标准。

例如在机械零部件标准方面，《工业闭式齿轮油》（GB 5903—2011）是强制性标准，必须执行；而《六角头螺栓》（GB/T 5782—2016）、《凸缘联轴器》（GB/T 5843—2003）、《通用机械和重型机械用圆柱齿轮 模数》（GB/T 1357—2008）、《V 带和多楔带传动 额定功率的计算》（GB/T 11355—2008）、《滚子链传动选择指导》（GB/T 18150—2006）等为推荐性标准，鼓励企业采用。

9.7 机械零件的设计方法

机械零件的设计方法可分为两类：一类是过去长期采用的方法，称为常规（传统）设计方法；另一类是近几十年发展起来的设计方法，称为现代设计方法。下面分别进行介绍。

9.7.1 机械零件的常规设计方法

1. 理论设计

根据长期研究和实践总结出来的传统设计理论及试验数据所进行的设计，称为理论设计。理论设计的计算过程又可分为设计计算和校核计算。前者是按照已知的运动要求、载荷情况及零件的材料特性等，运用一定的理论公式设计零件的尺寸和形状的计算过程，如按转轴的强度、刚度条件计算轴的直径等；后者是先采用类比、试验等方法初步定出零件的尺寸和形状，再运用理论公式进行零件强度、刚度等的校核计算，如转轴的弯扭组合强度校核等。设计计算多用于能通过简单的力学模型进行设计的零件；校核计算则多用于结构复杂、应力分布较复杂，但又能用现有的分析方法进行计算的场合。理论计算可得到比较精确而可靠的结果，重要的零部件大都应该选择这种设计方法。

2. 经验设计

根据对某类零件归纳出的经验公式或设计者本人的工作经验采用类比法进行的设计，称为经验设计。对一些不重要的零件，如不太受力的螺钉等，或者对于一些理论上不成熟或虽有理论方法但没必要进行复杂、精确计算的零部件，如机架、箱体等，通常采用经验设计方法。

3. 模型试验设计

将初步设计的零部件或机器按比例制成模型或样机进行试验，对其各方面的特性进行检验，再根据试验结果对原设计进行逐步修改、调整，从而获得尽可能完善的设计结果，这样的设计过程称为模型试验设计。该设计方法费时、昂贵，一般只用于特别重要的设计中。一些尺寸巨大、结构复杂而又十分重要的零部件，如新型重型设备及飞机的机身、我国的神舟飞船、新型舰船的船体等设计，常采用这种设计方法。

本书主要介绍常规设计中的理论设计和经验设计。

9.7.2 现代机械设计方法简介

20世纪60年代以来，随着科学技术的迅速发展以及计算机技术的广泛应用，在机械传统的常规设计方法的基础上，又发展了一系列新兴的设计理论与方法。现代设计方法种类极多，内容十分丰富，这里仅简略介绍几种在机械设计中应用较广的方法。

1. 计算机辅助设计（CAD，Computer Aided Design）

利用计算机及其图形设备帮助设计人员进行设计工作，简称CAD。在工程和产品设计中，计算机可以帮助设计人员担负计算、信息存储和制图等工作。在设计中通常要用计算机对不同方案进行大量的计算、分析和比较，以确定最优方案；各种设计信息，不论是数字的、文字的或图形的，都能存放在计算机的内部或外部存储器里，并能快速检索；设计人员通常从草图开始设计，将草图变为工作图的繁重工作可以交给计算机完成；由计算机自动产生的设计结果可以快速绘制出图形并显示出来，使设计人员及时对设计做出判断和修改；利用计算机可以进行与图形的编辑、放大、缩小、平移和旋转等有关的图形数据加工工作。CAD能够减少设计人员的劳动量、缩短设计周期并提高设计质量。现在，CAD已在电子电气、机械设计、软件开发、机器人、服装、出版、工厂自动化、土木建筑、地质和计算机艺术等各个领域得到广泛应用。CAD系统通常以具有图形功能的交互式计算机系统为基础，主要设备有计算机主机、图形显示器、图形输入板、绘图仪、扫描仪、打印机、磁带机等，CAD系统还包含各类软件。

2. 虚拟样机技术（VPT，Virtual Prototyping Technology）

虚拟样机技术是一种基于虚拟样机的数字化设计方法，是各领域CAx/DFx（Computer Aided x/Design for x）技术的发展和延伸。虚拟样机技术进一步融合了先进建模/仿真技术、现代信息技术、先进设计制造技术和现代管理技术，将这些技术应用于复杂产品全生命周期和全系统的设计，并对它们进行综合管理。与传统产品设计技术相比，虚拟样机技术强调系统的观点，涉及产品全生命周期，支持对产品的全方位测试、分析与评估，强调不同领域的虚拟化的协同设计。

虚拟样机技术的实施是一个渐进的过程，其中涉及许多相关技术，如总体技术、多领域协同建模/仿真/评估技术、数据/过程管理技术和支撑框架技术等。虚拟样机开发过程中涉及大量的人员、工具、数据/模型、项目/流程，对这些元素进行合理的组织和管理，使其构成一个高效的系统，实现整个开发过程中的信息集成和过程集成。它是优质、成功地进行虚拟样机开发的必要条件。

3. 多学科设计优化（MDO，Multidisciplinary Design Optimization）**技术**

多学科设计优化技术是从多种方案中选择最佳方案的设计方法。它以数学中的最优化理论为基础，以计算机为手段，根据设计所追求的性能目标，建立目标函数，在满足各种给定的约束条件下，寻求最优的设计方案。随着数学理论和电子计算机技术的进一步发展，优化设计已逐步成为一门新兴的独立工程学科，并在生产实践中得到了广泛的应用。通常设计方案可以用一组参数来表示，这些参数有些已经给定，有些没有给定，需要在设计中优选，称为设计变量。如何找到一组最合适的设计变量，在允许的范围内，能使所设计的产品结构最合理、性能最好、质量最高、成本最低（即技术经济指标最佳），有市场竞争能力，同时设计的时间又不要太长，这就是优化设计所要解决的问题。复杂产品的设计优化问题可能包括多个优化目标和分属不同学科的约束条件。现代的 MDO 技术为解决学科间的冲突、寻求系统的全局最优解提供了可行的技术途径。

4. 可靠性设计（RD，Reliability Design）

可靠性设计是保证机械及其零部件满足给定的可靠性指标的一种机械设计方法。它包括对产品的可靠性进行预计、分配、技术设计和评定等工作。所谓可靠性，则是指产品在规定的时间内和给定的条件下完成规定功能的能力。它不但直接反映产品各组成部件的质量，而且还影响整个产品质量性能的优劣。可靠性分为固有可靠性、使用可靠性和环境适应性。可靠性的度量指标一般有可靠度、无故障率和失效率三种。

对于一个复杂的产品来说，为了提高系统的整体性能，若采用提高组成产品的每个零部件的制造精度这一方式来实现，则会使得产品的造价昂贵，有时甚至难以实现（例如对于由几万甚至几十万个零部件组成的很复杂的产品）。事实上，可靠性设计所要解决的问题就是如何从设计入手来保证产品的可靠性，以满足对各个零部件可靠度（表示可靠性的概率）的要求。可靠度的分配是可靠性设计的核心。

5. 并行设计（CE，Concurrent Engineering）

并行设计是一种对产品及其相关过程（包括设计制造过程和相关的支持过程）进行并行和集成设计的系统化工作模式。与传统的串行设计相比，并行设计更强调在产品开发的初期，产品的设计开发者就要考虑产品整个生命周期（从产品的工艺规划、制造、装配、检验、销售、使用、维修到产品的报废为止）的所有环节，建立产品生命周期中各个阶段性能的继承和约束关系及产品各个方面属性间的关系，以追求产品在生命周期全过程中性能最优。通过组建产品的不同功能设计小组，使设计更加协调，使产品性能更加完善，从而更好地满足客户对产品综合性能的要求，并减少开发过程中产品的反复修改，进而提高产品质量、缩短开发周期，并大大降低产品成本。

6. 人机工程学（工效学）（HE，Human Engineering）**设计**

人机工程学是研究人的特性及工作条件与机器相匹配的科学。它把人和机器视为一个有机结合的系统，指出机器应该具有怎样的条件才能使人付出适宜的代价后获得整个系统的最佳效益。人机工程学不仅涉及工程技术理论，还涉及人体解剖学、生理学、心理学及劳动卫生学等。认真研究这门科学，通过提出最佳设计方案并创造出最适宜的条件，可使人机实现高度协调统一，形成高效、经济、安全的有机系统。

思考练习题

9-1　机械零件的主要失效形式有哪些？什么是机械零件的设计计算准则？零件失效形式与设计计算准则之间有什么关系？

9-2　机械设计中常用材料的基本选择原则是什么？

9-3　什么是静应力？什么是变应力？循环变应力的循环特征有哪几类？

9-4　零件的静应力是由静载荷作用产生的，那么变应力是否一定是由变载荷作用产生的？为什么？试举例说明。

9-5　计算机械零件强度时，许用应力一般如何确定？

9-6　疲劳断裂有什么特点？

9-7　试说明承受循环应力的机械零件在什么情况下可按静强度条件计算？在什么情况下需按疲劳强度条件计算？

9-8　计算零件变载荷下的许用应力［σ］时为什么要考虑变应力的循环特性 γ 及有效应力集中系数 K_σ、绝对尺寸系数 ε_σ 及表面状态系数 β？

9-9　机械零件做耐磨性计算时除了校核平均压力 p 外，还需校核 pv 值，试问 pv 值间接反映了什么？

9-10　试述疲劳断裂和疲劳点蚀的形成过程。

9-11　摩擦状态有几种？根据什么来区分？

9-12　边界摩擦的特征是什么？

9-13　磨损过程通常分为哪几个阶段？磨损量与哪些因素有关？

9-14　磨损可分为哪几种？各有何特点？如何防止和减轻这种磨损？

9-15　润滑剂的作用是什么？工程中常用的润滑剂有哪几种？

9-16　润滑油的主要性能指标是什么？黏度的表示方法有几种？各种黏度的单位是什么？

9-17　润滑脂的主要性能指标是什么？

9-18　机械零部件标准化的意义是什么？试列出一些机械设计中常用的国家标准。

9-19　机械的现代设计方法与常规设计方法有哪些主要区别？

9-20　一对齿轮做单向传动，试问：①轮齿弯曲应力可看成哪类循环变应力？②设两轮齿数 $z_1=19$、$z_2=80$，小齿轮为主动轮，转速 $n=200\text{r/min}$，预定使用期限为 500h，在使用期限终了时，大齿轮应力循环总次数 N 是多少？③设大齿轮材料的疲劳极限为 σ_0，循环基数 $N_0=10^7$，那么对应于循环总次数 N 的疲劳极限能提高到多少？

第10章 非轴毂连接

为了便于机器的制造、安装、维护和运输，常常把结构复杂、尺寸庞大或容易损坏的构件设计、制造成若干简单的零件，然后把它们连接起来。这种将两个或两个以上的机械零部件组合在一起的形式在机械设计上就称为连接，包括连接件和被连接件。连接件又称为紧固件，螺栓、螺母、键、销、铆钉等都是连接件；轴与轴上的零件（如齿轮、飞轮、带轮和链轮等回转零件）、轮圈与轮毂、箱体与箱盖、焊接零件中的钢板与型钢等都是被连接件。

按照连接件和被连接件的类型，连接可分为轴毂连接和非轴毂连接。轴毂连接是指轴与其上轮状零件的轮毂之间的连接，其作用是实现轴向固定或轴向导向移动。其他为非轴毂连接。按照连接件和被连接件是否可相对运动，零部件的连接方式分为动连接和静连接。如果相互位置固定，不能做相对运动，就是静连接；反之，能做相对运动的则称为动连接。按照连接是否可拆，连接又分为可拆连接和不可拆连接两类。不损坏连接中的任一零件就可将连接拆开的为可拆连接，这类连接经多次装拆无损于使用性能，如螺纹连接、键连接和销连接等；不可拆连接是指至少必须毁坏连接中的某一部分才能拆开的连接，如焊接、铆接和胶接等。动连接一般都是可拆连接。

本章主要讨论非轴毂连接，包括螺纹连接、螺旋传动以及其他不可拆连接等。

10.1 螺纹

螺纹连接是利用带螺纹的零件构成的一种可拆连接，其结构简单、拆卸方便、连接可靠，且多数螺纹紧固件已标准化，生产效率高，成本低廉，因而得到广泛使用。本节主要讨论螺纹，它是螺纹连接的基础。

10.1.1 螺纹的形成

将一底边长为 πd_2、倾斜角为 ψ 的直角三角形绕在直径为 d_2 的圆柱上，其斜边便形成一条螺旋线，如图 10-1a 所示。取一平面图形（如图 10-1b 其中一个），使它沿着螺旋线运动，运动时保持此图形所在平面包括圆柱的轴线，就得到螺纹。

10.1.2 螺纹的主要参数

现以圆柱普通螺纹为例，说明螺纹的主要几何参数，如图 10-2 所示。

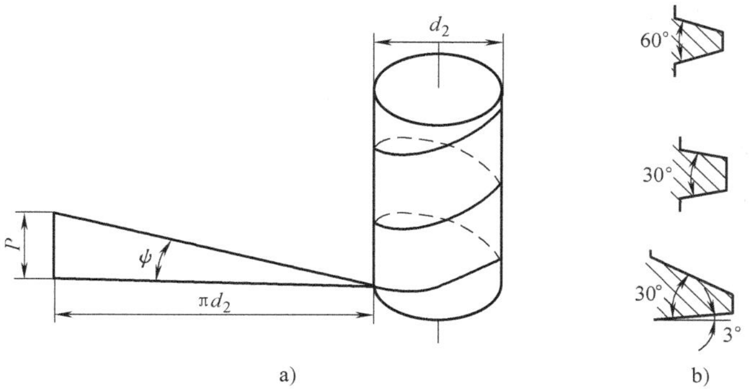

图 10-1　螺旋线的形成

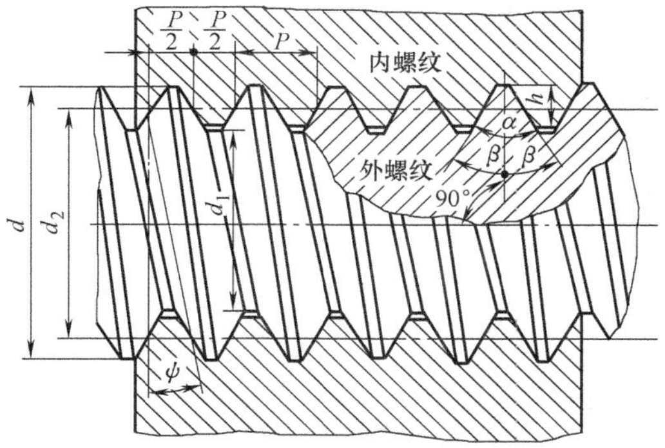

图 10-2　螺纹的主要几何参数

(1) 螺纹大径 *d*　螺纹的最大直径，即与外螺纹牙顶（或内螺纹牙底）相重合的假想圆柱面的直径，在国家标准中定义为公称直径。

(2) 螺纹小径 d_1　螺纹的最小直径，即与外螺纹牙底（或内螺纹牙顶）相重合的假想圆柱面的直径，可作为强度计算中螺杆的危险截面直径。

(3) 螺纹中径 d_2　螺纹中径是一个假想圆柱体的直径，该圆柱的母线通过牙型上沟槽和凸起宽度相等的地方。中径近似地等于螺纹的平均直径，即 $d_2 \approx (d_1+d)/2$。中径是确定螺纹几何参数和配合性质的直径。

(4) 螺纹线数 *n*　螺纹线数是指螺纹的螺旋线数目（即螺纹形成时直角三角形斜边的数目）。通常单根螺旋线形成的螺纹连接要求有自锁性，而多根螺旋线形成的螺纹要求效率高。为了制造方便，一般螺纹线数不超过 4。

(5) 螺距 *P*　螺距是指螺纹相邻两个牙型上对应点间的轴向距离。

(6) 导程 P_h　取螺纹上任一点，沿同一条螺旋线转一周所移动的轴向距离就是导程。单线螺纹 $P_h=P$，多线螺纹 $P_h=nP$。

(7) 升角 ψ　升角是指螺旋线的切线与垂直于螺纹轴线的平面间的夹角（即螺纹形成时直角三角形斜边的倾斜角 ψ），在螺纹的不同直径处，升角各不相同，通常按螺纹中径 d_2 计算。由图 10-1 可得

$$\tan\psi=\frac{nP}{\pi d_2} \tag{10-1}$$

(8) 牙型角 α　牙型角是指螺纹轴向剖面内，螺纹牙型两侧边的夹角。

(9) 牙侧角 β　螺纹牙型的侧边与螺纹轴线的垂直平面的夹角称为牙侧角，对称牙型的牙侧角 $\beta=\alpha/2$。

(10) 牙侧接触高度 *h*　牙侧接触高度是指内、外螺纹旋合后的接触面的径向高度。

10.1.3 螺纹的种类

(1) 按螺纹用途分类 螺纹可分为连接螺纹和传动螺纹。用于连接的螺纹称为连接螺纹；用于传动的螺纹称为传动螺纹，相应的传动称为螺旋传动。

(2) 按螺纹轴平面内牙型分类 螺纹可分为三角形螺纹、矩形螺纹、梯形螺纹、锯齿形螺纹等。其中三角形螺纹用于连接，其他螺纹用于传动。常见的螺纹牙型如图 10-3 所示。各类螺纹的主要特点如下：

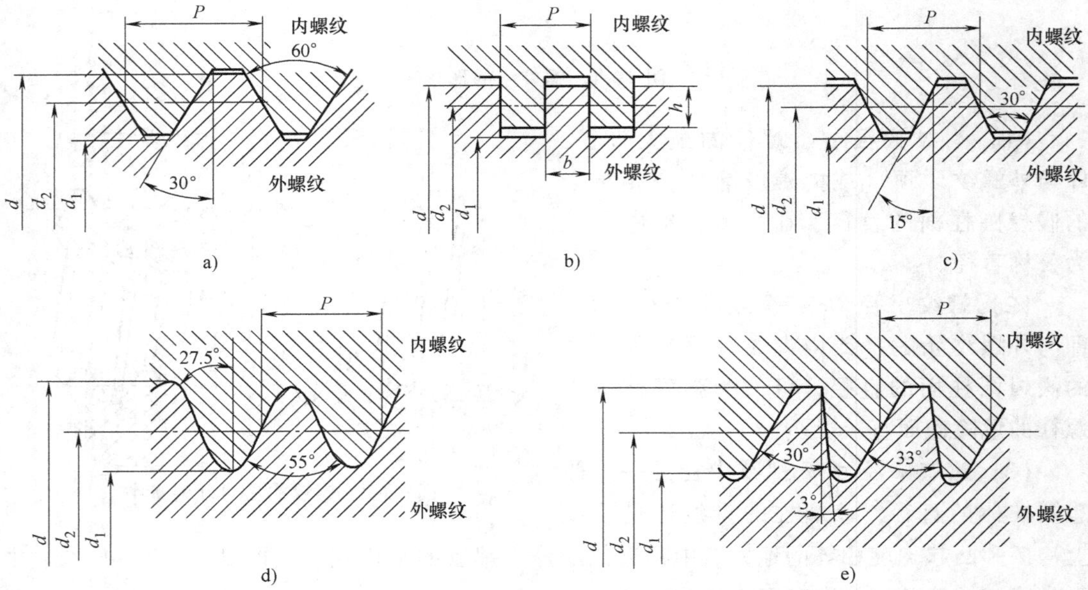

图 10-3 螺纹的牙型

a）三角形螺纹 b）矩形螺纹 c）梯形螺纹 d）管螺纹 e）锯齿形螺纹

1）三角形螺纹。因三角形牙侧角大，故当量摩擦系数也较大，自锁性好，所以常用于连接。三角形螺纹又分为普通三角形螺纹和管螺纹。普通三角形螺纹的牙型角为 60°，有粗牙和细牙螺纹两种，如图 10-4a 所示。其中螺距最大的为粗牙螺纹，应用最广泛，其余都是细牙螺纹。细牙螺纹升角小、小径大，因而自锁能力好、强度高，但不耐磨、易滑扣，它适用于薄壁零件、受动载荷的连接和微调相对位置的机构。

2）矩形螺纹。其牙型角为 0°，这种螺纹的当量摩擦系数小，传动效率高，但由于加工时定心较困难，并且螺纹的牙根强度较低，所以常被梯形螺纹所取代。

3）梯形螺纹。其牙型角为 30°，与矩形螺纹相比效率较低，但牙根强度较高，且定心性较好，常用于螺旋传动。

4）锯齿形螺纹。两侧牙侧角分别为 3°和 30°。3°的侧面为工作面，主要用来承受载荷，可得到较高的效率；30°的侧面主要用来增强牙根的强度。该螺纹只适用于单向受载的螺旋传动。

(3) 按母体的形状分类 螺纹分为圆柱螺纹和圆锥螺纹。

(4) 按螺旋线的旋向分类 螺纹可分为右旋螺纹和左旋螺纹，判断方法与 5.6.1 节

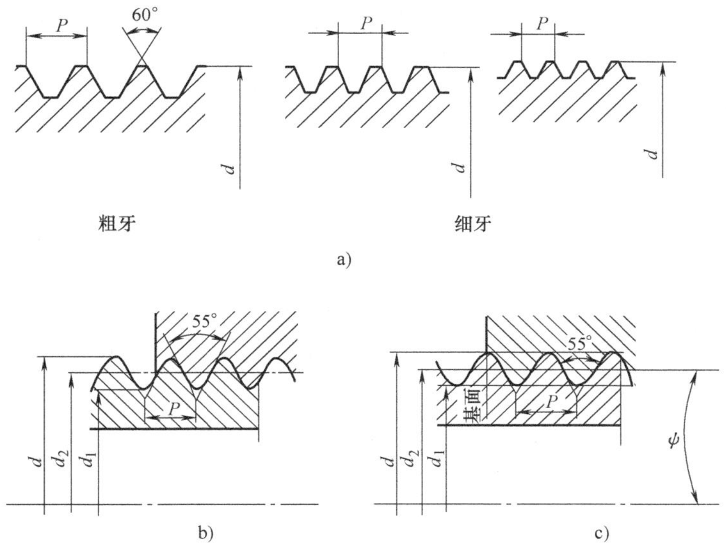

图 10-4　三角形螺纹

a）普通螺纹　b）55°非密封管螺纹　c）55°密封管螺纹

中所讲的斜齿轮左右旋的判断方法相同。右旋螺纹应用广泛。左旋螺纹主要用于特殊场合，如自行车的左旋螺纹脚踏，装配后可保证越骑越紧。

（5）按螺纹线数分类　螺纹可分为单线、双线及多线螺纹，如图 10-5 所示。在一般条件下，单线螺纹导程小、升角小、易自锁，常用于连接；多线螺纹导程大、升角大、传动效率高，多用于传动。

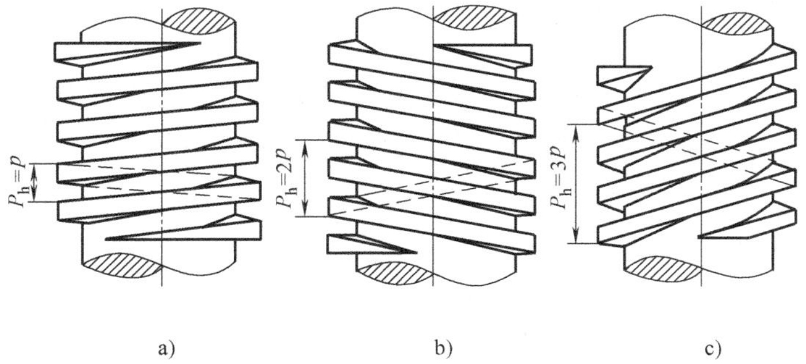

图 10-5　螺纹旋向及螺纹线数

a）右旋，单线　b）左旋，双线　c）右旋，三线

（6）按回转体的内、外表面分类　螺纹可分为内螺纹与外螺纹，内、外螺纹组成螺旋副，可实现连接或传动。

（7）按计量单位分类　螺纹可分为寸制螺纹和米制螺纹，我国除管螺纹保留寸制螺纹外，其余均为米制螺纹。

另外，管螺纹一般有四种，除了普通寸制细牙三角形螺纹外，还有三种：55°非密封管螺纹（圆柱管壁，$\alpha=55°$，见图 10-4b）、55°密封管螺纹（圆锥管壁，$\alpha=55°$，见图 10-4c）和 60°密封管螺纹。管螺纹的公称直径是管子的公称通径。55°非密封管螺纹广泛应用于水、煤气、润滑管路系统中。55°密封管螺纹不用填料即能保证紧密性而且旋合迅速，适用于密封要求较高的管路连接。

机械制造中常用螺纹的基本尺寸见附录 A。

10.2 螺旋副的受力分析、自锁和效率

在 10.1.1 节中讲过，直角三角形绕在圆柱体上，其斜边就形成了螺旋线。相反，如果把螺纹上的螺旋线展开，就又变回了直角三角形。螺旋副在力矩和轴向载荷作用下的相对运动，可看成作用在中径的水平力 F 推动滑块（即重物，代表螺母）沿螺纹的运动，如图 10-6a 所示。将螺纹沿中径展开可得一直角三角形斜边，如图 10-6b 所示。

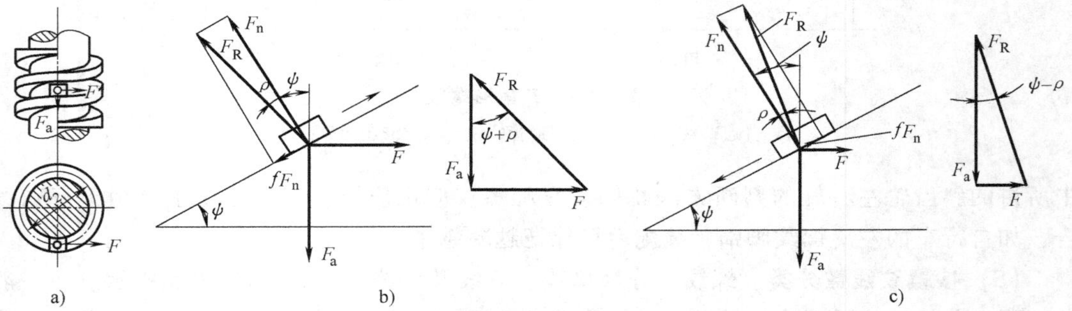

图 10-6 矩形螺纹的受力分析

10.2.1 矩形螺纹的受力分析和自锁

现在假定图 10-6a 中的螺纹为矩形螺纹，其牙侧角 $\beta=0°$。ψ 为升角，F_a 为轴向载荷（其最小值为滑块的重力），F 为作用于中径处的水平推力，F_n 为法向反力，f 为摩擦系数，fF_n 为摩擦力，ρ 为摩擦角。根据理论力学知识可得 $f=\tan\rho$。

1. 等速拧紧螺母

等速拧紧螺母就相当于滑块沿斜面等速上升。这时 F_a 为阻力，F 为驱动力。因摩擦力向下，故总反力 F_R 与 F_a 的夹角为 $\psi+\rho$。由力的平衡条件可知，F_R、F 和 F_a 三力组成封闭的力多边形（图 10-6b），由图可得

$$F=F_a\tan(\psi+\rho) \tag{10-2}$$

作用在螺旋副上的相应驱动力矩为

$$T=F\frac{d_2}{2}=F_a\frac{d_2}{2}\tan(\psi+\rho) \tag{10-3}$$

2. 等速拧松螺母

等速拧松螺母就相当于滑块沿斜面等速下滑。这时，轴向载荷 F_a 变为驱动力，而 F 变为阻力，它也是维持滑块等速运动所需的平衡力（图 10-6c）。由力多边形可得

$$F=F_a\tan(\psi-\rho) \tag{10-4}$$

作用在螺旋副上的相应力矩为

$$T=F\frac{d_2}{2}=F_a\frac{d_2}{2}\tan(\psi-\rho) \tag{10-5}$$

3. 自锁分析

式（10-4）求出的 F 值既可为正，也可为负。当斜面倾角 ψ 大于摩擦角 ρ 时，滑块在重力作用下有向下加速运动的趋势。这时由式（10-4）求出的平衡力 F 为正，方向如图 10-6c 所示。它阻止滑块加速以便保持等速下滑，故 F 是阻力。当斜面倾角 ψ 小于摩擦角 ρ 时，滑块不能在重力作用下自行下滑，即处于自锁状态，这时由式（10-4）求出的平衡力 F 为负值，其方向与运动方向成锐角，在这种情况下 F 就成为驱动力了。它说明在自锁条件下，必须施加反向驱动力 F 才能使滑块等速下滑。

10.2.2　非矩形螺纹的受力分析和自锁

非矩形螺纹是指牙侧角 $\beta\neq0°$ 的三角形螺纹、梯形螺纹和锯齿形螺纹。对比图 10-7a 和图 10-7b 可知，若略去升角的影响，在轴向载荷 F_a 的作用下，非矩形螺纹的法向压力 F_n 比矩形螺纹的大。若把法向压力的增大看作摩擦系数的增大，则非矩形螺纹的摩擦阻力可写为

$$\frac{F_a}{\cos\beta}f=\frac{f}{\cos\beta}F_a=f'F_a$$

式中，f'定义为当量摩擦系数，则

$$f'=\frac{f}{\cos\beta}=\tan\rho' \tag{10-6}$$

式中，ρ'为当量摩擦角；β 为牙侧角。因此，将图 10-6 的 f 改为 f'、ρ 改为 ρ'，就可像矩形螺纹那样对非矩形螺纹进行力的分析。

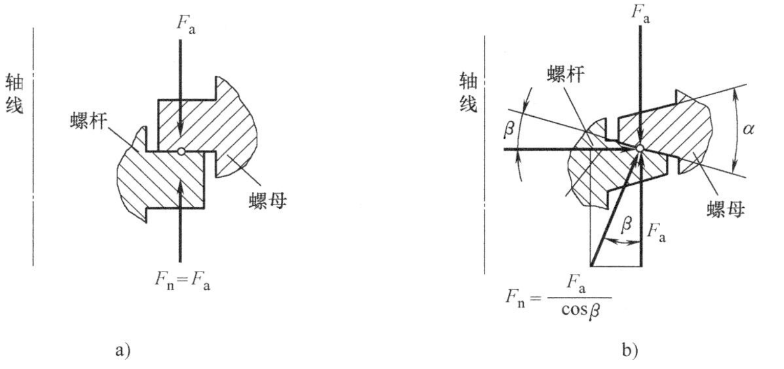

图 10-7　矩形螺纹与非矩形螺纹的法向力

1. 滑块等速上升

当滑块沿非矩形螺纹等速上升时，可得水平推力

$$F=F_a\tan(\psi+\rho') \tag{10-7}$$

相应的驱动力矩为

$$T=F\frac{d_2}{2}=F_a\frac{d_2}{2}\tan(\psi+\rho') \tag{10-8}$$

2. 滑块等速下滑

当滑块沿非矩形螺纹等速下滑时，可得

$$F=F_a\tan(\psi-\rho') \tag{10-9}$$

相应的力矩为

$$T=F\frac{d_2}{2}=F_a\frac{d_2}{2}\tan(\psi-\rho') \tag{10-10}$$

3. 自锁分析

与矩形螺纹分析相同，若升角 ψ 小于当量摩擦角 ρ'，则螺纹具有自锁特性，如不施加驱动力矩，无论轴向驱动力 F_a 多大，都不能使螺旋副相对运动。考虑到极限情况，非矩形螺纹的自锁条件可表示为

$$\psi\leqslant\rho' \tag{10-11}$$

为了防止螺母在轴向力作用下自动松开，用于连接的紧固螺纹必须满足自锁条件。

10.2.3 螺旋副的效率

效率是输出功与输入功之比。对螺旋副来说，其效率是有效功与输入功之比。若按螺旋转动一圈计算，输入功为 $2\pi T$，此时升举滑块（重物）所做的有效功为 $F_aP_h=F_anP$（其中 P_h 为导程，P 为螺距，n 为螺旋副的线数）。综合考虑式（10-1）、式（10-9）和式（10-10）可得螺旋副的效率为

$$\eta=\frac{F_aP}{2\pi T}=\frac{\tan\psi}{\tan(\psi+\rho')} \tag{10-12}$$

由式（10-12）可知，当量摩擦角 ρ'（$\rho'=\arctan f'$）一定时，效率只是升角 ψ 的函数。由此可绘出效率曲线（图 10-8）。取 $\frac{d\eta}{d\psi}=0$，可得当 $\psi=45°-\frac{\rho'}{2}$时效率最高。由于过大的升角制造困难，且效率增大也不显著，一般升角不大于 25°。

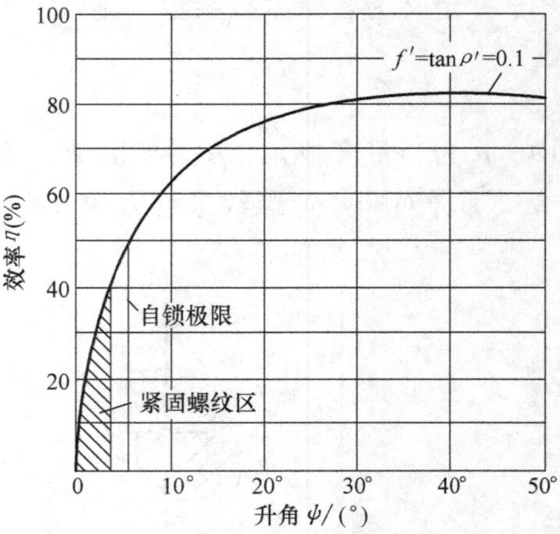

图 10-8 螺旋副的效率曲线

10.3 螺纹连接

10.3.1 标准螺纹紧固件

螺纹紧固件的种类很多，在机械设备中常见的有螺栓、双头螺柱、螺钉、螺母和垫圈

等。它们的结构型式和尺寸都已标准化，设计时，应根据工作条件和结构特点，合理地选择螺纹连接件的规格、型号。现简要介绍如下：

1. 六角头螺栓

六角头螺栓如图 10-9 所示。它种类很多，应用很广，常用的有大六角头和小六角头两种。其精度分为 A、B、C 级，通用机械制造中多用 C 级。螺栓杆可制出一段螺纹或全螺纹，螺纹可用粗牙或细牙（A、B 级）。

2. 双头螺柱

双头螺柱如图 10-10 所示。螺柱两端都制有螺纹，两端螺纹可相同，也可不同。螺柱可带退刀槽或制成腰杆，也可制成全螺纹的螺柱。螺柱的一端常用于旋入铸铁或有色金属的螺孔中，旋入后一般不拆卸，另一端则用于安装螺母以固定其他零件。

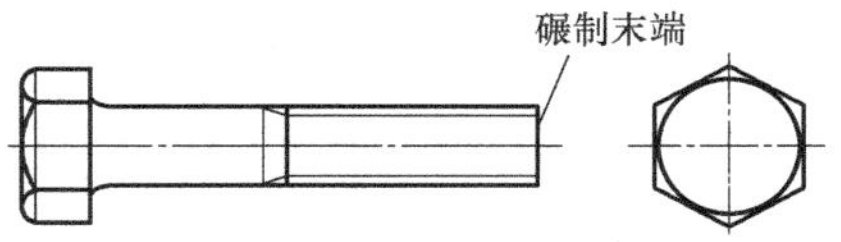

图 10-9　六角头螺栓

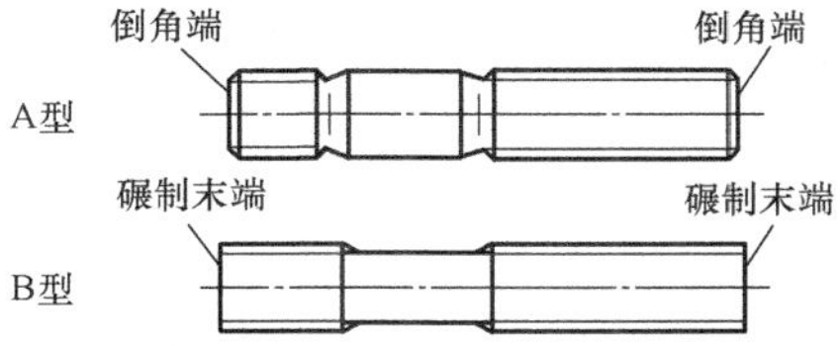

图 10-10　双头螺柱

3. 螺钉

螺钉如图 10-11 所示。螺钉头部形状有圆头、扁圆头、六角头、圆柱头和沉头等。头部的槽有一字槽、十字槽和六角孔等型式。十字槽螺钉头部强度高、对中性好，便于自动装配。内六角圆柱头螺钉能承受扳手的力矩，连接强度高，可代替六角头螺栓，用于要求结构紧凑的场合。

4. 紧定螺钉

紧定螺钉如图 10-12 所示。常用的紧定螺钉的末端形状有锥端、平端和圆柱端。锥端适用于被紧定零件的表面硬度较低或不经常拆卸的场合；平端接触面积大，不损伤零件表面，常用于顶紧硬度较大的平面或经常拆卸的场合；圆柱端可压入轴上的凹坑中，适用于紧定空心轴上的零件位置。

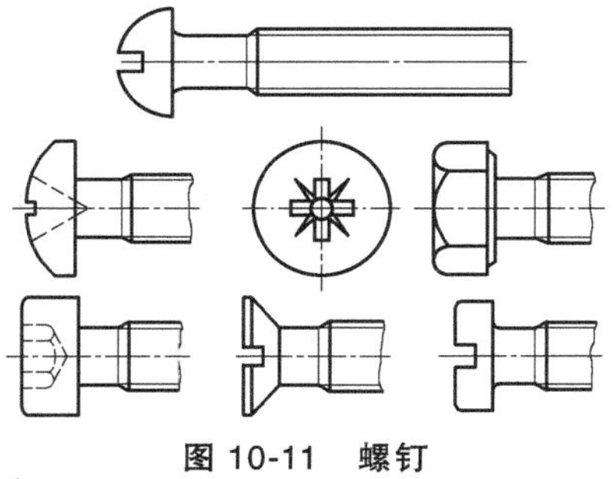

图 10-11　螺钉

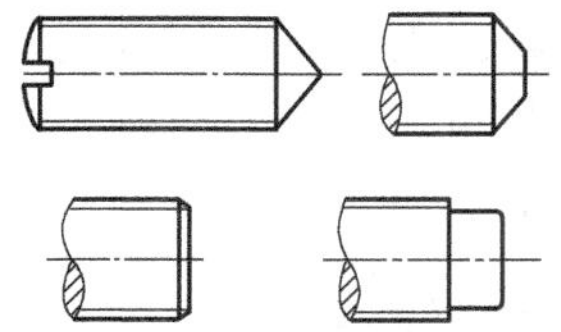

图 10-12　紧定螺钉

5. 自攻螺钉

自攻螺钉如图 10-13 所示。螺钉头部形状有圆头、六角头、圆柱头、沉头等。头部的槽有一字槽、十字槽等型式。末端形状有锥端和平端两种。它多用于连接金属薄板、轻合金或塑料零件。在连接件上可不预先制出螺纹，在连接时利用螺钉直接攻出螺纹。螺钉材料一般用渗碳钢，热处理后表面硬度不低于 45HRC。自攻螺钉的螺纹与普通螺纹相比，在大径相同时，自攻螺纹的螺距大而小径则稍小。自攻螺钉已标准化。

6. 六角螺母

六角螺母如图 10-14 所示，根据螺母厚度不同，分为标准的和薄的两种。薄螺母常用于受剪力的螺栓或空间尺寸受限制的场合。螺母的制造精度和螺栓相同，分为 A、B、C 三级，分别与相同级别的螺栓配合使用。

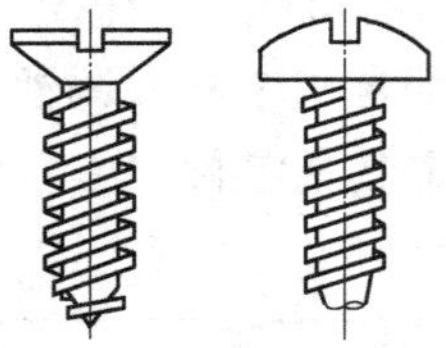

图 10-13　自攻螺钉

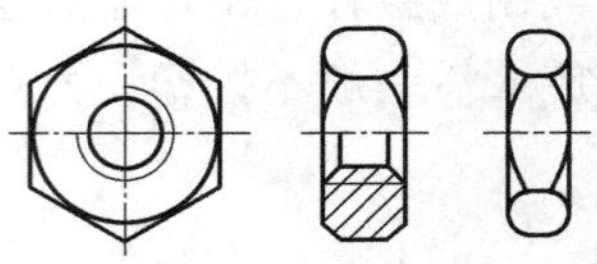

图 10-14　六角螺母

7. 垫圈

垫圈如图 10-15 所示。垫圈是螺纹连接中不可缺少的附件，常放置在螺母和被连接件之间，起保护支承表面等作用。平垫圈按加工精度不同，分为 A 级和 C 级两种。用于同一螺纹直径的垫圈又分为特大、大、普通和小四种规格，特大垫圈主要在铁木结构上使用。斜垫圈只用于倾斜的支承面上。

8. 圆螺母与止动垫圈

圆螺母与止动垫圈如图 10-16 所示。圆螺母常与止动垫圈配合使用，装配时将止动垫圈内舌插入轴上的槽内，而将止动垫圈的外舌嵌入圆螺母的槽内，螺母即被锁紧。它们常用于滚动轴承的轴向固定。

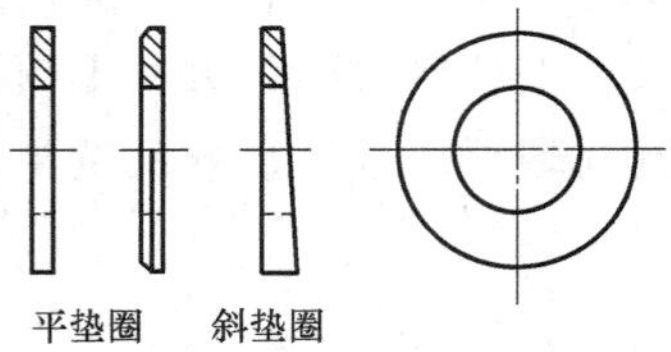

图 10-15　垫圈

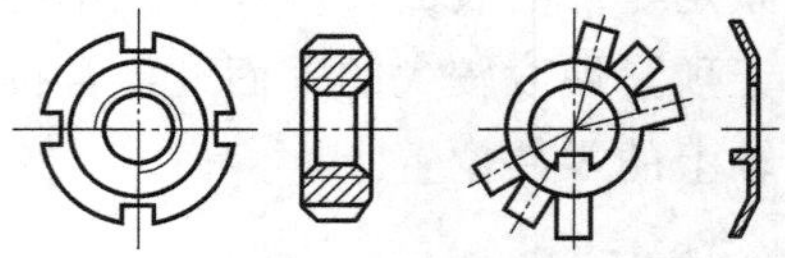

图 10-16　圆螺母与止动垫圈

根据国家标准 GB/T 3103.1—2002 的规定，螺纹紧固件分为 A、B、C 三个精度等级。A 级精度最高，用于要求配合精确、防止振动等重要场合；B 级精度多用于受载较大且经常装拆、调整或承受变载荷的连接；C 级精度多用于一般螺纹连接。常用的标准螺纹紧固件通常选用 C 级精度。

10.3.2　螺纹连接的类型

1. 螺栓连接

螺栓连接的结构特点是被连接件上不必切制螺纹，因而不受被连接件材料的限制。它常用于被连接件不厚（可制通孔），并且有足够的装配空间的场合。这种连接装拆方便、成本低、应用最广。螺栓连接分为普通螺栓（又称受拉螺栓）连接和铰制孔用螺栓（又称受剪螺栓）连接两种型式。

图 10-17a 是普通螺栓连接，其特点是螺栓杆与被连接件的孔壁之间有间隙，这样安装时较方便，不易把螺栓上的螺纹碰伤，孔的加工精度可以低一些，结构简单、装拆方便、应用广泛。图 10-17b 是铰制孔用螺栓连接，其特点是螺栓杆有螺纹部分的直径较细，螺栓杆的无螺纹部分直径较大，并且与孔壁之间没有间隙，常采用过渡配合。它适用于承受与螺栓轴线垂直的横向载荷。但铰制孔用螺栓连接的被连接件的孔经粗加工后，还需用铰刀做最后的精加工，以使孔壁表面粗糙度和孔径公差达到配合要求。

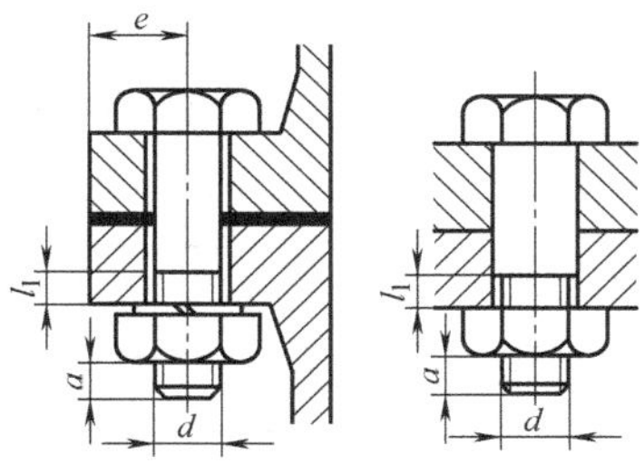

a)　　b)

螺纹余留长度 l_1

静载荷　$l_1 \geqslant (0.3 \sim 0.5)d$；

变载荷　$l_1 \geqslant 0.75d$；

冲击载荷或弯曲载荷　$l_1 \geqslant d$；

铰制孔用螺栓　$l_1 \approx 0$；

螺纹伸出长度　$a=(0.2 \sim 0.3)d$；

螺栓轴线到边缘的距离　$e=d+(3 \sim 6)\mathrm{mm}$

图 10-17　螺栓连接

2. 螺钉连接

如图 10-18a 所示，螺钉直接旋入被连接件的螺孔中，省去了螺母，因此结构上比较简单，可用于被连接件之一较厚的场合。但经常拆卸会使螺纹损坏，故螺钉连接不宜用于经常拆装的场合。

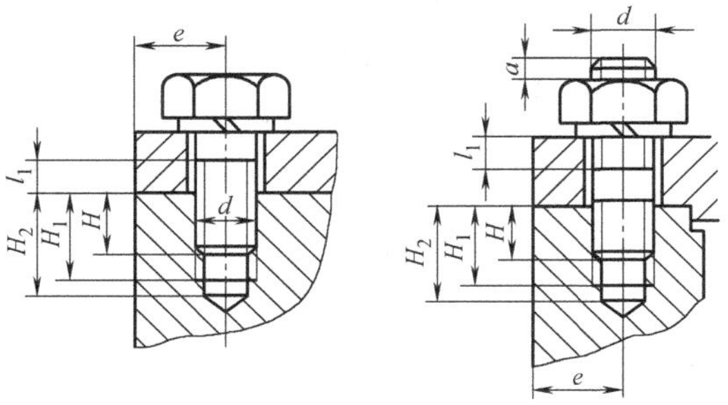

a)　　b)

座端拧人深度H，当螺孔材料为：

钢或青铜　$H=d$；

铸铁　$H=(1.25 \sim 1.5)d$；

铝合金　$H=(1.5 \sim 2.5)d$；

螺孔深度　$H_1=H+(2 \sim 2.5)P$；

钻孔深度　$H_2=H_1+(0.5 \sim 1)d$；

l_1、a、e 值同图 10－17

图 10-18　螺钉连接和双头螺柱连接

3. 双头螺柱连接

如图 10-18b 所示，双头螺柱旋紧在被连接件之一的螺孔中，用于因结构限制不能用螺栓连接的地方（如被连接件之一太厚），或希望结构较紧凑并经常拆装的场合。双头螺柱连接允许多次拆装而不损害被连接件。

4. 紧定螺钉连接

如图 10-19 所示，紧定螺钉连接常用来固定两零件的相对位置，并可传递不大的力和力矩。

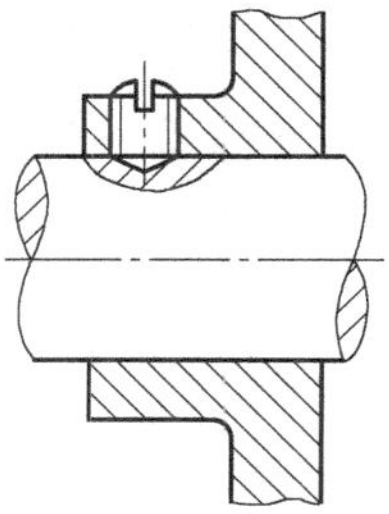

图 10-19　紧定螺钉连接

5. 其他连接

除上述四种基本螺纹连接型式外，还有一些特殊结构的螺纹连接。例如，专门用于将机座或机架固定在地基上的地脚螺栓连接（图 10-20），装在机器或大型零部件的顶盖或外壳上便于起吊用的吊环螺栓连接（图 10-21），用于工装设备中的 T 形槽螺栓连接（图 10-22）等。

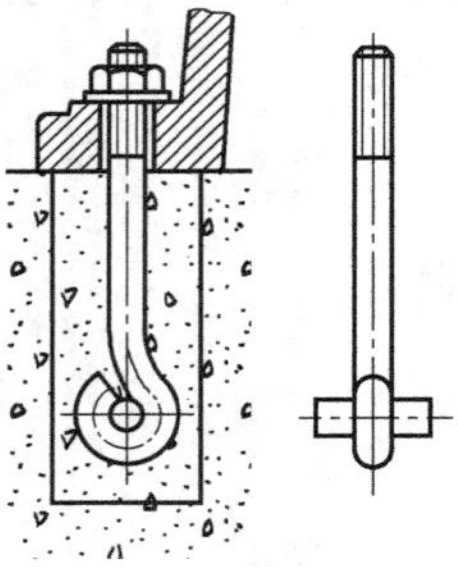
图 10-20　地脚螺栓连接

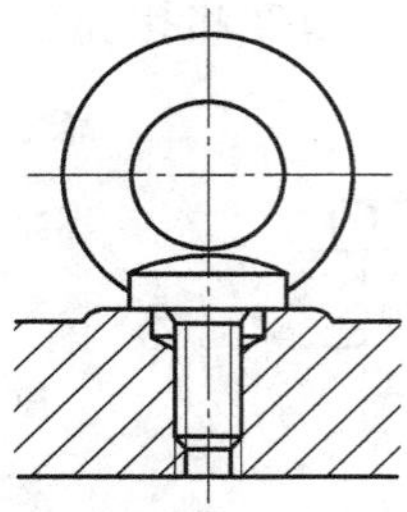
图 10-21　吊环螺栓连接

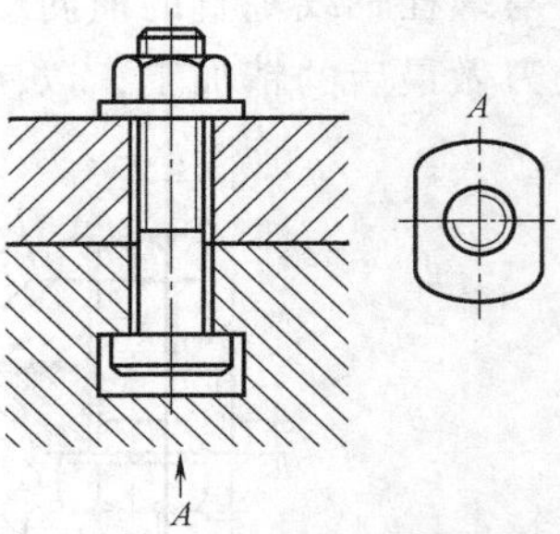

图 10-22　T 形槽螺栓连接

10.3.3　螺纹连接的拧紧和防松

1. 螺纹连接的预紧力

生产实践中的绝大多数螺纹连接，在装配时都需要拧紧，使连接件在承受工作载荷之前预先受到力的作用，这个预加的作用力称为预紧力，用 F_0 表示。存在预紧力的螺纹连接称为紧连接。预紧的目的在于增加连接的可靠性与紧密性，防止受载后被连接件间出现缝隙和相对滑移。实践证明：适当选取较大预紧力可提高连接件的疲劳强度，特别对于像气缸盖、管路凸缘、齿轮箱轴承盖等紧密性要求较高的螺纹连接，预紧更为重要。但过大的预紧力会导致整个连接的结构尺寸增大，也会使连接件在配合或偶然过载时被拉断。因此，为了保证连接所需要的预紧力，又不使螺纹连接件过载，对重要的螺纹连接，在装配时要控制预紧力。

通常规定，拧紧后产生的预紧应力不得超过其材料屈服极限 σ_s 的 80%。对于一般连接用的钢制螺栓连接的预紧力 F_0，推荐按下列关系式确定：

碳素钢螺栓

$$F_0 \leqslant (0.6 \sim 0.7)\sigma_s A_1 \tag{10-13}$$

合金钢螺栓

$$F_0 \leqslant (0.5 \sim 0.6)\sigma_s A_1 \tag{10-14}$$

式中，A_1 为螺栓危险截面的面积。

2. 螺纹连接的拧紧力矩

螺纹所受到的预紧力是由拧紧力矩决定的。如图 10-23a 所示，扳动螺母拧紧螺栓连接时，拧紧力矩 T 要克服螺纹副间的螺纹力矩 T_1 和螺母与被连接件（或垫片）支承面间的摩擦力矩 T_2。由式（10-8）可得

$$T = T_1 + T_2 = F_a \frac{d_2}{2}\tan(\psi + \rho') + f_c F_a r_f \tag{10-15}$$

式中，F_a 为轴向力，对于不承受轴向工作载荷的螺纹，F_a 即预紧力 F_0；d_2 为螺纹中径；f_c 为螺母与被连接件支承面之间的摩擦系数，无润滑时可取 $f_c = 0.15$；r_f 为支承面平均摩擦半径，$r_f \approx \dfrac{d_w + d_0}{4}$，其中 d_w 为螺母支承面的外径，d_0 为螺孔直径。

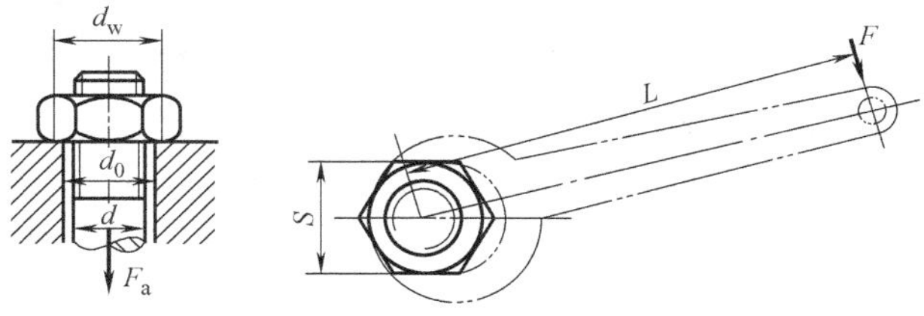

图 10-23　拧紧力矩

对于 M10～M68 的粗牙螺纹，若取 $f' = \tan\rho' = 0.15$，式（10-15）可简化为

$$T \approx 0.2 F_a d \tag{10-16}$$

对于公称直径 d 一定的螺栓，当所要求的预紧力 F_0 已知时，可按式（10-16）计算所需的拧紧力矩。工程实际中，一般采用扳手进行螺纹连接的拧紧（图 10-23b），标准扳手的长度 $L \approx 15d$，若在扳手上施加一拧紧力 F，则产生的拧紧力矩 $T = FL$，由式（10-16）可得到加在扳手上的拧紧力 F 与螺栓中产生的轴向力 F_a 之间的关系为 $F_a = 75F$。由此可见，扳手上较小的拧紧力 F 就可以在螺栓中产生很大的轴向力 F_a，如 $F = 200\text{N}$，则 $F_a = 15000\text{N}$。如果用这个拧紧力拧紧 M12 以下的钢制螺栓，很可能导致螺栓过载折断。因此，对于重要的连接，应尽可能不采用 M12 以下的螺栓，必须使用时，在装配时应严格控制其预紧力。

3. 控制预紧力的方法

控制预紧力的方法很多，常用以下几种方法：

1）用测力矩扳手或定力扭力扳手控制拧紧力矩，从而控制螺纹连接的预紧力（图 10-24），该方法简便易行、操作方便，但因拧紧力矩受摩擦系数波动的影响较大，故准确性较差。同时，该方法也不适用于大型螺栓连接的预紧。

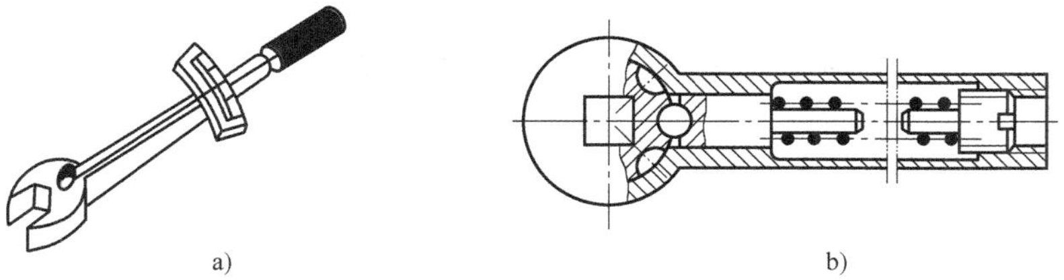

图 10-24　测力矩扳手和定力扭力扳手

a）测力矩扳手　b）定力扭力扳手

2）安装时测量螺栓的伸长量 δ_1，当螺栓的伸长量达到 $\delta_1 = F_a / C_1$（C_1 为螺栓的刚度）时，所需的预紧力就保证了。

3）规定开始拧紧后螺母旋转的角度或圈数。对于大型螺栓连接，可用液压预拉伸或加热使螺栓伸长到所需的变形量后，再把螺母拧紧到与被连接件贴合的位置。

4）对于生产线上大批量生产，主要用风扳机控制预紧力。当风扳机的输出力矩达到所需要的值时，离合器边打滑而自动脱开，边发出响声。

4. 螺纹连接的防松

前面讲过三角形螺纹具有自锁性。在静载荷和恒温条件下，这种自锁性一般可以保证螺栓连接的正常工作。但在温度变化较大及冲击、振动或变载荷作用下，螺纹副间的摩擦力可能会因材料的蠕变或高温出现瞬时消失或减少的现象，致使螺纹连接产生自动松脱现象。故为了保证螺纹连接的安全可靠，许多情况下螺栓连接都会采取一些必要的防松措施。

螺纹连接防松的实质在于防止螺纹副间的相对运动。常用的防松方法有三种：摩擦力防松、机械防松和破坏螺纹副防松。机械防松和摩擦力防松称为可拆卸防松，而破坏螺纹副防松称为不可拆卸防松。

（1）摩擦力防松 该方法的防松原理是在螺纹副中产生不随外力变化的正压力，形成阻止螺纹副相对转动的摩擦力，适用于机械外部静止构件的连接以及防松要求不严格的场合。

1）弹簧垫圈。弹簧垫圈（图 10-25a）用弹簧钢制成，装配后垫圈被压平，其反弹力能使螺纹间产生压紧力和摩擦力，能防止连接松脱。

2）自锁螺母。自锁螺母（图 10-25b）一端制成非圆形收口或开缝后径向收口。当螺母拧紧后，收口胀开，利用收口的弹力使旋合螺纹间压紧。这种防松结构简单、防松可靠，可多次拆装而不降低防松性能。

3）对顶螺母。对顶螺母（图 10-25c）利用两螺母的对顶作用使螺栓始终受到附加拉力，致使两螺母与螺栓的螺纹间保持压紧和摩擦力。

4）尼龙圈锁紧。螺母中嵌有尼龙圈（图 10-25d），拧紧后尼龙圈内孔被胀大，箍紧螺栓。

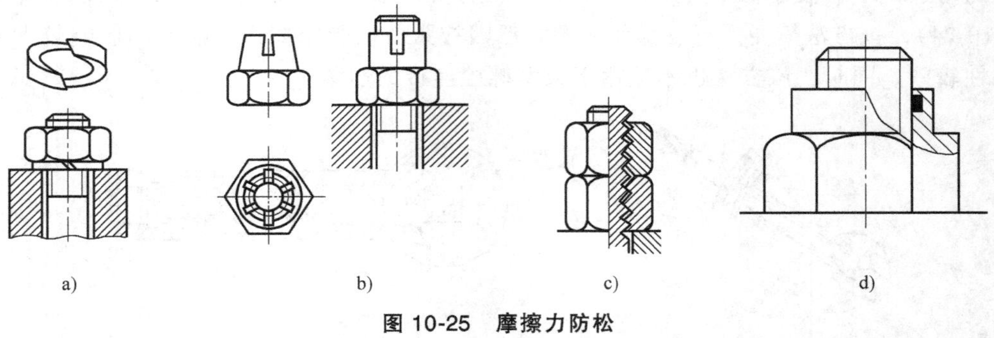

a) b) c) d)

图 10-25 摩擦力防松

a）弹簧垫圈 b）自锁螺母 c）对顶螺母 d）尼龙圈锁紧

（2）机械防松 该方法是利用各种专用的止动件来限制螺纹副间的相对转动，简单可靠，但装拆麻烦，适用于机械内部运动构件的连接，以及防松要求高的场合。

1）开槽螺母与开口销。在开槽螺母拧紧后，用开口销穿过螺母上的径向槽和螺栓尾部的销孔，将它们连成一体以防止松脱，如图 10-26a 所示。该方法适用于承受冲击载荷或载荷变化较大的连接。

2）止动垫圈。如图 10-26b 所示，拧紧螺母后，将单耳或双耳止动垫圈分别向螺母和被连接件的侧面折弯贴紧，即可将螺母锁住。若两个螺栓需要双联锁紧时，可采用双联止动垫圈，使两个螺母互相制动。它结构简单、使用方便、防松可靠。

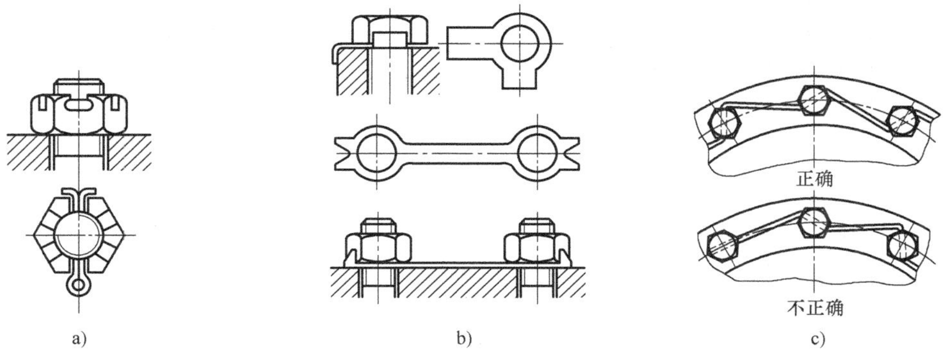

图 10-26　机械防松

a）开口销与六角开槽螺母　b）止动垫圈　c）串联钢丝

3）串联钢丝。用低碳钢丝穿入各螺钉头部的孔内，将各螺钉串联起来，使其相互制约。使用时必须注意钢丝的穿入方向，如图 10-26c 所示。该方式适用于螺钉组连接，防松可靠，但装拆不方便。

（3）破坏螺纹副防松　该方法是在螺纹副拧紧之后，采用某种措施使得螺纹副变为非运动副而成为不可拆连接的一种防松方法，用于装配后不再拆卸的场合。

1）端铆。如图 10-27a 所示，将螺栓杆末端外露部分长度（1~1.5）P 在拧紧螺母后铆死。它用于低强度螺栓和不拆卸场合。

2）冲点。如图 10-27b 所示，用冲头在螺栓杆末端与螺母的旋合缝处打冲，利用冲点防松。冲点可以在端面，也可以在侧面，冲点中心一般在螺纹的小径处。它用于低强度连接件和不拆卸场合。

3）黏结。如图 10-27c 所示，在旋合螺纹间涂上黏结剂，拧紧螺母后，通过黏结剂的黏结能力起防松作用。该方法适用于低强度、中等强度和高温场合。

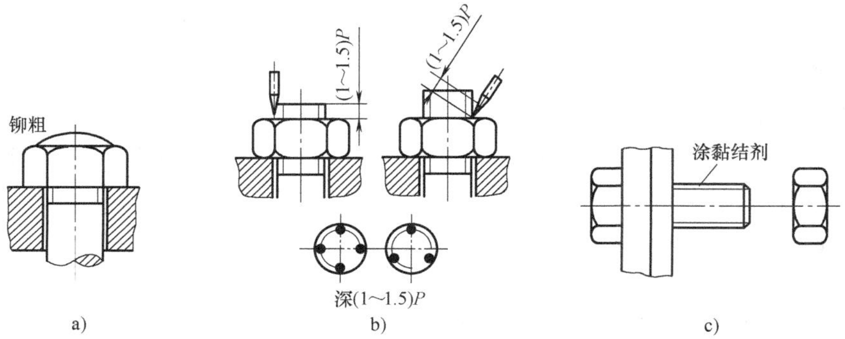

图 10-27　破坏螺纹副防松

a）端铆　b）冲点　c）黏结

例 10-1 已知 M12 螺栓用碳素结构钢制成，其屈服极限 $\sigma_s=240\text{MPa}$，螺纹间的摩擦系数 $f=0.10$，螺母与支承面间的摩擦系数 $f_c=0.15$，螺母支承面外径 $d_w=16.6\text{mm}$，螺栓孔直径 $d_0=13\text{mm}$。欲使螺母拧紧后螺杆的拉应力达到材料屈服极限的50%，求应施加的拧紧力矩，并验算其能否自锁。

解 M12 为普通三角形粗牙单线螺纹，其牙侧角 $\beta=30°$，线数 $n=1$。

1）求当量摩擦系数 f' 及当量摩擦角 ρ'，根据式（10-6）可得

$$f'=\frac{f}{\cos\beta}=\frac{0.1}{\cos30°}=0.115$$

$$\rho'=\arctan f'=6.59°$$

2）求升角 ψ。由附录 A 查 M12 螺纹的 $P=1.75\text{mm}$，$d_2=10.863\text{mm}$，$d_1=10.106\text{mm}$，根据式（10-1）可得

$$\psi=\arctan\frac{1.75}{10.863\pi}=2.49°<\rho'$$

故螺纹具有自锁性。

3）求螺杆总拉力 F_a，有

$$F_a=\frac{\pi d_1^2}{4}\times\frac{\sigma_s}{2}=\frac{10.106^2\times240\pi}{8}\text{N}=9625\text{N}$$

4）求拧紧力矩 T，根据式（10-15）可得

$$\begin{aligned}T&=F_a\frac{d_2}{2}\tan(\psi+\rho')+f_cF_ar_f\\&=\left[\frac{9625\times10.863}{2}\tan(2.49°+6.59°)+0.15\times9625\times\frac{16.6+13}{4}\right]\text{N}\cdot\text{m}\\&=19.5\text{N}\cdot\text{m}\end{aligned}$$

10.4 螺栓连接的强度计算

对于由螺栓连接而构成的整个构件而言，所受的载荷可能包括轴向载荷、横向载荷、弯矩和转矩等，但对其中每一个螺栓，所受的载荷不外乎是轴向载荷或横向载荷。本节主要讨论单个螺栓连接的强度计算。

前面讲过，螺栓连接、双头螺柱连接和螺钉连接的失效形式和计算基本相同，现以螺栓连接为例讨论连接的计算和设计问题，其结论对双头螺柱连接和螺钉连接均适用。

10.4.1 螺栓连接的主要失效形式及设计准则

在 10.3.2 节讲过，螺栓连接分为普通螺栓连接和铰制孔用螺栓连接。普通螺栓连接在工作时，螺栓主要承受轴向拉力（包括预紧力），故又称为受拉螺栓；铰制孔用螺栓连接在工作时，螺栓只承受剪切力，故又称为受剪螺栓。

1. 螺栓连接的主要失效形式

1）螺栓断裂或过大的塑性变形。受拉螺栓在静载荷作用下，其主要失效形式为螺纹部分和螺栓杆发生塑性变形或断裂；在变载荷作用下，螺栓的失效多为螺栓的疲劳断裂，疲劳断裂通常发生在应力集中的部位。

2）螺纹的压溃和剪断。受剪螺栓的主要失效形式为螺栓杆和孔壁的贴合面发生压溃或螺栓杆被剪断等。

3）滑扣失效。如果螺纹精度低或连接经常装拆，则可能产生螺纹牙滑扣现象。

2. 设计准则

对于受拉螺栓，设计准则是保证螺栓的静力或疲劳抗拉强度；对于受剪螺栓，设计准则是保证连接的抗压强度和螺栓的抗剪强度，其中连接的抗压强度对连接的可靠性起决定性作用。螺栓连接强度计算的主要任务是确定小径 d_1，然后按国家标准选定螺栓的公称直径 d 和螺距 P 等参数，以及相应配套的螺母、垫圈等。

10.4.2　松螺栓连接

松螺栓连接装配时不需要拧紧，在承受工作载荷前，连接并不受力。图 10-28 所示起重吊钩的松螺栓连接是一典型实例。当承受工作载荷 F 时，螺栓受拉伸，其强度条件为

$$\sigma=\frac{F}{A}=\frac{F}{\pi d_1^2/4}\leqslant[\sigma],\quad d_1\geqslant\sqrt{\frac{4F}{\pi[\sigma]}}\tag{10-17}$$

式中，$[\sigma]$ 为松螺栓连接的许用拉应力，单位为 MPa，其值可参见 10.4.4 节。

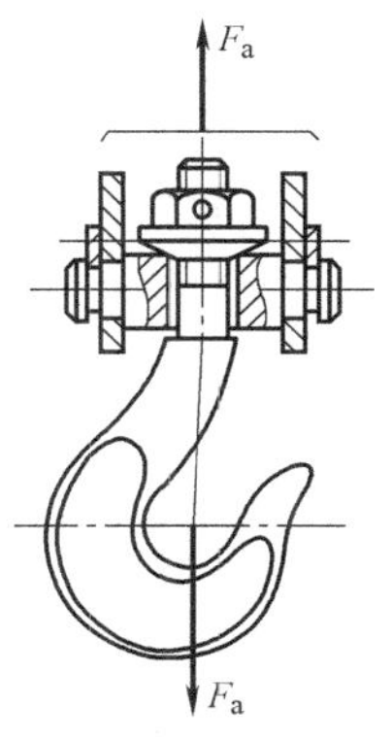

图 10-28　起重吊钩的松螺栓连接

10.4.3　紧螺栓连接

紧螺栓连接装配时需将螺母拧紧，在承受工作载荷前，螺栓已受到螺纹力矩 T_1 和预紧力 F_0 的联合作用。在工作状态下有时可能还需要补充拧紧。这是螺栓连接应用最广泛的情况。下面按螺栓的受力情况不同来分析。

1. 只受预紧力的螺栓强度

螺栓的这种受力包括两种情况，工作前螺栓预紧时的情况和工作时不受轴向力的情况。无论哪种情况，其所受轴向力都只是预紧力 F_0。这时螺栓危险截面（即螺纹小径 d_1 处）除受拉应力 $\sigma=\dfrac{F_0}{\pi d_1^2/4}$外，还受到螺纹力矩 T_1 所引起的扭转切应力。根据式（10-8）可得

$$\tau=\frac{T_1}{\pi d_1^3/16}=\frac{F_0\tan(\psi+\rho')d_2/2}{\pi d_1^3/16}=\frac{2d_2}{d_1}\tan(\psi+\rho')\frac{F_0}{\pi d_1^2/4}$$

对于 M10～M68 的普通螺纹，取$\dfrac{d_2}{d_1}$和 ψ 的平均值，并取 $\tan\rho'=f'=0.15$，得 $\tau=0.5\sigma$。按第四强度理论，当量应力 σ_e 为

$$\sigma_e=\sqrt{\sigma^2+3\tau^2}=\sqrt{\sigma^2+3\times(0.5\sigma)^2}\approx1.3\sigma$$

故螺栓螺纹部分的强度条件为

$$\frac{1.3F_0}{\pi d_1^2/4}\leqslant[\sigma] \tag{10-18}$$

式中，$[\sigma]$ 为螺栓的许用应力，单位为 MPa，其值可参见 10.4.4 节。

2. 受横向工作载荷的螺栓强度

(1) 普通螺栓连接 图 10-29 所示为普通螺栓连接，螺栓与孔之间留有间隙，承受垂直于螺栓轴线的横向工作载荷 F，它靠被连接件间产生的摩擦力保持被连接件无相对滑动。若接合面间的摩擦力不足，在横向载荷作用下发生相对滑动，即使移动量在孔隙范围内，则还是认为连接失效。此时虽有关连接的各组成件暂时仍完好无损，但被连接件已离开了原来规定的正确设计位置；此外，还会由于后续因素（如机器的起动和停车、正反转、加载和卸载或其他偶然因素）的影响，造成螺栓在孔隙里继续晃动，并引起冲击、噪声和磨损等更为严重的后果。为保证被连接件接合面间有足够的摩擦力阻止其发生相对滑动，轴向压紧力 F_a 所产生的摩擦力应满足 $F_a fm\geqslant CF$，其中，C 为可靠性系数，通常取 $C=1.1\sim1.3$；m 为接合面的数目；f 为接合面的摩擦系数，对于钢或铸铁被连接件，可取 $f=0.1\sim0.15$，即

$$F_a\geqslant\frac{CF}{fm} \tag{10-19}$$

求出 F_a 值后，可按式（10-18）计算螺栓强度（用 F_a 替代 F_0）。

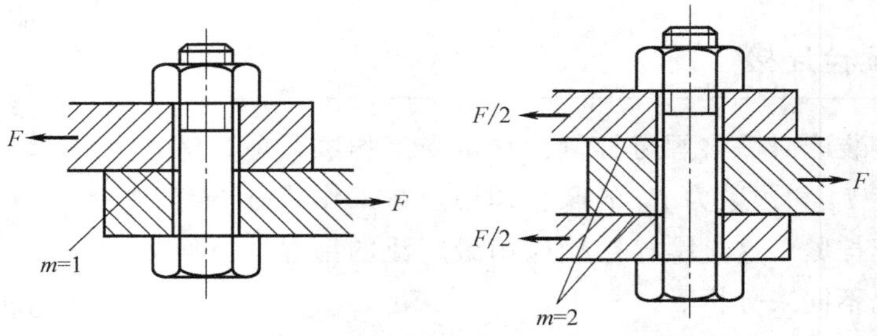

图 10-29 受横向工作载荷的螺栓连接

从式（10-19）可以看出，当 $f=0.15$、$C=1.2$、$m=1$ 时，$F_a\geqslant8F$。即预紧力应为横向工作载荷的 8 倍，所以螺栓连接靠摩擦力来承担横向载荷时，所需的轴向力很大，故其尺寸是较大的。

(2) 铰制孔用螺栓连接及其他减载装置 为了避免上述缺点，可以使用一些减载装置。图 10-30a 是用键、套筒或销承担横向工作载荷，而螺栓仅起连接作用；图 10-30b 是用螺杆与孔之间没有间隙的铰制孔用螺栓连接来承受横向载荷。这些减载装置中的键、套筒、销和铰制孔用螺栓可按受剪切和受挤压进行强度核算。现以图 10-30b 为例进行说明。

切应力
$$\tau=\frac{F}{\pi d_0^2/4}\leqslant[\tau] \tag{10-20}$$

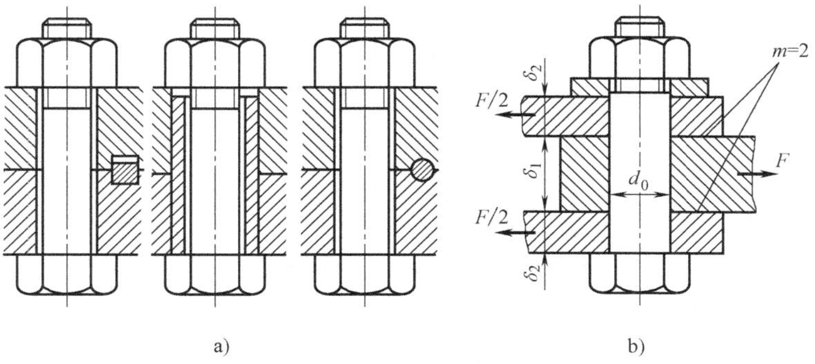

图 10-30　减载装置

a）用键、套筒或销承担横向工作载荷　b）受横向载荷的铰制孔用螺栓连接

挤压应力

$$\sigma_p = \frac{F}{d_0\delta} \leqslant [\sigma_p] \tag{10-21}$$

上两式中，δ 取 δ_1 和 $2\delta_2$ 两者之小值；许用切应力［τ］和许用挤压应力［σ_p］可参见 10.4.4 节。

3. 受轴向工作载荷的螺栓强度

压力容器的气缸盖的螺栓连接如图 10-31 所示，装配螺栓时需要拧紧螺母，螺栓受预紧力 F_0 的作用。在气缸内产生压力时，螺栓又受到轴向工作载荷 F_E 作用，由于螺栓与被连接件的弹性变形，此时螺栓的总拉力 F_a 并不等于 F_0 与 F_E 的简单叠加，而应从连接的受力与变形关系入手，求出螺栓总拉力的大小。

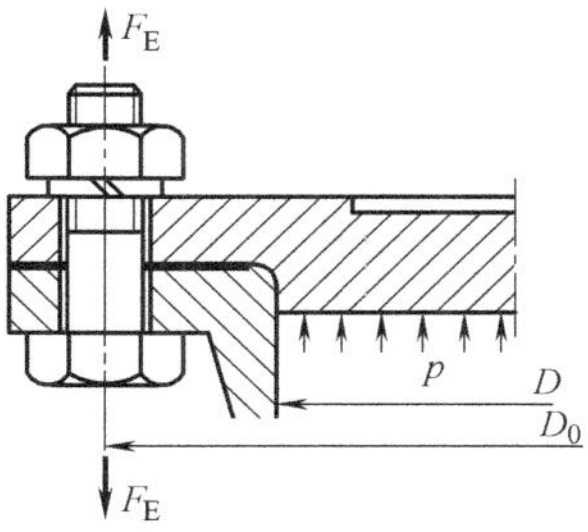

图 10-31　压力容器的气缸盖的螺栓连接

现取其中一个螺栓来分析其受载情况。螺栓和被连接件受载前、后的情况如图 10-32 所示。

1）图 10-32a 是连接还没有拧紧时的情况。此时螺栓与被连接件既不受力，也不产生变形。

2）图 10-32b 是螺栓连接拧紧后但未工作时的情况。螺栓受到拉力 F_0 而伸长了 δ_{b0}，被连接件受到压缩力 F_0 而缩短了 δ_{c0}。

3）图 10-32c 是工作时连接承受轴向工作载荷 F_E 时的情况。螺栓的伸长量增加 $\Delta\delta$ 而成为 $\delta_{b0}+\Delta\delta$，相应的拉力就是螺栓的总拉伸载荷 F_a。与此同时，被连接件则随着螺栓的伸长而弹回，其压缩量减少了 $\Delta\delta$ 而成为 $\delta_{c0}-\Delta\delta$，与此相应的压力就是残余预紧力 F_R。

在图 10-32c 中，工作载荷 F_E 和残余预紧力 F_R 一起作用在螺栓上，所以螺栓的总拉伸载荷为

$$F_a = F_E + F_R \tag{10-22}$$

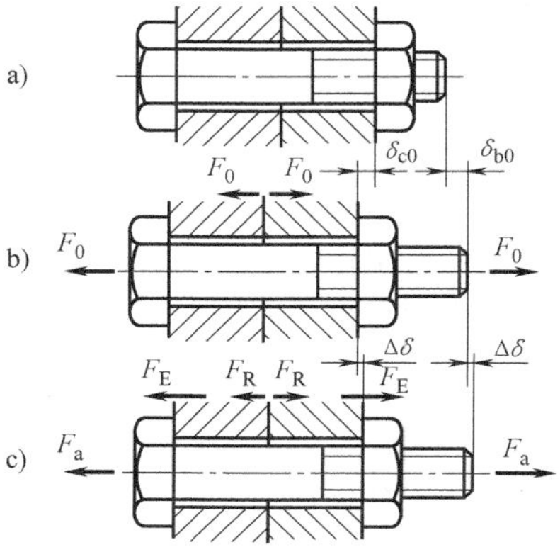

图 10-32　载荷与变形的示意图

在确定残余应力时应注意，紧螺栓连接应能保证

被连接件的接合面不出现缝隙，因此残余预紧力 F_R 应大于零。当工作载荷 F_E 没有变化时，可取 $F_R=(0.2\sim0.6)F_E$；当 F_E 有变化时，$F_R=(0.6\sim1.0)F_E$；对于有紧密性要求的连接（如压力容器的螺栓连接），$F_R=(1.5\sim1.8)F_E$。

在一般计算中，可先根据连接的工作情况确定 F_E 和 F_R，其次由式（10-22）求出总拉伸载荷 F_a，然后按式（10-18）计算螺栓强度（用 F_a 替代 F_0）。应当注意的是，轴向工作载荷 F_E 有可能是静载荷，也有可能是动载荷。不论 F_E 是哪种载荷，其最大应力算法是一样的，但许用应力不一样。具体许用应力的值可参见 10.4.4 节。

4. 受轴向载荷时力与变形的关系

图 10-33a 表示 F_0 和 δ_{b0} 的关系，螺栓刚度 $K_b=F_0/\delta_{b0}$；图 10-33b 表示 F_0 和 δ_{c0} 的关系，被连接件的刚度 $K_c=F_0/\delta_{c0}$；图 10-33c 是图 10-33a、b 的合并。很明显，从图中也可得到式（10-22）的关系。从图中还可得到：

$$F_a=F_0+\Delta F_b=F_0+K_b\Delta\delta$$

$$F_R=F_0-\Delta F_c=F_0-K_c\Delta\delta$$

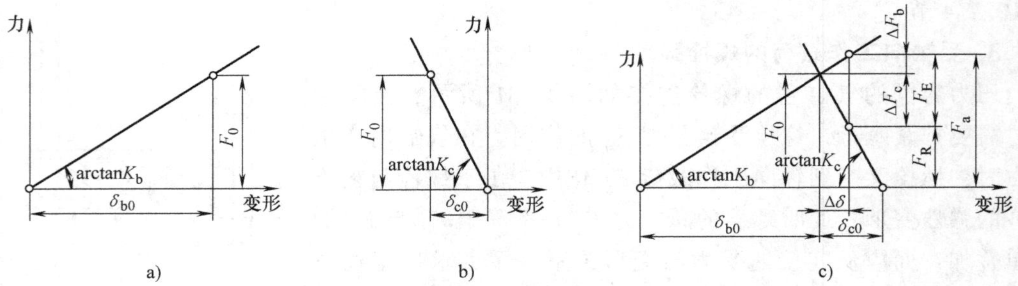

图 10-33　受轴向载荷时力与变形的关系

而 $F_E=\Delta F_b+\Delta F_c=K_b\Delta\delta+K_c\Delta\delta$，即 $\Delta\delta=\dfrac{F_E}{K_b+K_c}$，代入上式后得

$$F_a=F_0+F_E\frac{K_b}{K_b+K_c} \tag{10-23}$$

$$F_R=F_0-F_E\left(1-\frac{K_b}{K_b+K_c}\right) \tag{10-24}$$

式中，$\dfrac{K_b}{K_b+K_c}$被称为螺栓的相对刚性系数。

螺栓的相对刚性系数的大小与螺栓及被连接件的材料、尺寸和结构有关，其值在 0~1 的范围内变化，一般可按表 10-1 选取。

表 10-1　螺栓的相对刚性系数

垫片类别	金属垫片或无垫片	皮革垫片	铜皮石棉垫片	橡胶垫片
$\dfrac{K_b}{K_b+K_c}$	0.2~0.3	0.7	0.8	0.9

10.4.4　螺栓连接的材料及性能等级

螺栓的常用材料为低碳钢和中碳钢，重要和特殊用途的螺栓可采用力学性能较高的合金钢。螺栓常用材料的性能指标见表 10-2。

表 10-2　螺栓常用材料的性能指标

材料	抗拉强度 R_m/MPa	屈服强度 R_{eL}/MPa	疲劳极限/MPa	
			弯曲 σ_{-1}	拉压 σ_{-1T}
10	340~420	210	160~220	120~150
Q215	340~420	220	—	—
Q235	410~470	240	170~220	120~160
35	540	540	220~300	170~220
45	610	610	250~340	190~250
40Cr	750~1000	650~900	320~440	240~340

国家标准规定，螺栓、螺钉、螺柱的性能等级从 4.6 到 12.9 共有九级，等级代号由用点隔开的两部分数字组成。点左边的一位或两位数字表示公称抗拉强度 R_m 的 1/100，点右边的数字表示公称屈服强度 R_{eL} 与公称抗拉强度 R_m 比值的 10 倍。这些材料的力学性能分级见表 10-3。

表 10-3　螺栓、螺钉、螺柱和螺母的力学性能等级（摘自 GB/T 3098.1—2010 和 GB/T 3098.2—2015）

	性能等级	4.6	4.8	5.6	5.8	6.8	8.8		9.8	10.9	12.9
							$d \leqslant 16$mm	$d>16$mm	$d \leqslant 16$mm		
螺栓、螺钉、螺柱	公称抗拉强度 R_m/MPa	400		500		600	800		900	1000	1200
	公称屈服强度 R_{eL}/MPa	240	320	300	400	480	640		720	900	1080
	布氏硬度（HBW）	114	124	147	152	181	245	250	286	316	380
	推荐材料及热处理	碳钢或添加元素的碳钢					碳钢、添加元素的碳钢或合金钢，淬火并回火				合金钢，淬火并回火
相配螺母的性能等级		4 或 5		5		6	8		9	10	12

螺纹连接的许用应力及安全系数见表 10-4 和表 10-5。

表 10-4　螺纹连接的许用应力

螺纹连接受载情况			许用应力	
松螺栓连接			$[\sigma]=R_{eL}/S$	$S=1.2\sim1.7$
紧螺栓连接	受轴向、横向载荷			控制预紧力时，$S=1.2\sim1.5$ 不严格控制预紧力时，查表 10-5
	铰制孔用螺栓受横向载荷	静载荷	$[\tau]=R_{eL}/2.5$ $[\sigma_p]=R_{eL}/1.25$（被连接件为钢） $[\sigma_p]=R_m/(2\sim2.5)$（被连接件为铸铁）	
		变载荷	$[\tau]=R_{eL}/(3.5\sim5)$ $[\sigma_p]$按静载荷的$[\sigma_p]$值降低 20%~30%	

表 10-5　螺纹连接的安全系数 S（不严格控制预紧力时）

材料	静载荷		变载荷	
	M6~M16	M16~M30	M6~M16	M16~M30
碳钢	4~3	3~2	10~6.5	6.5
合金钢	5~4	4~2.5	7.6~5	5

例 10-2　如图 10-31 所示，缸径 $D=500\text{mm}$，蒸汽压力 $p=1.21\text{MPa}$，螺栓分布圆直径 $D_0=640\text{mm}$。为保证气密性要求，螺栓间距不大于 150mm。试选取此气缸盖的螺栓并校核。

解　1）确定螺栓数目。取间距为 125mm，则螺栓个数 $z=\pi\times\dfrac{640}{125}=16.09\approx16$。

2）选取螺栓性能等级为 6.8 级，材料为 45 钢，$R_m=600\text{MPa}$，$R_{eL}=480\text{MPa}$。

3）计算总的轴向工作载荷 F，有

$$F=\frac{\pi D^2}{4}p=\frac{\pi\times500^2}{4}\times1.2\text{N}=235619.45\text{N}$$

单个螺栓承受的轴向工作载荷为

$$F_E=\frac{F}{z}=\frac{235619.45}{16}\text{N}=14726.22\text{N}$$

根据气密性要求，取残余预紧力为

$$F_R=1.5F_E$$

根据式（10-22）可得螺栓总的轴向力为

$$F_a=F_E+F_R=2.5F_E=2.5\times14726.22\text{N}=36815.55\text{N}$$

4）螺栓许用应力计算。假设受静载荷，在不控制预紧力时，取安全系数 $S=3$。45 钢为塑性材料，因此其极限应力按屈服强度计算，则

$$[R_{eL}]=\frac{R_{eL}}{S}=480/3\text{MPa}=160\text{MPa}$$

5）计算螺栓的尺寸。按照式（10-18）可得

$$d_1\geqslant\sqrt{\frac{1.3F_a}{\pi[\sigma_s]/4}}=\sqrt{\frac{1.3\times36815.55}{\pi\times160/4}}\text{mm}=19.5156\text{mm}$$

选择螺栓 M24，查机械手册，$d_1=20.752\text{mm}>19.5156\text{mm}$，所以该螺栓满足强度要求。

10.5　提高螺栓连接强度的措施

螺栓连接的强度主要取决于螺栓的强度。当螺栓连接承受轴向变载荷时，其损坏形式多为螺栓杆部的疲劳断裂，通常发生在应力集中较严重处，如螺栓头部、螺纹收尾部和螺

母支承平面所在处的螺纹，如图 10-34c 所示。影响螺栓强度的因素很多，主要有螺纹牙间载荷分配情况、螺栓载荷的变化范围、应力集中、附加应力、制造和装配工艺等。本节主要分析这些因素对螺栓强度的影响及提高强度的相应措施。

10.5.1　改善螺纹牙间的载荷分配

1. 螺纹牙的受力分析

对于受拉的普通螺栓连接，螺栓所受的拉力都是通过螺栓和螺母的螺纹牙面相接触来传递的。由于螺栓和螺母的刚度及变形性质不同，即使制造和装配都很精确，传力时其旋合各圈螺纹牙的受力也是不均匀的，如图 10-34a 所示。螺栓受拉伸，螺距增大；螺母受压缩，螺距减小。这种螺栓杆和螺母体上的螺距不一致主要是靠螺纹牙的变形来补偿的。由图 10-34a 可知，沿着螺纹轴线方向，螺纹牙的变形并不一致。旋合的第一圈处（从螺母支承面算起）为最大，以后各圈递减。同时由胡克定律可知，在弹性变化范围内，金属的变形和受力是成正比的，变形大的受力就大，变形小的受力就小。因此，在受力方面也是旋合的第一圈处最大，以后各圈递减。旋合螺纹间沿螺纹轴线方向的载荷分布如图 10-34b 所示。实践证明，约有 1/3 的载荷集中在第一圈上，以后递减，第 8～10 圈以后的螺纹牙几乎不承受载荷。因此，采用圈数过多的加厚螺母，并不能提高螺栓连接的强度。

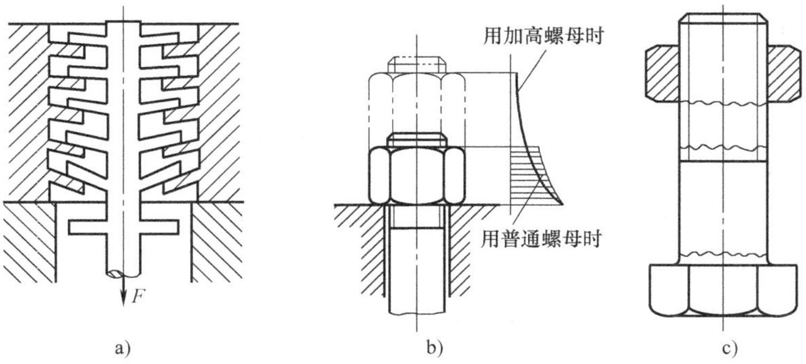

图 10-34　螺纹牙的受力

a）螺纹牙变形　b）螺纹牙受力分配　c）螺栓疲劳断裂的部位

2. 改善螺纹牙间的载荷分配的措施

为改变螺纹牙间载荷分配不均匀的现象，通常采用减小螺栓和螺母的螺距变化差值的方法来实现。主要措施如下：

1）悬置螺母（图 10-35a）。螺母的旋合部分全部受拉，其变形性质与螺栓相同，以减小螺距变化差值，可使螺栓疲劳强度提高 40%。

2）内斜螺母（图 10-35b）。螺母下端（螺栓旋入端）受力大的几圈螺纹制成 10°～15°的斜角，因其刚度减小而把力分移到原受力小的螺纹牙上，可使螺栓疲劳强度提高 20%。

3）环槽螺母（图 10-35c）。利用螺母下端受拉和刚度降低而具有上述两种螺母的作用，螺栓疲劳强度可提高30%。这些特殊结构的螺母，由于加工比较复杂，只限于在重要的或大型的连接中使用。螺母选用硬度、弹性模量低的材料。如钢螺栓配用有色金属螺母，可使螺纹间的载荷分配得到改善。

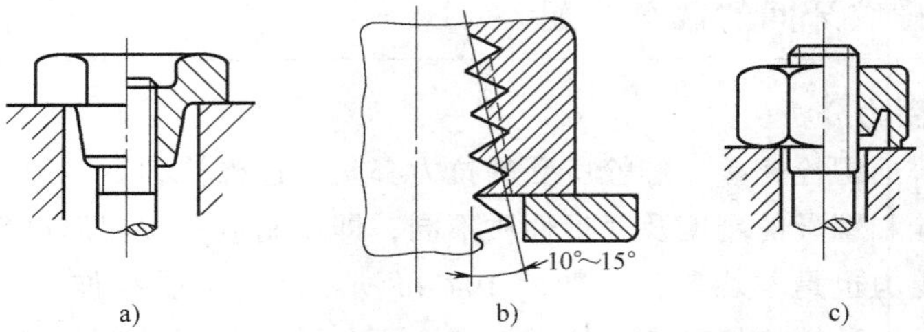

图10-35　减小螺栓和螺母的螺距变化差值的措施

a）悬置螺母　b）内斜螺母　c）环槽螺母

4）钢丝螺套（图10-36）。采用菱形截面的不锈钢丝绕成螺旋弹簧形的螺套，装于螺孔或螺母中，可改善螺纹牙间受载不均匀的现象，并起缓冲、减振的作用，可使螺栓疲劳强度提高30%。它主要用来旋入铝、镁合金的螺孔内。锁紧型钢丝螺套还兼有防松的作用。螺套装入螺孔中后，在安装柄根缺口处，将安装柄折断。

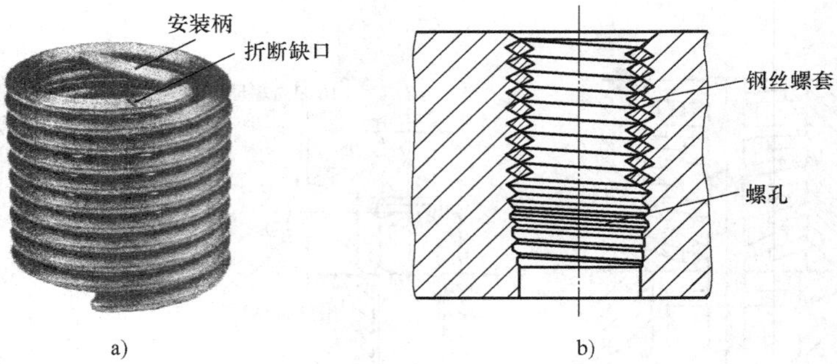

图10-36　钢丝螺套的结构和应用

a）普通型钢丝螺套　b）螺孔中的钢丝螺套

10.5.2　减小螺栓总拉伸载荷F_a的变化范围

在螺栓小径d_1不变的情况下，根据式（10-18）可知，螺栓的当量应力与其所受总拉伸力F_a成正比。又根据式（10-23）可得，螺栓所受的轴向工作载荷F_E在$0\sim F_E$的范围内变化时，螺栓所受的总拉伸载荷F_a的变化范围是$F_0\sim\left(F_0+F_E\dfrac{K_b}{K_b+K_c}\right)$。所以减小螺栓刚度$K_b$或增大被连接件刚度$K_c$都可以减小$F_a$的变化幅度，从而减小其当量应力。这对防止螺栓的疲劳损坏是十分有利的。

为了减小螺栓刚度，可减小螺栓光杆部分直径或采用空心螺杆（图10-37a、b），有时也可增加螺栓的长度。被连接件本身的刚度是较大的，但被连接件的接合面因需要密封而采用软垫片时（图10-38a）将降低其刚度。若采用金属薄垫片或采用O形密封圈作为密封元件（图 10-38b），则仍可保持被连接件原来的刚度值。

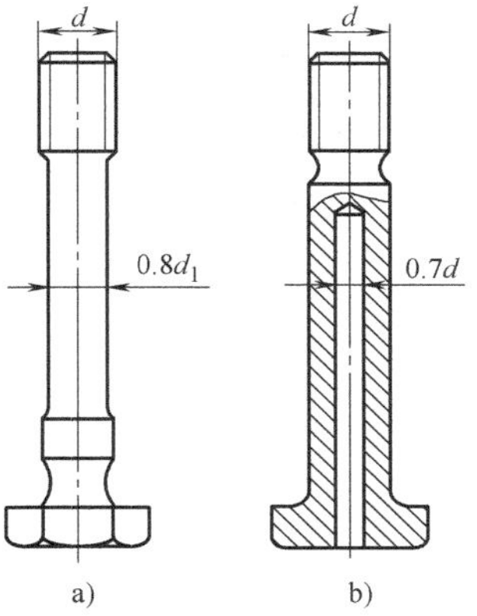

图 10-37　减小螺栓刚度的结构

a）减小光杆直径　b）空心螺栓

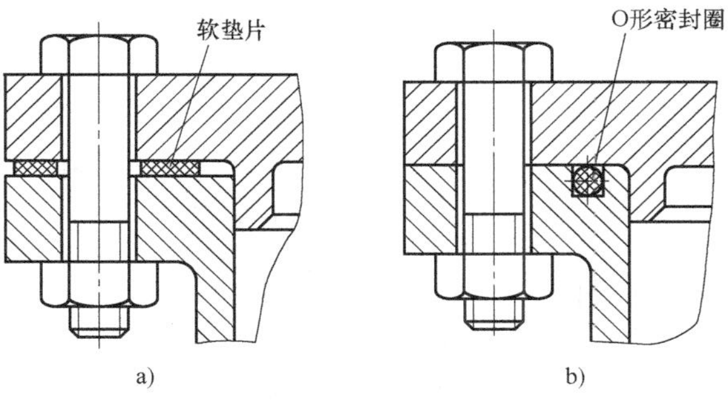

图 10-38　被连接件用 O 形密封圈代替软垫片

a）用软垫片密封　b）用 O 形密封圈密封

10.5.3　避免附加弯曲应力

因螺栓连接的制造、装配误差或设计不当，会使螺栓承受偏心载荷，引起附加弯曲应力。如采用钩头螺栓连接（图 10-39a），螺栓中的拉应力比正常拉应力大几倍；被连接件刚度不够（图 10-39b）；支承面不平（图 10-39c），螺孔不正等。这些原因都会使螺栓除受拉伸外，还要产生附加弯曲应力，严重降低了螺栓的强度。为此应尽量少用钩头螺栓。在铸件和锻件等未加工表面安装螺栓时，应采用凸台或沉头座结构（图 10-40a、b），经局部切削加工后以获得平整的支承面，在工艺上要求螺孔轴线与连接中各承压面垂直。还可采用图 10-40c、d 所示的球面垫圈、斜垫圈等。

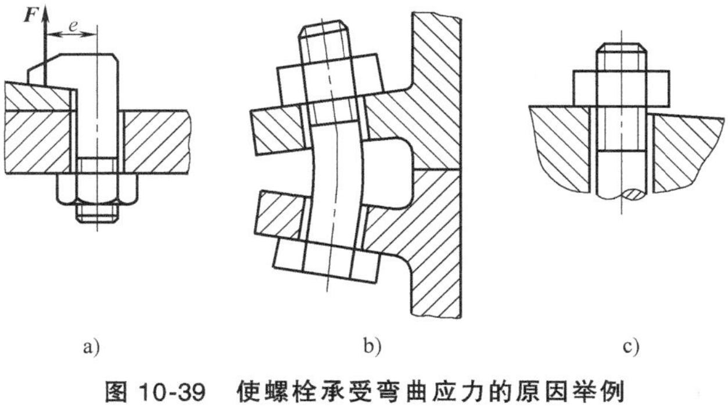

图 10-39　使螺栓承受弯曲应力的原因举例

a）螺栓受偏心载荷　b）被连接件刚度不够　c）支承面不平

10.5.4　其他措施

1. 减小应力集中

如前所述，螺纹的牙根和收尾、螺栓头部与螺栓杆交接处都有应力集中，它们是产生疲劳断裂的危险部位。为了减小应力集中，提高螺栓的疲劳强度，可增大螺栓头部与螺栓

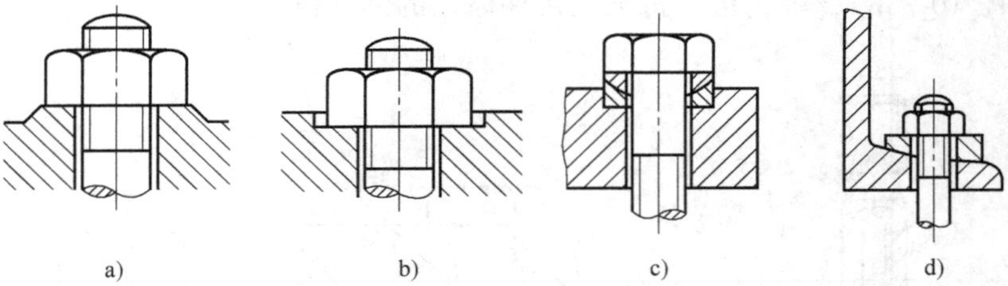

图 10-40 使螺栓消除弯曲应力的措施

a）采用凸台 b）采用沉头座 c）采用球面垫圈 d）采用斜垫圈

杆交接处的圆角半径，如图 10-41a 所示。另外，切制卸载槽（图 10-41b、c）也是使螺栓截面变化均匀、减小应力集中的有效方法。

2. 改善材料的力学性能和制造工艺

除上述方法外，还可用其他的方法提高螺栓连接的强度。如：用高强度钢材制造螺栓，虽对应力集中敏感，但可用更大的预紧力拧紧并得到更高的极限强度，结果还是有利的；采用渗氮、碳氮共渗等表面热处理方法可改善材料的力学性能；采用冷镦螺栓头部和滚压螺纹及喷丸处理的工艺方法，使表层产生残余压应力和冷作硬化作用，其疲劳强度相比切削螺纹提高 30%～40%，且材料利用率高、生产率高、制造成本低；制造上严格控制螺纹螺距误差和表面质量，有利于螺纹牙间载荷均布。以上各种措施均能提高螺栓的疲劳强度。

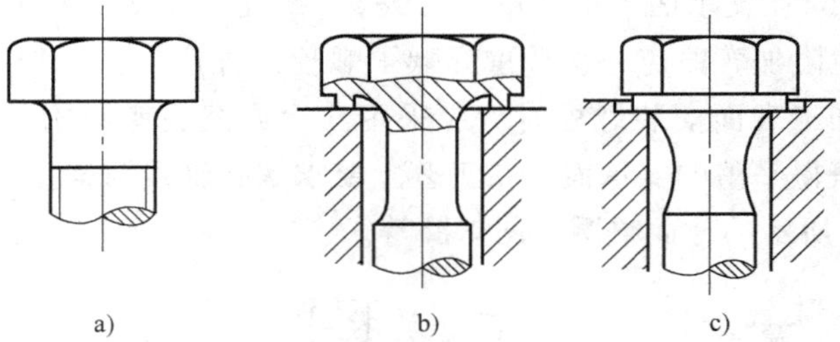

图 10-41 减小螺栓应力集中的方法

10.6 螺旋传动

在第 7 章介绍了螺旋机构，其重点在机械原理方面。本节介绍螺旋传动的重点是滑动螺旋强度的设计和计算。

10.6.1 螺旋传动分类

1. 按螺旋副的用途分类

1）传力螺旋以传递动力为主，要求用较小的力矩转动螺杆（或螺母）而使螺母（或螺杆）产生轴向运动和较大的轴向力，这个轴向力可以用来做起重和加压等工作，例如图 10-42a 所示的起重器、图 10-42b 所示的压力机（加压或装拆用）等。

2）传导螺旋以传递运动为主，并要求具有很高的运动精度，它常用作机床刀架或工作台的进给机构，如图 10-42c 所示。

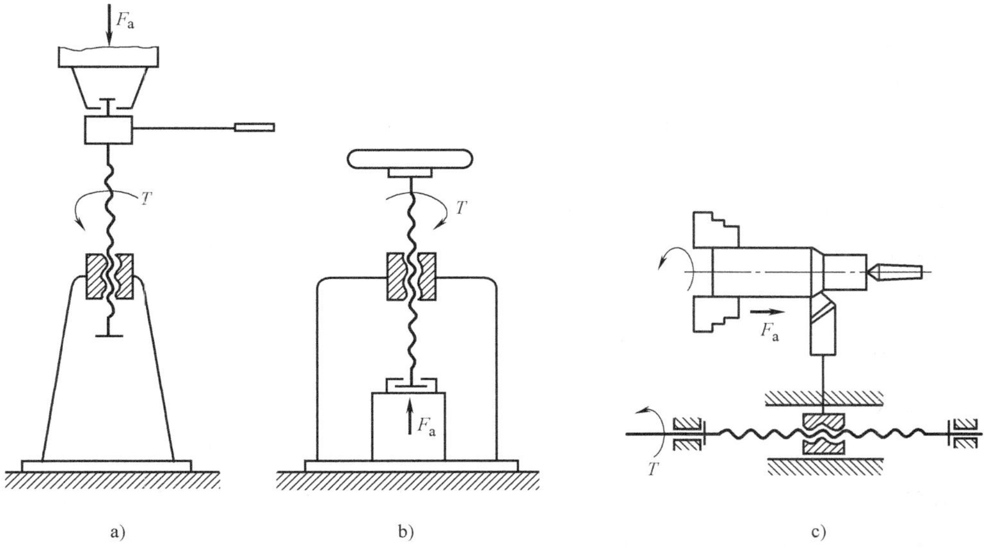

图 10-42　螺旋传动

3）调整螺旋用于调整并固定零件或部件之间的相对位置。调整螺旋不经常转动。

2. 按螺旋副的摩擦性质分类

1）滑动螺旋常用梯形和锯齿形螺旋副。滑动螺旋结构简单、加工方便、易于自锁。缺点是摩擦阻力大、传动效率低（通常为 30%～60%）、磨损快、传动精度低，且低速时有爬行现象。滑动螺旋传动应用最广。

2）滚动螺旋在螺杆和螺母之间有可滚动的钢球，将螺旋副的滑动摩擦变为滚动摩擦。特点是摩擦阻力小、传动效率高（一般>90%）、运转灵活、磨损小，但结构复杂、成本高。

3）静压螺旋在螺旋副中注入压力油并形成压力油膜，可分开螺杆与螺母的螺纹牙表面。特点是摩擦阻力最小、传动效率高（可达 99%）、工作寿命长，但螺母结构复杂，需要一套压力稳定、温度恒定和能精细过滤的供油系统，故成本高。

10.6.2　滑动螺旋传动的材料和失效形式

1. 滑动螺旋传动的材料

螺杆材料应具有足够的强度、较高的耐磨性和良好的可加工性。对精密传导螺旋还要求热处理后有较好的尺寸稳定性。一般螺杆常用 45、50 中碳钢调质处理，对热处理后要求有较高硬度和耐磨性的重要螺杆可用 T12、65Mn、40Cr 等钢，对热处理后要求尺寸稳定性好的螺杆可用 9Mn2V、CrWMn、38CrMoAlA 等钢。

螺母材料除应有足够的强度外，还要求与螺杆材料配合时有较低的摩擦系数和较高的耐磨性。常用材料为铸造锡青铜（如 ZCuSn10Pb1、ZCuSn5Pb5Zn5），重载低速时可选用强度较高的铸造铝青铜（如 ZCuAl10Fe3），重载调整螺旋可用 35 钢或球墨铸铁，轻载低速时也可用耐磨铸铁或普通灰铸铁。

2. 滑动螺旋传动的失效形式及设计准则

1）滑动螺旋工作时，主要受扭转和轴向载荷作用，在旋合螺纹面间有较大的相对滑动，其失效形式主要是螺纹磨损。因此，螺杆直径和螺母高度通常由耐磨条件决定。

2）传力较大的螺旋可能发生塑性变形或断裂，应校核螺杆的强度。

3）长径比大的受压螺杆可能产生失稳，应校核其稳定性。

4）螺纹牙可能被根部剪断，因此要校核螺纹牙的抗剪强度。

另外还有高速转动的细长螺杆可能发生横向振动、精密传导螺旋细长螺杆的弯曲变形、是否自锁等问题。设计时，应根据螺旋传动的类型、工作要求及失效形式等选择不同的设计方法。

10.6.3 滑动螺旋传动的设计计算

1. 耐磨性计算

滑动螺旋的磨损与螺纹工作面的压强、滑动速度、表面粗糙度及润滑状态等有关，其中压强对磨损的影响最大。因此，进行条件性的耐磨计算是限制螺纹工作面的压力 p 不超过材料的许用压力 $[p]$。螺纹工作面的磨损中以螺母磨损最严重。若把旋合螺母上的一圈螺纹牙展开，它相当于一悬臂梁。设轴向载荷为 F_a，旋合圈数 $z=H/P$（H 为螺母旋合高度，P 为螺距），则耐磨性校核计算式为

$$p=\frac{F_a}{\pi d_2 h z}\leqslant[p] \tag{10-25}$$

式中，d_2 为螺纹中径，单位为 mm，螺杆中径为 d_2，螺母中径为 D_2，$d_2=D_2$；h 为螺纹工作高度，单位为 mm，对于梯形螺纹和矩形螺纹，$h=0.5P$，对于锯齿形螺纹，$h=0.7P$；$[p]$ 为许用压力，单位为 MPa，见表 10-6。为了设计计算方便，令系数 $\phi=H/d_2$，可得

矩形螺纹、梯形螺纹：
$$d_2\geqslant 0.8\sqrt{\frac{F_a}{\phi[p]}} \tag{10-26}$$

锯齿形螺纹：
$$d_2\geqslant 0.65\sqrt{\frac{F_a}{\phi[p]}} \tag{10-27}$$

式中，$\phi=1.2\sim4$，ϕ 越大，螺纹圈数越多，载荷分布越不均匀。对于整体螺母，磨损后间隙不能调整时，宜取 $\phi=1.2\sim2.5$；对剖分螺母或受力较大并兼作支承的螺母，可取 $\phi=2.5\sim3.5$；对传动精度较高，要求寿命较长时，才允许取 $\phi=4$。

根据公式求得的 d_2 应按标准选取相应的公称直径 d 和螺距 P。由于旋合螺纹牙各圈受力不均，圈数 z 一般不宜大于 10。

表 10-6 螺旋副的许用压力 [p]（单位：MPa）

配对材料		钢对铸铁	钢对青铜	淬火钢对青铜
许用压力	速度 $v<12\text{m/min}$	4~7	7~10	10~13
	低速，如人力驱动等	10~18	15~25	—

注：对于精密传动或要求使用寿命长时，可取表中值的 $\frac{1}{3}\sim\frac{1}{2}$。

2. 螺杆的强度校核

螺杆受轴向力 F_a 作用，因此在螺杆轴向产生压（或拉）应力；同时由于转矩 T 使螺杆截面内产生扭转切应力，T 按螺杆实际的受力情况确定。因为既有压（或拉）应力，也有扭转切应力，故按第四强度理论可求出危险截面的当量应力 σ_e，强度条件为

$$\sigma_e = \sqrt{\sigma^2+3\tau^2} = \sqrt{\left(\frac{4F_a}{\pi d_1^2}\right)^2+3\left(\frac{T}{\pi d_1^3/16}\right)^2} \leqslant [\sigma] \qquad (10\text{-}28)$$

式中，d_1 为螺纹小径；$[\sigma]$ 为螺杆材料的许用应力，对于碳钢可取为 $(0.2\sim0.33)\sigma_s$。

3. 螺杆稳定性的校核

细长螺杆受到较大轴向压力时，可能会丧失稳定性，其临界载荷 F_c 与材料、螺杆长细比（或称柔度）λ 有关。当螺杆受轴向压力 F_a 时，稳定性校核应满足的条件是：

$$\frac{F_c}{F_a} \geqslant 2.5\sim4 \qquad (10\text{-}29)$$

根据螺杆长细比 λ 及其材料性能不同，F_c 的计算式见表 10-7。当不能满足式（10-29）时，应适当增大螺杆小径 d_1。

表 10-7　临界载荷 F_c 的计算式

材料	$\lambda=\frac{4\mu L}{d_1}$	F_c	说明
淬火钢	≥85	$\frac{\pi^2 EI}{(\mu L)^2}$	μ——螺杆长度系数，见表 10-8； L——螺杆工作长度 d_1——螺杆危险截面直径，一般为小径 I——危险截面惯性矩，可取 $I=\frac{1}{64}\pi d_1^4$ E——弹性模量，对于钢，$E=2.1\times10^5$ MPa
	<85	$\frac{490}{1+0.0002\lambda^2}\ \frac{\pi d_1^2}{4}$	
未淬火钢	≥90	$\frac{\pi^2 EI}{(\mu L)^2}$	
	<90	$\frac{340}{1+0.00013\lambda^2}\ \frac{\pi d_1^2}{4}$	
	<40	一般不需要校核	

表 10-8　长度系数 μ 的取值

螺杆端部结构	μ	说　明
两端固定	0.5 （一端为不完全固定时取 0.6）	采用滑动支承时，$l_0/d_0<1.5$ 为铰支，$l_0/d_0=1.5\sim3$ 为不完全固定，$l_0/d_0>3$ 为固定端 采用滚动支承时，只有径向约束是铰支；径向和轴向均有约束是固定端 l_0——支承长度；d_0——支承孔直径
一端固定，另一端铰支	0.7	
两端铰支	1	
一端固定，另一端自由	2	

4. 螺纹牙的强度校核

由于螺杆材料的强度一般高于螺母，通常只需计算螺母螺纹牙的强度。螺纹牙的抗剪强度和抗弯强度校核公式分别为

$$\tau = \frac{F_a}{\pi D b z} \leqslant [\tau] \qquad (10\text{-}30)$$

$$\sigma_b=\frac{3F_ah}{\pi Db^2z}\leqslant[\sigma_b] \tag{10-31}$$

式中，D 为螺母螺纹大径，单位为 mm；b 为螺纹牙根部宽度，单位为 mm，对于矩形螺纹，$b=0.5P$，对于梯形螺纹，$b=0.65P$，对于锯齿形螺纹，$b=0.74P$；$[\tau]$ 为许用切应力，单位为 MPa，见表 10-9；$[\sigma_b]$ 为许用弯曲应力，单位为 MPa，见表 10-9。若螺杆和螺母的材料相同，则应按螺杆计算，这时公式中的 D 应改为 d_1。

表 10-9　滑动螺旋副材料的许用应力

项目	许用应力/MPa		
螺杆强度	$[\sigma]=R_e/(3\sim5)$，R_e——材料的屈服强度		
螺纹牙强度	材料	许用切应力$[\tau]$	许用弯曲应力$[\sigma_b]$
	钢	$0.6[\sigma]$	$(1.0\sim1.2)[\sigma]$
	青铜	30~40	40~60
	铸铁	40	45~55
	耐磨铸铁	40	50~60

注：载荷稳定时，许用应力取大值。

10.6.4　其他螺旋传动简介

1. 滚动螺旋传动简介

滚动螺旋传动的结构如图 10-43 所示。螺纹凹处做成滚珠滚道的形状，螺母螺纹的出口和进口用导路连接起来。当螺杆或螺母回转时，滚珠依次沿螺纹滚道滚动，通过导路进行连续循环运动。滚动螺旋传动按滚珠循环方式可分为：外循环（图 10-43a），其导路为一远离螺纹滚道的导管；内循环（图 10-43b），其导路是把相邻滚道接通的反向器，使滚

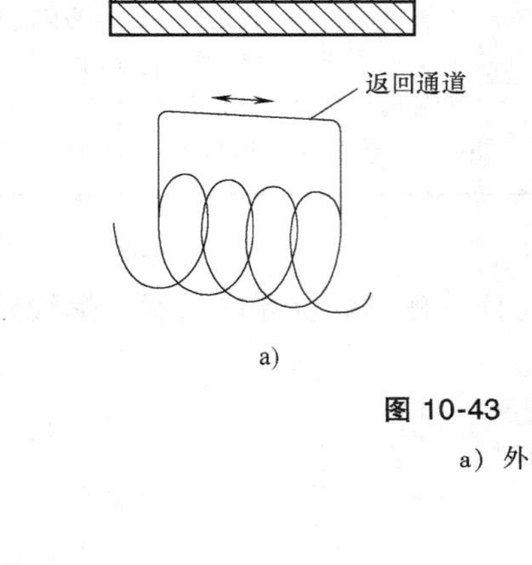

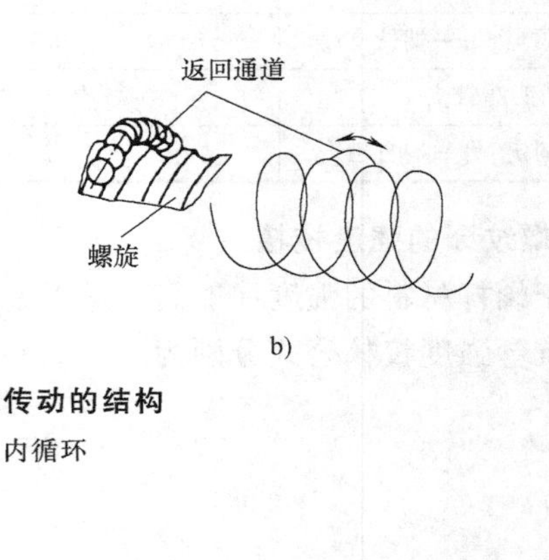

图 10-43　滚动螺旋传动的结构

a）外循环　b）内循环

珠只能在本圈内运动。外循环螺母的加工较方便，但径向尺寸较大，螺母一般以 3～5 圈螺纹为宜，圈数过多，则受力不均，不能提高承载能力。内循环螺母一般有 3 个封闭循环滚道，滚珠数量少，流动性较好，但结构复杂。

汽车上应用较多的循环球式转向器就是外循环式滚动螺旋传动的应用。循环球式转向器中一般有两级传动副，第一级是螺杆螺母传动副，第二级一般采用齿条齿扇传动副。

解放 CA1040 型系列轻型载货汽车的循环球-齿条齿扇式转向器的结构（参见图 2-5）。转向螺杆 3 的轴颈支承在两个推力角接触球轴承 2 上。轴承预紧度可用调整垫片 9 调整。转向螺母 4 外侧的下平面加工成齿条，与齿扇轴（即摇臂轴）20 上的齿扇啮合。可见，转向螺母既是第一级传动副的从动件，也是第二级传动副（齿条齿扇传动副）的主动件（齿条）。通过转向盘和转向轴转动转向螺杆时，转向螺母不能转动，只能轴向移动，并驱使齿扇轴转动。

为了减少转向螺杆和转向螺母之间的摩擦，两者之间的螺纹以沿螺旋槽滚动的许多钢球 5 代替，使滑动摩擦变为滚动摩擦。转向螺杆和螺母上都加工出截面轮廓为两段或三段不同心圆弧组成的近似半圆的螺旋槽。两者的螺旋槽能配合形成近似圆形截面的螺旋管状通道。螺母侧面有两对通孔，可将钢球从此孔塞入螺旋形通道内。两根 U 形钢球导管 7 的两端插入螺母侧面的两对通孔中。导管内也装满了钢球。这样，两根导管和螺母内的螺旋管状通道组合成两条各自独立、封闭的钢球“流道”。

转向螺杆转动时，通过钢球将力传给转向螺母，使螺母沿轴向移动。同时，在螺杆与螺母两者和钢球间的摩擦力偶作用下，所有钢球便在螺旋管状通道内滚动，形成“球流”。钢球在管状通道内绕行 1.5 周后，流出螺母而进入导管的一端，再由导管另一端流回螺旋管状通道。因此，在转向器工作时，两列钢球只是在各自的封闭流道内循环，而不致脱出。

循环球式转向器的正传动效率很高（可达 90%～95%），故操纵轻便，使用寿命长，工作平稳、可靠。但其逆效率也很高，容易将路面冲击力传到转向盘。不过，对于前轴轴载质量不大而又经常在平坦路面上行驶的汽车而言，这一缺点影响不大。因此，循环球式转向器广泛应用于各类汽车。

2. 静压螺旋传动简介

静压螺旋的工作原理如图 10-44 所示。液压油经节流器进入螺母螺纹牙两侧的油腔内，通过阻油边、回油孔流回油箱。当螺杆不受力时，螺杆处于中间位置，螺纹牙两侧的间隙和油腔压力均相等，当螺杆受轴向力 F_a 而左移时（图 10-44a），间隙 h_1 减小、h_2 增大，油压通过节流器的自动调节作用使螺纹牙左侧油压 p_1 大于右侧油压 p_2，从而产生一个平衡 F_a 的液压力。当螺杆受径向力 F_r 而下移时（图 10-44b），一圈螺纹牙侧的 3 个油腔中，油腔 A 侧的间隙减小，油腔 B 和 C 侧的间隙增大，油压经节流器的自动调节使 A 侧压力增大，B、C 侧压力减小，从而产生一个平衡 F_r 的液压力。当螺杆受弯曲力矩时，也具有平衡能力。

静压螺旋传动的优点是传动效率高、转动灵敏、刚性和抗振性能较好，螺纹工作面无直接接触，故无机械磨损，适于在各种载荷、转速下工作；缺点是结构复杂，需要一套过滤精度高的压力供油装置，故成本高。

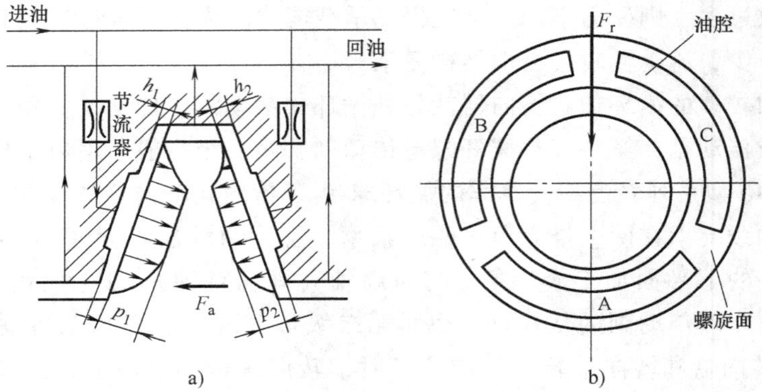

图 10-44　静压螺旋的工作原理

10.7　不可拆连接简介

在工程上，除了使用螺纹、螺旋及轴毂等可拆连接以外，为了满足某些特殊的需要，还有许多不可拆的永久连接方式，例如胶接、焊接和铆接等。

10.7.1　胶接

胶接是一种利用胶黏剂在连接面上产生的机械结合力、物理吸附力和化学键合力而使两个胶接件实现不可拆连接的工艺方法。通常，胶接接头具有良好的密封性、电绝缘性和耐蚀性。

1. 胶接常用材料

（1）根据工艺特点分类　根据工艺特点，胶黏剂可分为以下五类：

1）反应型胶黏剂。这是通过化学反应变为固体胶层的一类胶黏剂。化学反应可在常温或加热条件下进行的，称为常温固化胶或热固胶；而厌氧胶或湿敏胶则应在隔绝氧气或隔绝空气中水分的情况下才能起反应。这类胶黏剂强度较高，耐热、耐介质性能较好。

2）热熔型胶黏剂。这种胶黏剂常为粉、膜或棒状，涂敷时需加热熔融，然后再冷却成固体胶层。热熔胶的固化过程为物理变化，可通过加热熔化胶层而拆除。

3）溶液型胶黏剂。其主要成分为热塑性树脂或橡胶。溶液胶通过溶剂挥发而固化成胶层，可用于胶接塑料、橡胶和纤维织物等物品。

4）乳液型胶黏剂。它由聚合物与水或其他介质混合而成。乳液胶通过分散介质的渗透和挥发，使胶体颗粒凝聚成胶层。此类胶成本低、无毒，主要用于胶接木材等多孔性材料。

5）压敏型胶黏剂。在施加一定压力后，胶黏剂靠本身的黏着力进行胶接，胶层无固化作用，故可反复使用。压敏胶常用于包装、绝缘、标牌粘贴以及非加工部分的保护等。

(2) 根据使用目的分类 根据使用目的，胶黏剂可分为以下三类：

1）结构胶黏剂。这类胶黏剂在常温下的抗剪强度一般不低于 8MPa，经受一般高温、低温或化学作用后不降低性能，胶接件能承受较大的载荷。

2）非结构胶黏剂。这类胶黏剂适用于不承受较大载荷的场合。

3）其他胶黏剂。还有一些胶黏剂能满足特殊用途胶接的需要，如防锈、绝缘、导电、透明以及耐酸、耐碱等。

2. 胶接的应用

胶接工艺既适用于非金属材料，也适用于金属材料；不仅适用于同种材料，也适用于异种材料。

机械工业中的胶接目前主要用于以下几个方面：

(1) 大型结构件的胶接 例如，大型油压机的上、下台面重达十几吨，就可采用一定厚度和形状的钢板叠合胶接起来，从而使制造工艺大为简化。船舶中的尾轴和螺旋桨的连接，改用胶接工艺可解决尾轴的耐腐蚀和螺旋桨拆卸困难等问题。

(2) 金属切削刀具的胶接 用胶接代替焊接或机械夹固方法，可提高刀具使用寿命、保证刀具质量并降低成本。

(3) 模具的胶接 冲模是机械工业中常用的工具之一，采用整体制造技术既困难又浪费材料，若分块加工，又需采用螺钉固定镶拼，难以保证精度。改用胶接工艺，则可获得良好的效果。

(4) 紧固与密封件的胶接 采用胶黏剂可以防止螺纹连接的松动。机械设备的密封接合面中，凡是端面较窄、平整度较差或工作条件较为苛刻的接合部位，均可采用胶黏剂与密封垫片合并使用的方法，以确保密封性。

(5) 设备维修的胶接 机床导轨、轴瓦和轴套等磨损超限，可用胶接方法修补；铸件的缺陷，可用含金属粉末的胶黏剂来填补；破裂的机座及壳体，无论受力大小如何，也都可以采用胶接方法来修复。

3. 胶接的特点

与铆接、焊接进行比较，胶接有如下特点：

1）优点：①质量较小（一般可小 20%左右），材料的利用率高；②不会改变胶缝附近母体材料的金相组织，冷却时也不会产生翘曲和变形；③因为是全部贴合面的胶接，应力分布较均匀，所以耐疲劳和蠕变性能较好；④能使异形、复杂、微小或很薄的元件以及金属与非金属构件相互连接；⑤所需设备简单、操作方便、无噪声、劳动条件好、劳动生产率高、成本低；⑥密封性比铆接可靠，如环氧胶黏剂可耐水压达 2MPa；⑦工作温度在有特殊要求时可达-200～1000℃（一般为-60～400℃）；⑧能满足防锈、绝缘、透明等特殊要求。

2）缺点：①工作温度过高时，胶接强度将随温度的升高而显著降低；②抗剥离、抗弯曲及抗冲击振动性能差；③耐老化，耐酸、碱等性能差，且不稳定；④有的胶黏剂（如酚醛-缩醛-有机硅耐高温胶黏剂）所需的胶接工艺较为复杂；⑤胶接件的缺陷有时不易发现，目前尚无可靠的无损检验方法。

10.7.2 焊接

借助加热使两个或两个以上的金属件在连接处形成原子或分子间的结合而构成的不可拆连接，称为焊连接，简称焊接。在焊接时，必须使所要焊接的表面达到焊接温度且彼此紧密接触。金属间的结合可以通过相互加压（压焊）或相互熔化（熔焊）来实现。焊接的用途非常广泛，钢、铸钢和一定条件下的铸铁等材料都可以焊接，铜合金、铝合金和镁合金，镍、锌、铅及热塑料都可以焊接。

在机械制造中，焊接多应用于件数少、要求结构轻或交货期短的非标准设备的零件毛坯制造。采用焊接结构具有成本低、生产周期短、成品率高、可靠性好、重量轻等优点。另外，与铆接相比，焊接强度高、工艺简单、工人劳动条件较好，因而获得较广泛的应用。以焊代铸不仅可以节约大量金属，还便于制成不同材料的组合件，以节约贵重金属。金属焊接的方法达 40 种以上，主要分为熔焊、压焊和钎焊三大类。

1. 熔焊

在焊接过程中，将工件接口加热至熔化状态，不加压力完成焊接的方法称为熔焊。熔焊时，热源将待焊两工件接口处迅速加热熔化，形成熔池。熔池随热源向前移动，冷却后形成连续焊缝而将两工件连接成为一体。

根据热能的来源不同，熔焊又可分为气焊、电弧焊、电渣焊、等离子弧焊、电子束焊和激光焊等。

2. 压焊

在加压条件下使两固态工件实现原子间结合的方法称为压焊，又称为固态焊接。常用的压焊工艺是电阻对焊。多数压焊方法没有金属的熔化过程，因而没有像熔焊那样出现有益合金元素烧损和有害元素侵入焊缝的问题。这不但简化了焊接过程，而且改善了焊接安全卫生条件。汽车车身件一般采用冲压后压焊的方法制造。

3. 钎焊

钎焊是一种使用比工件熔点低的金属材料作为钎料，将工件和钎料加热到高于钎料熔点、低于工件熔点的温度，利用液态钎料润湿工件、填充接口间隙并与工件实现原子间的相互扩散从而实现连接的方法。

压焊和钎焊具有成本低、易于实现机械自动化操作等特点。

10.7.3 铆接

铆接是一种简单的机械连接。它是利用铆钉将两件或两件以上的被铆件（通常是板材或型材）连接在一起的不可拆连接，称为铆钉连接，简称铆接，如图 10-45 所示。

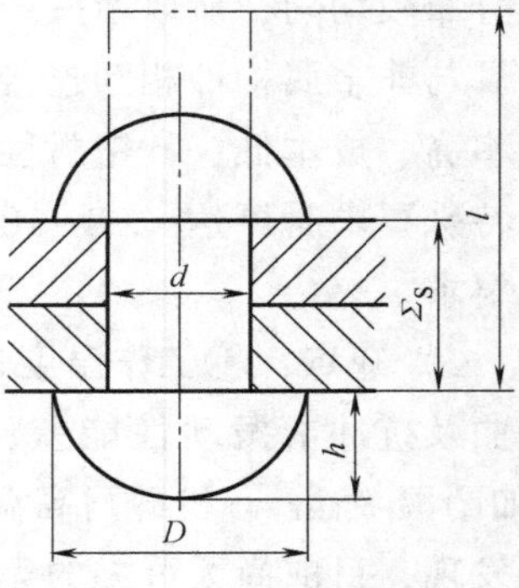

图 10-45 铆接

铆钉是标准件，一端有预制钉头，把钉杆插入被铆件的孔内，再利用端模铆压出另一钉头。对于直径小于 10mm 的钢铆钉，可在常温下进行冷铆；对于直径大于 10mm 的钢铆钉，通常要将铆钉全部或局部加热后进行热铆；对于塑性良好的铜、铝合金铆钉，则广泛地采用冷铆。

在冲击或振动载荷下，铆接工作可靠，且接合质量易于检查，但结构比较笨重，被铆件由于需制出钉孔而导致强度被削弱，且铆接时噪声很大，劳动条件较差。目前在钢结构中（除了桥梁、建筑、造船及重型机械等部门中仍有使用外）应用已日趋减少，并逐渐被焊接和胶接所代替。

思考练习题

10-1　为什么连接多用三角形螺纹？为什么传动多用梯形螺纹？

10-2　螺纹连接防松常采用哪些措施？

10-3　螺纹连接的自锁条件是什么？

10-4　在升角、摩擦系数相同的情况下，试比较三角形、梯形、矩形螺纹的自锁性和效率，并简述理由。

10-5　松螺栓连接和紧螺栓连接的区别是什么？计算中应如何考虑这些区别？

10-6　拧紧螺母时，拧紧力矩需要克服哪些摩擦阻力矩？这时螺栓和被连接件各受什么载荷作用？

10-7　实际应用中绝大多数螺纹连接都要预紧，那么预紧的目的是什么？

10-8　螺纹连接松脱的原因是什么？试按三类防松原理举例说明螺纹连接的各种防松措施。

10-9　对于受变载荷作用的螺栓，可以采取哪些措施来减小螺栓的应力幅？

10-10　为什么对于重要的螺栓连接要控制螺栓的预紧力 F_0？预紧力 F_0 的大小由哪些条件决定？控制预紧力的方法有哪些？

10-11　螺纹连接的效率与哪些因素有关？在设计普通螺纹连接时，什么时候用粗牙螺纹连接？什么时候用细牙螺纹连接？

10-12　普通螺栓、螺钉和双头螺柱分别用于什么场合？如何在螺纹连接的结构设计中防止螺栓受偏心载荷？

10-13　承受横向工作载荷的普通螺栓组与承受轴向工作载荷的普通螺栓组的连接设计过程有什么区别？

10-14　简述螺旋传动的分类和失效形式。

10-15　试举出三种不可拆连接。

10-16　试计算 M20、M20×1.5mm 螺纹的升角，并指出哪种螺纹的自锁性较好。

10-17　用 12in（英寸）扳手拧紧 M8 螺栓。已知螺栓力学性能等级为 4.8，螺纹间摩擦系数 $f=0.1$，螺母与支承面间摩擦系数 $f_c=0.12$，手掌中心至螺栓轴线的距离 $l=240\text{mm}$。当手掌施力 125N 时，该螺栓所产生的拉应力为多少？螺栓会不会损坏？（由设计手册可查得 M8 螺母 $d_w=11.5\text{mm}$，$d_0=9\text{mm}$。）

10-18　图 10-46 所示升降机构承受载荷 $F_a=100\text{kN}$，采用梯形螺纹，$d=70\text{mm}$，$d_2=65\text{mm}$，$P=10\text{mm}$，线数 $n=4$。支承面采用推力球轴承，升降台的上下移动处采用导向滚

轮，它们的摩擦阻力近似为零。试计算：①工作台稳定上升时的效率（已知螺旋副当量摩擦系数为 0.10）；②稳定上升时加于螺杆上的力矩；③若工作台以 800mm/min 的速度上升，在稳定运转条件下螺杆所需的转速和功率；④欲使工作台在载荷 F_a 的作用下等速下降，是否需要制动装置？加于螺杆上的制动力矩应为多少？

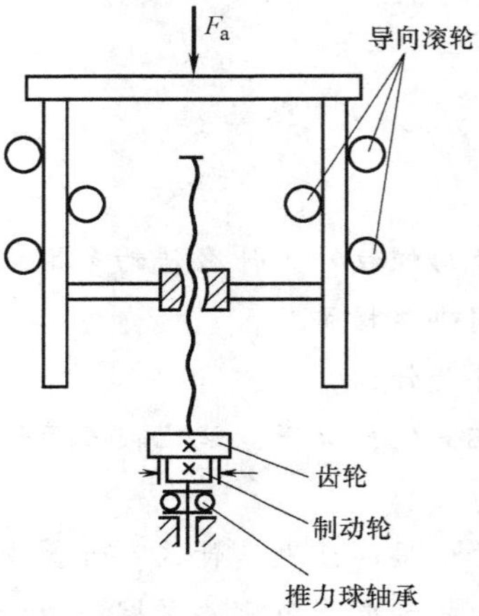

图 10-46　题 10-18 图

第11章 齿轮传动和蜗杆传动

齿轮传动是现代机械中应用最广泛的传动形式之一，可用来传递相距不远的两轴之间的运动和力，一般为匀速传动。因此，齿轮传动除须运转平稳外，还必须具有足够的承载能力。前面第 5 章和第 6 章已经论述了齿轮机构的基本原理，本章在此基础上重点讨论齿轮传动的设计和强度计算。

根据工作条件，齿轮传动可分为开式、半开式和闭式传动三种。

1）在农业机械、建筑机械以及简易的机械设备中，有一些齿轮传动没有防尘罩或机壳，齿轮完全暴露在外，这称为开式齿轮传动。这种传动不仅外界杂物极易侵入，而且润滑不良，因此工作条件不好，轮齿也容易磨损，故只适宜用于低速传动。

2）有些齿轮传动装有简单的防护罩，有时还把大齿轮部分地浸入油池中，这称为半开式齿轮传动。它的工作条件虽有改善，但仍不能做到严密防止外界杂物侵入，润滑条件也不算最好。

3）汽车、机床、航空发动机等所用的齿轮传动，都是装在经过精确加工而且封闭严密的箱体（机匣）内，这称为闭式齿轮传动。它与前面两种齿轮传动相比，润滑及防护等条件最好，多用于重要的场合。

根据齿面硬度不同，齿轮传动可分为软齿面齿轮传动和硬齿面齿轮传动。软齿面齿轮传动的齿廓面硬度小于或等于 350HBW 或 38HRC；硬齿面齿轮传动的齿廓面硬度大于 350HBW 或 38HRC。

11.1 齿轮传动的失效形式和设计计算准则

11.1.1 轮齿的失效形式

在实际应用中，对齿轮传动的要求是多方面的，不仅要求传动比恒定、保证传动平稳，而且要求具有足够的承载能力，还要尽可能使结构紧凑和耐磨。齿轮的轮齿是齿轮传动的关键部位，也是薄弱环节。齿轮的其他部分（如轮毂、轮辐等）通常按经验公式设计，使用中很少损坏。因此，齿轮传动的失效一般就是指轮齿的失效。主要有以下五种失效形式：

1. 轮齿折断

轮齿折断是指齿轮的一个或多个齿整体或其局部断裂。轮齿折断从原因上分析，有过载折断、轮齿剪断、塑性变形后折断和疲劳折断四大类。过载折断主要是由于轮齿严重过载、受到过大的冲击或材料有缺陷等产生的。轮齿剪断几乎都是由于一次严重过载导致的，且往往出现在齿轮副中材料强度相对较低的齿轮轮齿上，其断口面类似于机加工过的表面。塑性变形后折断都是从轮齿整体塑性变形开始的，当材料不能承受所施加的载荷时，引起断裂。疲劳折断则是由于轮齿承受多次重复弯矩作用，使轮齿根部产生变化的弯曲应力。当弯曲应力超过试验齿轮的弯曲疲劳极限时，齿根圆角处就会产生疲劳裂纹（图 11-1a）。随着应力循环次数的增加，通常在轮齿受拉应力一侧的齿根圆角处，裂纹扩展很迅速，使齿轮剩余截面上的应力超过其极限应力，最终导致轮齿疲劳折断。从折断外形上分析，轮齿折断分为全齿折断和局部折断，前者多发生在直齿齿轮中，后者多发生在斜齿齿轮中（图 11-1b）。

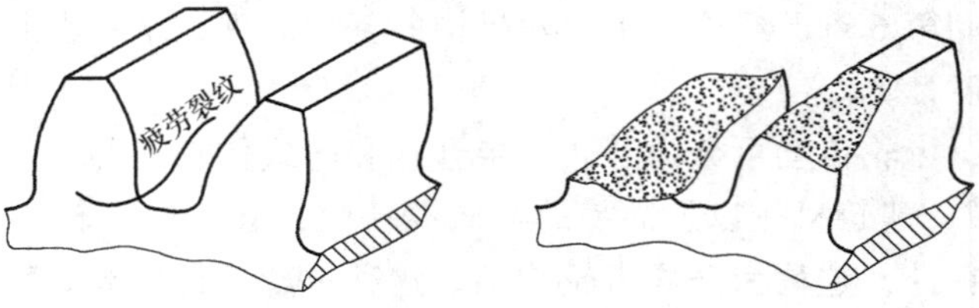

a)　　b)

图 11-1　轮齿折断

a）疲劳裂纹产生　b）全齿折断和局部折断

轮齿的折断通常发生在齿根部，这是由于轮齿受力恰似悬臂梁的受力情况，齿根部的弯曲应力最大且为变应力，同时在齿根部还存在应力集中，因而在轮齿根部易产生疲劳裂纹（图 11-1a）。直齿轮的齿根裂纹往往沿齿宽横向扩展，形成全齿宽折断；斜齿轮的轮齿由于接触线倾斜，齿根裂纹通常沿斜线向齿顶方向扩展而形成局部折断；齿宽接触不良的直齿轮也会因局部偏载而发生局部折断。

轮齿折断是最严重的失效形式，它会导致停机甚至严重事故。为了防止轮齿折断，设计计算时应使齿根弯曲应力不超过许用弯曲应力。若主动齿轮单向旋转，则轮齿单侧工作，根部弯曲应力一侧为拉伸，另一侧为压缩，轮齿脱离啮合时，弯曲应力为零，因此就任一侧而言，其应力都是脉动循环变化的。若主动齿轮双向旋转，则轮齿双侧工作，则弯曲应力可按对称循环变化做近似计算。此外，增大齿根圆角半径，适当降低齿根圆角表面粗糙度值，齿根处采用强化措施（如喷丸），避免出现热处理裂纹等，都有利于提高轮齿抗折断的能力。

2. 齿面点蚀

齿轮啮合时，齿面间会产生循环变化的接触应力。在这种变应力的反复作用下，齿面会产生疲劳裂纹（常呈现为不规则的细线状）。随着应力循环次数的增加，裂纹扩展，最后导致齿面金属小块剥落，形成小凹坑。这种小凹坑还会不断增多或扩展成大凹坑，这种现象称为齿面点蚀（图 11-2）。点蚀产生后将会导致齿轮运转不良、效率降低，产生振动和噪声，进而失去工作能力。

齿轮在运转初期，齿面接触不够好，凸起处受到很大接触应力，形成初期点蚀。当凸起消失后，接触区扩大，齿面载荷重新分布，接触应力减小，点蚀也就停止扩展。但如果经磨合后，齿面接触应力仍超过材料接触疲劳许用应力时，就会形成扩展性点蚀。

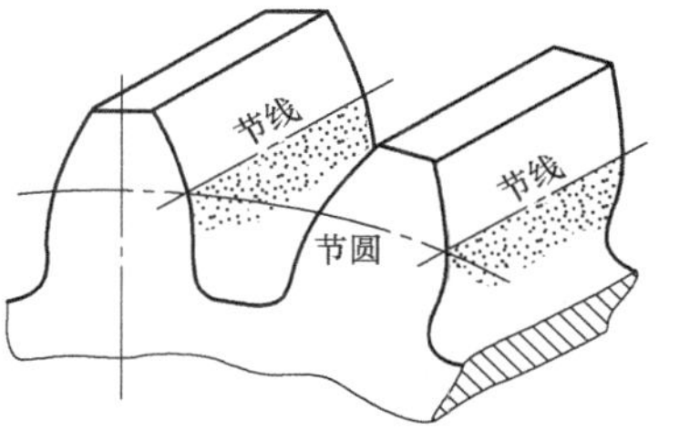

图 11-2　齿面点蚀

实践证明，点蚀首先发生在节线附近的齿根面上，这是因为轮齿在节线附近啮合时，相对滑动速度低，油膜不易形成，同时啮合对数少（对直齿轮往往就只有一对齿啮合），接触应力最大，所以节线附近靠近齿根部分的表面上最容易出现点蚀。

当齿面上产生疲劳裂纹后，润滑油就会浸入裂纹（黏度越低的油越易浸入），由于轮齿啮合时齿面的滚压使裂纹内的油压升高，对裂纹起挤胀作用，从而加快了裂纹的扩展和点蚀的产生。因此，对速度不高的齿轮传动，可选用黏度高一些的润滑油；对速度较高的齿轮传动，宜用黏度较低的润滑油。

闭式传动的软齿面容易发生齿面点蚀。在设计计算时，应使齿面接触应力不超过许用接触应力。此外，提高齿面硬度和降低齿面的表面粗糙度值，采用合理的变位，提高材料质量和热处理质量等，都有利于提高轮齿表面抗点蚀的能力。

3. 齿面磨损

齿面磨损是指两个轮齿表面做相对滑动时出现的轮齿表面材料脱落的现象，如图 11-3a 所示。在齿轮运转的早期，齿面间会产生正常磨损（磨合磨损），这是齿面材料的良性脱落过程，而非齿面损伤。正常磨损对齿轮传动是有利的，但应注意，磨合后应及时更换齿轮箱的润滑油，以免形成磨料磨损。

常见的损伤性磨损包括磨料磨损和过度磨损。磨料磨损是由于悬浮在润滑油中或嵌入啮合齿面间的坚硬微粒（砂粒、氧化皮、金属屑等）起着磨料的作用，使齿面材料脱落或错位；过度磨损是由于系统润滑密封不良，轮齿齿面油膜无法建立，同时伴有严重的振动冲击，使得齿面材料大量脱落，齿厚减薄。在轮齿的接触部分和非接触部分的交界处会形成明显的磨损台阶。损伤性磨损会导致齿轮断齿，产生严重的振动和噪声。

磨料磨损是开式齿轮传动的主要损伤形式，在建筑、轻工、农业及运输机械等的齿轮传动中最常见。提高齿面强度、降低表面粗糙度值、注意润滑油的清洁、尽可能使用闭式传动是减轻和防止磨损的有效措施。

4. 齿面胶合

在高速重载的齿轮传动中（如轿车发动机减速器的主传动齿轮），由于齿面压力大、相对滑动速度高和摩擦发热而产生局部瞬时高温，若散热条件不好，将导致油膜破裂，齿面金属直接接触，发生瞬时点焊（黏结），而此时相啮合的齿面在做相对运动，强度较弱的齿面金属会被撕落，形成与滑动方向一致的沟痕（图 11-3b），这就是齿面胶合现象。载荷越大，相对滑动速度越高，越易发生胶合。

在低速重载的齿轮传动中，由于过大的压力，齿面间油膜易破裂，也会发生齿面胶合失效。此时，齿面间的温度并无明显升高，故称为冷胶合。

齿面胶合主要发生在齿顶、齿根等相对速度较大的地方。选用抗胶合能力强的润滑剂

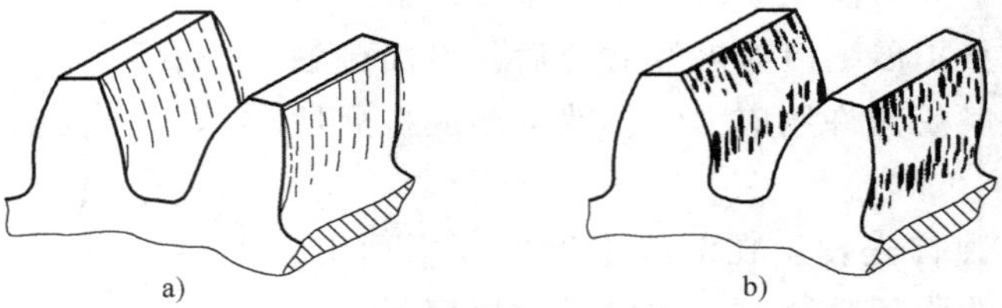

图 11-3　齿面磨损和齿面胶合

a）齿面磨损　b）齿面胶合

(极压润滑剂)、选择抗胶合能力好的齿轮副材料、对新齿轮副进行良好的磨合以降低齿面的表面粗糙度值、提高齿面硬度等均可防止或减轻齿面的胶合。

5. 塑性变形

塑性变形是永久变形失效形式中的一种，它是由于齿轮在承受较大载荷及摩擦力时，轮齿表面金属产生塑性流动，形成卸去载荷后也不能恢复的变形，从而失去原来的正确齿形。塑性变形常在低速、重载及其他频繁起动或经常过载的齿轮传动中出现。

塑性变形包括滚压塑变和轮齿锤击塑变。滚压塑变是由于轮齿的相互滚压与滑动而引起的齿面材料塑性流动。主动齿轮齿面上节圆柱面附近的材料向齿顶和齿根流动，而从动齿轮齿面上的相应材料向节圆柱面附近流动，因此在主动轮轮齿表面形成沟槽，而从动轮轮齿表面被挤出脊棱（图 11-4)。锤击塑变则是由于过大的啮合冲击产生的塑性变形，它的特征是在齿面上出现浅的沟槽，沟槽与啮合轮齿间的接触线一致。

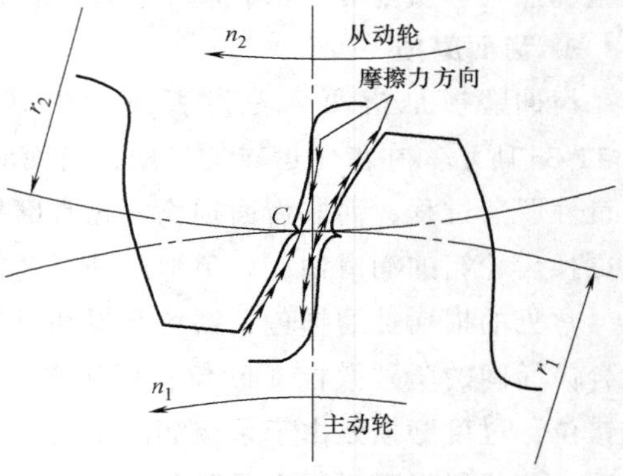

图 11-4　齿面塑性变形

为了防止塑性变形，轮齿表面硬度不能过低，且应适当提高润滑油的黏度。

11.1.2　齿轮传动的设计准则

齿轮的损伤形式虽多种多样，但在某一具体使用场合并不同时发生。因此，其设计准则取决于轮齿可能出现的损伤形式。

在一般闭式齿轮传动中，轮齿的主要失效形式是齿面疲劳点蚀和齿根弯曲疲劳折断，因此目前应用最普遍也是最成熟的设计准则是进行齿面接触疲劳强度及齿根弯曲疲劳强度计算。对于高速大功率的齿轮传动，还应进行抗胶合计算。

开式齿轮传动的主要损伤形式是齿面磨损和轮齿的弯曲疲劳折断。但目前针对磨损的计算方法尚不完善，因此一般只进行齿根弯曲疲劳强度计算。

针对前述失效形式中的齿面磨损、齿面胶合和塑性变形等，尚未建立起广为工程使用且行之有效的计算方法和设计数据。一般的处理方法是，用弯曲疲劳强度计算出的模数值加大 10%~15%来补偿。

11.2　齿轮常用材料、热处理方法和传动精度

针对齿轮的各种损伤形式，为了确保齿轮在预期寿命内能正常工作，选择齿轮材料及热处理方法时应考虑：轮齿表面要有足够的硬度和耐磨性，以提高齿面抗点蚀、抗磨损、抗胶合及抗塑性变形的能力；轮齿心部要有足够的强度和韧性，以提高轮齿抗折断、抗冲击载荷的能力；齿轮材料应具有良好的加工和热处理的工艺性，并考虑经济性的要求。

11.2.1　齿轮常用材料

1. 锻钢

锻钢因具有强度高、韧性好、便于制造、便于热处理等优点，大多数齿轮都用锻钢制造。软齿面齿轮材料常用中碳钢和中碳合金钢，如 45 钢、40Cr、35SiMn 等材料。硬齿面齿轮的齿面硬度大于 350HBW，常用的材料为中碳钢或中碳合金钢。

2. 铸钢

当齿轮的尺寸较大（直径为 400~600mm）而不便于锻造时，可先用铸造方法制成铸钢齿坯，再进行热处理和机加工。

3. 铸铁

低速、轻载场合的齿轮可以制成铸铁齿坯。当齿轮的直径大于 500mm 时可制成大齿圈，或制成轮辐式齿轮。

4. 非金属材料

对高速、轻载及精度不高的齿轮传动，为了降低噪声，常用非金属材料（如夹布胶木、尼龙等）做小齿轮，大齿轮仍用钢或铸铁制造。为使大齿轮具有足够的抗磨损及抗点蚀的能力，齿面的硬度应为 250~350HBW。

本书后的附录 C 列出了常用齿轮材料及其力学性能。

11.2.2　齿轮常用的热处理方法

1. 表面淬火

表面淬火一般用于中碳钢和中碳合金钢，例如 45 钢、40Cr 等。表面淬火后轮齿变形不大，可不磨齿，齿面硬度可达 52~56HRC。经表面淬火的轮齿齿面接触疲劳强度高，耐磨性好，而齿轮心部未淬硬仍有较高的韧性，故能承受一定的冲击载荷。表面淬火的方法有感应淬火和火焰淬火等。

2. 渗碳淬火

渗碳钢为碳的质量分数为 0.15%~0.25% 的低碳钢和低碳合金钢，例如 20 钢、20Cr 等。渗碳淬火后齿面硬度可达 56~62HRC，齿面接触疲劳强度高，耐磨性好，而齿轮心部仍保持较高的韧性，常用于受冲击载荷的重要齿轮传动。通常，渗碳淬火后要磨齿。

3. 调质

调质一般用于中碳钢和中碳合金钢，例如45钢、40Cr、35SiMn等。调质处理后齿面硬度一般为220~286HBW。因其硬度不高，故可在热处理后精切齿形，且在使用中易于磨合。

4. 正火

正火能消除内应力、细化晶粒、改善力学性能和切削性能。机械强度要求不高的齿轮可用中碳钢正火处理。大直径的齿轮可用铸钢正火处理。

5. 渗氮

渗氮是一种化学热处理。渗氮后不再进行其他热处理，齿面硬度可达60~62HRC。因渗氮处理温度低，齿的变形小，因此适用于难以磨齿的场合，例如内齿轮。但由于渗氮层很薄，且容易压碎，其承载能力不及渗碳淬火，也不适于受冲击载荷和会产生严重磨损的场合。常用的渗氮钢为38CrMoAlA。

上述五种热处理中，调质和正火两种处理后的齿面硬度较低（≤350HBW），为软齿面，其工艺过程较简单，但因齿面硬度较低，故其接触疲劳极限和弯曲疲劳极限较低。用其他三种方法处理后的齿面硬度较高，为硬齿面。硬齿面的接触疲劳极限和弯曲疲劳极限较高，故设计出来的传动尺寸较紧凑，但工艺过程较复杂。

当大、小齿轮都是软齿面时，考虑到小齿轮齿根较薄，弯曲疲劳强度较低，且受载次数较多，故在选择材料和热处理时，一般取小齿轮齿面硬度比大齿轮高20~50HBW，以使小齿轮的弯曲疲劳极限稍高于大齿轮，大、小齿轮轮齿的弯曲疲劳强度相近。硬齿面齿轮的承载能力较强，但需专门设备磨齿，常用于要求结构紧凑或生产批量大的齿轮。当大、小齿轮都是硬齿面时，小齿轮的硬度应略高，也可和大齿轮硬度相等。

11.2.3 齿轮传动的误差和精度

1. 齿轮传动的误差

齿轮在加工过程中，由于刀具和机床本身等原因，不可避免地会产生一定的误差；同时在安装齿轮传动装置时，也不可避免地会产生误差。按照误差对齿轮传动的影响，可把齿轮传动的误差分为以下三类：

1）齿形误差。它会导致相啮合齿轮在一转范围内实际转角与理论转角不一致，即影响传递运动的准确性。

2）齿距误差。它会导致瞬时传动比不能保持恒定不变，齿轮在一转范围内会出现多次重复的转速波动，特别在高速传动中将引起振动、冲击和噪声，即影响传动的平稳性。

3）齿向误差和装配时轴线不平行误差。它会使齿轮上的载荷分布不均匀，当传递较大转矩时，易引起早期损坏，即影响载荷分布的均匀性。

另外，考虑到齿轮制造误差以及工作时轮齿变形和受热膨胀，同时为了便于润滑，需要有一定的齿侧间隙，为此国家标准中还规定了14种齿厚偏差。

2. 齿轮传动的精度

齿轮传动精度就是用制造公差加以区别的齿轮制造和装配精确程度。齿轮传动精度标准是齿轮设计、制造、检验和装配的依据。我国国家标准GB/T 10095.1—2008中，对渐开线圆柱齿轮规定了13个精度等级，0级的精度最高，12级的精度最低，常用的是6~9

级精度。表 11-1 列出了精度等级的推荐使用范围，供设计时参考。

表 11-1　齿轮传动精度等级的选择及应用

精度等级	圆周速度 v/m·s^{-1}			应用举例
	直齿圆柱齿轮	斜齿圆柱齿轮	直齿锥齿轮	
6	≤15	≤30	≤12	要求运转精确或在高速重载下工作的齿轮传动；精密仪器和飞机、汽车、机床中的重要齿轮
7	≤10	≤20	≤6	一般机械中的重要齿轮；标准系列减速器齿轮；飞机、汽车和机床中的齿轮
8	≤5	≤12	≤3	一般机械中的重要齿轮；飞机、汽车和机床中不重要的齿轮；纺织机械中的齿轮；农业机械中的重要齿轮
12	≤3	≤6	≤2.5	工作要求不高的齿轮；农业机械中的齿轮

11.3　直齿圆柱齿轮传动的受力分析和强度计算

11.3.1　直齿圆柱齿轮传动的受力分析和计算载荷

1. 受力分析

为了计算轮齿的强度、设计轴和轴承，有必要分析轮齿上的作用力。

1）确定齿轮转矩。在实际工程中，通常由原动机（发动机或电动机）带动主动齿轮。如果已知主动齿轮传动的功率 P_1（单位为 kW）及其转速 n_1（单位为 r/min），则其上的理论转矩为

$$T_1 = 9.55\times10^6\times\frac{P_1}{n_1} \tag{11-1}$$

式中，T_1 的单位为 N·mm。

2）受力分析及计算。设一对标准直齿圆柱齿轮按标准中心距安装，其齿廓在 C 点接触（图 11-5a），如果略去摩擦力，则相互啮合的主、从动轮齿的作用力为法向压力 F_n。现将 F_n 分解为两个相互垂直的分力，即圆周力 F_t 与径向力 F_r。其计算公式分别为

$$F_{t1} = \frac{2T_1}{d_1} = -F_{t2} \tag{11-2}$$

$$F_{r1} = F_t\tan\alpha = -F_{r2} \tag{11-3}$$

$$F_{n1} = \frac{F_t}{\cos\alpha} = -F_{n2} \tag{11-4}$$

式中，d_1 为小齿轮分度圆直径，单位为 mm；α 为压力角，对标准齿轮，$\alpha=20°$；T_1 为小齿轮传递的转矩，单位为 N·mm。

力的方向如图 11-5b 所示。圆周力 F_t：从动轮上的圆周力 F_{t2} 为驱动力，与其回转方向相同；主动轮上的圆周力 F_{t1} 为阻力，与其回转方向相反。径向力 F_r：对于外齿轮，由啮合点指向其齿轮中心；对于内齿轮，由啮合点背离其齿轮中心。

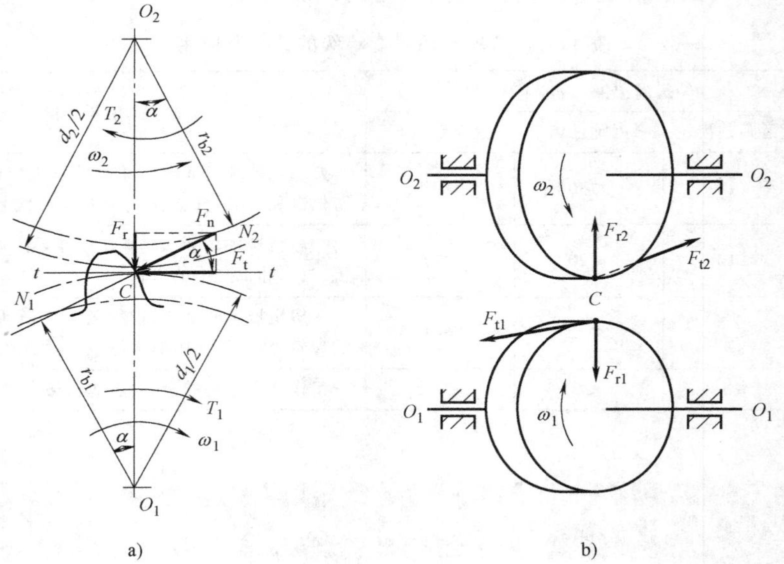

图 11-5 直齿圆柱齿轮的受力分析图

2. 计算载荷

上述轮齿受力分析中的法向力 F_n 是作用在轮齿上的理想状况下的载荷，称为名义载荷。实际上，由于原动机和工作机的载荷特性不同，会产生附加载荷。由于齿轮、轴和支承装置加工、安装的误差及受载后产生的弹性变形，使载荷沿齿宽分布不均匀（图 11-6）从而造成载荷集中等原因，使实际载荷比名义载荷大。精度越低，圆周速度越高，附加动载荷就越大。因此，在齿轮传动的强度计算时，通常用计算载荷 F_{nc} 代替名义载荷 F_n，以综合考虑这些因素的影响。即

$$F_{nc}=KF_n \tag{11-5}$$

式中，K 为考虑实际传动中各种因素影响的载荷系数，可由表 11-2 查取。

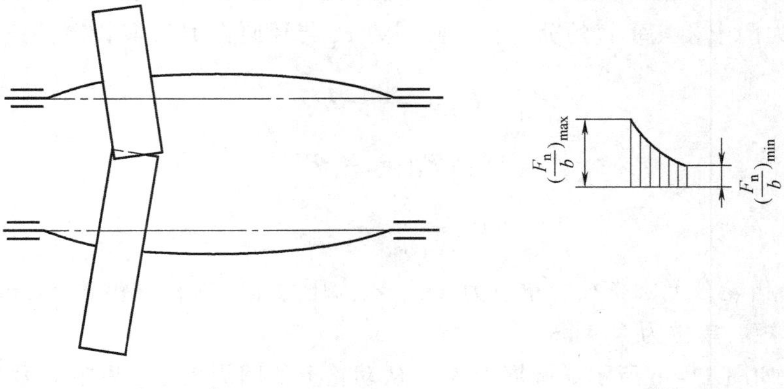

图 11-6 轴的弯曲变形引起的齿向偏载

表 11-2　载荷系数 K

原动机	工作机械的载荷系数 K		
	均匀	中等冲击	大的冲击
电动机	1~1.2	1.2~1.6	1.6~1.8
多缸内燃机	1.2~1.6	1.6~1.8	1.9~2.1
单缸内燃机	1.6~1.8	1.8~2.0	2.2~2.4

注：斜齿、圆周速度低、精度高、齿宽系数小时取小值；直齿、圆周速度高、精度低、齿宽系数大时取大值。齿轮在两轴承之间对称布置时取小值，齿轮在两轴承之间不对称布置及悬臂布置时取大值。

11.3.2　直齿圆柱齿轮的强度计算

齿轮强度计算是根据齿轮可能出现的失效形式来进行的。在一般闭式齿轮传动中，轮齿的主要失效形式是齿面接触疲劳点蚀和轮齿弯曲疲劳折断。本章介绍齿面接触疲劳强度和齿根弯曲疲劳强度计算方法（经适当简化）。

1. 齿面接触疲劳强度计算

1）校核公式。进行齿面接触疲劳强度计算是为了避免齿轮齿面发生点蚀失效。前面讨论过，两齿轮啮合时，疲劳点蚀一般发生在齿根表面靠近节线附近。因此，应使齿面接触处所产生的最大接触应力小于齿轮的许用接触应力。可由弹性力学中的赫兹公式，代入相应参数，经过推导整理，最终得出渐开线标准直齿圆柱齿轮传动的齿面接触疲劳强度的校核公式为

$$\sigma_H = 3.53 Z_E \sqrt{\frac{KT_1}{bd_1^2} \cdot \frac{u \pm 1}{u}} \leqslant [\sigma_H] \tag{11-6}$$

式中，σ_H 为齿面的实际最大接触应力，单位为 MPa；“±”中的“+”用于外啮合，“-”用于内啮合；Z_E 为材料的弹性模量（表 11-3）；K 为载荷系数（表 11-2）；T_1 为小齿轮上的理论转矩，单位为 N·mm；u（≥1）为齿数比，当小齿轮 1 为主动用作减速时，$u = i_{12}$；当大齿轮 2 为主动用作增速时，$u = 1/i_{21}$；b 为轮齿的工作宽度，单位为 mm；d_1 为小齿轮的分度圆直径，单位为 mm；$[\sigma_H]$ 为齿轮的许用接触应力，单位为 MPa。

表 11-3　材料的弹性模量 Z_E　　（单位：$\sqrt{\text{MPa}}$）

小轮材料	大轮材料				
	锻钢	铸钢	灰铸铁	球墨铸铁	夹布胶木
锻钢	189.8	188.9	162.0	181.4	56.4
铸钢	—	188.0	161.4	180.5	—
灰铸铁	—	—	143.7	—	—
球墨铸铁	—	—	156.6	173.9	—

2）设计公式。若令 $b = \psi_d d_1$，ψ_d 为齿宽系数，见表 11-4。变换式（11-6）后可得直齿圆柱齿轮齿面接触疲劳强度的设计公式：

$$d_1 \geqslant 2.32 \sqrt[3]{\frac{KT_1}{\psi_d} \frac{u \pm 1}{u} \left(\frac{Z_E}{[\sigma_H]} \right)^2} \tag{11-7}$$

式中，$[\sigma_H]=\dfrac{\sigma_{Hlim}}{S_H}$，其中 σ_{Hlim} 可在本书后的附录 C 中查取，S_H 可在表 11-5 中查取。

表 11-4　齿宽系数 ψ_d

齿轮相对于轴承的位置	齿面类型	
	软齿面	硬齿面
对称布置	0.8~1.4	0.4~0.9
非对称布置	0.2~1.2	0.3~0.6
悬臂布置	0.3~0.4	0.2~0.25

注：轴及其支座刚度较大时取大值，反之取小值。

表 11-5　最小安全系数 S_{Hmin}、S_{Fmin} 的参考值

使用要求	S_{Hmin}	S_{Fmin}
高可靠度（失效概率≤1/10000）	1.5	2.0
较高可靠度（失效概率≤1/1000）	1.25	1.6
一般可靠度（失效概率≤1/100）	1.0	1.25

3）应用公式时应注意以下几点：

① 两齿轮齿面的接触应力 $\sigma_{H1}=\sigma_{H2}$。

② 两齿轮的许用接触应力 $[\sigma_{H1}]$ 与 $[\sigma_{H2}]$ 一般是不同的，进行强度计算时应选用较小值。

③ 齿轮的齿面接触疲劳强度与齿轮的直径或中心距的大小有关，而与模数的大小无关。当一对齿轮的材料、齿宽系数、齿数比一定时，由齿面接触疲劳强度所决定的承载能力仅与齿轮的直径或中心距的大小有关。

④ 对于一般工业用传动齿轮，选取最小安全系数 S_{Hmin} 时按一般可靠度要求。

2. 齿根弯曲疲劳强度计算

为了防止轮齿根部的疲劳折断，在进行齿轮设计时要计算齿根弯曲疲劳强度。轮齿的疲劳折断主要和齿根弯曲应力的大小有关。为简化计算，假定全部载荷由一对齿承受，且载荷作用于齿顶时齿根部分产生的弯曲应力最大。计算时，可以将轮齿看作宽度为 b 的悬臂梁。危险截面用 30°切线法来确定，即作与轮齿对称中心线成 30°角并与齿根过渡曲线相切的两条直线，连接两切点的截面即为齿根的危险截面，其力学模型如图 11-7 所示。

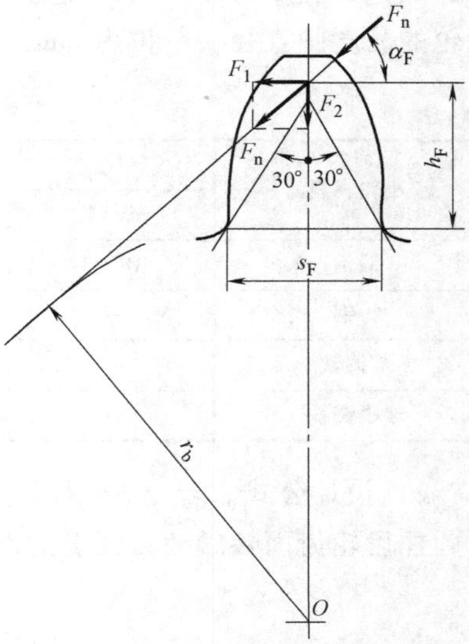

图 11-7　齿根危险截面

1）校核公式。

$$\sigma_F=\frac{2KT_1Y_FY_S}{bm^2z_1}\leqslant[\sigma_F] \qquad (11\text{-}8)$$

式中，K、T_1、b 符号的意义同式(11-6)；σ_F 为齿根实际最大弯曲应力，单位为 MPa；m 为模数，单位为

mm；Y_F 为齿形修正系数（表 11-6）；Y_S 为应力修正系数（表 11-7）；$[\sigma_F]$ 为轮齿的许用弯曲应力，单位为 MPa。

表 11-6　标准外齿轮的齿形修正系数 Y_F

$z(z_v)$	12	14	16	17	18	19	20	22	25	28
Y_F	3.47	3.22	3.03	2.127	2.121	2.85	2.81	2.75	2.65	2.58
$z(z_v)$	30	35	40	45	50	60	80	100	≥200	
Y_F	2.54	2.47	2.41	2.37	2.35	2.30	2.25	2.18	2.14	

表 11-7　标准外齿轮的应力修正系数 Y_S

$z(z_v)$	12	14	16	17	18	19	20	22	25	28
Y_S	1.44	1.47	1.51	1.53	1.54	1.55	1.56	1.58	1.512	1.61
$z(z_v)$	30	35	40	45	50	60	80	100	≥200	
Y_S	1.63	1.65	1.67	1.612	1.71	1.73	1.77	1.80	1.88	

2）设计公式。引入齿宽系数 $\psi_d=\dfrac{b}{d_1}$后，可得齿根弯曲疲劳强度的设计公式：

$$m \geqslant \sqrt[3]{\frac{2KT_1}{\psi_d z_1^2}\frac{Y_F Y_S}{[\sigma_F]}} \tag{11-9}$$

式中，$[\sigma_F]=\dfrac{\sigma_{FE}}{S_F}$，其中 σ_{FE} 可在本书附录 C 中查取，S_F 可在表 11-5 中查取。

3）计算时的注意事项：

① 选取最小安全系数 S_{Fmin} 时，采用失效概率为 1/100 时的齿根弯曲疲劳极限。若轮齿两面工作，应将表中的数值乘以 0.7。

② 因轮齿疲劳折断可能导致重大事故，所以 S_F 的取值比 S_H 大。

③ 用式（11-8）校核弯曲疲劳强度时，应该对大、小齿轮分别进行校核；用式（11-9）设计 m 时，应分别计算出两相互啮合齿轮$\dfrac{Y_F Y_S}{[\sigma_F]}$的值，以大值代入公式求 m。此 m 值是必需的最小值，还应将其圆整为标准模数值。对于传递动力的齿轮，其模数不宜小于 1.5mm。

④ 选定模数后，齿轮实际的分度圆直径应由 $d=mz$ 算出。对于开式齿轮传动，考虑到齿面磨损，可将算得的 m 值加大 10%~15%。

11.3.3　直齿圆柱齿轮主要参数的选取

1. 材料及其力学性质

1）转矩不大时可用碳素结构钢或铸铁，若计算出的齿轮太大，则可选用合金结构钢。

2）表面热处理可提高接触疲劳强度，使装置紧凑。若硬化层较深，轮齿可能变形，需磨齿。

3）渗氮齿轮齿形变化较小，不用磨齿，但渗氮层较薄。

4）尺寸大的齿轮可用铸钢，但批量小时可用锻钢。

5）采用夹布塑料可减小传动噪声。

2. 主要参数

1）齿数比 u：减速时为传动比，增速时为传动比的倒数。为了限制大齿轮的尺寸，u 一般不能超过 7。

2）齿数 z：标准齿轮的齿数应不小于 17，齿数多可使重合度增大、传动平稳。但如果分度圆直径一定时将模数减小，会使齿轮的弯曲疲劳强度不够，设计时要反复检验校核。

3）齿宽系数：$\psi_d=\dfrac{b}{d_1}$，大齿轮的齿宽由齿宽系数决定；小齿轮的齿宽可再增加 5~10mm，以保证有足够的啮合宽度。

3. 齿轮传动设计计算方法与步骤

1）根据给定的工作条件，选取合适的齿轮材料及热处理方法，确定齿轮的接触疲劳许用应力和弯曲疲劳许用应力。

2）根据设计准则进行设计计算，确定齿轮传动中小齿轮的分度圆直径或模数。对于闭式软齿面齿轮传动，齿面接触疲劳强度较低，一般先按齿面接触疲劳强度进行设计计算；对于闭式硬齿面齿轮传动，其齿根弯曲疲劳强度较低，故一般先按齿根弯曲疲劳强度进行设计计算；对于开式齿轮传动，按齿根弯曲疲劳强度进行设计计算即可。

3）选择齿轮的主要参数并计算主要几何尺寸。

4）校核齿轮齿根弯曲疲劳强度或齿面接触疲劳强度。对于闭式软齿面齿轮传动，校核齿根弯曲疲劳强度；对于闭式硬齿面齿轮传动，校核齿面接触疲劳强度。

5）确定齿轮结构尺寸，绘制齿轮工作图。

例 11-1 某两级直齿圆柱齿轮减速器用电动机驱动，单向运转，载荷为中等冲击。高速级传动比 $i_{12}=3.7$，高速轴转速 $n_1=745\text{r/min}$，传动功率 $P=17\text{kW}$，采用软齿面，试设计并校核此高速级传动。

解 1）选择材料及确定许用应力。小齿轮用 40MnB，调质处理，齿面硬度为 241~286HBW，相应的疲劳强度取均值，$\sigma_{\text{Hlim1}}=720\text{MPa}$，$\sigma_{\text{FE1}}=595\text{MPa}$（附录 C），大齿轮用 ZG35SiMn，调质处理，齿面硬度为 241~269HBW，$\sigma_{\text{Hlim2}}=615\text{MPa}$，$\sigma_{\text{FE2}}=510\text{MPa}$（附录 C）。由表 11-5，取 $S_F=1.25$，取 $S_H=1.1$，则

$$[\sigma_{H1}]=\frac{\sigma_{\text{Hlim1}}}{S_H}=\frac{720}{1.1}\text{MPa}=655\text{MPa}$$

$$[\sigma_{H2}]=\frac{\sigma_{\text{Hlim2}}}{S_H}=\frac{615}{1.1}\text{MPa}=559\text{MPa}$$

$$[\sigma_{F1}]=\frac{\sigma_{\text{FE1}}}{S_F}=\frac{595}{1.25}\text{MPa}=476\text{MPa}$$

$$[\sigma_{F2}]=\frac{\sigma_{FE2}}{S_F}=\frac{510}{1.25}\text{MPa}=408\text{MPa}$$

2）齿面接触疲劳强度设计。按题意“电动机驱动，单向运转，载荷为中等冲击”，取载荷系数 $K=1.5$（表 11-2），齿宽系数 $\psi_d=0.8$（表 11-4）。按照式（11-1）可得小齿轮上的转矩

$$T_1=9.55\times10^6\times\frac{17}{745}\text{N}\cdot\text{mm}=2.18\times10^5\text{N}\cdot\text{mm}$$

取 $Z_E=188.9\sqrt{\text{MPa}}$（表 11-3），$u=i_{12}=3.7$，则按式（11-7）可得

$$\begin{aligned}d_1&\geqslant 2.32\sqrt[3]{\frac{KT_1}{\psi_d}\frac{u+1}{u}\left(\frac{Z_E}{[\sigma_H]}\right)^2}\\&=2.32\sqrt[3]{\frac{1.5\times2.18\times10^5}{0.8}\times\frac{3.7+1}{3.7}\times\left(\frac{188.9}{559}\right)^2}\text{mm}\\&=90.5\text{mm}\end{aligned}$$

齿数取 $z_1=32$，则 $z_2=3.7\times32\approx118$，故

$$i_{12}=\frac{118}{32}=3.69$$

模数
$$m=\frac{d_1}{z_1}=\frac{90.5}{32}\text{mm}=2.83\text{mm}$$

齿宽
$$b=\psi_d d_1=0.8\times90.5\text{mm}=72.4\text{mm}$$

取 $b_2=75\text{mm}$，$b_1=80\text{mm}$

按表 5-1 取 $m=3\text{mm}$，实际的 $d_1=zm=32\times3\text{mm}=96\text{mm}$，$d_2=118\times3\text{mm}=354\text{mm}$，则中心距

$$a=\frac{d_1+d_2}{2}=\frac{96+354}{2}\text{mm}=225\text{mm}$$

3）校核轮齿弯曲疲劳强度。齿形系数 $Y_{F1}=2.56$，$Y_{F2}=2.13$（表 11-6）；应力修正系数 $Y_{S1}=1.63$，$Y_{S2}=1.81$（表 11-7）。由式（11-8）可得

$$\begin{aligned}\sigma_{F1}&=\frac{2KT_1Y_{F1}Y_{S1}}{bm^2z_1}=\frac{2\times1.5\times2.18\times10^5\times2.56\times1.63}{75\times3^2\times32}\text{MPa}\\&=126.3\text{MPa}\leqslant[\sigma_{F1}]=476\text{MPa}\ (\text{安全})\end{aligned}$$

$$\sigma_{F2}=\sigma_{F1}\frac{Y_{F2}Y_{S2}}{Y_{F1}Y_{S1}}=115\text{MPa}\leqslant[\sigma_{F2}]=408\text{MPa}(\text{安全})$$

可见齿根强度足够，安全。

4）齿轮的圆周速度为

$$v=\frac{\pi d_1 n_1}{60\times1000}=\frac{3.14\times96\times745}{60000}\text{m/s}=3.74\text{m/s}$$

对照表 11-1，该齿轮传动应选用 8 级精度。其他计算从略。

11.4 斜齿圆柱齿轮传动

11.4.1 斜齿圆柱齿轮的受力分析

下面分析图 11-8 所示的斜齿圆柱齿轮传动的受力情况。当主动齿轮上作用转矩 T_1 时，若将接触面的摩擦力忽略不计，则垂直于齿面的法向作用力 F_{n1}，可分解为径向分力 F_{r1} 和法向分力 F'_{n1}，再将 F'_{n1} 分解为圆周力 F_{t1} 和轴向力 F_{a1}。各力分别为

$$F_{t1}=\frac{2T_1}{d_1}=-F_{t2} \tag{11-10}$$

$$F_{r1}=\frac{F_{t1}\tan\alpha_n}{\cos\beta}=-F_{r2} \tag{11-11}$$

$$F_{a1}=F_{t1}\tan\beta=-F_{a2} \tag{11-12}$$

式中，T_1 为主动齿轮上的理论转矩，单位为 N·mm；d_1 为主动齿轮分度圆直径，单位为 mm；β 为螺旋角；α_n 为法面压力角，标准齿轮 $\alpha_n=20°$。

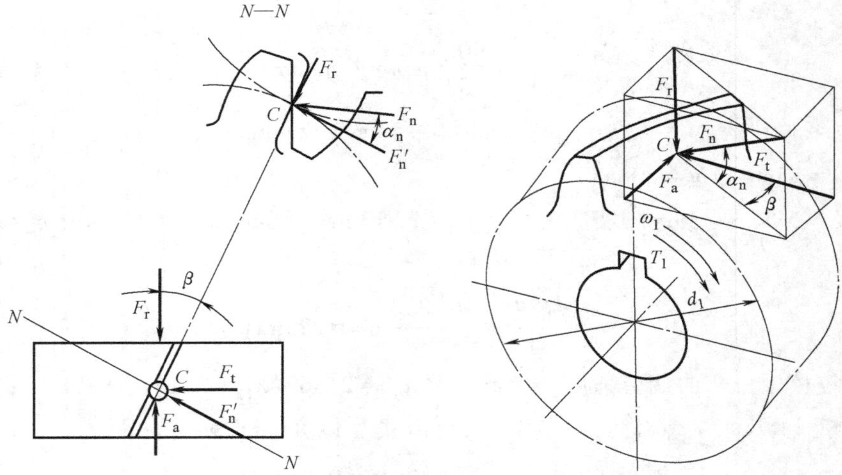

图 11-8　斜齿圆柱齿轮的受力分析

圆周力和径向力的方向与直齿圆柱齿轮相同。轴向力的方向取决于齿轮的轮齿的旋向，可根据“主动轮左、右手螺旋定则”来判定，即主动轮右旋用右手，主动轮左旋用左手。四指弯曲方向表示主动轮的转向，大拇指的指向就是主动轮轴向力的方向。从动轮轴向力的方向与主动轮轴向力的方向相反，如图 11-9 所示。

11.4.2 斜齿圆柱齿轮的强度计算

斜齿圆柱齿轮传动的强度计算是按轮齿的法面进行分析的，其基本原理与直齿圆柱齿轮相似。由于斜齿轮齿面接触线是倾斜的且重合度较大等，使得斜齿轮所受的齿面接触应

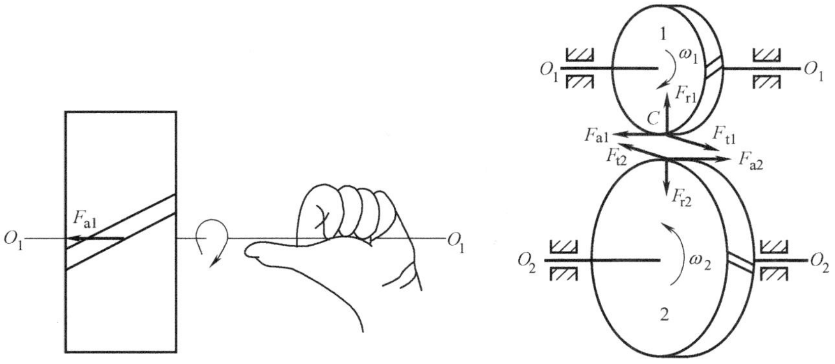

图 11-9　斜齿轮传动的受力关系

力及齿根弯曲应力均较小。根据斜齿轮的上述特点，参照直齿圆柱齿轮强度计算公式的推导，可直接写出经简化处理过的斜齿圆柱齿轮强度计算公式。

（1）齿面接触疲劳强度

校核公式
$$\sigma_H = 3.53 Z_E Z_\beta \sqrt{\frac{KT_1}{bd_1^2}\frac{u \pm 1}{u}} \leqslant [\sigma_H] \tag{11-13}$$

设计公式
$$d_1 \geqslant 2.32 \sqrt[3]{\frac{KT_1}{\psi_d}\frac{u \pm 1}{u}\left(\frac{Z_E Z_\beta}{[\sigma_H]}\right)^2} \tag{11-14}$$

式中，$Z_\beta = \sqrt{\cos\beta}$，称为螺旋角系数。

（2）齿根弯曲疲劳强度计算

校核公式
$$\sigma_F = \frac{2KT_1 Y_F Y_S}{bd_1 m_n} \leqslant [\sigma_F] \tag{11-15}$$

设计公式
$$m \geqslant \sqrt[3]{\frac{2KT_1}{\psi_d z_1^2}\frac{Y_F Y_S}{[\sigma_F]}\cos^2\beta} \tag{11-16}$$

斜齿圆柱齿轮传动的校核和设计计算公式，在前述直齿圆柱齿轮的校核和设计计算公式基础上，考虑了螺旋角 β 的作用，其余基本相同。但应注意的是，齿形系数 Y_F 和应力修正系数 Y_S 应按斜齿圆柱齿轮的当量齿数 $z_v = \frac{z}{\cos^3\beta}$，分别在表 11-6 和表 11-7 中选取。

例 11-2　某两级斜齿圆柱齿轮减速器，$\beta = 15.2°$，用电动机驱动，单向运转，载荷为中等冲击。已知高速级传递的功率 $P_1 = 10\text{kW}$，转速 $n_1 = 950\text{r/min}$，传动比 $i_{12} = 3.6$，采用软齿面，试计算此高速级传动。

解　1）选择齿轮材料及确定许用应力。小齿轮材料为 40Cr 钢，调质处理，齿面硬度为 260HBW；大齿轮材料为 45 钢，调质处理，齿面硬度为 250HBW。由附录 C 可查得，小齿轮 $\sigma_{Hlim1} = 700\text{MPa}$，$\sigma_{FE1} = 600\text{MPa}$；大齿轮 $\sigma_{Hlim2} = 600\text{MPa}$，$\sigma_{FE2} = 450\text{MPa}$。由表 11-5，取 $S_F = 1.35$，$S_H = 1.05$，则

$$[\sigma_{H1}]=\frac{\sigma_{Hlim1}}{S_H}=\frac{700}{1.05}\text{MPa}=667\text{MPa}$$

$$[\sigma_{H2}]=\frac{\sigma_{Hlim2}}{S_H}=\frac{600}{1.05}\text{MPa}=571\text{MPa}$$

$$[\sigma_{F1}]=\frac{\sigma_{FE1}}{S_F}=\frac{600}{1.35}\text{MPa}=444\text{MPa}$$

$$[\sigma_{F2}]=\frac{\sigma_{FE2}}{S_F}=\frac{450}{1.35}\text{MPa}=333\text{MPa}$$

2）按齿面接触疲劳强度设计。按题意取载荷系数 $K=1.5$（表 11-2），齿宽系数 $\psi_d=1$（表 11-4）。按照式（11-1）可得小齿轮上的转矩

$$T_1=9.55\times10^6\times\frac{10}{950}\text{N}\cdot\text{mm}=1.0\times10^5\text{N}\cdot\text{mm}$$

取 $Z_E=189.8\sqrt{\text{MPa}}$（表 11-3），$u=i_{12}=3.6$，$Z_\beta=\sqrt{\cos\beta}=0.8924$，则按式（11-14）可得

$$d_1\geqslant2.32\sqrt[3]{\frac{KT_1}{\psi_d}\frac{u+1}{u}\left(\frac{Z_EZ_\beta}{[\sigma_H]}\right)^2}$$

$$=2.32\sqrt[3]{\frac{1.5\times1.0\times10^5}{1}\times\frac{3.6+1}{3.6}\times\left(\frac{189.8\times0.8924}{667}\right)^2}\text{mm}=53.48\text{mm}$$

齿数取 $z_1=30$，则 $z_2=3.6\times30=108$，故

法向模数
$$m_n=\frac{d_1\cos\beta}{z_1}$$

$$=\frac{53.48\times\cos15.2°}{30}\text{mm}=1.72\text{mm}$$

查表 5-1，取第一系列标准法向模数 $m_n=2$。

实际的 $d_1=\frac{z_1m_n}{\cos\beta}=\frac{30\times2}{\cos15.2°}\text{mm}=62.2\text{mm}$，$d_2=\frac{z_2m_n}{\cos\beta}=\frac{108\times2}{\cos15.2°}\text{mm}=223.8\text{mm}$，则

中心距
$$a=\frac{d_1+d_2}{2}=\frac{62.2+223.8}{2}\text{mm}=143\text{mm}$$

齿宽
$$b_2=\psi_dd_1=1\times62.2\text{mm}=62.2\text{mm}$$

取 $b_2=63\text{mm}$，$b_1=68\text{mm}$。

3）校核轮齿弯曲疲劳强度。计算当量齿数，有

$$z_{v1}=\frac{z_1}{\cos^3\beta}=\frac{30}{\cos^315.2°}=33.38$$

$$z_{v2}=\frac{z_2}{\cos^3\beta}=\frac{108}{\cos^315.2°}=120.2$$

齿形系数 $Y_{F1}=2.47$，$Y_{F2}=2.11$（表 11-6）；应力修正系数 $Y_{S1}=1.65$，$Y_{S2}=1.84$（表 11-7）。由式（11-15）可得

$$\sigma_{F1}=\frac{2KT_1Y_{F1}Y_{S1}}{bd_1m_n}=\frac{2\times1.5\times1.0\times10^5\times2.47\times1.65}{63\times62.2\times2}\text{MPa}$$
$$=156\text{MPa}\leqslant444\text{MPa}$$
$$=[\sigma_{F1}]\ (\text{安全})$$

$$\sigma_{F2}=\sigma_{F1}\frac{Y_{F2}Y_{S2}}{Y_{F1}Y_{S1}}=156\times\frac{2.11\times1.84}{2.47\times1.65}\text{MPa}=149.55\text{MPa}\leqslant[\sigma_{F2}]=333\text{MPa}\ (\text{安全})$$

可见齿根强度足够，安全。

4）齿轮的圆周速度为

$$v=\frac{\pi d_1n_1}{60\times1000}=\frac{3.14\times62.2\times950}{60000}\text{m/s}=3.09\text{m/s}$$

对照表 11-1，该齿轮传动应选用 9 级精度。其他计算从略。

11.5　直齿锥齿轮传动

11.5.1　直齿锥齿轮的受力分析

锥齿轮用来实现两相交轴之间的传动，两轴的夹角可根据实际需要确定，常用 90°。前面已经叙述过，锥齿轮的轮齿有直齿、斜齿和曲线齿等。直齿和斜齿锥齿轮传动结构比较简单，但噪声大，只用于速度不大于 5m/s 的低速传动。曲线齿锥齿轮也有很多种，具有传动平稳、噪声小及承载能力大等特点，但结构复杂、价格高，主要用于高速传动。本节只讨论轴交角为 90°（即两分锥角 $\delta_1+\delta_2=90°$）的标准直齿锥齿轮传动的强度计算。

图 11-10b 所示为锥齿轮传动的受力情况。轮齿上作用力为集中在分度圆锥平均直径 d_m 处的法向力 F_n。过齿宽中点作分度圆的法向截面，F_n 就位于该平面内，并沿着轮齿接触点的公法线方向。α 为分度圆锥的压力角。若忽略接触面上摩擦力的影响，可把 F_n 分解成三个互相垂直的分力：圆周力 F_t、径向力 F_r 及轴向力 F_a。其计算公式为

$$F_{t1}=\frac{2T_1}{d_{m1}}=-F_{t2} \tag{11-17}$$

$$F_{r1}=F_{t1}\tan\alpha\cos\delta_1=-F_{a2} \tag{11-18}$$

$$F_{a1}=F_{t1}\tan\alpha\sin\delta_1=-F_{r2} \tag{11-19}$$

如图 11-10a 所示，d_{m1} 可根据几何尺寸关系由分度圆直径 d、锥距 R 和齿宽 b 来确定，即

$$\frac{R-0.5b}{0.5d_{m1}}=\frac{R}{0.5d_1}$$

简化得

$$b = d_1 - b\sin\delta_1 \tag{11-20}$$

如图 11-10c 所示可知：圆周力方向，主动轮上 F_{t1} 与其回转方向相反，从动轮上 F_{t2} 与其回转方向相同；径向力方向，都指向两轮各自的轮心；轴向力方向，分别沿各自的轴线指向轮齿的大端。值得注意的是：主动轮上的轴向力 F_{a1} 与从动轮上的径向力 F_{r2} 大小相等、方向相反，主动轮上的径向力 F_{r1} 与从动轮上的轴向力 F_{a2} 大小相等、方向相反。

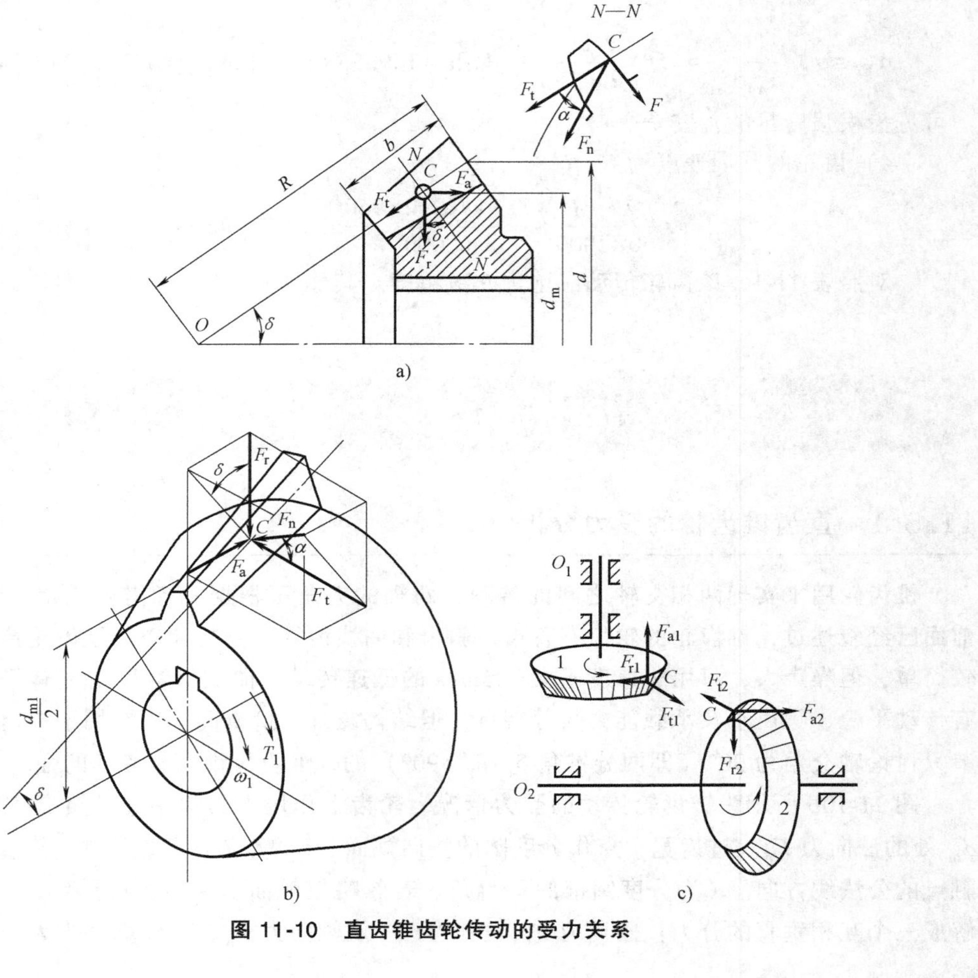

图 11-10　直齿锥齿轮传动的受力关系

11.5.2　直齿锥齿轮的强度计算

可以近似认为，一对直齿锥齿轮传动和位于齿宽中点的一对当量圆柱齿轮传动（图 11-11）的强度相等。由此可得轴交角为 90°的一对钢制直齿锥齿轮的强度计算公式。

（1）接触疲劳强度计算

$$\sigma_H = 3.53 Z_E \sqrt{\frac{KT_{v1}}{b_v d_{v1}^2} \frac{u_v \pm 1}{u_v}} \leqslant [\sigma_H] \tag{11-21}$$

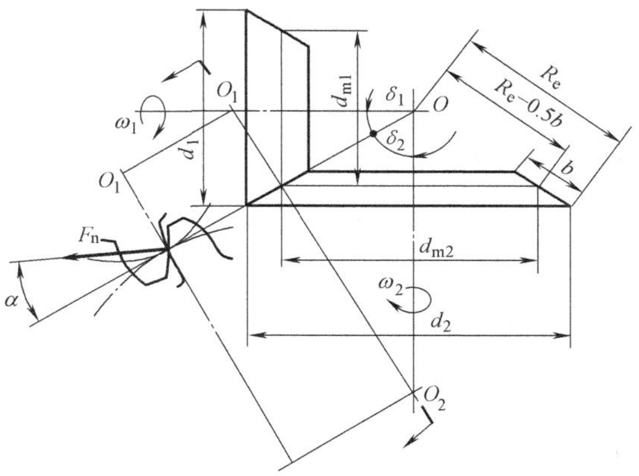

图 11-11　直齿锥齿轮的当量圆柱齿轮

式中，各参数的下标“v”表示该参数为当量齿轮的相关参数，将有关当量齿轮的几何关系式代入，并取 $b_v=0.8b$ 作为有效宽度，可得接触疲劳强度校核公式为

$$\sigma_H=5.42Z_E\sqrt{\frac{KT_1}{\psi_R(1-0.5\psi_R)^2d_1^3u}}\leqslant[\sigma_H] \tag{11-22}$$

接触疲劳强度的设计公式为

$$d_1\geqslant 3.08\sqrt[3]{\frac{KT_1}{\psi_R(1-0.5\psi_R)^2u}\left(\frac{Z_E}{[\sigma_H]}\right)^2} \tag{11-23}$$

式中，d_1 为小齿轮的分度圆直径，单位为 mm；K 为载荷系数，查表 11-2 确定；ψ_R 为齿宽系数，$\psi_R=\frac{b}{R_e}$，其中 b 为齿宽，R_e 为锥距（图 11-11），一般取 $\psi_R=0.25\sim0.3$；一般 $u\leqslant 5$；Z_E 为弹性模量，查表 11-3 确定。

（2）齿根弯曲疲劳强度　齿根弯曲疲劳强度校核公式为

$$\sigma_F=\frac{4.71KT_1Y_FY_S}{\psi_R(1-0.5\psi_R)^2z_1^2m^3\sqrt{1+u^2}}\leqslant[\sigma_F] \tag{11-24}$$

齿根弯曲疲劳强度设计公式为

$$m\geqslant\sqrt[3]{\frac{4.71KT_1}{\psi_R(1-0.5\psi_R)^2z_1^2\sqrt{1+u^2}}\frac{Y_FY_S}{[\sigma_F]}} \tag{11-25}$$

式中，m 为大端模数，单位为 mm；Y_F、Y_S 分别见表 11-6、表 11-7，由当量齿数 $z_v=\frac{z}{\cos\delta}$ 查得。计算 m 值时，应比较 $\frac{Y_{F1}Y_{S1}}{[\sigma_{F1}]}$、$\frac{Y_{F2}Y_{S2}}{[\sigma_{F2}]}$ 的大小，取大值代入。

11.6 齿轮变位对强度计算的影响

在原理上，变位齿轮传动的受力分析及强度计算与标准齿轮传动一样。经变位修正后的轮齿齿形有变化，轮齿弯曲疲劳强度计算式中的齿形系数 Y_F 及应力修正系数 Y_S 也随之改变，但进行弯曲疲劳强度计算时，仍沿用标准齿轮传动的公式。

11.6.1 对齿根弯曲疲劳强度的影响

1. 齿轮正变位（变位系数 $x>0$）

在一定的齿数范围内（如 80 齿以内），正变位齿轮的齿厚增加，齿形系数 Y_F 减小；但齿根圆角半径有所减小，即应力修正系数 Y_S 有所增大，但 $Y_F Y_S$ 仍然减小。故对齿轮采取正变位可以提高其弯曲疲劳强度。

2. 齿轮负变位（变位系数 $x<0$）

负变位齿轮的齿顶变尖，齿根变薄使得弯曲疲劳强度减弱。为保证一对齿轮的弯曲疲劳强度相等，一般小齿轮采用正变位，而大齿轮则采用负变位。

11.6.2 对齿面接触疲劳强度的影响

1. 高度变位齿轮传动

对于高度变位齿轮传动，分度圆压力角 α 与啮合角 α' 相等，节点处齿廓曲率对接触应力的影响系数（即节点区域系数 Z_H）不变，所以轮齿的接触疲劳强度未变。故高度变位齿轮传动的接触疲劳强度计算仍沿用标准齿轮传动的公式。

2. 角度变位齿轮传动

对于角度变位齿轮传动，分度圆压力角 α 与啮合角 α' 不再相等，节点区域系数 Z_H 发生了变化，所以轮齿的接触疲劳强度发生了变化。

当为正传动时，节点处的 $\alpha'>\alpha$（斜齿轮是 $\alpha'_t>\alpha_t$），可使节点区域系数 Z_H 减小，因而提高了轮齿的接触疲劳强度。相反，当为负传动时，节点处的 $\alpha'<\alpha$（斜齿轮是 $\alpha'_t<\alpha_t$），可使节点区域系数 Z_H 增大，因而降低了轮齿的接触疲劳强度。

11.7 齿轮的构造、润滑和效率

11.7.1 齿轮的结构设计

齿轮传动的强度计算，只能确定齿轮轮齿各部分的主要参数，如模数、齿数、压力角、螺旋角等，以及齿轮的主要几何尺寸，如分度圆直径、齿顶圆直径、齿宽等。而齿轮的轮缘、轮辐、轮毂等其余部分的结构型式和尺寸则需要通过结构设计来确定。

齿轮的结构设计与齿轮的几何尺寸、毛坯、材料、加工方法、使用要求和经济性等因素有关。进行齿轮的结构设计时，必须综合地考虑上述各个因素。通常，先按齿轮的直径大小，选定合适的结构型式，然后再根据推荐使用的经验数据，进行结构设计。本节主要介绍齿轮结构的类型。

1. 齿轮轴

对于直径很小的齿轮，当圆柱齿轮的齿根圆至键槽底部的距离 $\delta \leq (2 \sim 2.5)m$（$m$ 为齿轮模数），或当锥齿轮小端的齿根圆至键槽底部的距离 $\delta \leq (1.6 \sim 2)m$ 时，如果把轴和齿轮分开制造，则当齿轮受载时，在该处常因强度不够而首先被破坏。为此应将齿轮与轴制成一体，称为齿轮轴，如图 11-12 所示。

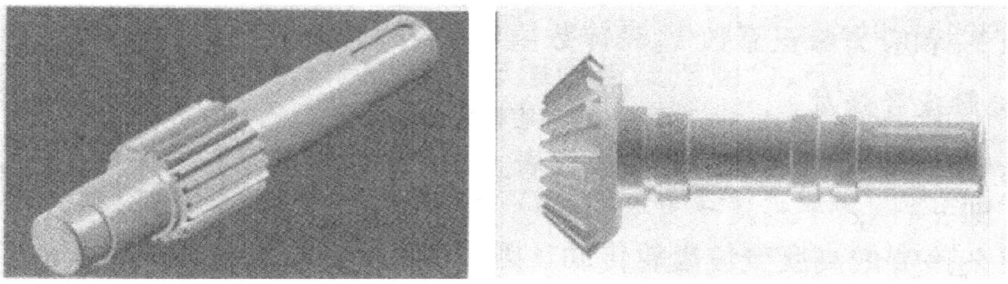

a)　　b)

图 11-12　齿轮轴

a）圆柱齿轮轴　b）锥齿轮轴

齿轮轴的刚度较大，但因为齿轮轴的工艺性差，选材时又难以兼顾齿轮和轴的不同要求，且齿轮损坏时轴与整个齿轮将同时报废，造成浪费，所以当 δ 不满足上述要求时，为了便于制造和装配，应尽量把齿轮与轴分开制造，然后再用键、销等进行连接。

2. 实心式齿轮

当齿顶圆直径 $d_a \leq 200$mm 时，可以做成实心结构的齿轮，常用锻钢制造毛坯，如图 11-13 所示。

实心式齿轮结构应保证最小壁厚处具有足够的强度。圆柱齿轮 $\delta > (2 \sim 2.5)m$；锥齿轮 $\delta > (1.6 \sim 2)m$。对于单件或小批量生产且直径 $d_a \leq 100$mm 的齿轮，其毛坯也可以直接采用轧制圆钢。为简化制造工艺，减小齿轮传动的噪声，对中等尺寸，甚至较大尺寸的齿轮也可采用锻造毛坯的实心式结构，但需要有吨位较大的锻造设备。

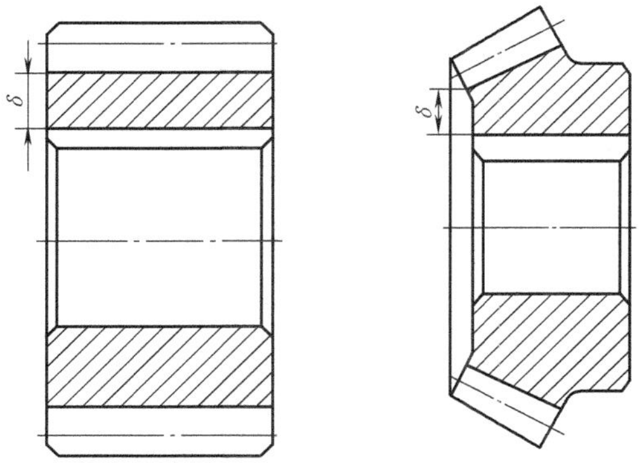

图 11-13　实心式齿轮

3. 腹板式齿轮

当 $200\text{mm} < d_a \leq 500$mm 时，为了减轻重量和节约材料，齿轮可做成腹板式结构，如图 11-14 所示。这种齿轮通常是锻造或铸造的。为了减轻重量、节省材料和便于搬运，在腹板上常制出圆孔。腹板上开孔的数目按结构尺寸大小及需要而定。对于齿顶圆直径 $d_a > 300$mm 的铸造锥齿轮，可做成带加强肋的腹板式。

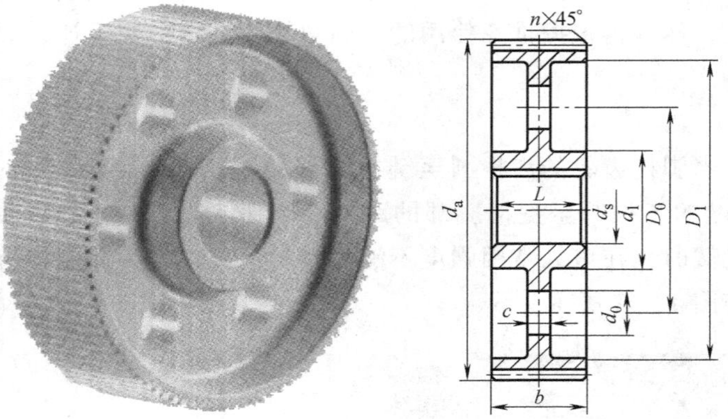

$d_1=1.6d_s$(d_s为轴径)

$D_0=0.5(D_1+d_1)$

$D_1=d_a-(10\sim12)m_n$

$d_0=0.25(D_1-d_1)$

$c=0.3b$

$L=(1.2\sim1.3)d_s\geqslant b$

$n=0.5m$

图 11-14　腹板式圆柱齿轮

大的锥齿轮也可做成腹板式结构。图 11-15a 所示为腹板式锻造锥齿轮；图 11-15b 为带加强肋的腹板式铸造锥齿轮。

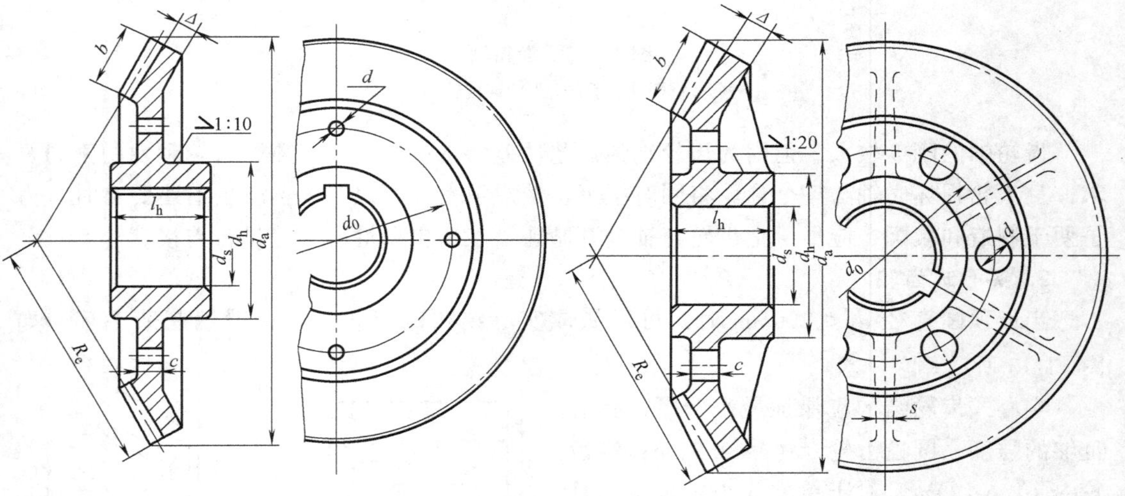

a)　　b)

a) $d_h=1.6d_s$；$l_h=(1.2\sim1.5)d_s$，

$c=(0.2\sim0.3)b$，

$\Delta=(2.5\sim4)m_e$，但不小于10mm，

d_0和d按结构确定

b) $d_h=(1.6\sim1.8)d_s$；$l_h=(1.2\sim1.5)d_s$

$c=(0.2\sim0.3)b$；$s=0.8c$

$\Delta=(2.5\sim4)m_e$，但不小于10mm

d_0和d按结构确定

图 11-15　腹板式锥齿轮

4. 轮辐式齿轮

齿轮的齿顶圆直径 d_a>500mm 时，受锻造设备的限制，通常采用铸造结构，铸造齿轮常做成轮辐式结构。单件或小批生产大型齿轮可采用焊接的轮辐式结构，如图 11-16 所示。这种结构的齿轮常采用铸钢或铸铁制造，齿轮各部分尺寸按相关经验公式确定。

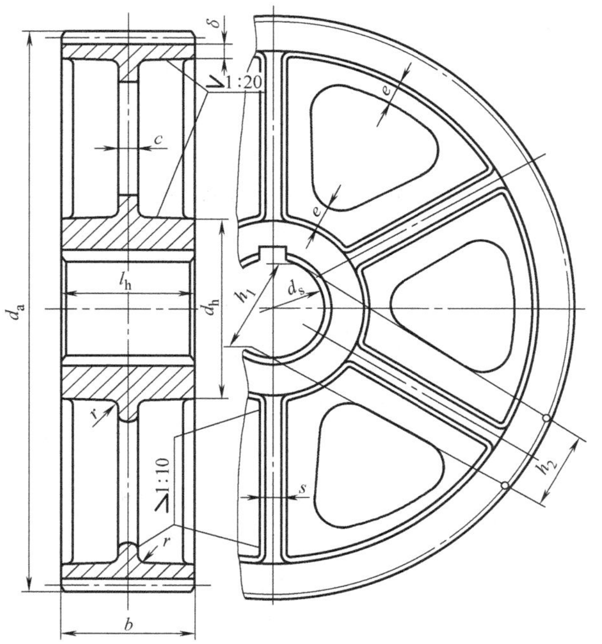

$d_h=1.6d_s$(铸钢), $d_h=1.8d_s$(铸铁)；
$l_h=(1.2\sim1.5)d_s$，并使 $l_h\geq b$；
$c=0.2b$，但不小于10mm；
$\delta=(2.5\sim4)m_n$，但不小于8mm；
$h_1=0.8d_s$；$h_2=0.8h_1$；
$s=0.15h_1$，但不小于10mm；
$e=0.8\delta$

图 11-16　铸造轮辐式圆柱齿轮

11.7.2　齿轮传动的润滑

齿轮传动时，相啮合的齿面间有相对滑动，会发生摩擦和磨损，增加动力消耗，降低传动效率。因此润滑对于齿轮传动十分重要。对高速齿轮传动而言，润滑不仅可以减小齿轮啮合处的摩擦发热、减轻磨损，还可以起到降低噪声、冷却、防锈、改善齿轮的工作状况等作用。轮齿啮合面间加注润滑剂，可以避免金属直接接触，减少摩擦损失，还可以散热及防锈蚀。因此，对齿轮传动进行适当的润滑，可以大大改善齿轮的工作状况，且保持运转正常及保证预期的寿命。

1. 润滑油牌号的选择

润滑油牌号可根据齿面接触应力大小来选择，见表 11-8。

表 11-8　齿轮传动润滑油牌号的选择

齿面接触应力 σ_H/MPa	润滑油牌号	
	闭式传动	开式传动
<500(轻负荷)	L-CKB(抗氧防锈工业齿轮油)	L-CKH
500~1100(中负荷)	L-CKC(中负荷工业齿轮油)	L-CKJ
>1100(重负荷)	L-CKD(重负荷工业齿轮油)	L-CKM

2. 润滑油黏度的选择

（1）开式或半开式齿轮传动 对于开式或半开式齿轮传动，由于其传动速度较低，通常采用人工定期加油润滑的方式。可采用润滑油或润滑脂。开式齿轮传动的润滑油黏度可根据表 11-9 选定。

表 11-9 开式齿轮传动的润滑油黏度选择 （单位：mm^2/s）

给油方法		环境温度/℃		
		-15~17	5~38	22~48
油浴		150~220*	16~22	22~26
涂刷	热	193~257	193~257	386~536
	冷	22~26	32~41	193~257
手刷		150~220*	22~26	32~41

注：带 * 号为 40℃ 黏度。

（2）闭式齿轮传动 闭式齿轮传动的润滑方式主要取决于齿轮的圆周速度。

当其圆周速度 $v \leqslant 12m/s$ 时，采用浸油润滑（图 11-17a）。这样，齿轮传动时将润滑油带到啮合面间，同时将油甩到箱体壁上，借以散热。一般将大齿轮浸入油池约一个齿高，但不应小于 10mm。圆周速度较小（0.5~0.8m/s）时，允许浸入深度大些，但不超过分度圆半径的 1/3。在多级传动中，当 n 个大齿轮的尺寸相差较大时，为减小搅油损失，可采用惰轮蘸油润滑（图 11-17b）。

当 $v>12m/s$ 时，为避免搅油损失过大，常采用喷油润滑（图 11-17c），由油泵或中心给油站以一定的压力给油并经过喷嘴射向齿轮啮合处。当 $v \leqslant 25m/s$ 时，喷嘴位于轮齿啮入边或啮出边均可；当 $v>25m/s$ 时，喷嘴应位于轮齿啮出边，以便借润滑油及时冷却刚啮合过的轮齿，同时对齿轮进行润滑。

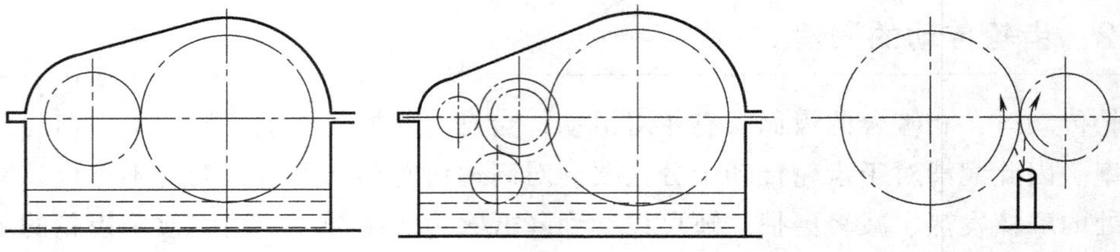

a) b) c)

图 11-17 齿轮传动的润滑

根据闭式齿轮传动低速级齿轮分度圆的线速度，可由表 11-10 确定所选润滑油的黏度。

表 11-10 闭式齿轮传动的润滑油黏度选择

平行轴及锥齿轮传动	环境温度/℃			
低速级齿轮分度圆线速度 v/(m/s)	-40~-10	-10~10	10~35	35~55
	润滑油黏度 v_{40}/(mm^2/s)			
≤5	90~110	135~165	288~352	612~748
>5~15	90~110	90~110	198~242	414~506

（续）

平行轴及锥齿轮传动	环境温度/℃			
低速级齿轮分度圆线速度 v/(m/s)	−40～−10	−10～10	10～35	35～55
	润滑油黏度 v_{40}/(mm²/s)			
>15～25	61.2～74.8	61.2～74.8	135～165	288～352
>25～80	28.8～35.2	41.4～50.6	61.2～74.8	90～110

注：对于锥齿轮传动，表中 v 是指锥齿轮齿宽中点的分度圆线速度。

11.7.3　齿轮传动的效率

效率是表示齿轮传动的动力特性参数之一。齿轮传动的功率损耗主要包括：①啮合中的摩擦损耗；②搅动润滑油的油阻损耗；③轴承中的摩擦损耗。进行有关齿轮的计算时，通常使用的是齿轮传动的平均效率。在齿轮轴上装有滚动轴承并满载运转的情况下，传动的平均效率见表 11-11。

表 11-11　齿轮传动的平均效率

传动装置	6 级或 7 级精度的闭式传动	8 级精度的闭式传动	开式传动
圆柱齿轮	0.98	0.97	0.95
锥齿轮	0.97	0.96	0.93

11.8　蜗杆传动的失效形式、材料和结构

11.8.1　蜗杆传动的失效形式和计算准则

1. 主要失效形式

在前面第 5 章讲过，蜗杆传动的本质就是空间交错轴的斜齿轮传动。因此，蜗杆传动的主要失效形式与齿轮传动相似，有疲劳点蚀、轮齿折断、胶合和磨损等。对蜗杆传动的强度计算，通常也是参照圆柱齿轮轮齿的接触疲劳强度和弯曲疲劳强度进行条件性计算。同时，在选取许用应力时，应适当考虑胶合和磨损因素的影响。

通常蜗杆传动中的蜗杆材料优于蜗轮材料，蜗杆的表面硬度比蜗轮高，所以蜗杆的接触疲劳强度、弯曲疲劳强度等都比蜗轮高，因此失效多发生在蜗轮的轮齿上。设计时一般只需对蜗轮进行承载能力计算。

2. 设计准则

1）闭式蜗杆传动的传动副多因齿面胶合或点蚀而失效。因此，一般先按蜗轮轮齿的齿面接触疲劳强度进行设计，再校核齿根的弯曲疲劳强度。此外，由于散热较为困难，有时还需进行热平衡计算。

2）开式蜗杆传动的主要失效形式是齿面磨损和轮齿折断。因此，应以保证蜗轮齿根弯曲疲劳强度作为开式传动的主要设计准则，用降低许用应力或增大模数的方法，来考虑

磨损的影响，一般不需进行轮齿的齿面接触疲劳强度校核。此外，当蜗杆轴较细且跨度较大时，还应进行蜗杆轴的刚度计算。

11.8.2 蜗杆、蜗轮常用材料

蜗杆和蜗轮材料的合理选择是提高蜗杆传动承载能力和效率的重要途径之一。根据蜗杆传动的失效形式，要求蜗杆、蜗轮的材料不仅要有足够的强度，更重要的是有良好的减摩性、耐磨性和抗胶合能力，且易磨合。此外，两者材料的匹配也很重要。由于蜗杆直径小、齿数少、啮合次数多，为提高传动能力，应选用齿面硬度高、刚性好的材料；而蜗轮直径大、齿数多，主要采用耐磨损、减摩性能好的材料。

1. 蜗杆常用材料

蜗杆一般用合金钢或优质碳素钢制造。高速重载、冲击载荷较大或精度要求较高的蜗杆常用 20Cr、20Mn2B、20CrMnTi、20SiMnVB 等材料，并进行表面渗碳淬硬至 56~63HRC；重载或较重要的蜗杆常用 45 钢、40Cr、35SiMn、38SiMnMo 等经表面淬火至 45~55HRC；对一般用途的蜗杆可用 40 钢或 45 钢，只经调质处理，硬度小于 270HBW；对要求更低的蜗杆，可不经热处理而直接使用。

2. 蜗轮常用材料

通常根据齿面间的相对滑动速度 v_s 来选择蜗轮齿圈的材料，常用的材料有：

（1）锡青铜 如 ZCuSn10Pb1、ZCuSn10Zn2、ZCuSn5Pb5Zn5 等。它们的减摩性和抗胶合性能较好，用于相对滑动速度 $v_s > 6m/s$（允许相对滑动速度可达 25m/s）的重要场合，但价格较高。

（2）铝青铜 如 ZCuAl10Fe3、ZCuAl10Fe3Mn2 等。其强度较高、铸造性能好、耐冲击、价格较低廉，缺点是磨合性及抗胶合性能比前者差，适用于相对滑动速度不高（$v_s \leq 6m/s$）的场合。

（3）灰铸铁 常用 HT150、HT200 等。其各项性能都不如前面两类材料，但价格最低。它适用于相对滑动速度较低（$v_s \leq 2m/s$）、效率要求不高的不重要场合。

11.8.3 蜗杆与蜗轮的结构

1. 蜗杆的结构

蜗杆通常与轴做成一个整体（图 11-18），只有在蜗杆的齿根圆直径与相配轴的直径之比 $\frac{d_{f1}}{d_0} > 1.7$ 或蜗杆与轴采用不同材料时，才采用装配式。蜗杆可用车削和铣削的方法加工，车制蜗杆有退刀槽（图 11-18a），而铣制蜗杆可无退刀槽（图 11-18b），因此铣制的蜗杆刚度比车制的蜗杆刚度要好。图 11-18c 所示为蜗杆的结构尺寸。

2. 蜗轮的结构

蜗轮的结构型式有整体式和组合式两种。整体式适用于铸铁蜗轮或直径小于 100mm 的青铜蜗轮（图 11-19a）。为节省贵重的有色金属，较大直径的蜗轮多采用齿圈为青铜、轮心为铸铁或铸钢的组合结构，具体型式如下：

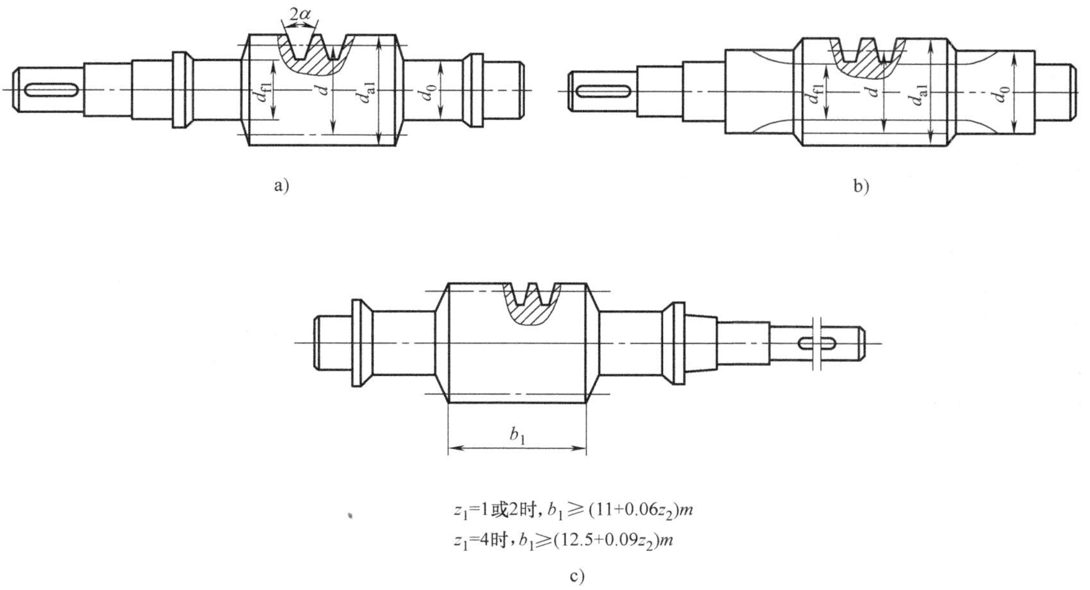

图 11-18　蜗杆的结构

a）车制蜗杆　b）铣制蜗杆　c）蜗杆的结构尺寸

(1) 齿圈压配式（图 11-19b）　齿圈与轮心靠过盈配合连接，常用配合为$\frac{H7}{r6}$或$\frac{H7}{s6}$。为使连接可靠，在配合面上均匀安装几个骑缝螺钉。为了便于钻孔，应将螺孔中心线向材料较硬的一边偏移 2~3mm。这种型式的蜗轮多用于尺寸不大而工作温度较低的场合。

(2) 螺栓连接式（图 11-19c）　对于更大直径的蜗轮（d_{f2}>600mm），多采用铰制孔用螺栓连接。这种连接方式装拆方便，便于轮齿磨损后更换齿圈。

(3) 镶铸式（图 11-19d）　这种结构是直接在铸铁轮心上浇铸青铜齿圈，适用于大批量生产。

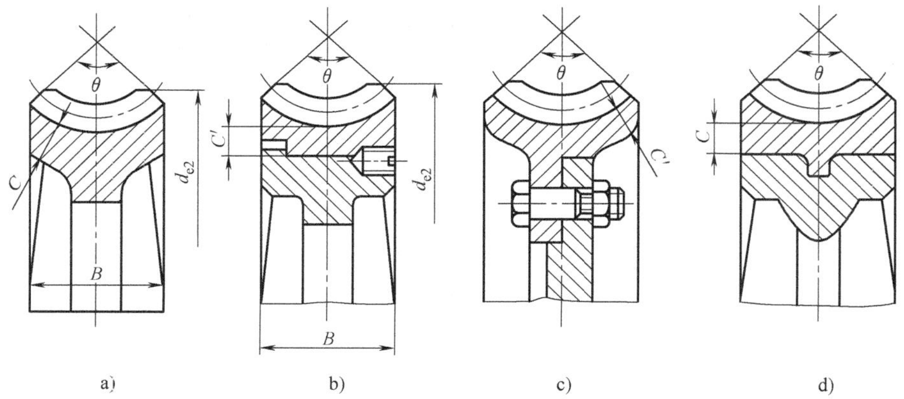

图 11-19　蜗轮的结构

a）整体式　b）齿圈压配式　c）螺栓连接式　d）镶铸式

11.9 圆柱蜗杆传动的受力分析和强度计算

11.9.1 蜗杆传动的受力分析

1. 计算力的大小

蜗杆传动的受力分析和斜齿轮相似。如图 11-20 所示，以右旋蜗杆为主动件，并沿图示方向旋转时，蜗杆螺旋面上的受力情况分析如下。设 F_n 为集中作用于节点处的法向载荷，F_n 可分解为三个相互垂直的分力：圆周力F_t、轴向力F_a 和径向力F_r。当蜗杆轴和蜗轮轴交错成 90°时，蜗杆圆周力F_{t1} 与蜗轮轴向力F_{a2}、蜗杆轴向力F_{a1} 与蜗轮圆周力F_{t2}、蜗杆径向力F_{r1} 与蜗轮径向力F_{r2} 三对互为作用力和反作用力。

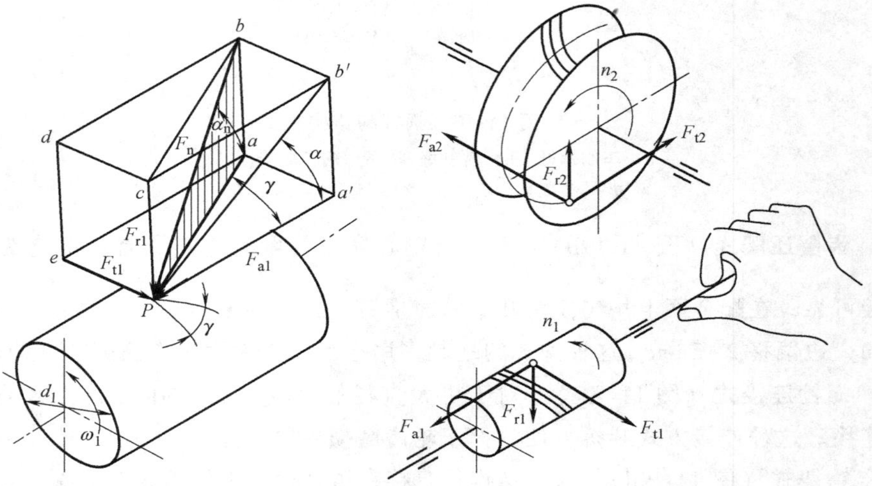

图 11-20 蜗杆传动的受力分析

但应注意，由于蜗杆传动的效率较低，计算蜗杆、蜗轮的圆周力时应分别用转矩 T_1 和 T_2，即

$$F_{t1}=-F_{a2}=\frac{2T_1}{d_1} \tag{11-26}$$

$$F_{a1}=-F_{t2}=\frac{2T_2}{d_2} \tag{11-27}$$

$$F_{r1}=-F_{r2}=F_{t2}\tan\alpha \tag{11-28}$$

$$F_n=\frac{F_{a1}}{\cos\alpha_n\cos\gamma}=\frac{F_{t2}}{\cos\alpha_n\cos\gamma}=\frac{2T_2}{d_2\cos\alpha_n\cos\gamma} \tag{11-29}$$

式中，T_1、T_2 为作用于蜗杆、蜗轮的转矩，单位为 N · mm，$T_2=\eta i_{12}T_1$，这里 η 为蜗杆传动的效率，i_{12} 为传动比。

2. 判断力的方向

1）径向力由啮合点指向各自的轴线。

2）主动件的圆周力方向与其啮合点的线速度方向相反；从动件的圆周力方向与其啮合点的线速度方向相同。

3）对于轴向力，首先判定主动轮轴向力的方向。根据主动件的螺旋线旋向确定采用左手或右手定则，如图 11-20 所示的蜗杆传动，当蜗杆是主动件时，其螺旋线旋向是右旋，因此应用右手定则判定蜗杆的轴向力方向，手自然握拳，竖起拇指，当弯曲的四指与主动件的转向一致时，则拇指的指向就是主动件所受轴向力的方向。从动件所受反向力的方向与主动件所受轴向力的方向相反，也是其旋转方向。

11.9.2　圆柱蜗杆传动的强度计算

1. 蜗轮齿面接触疲劳强度计算

(1) 计算公式　蜗轮齿面接触疲劳强度仍以赫兹公式为基础，其强度校核公式为

$$\sigma_H = Z_E Z_\rho \sqrt{\frac{K_A T_2}{a^3}} \leqslant [\sigma_H] \tag{11-30}$$

设计公式为

$$a \geqslant \sqrt[3]{K_A T_2 \left(\frac{Z_E Z_\rho}{[\sigma_H]}\right)^2} \tag{11-31}$$

式中，a 为中心距，单位为 mm；Z_E 为材料的综合弹性模量，钢与锡青铜配对时取 $Z_E=150\sqrt{\text{MPa}}$，钢与铝青铜或灰铸铁配对时取 $Z_E=160\sqrt{\text{MPa}}$；Z_ρ 为接触系数，用以考虑当量曲率半径的影响，由蜗杆分度圆直径与中心距之比（d_1/a）查图 11-21 确定，一般 $d_1/a=0.3\sim0.5$，取小值时导程角大，因而效率高，但蜗杆刚性较差；K_A 为使用系数，$K_A=1.1\sim1.4$，有冲击载荷、环境温度高（$t>35$℃）、速度较高时，K_A 取大值。

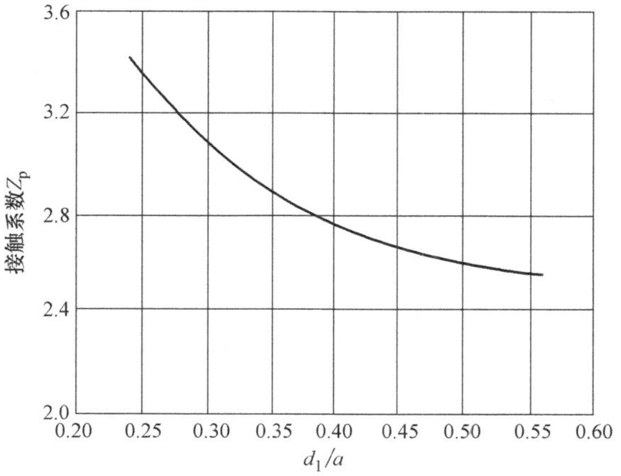

图 11-21　接触系数

(2) 许用接触应力 $[\sigma_H]$　对于锡青铜，可由表 11-12 查取；对于铝青铜及灰铸铁，其主要失效形式是胶合，而胶合与相对速度有关，其值应查表 11-13，上述接触疲劳强度计算可用于限制胶合的产生。

由式（11-30）算出中心距 a 后，可由下列公式粗算出蜗杆分度圆直径 d_1 和模数 m：

$$d_1 = 0.68a^{0.875} \tag{11-32}$$

$$m = \frac{2a-d_1}{z_2} \tag{11-33}$$

再由表 5-8 选定标准模数 m、q 和 d_1 的数值。

表 11-12　锡青铜蜗轮的许用接触应力 $[\sigma_H]$　　（单位：MPa）

蜗轮材料	铸造方法	适用的滑动速度 v_a/(m/s)	蜗杆齿面硬度	
			≤350HBW	>45HRC
ZCuSn10Pb1	砂型 金属型	≤12 ≤25	180 200	200 220
ZCuSn5Pb5Zn5	砂型 金属型	≤10 ≤12	110 135	125 150

表 11-13　铝青铜及灰铸铁蜗轮的许用接触应力 $[\sigma_H]$　　（单位：MPa）

蜗轮材料	蜗杆材料	滑动速度 v_a/(m/s)						
		0.5	1	2	3	4	6	8
ZCuAl10Fe3	淬火钢①	250	230	210	180	160	120	90
HT150、HT200	渗碳钢	130	115	90	—	—	—	—
HT150	调质钢	110	90	70	—	—	—	—

①　蜗杆未经淬火时，需将表中 $[\sigma_H]$ 值降低 20%。

2. 蜗轮齿根弯曲疲劳强度计算（$z_2>80$）

实践表明，蜗轮轮齿的弯曲只有在 $z_2>80$ 的情况下才发生，此时才需校核弯曲疲劳强度。同时，蜗轮的齿形比较复杂，且齿根是曲面，要精确计算蜗轮齿根的弯曲应力很困难。一般参照斜齿圆柱齿轮进行近似计算，其校核公式为

$$\sigma_F=\frac{1.53K_AT_2}{d_1d_2m\cos\gamma}Y_{Fa2}\leqslant[\sigma_F] \tag{11-34}$$

其设计公式为

$$m^2d_1\geqslant\frac{1.53K_AT_2}{z_2[\sigma_F]\cos\gamma}Y_{Fa2} \tag{11-35}$$

式中，γ 为蜗杆导程角，$\gamma=\arctan\dfrac{z_1}{q}$；$[\sigma_F]$ 为蜗轮许用弯曲应力，单位为 MPa，查表 11-14 确定；Y_{Fa2} 为齿形系数，由当量齿数 $z_v=\dfrac{z_1}{\cos^3\gamma}$，查表 11-6 确定。由求得的 m^2d_1 值查表 5-8 可确定主要尺寸。

表 11-14　蜗轮的许用弯曲应力 $[\sigma_F]$　　（单位：MPa）

蜗轮材料	ZCuSn10Pb1		ZCuSn5Pb5Zn5		ZCuAl10Fe3		HT150	HT200
铸造方法	砂型铸造	金属型铸造	砂型铸造	金属型铸造	砂型铸造	金属型铸造	砂型铸造	
单侧工作	50	70	32	40	80	90	40	47
双侧工作	30	40	24	28	63	80	25	30

3. 蜗杆的刚度计算

蜗杆较细长，支承跨距较大，若受力后产生的挠度过大，则会影响正常啮合传动。蜗

杆产生的挠度应小于许用挠度 [Y]。

由切向力 F_{t1} 和径向力 F_{r1} 产生的挠度分别为

$$Y_{t1}=\frac{F_{t1}L^3}{48EI}, Y_{r1}=\frac{F_{r1}L^3}{48EI}$$

合成总挠度为

$$Y=\sqrt{Y_{t1}^{\ 2}+Y_{r1}^{\ 2}}\leqslant[Y] \tag{11-36}$$

式中，E 为蜗杆材料的弹性模量，单位为 MPa，钢蜗杆 $E=2.06\times10^5$MPa；I 为蜗杆危险截面惯性矩，$I=\frac{\pi d_1}{64}$；L 为蜗杆支点跨距，单位为 mm，初步计算时可取 $L=0.9d_2$；[Y] 为许用挠度，单位为 mm，$[Y]=d_1/1000$。

11.10 圆柱蜗杆传动的效率、润滑及其热平衡计算

11.10.1 蜗杆传动的效率

闭式蜗杆传动工作时，功率的损耗有三部分：轮齿啮合损耗、轴承摩擦损耗和箱体内润滑油搅动的损耗。所以闭式蜗杆传动的总效率为

$$\eta=\eta_1\eta_2\eta_3 \tag{11-37}$$

式中，η_1 为考虑轮齿啮合损耗的效率；η_2 为考虑轴承摩擦损耗的效率；η_3 为考虑搅油损耗的效率。

上述三部分效率中，最主要的是轮齿啮合损耗的效率 η_1。当蜗杆为主动件时，η_1 可近似按螺旋副的效率计算，且通常取 $\eta_2\eta_3=0.95\sim0.97$。根据式（10-12）可得

$$\eta=(0.95\sim0.97)\frac{\tan\gamma}{\tan(\gamma+\rho')} \tag{11-38}$$

式中，γ 为蜗杆导程角；ρ'为当量摩擦角，$\rho'=\arctan f'$，其值见表 11-15。

表 11-15　当量摩擦系数 f'和当量摩擦角 ρ'

蜗轮材料	锡青铜				铝青铜	
蜗杆齿面硬度	>45HRC		其他情况		>45HRC	
滑动速度 v_a/(m/s)	f'	ρ'	f'	ρ'	f'	ρ'
0.01	0.11	6.28°	0.12	6.84°	0.18	10.2°
0.10	0.08	4.57°	0.09	5.14°	0.13	7.4°
0.50	0.055	3.15°	0.065	3.72°	0.09	5.14°
1.00	0.045	2.58°	0.055	3.15°	0.07	4°
2.00	0.035	2°	0.045	2.58°	0.055	3.15°
3.00	0.028	1.6°	0.035	2°	0.045	2.58°
4.00	0.024	1.37°	0.031	1.78°	0.04	2.29°
5.00	0.022	1.26°	0.029	1.66°	0.035	2°
8.00	0.018	1.03°	0.026	1.49°	0.03	1.72°

（续）

蜗轮材料	锡青铜				铝青铜	
蜗杆齿面硬度	>45HRC		其他情况		>45HRC	
滑动速度 v_a/(m/s)	f'	ρ'	f'	ρ'	f'	ρ'
10.0	0.016	0.92°	0.024	1.37°		
15.0	0.014	0.8°	0.020	1.15°		
24.0	0.013	0.74°				

注：1. 硬度大于45HRC的蜗杆，其f'、ρ'值是指经过磨削和磨合并有充分润滑的情况。

2. 蜗轮材料为灰铸铁时，可按铝青铜查取f'、ρ'。

由式（11-38）可知，η随ρ'的减小而增大，而ρ'与蜗杆、蜗轮的材料、表面质量、润滑油的种类、啮合角以及齿面相对滑动速度v_s有关，并随v_s的增大而减小。在一定范围内η_1随γ的增大而增大；而根据式（10-1）有蜗杆头数n与导程角成正比。所以动力传动常用多头蜗杆以增大γ，但γ过大时，蜗杆制造困难，效率提高很少，故通常取$\gamma<30°$。在初步计算时，蜗杆的传动效率可近似取表11-16所列数值。

表11-16　蜗杆传动效率η的取值

z_1	η	
	闭式传动	开式传动
1	0.7~0.75	0.6~0.7
2	0.75~0.82	
4	0.87~0.92	

11.10.2　蜗杆传动的润滑

蜗杆传动的润滑是一个重要问题。如果润滑不良，传动效率将显著降低，并且会使轮齿早期发生胶合或磨损。一般蜗杆传动用润滑油的牌号为L-CKE，重载及有冲击时用L-CKE/P。润滑油黏度可按表11-17选取。

表11-17　蜗杆传动润滑油的黏度和润滑方式

滑动速度 v_s/(m/s)	≤1.5	>1.5~3.5	>3.5~10	>10
黏度 ν_{40}/(mm²/s)	>612	414~506	288~352	198~242
润滑方式	$v_s\le5$m/s 油浴润滑		5m/s<$v_s\le$10m/s 油浴润滑或 喷油润滑	v_s>10m/s 喷油润滑

用油浴润滑，常采用蜗杆下置式，由蜗杆带油润滑。但当蜗杆线速度v_1>4m/s时，为减小搅油损失，常将蜗杆置于蜗轮之上，形成上置式传动，由蜗轮带油润滑。

11.10.3　蜗杆传动的热平衡计算

由于蜗杆传动效率低、发热量大，若不及时散热，会引起箱体内油温升高、润滑失效，导致轮齿磨损加剧，甚至出现胶合。因此对连续工作的闭式蜗杆传动要进行热平衡计算。

在闭式传动中，热量通过箱壳散逸。要求箱体内的油温 t（℃）和周围空气温度 t_0（℃）之差不超过允许值，即

$$\Delta t=\frac{1000P_1(1-\eta)}{a_t A}\leqslant[\Delta t] \tag{11-39}$$

式中，Δt 为温度差，$\Delta t=t-t_0$；P_1 为蜗杆传递功率，单位为 kW；η 为传动效率；a_t 为表面传热系数，根据箱体周围通风条件，一般取 $a_t=10\sim17\text{W}/(\text{m}^2\cdot℃)$；$A$ 为散热面积，单位为 m^2，指箱体外壁与空气接触而内壁被油飞溅到的箱壳面积，对于箱体上的散热片，其散热面积按 A 的 50%计算；$[\Delta t]$ 为温差允许值，一般为 60～70℃，并应使油温 $t(=t_0+\Delta t)$ 低于 90℃。

如果超过温差允许值，可采用的冷却措施包括：

1）箱壳外增加散热片。

2）在箱体外蜗杆轴上装风扇（图 11-22a）以提高 a_t 值。

3）在箱体内装蛇形冷却水管（图 11-22b）。

4）采用压力喷油循环润滑（图 11-22c）。

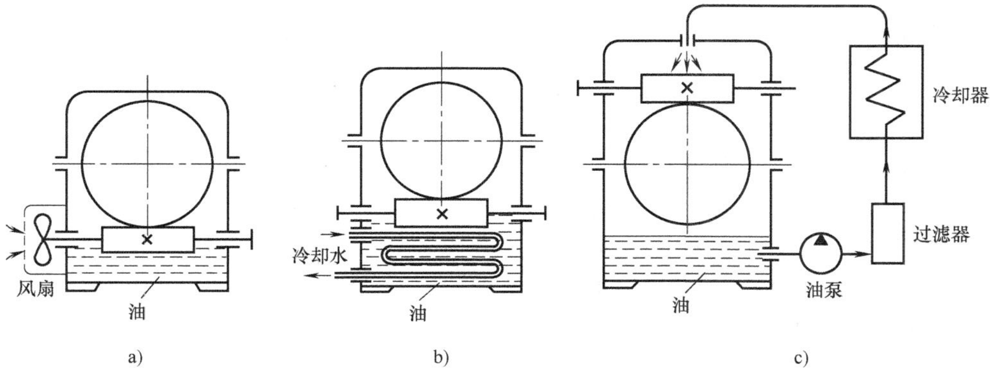

图 11-22　蜗杆传动的散热方法

a）风扇冷却　b）内装蛇形冷却水管冷却　c）循环油冷却

例 11-3　试设计一由电动机驱动的单级圆柱蜗杆减速器中的蜗杆传动。电动机功率 $P_1=11\text{kW}$，转速 $n=1460\text{r/min}$，传动比 $i_{12}=21$，载荷平稳，单向回转。

解　1）选择材料并确定其许用应力。蜗杆用 45 钢，表面淬火，硬度为 45～55HRC；蜗轮用锡青铜 ZCuSn10Pb1，采用砂型铸造。查表 11-12 得蜗轮的许用接触应力，$[\sigma_H]=200\text{MPa}$。

2）选择蜗杆头数 z_1 并估计传动效率 η。由 $i_{12}=21$ 查表 5-7，取 $z_1=2$，则 $z_2=i_{12}z_1=2\times21=42$；由 $z_1=2$ 查表 11-16，估计 $\eta=0.80$。

3）确定蜗轮转矩 T_2。

$$T_2 = T_1 i_{12} = 9.55\times10^6 \frac{P_1\eta}{n_1} i_{12}$$

$$= 9.55\times10^6\times\frac{11\times0.8}{1460}\times21\text{N}\cdot\text{mm}$$

$$= 1208794.52\text{N}\cdot\text{mm}$$

4）确定使用系数 K_A、综合弹性模量 Z_E。取 $K_A=1.2$；取 $Z_E=150\sqrt{\text{MPa}}$（钢配铸造锡青铜）。

5）确定接触系数 Z_ρ。假定 $d_1/a=0.4$，由图 11-21 得 $Z_\rho=2.80$。

6）计算中心距 a，由式（11-30）可得

$$a\geqslant\sqrt[3]{K_A T_2\left(\frac{Z_E Z_\rho}{[\sigma_H]}\right)^2}=\sqrt[3]{1.2\times1208794.52\times\left(\frac{150\times2.80}{200}\right)^2}\text{mm}=185.54\text{mm}$$

7）确定模数 m、蜗轮齿数 z_2、蜗杆直径系数 q、蜗杆导程角 γ、中心距 a 等参数。由式（11-32）得

$$d_1=0.68a^{0.875}=0.68\times185.54^{0.875}\text{mm}=65.67\text{mm} \tag{11-40}$$

由式（11-33）得

$$m=\frac{2a-d_1}{z_2}=\frac{2\times185.54-65.67}{42}\text{mm}=7.27\text{mm}$$

由表 5-8，取 $m=8\text{mm}$，$q=10$，$d_1=80\text{mm}$，$d_2=8\times42\text{mm}=336\text{mm}$，由式（5-39）得

$$a=\frac{1}{2}(d_1+d_2)=\frac{1}{2}(80+336)\text{mm}=208\text{mm}>185.54\text{mm} \tag{11-41}$$

即接触疲劳强度足够。

由式（11-35）得导程角

$$\gamma=\arctan\frac{z_1}{q}=\arctan\frac{2}{10}=11.31°$$

8）弯曲疲劳强度校核。$z_2=42<80$，因此无须校核弯曲疲劳强度。

思考练习题

11-1　试分析齿轮轮齿的主要失效形式及产生的原因。开式、闭式齿轮传动设计准则有何不同？

11-2　选择齿轮材料的原则是什么？常用哪些材料及热处理方法？软、硬齿面齿轮的区分根据是什么？

11-3 进行齿轮强度计算时为什么要引入载荷系数 K？它与哪些因素有关？

11-4 试分析、比较直齿、斜齿圆柱齿轮传动、锥齿轮传动及蜗杆传动的受力情况（要求从力的三要素进行分析、比较）。

11-5 影响齿轮齿面接触疲劳强度和齿根弯曲疲劳强度的因素有哪些？主要原因是什么？是怎样影响的？

11-6 试述齿形系数的物理意义。齿形系数与哪些因素有关？为什么齿形系数与模数无关？同一齿数的直齿圆柱齿轮、斜齿圆柱齿轮及锥齿轮的齿形系数值是否相同？

11-7 齿轮强度计算中的主要参数 z、ψ_d、β 等应如何选择？

11-8 对于双向传动的齿轮来说，它的齿面接触应力和齿根弯曲应力各有什么特征？在进行强度计算时应怎样考虑？

11-9 蜗杆传动有何特点？适用于什么场合？

11-10 与齿轮传动相比，蜗杆传动的失效形式有何特点？蜗杆传动的设计准则是什么？

11-11 为什么蜗杆传动常采用青铜蜗轮而不采用钢制蜗轮？为什么青铜蜗轮常采用组合结构？

11-12 要求自锁的蜗杆传动为什么必须采用单头蜗杆？而传递较大功率时，又必须采用多头蜗杆？

11-13 为什么闭式蜗杆传动要进行热平衡计算？如果温度不符合要求，可以采取哪些措施？

11-14 单级闭式直齿圆柱齿轮传动中，小齿轮的材料为 45 钢，并采用调质处理，大齿轮的材料为 ZG310-570，正火，$P=4\text{kW}$，$n_1=720\text{r/min}$，$m=4\text{mm}$，$z_1=25$，$z_2=73$，$b_1=84\text{mm}$，$b_2=78\text{mm}$，单向转动，载荷有中等冲击，用电动机驱动。试校核此单级齿轮传动的强度。

11-15 已知单级斜齿圆柱齿轮传动中，$P=22\text{kW}$，$n_1=1470\text{r/min}$，双向转动，电动机驱动，载荷平稳，$z_1=21$，$z_2=107$，$m_n=3\text{mm}$，$\beta=16°15'$，$b_1=85\text{mm}$，$b_2=80\text{mm}$，小齿轮材料为 40MnB 并调质处理，大齿轮材料为 35SiMn 并调质处理。试校核此闭式传动的强度。

11-16 某开式直齿锥齿轮传动载荷均匀，用电动机驱动，单向转动，$P=1.9\text{kW}$，$n_1=10\text{r/min}$，$z_1=26$，$z_2=83$，$m=8\text{mm}$，$b=90\text{mm}$，小齿轮材料为 45 钢并调质处理，大齿轮材料为 ZG310-570 并正火，试校核其强度。

11-17 在图 11-23 中，试画出作用在斜齿轮 3 和锥齿轮 2 上的圆周力 F_t、轴向力 F_a、径向力 F_r 的作用点和方向。

11-18 如图 11-24 所示，蜗杆为主动件，$T_1=20\text{N}\cdot\text{m}$，$m=4\text{mm}$，$z_1=2$，$d_1=50\text{mm}$，蜗轮齿数 $z_2=50$，传动的啮合效率 $\eta=0.75$。试确定：①蜗轮的转向；②蜗杆与蜗轮上作用力的大小和方向。

11-19 设计一由电动机驱动的单级圆柱蜗杆减速器。电动机功率为 7kW，转速为 1440r/min，蜗轮轴转速为 80r/min，载荷平稳，单向转动。蜗轮材料选用 ZCuSn10Pb1，采用砂型铸造；蜗杆选用 40Cr，并进行表面淬火。

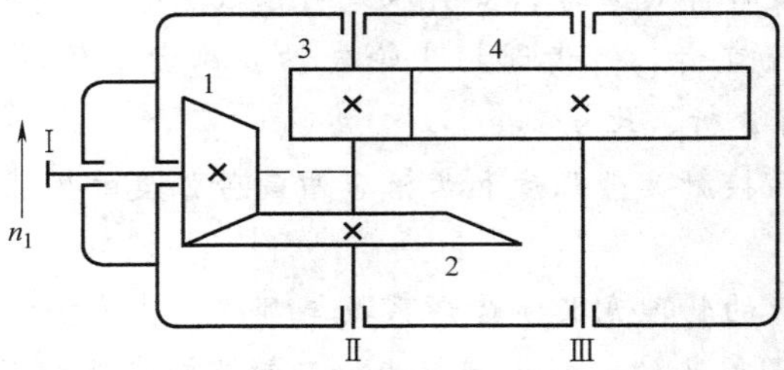

图 11-23　题 11-17 图

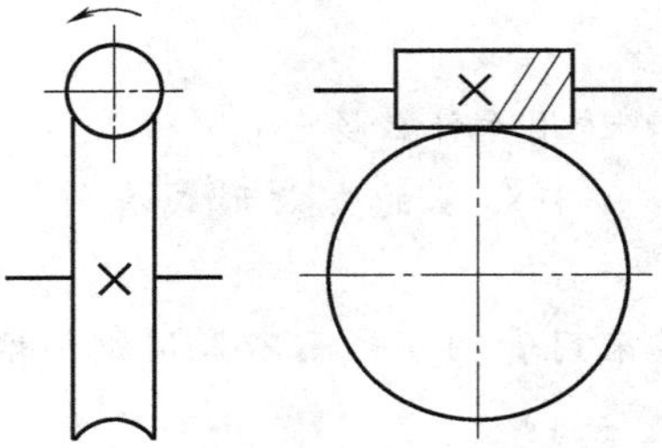

图 11-24　题 11-18 图

第12章 轴的连接与制动

12.1 轴毂连接

12.1.1 键连接

键主要用来实现轴和轴上零件之间的周向固定以传递转矩。有些类型的键还可实现轴上零件的轴向固定或轴向移动。键是标准件，分为平键、半圆键、楔键和切向键等，设计时应根据各类键的结构和应用特点进行选择。

1. 平键连接

平键的上、下两面和两个侧面都互相平行。两侧面是工作面，工作时靠键与键槽侧面的挤压来传递转矩。上表面与轮毂槽底之间留有间隙。这种键定心性较好、连接结构简单、加工容易、装拆方便、对中性好。但它不能承受轴向力，对轴上零件不能起到轴向固定的作用。平键分为普通平键和导向平键两种。

(1) 普通平键 如图 12-1 所示，普通平键的端部形状可制成圆头（A 型）、平头（B 型）或单圆头（C 型）。圆头普通平键的轴槽用指形齿轮铣刀加工，键在槽中固定良好，但轴上键槽端部的应力集中较大；平头普通平键用盘形铣刀加工，轴的应力集中较小；单圆头普通平键常用于轴端与轮毂的连接。普通平键应用最广。

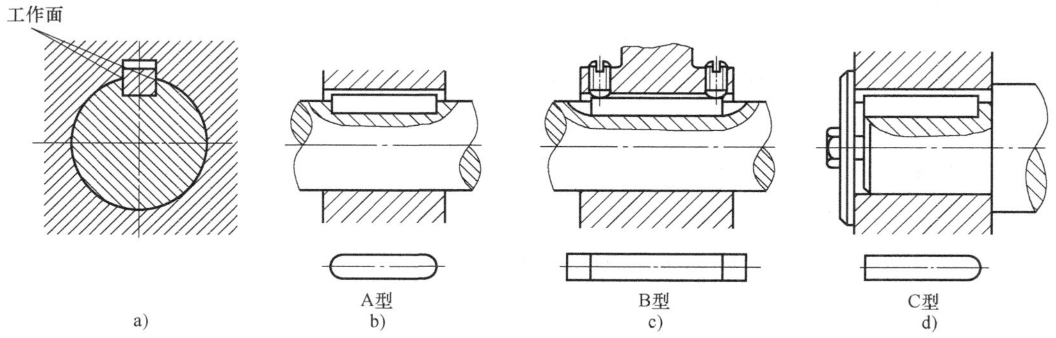

图 12-1 普通平键连接

a）平键的工作面 b）圆头 c）平头 d）单圆头

（2）导向平键 它主要应用于动连接，实现轴上零件的轴向移动。键与其相对滑动的键槽之间的配合为间隙配合。为了使键拆卸方便，在键的中部制有起键螺孔。导向平键又可分为普通导向平键和滑键两种。普通导向平键较长，需用螺钉固定在轴槽，如图 12-2 所示。如汽车变速器的低档和倒档的滑移齿轮就采用了普通导向平键。滑键如图 12-3 所示，固定在轮毂上而随轮毂一同沿着轴上键槽移动。当轴向移动距离较大时，宜采用滑键，这是因为如果用普通导向平键，键将会很长，增加制造的困难。

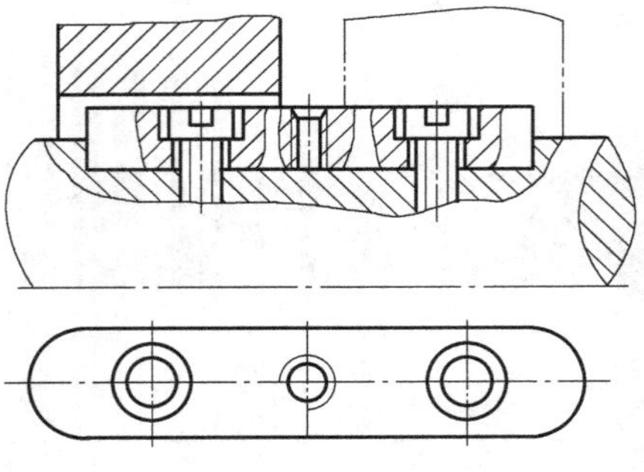

图 12-2 普通导向平键连接

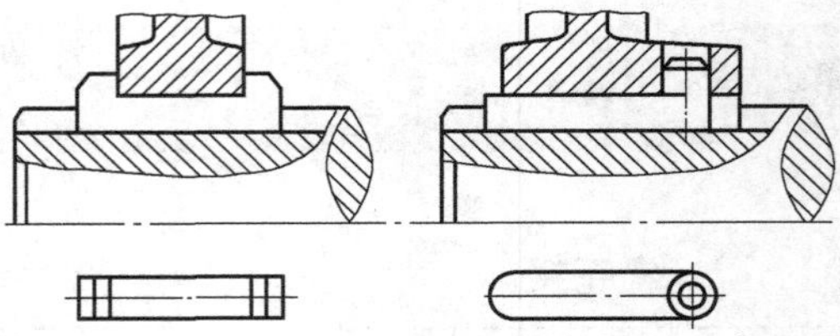

图 12-3 滑键连接

2. 半圆键连接

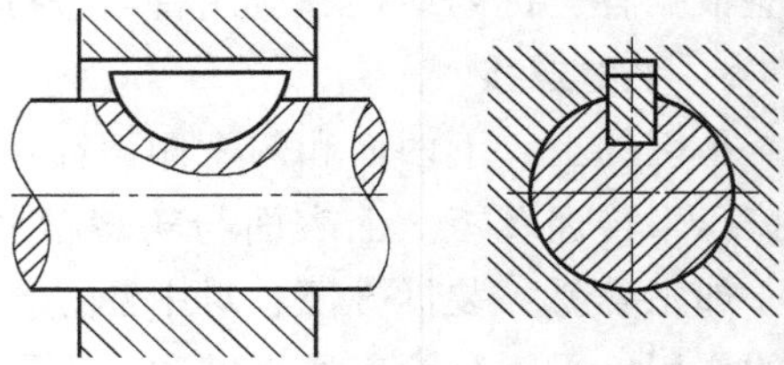

图 12-4 半圆键连接

如图 12-4 所示，半圆键的上表面为一平面，下表面为半圆形弧面，两侧面互相平行。半圆键连接的工作原理与平键连接相同。轴上键槽用与半圆键半径相同的盘形铣刀铣出。因而键在键槽中可绕其几何中心摆动，以适应轮毂键槽底面的倾斜。装配时，半圆键放在轴上半圆形的键槽内，然后推上轮毂。半圆键连接的优点是装拆较方便；其缺点是键槽较深，对轴的刚性削弱较大，所以只适用于轻载连接。若单个半圆键的承载能力不够时，可沿同一母线布置两个。锥形轴端采用半圆键连接在工艺上也较为方便。

3. 楔键连接和切向键连接

（1）楔键连接 图 12-5 所示为楔键连接，楔键的上、下两面为工作面。楔键的上表面和与它相配合的轮毂键槽底面均有 1∶100 的斜度。装配时将楔键打入，使楔键楔紧在轴和轮毂的键槽中，楔键的上、下表面受挤压，工作时靠这个挤压产生的摩擦力传递转矩。楔键连接分为普通楔键（图 12-5a）和钩头楔键（图 12-5b）两种，钩头楔键的钩头是为了便于拆卸而设计的。楔键连接的主要缺点是键楔紧后，轴和轮毂的配合会产生偏心和偏斜，因此，楔键连接一般用于定心精度要求不高和低转速的场合。

（2）切向键连接 如图 12-6 所示，切向键由两个斜度为 1∶100 的普通楔键组成。其上、下两面为工作面，其中一个工作面在通过轴心线的平面内，使工作面上的压力沿轴的切向作用，因而能传递很大的转矩。装配时两个楔键从轮毂两侧打入。一个切向键只能传递单向转矩（图 12-6a）；若要传递双向转矩则须用两个切向键，并使两键互成 120°～

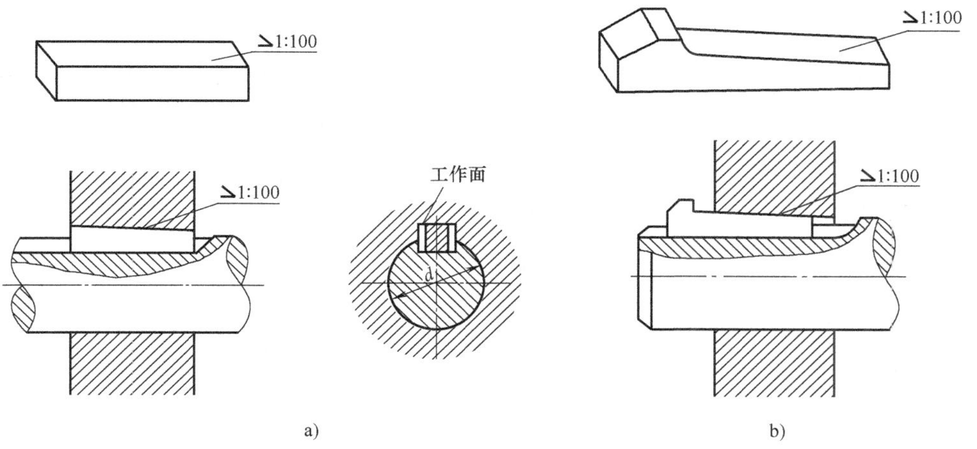

图 12-5　楔键连接

a）普通楔键连接　b）钩头楔键连接

135°（图 12-6b）。切向键主要用于轴径大于 100mm、对中性要求不高而载荷很大的重型机械中。

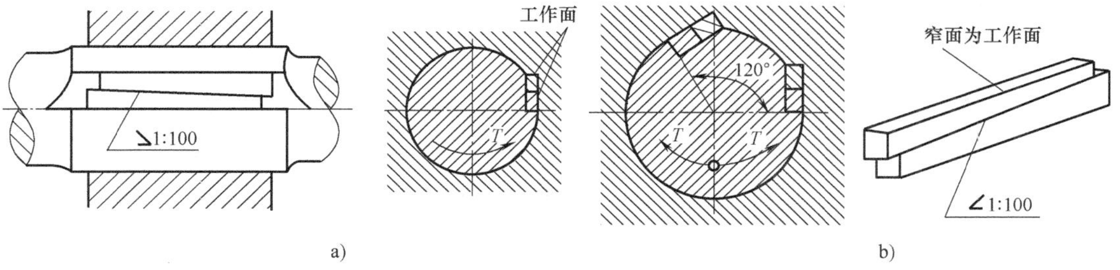

图 12-6　切向键连接

a）单向传递转矩　b）双向传递转矩

4. 平键连接的尺寸选择及强度校核

（1）平键的尺寸和材料　普通平键和键槽的尺寸见本书附录 B。设计键连接时，先根据工作要求选择键的类型，再根据装键处轴径 d 从标准（如附录 B）中查取键的宽度 b 和高度 h，并参照轮毂长度从标准中选取键的长度 L，最后进行键连接的强度校核。

键的材料一般采用抗拉强度不低于 $600N/mm^2$ 的碳素钢。普通平键连接的主要失效形式是工作面的压溃，除非有严重的过载，一般不会出现键的剪断。因此，通常只按工作面上挤压应力进行强度校核计算。导向平键连接的主要失效形式是过度磨损，因此，一般按工作面上的压强进行条件性强度校核计算。

（2）平键的强度校核　如图 12-7a 所示，假定载荷在键的工作面上均匀分布，则普通平键的挤压强度条件为

$$\sigma_p=\frac{2T/d}{lh/2}=\frac{4T}{dhl}\leqslant[\sigma_p] \tag{12-1}$$

对于导向平键连接（动连接），计算依据是磨损，应限制压强。即

$$p=\frac{2T/d}{lh/2}=\frac{4T}{dhl}\leqslant[p] \tag{12-2}$$

式中，T 为转矩，单位为 N · mm；d 为轴径；h 为键的高度；l 为键的工作长度，单位为 mm；$[\sigma_p]$ 为许用挤压应力；$[p]$ 为许用压强，单位为 MPa（表 12-1）。

表 12-1　连接件的许用挤压应力和许用压强　　（单位：MPa）

许用值	轮毂材料	载荷性质		
		静载荷	轻微冲击	冲击
$[\sigma_p]$	钢	125~150	100~120	60~90
	铸铁	70~80	50~60	30~45
$[p]$	钢	50	40	30

注：在键连接的组成零件（轴、键、轮毂）中，轮毂材料较弱。

若键连接的强度不够，可采用两个键，相隔 180°布置（图 12-7b）。考虑到载荷分布的不均匀性，在强度校核中可按 1.5 个键计算。

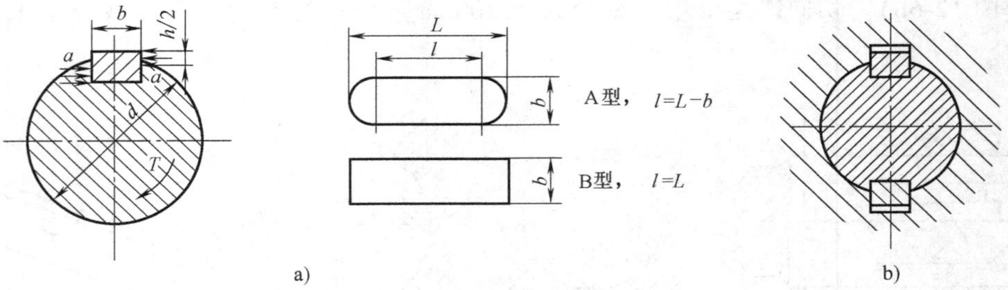

图 12-7　平键的强度校核

a）平键连接受力情况　b）两个平键组成的连接

12.1.2　花键连接

轴和轮毂孔周向均布的多个键齿构成的连接称为花键连接，如图 12-8 所示。齿的侧面是工作面。因为是多齿传递载荷，所以花键连接相比平键连接具有承载能力高、对轴的刚性削弱程度小（齿浅、应力集中小）、定心好和导向性能好等优点。它适用于定心精度要求高、载荷大或经常滑移的连接。

1. 花键连接类型

花键已标准化，按齿形的不同，花键可分为矩形花键连接和渐开线花键连接。

（1）矩形花键连接　如图 12-9a 所示。根据 GB/T 1144—2001，矩形花键的规格用 N、d、D、B 分别表示键数、小径、大径和键宽。按大径不同（即 D 不同），又分轻、中两个系列，以适应不同的载荷情况。轻系列常用于轻载或静连接，中系列多用于载荷较

图 12-8　花键连接

大或动连接。目前，国家标准规定为小径定心，这是因为轴和孔的花键齿定心面均可进行磨削，定心精度高。

（2）渐开线花键连接 渐开线花键的齿廓为渐开线，如图 12-9b 所示。它可以利用制造齿轮的方法来加工，工艺性较好。它的齿根较厚、强度高、寿命长，但加工花键孔的拉刀制造成本较高、尺寸较小时，会受到一定限制。它常用于载荷较大、定心精度要求高及尺寸较大的连接。根据分度圆压力角的不同，渐开线花键连接可分为 30°压力角渐开线花键连接和 45°压力角渐开线花键连接（也称为三角形花键连接）两种。后者齿数多、模数小，多用于轻载和直径小的静连接，特别适用于轴与薄壁零件的连接。

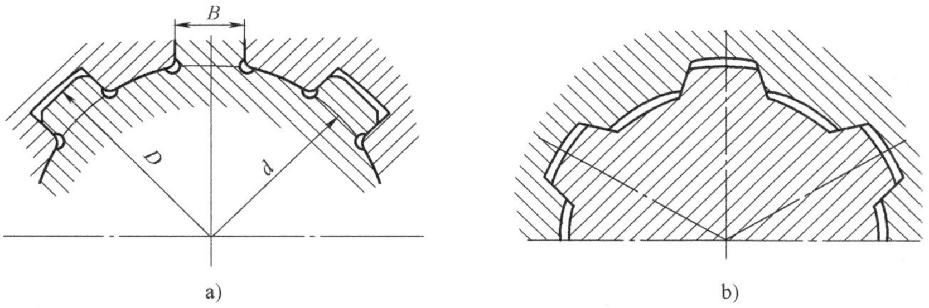

图 12-9 花键连接类型

2. 花键的强度校核

花键连接可以做成静连接，也可以做成动连接，一般只校核挤压强度和耐磨性。以矩形花键为例，由国家标准可查得大径 D、小径 d、键宽 B（单位均为 mm）和键数 N。设各齿压力的合力作用在平均半径 r_m 处，载荷不均匀系数 $K=0.7\sim0.8$，则键连接的强度条件如下：

静连接时的挤压强度
$$\sigma_p=\frac{T}{Kzl'hr_m}\leqslant[\sigma_p] \tag{12-3}$$

动连接时的磨损强度
$$p=\frac{T}{Kzl'hr_m}\leqslant[p] \tag{12-4}$$

式中，l'为齿的接触长度；h 为齿面工作高度，单位为 mm；$[\sigma_p]$ 为许用挤压应力；$[p]$ 为许用压强，单位为 MPa。

对于矩形花键，有
$$h=\frac{D-d}{2}-2C,\quad r_m=\frac{D+d}{4}$$
式中，C 为齿顶的倒圆半径。

花键连接的零件多用强度极限不低于 600MPa 的钢料制造，多数需热处理，特别是在载荷下频繁移动的花键齿，应通过热处理获得足够的硬度以抗磨损。花键连接的许用挤压应力和许用压强可由表 12-2 查取。

表 12-2 花键连接的许用挤压应力 $[\sigma_p]$ 和许用压强 $[p]$ （单位：MPa）

连接工作方式	使用和制造情况	$[\sigma_p]$或$[p]$	
		齿面未经热处理	齿面经过热处理
静连接$[\sigma_p]$	不良	35～50	40～70
	中等	60～100	100～140
	良好	80～120	120～200

（续）

连接工作方式	使用和制造情况	$[\sigma_p]$或$[p]$	
		齿面未经热处理	齿面经过热处理
动连接$[p]$ （不在载荷下移动）	不良 中等 良好	15～20 20～30 25～40	20～35 30～60 40～70
动连接$[p]$ （在载荷下移动）	不良 中等 良好	— — —	3～10 5～15 10～20

注：1. 使用和制造情况不良是指受变载、有双向冲击、振动频率高和振幅大、润滑不好（对动连接）、材料硬度不高和精度不高等。

2. 一般情况下，$[\sigma_p]$ 和 $[p]$ 的较小值用于工作时间长和比较重要的场合。

12.1.3 销连接

1. 销连接的基本型式与作用

销的基本型式有圆柱销和圆锥销。圆柱销（图 12-10a）利用微量过盈配合固定在销孔中，多次装拆会降低定位精度。圆锥销（图 12-10b）有 1∶50 的锥度，可自锁，靠锥面挤压作用固定在销孔中。它的特点是定位精度高，安装也较方便，可多次装拆。

销主要用于定位，即固定零件之间的相对位置，它是组合加工与装配时的主要辅助零件。同时它也可用于轴和毂的连接或其他零件的连接，传递不大的载荷，还可作为安全装置。销的常用材料为 35 钢和 45 钢。

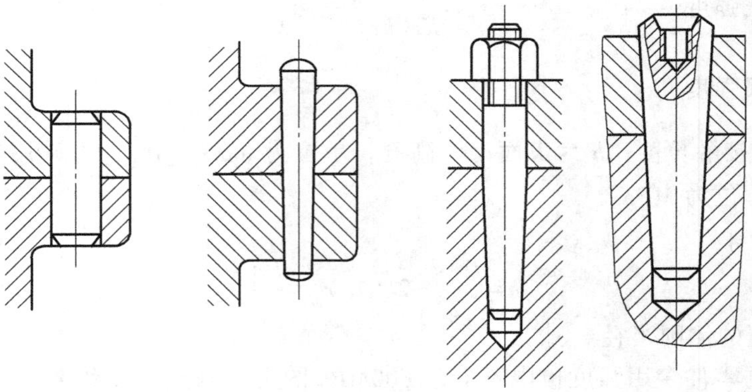

a)　　b)　　c)　　d)

图 12-10　圆柱销和圆锥销

2. 其他型式的销连接

根据不同的需要，销还有如下特殊型式：

1）大端带有内螺纹（图 12-10d）和外螺纹（图 12-10c）的圆锥销，可用于不通孔或拆卸困难的场合。

2）小端带外螺纹的圆锥销（图 12-11b）和开尾圆锥销（图 12-11a），可保证销在冲击、振动或变载下不致松脱。

3）槽销用弹簧钢滚压或模锻而成。槽常有三条，其型式有沿销全长的平行直槽、沿销全长的楔形槽（图 12-12）和一端有短楔槽及中部有短凹槽三种。槽销压入销孔后，它的凹槽即产生收缩变形，借助材料的弹性而固定在销孔中，销孔无须铰光，可多次装拆。槽销多用于传递载荷，对于受振动载荷的连接也很适用。在有些场合，槽销可代替键和螺栓等。

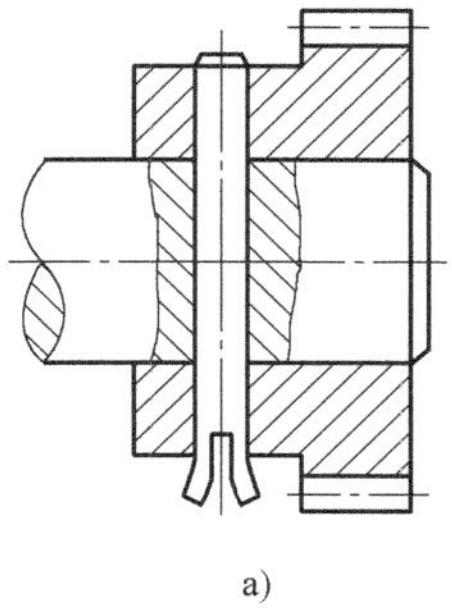

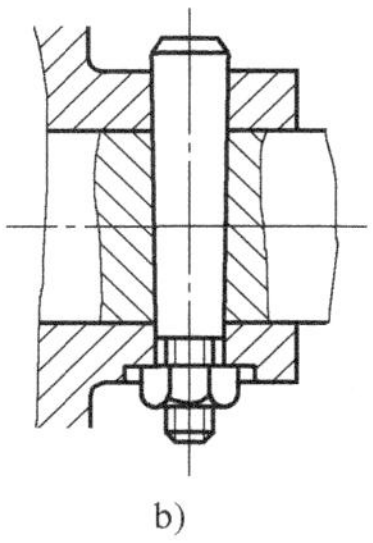

图 12-11　开尾和小端带外螺纹的圆锥销

a）开尾圆锥销　b）小端带外螺纹的圆锥销

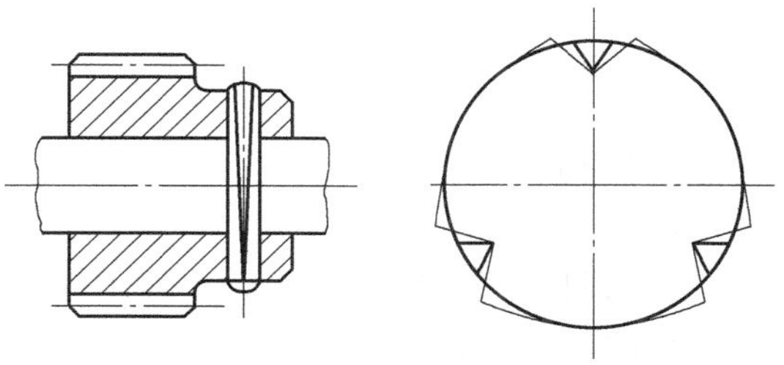

图 12-12　带槽圆柱销

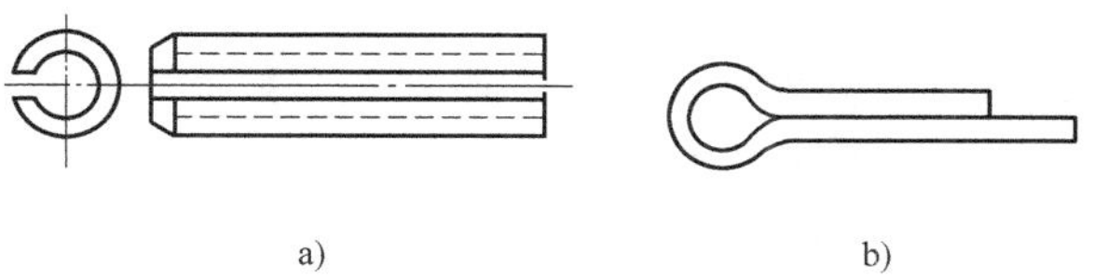

图 12-13　弹性圆柱销和开口销

4）弹性圆柱销和开口销。弹性圆柱销（图 12-13a）是由弹簧钢带卷制的纵向开缝的圆管，借助于弹性，均匀挤紧在销孔中。它对销孔精度要求较低，可多次装拆，用于有冲击振动的场合，但刚性较差，不适用于高精度定位。开口销（图 12-13b）是一种防松零件，用于锁紧其他连接件。

总之，销的类型可根据工作要求选定。用于连接的销，其直径可根据连接的结构特点按经验或规范选定，必要时再进行强度校核，一般按剪切和挤压强度条件计算。定位销通常不受载荷或只受很小的载荷，其直径可按结构确定。销在每一被连接件内的长度为其直径的 1~2 倍。安全销的直径按过载时被剪断的条件确定，为避免安全销在剪断时损坏孔面，可在销孔内增加销套。

12.1.4　过盈连接

1. 过盈连接概述

如图 12-14 所示，过盈连接是利用两个被连接件本身的过盈配合来实现的连接，配合面通常为圆柱面，有时也为圆锥面。装配后，包容件和被包容件的径向变形使配合面间产生很大的压力。工作时，靠压紧力产生的摩擦力来传递载荷。配合面间的摩擦力也称为固持力。过盈连接的承载能力取决于连接的固持力和连接中各零件的强度，即在选择配合时，既要保证连接具有足够的固持力，又要保证零件在装配时不致损坏。

过盈连接的优点是结构简单、定心性好、承载能力高，承受变载荷和冲击的性能好。其缺点是配合面加工精度要求高，拆装困难。

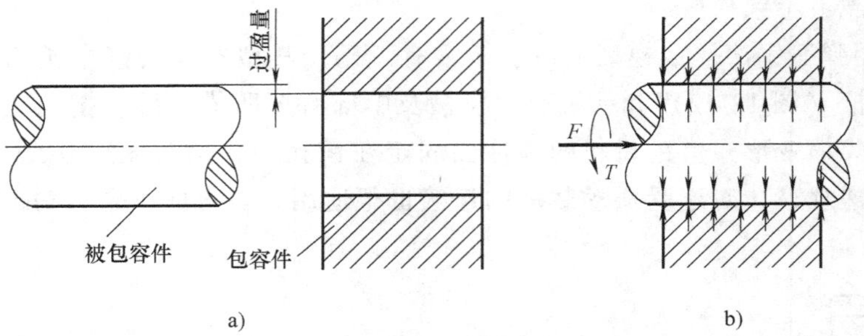

图 12-14　过盈连接

a）装配前　b）装配后

2. 圆柱面过盈连接

圆柱面过盈连接的装配方法有压入法和温差法。

1）过盈量或尺寸较小时，一般用压入法装配。压入法装配是在常温下利用压力机将被包容件直接压入包容件中，因而工艺简单，但在压入过程中配合表面难免要擦伤，降低连接的紧固性。

2）过盈量较大、尺寸较大或对连接质量要求较高时，常用温差法装配。温差法装配是加热包容件或冷却被包容件，也可同时加热包容件和冷却被包容件，安装时形成装配间隙。用温差法装配时，零件表面不会被擦伤，因此连接强度比压入法高，但是工艺较复杂。一般是在油中或电炉中加热，冷却多用液态空气（沸点为-194℃）或固态二氧化碳（又名干冰，沸点为-78.5℃）。

圆柱面过盈连接可做成可拆和不可拆连接。过盈量较小时，一般拆卸容易；过盈量较大时，一般不能拆卸，以免拆卸时配合面被擦伤。如果过盈量较大而又需要拆卸时，多采用液压拆卸，即向配合面间注入高压油（压力可达 200MPa 以上），使包容件的内径胀大，被包容件的外径缩小，从而便于拆开。油孔和油沟可在包容件和（或）被包容件上制出。

3. 圆锥面过盈连接

圆锥面过盈连接是利用包容件与被包容件相对轴向位移和压紧获得过盈配合，其轴向位移和压紧可通过螺纹连接或压注高压油来实现（图 12-15 和图 12-16）。螺母压紧连接常用于轴端。高压油装配不需很大的轴向力，不易擦伤配合面。这种连接多用于承载较大且需多次装拆的场合，尤其适用于大型零件，如轧钢机械、螺旋桨尾轴等。

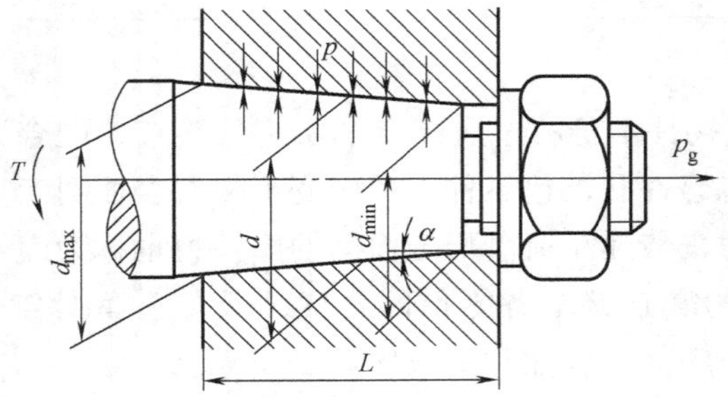

图 12-15　锥形轴连接

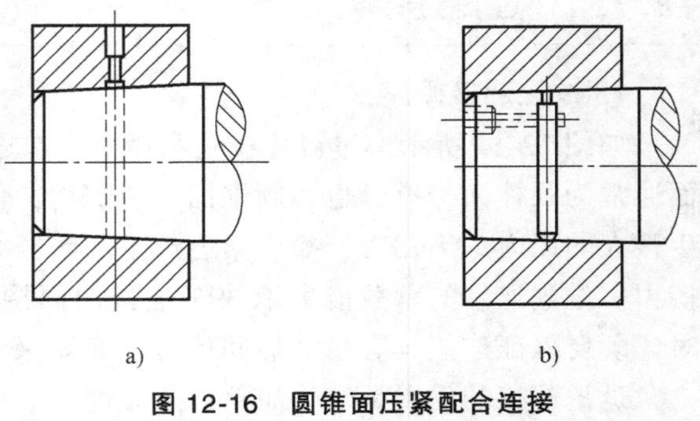

图 12-16　圆锥面压紧配合连接

a）高压油由包容件送入　b）高压油由被包容件送入

使用过盈连接时，为了便于装配，需要采用合理的结构。例如，在包容件的孔端和被包容件的轴端应该制有倒角或有一段间隙配合段等。

12.1.5　成形连接

轮毂与轴沿光滑非圆表面接触而构成的连接称为成形连接（图 12-17），又称为型面连接。成形连接是无键连接的一种形式。轴和毂孔可做成柱形（图 12-17a），也可做成锥形（图 12-17b）。它们均能传递转矩，前者还可用作不带载荷移动的动连接，后者还能承受单方向的轴向力。

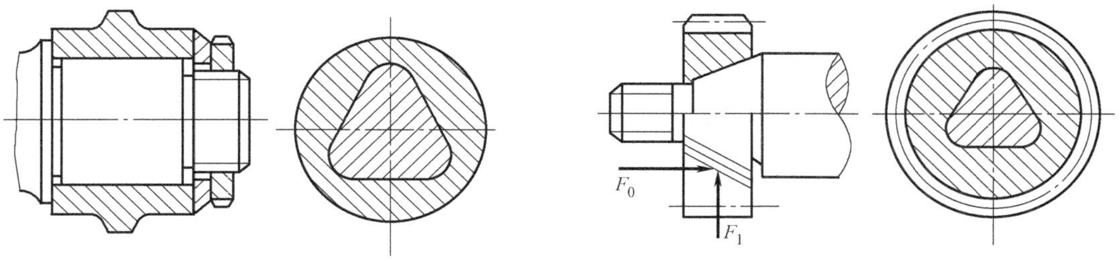

a)　b)

图 12-17　成形连接

a）轴和毂孔是柱形　b）轴和毂孔是锥形

在配合面为柱形的成形连接中，其横截面又有三角形（图 12-18a）、矩形（图 12-18b）和正方形（图 12-18c）等几种，是由非圆截面的轴与相应的轮毂孔构成的可拆连接。成形连接的优点是装拆方便，定心性好，与键连接比较，减少了轴和轮毂截面形状所形成的应力集中源，可传递较大的转矩。但成形连接加工比较复杂，特别是为了保证配合精度，最后工序大多为在专用机床上进行磨削，故目前应用还不广泛。

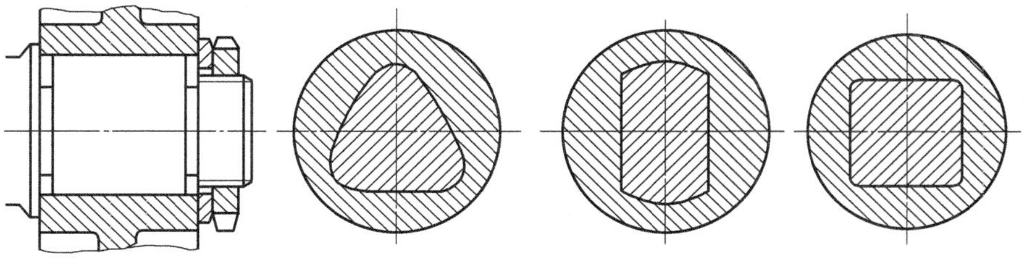

a)　b)　c)

图 12-18　柱形截面的成形连接

12.2　联轴器

联轴器是机械中常用的部件。其主要用在轴与轴之间的连接中，可使两轴同时转动，以传递运动和转矩，也可被用作安全装置。用联轴器连接的两根轴，只有在机器停车后，经过拆卸才能分离。

12.2.1 联轴器的分类

1. 两轴之间的位置误差

由于制造、安装误差或工作时零件的变形等原因，一般无法保证被连接的两轴精确对准。两轴的位置通常会出现各种位移误差，包括轴向位移 x（图 12-19a）、径向位移 y（图 12-19b）、角位移 α（图 12-19c）；或这些位移组合的综合位移（图 12-19d）。如果联轴器不具有补偿这些相对位移的能力，就会产生附加动载荷，甚至引起强烈振动。

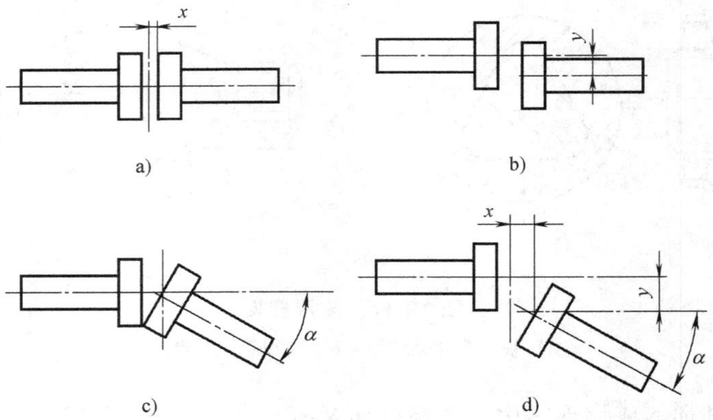

图 12-19 两轴间的各种相对位移误差

2. 联轴器的种类

根据功能和能否补偿位移误差，联轴器分为刚性联轴器、挠性联轴器和安全联轴器三大类。刚性联轴器为不能补偿两轴相对位移的联轴器，挠性联轴器为能补偿两轴相对位移的联轴器，这两种联轴器主要起传递运动和转矩的作用。安全联轴器为具有过载安全保护功能的联轴器。挠性联轴器包括有弹性元件联轴器和无弹性元件联轴器，安全联轴器也相应分为刚性安全联轴器和挠性安全联轴器，见表 12-3。

表 12-3 联轴器的类型

刚性联轴器	凸缘联轴器(图 12-20)、套筒联轴器(图 12-21)、夹壳联轴器等		
挠性联轴器	无弹性元件		滑块联轴器(图 12-22)、齿式联轴器(图 12-23)、万向联轴器、链条联轴器等
	有弹性元件	非金属弹性元件	弹性套柱销联轴器(图 12-24)、弹性柱销联轴器(图 12-25)、轮胎式联轴器(图 12-26)、弹性柱销齿式联轴器等
		金属弹性元件	圆环膜片联轴器(图 12-27)、蛇形弹簧联轴器(图 12-28)
安全联轴器	刚性安全联轴器		棒销剪切式安全联轴器(图 12-29)、摩擦式安全联轴器
	挠性安全联轴器		钢砂式安全联轴器(图 12-30)、蛇形弹簧安全联轴器

12.2.2　刚性联轴器

1. 凸缘联轴器

凸缘联轴器又称为固定式刚性联轴器。如图 12-20 所示，它由两个各具有凸缘和毂的半联轴器所组成。两个半联轴器用平键分别与两轴相连，然后用螺栓把两个半联轴器连成一体。连接可用铰制孔用螺栓或普通螺栓，前者靠螺栓杆受挤压和剪切传递转矩并实现两轴对中（图 12-20a），后者则靠凸缘端面间的摩擦力传递转矩，且常用一个半联轴器端面上的对中榫和另一个半联轴器端面上的凹槽实现对中（图 12-20b）。

制造凸缘联轴器时，应确保半联轴器的凸缘端面与孔的轴线垂直。半联轴器的材料通常为铸铁，当受重载或圆周速度 $v \geq 30\text{m/s}$ 时，可采用铸钢或锻钢。

凸缘联轴器结构简单、使用方便，可传递的转矩较大，但不能缓冲减振，常用于转速低、载荷较平稳且两轴能精确对中的场合。

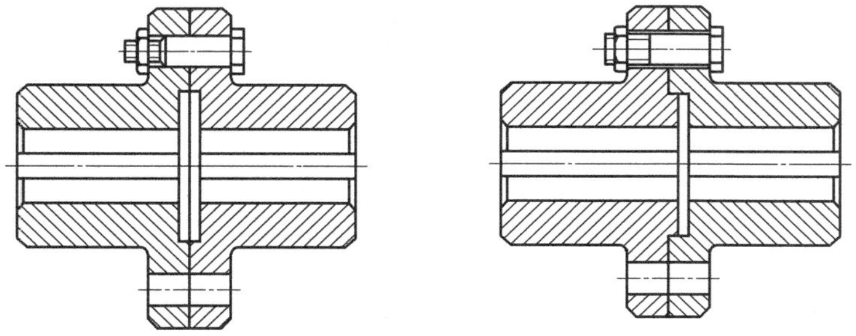

a)　　b)

图 12-20　凸缘联轴器

2. 套筒联轴器

如图 12-21 所示，套筒联轴器是一种最简单的联轴器。它通过公用套筒并采用键（图 12-21a）、销（图 12-21b）或花键等连接零件连接两轴。这种联轴器结构简单、制造方便、径向尺寸小、成本较低。缺点是被连接的两轴必须严格同心，也不能缓冲和吸振，装拆时轴需做轴向移动，有时不太方便。套筒联轴器通常用于传递转矩较小的场合。

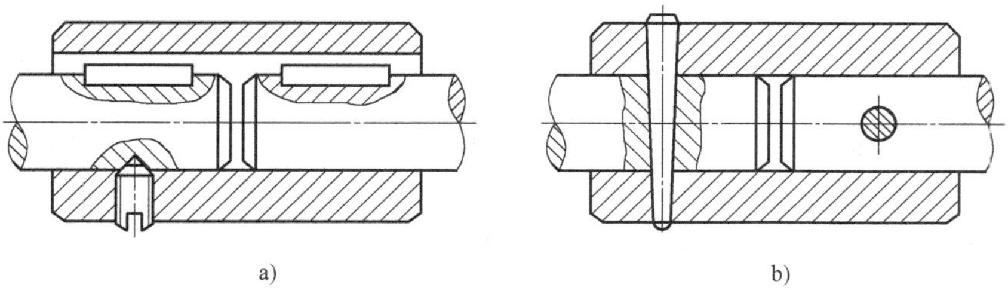

a)　　b)

图 12-21　套筒联轴器

12.2.3　挠性联轴器

1. 无弹性元件挠性联轴器

无弹性元件挠性联轴器由可做相对移动或滑动的刚性传力件组成，利用连接件间的相对可移动性补偿被连接两轴的相对位移。大部分无弹性元件挠性联轴器需在良好的润滑和密封条件下工作，选用时应充分考虑其对轴线位移的补偿范围。这类联轴器不能减振缓冲，不适用于有冲击、振动的轴系传动。

（1）滑块联轴器 如图12-22所示，它由两个端面开有凹槽的联轴器和一个两面带有凸牙的中间圆盘（作为滑块）组成。中间圆盘两面的凸牙互相垂直，分别嵌装在两半联轴器的凹槽中，构成移动副。滑块联轴器结构简单、制造方便，因为十字滑块可在凹槽内滑动，故能补偿安装及运转时两轴间的位移。当转速很高时，由于中间圆盘的偏心将会产生较大的离心力和磨损，给轴和轴承带来附加动载荷，故只适用于转速不高（小于250r/min)、轴的刚度较大以及工作时冲击较小的场合。滑块联轴器允许的径向偏差 $y \leqslant 0.04d$（d 为轴的直径），允许角位移 $\alpha \leqslant 30'$。

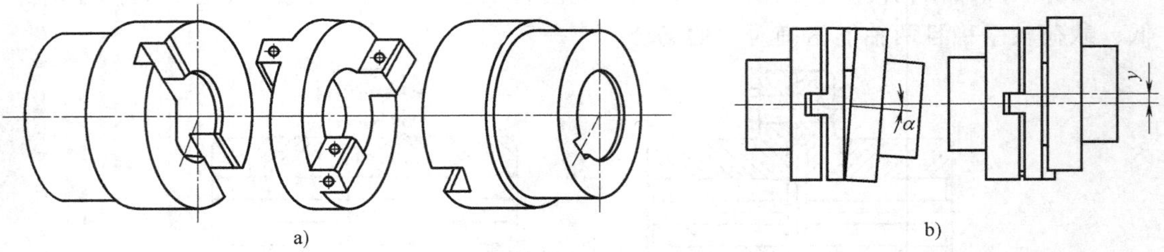

图12-22 滑块联轴器

（2）齿式联轴器 齿式联轴器由两个有内齿的外壳3和两个有外齿的套筒4所组成(图12-23a)。套筒与轴用键相连，两个外壳用螺栓2连成一体，外壳与套筒之间设有密封圈1。内齿轮齿数和外齿轮齿数相等。轮齿通常采用压力角为20°的渐开线齿廓。齿式联轴器工作时靠啮合的轮齿传递转矩。由于轮齿间留有较大的间隙和外齿轮的齿顶制成鼓形（图12-23b)，所以能补偿两轴的轴向、径向位移（图12-23c）和角位移（图12-23d)。为了减小轮齿的磨损和相对移动时的摩擦阻力，在外壳内储存有润滑油。

一般齿式联轴器允许角位移在30′以下，若将外齿轮做成鼓形齿（图12-23b)，则允许角位移可达3°。齿式联轴器的优点是能传递很大的转矩和补偿适量的综合位移，因此

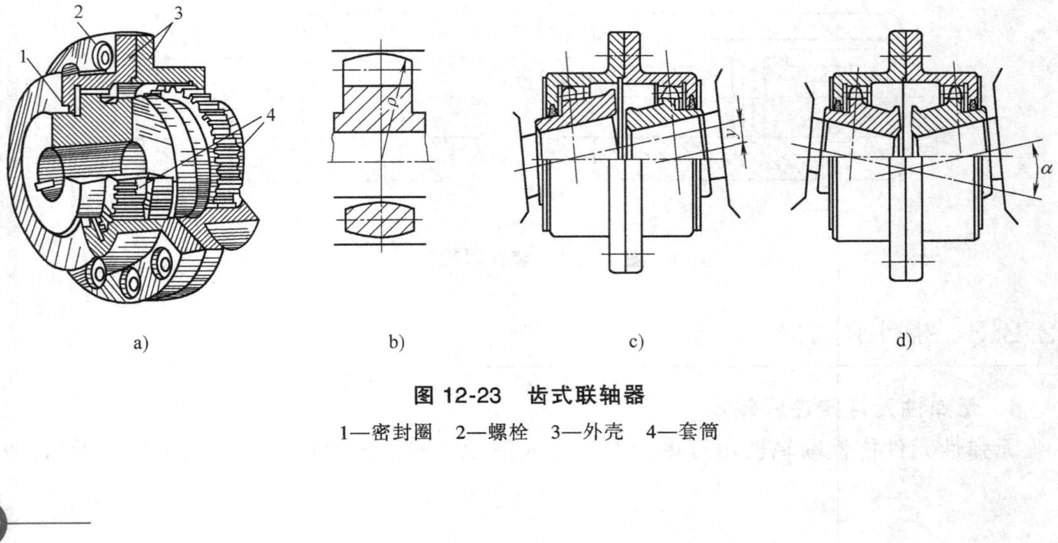

图12-23 齿式联轴器

1—密封圈 2—螺栓 3—外壳 4—套筒

常用于重型机械中。但是，当传递巨大转矩时，齿间的压力也随着增大，使联轴器的灵活性降低，而且其结构笨重、造价较高。

2. 有弹性元件挠性联轴器（弹性联轴器）

有弹性元件挠性联轴器利用非金属弹性元件或金属弹簧的弹性变形，起到补偿两轴相对偏移和减振、缓冲的作用。非金属弹性元件阻尼性能好、无机械摩擦与滑动、不需要润滑，但强度低、易蠕变、耐油和耐热性差。金属弹性元件比非金属弹性元件强度高、传递载荷能力大、使用寿命长，适用于高温工况。

（1）有非金属弹性元件的挠性联轴器

1）弹性套柱销联轴器。如图 12-24 所示，弹性套柱销联轴器结构上与凸缘联轴器相似，只是用带弹性套的柱销代替连接螺栓。弹性套材料为天然橡胶或合成橡胶，这种联轴器的工作温度须在-20～+70℃范围内。

这种联轴器结构简单、安装方便、更换容易、尺寸小、重量轻，但其寿命较短，因此适用于冲击载荷不大、需正反转或由电动机驱动且起动频繁的各种中、小功率传动轴系中。

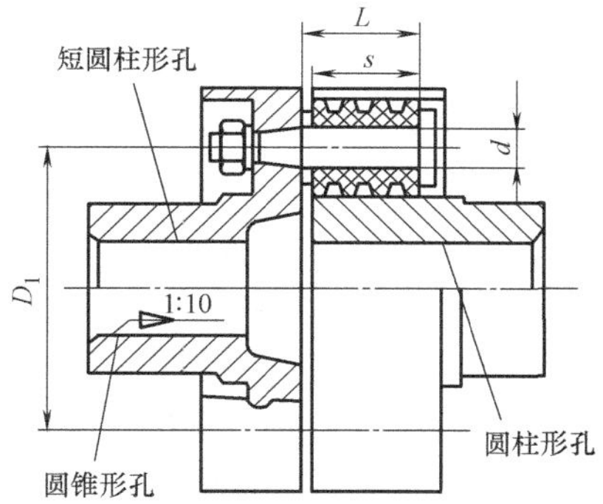

图 12-24　弹性套柱销联轴器

2）弹性柱销联轴器。如图 12-25 所示，弹性柱销联轴器与弹性套柱销联轴器结构相似，只是柱销材料为尼龙。柱销与柱销孔为间隙配合，且柱销富有弹性，因而能够补偿两轴相对位移和缓冲。为了改善柱销与柱销孔的接触条件和补偿性能，柱销的一端制成鼓形，且柱销两端装有挡板，以防止柱销脱落。另外，尼龙柱销对温度较敏感，故这种联轴器工作在-20～+70℃范围内。与弹性套柱销联轴器相比，其结构更为简单，传递转矩能力更高，便于制造、维修，寿命长。这种联轴器适用于连接起动及换向频繁且转矩较大的中、低速轴系。

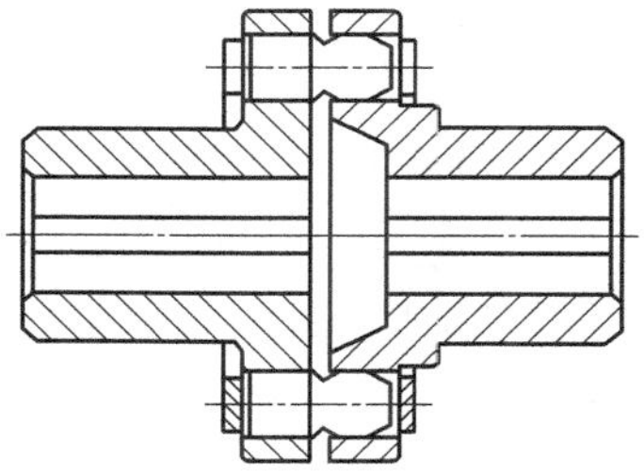

图 12-25　弹性柱销联轴器

3）轮胎式联轴器。如图 12-26 所示，轮胎式联轴器是利用轮胎环弹性元件连接两半联轴器以实现两轴的连接。轮胎式联轴器结构简单，富有弹性，具有良好的消振能力，对两轴偏斜和相对位移的补偿量大，适用于起动频繁、正反转动、冲击大、两轴间有较大相对位移量以及潮湿、多尘的场合。其缺点是径向尺寸大，过载时会因过大扭转变形而产生附加轴向载荷。

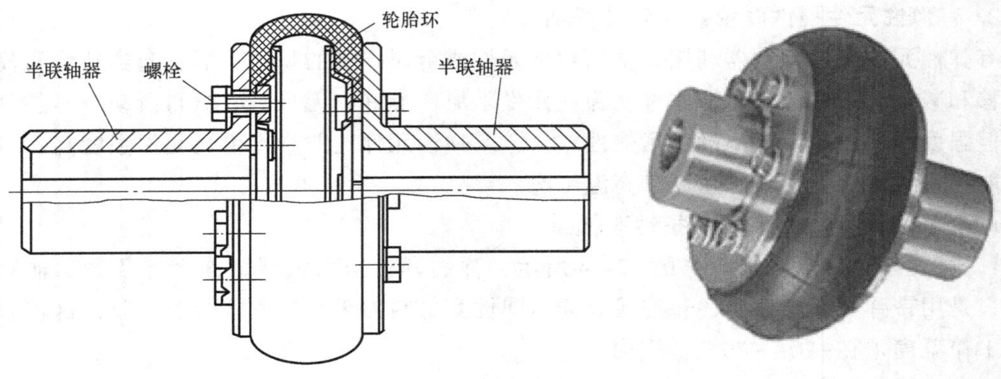

图 12-26　轮胎式联轴器

(2) 有金属弹性元件的挠性联轴器

1）膜片联轴器。图 12-27 所示为圆环膜片联轴器，它是通过两组膜片（圆环形弹簧钢片）用短螺栓与各自的半联轴器相连；两组膜片之间加中间环，用长螺栓相连。长、短螺栓交替布置，以传递转矩，靠膜片的弹性变形来补偿相连两轴的相对位移。每组膜片通常有 12 片，每片厚约 0.4mm。膜片联轴器的挠性和对中性好、结构简单、无须润滑、维护方便，但受弹簧钢片强度限制，其传递功率不大，其用于载荷比较平稳的高速传动。

2）蛇形弹簧联轴器。如图 12-28 所示，蛇形弹簧联轴器是将 6~8 组蛇形弹簧嵌在两半联轴器凸缘上的齿内，以实现两半联轴器的连接。半联轴器上有特定形状的齿，齿与齿之间嵌着矩形截面的蛇形弹簧，为了防止弹簧在离心力作用下被甩出，故用封闭的外壳罩住，里面注入润滑脂，防止齿与弹簧产生干摩擦。联轴器旋转时，通过齿与弹簧的互压，将主动轴的转矩传给从动轴。两半联轴器之间有一定距离，允许有相对位移。

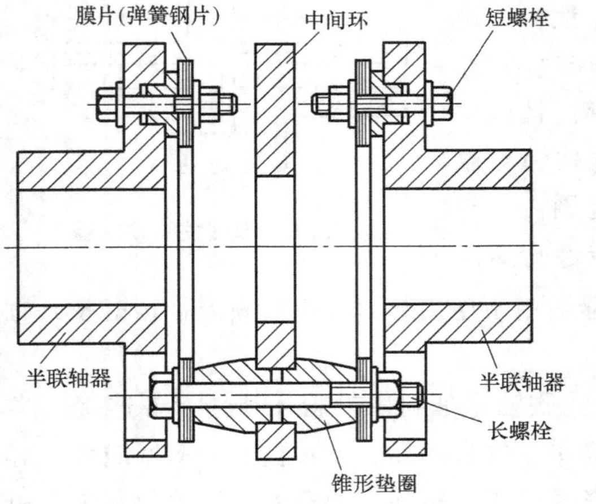

图 12-27　圆环膜片联轴器

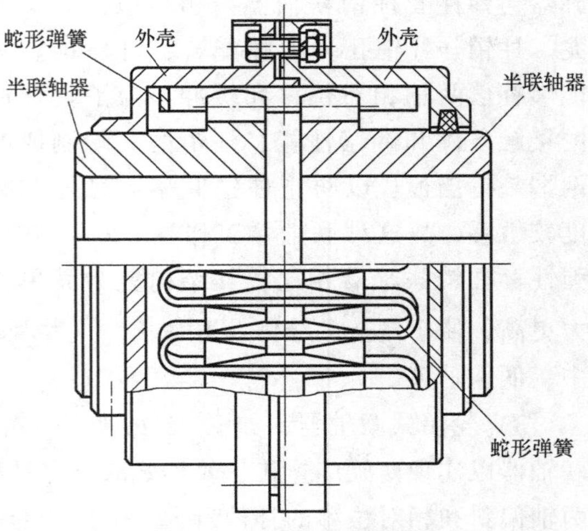

图 12-28　蛇形弹簧联轴器

12.2.4　安全联轴器

安全联轴器的主要特点是当传递的转矩超过限定值时，靠其中连接件折断、分离或打滑使传动中断或限制转矩的传递，以保护传动系统的重要部件不致损坏。在传递转矩未超过限定的安全转矩情况下，其作用与普通联轴器相同。

1. 棒销剪切式安全联轴器

图 12-29 所示为一种棒销剪切式安全联轴器，销钉为轴向布置。为了使销钉剪断后断口的毛刺不致损坏半联轴器的端面，通常在两半联轴器的销孔中设置硬度较高的销套，并在半联轴器的端面上加工出环形凹槽。销钉应在预定剪切处制成 V 形槽，这样可使剪断处的塑性变形减小，以免毛刺过大，给更换销钉带来不便。

棒销剪切式安全联轴器结构简单，但限定的安全转矩准确度不高，销钉经过较长时间运转后会产生疲劳，从而降低剪力值，导致传递转矩降低。销钉被剪断时会产生较大冲击。机器起动时，常常会产生较大转矩，致使销钉剪断，因此推荐将销钉装在低速联轴器上或其他传动件上。棒销剪切式安全联轴器没有自动恢复工作的能力，且更换销钉时必须停机，使用不便。

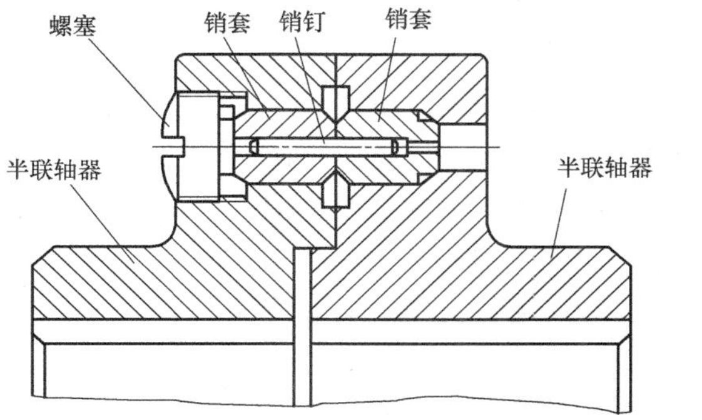

图 12-29　棒销剪切式安全联轴器

2. 钢砂式安全联轴器

图 12-30 所示的钢砂式安全联轴器主要由主动轴套、壳体、钢砂、叶轮、从动转子、法兰、弹性套柱销、半联轴器、滚动轴承、密封圈及其他零件组成。钢砂式安全联轴器的工作过程是：当电动机起动时，通过主动轴套带动壳体旋转，壳体内表面通过摩擦力带动钢砂旋转。同样，钢砂内部的叶轮靠钢砂的摩擦力也跟着旋转，从而带动与从动轴相连接的从动转子旋转。由于从动部分的惯性，刚起动时叶轮转速几乎为零，叶轮与钢砂滑动量最大，壳体与转子的转速差也最大，电动机只要克服摩擦力近似于空载起动。随着电动机转速的增大，钢砂在离心力作用下紧贴壳体的摩擦力矩逐渐增大，叶轮与钢砂滑动量逐渐减小，最后同步，壳体与转子也达到同步运转状态。一般来说，由起动到主、从动轴同步运转，不超过数秒。

钢砂式安全联轴器可以将电动机

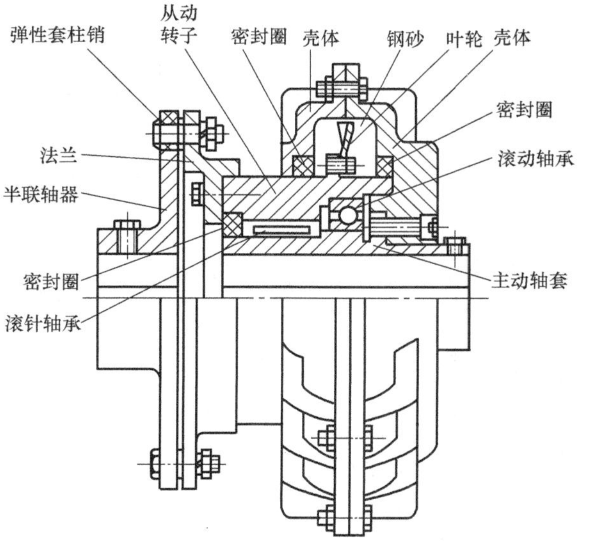

图 12-30　钢砂式安全联轴器

的重载起动转变为近似空载起动，有效地解决了许多机器普遍存在的“大马拉小车”问题，使电动机容量与工作机功率的匹配合理化。它还可以通过改变钢砂填充量来调节传递的转矩，容易实现过载安全保护。当工作机过载或“长死”时，联轴器自动打滑，可防止电动机烧毁或其他重要零件损坏。

12.2.5 联轴器的选用

大部分联轴器都已经标准化，直接选用就行。一般先按照工作条件等选择联轴器的类型，然后再根据转矩、转速和轴的直径从联轴器标准中选择适合的型号。必要时应对联轴器的重要零件进行强度校核。

1. 选择联轴器类型的基本原则

1）对载荷平稳、低速、刚度大，同轴度好、无相对位移的轴选用刚性联轴器。

2）对刚度小、有相对位移的轴宜选用挠性联轴器，以补偿其安装误差。

3）当两轴径向位移大时选用滑块联轴器，而当两轴角位移较大或相交两轴的连接可选用在7.4节介绍过的万向联轴器。

4）对大功率的重载传动可选用齿式联轴器；对高速、有冲击、振动和对中较差的轴应选用弹性联轴器。

5）在满足使用性能的前提下，应选用装拆方便、维护简单、成本低的联轴器。

2. 联轴器型号的确定

由于机器起动时存在惯性力和运转中的过载因素，联轴器的计算转矩 T_c 可按下式确定：

$$T_c = K_A T \tag{12-5}$$

确定联轴器的型号时，应确保

$$T_c < T_n, n < n_P \tag{12-6}$$

式中，T 为名义转矩，单位为 N·m；K_A 为工况系数，见表12-4；T_n 和 n_P 分别为所选型号的公称转矩和许用转速，具体数据可查相关机械手册。

表12-4 工况系数 K_A

工作机		K_A			
		原动机			
分类	工作情况及举例	电动机、汽轮机	四缸和四缸以上内燃机	双缸内燃机	单缸内燃机
Ⅰ	转矩变化很小，如发电机、小型通风机、小型离心泵	1.3	1.5	1.8	2.2
Ⅱ	转矩变化小，如透平压缩机、木工机床、输送机	1.5	1.7	2.0	2.4
Ⅲ	转矩变化中等，如搅拌机、增压泵、有飞轮的压缩机、压力机	1.7	1.9	2.2	2.6
Ⅳ	转矩变化和冲击载荷中等，如织布机、水泥搅拌机、拖拉机	1.9	2.1	2.4	2.8

（续）

工作机		K_A			
		原动机			
分类	工作情况及举例	电动机、汽轮机	四缸和四缸以上内燃机	双缸内燃机	单缸内燃机
Ⅴ	转矩变化和冲击载荷大，如造纸机、挖掘机、起重机、碎石机	2.3	2.5	2.8	3.0
Ⅵ	转矩变化大并有极强烈的冲击载荷，如压延机、无飞轮的活塞泵、重型初轧机	3.1	3.3	3.6	4.0

3. 联轴器的校核

选定联轴器的型号后，必要时还应对轴和键的强度、该型号联轴器允许的最大转速等进行校核，以最后确定联轴器的型号。在使用非金属弹性元件挠性联轴器时，还应注意联轴器所在部位的工作温度，不要超过该弹性元件材料允许的温度。

例 12-1　电动机经减速器带动压力机工作。已知电动机型号为 YB2-180L-6，功率 $P=15\text{kW}$，转速 $n=980\text{r/min}$，电动机轴的直径和减速器输入轴的直径均为 42mm，试选择电动机与减速器之间的联轴器。

解： 1）选择类型。工作条件为转矩变化中等，有中等冲击。为了缓和冲击和减轻振动，选用弹性套柱销联轴器。

2）求计算转矩。

$$T=9550\frac{P}{n}=9550\times\frac{15}{980}\text{N}\cdot\text{m}=146.17\text{N}\cdot\text{m}$$

由表 12-4 查得，工作机为压力机时的工况系数 $K_A=1.7$，根据式（12-5）计算转矩为

$$T_c=K_AT=1.7\times146.17\text{N}\cdot\text{m}=248.49\text{N}\cdot\text{m}$$

3）确定型号。由设计手册选取弹性套柱销联轴器 LT6。它的公称转矩为 250N·m，半联轴器材料为钢时，许用转速为 3800r/min，允许的轴孔直径为 32～42mm。以上数据均能满足本题的要求，故选用的型号合适。

12.3　离合器

离合器主要也是用作轴与轴之间的连接。与联轴器不同的是，用离合器连接的两轴在机器工作中就能方便地分离或接合。离合器大都已标准化，可依据机器工作条件选定合适的类型。

离合器主要分为嵌合式、摩擦式和其他离合器三类。其他离合器包括电磁离合器、安全离合器及单向离合器等。电磁离合器在自动化机械中作为控制转动的元件而被广泛应

用，比如汽车空调压缩机的控制；安全离合器能够在特定的条件（如一定的转矩、转速或回转方向）下自动接合或分离；单向离合器在 7.1.4 小节中已经讲过。本节重点讨论汽车上常用的摩擦式离合器。

12.3.1 嵌合式离合器

现以牙嵌离合器为例来说明嵌合式离合器的结构。图 12-31 所示的牙嵌离合器由两个端面带牙的套筒所组成，其中半离合器 1 紧固在轴上，而另一半离合器 2 可以沿导向平键 3 在另一根轴上移动。利用操纵杆移动滑环 4 可使两个半离合器接合或分离。为避免滑环的过量磨损，可动的半离合器应装在从动轴上。为便于两轴对中，在半离合器 1 中固装有对中环 5，从动轴端则可在对中环中自由转动。

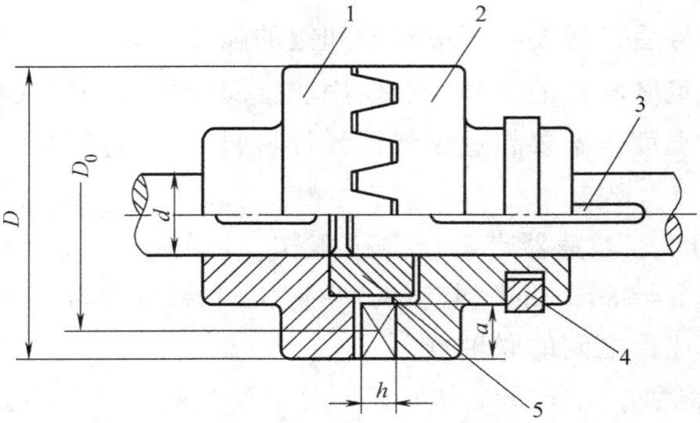

图 12-31　牙嵌离合器

1、2—半离合器　3—导向平键　4—移动滑环　5—对中环

牙嵌离合器牙的形状有三角形、梯形和锯齿形。三角形牙用于传递中、小转矩，牙数为 15~60。梯形牙、锯齿形牙可用于传递较大的转矩，牙数为 3~15。梯形牙可以补偿磨损后的牙侧间隙。锯齿形牙只能单向工作，反转时由于有较大的轴向分力，会迫使离合器自行分离。各牙应精确等分，以使载荷均匀。

12.3.2 摩擦式离合器

与牙嵌离合器相比，摩擦式离合器具有很多优点，比如：在任何不同转速条件下两轴都可以进行接合；过载时摩擦面间将发生打滑，可以防止损坏其他零件；接合较平稳，冲击和振动较小等。因此，摩擦式离合器在汽车上有广泛的应用。

但摩擦式离合器也有缺点，在正常的接合过程中，从动轴转速从零逐渐加速到主动轴的转速，两摩擦面间不可避免地会发生相对滑动。这种相对滑动要消耗一部分能量，并引起摩擦片的磨损和发热。因此，如何散热是摩擦式离合器重点考虑的问题之一。

摩擦式离合器有很多类型，根据摩擦片的数量可分为单片式和多片式两种。轻、中型货车主要使用单片离合器，重型货车主要使用多片离合器。另外，在使用越来越多的自动变速器中，多片离合器也有很大应用。下面主要围绕汽车用圆盘摩擦式离合器来介绍。

1. 单片离合器

图 12-32 所示为单片式膜片弹簧摩擦离合器的结构与组成。其中飞轮装在发动机曲轴

上，该轴是主动轴，从动盘用花键与从动轴相连；飞轮与离合器盖用螺栓固连并一起旋转，而离合器盖又驱动压盘旋转；从动盘位于飞轮和压盘中间，膜片弹簧使压盘和飞轮把从动盘压紧，从而产生摩擦力用以将发动机力矩传递到变速器。若要将离合器分离，则踩离合器踏板，在分离轴承和分离杠杆的作用下，使压盘轴向移动离开从动盘，这时摩擦力消失，动力传递中断。

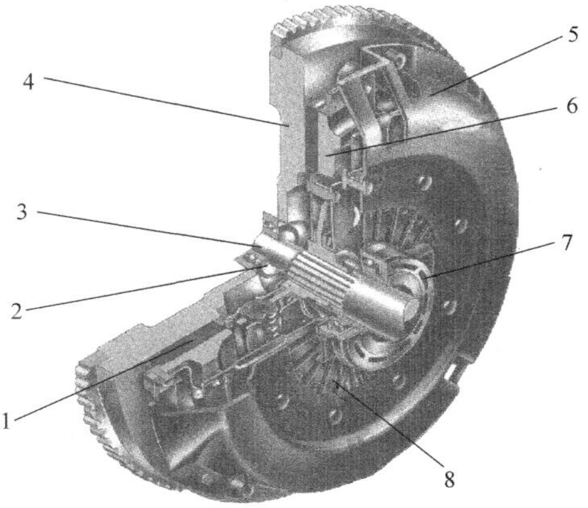

图 12-32　单片式膜片弹簧摩擦离合器

1—从动盘　2—滚珠轴承　3—从动轴　4—飞轮　5—离合器盖　6—压盘　7—分离轴承　8—膜片弹簧

2. 多片离合器

图 12-33a 所示为多片离合器，图中主动轴 1 与外壳 2 固连，从动轴 3 与套筒 4 固连。外壳内装有一组摩擦片 5，如图 12-33b 所示，它的外缘凸齿插入外壳 2 的纵向凹槽内，因而可随外壳 2 一起回转，它的内孔不与任何零件接触。套筒 4 上装有另一组摩擦片 6，如图 12-33c 所示，它的外缘不与任何零件接触，而内孔凸齿与套筒 4 上的纵向凹槽相连接，因而可带动套筒 4 一起回转。这样，就有两组形状不同的摩擦片相间叠合，如图 12-33a 所示。图中位置表示杠杆 8 经压板 9 将摩擦片压紧，离合器处于接合状态。若将滑环 7 向右移动，杠杆 8 逆时针方向摆动，压板 9 松开，离合器即分离。若把图 12-33c 中的摩擦片改用图 12-33d 所示的形状，则分离时摩擦片能自行弹开。另外，圆螺母 10 可用来调整摩擦片间的压紧力。压紧力也可由液压产生。实际上汽车上的摩擦式离合器一般都是靠液压来产生压紧力的。

12.3.3　摩擦式离合器主要参数的计算与选择

1. 摩擦式离合器所能传递的静摩擦力矩 T_c

经过计算，当圆盘摩擦片的内径 d 与外径 D 之比大于或等于 0.6 时，其所能传递的最大摩擦力矩 T_c 为

$$T_c=\frac{\pi}{12}fZp_0D^3(1-c^2) \tag{12-7}$$

式中，f 为摩擦面间的摩擦系数；Z 为摩擦面数，单片离合器为 2，双片离合器为 4；p_0 为摩擦面承受的单位压力，单位为 MPa；D 为摩擦片外径，单位为 mm；c 为摩擦片内、外

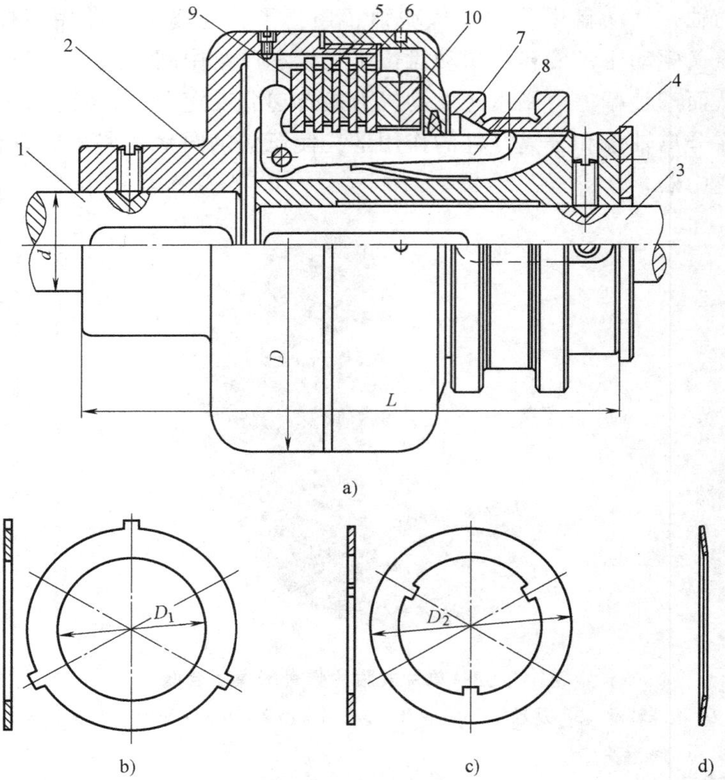

图 12-33 多片离合器

1—主动轴 2—外壳 3—从动轴 4—套筒 5、6—摩擦片 7—滑环 8—杠杆 9—压板 10—圆螺母

径之比，$c=d/D$，一般为 0.53～0.70。

为了保证离合器在任何工况下都能可靠地传递转矩，设计时 T_c 应大于最大工作转矩 T_{max}，即

$$T_c=\beta T_{max} \tag{12-8}$$

式中，β 为离合器的后备系数，定义为离合器所能传递的最大静摩擦力矩与最大工作转矩之比，β 必须大于 1，见表 12-5。

2. 后备系数 β

后备系数 β 是离合器设计中的一个重要参数，它反映了离合器传递最大工作转矩的可靠程度。在选择 β 时，应考虑摩擦片在使用中磨损后离合器仍能可靠地传递最大工作转矩 T_{max}、防止离合器滑磨时间过长、防止传动系统过载以及操纵轻便等因素。

显然，为可靠传递最大工作转矩和防止离合器滑磨时间过长，β 不宜选得太小；为使离合器尺寸不致过大，防止传动系统过载，保证操纵轻便，β 又不宜选得太大。对于汽车离合器而言，当发动机后备功率较大、使用条件较好时，β 可选得小些；当使用条件恶劣、需要拖带挂车时，为提高起步能力，减少离合器滑磨，β 应选得大些；汽车总质量越大，β 也应选得越大；采用柴油机时，由于工作比较粗暴，转矩较不平稳，选取的 β 值应比汽油机大些；发动机缸数越多，转矩波动越小，β 可选得越小；膜片弹簧离合器由于摩擦片磨损后压力保持较稳定，选取的 β 值可比螺旋弹簧离合器小些；双片离合器的 β 值应

大于单片离合器。各类汽车离合器 β 的取值范围见表 12-5。

表 12-5　离合器后备系数 β 的取值范围

车型	后备系数 β
乘用车及最大总质量小于 6t 的商用车	1.20~1.75
最大总质量为 6~14t 的商用车	1.50~2.25
挂车	1.80~4.00

3. 摩擦面单位面积承受的压力 p_0

单位压力 p_0 决定了摩擦表面的耐磨性，对离合器工作性能和使用寿命有很大影响。对于汽车用离合器，选取时应考虑离合器的工作条件、发动机后备系数大小、摩擦片尺寸、材料及其质量和离合器本身的后备系数 β 等因素。对于离合器使用频繁、发动机后备系数较小、装载质量大或经常在条件恶劣的路面上行驶的汽车，p_0 应取小些；当摩擦片外径较大时，为了降低摩擦片外缘处的热负荷，p_0 应取小些；后备系数 β 较大时，可适当增大 p_0。当摩擦片采用不同的材料时，许用单位压力 $[p_0]$ 的取值范围不同，具体见表 12-6。应注意，摩擦面单位面积承受的压力 p_0 不能超过许用单位压力 $[p_0]$。

表 12-6　摩擦片许用单位压力 $[p_0]$ 的取值范围

摩擦片材料		单位压力 p_0/MPa
石棉基材料	模压	0.15~0.25
	编织	0.25~0.35
粉末冶金材料	铜基	0.35~0.50
	铁基	
金属陶瓷材料		0.70~1.50

4. 摩擦片外径 D、内径 d 和厚度 b

摩擦片外径是离合器的重要参数，它对离合器的轮廓尺寸、质量和使用寿命有决定性的影响。对汽车离合器，当离合器的结构型式及摩擦片材料已选定，发动机最大转矩 $T_{\max}$ 已知时，结合式（12-7）和式（12-8），适当选取后备系数 β 和单位压力 p_0，可估算出摩擦片外径，即

$$D=\sqrt[3]{\frac{12\beta T_{\max}}{\pi f Z p_0(1-c^2)}} \tag{12-9}$$

摩擦片外径 D（单位为 mm）也可根据发动机最大转矩 $T_{\max}$（单位为 N·m）按如下经验公式选用：

$$D=K_D\sqrt{T_{\max}} \tag{12-10}$$

式中，K_D 为直径系数，取值范围见表 12-7。

当摩擦片外径 D 确定后，摩擦片内径 d 可根据 d/D 为 0.53~0.70 来确定。在摩擦片外径 D 相同时，选用较小的摩擦片内径 d 虽可增大摩擦面积，提高传递转矩的能力，但会使摩擦面上的压力分布不均匀，使摩擦片内、外缘圆周的相对滑磨速度差别太大而造成摩擦面磨

损不均匀，且不利于散热和扭转减振器的安装。摩擦片尺寸应符合尺寸系列标准 GB/T 5764—2011《汽车用离合器面片》，所选的 D 应使摩擦片最大圆周速度不超过 70m/s，以免摩擦片发生飞离。汽车离合器摩擦片的厚度 b 主要有 3.2mm、3.5mm 和 4.0mm 三种。

表 12-7　直径系数 K_D 的取值范围

车型	直径系数 K_D
乘用车	14.6
最大总质量为 1.8~14.0t 的商用车	16.0~18.5(单片离合器)
	13.5~15.0(双片离合器)
最大总质量大于 14.0t 的商用车	22.5~24.0

5. 摩擦系数 f 和摩擦面数 Z

汽车离合器摩擦片的摩擦系数 f 取决于摩擦片所用的材料及其工作温度、单位压力和滑磨速度等因素。摩擦片的材料主要有石棉基材料、粉末冶金材料和金属陶瓷材料等。石棉基材料的摩擦系数 f 受工作温度、单位压力和滑磨速度的影响较大，而粉末冶金材料和金属陶瓷材料的摩擦系数 f 较大且稳定。各种摩擦材料的摩擦系数 f 的取值范围见表 12-8。摩擦面数 Z 为离合器从动盘数的两倍，取决于离合器所需传递转矩的大小及其结构尺寸。

表 12-8　摩擦材料的摩擦系数 f 的取值范围

摩擦材料		摩擦系数 f
石棉基材料	模压	0.20~0.25
	编织	0.25~0.35
粉末冶金材料	铜基	0.25~0.35
	铁基	0.35~0.50
金属陶瓷材料		0.4

12.3.4　电磁离合器简介

在汽车空调系统中，电磁离合器一般安装在压缩机前端面，成为压缩机总成的一部分。电磁离合器由带轮、电磁线圈、压力板等主要部件组成，如图 12-34 所示。电磁线圈固定在压缩机的外壳上。压力板与压缩机的主轴相连接。带轮通过轴承套在轴上，可以自由转动。

当空调开关接通时，电流通过电磁离合器的电磁线圈，电磁线圈产生电磁吸力，使压缩机的压力板与带轮接合，将发动机的转矩传递给压缩机主轴，使压缩机主轴旋转。当断开空调开关时，电磁线圈的吸力消失。在弹簧作用下，压力板和带轮脱离，压缩机便停止工作。

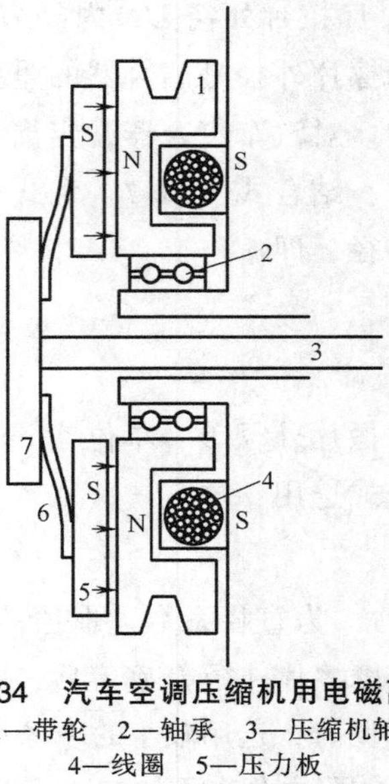

图 12-34　汽车空调压缩机用电磁离合器

1—带轮　2—轴承　3—压缩机轴

4—线圈　5—压力板

6—弹簧片　7—驱动盘

12.4　制动器

12.4.1　制动器的功用与类型

制动器是具有使运动部件（或运动机械）减速、停止或保持停止状态等功能的装置，有时也用作调节和限制机构或机器的运动速度，它是保证机构或机器安全正常工作的重要部件。

制动器的种类很多，其类型见表 12-9。常用的制动器多采用摩擦制动原理，即利用摩擦元件（如制动带、闸瓦、制动块和制动轮等）之间产生摩擦阻力矩来消耗机械运动部件的动能，以达到制动的目的。汽车上的制动器多用鼓式和盘式制动器两种，轿车基本上都用盘式制动器，货车多用鼓式制动器。汽车上的制动器一般还装有制动间隙的调整装置。本节重点介绍汽车用制动器。

表 12-9　制动器的类型

按摩擦方式分类					
	名称	代号	名称		代号
摩擦制动器	鼓式制动器	GS	内张式制动器	楔块式制动器	XK
				凸轮制动器	TL
				推杆制动器	TG
				柱塞制动器	ZS
			领蹄式制动器		LT
			从蹄式制动器		CT
			领从蹄式制动器		LC
			外抱式制动器		WB
			气囊式制动器		QN
	盘式制动器	PS	钳盘式制动器	固定(卡)钳盘式制动器	GQ
				浮动(卡)钳盘式制动器	FQ
			全盘式制动器	单片盘式制动器	SP
				多片盘式制动器	DP
			圆锥制动器		YZ
			块式制动器		KS
			锥盘式制动器		ZP
	带式制动器	DS			
	牙嵌制动器	YQ			
	驻车制动器	ZC	手动驻车制动器		SZ
			电子驻车制动器		DZ
	行车制动器	XC			
	安全制动器	AQ			

按驱动方式分类	
名称	代号
液压制动器	YY
气压制动器	QY
电磁制动器	DC
惯性制动器	GX
重力制动器	ZL
离心制动器	LX
机械制动器	JX
人力制动器	RL
自锁制动器	ZS

按工作介质分类	
名称	代号
干式制动器	GZ
湿式制动器	SS

按原始工作状态分类	
名称	代号
常闭式制动器	CB
常开式制动器	CK

按冷却方式分类	
名称	代号
空气冷却型制动器	KL
水冷却型制动器	SL

（续）

按摩擦方式分类						按受环境要求分类	
名称		代号	名称		代号	名称	代号
非摩擦制动器	电磁涡流式制动器	DW					
	缓速(制动)器	HS				防风型制动器	FF
	碳粉制动器	CF				防爆型制动器	FB
	水涡流制动器	SW					
	磁滞制动器	CZ					

12.4.2 外抱式制动器

1. 制动原理与特点

图 12-35a 所示为外抱式制动器，它借助瓦块与制动轮间的摩擦力来制动。通电时，励磁线圈 1 吸住衔铁 2，再通过一套杠杆使瓦块 5 松开，机器便能自由运转。当需要制动时，则切断电流，励磁线圈释放衔铁 2，依靠弹簧力并通过杠杆使瓦块 5 抱紧制动轮 6。拉杆 3 可在套筒 4 中移动，拉杆右端铰接右瓦块，拉杆上有张紧小弹簧。拉杆主要起调整制动间隙的作用。制动器也可以设计为在通电时起制动作用，但为安全起见，应设计为在断电时起制动作用。

外抱式制动器构造简单可靠、散热好。瓦块有充分和较均匀的退距，调整间隙方便。对于直形制动臂，制动转矩大小与旋转方向无关，制动轮轴不受弯曲作用力，但包角和制

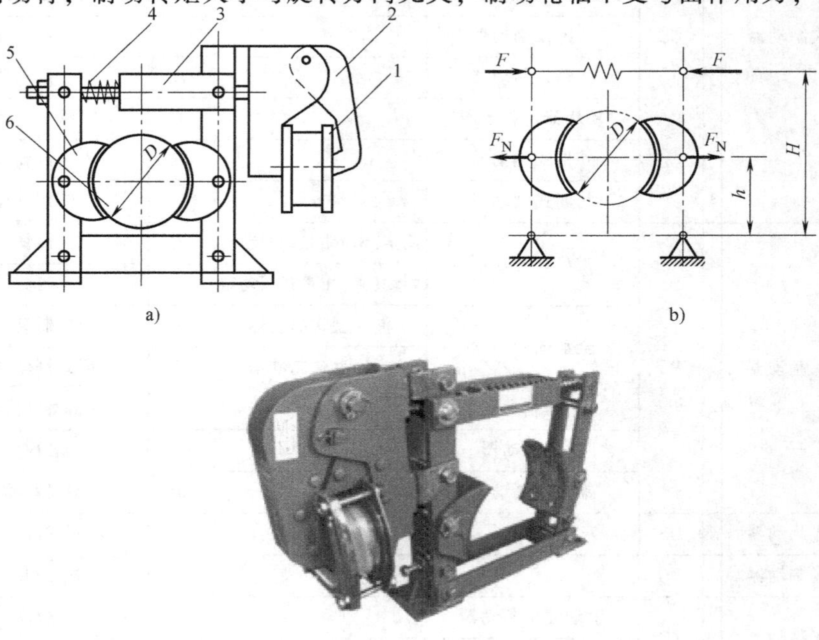

a)　　b)　　c)

图 12-35　外抱式制动器

a）结构图　b）受力分析图　c）实物图

1—励磁线圈　2—衔铁　3—拉杆　4—套筒　5—瓦块　6—制动轮

动转矩小，制造比带式制动器复杂，杠杆系统复杂，外形尺寸大。它应用较广，适于工作频繁及空间较大的场合。

2. 制动力矩的计算

简化的力学计算如图 12-35b 所示，F 为弹簧力，F_N 为瓦块压向制动轮时的反力，i 为弹簧至瓦块部分的杠杆比，即 $i=H/h$，则

$$F_N=0.95F_i \tag{12-11}$$

式中，0.95 是考虑杠杆连接处的摩擦耗损而引入的系数。

制动力矩 T 为

$$T=F_NfD \tag{12-12}$$

式中，D 为制动轮直径，单位为 m；f 为制动轮和瓦块间的摩擦系数。瓦块常用金属（钢、铜）或非金属（碳、玻璃）纤维与铁粉、石墨等材料压制而成。外抱式制动器已规范化，其型号应根据所需的制动力矩在产品目录中选取。

12.4.3　带式制动器

图 12-36 为带式制动器。当杠杆上作用外力 F 后，闸带收紧且抱住制动轮，靠带与轮间的摩擦力达到制动目的。这种制动器结构简单、紧凑，在有些汽车自动变速器上有应用。

计算时，设制动力矩为 T，圆周力为 F_t，制动轮直径为 D。按照挠性体摩擦的欧拉公式，可推导出杠杆上施加的力 F 为

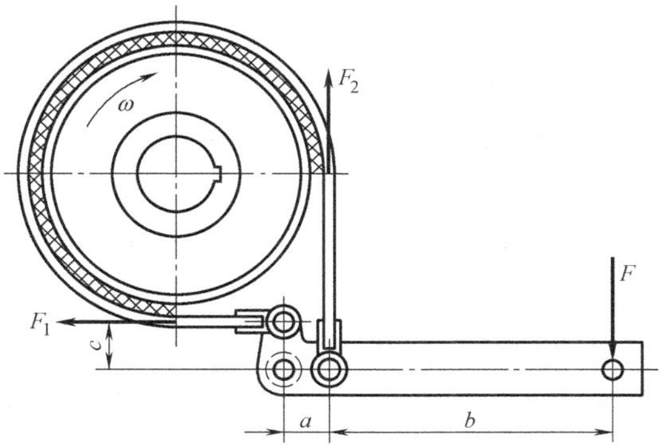

图 12-36　带式制动器

$$F=\frac{2T}{D}\frac{a}{a+b}\frac{e^{f\alpha}+1}{e^{f\alpha}-1} \tag{12-13}$$

式中，f 为摩擦系数；α 为带绕制动轮的包角；a、b 见图示；$e\approx2.718$。此式可用于制动轮的正转和反转。

根据式（12-13），若已知摩擦转矩 T，就可求出在杠杆上所施加的力 F；若已知 F，同样就可求出 T。为了增加摩擦，闸带材料一般采用在钢带上覆以金属陶瓷材料。

12.4.4　鼓式制动器

汽车上使用的鼓式制动器各种各样，这里只介绍它的基本工作原理和主要参数的确定。

1. 鼓式制动器的基本工作原理

图 12-37 所示为车辆轮轴制动系统中的内张式制动器示意图。制动鼓 7 与车轮相连，左、右两制动蹄 5（外表面装有摩擦片）分别通过两支承销 6 与制动底板连接；制动蹄的另外一端与制动液压缸 3 靠弹簧 4 的拉力紧密接触。制动鼓与需制动的驱动半轴连接。在踏板机构作用下，由液压泵 2 产生的液压油进入液压缸 3，推动左、右两个活塞分别向左、右移动，带动两制动蹄 5 张开，压紧在制动鼓的内表面上，实现紧闸制动。油路卸压后，弹簧弹力使两制动蹄与制动鼓分开，制动器松闸。

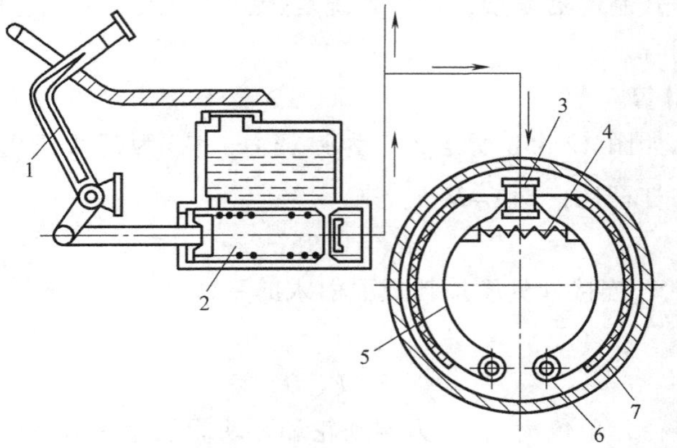

图 12-37　内张式制动器示意图

1—踏板　2—液压泵　3—液压缸　4—弹簧　5—制动蹄　6—支承销　7—制动鼓

内张式制动器结构紧凑，容易密封以保护摩擦面，常用于安装空间受限的场合，如各种车辆的制动。

2. 鼓式制动器主要几何参数的确定

图 12-38 所示鼓式制动器的主要几何参数有制动鼓内径 D、摩擦衬片的宽度 b 和包角 β、摩擦衬片的起始角 β_0 等。下面分别进行讨论。

(1) 制动鼓内径 D　当输入力 F_0 一定时，制动鼓内径越大，制动力矩越大，且散热能力也越强。但 D 的增大受轮辋内径限制。制动鼓与轮辋之间应保持足够的间隙，通常要求该间隙不小于 20mm，否则不仅制动鼓散热条件太差，而且轮辋受热后可能会粘住内胎或烤坏气门嘴。制动鼓应有足够的壁厚，以保证有较大的刚度和热容量，减少制动时的温升。制动鼓的直径越小，刚度就越大，并有利于保证制动鼓的加工精度。制动鼓直径与轮辋直径之比 D/D_r 的范围大致如下：乘用车 $D/D_r=0.64\sim0.74$；商用车 $D/D_r=0.70\sim0.83$。

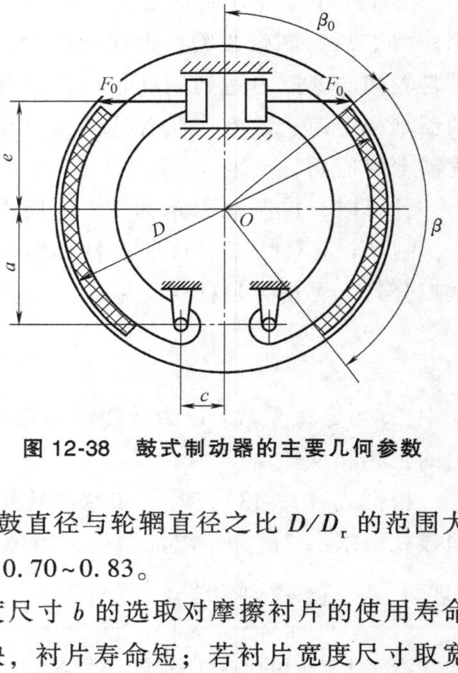

图 12-38　鼓式制动器的主要几何参数

(2) 摩擦衬片宽度 b 和包角 β　摩擦衬片宽度尺寸 b 的选取对摩擦衬片的使用寿命有重要影响。衬片宽度尺寸取窄些，则磨损速度快，衬片寿命短；若衬片宽度尺寸取宽些，则质量大，不易加工，并且增加了成本。制动鼓半径 R 确定后，衬片的摩擦面积为 $A_p=R\beta b$。制动器各蹄衬片总的摩擦面积 $\sum A_p$ 越大，制动时所受单位面积的正压力和能量负荷越小，从而磨损特性越好。根据国外统计资料分析：单个车轮鼓式制动器的衬片摩擦面积随汽车总质量的增大而增大，具体数据见表 12-10。

试验表明，摩擦衬片包角 $\beta=90°\sim100°$时，摩擦衬片磨损最小，制动鼓温度最低，且制动效能最高。β 角减小虽然有利于散热，但单位压力过高将加速磨损。实际上包角两端处的单位压力最小，过分延伸衬片的两端以加大包角，对减小单位压力的作用不大，而且将使制动作用不平顺，容易使制动器发生自锁。因此，包角一般不大于 120°。同时，衬片宽度 b 较大可以减少磨损，但其过大将不易保证与制动鼓全面接触。

表 12-10　衬片摩擦面积

汽车类别	汽车总质量 m_a/t	单个制动器总的衬片摩擦面积 A_p/cm²
乘用车	0.9~1.5	100~200
	1.5~2.5	200~300
商用车	1.0~1.5	120~200
	1.5~2.5	150~250（多为 150~200）
	2.5~3.5	250~400
	3.5~7.0	300~650
	7.0~12.0	550~1000
	12.0~17.0	600~1500（多为 600~1200）

（3）摩擦衬片起始角 β_0　一般将衬片布置在制动蹄的中央，即令 $\beta_0=90°-\beta/2$。有时为了适应单位压力的分布情况，会将衬片相对于最大压力点对称布置，以改善磨损的均匀性和制动效能。

（4）制动器中心到张开力 F_0 作用线的距离 e　在保证轮缸或制动凸轮能够布置于制动鼓内的条件下，应使距离 e（图 12-38）尽可能大，以提高制动效能。初步设计时，可暂定 $e=0.8R$ 左右。

（5）制动蹄支承点位置坐标 a 和 c　应在保证两蹄支承端毛面不致互相干涉的条件下，使 a 尽可能大而 c 尽可能小（图 12-38）。初步设计时，可暂定 $a=0.8R$ 左右。

12.4.5　盘式制动器

汽车用盘式制动器也有多种类型，现主要介绍它的工作原理和主要参数的确定。

1. 盘式制动器的工作原理

图 12-39 所示为固定钳盘式制动器，其制动钳固定在制动盘两侧，且在其两侧均设有加压机构。固定元件是制动钳体 6。制动钳是两股跨夹着制动盘的夹钳形部件，其内部加工出圆筒形的液压缸，其中装有活塞 3。制动块总成包括制动衬块和摩擦衬块。制动时两侧液压缸中的制动衬块 4 在活塞 3 的推动下向制动盘 9 移动，制动衬块带动摩擦衬块挤压制动盘，摩擦衬块与制动盘相互挤压，从而产生制动力矩。

盘式制动器零件分组如图 12-40 所示。

2. 盘式制动器主要参数的确定

盘式制动器的主要参数有制动盘的直径 D 和厚度 h、摩擦衬块的内半径 R_2 和外半径 R_1 以及制动衬块的工作面积 A。下面分别介绍。

（1）制动盘直径 D　制动盘直径应尽可能取大些，这时制动盘的有效半径增加，可减小制动钳的夹紧力，降低制动衬块的单位压力和工作温度。受轮辋直径的限制，制动盘的直径通常选择为轮辋直径的 70%~79%，对于总质量大于 2t 的汽车应取上限。

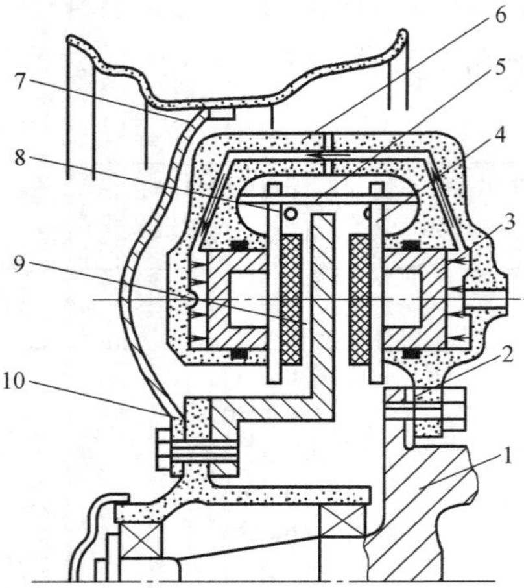

图 12-39　固定钳盘式制动器

1—转向节（或桥壳）　2—调整垫片　3—活塞　4—制动衬块　5—导向支承销　6—制动钳体　7—轮辐　8—回位弹簧　9—制动盘　10—轮毂

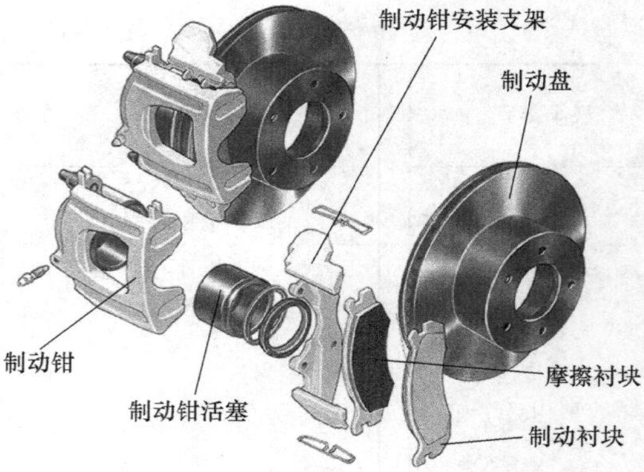

图 12-40　盘式制动器零件分解

（2）制动盘厚度 *h*　制动盘厚度 h 对制动盘质量和工作时的温升有很大影响。为使质量小些，制动盘厚度不宜取得很大；为了减小温升，制动盘厚度又不宜取得过小。制动盘可以做成实心的，或者为了散热通风需要在制动盘中间铸出通风孔道。一般实心制动盘厚度可取为 10~20mm；通风式制动盘厚度取为 20~50mm，采用较多的是 20~30mm。

（3）摩擦块的内半径 R_2 和外半径 R_1　推荐摩擦衬块外半径 R_2 与内半径 R_1 的比值不大于 1.5。若此比值偏大，工作时摩擦块的外缘与内侧圆周速度相差较多，磨损不均匀，接触面积减少，最终将导致制动力矩变化大。

（4）制动衬块的工作面积 *A*

在确定盘式制动器制动衬块的工作面积 A 时，应考虑单位面积制动衬块所承担的汽车质量，推荐在 1.6~3.5kg/cm^2 范围内选用。

思考练习题

12-1　圆头、平头及单圆头平键各有何特点？分别用在什么场合？

12-2　平键连接的失效形式是什么？平键的尺寸如何确定？

12-3　为什么采用两个平键时，一般布置在沿圆周相隔 180°的位置；采用两个楔键时，相隔 120°~135°布置；而采用半圆键时，却布置在同一母线上？

12-4　花键连接与平键连接相比，有哪些优、缺点？花键连接有哪些类型？各有什么特点？适用于什么场合？

12-5　说明过盈连接的工作原理及优、缺点。过盈连接的装配方法有哪几种？各有什么特点？

12-6　按结构不同，销分为哪几种？分别有哪些应用？

12-7　联轴器、离合器和制动器的主要功用分别是什么？联轴器与离合器的根本区别是什么？

12-8　联轴器所连两轴的相对偏移形式有哪些？

12-9　常用联轴器、离合器及制动器各有哪些主要类型？各有何特点？

12-10　离合器应满足哪些基本要求？

12-11　汽车上常用的制动器有哪些型式？

12-12　设计一蜗轮与轴的连接，蜗轮材料为 HT250，轮毂宽度 $B=100$mm，轮毂直径 $d=58$mm，轴的材料为 45 钢，该连接传递的转矩 $T=500$N · m，工作中有轻微冲击。

12-13　如图 12-41 所示，双级圆柱齿轮减速器中间轴与齿轮 2 及齿轮 3 均采用 A 型普通平键连接，平键规格分别为 12mm×8mm×50mm 和 12mm×8mm×80mm。轴与轮毂材料均为钢，装齿轮处的轴径 $d=42$mm，键传递的转矩 $T=357.74$N · m，载荷性质为轻微冲击。试校核键连接的强度。

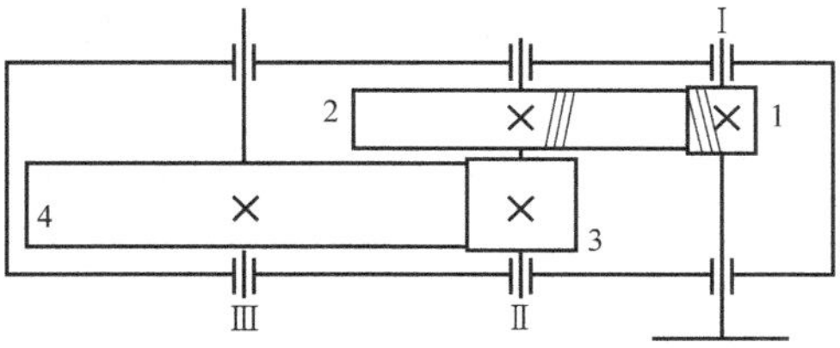

图 12-41　题 12-13 图

12-14　图 12-42 所示的带式输送机由电动机驱动，经联轴器带动双级圆柱齿轮减速器、工作机工作。已知：电动机的型号为 Y160M-4，额定功率 $P_{ed}=11$kW，满载转速 $n_m=1460$r/min，伸出轴的轴径为 42mm，长度为 110mm，减速器主动轴直径为 35mm，长度为 58mm，载荷比较平稳。试选择连接电动机与减速器的联轴器。

12-15　如图 12-43 所示的多片离合器，其中 1 为滑环，2 为杠杆。外摩擦片的内径 $D_1=50$mm，内摩擦片的外径 $D_2=70$mm，摩擦面数 $Z=10$，弹簧压力 $Q=1000$N，摩擦片材料为淬火钢。求打滑力矩 T_{max} 并校核压强。

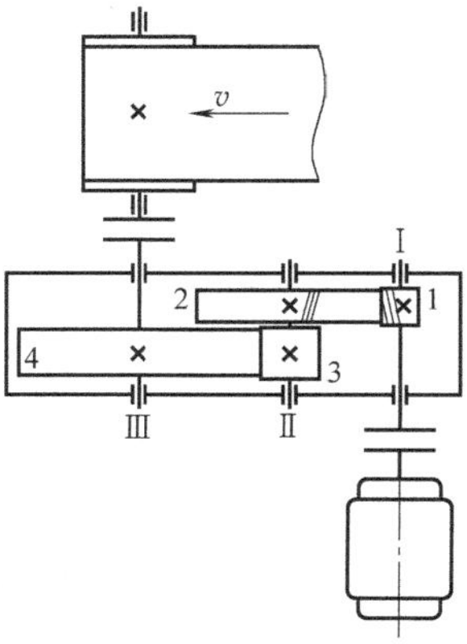

图 12-42　题 12-14 图

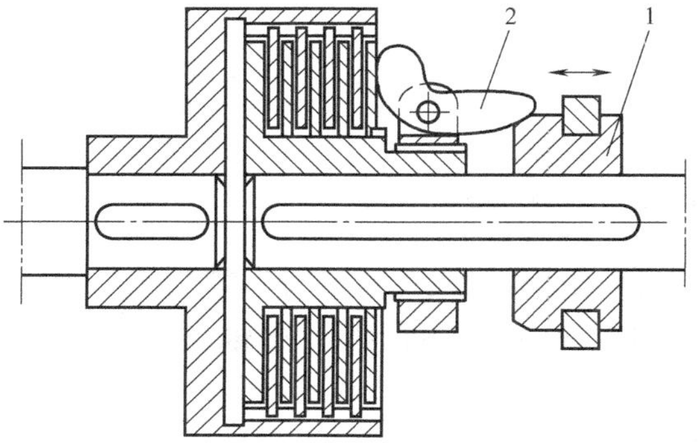

图 12-43　题 12-15 图

第13章 挠性传动

前面介绍过的齿轮传动、凸轮传动和蜗杆传动都属于刚性传动，本章介绍挠性传动。挠性传动也是一种常见的机械传动，通常由两个或多个传动轮和中间环形挠性件组成，通过挠性元件在传动轮之间传递运动和动力。

挠性传动主要有带传动和链传动两类。带传动和链传动都是通过中间挠性件（带或链）传递运动和动力的，其传动轮分别为带轮和链轮，挠性件分别为传动带和传动链，适用于两轴中心距较大的场合。与应用广泛的齿轮传动相比，它们具有结构简单、成本低廉等优点。

13.1 带传动概述

如图 13-1 所示，带传动一般由主动轮、从动轮、紧套在两轮上的传动带及机架组成。当原动机驱动主动轮转动时，由于带与带轮之间相互的作用，传动带驱动从动轮一起转动，从而实现运动和动力的传递。

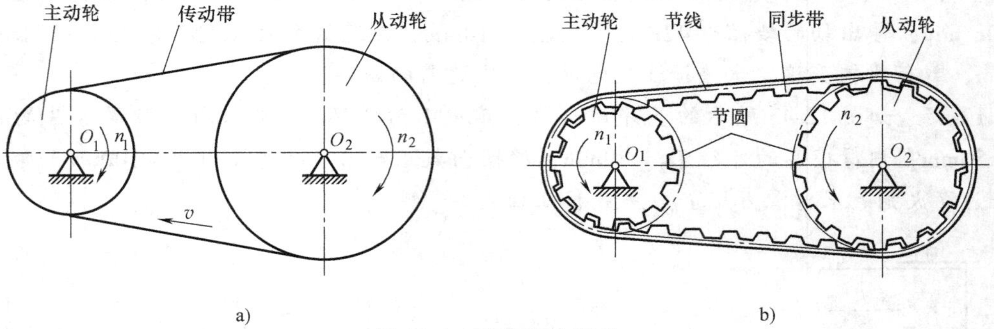

图 13-1 带传动的组成

a）摩擦型带传动 b）啮合型带传动

13.1.1 带传动的分类

1. 根据传动原理的不同分类

根据传动原理的不同，带传动分为摩擦型（图 13-1a）和啮合型（图 13-1b）两大类。在摩擦型带传动中，传动带张紧在主动轮和从动轮上，带与两轮接触面之间产生正压力。当主动轮旋转时，由这个压力所产生的摩擦力拖曳传动带运动，同理传动带又拖拽从动轮旋转，完成运动和动力的传递。啮合型带传动一般也称为同步带传动，它通过传动带内表面上等距分布的横向齿和带轮上的相应齿槽的啮合来传递运动。与摩擦型带传动比较，同步带传动的带轮和传动带之间没有相对滑动，能够保证准确的传动比。但同步带传动对于制造和安装要求高，成本也较高。

2. 根据带的截面形状不同分类

在摩擦型带传动中，根据带的截面形状，又可分为平带传动、圆带传动、V 带传动、多楔带传动等多种形式（图 13-2）。

1）平带（图 13-2a）的横截面为扁平矩形，工作面是与带轮表面相接触的内侧面。常用的平带有胶帆布带、编织带、锦纶片复合平带及高速环形胶带等。其规格可通过查阅国家标准或手册了解。平带传动结构简单、制造容易、传动效率较高、带的寿命较长、传动形式多样，适用于中心距较大的远距离传动。

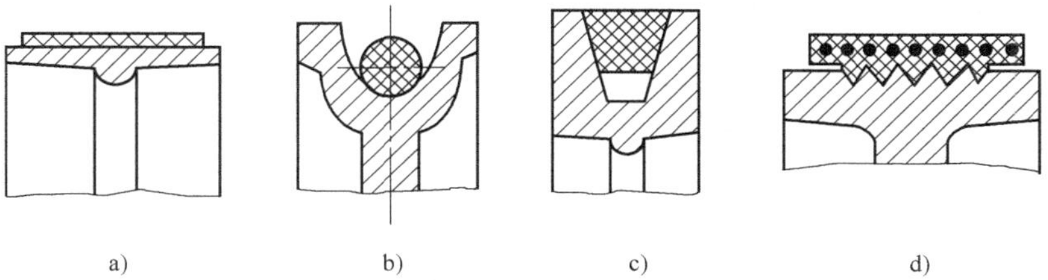

图 13-2　摩擦型带传动的几种类型

a）平带传动　b）圆带传动　c）V 带传动　d）多楔带传动

根据两带轮相对位置的不同，平带传动又分为开口传动（图 13-3a）、交叉传动（图 13-3b）、半交叉传动（图 13-3c）和角度传动（图 13-3d）四种传动形式。

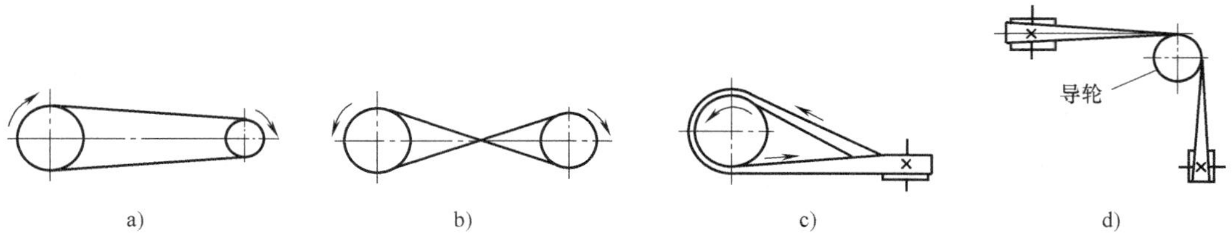

图 13-3　平带传动形式

a）开口传动　b）交叉传动　c）半交叉传动　d）角度传动

2）圆带（图 13-2b）的横截面为圆形，其柔韧性较好，适用于带轮直径较小的场合。但其承载能力较低，故只用于轻载装置中，例如缝纫机及牙科医疗器械中。

3）V 带（图 13-2c）的横截面为等腰梯形，其工作面是带与带轮轮槽相接触的两侧面。根据楔形摩擦原理，在相同的初拉力或相同的正压力 F_Q 作用下，V 带传动相比平带传动能产生更大的摩擦力（本节后面将会证明），如图 13-4 所示。因此，在传递功率相同的条件下，V 带传动相比平带传动结构更紧凑。但由于 V 带截面厚度比平带大且只

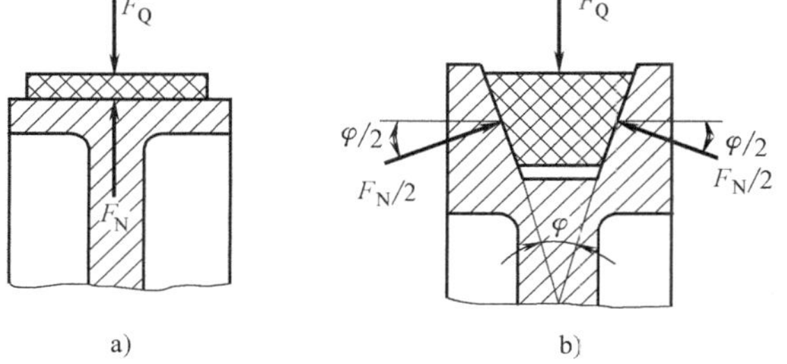

图 13-4　平带和 V 带对带轮产生法向力的比较

a）平带　b）V 带

允许单向弯曲，故V带传动只具有开口传动形式。V带传动主要用在中心距较小和传动比较大的场合。目前，大多数V带已标准化。V带传动的应用比平带传动要广泛得多。本章将重点介绍V带传动。

4）多楔带（图13-2d）相当于由平带和多条V带组合而成，以平带为基体，工作面是带的楔面。多楔带传动兼有平带传动与V带传动的优点，其柔性好、摩擦力大、传递功率高，还解决了多根V带长短不一而使各带受力不均的问题。多楔带传动主要适用于传递动力较大而且要求结构紧凑的场合。

13.1.2 V带的结构和类型

1. 普通V带的结构

普通V带均制成无接头的环形带，由包布、顶胶、抗拉体及底胶等部分构成（图13-5）。抗拉体用来承受基本拉力，顶胶和底胶在带弯曲时分别承受拉伸和压缩，包布主要起保护作用。按抗拉体的结构可分为帘布芯V带（图13-5a）和绳芯V带（图13-5b）两种类型。绳芯V带挠性好，抗弯强度高，适用于转速较高、带轮直径较小、要求结构紧凑的场合。帘布芯V带制造方便、抗拉强度较高，但易伸长、发热和脱层。

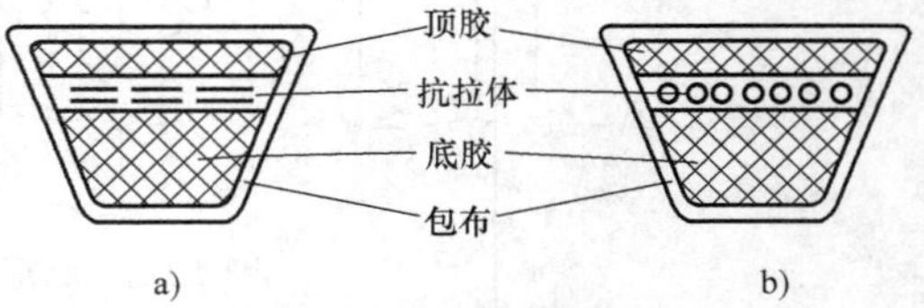

图13-5 V带的结构

a）帘布芯结构 b）绳芯结构

2. V带类型

V带的类型较多，按相对高度分为普通V带、窄V带、半宽V带和宽V带。除此之外，还有大楔角V带、汽车V带、齿形V带、联组V带、接头V带和双面V带等。普通V带应用最广，近几年来窄V带的应用也越来越多。由于普通V带设计方法与理论具有普遍性，故本章主要介绍普通V带传动的设计方法，其他类型的V带传动设计可参阅有关资料。本章计算所用的数据，均摘自GB/T 13575—2008。普通V带按截面基本尺寸由小至大分为Y、Z、A、B、C、D、E七种型号，各型号的截面尺寸见表13-1。

表13-1 V带截面尺寸

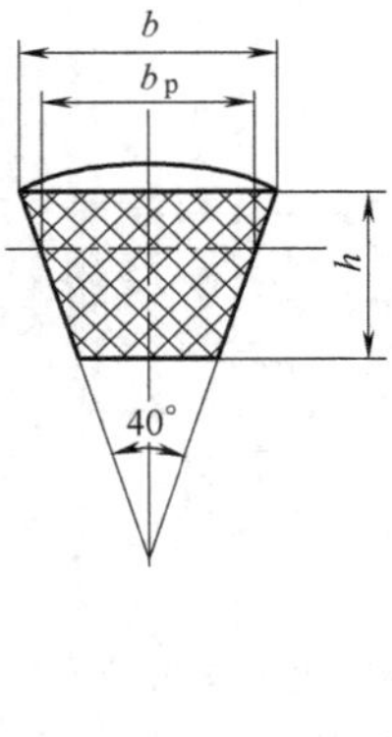

类型		节宽	顶宽	高度	单位长度质量
普通V带	窄V带	b_p/mm	b/mm	h/mm	q/(kg/m)
Y		5.3	6.0	4.0	0.023
Z		8.5	10.0	6.0	0.060
	(SPZ)	8.5	10.0	8.0	0.072
A		11	13.0	8.0	0.105
	(SPA)	11	13.0	10.0	0.112
B		14	17.0	11.0	0.170
	(SPB)	14	17.0	14.0	0.192
C		19	22.0	14.0	0.300
	(SPC)	19	22.0	18.0	0.370
D		27	32.0	19.0	0.630
E		32	38.0	23.0	0.970

13.1.3　V 带的主要几何参数

1. V 带的基准长度

当 V 带垂直其底边弯曲时，在带中保持原长度不变的任一条周线称为节线（图 13-6a）；由全部节线构成的面称为节面（图 13-6b）。节面宽度称为节宽，用 b_p 表示，当 V 带垂直其底边弯曲时，该宽度保持不变。

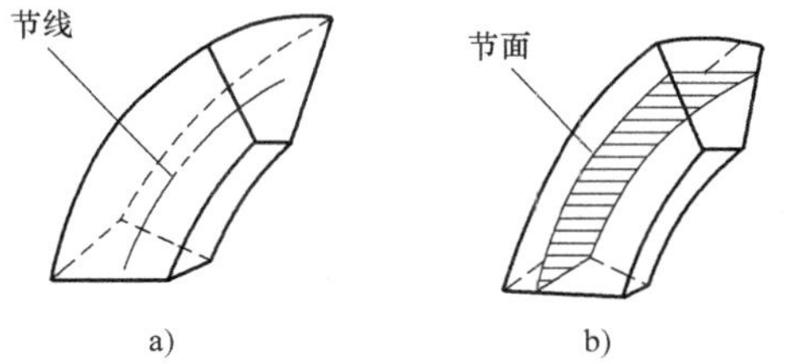

图 13-6　V 带的节线和节面

a）节线　b）节面

在 V 带轮上，与所配用 V 带的节面宽度 b_p（见表 13-1 附图）相对应的带轮直径称为基准直径 d。V 带在规定的张紧力下，位于带轮基准直径上的周线长度称为基准长度 L_d。V 带基准长度系列见表 13-2。

表 13-2　V 带基准长度 L_d 和带长修正系数 K_L

Z 型		A 型		B 型		C 型	
L_d/mm	K_L	L_d/mm	K_L	L_d/mm	K_L	L_d/mm	K_L
405	0.87	630	0.81	930	0.83	1565	0.82
475	0.90	700	0.83	1000	0.84	1760	0.85
530	0.93	790	0.85	1100	0.86	1950	0.87
625	0.96	890	0.87	1210	0.87	2195	0.90
700	0.99	990	0.89	1370	0.90	2420	0.92
780	1.00	1100	0.91	1560	0.92	2715	0.94
920	1.04	1250	0.93	1760	0.94	2880	0.95
1080	1.07	1430	0.96	1950	0.97	3080	0.97
1330	1.13	1550	0.98	2180	0.99	3520	0.99
1420	1.14	1640	0.99	2300	1.01	4060	1.02
1540	1.54	1750	1.00	2500	1.03	4600	1.05
		1940	1.02	2700	1.04	5380	1.08
		2050	1.04	2870	1.05	6100	1.11
		2200	1.06	3200	1.07	6815	1.14
		2300	1.07	3600	1.09	7600	1.17
		2480	1.09	4060	1.13	9100	1.21
		2700	1.10	4430	1.15	10700	1.24
				4820	1.17		
				5370	1.20		
				6070	1.24		

2. 带传动包角 α

包角 α 是带被张紧时，带与带轮接触弧所对的中心角。设 d_1、d_2 分别为小带轮、大带轮的直径。由图 13-7 可知

$$\alpha=\pi\pm2\theta$$

因 θ 角较小，所以将 $\theta\approx\sin\theta=\dfrac{d_2-d_1}{a}$代入上式得

$$\alpha=\pi\pm\frac{d_2-d_1}{a}$$

或 (13-1)

$$\alpha=180°\pm\frac{d_2-d_1}{a}\times57.3°$$

式中，d_1 和 d_2 分别为小带轮和大带轮的基准直径；中心距 a 为当带处于规定张紧力时，两带轮轴线间的距离；“+”号适用于大带轮包角 α_2，“-”号适用于小带轮包角 α_1。

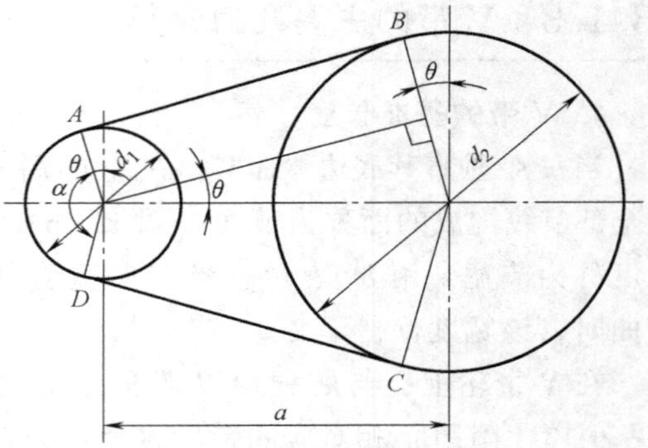

图 13-7 开口传动的几何关系

3. V 带的带长 L

$$L=2\overline{AB}+\widehat{BC}+\widehat{AD}=2a\sin\theta+\frac{\pi}{2}(d_1+d_2)+\theta(d_2-d_1)$$

以 $\cos\theta=1-\frac{1}{2}\theta^2$ 及 $\theta=\frac{d_2-d_1}{a}$ 代入上式可得

$$L\approx2a+\frac{\pi}{2}(d_1+d_2)+\frac{(d_2-d_1)^2}{4a} \tag{13-2}$$

根据计算可得 V 带长度 L，由表 13-2 选用带的基准长度 L_d。

13.1.4 摩擦型带传动的特点

1. 优点

1）传动带具有弹性和挠性，可吸收振动和缓和冲击，传动平稳，噪声小。

2）当传动过载时，带与带轮之间将发生打滑而不致损坏其他零件，具有过载保护作用。

3）带传动结构简单，制造、安装及维护均较为方便，成本较低。

4）适合于主、从动轴间中心距较大的传动。

2. 缺点

1）因为有弹性滑动，所以不能保证准确的传动比，传动效率低（一般平带传动为 0.96，V 带传动为 0.95)，寿命较短。

2）需要张紧装置，初拉力较大，增大了轴和轴承的受力。

3）外形尺寸大，带的寿命较短，不宜用于易燃、易爆场合。

13.2 带传动的受力分析和运动特性

13.2.1 带传动的受力分析

1. 带传递的有效拉力和功率

为保证带传动正常工作，传动带必须以一定的张紧力套在带轮上。当传动带静止时，带两边承受相等的拉力，称为初拉力 F_0，如图 13-8a 所示。当传动带工作运转时，由于带与带轮接触面之间摩擦力的作用，带两边的拉力不再相等，如图 13-8b 所示。带的一边被拉紧，拉力由 F_0 增大到 F_1，称为紧边；另一边被放松，拉力由 F_0 减小到 F_2，称为松边。设环形带的总长度不变，则紧边拉力的增加量 F_1-F_0 应等于松边拉力的减小量 F_0-F_2，即

$$F_0=\frac{F_1+F_2}{2} \tag{13-3}$$

带两边的拉力之差 F 称为带传动的有效拉力。实际上，在最大静摩擦力范围内，带传动的有效拉力 F 与带和带轮之间摩擦力的总和相等。F 同时也是带传动所传递的圆周力，即

$$F=F_1-F_2 \tag{13-4}$$

带传动所传递的功率为

$$P=\frac{Fv}{1000} \tag{13-5}$$

式中，P 为传递功率，单位为 kW；F 为有效圆周力，单位为 N；v 为带的速度，单位为 m/s。

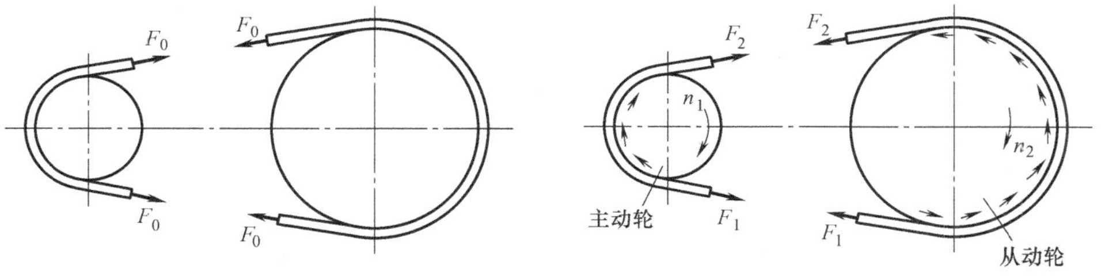

图 13-8　带传动的受力情况

2. 挠性体摩擦的基本公式

现以平带传动为例，分析带在即将打滑时紧边拉力 F_1 与松边拉力 F_2 的关系，如图 13-9 所示。

在平带上截取一微弧段 $\mathrm{d}l$，对应的包角为 $\mathrm{d}\alpha$。设微弧段两端的拉力分别为 F 和 $F+\mathrm{d}F$，带轮给微弧段的正压力为 $\mathrm{d}F_\mathrm{N}$，带与带轮面间的极限摩擦力为 $f\mathrm{d}F_\mathrm{N}$，f 为摩擦系数。若不考虑带的离心力，由法向和切向各力的平衡得

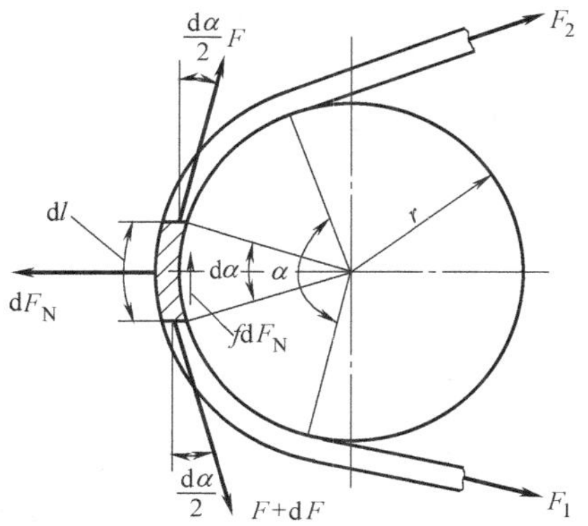

图 13-9　带的受力分析

$$\mathrm{d}F_\mathrm{N}=F\sin\frac{\mathrm{d}\alpha}{2}+(F+\mathrm{d}F)\sin\frac{\mathrm{d}\alpha}{2}$$

$$f\mathrm{d}F_\mathrm{N}=(F+\mathrm{d}F)\cos\frac{\mathrm{d}\alpha}{2}-F\cos\frac{\mathrm{d}\alpha}{2}$$

因 $\mathrm{d}\alpha$ 很小，可取 $\sin\frac{\mathrm{d}\alpha}{2}\approx\frac{\mathrm{d}\alpha}{2}$，$\cos\frac{\mathrm{d}\alpha}{2}\approx1$，并略去二阶微量 $\mathrm{d}F\frac{\mathrm{d}\alpha}{2}$。将以上两式化简得

$$dF_N = F d\alpha$$

$$f dF_N = dF$$

由上两式得

$$\frac{dF}{F} = f d\alpha$$

等式两边分别积分得

$$\ln \frac{F_1}{F_2} = f\alpha$$

故紧边和松边的拉力比为

$$\frac{F_1}{F_2} = e^{f\alpha} \tag{13-6}$$

式中，α 为带轮的包角，单位为 rad；e 为自然对数的底，e≈2.718。式（13-6）也称为挠性体摩擦的欧拉公式。

3. 带传动计算的基本公式

把式（13-4）和式（13-6）组成方程组，解之可得

$$\begin{cases} F_1 = F\dfrac{e^{f\alpha}}{e^{f\alpha}-1} \\ F_2 = F\dfrac{1}{e^{f\alpha}-1} \\ F = F_1 - F_2 = F_1\left(1-\dfrac{1}{e^{f\alpha}}\right) \end{cases} \tag{13-7}$$

由此可知：增大包角 α 或（和）增大摩擦系数 f，都可提高带传动所能传递的圆周力。由于小带轮包角 α_1 小于大带轮包角 α_2，计算带传动所能传递的圆周力时，式（13-7）中 α 应取小带轮的包角 α_1。

当 V 带传动时，假如其初拉力与平带传动的初拉力相等（即带压向带轮的压力同为 F_Q，如图 13-4 所示），它们的法向力 F_N 则不相同。平带的极限摩擦力为 $F_N f = F_Q f$，而 V 带的极限摩擦力为

$$F_N f = \frac{F_Q}{\sin\dfrac{\varphi}{2}} f = F_Q f'$$

式中，φ 为 V 带轮的轮槽角；$f' = f/\sin\dfrac{\varphi}{2}$，为当量摩擦系数。显然 $f' > f$，故在相同条件下，V 带能传递较大的功率。或者说传递相同功率时，V 带传动的结构更为紧凑。用 f' 代替 f 后，就可以把式（13-6）和式（13-7）应用于 V 带传动了。

13.2.2 带传动的弹性滑动和打滑

1. 弹性滑动

带是弹性体，在拉力作用下会产生弹性伸长，拉力越大，弹性伸长量越大，反之越

小。带传动在工作过程中，紧边和松边的拉力不等。当带在点 A 绕上主动轮时（图 13-10），带的速度 v 和主动轮的圆周速度 v_1 是相等的，但在带自点 A 转到点 B 的过程中，所受拉力由 F_1 逐渐减至 F_2，弹性伸长量也逐渐减小。这样，带在主动轮上是一面随带轮前进，一面向后收缩，因此带的速度低于主动轮的圆周速度，造成两者之间发生相对滑动。在从动轮上两者之间也会发生相对滑动，但情况正好相反，即带的速度 v 大于从动轮的圆周速度 v_2。这种由于带的弹性变形而引起的带与带轮之间的滑动，称为弹性滑动。

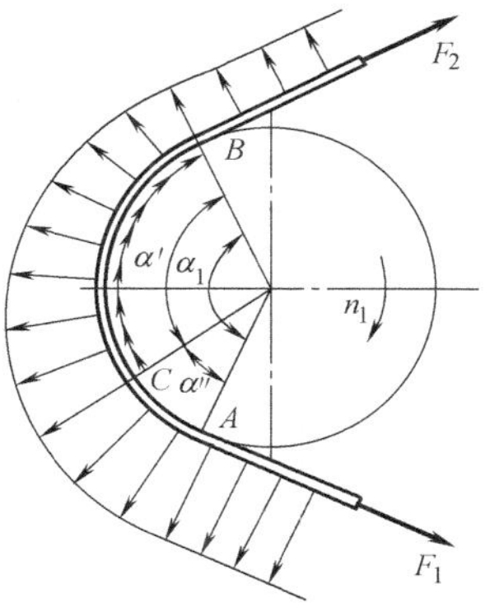

图 13-10　带传动的弹性滑动

2. 带传动的传动比 i 和从动轮转速 n_2

弹性滑动是带传动中无法避免的一种正常物理现象。由于弹性滑动的存在，使得从动轮的圆周速度 v_2 低于主动轮的圆周速度 v_1，即产生了速度损失。这种速度损失随外载荷的变化而变化，因此带传动不能保证准确的传动比。

通常以滑动率 ε 表示速度损失的程度，即

$$\varepsilon=\frac{v_1-v_2}{v_1}=\frac{\pi d_1 n_1-\pi d_2 n_2}{\pi d_1 n_1}\times 100\% \tag{13-8}$$

得传动比为

$$i=\frac{n_1}{n_2}=\frac{d_2}{d_1(1-\varepsilon)} \tag{13-9}$$

从动轮的转速为

$$n_2=\frac{n_1 d_1(1-\varepsilon)}{d_2} \tag{13-10}$$

一般，V 带传动的滑动率 $\varepsilon=0.01\sim0.02$，在一般工业传动中可以忽略不计。

3. 带传动的打滑

一般说来，并不是全部接触弧上都发生弹性滑动。接触弧分为有相对滑动（滑动弧）和无相对滑动（静弧）两部分。它们所对应的中心角分别称为滑动角（α'）和静角 α''。实践证明，静弧总是发生在带进入带轮的一侧（图 13-10 中的 A 点附近）。带传动不传递载荷时，滑动角为零；随着载荷的增加，滑动角逐渐增大而静角逐渐减小；当滑动角等于包角而静角为零，即弹性滑动扩大到整个接触弧时，带传动的有效圆周力达到最大值 F_{max}。这时，带所传递的圆周力超过带与带轮接触面间摩擦力的总和的极限值。若载荷再进一步增大，则带和带轮间将发生相对滑动，这种现象称为打滑。带打滑时，从动轮转速急剧下降，使传动失效，同时也加剧了带的磨损，因此应避免打滑，即所需传递的圆周力不能大于最大有效圆周力 F_{max}。

13.2.3　带传动的应力分析

带传动时，带中产生的应力有以下三种，如图 13-11 所示。

1. 由拉力产生的拉应力 δ

紧边拉应力

$$\delta_1=\frac{F_1}{A} \tag{13-11}$$

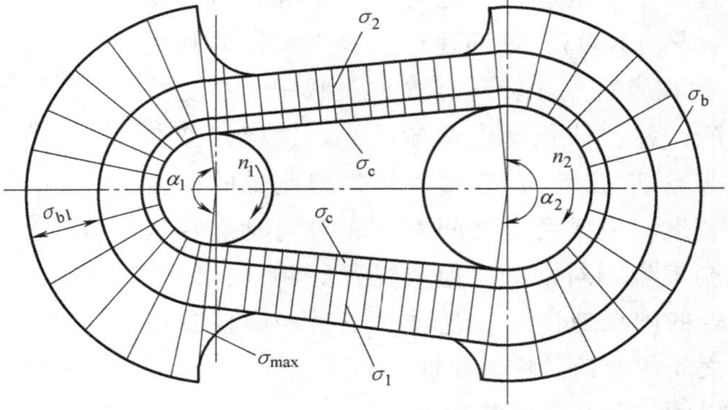

图 13-11　带的应力分布

松边拉应力

$$\delta_2 = \frac{F_2}{A} \tag{13-12}$$

式中，A 为带的横截面面积，单位为mm^2。

2. 带绕过带轮时，因弯曲而产生的弯曲应力 δ_b

$$\delta_b = \frac{2Eh_a}{d} \tag{13-13}$$

式中，E 为带的弹性模量，单位为 MPa；d 为 V 带轮的基准直径，单位为 mm；h_a 为从 V 带的节线到最外层的垂直距离，单位为 mm。

从式（13-13）可知，带在两轮上产生的弯曲应力的大小与带轮基准直径成反比，故小轮上的弯曲应力较大。

3. 由离心力产生的拉应力 δ_c

当带沿带轮轮缘做圆周运动时，带上每一质点都受离心力作用，离心拉力为 $F_c = qv^2$。带直线运行时是不产生离心力的，但沿带轮轮缘做圆周运动时产生的离心力作用在整个传动带上，且在带的所有横截面上所产生的离心拉应力 δ_c 是相等的。

$$\delta_c = \frac{F_c}{A} = \frac{qv^2}{A} \tag{13-14}$$

式中，q 为单位长度带的质量，单位为 kg/m，可由表 13-1 查到；v 为带速，单位为 m/s。

总之，由图 13-11 和上面的分析可知，带上的应力是变化的。最大应力发生在紧边与小轮的接触处。带中的最大应力为

$$\delta_{max} = \delta_1 + \delta_b + \delta_c \tag{13-15}$$

可得疲劳强度条件：

$$\delta_{max} = \delta_1 + \delta_b + \delta_c \leqslant [\delta] \tag{13-16}$$

式中，$[\delta]$ 为带的许用拉应力。

例 13-1　一平带传动，传递功率 $P = 11kW$，带速 $v = 12m/s$，带在小带轮上的 $\alpha_1 = 170°$（2.97rad），带的厚度 $\delta = 4.8mm$、宽度 $b = 100mm$，带的密度 $\rho = 1\times10^{-3}kg/cm^3$，带与轮面间的摩擦系数 $f = 0.30$。试求：①传递的圆周力；②紧边、松边拉力；③离

心力在带中引起的拉应力；④所需的初拉力。

解　1）传递的圆周力。根据式（13-5）可得

$$F=\frac{1000P}{v}=\frac{1000\times 11}{12}\text{N}=916.67\text{N}$$

2）紧边、松边拉力。根据式（13-7）可得

$$F_1=F\frac{e^{f\alpha}}{e^{f\alpha}-1}=916.67\times\frac{2.718^{0.3\times 2.97}}{2.718^{0.3\times 2.97}-1}\text{N}=1553.5\text{N}$$

$$F_2=F\frac{1}{e^{f\alpha}-1}=916.67\times\frac{1}{2.718^{0.3\times 2.97}-1}\text{N}=636.58\text{N}$$

3）离心力引起的拉力。平带单位长度质量为

$$q=100b\delta\rho=100\times 10\times 0.48\times 1\times 10^{-3}\text{kg/m}=0.48\text{kg/m}$$

根据式（13-14），由离心力引起的拉力为

$$\delta_c=\frac{F_c}{A}=\frac{qv^2}{A}=\frac{0.48\times 12^2}{4.8\times 100}\text{MPa}=0.14\text{MPa}$$

4）所需的初拉力。根据式（13-3）可得

$$F_0=\frac{F_1+F_2}{2}=\frac{1553.5+636.58}{2}\text{N}=1095.04\text{N}$$

带的离心力使带与带轮面间的压力减小、传动能力降低。为了补偿这种影响，所需初拉力应加上 F_c，故实际所需要总初拉力为

$$F_0+\delta_c A=1095.04\text{N}+0.14\times 480\text{N}=1162.24\text{N}$$

此结果表明，传递圆周力 916.67N 时，为防止打滑所需的初拉力不得小于 1162.24N。

13.3　普通 V 带传动的设计

带传动的主要失效形式为打滑和带的疲劳破坏。因此，带传动的设计准则是：既要在工作中最大限度地发挥其工作能力而又不打滑，同时还要求传动带有足够的疲劳强度，以保证一定的使用寿命。

13.3.1　单根普通 V 带所能传递的功率

1. 单根普通 V 带的基本额定功率 P_0

单根普通 V 带的基本额定功率是指在一定初拉力作用下，带传动不发生打滑且有足够疲劳寿命时所能传递的最大功率。根据式（13-5）、式（13-7）和式（13-11），可推导出其计算公式为

$$P_0=\delta_1 A\left(1-\frac{1}{e^{f'\alpha}}\right)\frac{v}{1000}\tag{13-17}$$

式中，A 为单根普通 V 带的截面积。

为了使其具有一定的疲劳寿命，应满足式（13-16），即可得

$$\delta_1=[\delta]-\delta_b-\delta_c \tag{13-18}$$

式中，$[\delta]$ 为带的许用应力。

将式（13-18）代入式（13-17），即可得出单根普通 V 带的基本额定功率为

$$P_0=([\delta]-\delta_b-\delta_c)\left(1-\frac{1}{e^{f\alpha}}\right)\frac{Av}{1000} \tag{13-19}$$

在载荷平稳、包角 $\alpha_1=\pi$（即 $i=1$）、带长 L_d 为特定长度、抗拉体为化学纤维绳芯结构的条件下，由式（13-19）求得单根普通 V 带所需传递的功率P_0 见本书附录 D。

2. 单根普通 V 带实际能传递的额定功率 $[P_0]$

单根普通 V 带实际能传递的额定功率 $[P_0]$ 也称为许用功率。当实际工作条件与上述特定条件不同时，就要对 P_0 值加以修正，修正后才能得到 $[P_0]$。修正公式如下：

$$[P_0]=(P_0+\Delta P_0)K_\alpha K_L \tag{13-20}$$

式中，ΔP_0 为功率增量，考虑传动比 $i\neq1$ 时，带在大带轮上的弯曲应力较小，故在寿命相同的条件下，可增大传递的功率，普通 V 带的 ΔP_0 值见表 13-3；K_α 为包角修正系数，考虑 $\alpha_1\neq180°$时对传动能力的影响，见表 13-4。K_L 为带长修正系数，考虑带长不为特定长度时对传动能力的影响，普通 V 带的带长修正系数见表 13-2。

表 13-3 单根普通 V 带 $i\neq1$ 时额定功率的增量 ΔP_0

（包角 $\alpha=\pi$、特定基准长度、载荷平稳时）（单位：kW）

型号	传动比 i	小带轮转速 n_1/(r/min)									
		400	730	800	980	1200	1460	1600	2000	2400	2800
Z	1.35~1.51	0.01	0.01	0.01	0.02	0.02	0.02	0.02	0.03	0.03	0.04
	1.52~1.99	0.01	0.01	0.02	0.02	0.02	0.02	0.03	0.03	0.04	0.04
	≥2	0.01	0.02	0.02	0.02	0.03	0.03	0.03	0.04	0.04	0.04
A	1.35~1.51	0.04	0.07	0.08	0.08	0.11	0.13	0.15	0.19	0.23	0.26
	1.52~1.99	0.04	0.08	0.09	0.10	0.13	0.15	0.17	0.22	0.26	0.30
	≥2	0.05	0.09	0.10	0.11	0.15	0.17	0.19	0.24	0.29	0.34
B	1.35~1.51	0.10	0.17	0.20	0.23	0.30	0.36	0.39	0.49	0.59	0.69
	1.52~1.99	0.11	0.20	0.23	0.26	0.34	0.40	0.45	0.56	0.62	0.79
	≥2	0.13	0.22	0.25	0.30	0.38	0.46	0.51	0.63	0.76	0.89
C	1.35~1.51	0.27	0.48	0.55	0.65	0.82	0.99	1.10	1.37	1.65	1.92
	1.52~1.99	0.31	0.55	0.63	0.74	0.94	1.14	1.25	1.57	1.88	2.19
	≥2	0.35	0.62	0.71	0.83	1.06	1.27	1.41	1.76	2.12	2.47

表 13-4 包角修正系数K_α

包角 α_1/(°)	180	170	160	150	140	130	120	110	100	90
K_α	1.00	0.98	0.95	0.92	0.89	0.86	0.82	0.78	0.74	0.69

13.3.2 普通 V 带的型号和根数的确定

1. 确定计算功率

设 P 为传动的额定功率（单位为 kW），K_A 为工作情况系数，见表 13-5，则计算功率 P_c 为

$$P_c = K_A P \tag{13-21}$$

表 13-5　工作情况系数 K_A

载荷性质	工作机	原动机					
		电动机（交流起动、三角起动、直流并励）、四缸以上的内燃机			电动机（联机交流起动、直流复励或串励）、四缸以下的内燃机		
		每天工作时间/h					
		<10	10~16	>16	<10	10~16	>16
载荷变动很小	液体搅拌机、通风机和鼓风机（$P \leqslant 7.5$kW）、离心式水泵和压缩机、轻负荷输送机	1.0	1.1	1.2	1.1	1.2	1.3
载荷变动较小	带式输送机（不均匀负荷）、通风机（$P > 7.5$kW），旋转式水泵和压缩机（非离心式）、发电机、金属切削机床、印刷机、旋转筛、锯木机和木工机械	1.1	1.2	1.3	1.2	1.3	1.4
载荷变动较大	制砖机、斗式提升机、往复式水泵和压缩机、起重机、磨粉机、压力机、橡胶机械、振动筛、纺织机械、重载输送机	1.2	1.3	1.4	1.4	1.5	1.6
载荷变动很大	破碎机（旋转式、颚式等）、磨碎机（球磨、棒磨、管磨）	1.3	1.4	1.5	1.5	1.6	1.8

2. 确定 V 带的型号和根数

1）确定 V 带的型号。根据计算功率 P_c 和小带轮转速 n_1，按图 13-12 的推荐，选择

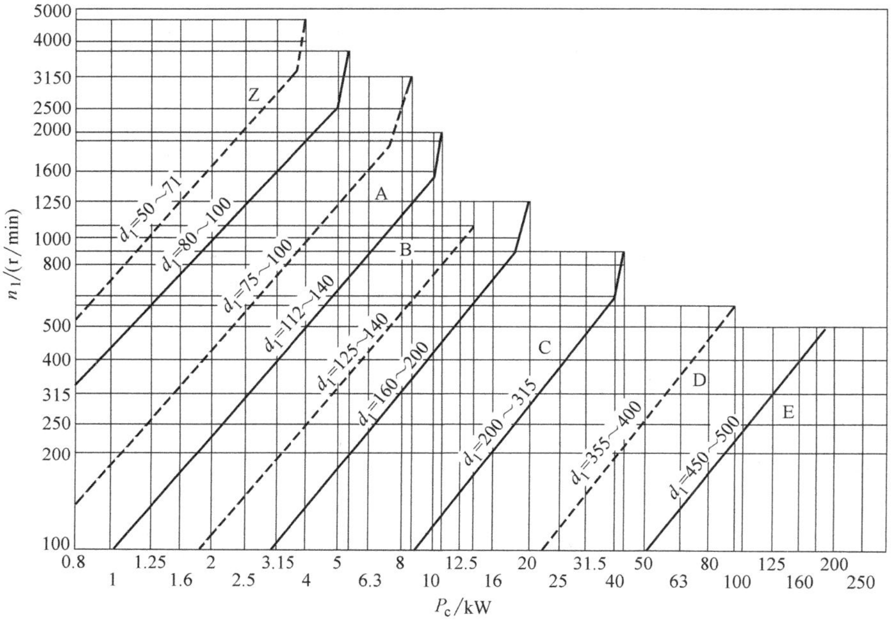

图 13-12　普通 V 带选型图

普通 V 带的型号。图中以粗斜直线画定型号区域，若工况坐标点临近两种型号的交界线，可按两种型号同时计算，并分析、比较后决定取舍，若带的截面较小，则带轮直径小，但根数较多。

2）V 带根数按下式计算：

$$z=\frac{P_c}{[P_0]}=\frac{P_c}{(P_0+\Delta P_0)K_\alpha K_L} \tag{13-22}$$

式中，z 应取整数。为了使每根 V 带受力均匀，V 带根数不宜太多，通常 $z<100$。

13.3.3 普通 V 带的设计步骤

本节通过一个实际的例子，来说明普通 V 带的参数选择与设计过程。

例 13-2 设计一通风机用的 V 带传动。选用异步电动机驱动，已知电动机转速 $n_1=1460\text{r/min}$，通风机转速 $n_2=640\text{r/min}$，通风机输入功率 $P=9\text{kW}$，两班制工作。

解 V 带传动设计计算的主要任务是：选择合理的传动参数，确定 V 带的型号、长度和根数，确定带轮的材料、结构和尺寸。下面为设计计算的一般步骤。带轮的结构设计见 13.4 节。

1）求计算功率 P_c。查表 13-5 得 $K_A=1.2$，根据式（13-21）可得

$$P_c=K_AP=1.2\times9\text{kW}=10.8\text{kW}$$

2）选 V 带型号。采用普通 V 带，根据 $P_c=10.8\text{kW}$，$n_1=1460\text{r/min}$，由图 13-12 查出此坐标点位于 A 型与 B 型交界处，按选用 A 型 V 带来计算。

3）求大、小带轮的基准直径 d_2、d_1。表 13-6 所列为不同型号 V 带轮的最小基准直径 d_{min}。小带轮的基准直径 d_1 应等于或大于表 13-6 所列的 d_{min}。若 d_1 过小，则带的弯曲应力将过大而导致带的寿命降低；反之，虽能延长带的寿命，但带传动的外廓尺寸却随之增大。应该注意的是，普通 V 带轮的基准直径都应按表 13-6 下面表注中的系列取值。

表 13-6 V 带轮最小基准直径 d_{min}

型号	Y	Z	SPZ	A	SPA	B	SPB	C	SPC	D	E
d_{min}/mm	20	50	63	75	90	125	140	200	224	355	500

注：V 带轮的基准直径系列为 20、22.4、25、28、31.5、40、45、50、56、63、71、75、80、85、90、95、100、106、112、118、125、132、140、150、160、170、180、200、212、224、236、250、265、280、300、315、355、375、400、425、450、475、500、530、560、600、630、670、710、750、800、900、1000 等。

由图 13-12 可得 $d_1=112\sim140\text{mm}$，因传动比不大，d_1 可取大值而不会使 d_2 过大，现取 $d_1=140\text{mm}$。若滑动率 ε 取 0.02，则由式（13-9）得

$$d_2=\frac{n_1}{n_2}d_1(1-\varepsilon)=\frac{1460}{640}\times140\times(1-0.02)\text{mm}=313\text{mm}$$

根据表 13-6 下面表注中 V 带轮的基准直径标准系列，可取 $d_2=315\text{mm}$（虽使 n_2 略有减小，但其误差小于 5%，故允许）。

4）验算带速 v。对于普通 V 带，一般应使 v 在 5~30m/s 的范围内；对于窄 V 带，v 可达到 40m/s。带速过小则传递的功率小，过大则离心力大。

$$v=\frac{\pi d_1 n_1}{60\times1000}=\frac{\pi\times140\times1460}{60\times1000}\text{m/s}=10.7\text{m/s}$$

本题的带速应在 5~30m/s 的范围内，符合要求。

5）求 V 带基准长度 L_d 和中心距 a。一般推荐按 $0.7(d_1+d_2)<a_0<2(d_1+d_2)$ 初步确定中心距 a_0。本题选

$$a_0=1.5(d_1+d_2)=1.5\times(140+315)\text{mm}=682.5\text{mm}$$

由式（13-2）可得初定的 V 带长度为

$$L_0=2a_0+\frac{\pi}{2}(d_1+d_2)+\frac{(d_2-d_1)^2}{4a_0}=2\times682.5\text{mm}+\frac{3.14}{2}\times(140+315)\text{mm}+\frac{(315-140)^2}{4\times682.5}\text{mm}=2090.57\text{mm}$$

查表 13-2，对 A 型带选用 $L_d=2200\text{mm}$，带长修正系数 $K_L=1.06$。

实际的中心距 a 按下式近似计算：

$$a\approx a_0+\frac{L_d-L_0}{2}=682.5\text{mm}+\frac{2200-2090.57}{2}\text{mm}=737.22\text{mm}$$

一般来说，考虑带传动的安装、调整和 V 带张紧的需要，中心距可在 $(a-0.015L_d)$ ~ $(a+0.03L_d)$ 范围内变动。本题中心距的变动范围是 704.22~803.22mm。

6）验算小带轮包角 α_1。一般应使 $\alpha_1\geqslant120°$，否则可加大中心距或增设张紧轮。由式（13-1）可得

$$\alpha_1=180°-\frac{d_2-d_1}{a}\times57.3°=180°-\frac{315-140}{737.22}\times57.3°=173°>120°$$

所以小带轮包角 α_1 符合要求。

7）求 V 带根数 z。首先要确定单根普通 V 带的基本额定功率 P_0、单根普通 V 带 $i\neq1$ 时额定功率的增量 ΔP_0 以及包角修正系数 K_α。前面已经确定，小带轮转速 $n_1=1460\text{r/min}$，小带轮直径 $d_1=140\text{mm}$。查本书后面的附录 D，可得 $P_0=2.82\text{kW}$；根据 $\alpha_1=173°$，查表 13-4 得 $K_\alpha=0.98$。

由式（13-9）得传动比为

$$i=\frac{n_1}{n_2}=\frac{d_2}{d_1(1-\varepsilon)}=\frac{315}{140\times(1-0.02)}=2.3$$

根据传动比 $i=2.3$ 查表 13-3，可得 $\Delta P_0=0.17\text{kW}$。再根据式（13-22）可计算出 V 带根数为

$$z=\frac{P_c}{[P_0]}=\frac{P_c}{(P_0+\Delta P_0)K_\alpha K_L}=\frac{10.8}{(2.82+0.17)\times0.98\times1.06}=3.5$$

取 V 带根数 z 为 4 根。

8）初拉力 F_0。保持适当的初拉力是带传动正常工作的首要条件。初拉力不足，会出现打滑；初拉力过大，将增大轴和轴承上的压力，并降低带的寿命。单根普通 V 带合适的初拉力 F_0 可按下式计算：

$$F_0=\frac{500P_c}{zv}\left(\frac{2.5}{K_\alpha}-1\right)+qv^2$$

式中，P_c 为计算功率，单位为 kW；z 为 V 带根数；v 为 V 带速度，单位为 m/s；K_α 为包角修正系数，见表 13-4；q 为 V 带单位长度质量，查表 13-1 得 $q=0.105$kg/m。故单根 V 带的初拉力为

$$F_0=\frac{500P_c}{zv}\left(\frac{2.5}{K_\alpha}-1\right)+qv^2$$
$$=\left[\frac{500\times10.8}{4\times10.7}\times\left(\frac{2.5}{0.98}-1\right)+0.105\times10.7^2\right]\text{N}=207.71\text{N}$$

9）求作用在带轮轴上的压力 F_Q。如图 13-13 所示，作用在带轮轴上的压力为

$$F_Q=2zF_0\sin\frac{\alpha_1}{2}=2\times4\times207.71\times\sin\frac{173^\circ}{2}\text{N}=1658.58\text{N}$$

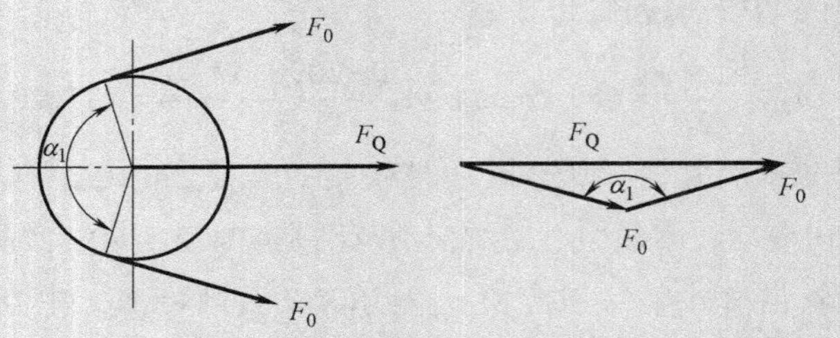

图 13-13 作用在轴上的力

10）带的结构设计（略）。

13.4 V 带轮的结构和 V 带传动的张紧

13.4.1 V 带轮的结构

1. V 带轮设计的要求

对于 V 带轮的设计要求是：重量轻；结构工艺性好；无过大的铸造内应力；质量分布均匀（转速高时要经过动平衡）；槽轮工作表面应精加工以减少带的磨损。

2. V 带轮的材料和结构

1）V 带轮常用材料为灰铸铁，带轮的圆周速度为 $v\leqslant30$m/s 时用 HT150；$v>30$m/s 时用 HT200；速度高时可采用铸钢或钢板冲压后焊接而成。小功率传动时可用铸铝合金或工程塑料。

2）V 带轮由轮缘、轮毂和轮辐三部分组成。V 带轮的结构型式与基准直径 d 有关。当带轮基准直径 $d\leqslant2.5d_s$（d_s 为安装带轮的轴的直径，单位为 mm）时，可采用实心式，如图 13-14a 所示；当 $d\leqslant300$mm 时，可采用腹板式，如图 13-14b 所示；当 $d\leqslant300$mm，同

时 $d_r-d_h \geqslant 100$mm 时（d_r 和 d_h 见图 13-15b），可采用孔板式，如图 13-14c 所示；当 $d>300$mm 时，可采用轮辐式，如图 13-14d 所示。V 带轮尺寸之间的关系如图 13-15 所示。

图 13-14　V 带轮的结构

a）实心带轮　b）腹板带轮　c）孔板带轮　d）轮辐带轮

3. V 带轮的轮槽

普通 V 带轮轮缘的截面图及轮槽尺寸，见表 13-7。普通 V 带两侧面的夹角均为 40°，由于 V 带绕在带轮上弯曲时，其截面变形使两侧面的夹角减小，为使 V 带能紧贴轮槽两侧，轮槽的楔角规定为 32°、34°、36°和 38°。

13.4.2　V 带传动的张紧、安装与防护

1. V 带传动的张紧

由于传动带的材料不是完全的弹性体，带在工作一段时间后会发生塑性伸长而松弛，使张紧力降低。为了保证带传动的能力，应定期检查张紧力的数值，发现张紧力不足时，必须重新张紧，以使带传动正常工作。因此，带传动需要有重新张紧的装置。常用的张紧装置有下列几种：

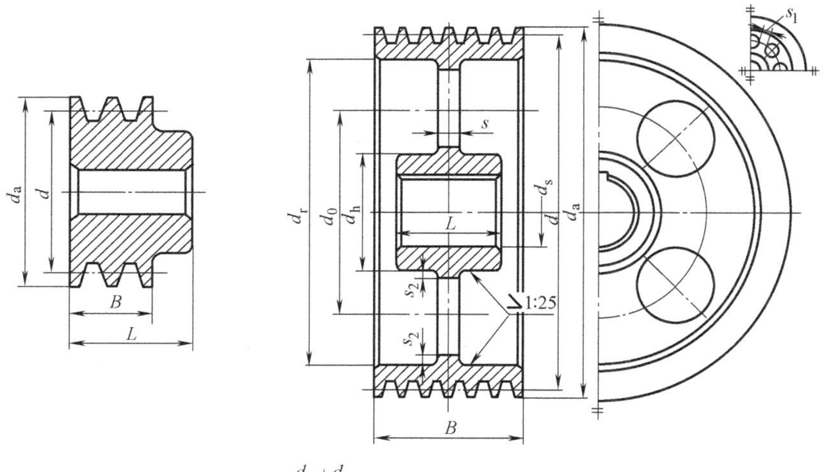

$d_h=(1.8\sim2)d_s$；$d_0=\dfrac{d_h+d_r}{2}$；$d_r=d-2(h_f+\delta)$，h_f、δ见表13-7；

$s=(0.2\sim0.3)B$；$s_1\geqslant1.5s$，$s_2\geqslant0.5s_1$；$L=(1.5\sim2)d_a$

a)　　b)

图 13-15　V 带轮的尺寸

a）实心带轮　b）腹板带轮和孔板带轮

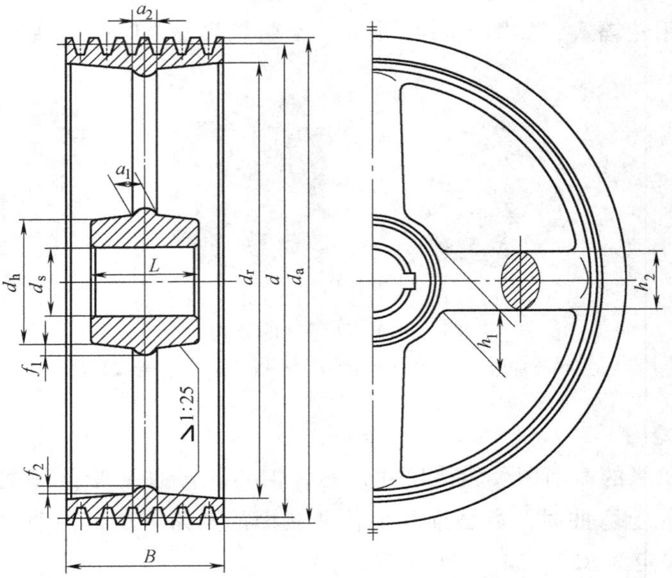

$h_1=290\sqrt[3]{\dfrac{P}{nA}}$；$P$–传递功率，kW；$n$–带轮转速，r/min；$A$–轮辐数；

$h_2=0.8h_1$；$a_1=0.4h_1$；$a_2=0.8a_1$；$f_1=0.2h_1$；$f_2=0.2h_2$

c）

图 13-15　V 带轮的尺寸（续）

c）轮辐带轮

表 13-7　普通 V 带轮的轮槽尺寸　　（单位：mm）

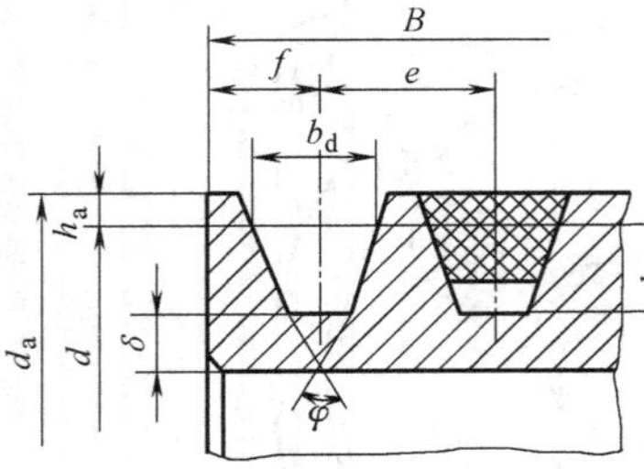		槽型	Y	Z	A	B	C
		基准宽度 b_d	5.3	8.5	11	14	19
		基准线上槽深 h_{amin}	1.6	2.0	2.75	3.5	4.8
		基准线下槽深 h_{fmin}	4.7	7.0	8.7	10.8	14.3
		槽间距 e	8±0.3	12±0.3	15±0.3	19±0.4	25.5±0.5
		槽边距 f_{min}	6	7	9	11.5	16
		轮缘厚 δ_{min}	5	5.5	6	7.5	10
		外径 d_a	$d_a=d_d+2h_a$				
φ	32°	基准直径 d_d	≤60	—	—	—	—
	34°		—	≤80	≤118	≤190	≤315
	36°		>60	—	—	—	—
	38°		—	>80	>118	>190	>315

（1）定期张紧　图 13-16a 所示装置通过调节螺钉调整安装在滑轨上的电动机的位置，以改变带传动的中心距，达到重新张紧的目的。这种方式适合于水平安装的带传动。图 13-16b 所示装置中，电动机安装在可以绕支点摆动的支架上，通过调节螺杆的调整使摆架摆动，以此改变带传动的中心距，从而张紧带轮。

(2) 自动张紧　图 13-16c 所示是一种自动张紧装置，电动机安装在浮动的摆架上，利用电动机的自重或配重使摆架绕支点摆动，使 V 带始终保持张紧状态。

(3) 张紧轮张紧　当带传动的中心距不可调节时，可以用张紧轮张紧 V 带，如图 13-16d 和图 13-16e 所示。按图 13-16e 安装的张紧轮，可以增大小轮的包角，传递的功率大，并且是自动张紧，无须定时调整。但由于 V 带承受双向的弯曲应力，寿命可能会缩短。按图 13-16d 安装的张紧轮，解决了 V 带承受双向弯曲应力的问题，但减小了小带轮的包角，同时还需定时调整张紧轮。为了不使小带轮的包角减小过多，就要把张紧轮靠近大轮一边。对于 V 带传动，由于 V 带不能双向弯曲，只能采用图 13-16d 所示的形式张紧。不论哪种安装，张紧轮的轮槽尺寸与带轮相同，直径应小于小带轮直径。

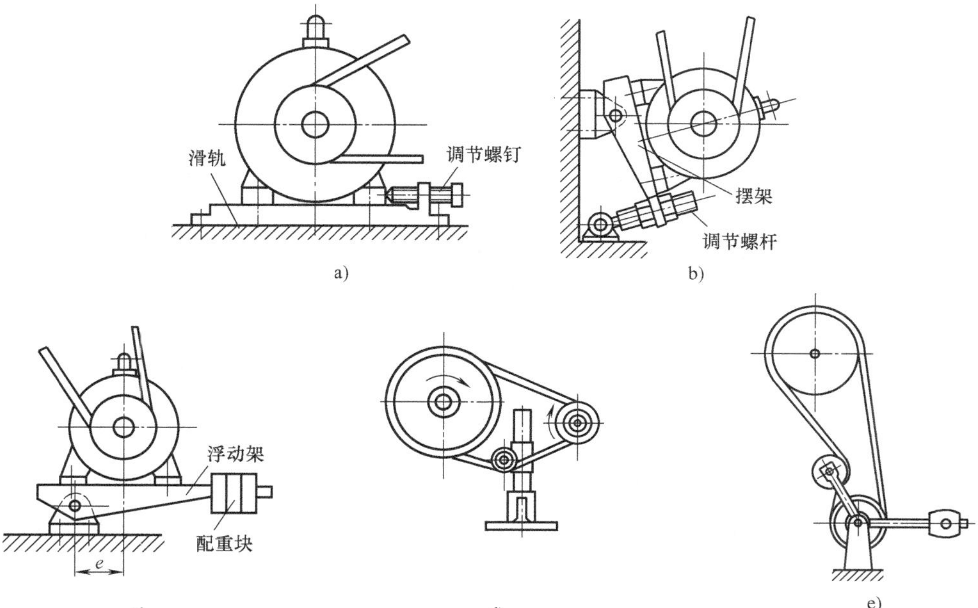

图 13-16　带传动的张紧装置

a) 滑道式　b) 摆架式　c) 自动张紧装置　d) 张紧轮在松边内侧靠近大轮处　e) 张紧轮在松边外侧靠近小轮处

2. V 带传动的安装与防护

正确安装、使用和妥善保养，是保证带传动正常工作、延长胶带寿命的有效措施。一般应注意以下几个方面：

1) 安装时两轮轴线应相互平行，各带轮轴线的平行度应小于 0.006a（a 为轴间距）；两轮相对应的 V 形槽的对称平面应重合，误差不得超过 20′，否则将加剧带的磨损，甚至使带从带轮上脱落。

2) 安装 V 带时，应先缩小中心距，将 V 带套入槽中后，再调整中心距并予以张紧，不应将带硬往带轮上套，以免损坏带的工作表面和降低带的弹性。

3) 胶带不宜与酸、碱或油接触，工作温度不宜超过 60℃，应避免日光直接曝晒。

4) 带传动装置应加防护罩，以免发生意外事故。

5) 定期检查胶带，发现其中一根过度松弛或疲劳破坏时，应全部更换新带，不能新旧混合使用。

13.5 同步带简介

13.5.1 同步带传动的特点及应用

同步带传动是由一根内表面设有等间距齿的环形带及具有相应齿槽的带轮所组成的，如图 13-17 所示。它是啮合型传动，工作时，依靠传动带上的凸齿与带轮上的齿槽相互啮合传递运动。同步带传动综合了带传动、链传动和齿轮传动各自的优点，广泛应用于要求传动比准确的中、小功率传动中。很多汽车发动机中，曲轴驱动凸轮轴就是用的同步带传动。其主要特点如下：

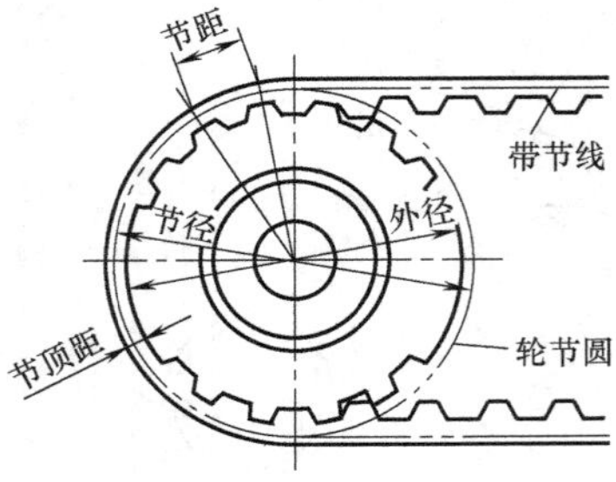

图 13-17　同步带传动

1）传动精度较高。带与带轮间无相对滑动，能保证准确的传动比，可做到同步传动。

2）同步带强度高。同步带通常以钢丝绳或玻璃纤维绳为抗拉体，以氯丁橡胶或聚氨酯为基体。这种带薄而且轻，强度高，故可用于较高速度，线速度可达 50m/s。

3）传动比范围大。一般传动比可达 10。

4）传动效率高。一般可达 98%。

5）传动噪声小。同步带的传动噪声比其他带传动、链传动和齿轮传动小，耐磨性好，不需油润滑，寿命比摩擦型带长。

6）成本高、安装困难。同步带传动的主要缺点是制造和安装精度要求较高，中心距要求较严格，制造成本较高。

13.5.2 同步带的结构、类型和主要参数

1. 同步带的结构

同步带的结构如图 13-18 所示，它由抗拉层和基体两部分组成。抗拉层 1 是同步带的抗拉元件，用来传递动力，是以细钢丝绳或玻璃纤维沿同步带的节线方向绕成螺旋形状，具有很高的抗拉强度和抗弯强度，弹性模量很大，受力后基本上不产生变形，所以能保证同步带的节距

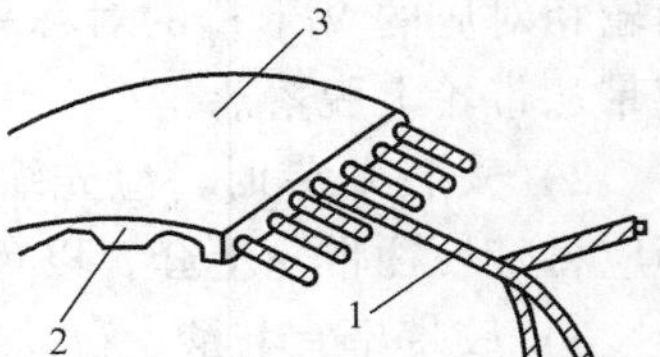

图 13-18　同步带的结构

1—抗拉层　2—带齿　3—带背

不变，实现同步传动。基体包括带齿 2 和带背 3，通常采用聚氨酯或氯丁橡胶制造，具有强度高、弹性好、耐磨损和抗老化的特点。

2. 同步带的类型

同步带及带轮常用的齿廓形状有梯形（直线）、渐开线、圆弧、抛物线等，常用的是梯形齿（图 13-19b 和图 13-19c）、圆弧齿（图 13-19a）和渐开线齿等。同步带还可分为单面有齿（图 13-19a）和双面有齿（图 13-19b 和图 13-19c）两种，简称单面带和双面带。双面带又有对称齿型（DA 型，图 13-19b）及交错齿型（DB 型，图 13-19c）之分。本节主要介绍梯形单面齿同步带传动。

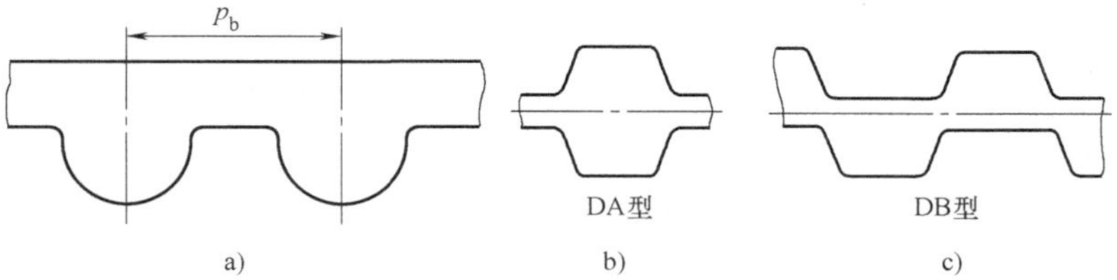

图 13-19　同步带的类型

a）单面带　b）对称齿型双面带　c）交错齿型双面带

3. 同步带的主要参数

1）节距 p_b 是同步带传动最基本的参数，它是指在规定初拉力下，同步带相邻对称两齿中心线的直线距离（图 13-17）。梯形齿同步带按节距不同分为最轻型 MXL、超轻型 XXL、特轻型 XL、轻型 L、重型 H、特重型 XH 和超重型 XXH 七种。

2）节线是指当同步带垂直其底边弯曲时，在带中保持原长度不变的周线。节线长 L_p 为公称长度。

各种梯形同步带型的节距 p_b 和齿形尺寸见表 13-8。

表 13-8　各种梯形同步带型的节距 p_b 和齿形尺寸　（单位：mm）

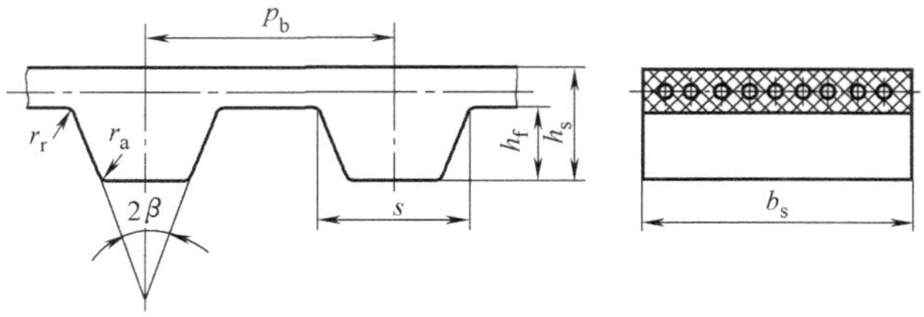

带型	p_b	齿形角 2β/(°)	齿根厚 s	齿高 h_f	带高 h_s	齿根圆角半径 r_r	齿顶圆角半径 r_a
MXL	2. 032	40	1. 14	0. 51	1. 14	0. 13	0. 13
XXL	3. 175	50	1. 73	0. 76	1. 52	0. 20	0. 30
XL	5. 080	50	2. 57	1. 27	2. 3	0. 38	0. 38
L	9. 525	40	4. 65	1. 91	3. 6	0. 51	0. 51
H	12. 700	40	6. 12	2. 29	4. 3	1. 02	1. 02
XH	22. 225	40	12. 57	6. 35	11. 2	1. 57	1. 19
XXH	31. 750	40	19. 05	9. 53	15. 7	2. 29	1. 52

注：带高为单面带的带高。

13.5.3 同步带轮

同步带轮除轮缘表面需制出轮齿外，其他结构与一般带轮相似。它通常由齿圈 1、挡圈 2 和轮毂 3 组成，如图 13-20 所示。常用的带轮分为直线齿型与渐开线齿型两种。直线齿型带轮与带接触面积很大，其缺点是要用特制的刀具加工；而渐开线齿型带轮可用标准滚刀加工，因此，一般推荐采用渐开线齿型。带轮齿数的选择应考虑到同时啮合齿数的多少，一般要求同时啮合的最少齿数 $z_{min} \geq 6$。

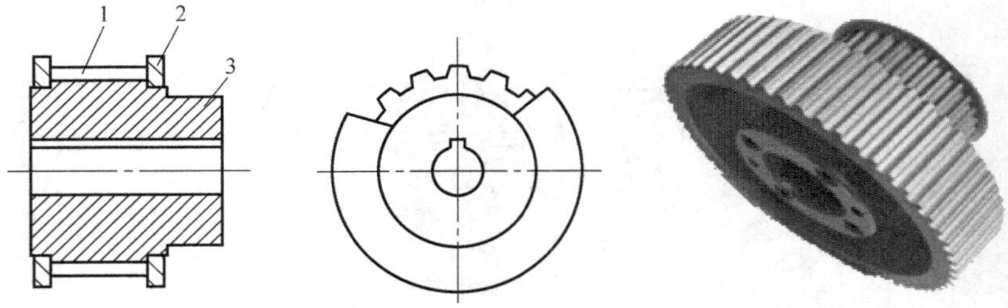

图 13-20 同步带轮

1—齿圈 2—挡圈 3—轮毂

带轮材料一般采用钢、铸铁，轻载时可采用轻合金或塑料，成批生产的带轮采用粉末冶金材料。同步带传动的设计计算可参照有关机械设计手册进行。

13.6 链传动概述

链传动是另外一种重要的挠性传动形式。它是由轴线平行的主动链轮、从动链轮和绕在两轮上的一条封闭链条所组成的，链条就是中间挠性件，如图 13-21 所示。链传动靠链条与链轮齿之间的啮合来传递运动和动力。

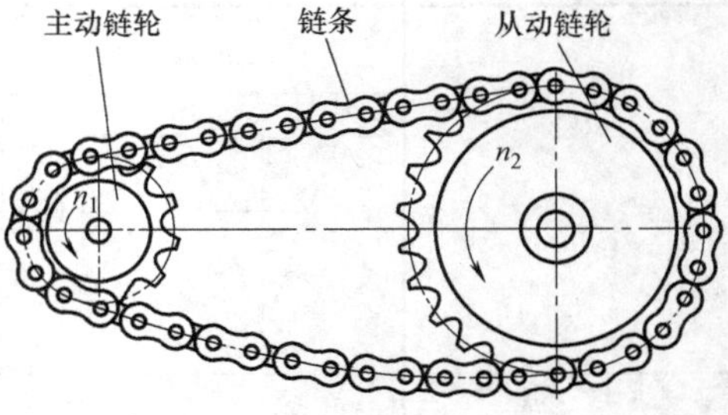

图 13-21 链传动的组成

13.6.1 链传动的类型、特点和应用

1. 链传动的类型

链有多种类型，按用途不同可分为起重链、牵引链和传动链三种。起重链主要用在起重机械中提升重物，其工作速度 $v \leq 0.25\text{m/s}$；牵引链用于运输机械中移动重物，其工作速度 $v \leq 4\text{m/s}$；在一般机械传动中，最常用的是传动链，用于传递运动和动力。传动链按结构不同分为短节距精密套筒链（简称套筒链）、短节距精密滚子链（简称滚子链，如图 13-22a 所示）、齿形链（无声链，如图 13-22b 所示）和成形链等。

套筒链的结构与滚子链基本相同，其结构简单、重量较轻、价格低廉，但因少了一个滚子，受滑动摩擦作用，故易磨损，常用于 $v \leq 2\text{m/s}$ 的低速传动中。滚子链传动因受滚动摩擦作用，故磨损量小、噪声低、使用寿命长，目前应用最广。齿形链传动较平稳、噪声低，但结构复杂、价格高，多用于链速较高或精度要求高的场合。成形链结构简单、拆装方便，常用于 $v \leq 3\text{m/s}$ 的一般传动及农业机械中。本章主要讨论滚子链传动的有关问题。

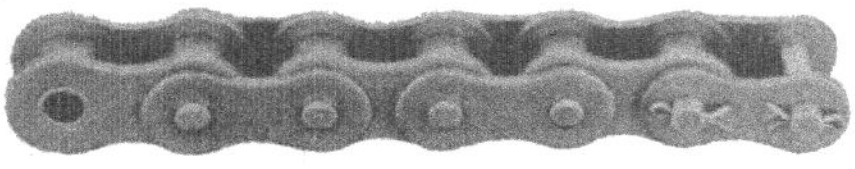

a)

b)

图 13-22　传动链类型

a）滚子链　b）齿形链

2. 链传动的特点

链传动兼有带传动与齿轮传动的特点，具体介绍如下：

1）与带传动相比，链传动无弹性滑动现象，因而能保持准确的平均传动比；传动效率较高，润滑良好的链传动的效率可达 98%；链条不需要像带那样张得很紧，所以作用在轴上的作用力较小。

2）在同样条件下，链传动的结构较紧凑。同时，链传动由于零件都是金属材料，可在温度较高、有水或油等恶劣环境下工作。

3）与齿轮传动相比，链传动易于制造、安装，成本低廉，在远距离传动时，结构更显轻便。

4）链传动的主要缺点：不能保持恒定的瞬时传动比，传动的平稳性差；冲击和噪声较大；对安装精度要求较高；磨损后链节伸长，易发生跳齿、脱链；只能用于水平平行轴间的传动。

3. 链传动的应用

链传动适用于两轴中心距较远、对瞬时传动比要求不高、运转速度较低及工作环境恶劣（多油、多尘、高温）的场合。它广泛应用于机床、冶金、轻工、化工、农业、起重运输、摩托车、自行车等领域。汽车发动机曲轴与凸轮轴之间的传动，有时也用链传动。链传动的适用范围为：传递的功率 $P \leq 100\text{kW}$，链速 $v \leq 15\text{m/s}$，传动比 $i \leq 8$，中心距 $a \leq 8\text{m}$。

13.6.2　滚子链的结构特点

1. 滚子链的结构

滚子链相当于活动铰链，由滚子、套筒、销轴、外链板和内链板组成（图 13-23a）。当链节进入、退出啮合时，滚子沿链轮齿廓滚动，实现滚动摩擦，以减小磨损。内链板与套筒间为过盈配合，组成内链节；外链板与销轴间也为过盈配合，组成外链节。由于套筒与销轴间为间隙配合，因而内、外链节间可以相互转动。为了减少套筒与销轴间的磨损，在它们之间应进行润滑。内、外链板均制成“8”字形，以使链板各横截面的抗拉强度大致相等，并减轻链条的重量及惯性力。

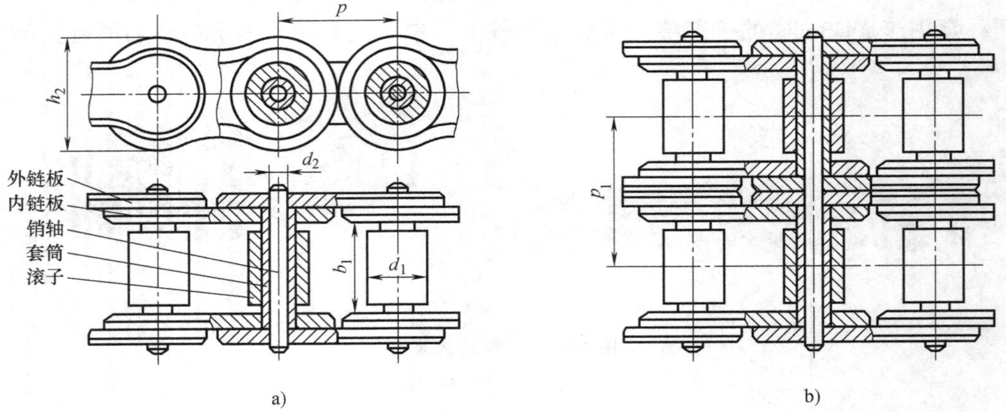

图 13-23　滚子链和双排链

a）滚子链的组成　b）双排链

2. 滚子链的节距和排数

相邻两销轴轴线间的距离称为节距，用 p 表示，它是链的主要参数（表 13-9）。节距 p 越大，链的承载能力越强，但各元件的尺寸也随之增大，重量增大，冲击和振动加大。滚子链按排数可分为单排链、双排链（图 13-23b）及多排链。排数越多，其承载能力越强，但受加工、装配精度的影响，各排链受到的载荷越不均匀，故排数不宜过多，通常不会超过四排。当传递功率较大时，为减小链传动的外廓尺寸，降低工作冲击和振动，多采用小节距多排链传动。

3. 滚子链的封闭方式

为了使链形成封闭的环状，链的两端应用连接链节连接起来。连接链节通常有三种型式（图 13-24）。当组成链的节数为偶数时，内、外链板正好相接，这时可采用开口销（图 13-24a）或弹簧夹（图 13-24b）将接头上的活动销轴固定。当链节数为奇数时，需采用过渡链节（图 13-24c）进行连接。过渡链节工作时，不但承受拉力的作用，还承受附

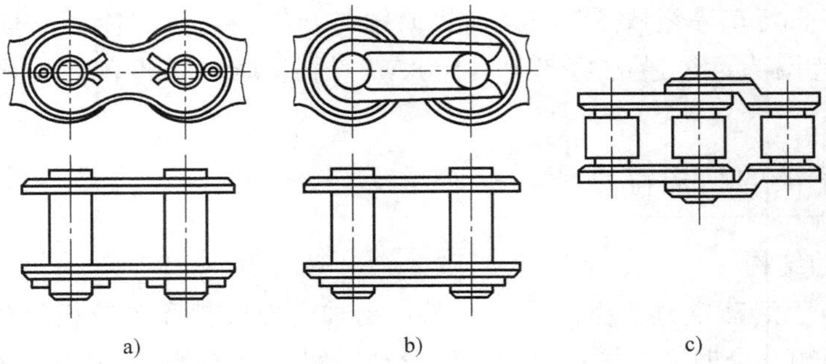

图 13-24　连接链节

a）开口销　b）弹簧夹　c）过渡链节

加弯矩的作用，因而其强度比一般链节低，所以在一般情况下最好不用。

滚子链已标准化，分 A、B 两个系列，A 系列源自 ANSI 标准，B 系列源自欧洲标准，我国以 A 系列为主体。表 13-9 列出了常用滚子链的链号和基本参数，GB/T 1243—2006 规定滚子链使用标准链号来表示。

表 13-9 A 系列滚子链的主要参数

链号	节距 p/mm	排距 p_t/mm	滚子外径 d_1/mm	抗拉极限载荷 Q(单排)/N	单位长度质量 q(单排)/(kg/m)
08A	12.70	14.38	7.92	13900	0.65
10A	15.875	18.11	10.16	21800	1.00
12A	19.05	22.78	11.91	31300	1.50
16A	25.40	29.29	15.88	55600	2.60
20A	31.75	35.76	19.05	87000	3.80
24A	38.10	45.44	22.23	125000	5.06
28A	44.45	48.87	25.40	170000	7.50
32A	50.80	58.55	28.58	223000	10.10
40A	63.50	71.55	39.68	347000	16.10
48A	76.20	87.83	47.63	500000	22.60

注：1. 本表摘自 GB/T 1243—2006，表中链号与相应的国际标准链号一致，链号乘以$\frac{25.4}{16}$即为节距值（mm）；后缀“A”表示 A 系列。

2. 使用过渡链节时，其极限载荷按表列数值的 80%计算。

3. 链条标记示例：10A-2-88 GB/T 1243—2006 表示链号为 10A、双排、88 节滚子链。

13.6.3 滚子链链轮

1. 滚子链链轮的齿形

链传动不属于共轭啮合传动，链轮齿廓曲线设计有很大的灵活性。国家标准仅规定了滚子链链轮齿槽的齿面圆弧半径 r_e、齿沟圆弧半径 r_i 和齿沟角 α（图 13-25a）的最大值

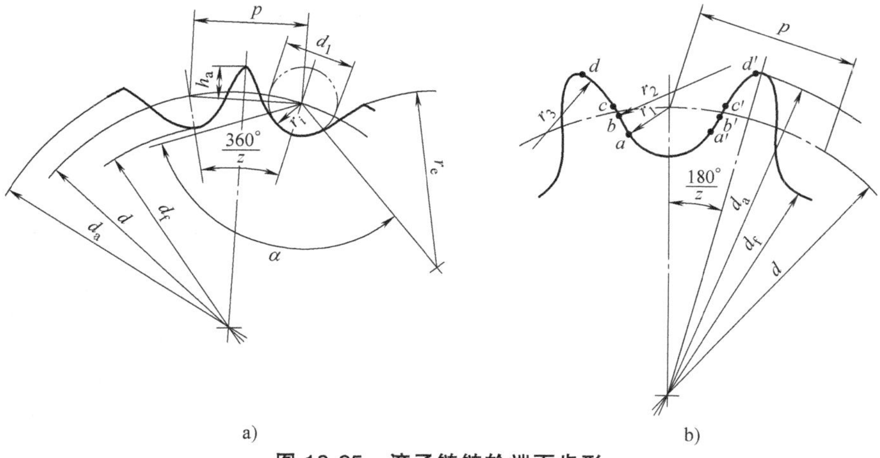

图 13-25 滚子链链轮端面齿形

和最小值。各种链轮的实际端面齿形均应在最大和最小齿槽形状之间。因此链轮齿廓曲线设计的灵活性较大。但齿形应保证链节能平稳自如地进入和退出啮合，并便于加工。

链轮轮齿通常是采用专门的标准刀具加工，因而在工作图上不必绘出其端面齿形，只需标注链轮的主要参数（如节距 p、齿数 z、分度圆直径 d 等）并注明“按 GB/T 1243—2006 规定制造齿形”即可。但须绘出链轮轴向齿形，以便车削链轮毛坯。

符合国家标准要求的端面齿形曲线有多种，最常用的是“三圆弧一直线”齿形。图 13-25b 所示的端面齿形由三段圆弧（aa'、$a'b'$、$c'd'$）和一段直线（$b'c'$）组成。这种“三圆弧一直线”齿形具有较好的啮合性能，并便于加工。链轮轴向齿形两侧呈圆弧状（图 13-26），以便于链节进入和退出啮合。轴向齿形的具体尺寸见有关设计手册。

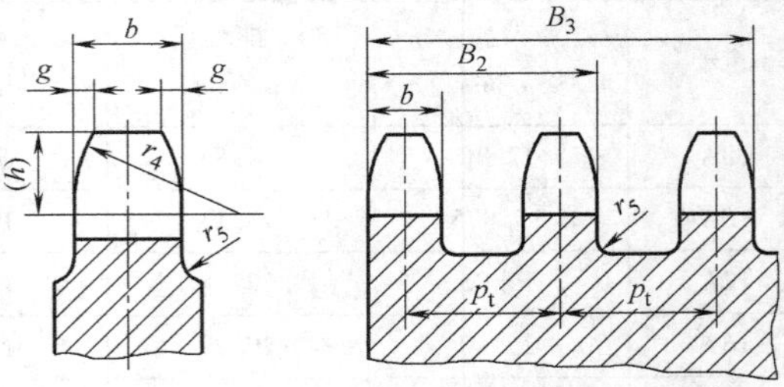

图 13-26　滚子链链轮轴向齿形

2. 滚子链链轮的主要尺寸

链轮上被链条节距等分的圆称为分度圆，其直径用 d 表示（图 13-25）。已知节距 p 和齿数 z 时，链轮主要尺寸的计算式如下：

（1）分度圆直径

$$d=\frac{p}{\sin\dfrac{180°}{z}} \tag{13-23}$$

（2）“三圆弧一直线”齿形的齿顶圆直径

$$d_a=p\left(0.54+\cot\frac{180°}{z}\right) \tag{13-24}$$

（3）齿根圆直径

$$d_f=d-d_g \tag{13-25}$$

式中，d_g 为滚子直径。

3. 滚子链链轮的材料和结构

链轮齿应有足够的接触强度和耐磨性，故齿面多经热处理。小链轮的啮合次数比大链轮多，所受冲击力也大，故所用材料一般优于大链轮。当大链轮用铸铁时，小链轮通常都用钢材。常用的链轮材料有碳钢（如 Q235、Q275、45、ZG310-570）、灰铸铁（如 HT200）等。重要的链轮可采用合金钢。链轮常用材料及应用范围见表 13-10。

表 13-10　链轮常用材料及应用范围

材料	热处理	热处理后硬度	应用范围
15、20	渗碳、淬火、回火	50～60HRC	有冲击载荷、齿数较少（$z\leq25$）的链轮
35	正火	160～200HBW	正常工作条件下齿数较多（$z>25$）的链轮
40、50、ZG310～570	淬火、回火	40～50HRC	无剧烈振动、冲击的链轮
15Cr、20Cr	渗碳、淬火、回火	50～60HRC	齿轮较少（$z<25$）、功率较大且有冲击的重要链轮

（续）

材料	热处理	热处理后硬度	应用范围
40Cr、35SiMn、35CrMo	淬火、回火	40~50HRC	使用优质链条、重要的链轮
Q235、Q275	焊接后退火	140HBW	中等速度、中等功率、直径较大的链轮
普通灰铸铁（不低于 HT150）	淬火、回火	260~280HBW	齿数较多（z>50）的从动链轮
夹布胶木	—	—	功率 $P \leqslant 6$kW、速度较高、传动平稳、噪声小的链轮

链轮的结构如图 13-27 所示。小直径链轮可制成实心式（图 13-27a）；中等直径的链轮可制成腹板式（图 13-27b）或孔板式（图 13-27c）；直径较大的链轮可做成焊接式（图 13-27d）；直径很大时可设计成可更换的连接式（图 13-27e）。若轮齿因磨损而失效，可更换齿圈。链轮轮毂部分的尺寸可参考带轮。

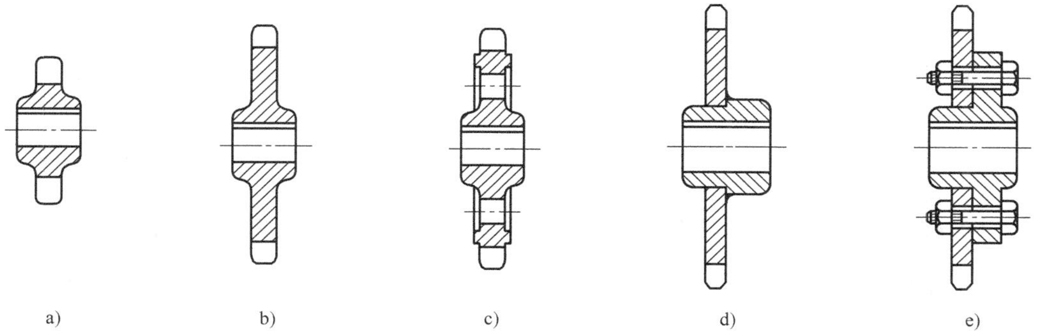

图 13-27　链轮的结构

a）实心式　b）腹板式　c）孔板式　d）焊接式　e）连接式

13.7　链传动的运动特性和受力分析

13.7.1　链传动的运动特性

1. 链条的平均线速度（简称链速）**和平均传动比**

链条绕上链轮后形成折线，因此链传动的运动情况和绕在正多边形轮上的带传动很相似（图 13-28）。链节距 p 相当于边长，链轮齿数 z 相当于边数。链轮每转一圈，链绕过的长度为 zp。设 z_1、z_2 为两链轮的齿数，n_1、n_2 为两链轮的转速（单位为 r/min）。则链条线速度为

$$v=\frac{z_1pn_1}{60\times1000}=\frac{z_2pn_2}{60\times1000} \tag{13-26}$$

链传动的传动比为

$$i=\frac{n_1}{n_2}=\frac{z_2}{z_1} \tag{13-27}$$

由推导过程可知，按照上两式求得的链速和传动比均为平均值。

2. 瞬时链速

实际上，由于多边形效应，瞬时链速是变化的。为了便于分析，设链的主动边（紧边）处于水平位置，如图 13-28 所示。主动链轮以角速度 ω_1 等速回转，当链节与链轮轮齿在 A 点啮合时，链轮上该点的圆周速度的水平分量即为链节上该点的瞬时速度，其值为

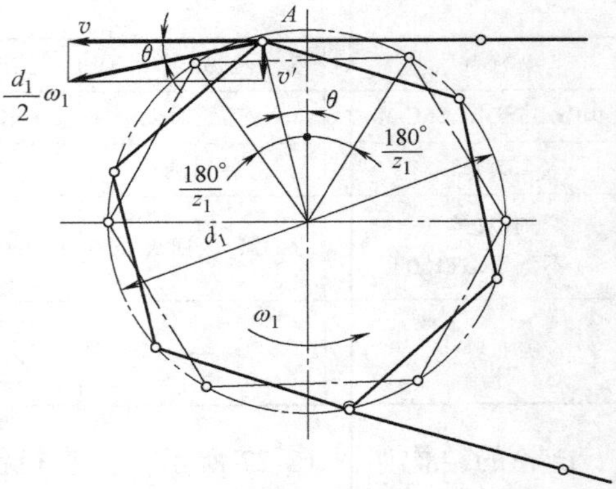

图 13-28　链传动的运动分析

$$v=\frac{1}{2}d_1\omega_1\cos\theta \tag{13-28}$$

式中，d_1 为主动链轮的分度圆直径，单位为 mm；θ 为 A 点的圆周速度与水平线的夹角。

从图 13-28 可以看出，在任一链节从进入啮合到退出啮合的过程中，θ 角在 $-\frac{180°}{z}\sim\frac{180°}{z}$ 的范围内变化：当 $\theta=0°$ 时，链速最大，$v_{\max}=\frac{1}{2}d_1\omega_1$；当 $\theta=\pm\frac{180°}{z}$ 时，链速最小，$v_{\min}=\frac{1}{2}d_1\omega_1\cos\frac{180°}{z}$。由此可知，当主动轮以角速度 ω_1 等速转动时，链条的瞬时速度 v 周期性地由小变大，又由大变小，每转过一个节距变化一次。并且齿数 z 越小，θ 的变动范围就越大，v 的变化范围也就越大。因此齿数 z 不宜太小，一般 $z_1\geqslant17$。

同理，链条在垂直于链节中心线方向的分速度 $v'=\frac{1}{2}d_1\omega_1\sin\theta$，也做周期性变化，从而使链条上下抖动。因此，由于链速是变化的，工作时不可避免地要产生振动和承受动载荷。

3. 从动轮转速和瞬时传动比

1）从动轮转速。在从动链轮上，开始啮合点的圆周速度与水平线的夹角 θ' 的变化范围也是 $-\frac{180°}{z}\sim\frac{180°}{z}$。可以推导出从动轮的角速度为

$$\omega_2=\frac{v}{(d_2\cos\theta')/2} \tag{13-29}$$

因为链速 v 和 θ' 都是不断变化的，所以从动轮的角速度 ω_2 是不断变化的。从动轮角速度 ω_2 的速度波动将引起链条与链轮轮齿的冲击，产生振动和噪声，并加剧磨损。显然，随着链轮齿数 z 的增加，θ 和 θ' 会相应减小，传动中的速度波动、冲击、振动和噪声也都会减小。所以链轮的最少齿数不宜太少，通常，取主动链轮（即小链轮）的齿数大于 17。

2）瞬时传动比为

$$i=\frac{\omega_1}{\omega_2}=\frac{d_2\cos\theta'}{d_1\cos\theta} \tag{13-30}$$

θ 和 θ' 在不断变化，因此，瞬时传动比也是不断变化的。

从以上的分析可知，为改善链传动转速的不均匀性，应当选用较小的链节、增加链轮齿数 z 和限制链轮的转速 v 等。

13.7.2　链传动的受力分析

安装链传动时，只需不大的张紧力，主要是使链的松边的垂度不致过大，否则，会产生显著振动、跳齿和脱链。若不考虑传动中的动载荷，作用在链上的力有圆周力（即有效拉力）F、离心拉力 F_c 和悬垂拉力 F_y，（参见 13.2.3 节有关说明）如图 13-29 所示。

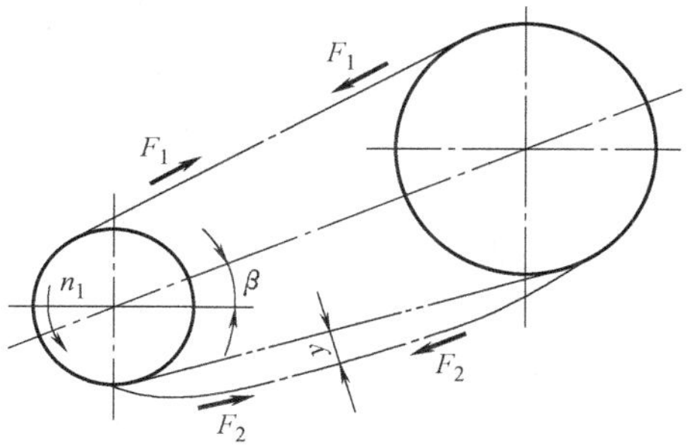

图 13-29　作用在链上的力

1. 链条上的拉力

1）紧边拉力为

$$F_1 = F + F_c + F_y \quad (13\text{-}31)$$

2）松边拉力为

$$F_2 = F_c + F_y \quad (13\text{-}32)$$

2. 围绕在链轮上的链节在运动中产生的离心拉力

$$F_c = qv^2 \quad (13\text{-}33)$$

式中，q 为单位长度链的质量，单位为 kg/m；v 为带速，单位为 m/s。

3. 悬垂拉力

悬垂拉力可利用求悬索拉力的方法近似求得，即

$$F_y = K_y qga \quad (13\text{-}34)$$

式中，a 为链传动的中心距，单位为 m；g 为重力加速度，$g = 9.81\text{m/s}^2$；K_y 为下垂度 $y = 0.02$ 时的垂度系数。

K_y 值与两链轮轴线所在平面与水平面的倾斜角 β 有关。垂直布置时 $K_y = 1$；水平布置时 $K_y = 6$。对于倾斜布置的情况，$\beta = 30°$时，$K_y = 5$；$\beta = 60°$时，$K_y = 2.8$；$\beta = 75°$时，$K_y = 1.2$。

链作用在轴上的压力可近似取为

$$F_Q = (1.2 \sim 1.3)F \quad (13\text{-}35)$$

有冲击和振动时取大值。

13.8　滚子链传动的失效分析和设计计算

13.8.1　滚子链传动的失效形式

1. 链板疲劳破坏

链传动时，链条在松边和紧边所受的拉力不同，故链条工作在交变拉应力状态。经过一定的应力循环次数后，链条元件由于疲劳强度不足而破坏，如链板将发生疲劳断裂、套

筒和滚子发生疲劳点蚀等。在润滑良好的链传动中，疲劳强度是决定链传动能力的主要因素。

2. 滚子、套筒的冲击疲劳破坏

链节与链轮啮合时，在链节以一定的相对速度与链轮齿啮合的瞬间，将对链轮产生冲击。如图 13-30 所示，根据相对运动原理，把链轮看作静止的，链节就以速度 $-\omega$ 进入轮齿而产生冲击。根据分析，节距越大、链轮转速越高时，冲击也越大。

同时对于因张紧不好而有较大松边垂度的链传动，在反复起动、制动或反转，以及高速时冲击载荷较大，也会使销轴、套筒、滚子等元件表面发生冲击疲劳破坏。

因此，设计时尽可能选用小节距的链，高速、重载时可选用小节距多排链。

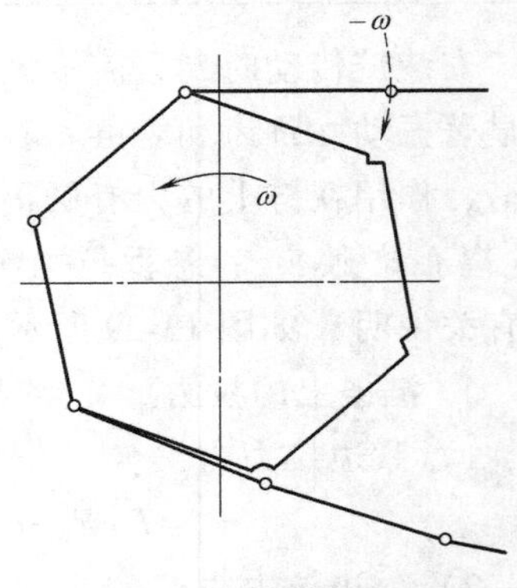

图 13-30　啮合瞬间的冲击

3. 销轴与套筒的胶合

当润滑不良或速度过高时，销轴与套筒接触表面间难以形成润滑油膜，销轴与套筒的工作表面摩擦发热较大，从而使两表面发生黏附磨损，严重时则会产生胶合。胶合限制了链传动的极限转速。

4. 链条铰链磨损

链条铰链磨损主要发生在销轴与套筒间。链节在进入和退出啮合时，相邻链节发生相对转动，因而在铰链的销轴与套筒间有相对转动，会引起磨损，使链的实际节距变长（图 13-31b），链的松边垂度增大，进而导致啮合情况恶化，引起振动和噪声，发生跳齿、脱链等，使传动失效。

链条磨损后节距变长的情况如图 13-31a 所示。图中 Δp 为链节距的平均伸长量。铰链磨损后实际上只是外链节的节距伸长了 $2\Delta p$，即 $p_2=p+2\Delta p$；而内链节的节距是不变的，即 $p_1=p$。

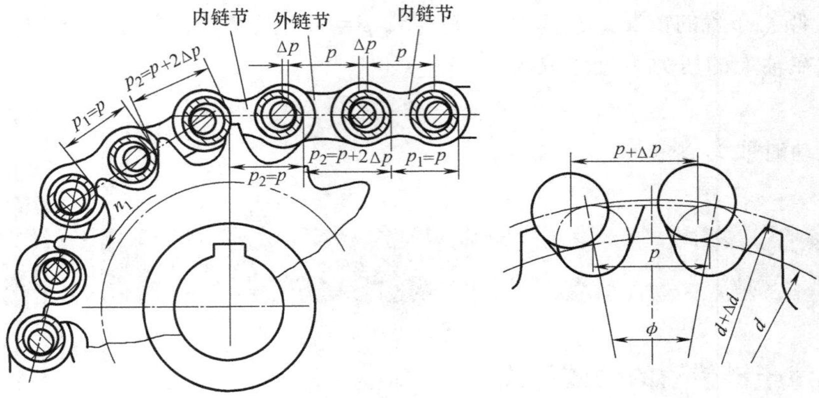

图 13-31　链条磨损

如图 13-31b 所示，链轮节圆直径增量为 $\Delta d=\Delta p/\sin(180°/z)$，这是造成链条脱链和跳齿的主要原因。从式中可以看出，Δd 随链轮齿数 z 增多而增大。因此除满足规定的润滑条件外，还要对链轮的齿数加以限制。一般 $z_2 \leqslant 120$。

5. 过载拉断

在低速（$v<6\text{m/s}$）、重载或瞬时严重过载时，链条因静强度不足可能被拉断。

13.8.2　链传动的参数及计算

1. 链轮齿数

从前面的分析可知，为使链传动的运动平稳，小链轮齿数不宜过少；但从链条铰链磨损的角度看，小链轮齿数不宜太多，以免从动链轮的直径太大，引起振动和噪声，发生跳齿、脱链等，使传动失效。对于滚子链，传动比可由表 13-11 选取，然后按传动比确定大链轮齿数，即 $z_2=iz_1$。一般链条节数为偶数，而链轮齿数最好选取奇数，这样可使磨损较均匀。

表 13-11　小链轮齿数 z_1

传动比 i	1~2	2~3	3~4	4~5	5~6	>6
z_1	31~27	27~25	25~23	23~21	21~17	17

2. 中心距和链的节数

1）初选中心距 a_0。若链传动中心距过小，则小链轮上的包角也小，同时啮合的链轮齿数也少；若中心距过大，则易使链条抖动。一般可初选中心距 $a_0=(30\sim50)p$（p 为链条节距），最大中心距 $a_{max}\leqslant 80p$。

2）链长节数。链条长度用链长节数 L_P 表示。按带传动求带长的公式可导出

$$L_P=2\frac{a_0}{p}+\frac{z_1+z_2}{2}+\frac{p}{a_0}\left(\frac{z_2-z_1}{2\pi}\right)^2 \tag{13-36}$$

由此算出的链长节数须圆整为整数，最好取为偶数。

3）运用式（13-36）可解得由节数 L_P 求中心距 a 的公式：

$$a=\frac{p}{4}\left[\left(L_P-\frac{z_1+z_2}{2}\right)+\sqrt{\left(L_P-\frac{z_1+z_2}{2}\right)^2-8\left(\frac{z_2-z_1}{2\pi}\right)^2}\right] \tag{13-37}$$

为使松边有合适的垂度，实际中心距应比计算出的中心距小 Δa，$\Delta a=(0.002\sim0.004)a$。为了便于安装链条和调节链的张紧程度，一般将中心距设计成可以调节的或安装张紧轮。中心距可调时，Δa 取大值。

3. 滚子链所传递的功率

（1）极限功率曲线　以上各种失效形式，将使链传动的工作能力受到限制。在一定的使用寿命下，从一种失效形式出发，可得出一个极限功率表达式，为了清楚，常用线图来表示。在图 13-32 所示的极限功率曲线中，1 是在正常润滑条件下，铰链磨损限定的极限功率；2 是链板疲劳强度限定的极限功

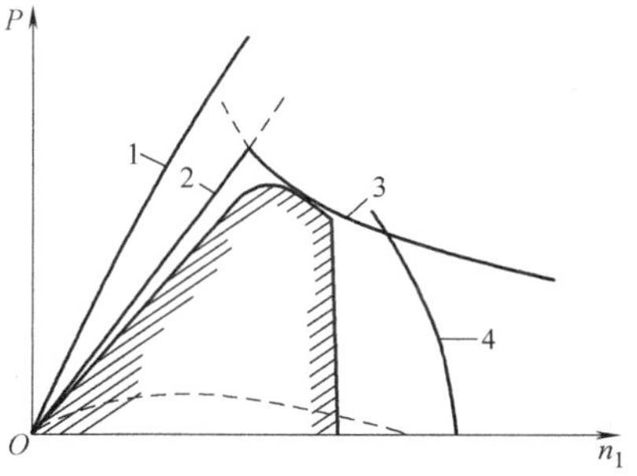

图 13-32　极限功率曲线

率；3 是套筒、滚子冲击疲劳强度限定的极限功率；4 是铰链胶合限定的极限功率。图中阴影部分为实际许用的区域。润滑、密封不良及工况恶劣时，磨损将很严重，其极限功率大幅度下降，如图中虚线所示。

（2）滚子链所能传递的功率 图 13-33 所示为 A 系列滚子链所能传递的功率。它是在特定条件下制订的，即：①两轮共面；②小链轮齿数 $z_1=25$；③链长节数 $L_P=120$ 节；④载荷平稳；⑤按推荐的方式润滑；⑥工作寿命为 15000h；⑦链条因磨损而引起的相对伸长量不超过 3%。

由图 13-33 可看出当采用推荐的润滑方式时，链传动所能传递的功率 P_0、小链轮转速 n_1 和链号三者之间的关系。若润滑不良或不能采用推荐的润滑方式时，应将图中 P_0 值降低：当链速 $v \leqslant 1.5\text{m/s}$ 时，降低到原 P_0 值的 50%；当 $1.5\text{m/s}<v \leqslant 7.5\text{m/s}$ 时，降低到原 P_0 值的 25%；当 $v>7.5\text{m/s}$ 而又润滑不当时，传动不可靠。

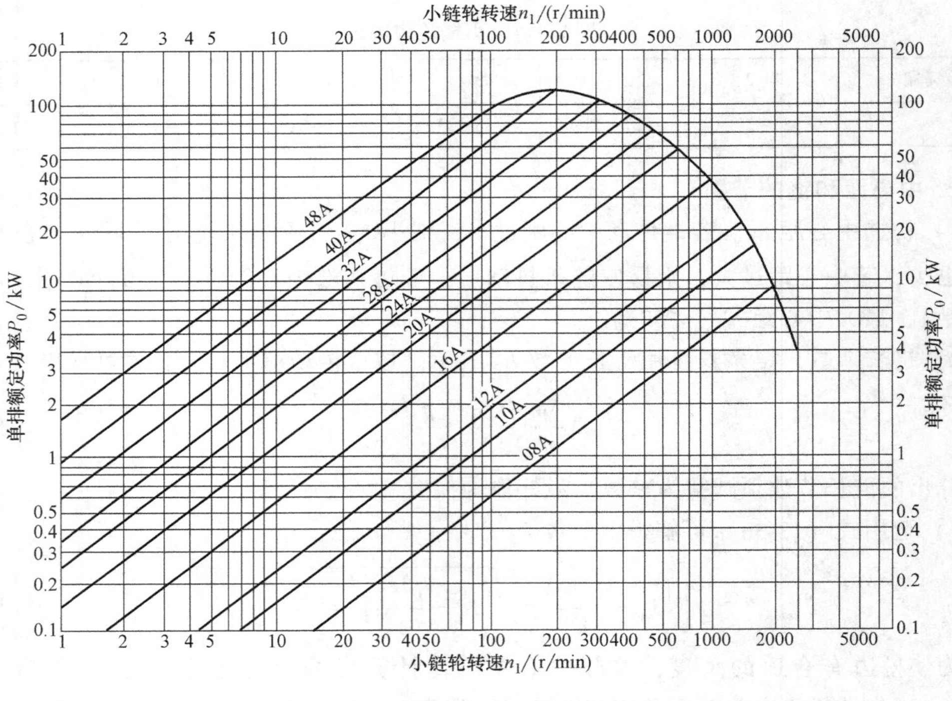

图 13-33 单排 A 系列滚子链的功率曲线图

4. 链传动的计算

（1）单排链的计算功率 P_c

$$P_c=\frac{K_A K_z}{K_m}P \tag{13-38}$$

式中，K_A 为工作情况系数，见表 13-12；K_z 为小链轮齿数 $z_1 \neq 25$ 时的修正系数，称为齿数系数，见图 13-34；K_m 为采用多排链时的修正系数，称为多排链系数，见表 13-13；P 为所传递的功率，单位为 kW。

表 13-12 工作情况系数K_A

载荷种类	原动机	
	电动机或汽轮机	内燃机
载荷平稳	1.0	1.1
中等冲击	1.4	1.5
较大冲击	1.8	1.9

表 13-13 多排链系数K_m

排数	1	2	3	4	5	6
K_m	1.0	1.7	2.5	3.3	4.0	4.6

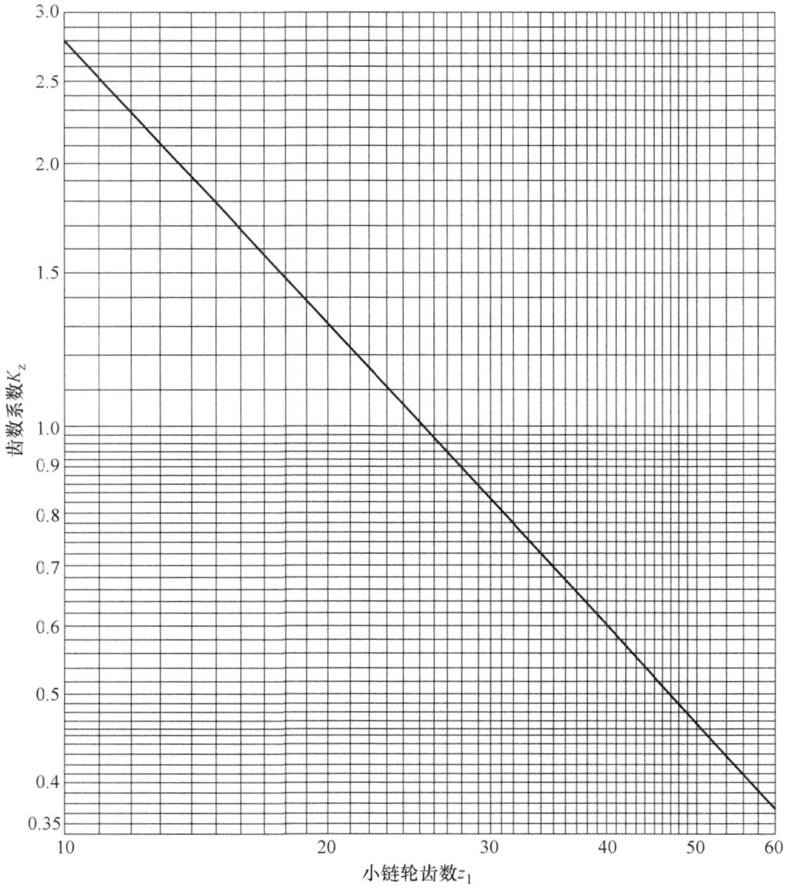

图 13-34 链轮齿数系数K_z

(2) 选择链条型号 根据计算功率 P_c 和小链轮转速 n_1，在图 13-33 中找到坐标点，从而确定应选择的链条型号。如：当 $P_c = 5kW$，小链轮转速 $n_1 = 400r/min$ 时，应选择链号为 10A。

(3) 校核链条静强度 当 $v \leqslant 0.6\text{m/s}$ 时，主要失效形式为链条的过载拉断，设计时必须校核静强度的安全系数

$$\frac{Q}{K_A F_1} \geqslant S \tag{13-39}$$

式中，Q 为链的极限载荷，见表 13-9；F_1 为紧边拉力；S 为安全系数，$S=4 \sim 8$。

13.8.3 滚子链传动的设计计算

下面通过一个实例来说明滚子链传动的参数选择与设计计算过程。

例 13-3 用 $P=1.5\text{kW}$、$n_1=150\text{r/min}$ 的电动机，通过链传动驱动一液体搅拌器，载荷平稳，传动比 $i=3.2$，试设计此链传动。

解 1）确定链轮齿数。由表 13-11，选 $z_1=23$，大链轮齿数 $z_2=iz_1=3.2\times23=73.6$，取 $z_2=73$。

实际传动比 $i=73/23=3.17$，误差远小于 5%，故允许。

2）链长节数。初定中心距 $a_0=40p$，由式（13-36）可得

$$L_P=2\frac{a_0}{p}+\frac{z_1+z_2}{2}+\frac{p}{a_0}\left(\frac{z_2-z_1}{2\pi}\right)^2=2\times\frac{40p}{p}+\frac{23+73}{2}+\frac{p}{40p}\left(\frac{73-23}{2\pi}\right)^2\approx130$$

取链长节数 $L_P=130$。

3）计算功率。由表 13-12 查得 $K_A=1.0$；由图 13-34 得 $K_z=1.1$；选用单排链，由表 13-13 取 $K_m=1$。由式（13-38）得

$$P_c=\frac{K_A K_z}{K_m}P=\frac{1\times1.1}{1}\times1.5\text{kW}=1.65\text{kW}$$

4）确定链条型号。由 $P_c=1.65\text{kW}$、$n_1=150\text{r/min}$，查图 13-33，取 08A 链条可满足要求。查表 13-9 知 08A 链的节距 $p=12.7\text{mm}$。

5）实际中心距。将中心距设计成可调节的，不必计算实际中心距。可取 $a\approx a_0=40p=40\times12.7\text{mm}=508\text{mm}=0.51\text{m}$。两链轮水平布置。

6）计算链速。由式（13-26）可得

$$v=\frac{z_1 p n_1}{60\times1000}=\frac{23\times12.7\times150}{60\times1000}\text{m/s}=0.73\text{m/s}$$

7）计算紧边拉力。

$$\text{圆周力 } F=\frac{1000P_c}{v}=\frac{1000\times1.65}{0.73}\text{N}=2260\text{N}$$

查表 13-9，可得单排 08A 的单位长度质量 $q=0.65\text{kg/m}$。根据式（13-33）可得离心力为

$$F_c=qv^2=0.65\times0.73^2\text{N}=0.35\text{N}$$

链轮水平布置时，垂直度系数 $K_y=6$。根据式（13-34）可得悬垂拉力为

$$F_y=K_y qga=6\times0.65\times9.81\times0.51\text{N}=19.44\text{N}$$

根据式（13-31），可得链条紧边拉力为

$$F_1=F+F_c+F_y=(2260+0.35+19.44)\text{N}=2279.79\text{N}$$

8）校核链条的静强度。由于链速比较低，校核链条的静强度成为必要。查表 13-9，可知 08A 的极限载荷为 13900N。按式（13-39）可得安全系数为

$$S=\frac{Q}{K_A F_1}=\frac{13900}{1\times2279.79}=6.1$$

S 在 4~8 的范围内，故满足静强度要求。

9）作用在轴上的压力。根据式（13-35），取 $F_Q=1.3F$，则作用在轴上的压力为

$$F_Q=1.3F=1.3\times2260\text{N}=2938\text{N}$$

10）确定链轮的主要尺寸（略）。

13.9　链传动的布置、张紧和润滑

13.9.1　链传动的布置

1. 链传动的布置原则

为使链传动能工作正常，应对其进行合理布置，布置的原则简要说明如下：

1）两链轮的回转平面必须布置在同一垂直平面内，不能布置在水平或倾斜平面内。

2）两链轮中心连线最好是水平的，也可以与水平面成 45°以下的倾斜角。尽量避免垂直传动，以免链的垂度增大时，链与下链轮啮合不良或脱离啮合。若无法避免垂直传动，则应采用张紧装置。

3）一般应使链的紧边在上，松边在下，以免下垂的松边和链轮或紧边相互干涉，影响链传动的正常工作。

2. 链传动的布置示例（表 13-14）

表 13-14　链传动的布置

传动参数	正确布置	不正确布置	说明
$i=2\sim3$ $a=(30\sim50)p$ i 与 a 都合适	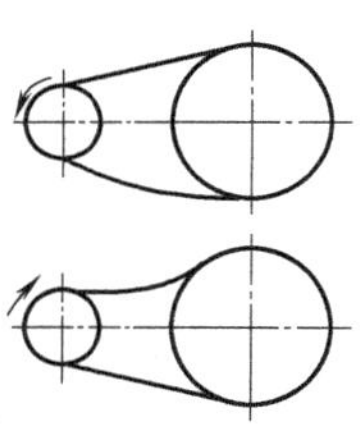		两轮轴线在同一水平面，紧边在上、在下均不影响工作

（续）

传动参数	正确布置	不正确布置	说明
$i>2$ $a<30p$ a 较小	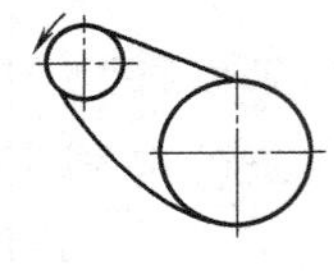	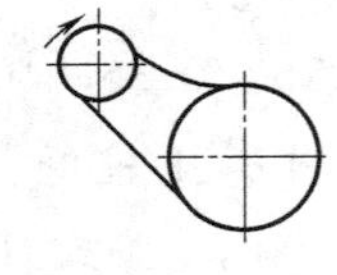	两轮轴线不在同一水平面，松边应在下面，否则松边下垂量增大后，链条易与链轮卡死
$i<1.5$ $a>60p$ a 较大	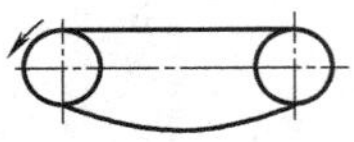	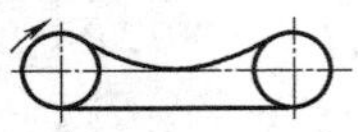	两轮轴线在同一水平面，松边应在下面，否则下垂量增大后，松边会与紧边相碰，需经常调整中心距
i,a 为任意值 垂直传动	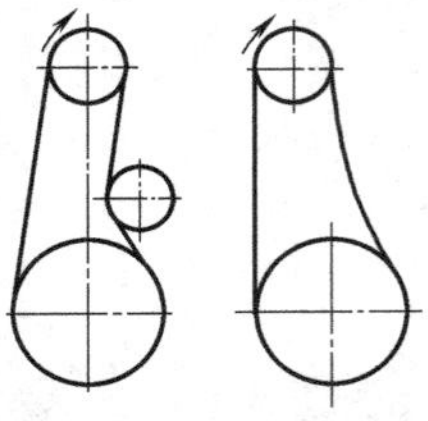	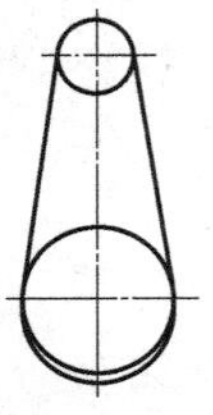	两轮轴线在同一铅垂面内，下垂量增大会减少下链轮有效啮合齿数，降低传动能力，为此应：①使中心距可调；②设张紧装置；③上、下两轮错开，使两轮轴线不在同一铅垂面内

13.9.2　链传动的张紧

为了保证链传动的正常工作，避免由于链条磨损伸长而引起的链条振动和包角减小，需要链条保持一定的张紧力，以控制松边的垂度。因此，链传动张紧的目的和带传动不同，张紧力并不决定链的工作能力，而只是决定垂度的大小。

当中心距可调时，可通过调整中心距来控制张紧程度；当中心距不可调时，常采用张紧装置或者去掉一两个链节使链长变短。张紧轮应安装在靠近主动链轮的松边上。不论是带齿还是不带齿的张紧轮，其节圆直径最好与小链轮的节圆直径相近。不带齿的张紧轮可用夹布胶木制造，宽度应比链宽一些。常用的链传动张紧方法如图 13-35 所示。

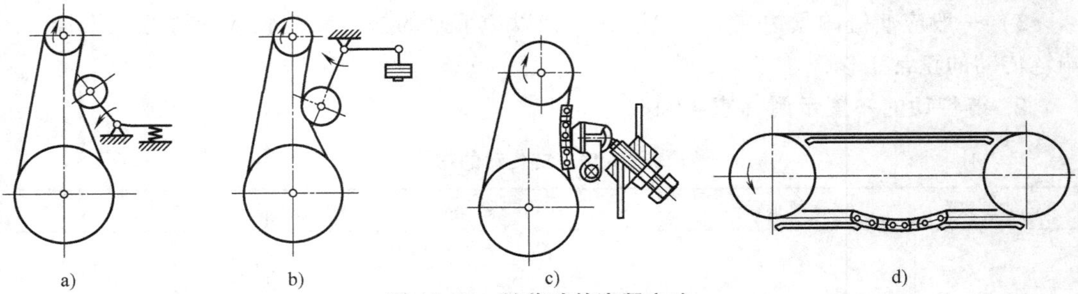

图 13-35　链传动的张紧方法

a）弹簧自动张紧　b）挂重自动张紧　c）压板定期张紧　d）托板和托架张紧

13.9.3　链传动的润滑

在前面已经讨论过，润滑不良将大大降低传动的工作能力并加速链条的磨损，使其难以达到预期的寿命。因此，润滑对链传动非常重要，特别是对高速、重载的链传动，其作用就更加明显。采用何种润滑方式可由链号、链速查图 13-36 确定。图中链传动的润滑方式分四种：

1. 人工定期润滑

1 区为人工定期在松边内外链板间隙处用油壶或油刷加油（图 13-37a），每班加油一次。

2. 滴油润滑

2 区为用油杯通过油管向松边内外链板间隙处滴油（图 13-37b），单排链每分钟滴油 5~20 滴，速度高时取大值。

3. 油浴润滑和飞溅润滑

3 区为油浴润滑（图 13-37c）和飞溅润滑（图 13-37d）。油浴润滑是采用密封的传动箱体，链条松边及链轮一部分浸入油中，链条浸油深度为 6~12mm，视链速而定。飞溅润滑采用密封的传动箱体，用直径较大的甩油盘将油甩起，经过壳体上的导油装置将油引到松边。甩油盘的圆周速度>3m/s。当链条宽度>125mm 时，应在链轮两侧各装一个甩油盘。应注意，链条不浸入油中，甩油盘浸油深度为 12~15mm。

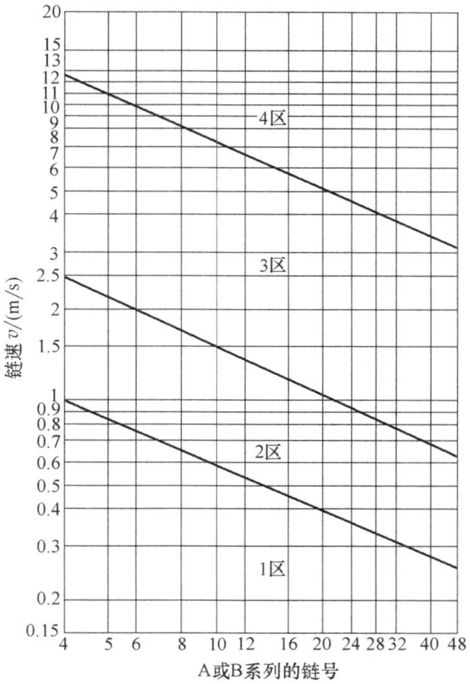

图 13-36　链传动的润滑方法

4. 压力喷油润滑

4 区为压力喷油润滑（图 13-37e），采用密封的传动箱体，用油泵经油管向链条连续喷油，喷油口设在链条啮入处。循环油可起润滑和冷却的作用。每个喷嘴的供油量 Q（单位为 L/min）可查表 13-15 获取。

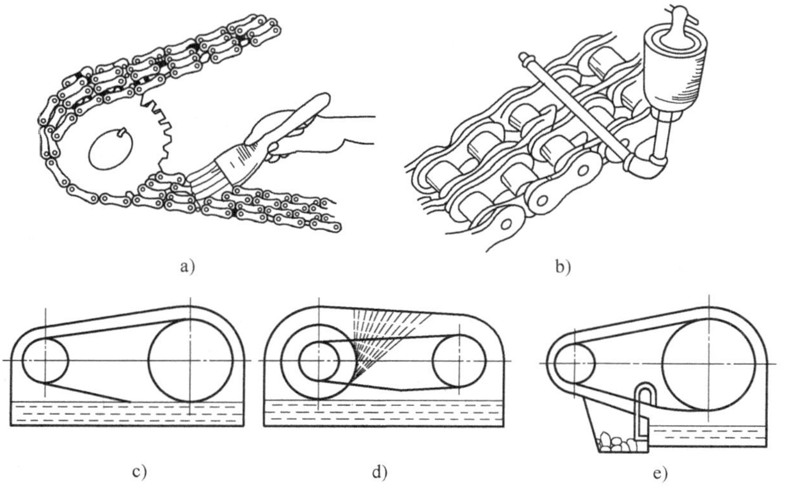

图 13-37　链传动的润滑装置

表 13-15　每个喷嘴的供油量 Q　　（单位：L/min）

链速/(m/s)	节距/mm			
	≤19.05	25.4～31.75	38.1～44.45	≥50.8
8～13	1.0	1.5	2.0	2.5
>13～18	2.0	2.5	3.0	3.5

思考练习题

13-1　带传动的工作原理是什么？它有哪些优、缺点？

13-2　带速为什么不宜太高也不宜太低？

13-3　带传动中的弹性滑动和打滑分别是怎样产生的？对带传动有何影响？

13-4　带传动的主要失效形式是什么？设计中怎样考虑？

13-5　为什么带传动通常布置在机器的高速级？

13-6　带传动在什么情况下才会发生打滑？打滑通常发生在大带轮上还是小带轮上？刚开始打滑前，紧边拉力与松边拉力有什么关系？

13-7　带传动中带为何要张紧？如何张紧？

13-8　与带传动相比，链传动有哪些优、缺点？

13-9　滚子链是如何构成的？其最主要的参数是什么？对传动有何影响？

13-10　链传动中为什么小链轮的齿数不宜过少？而大链轮的齿数又不宜过多？

13-11　简述滚子链传动的布置、润滑和张紧要点。

13-12　图 13-38 所示为一平带传动，已知两带轮直径分别为 150mm 和 400mm，中心距为 1000mm，小带轮主动，转速为 1460r/min，试求：①小带轮的包角；②带的几何长度；③不考虑带传动的弹性滑动时大带轮的转速；④滑动率 $\varepsilon=0.015$ 时大带轮的实际转速。

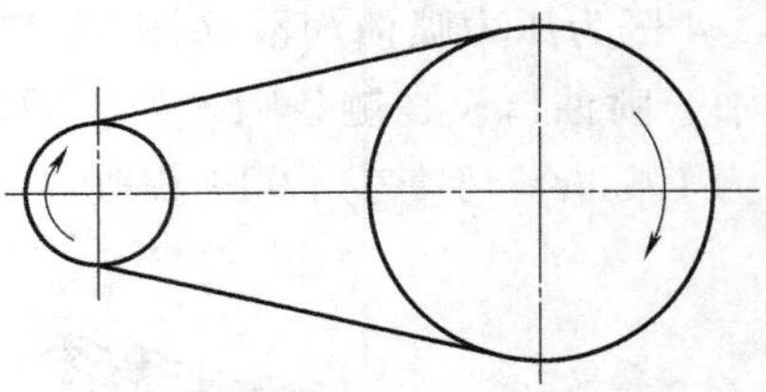

图 13-38　题 13-12 图

13-13　在题 13-12 中，若传动功率为 5W，带与铸铁带轮间的摩擦系数 $f=0.3$，所用平带单位长度质量 $q=0.35$kg/m，试求：①带的紧边、松边拉力；②此带传动所需的初拉力；③作用在轴上的压力。

13-14　一普通 V 带传动，已知带的型号为 A 型，两个 V 带轮的基准直径分别为 125mm 和 250mm，初定中心距 $a_0=450$mm，试完成以下任务：①初步计算带的长度 L_0；②按表 13-2 选定带的基准长度 L_d；③确定实际的中心距。

13-15　一链传动，已知链轮齿数 $z_1=21$、$z_2=53$，链条型号为 10A，链长节数 $L_P=$ 100 节。采用“三圆弧一直线”齿形，试求两链轮的分度圆、齿顶圆和齿根圆直径及传动的中心距。

13-16　一滚子链传动，已知主动链轮齿数 $z_1=17$，采用 10A 滚子链，中心距 $a=$ 500mm，水平布置，传递功率 $P=1.5$kW，主动链轮转速 $n_1=130$r/min。设工作情况系数 $K_A=1.1$，静强度安全系数 $S=7$，试校核此链传动。

第14章 轴

轴是机器中最重要的零件之一。本书前面介绍过的凸轮传动、齿轮传动、蜗杆传动、带传动和链传动等，都需要轴的支承才能将运动和动力逐级传递下去。汽车中的发动机曲轴、传动轴、半轴、减速器中的各种齿轮轴等，对汽车的正常行驶都起着至关重要的作用。因此，轴在机械的传动中起着很重要的作用，轴的强度和刚度直接决定该传动系统所能传递的最大转矩。

14.1 轴的概述

轴主要用来安装各种传动零件，使其绕轴线转动，传递转矩或回转运动，并通过轴承与机架相连，组成轴系部件。因此，轴的主要功用是：①支承轴上零件，并使其具有确定的工作位置；②传递运动和动力。轴的设计，主要是根据工作要求并考虑制造工艺等因素，选用合适的材料，并进行结构设计，经过强度和刚度计算，定出轴的结构形状和尺寸，必要时还要考虑振动的稳定性。

14.1.1 轴的分类

机械中有各种各样的轴。根据不同的标准可以将轴分为不同的类型。下面是主要的分类方法。

1. 根据轴的轴线形状分类

根据轴线形状，轴可分为直轴、曲轴和挠性钢丝轴（或钢丝软轴），直轴和曲轴统称为刚性轴，如图 14-1 所示。

（1）直轴 直轴结构简单、制造方便。按轴的外形又可分为光轴（图 14-1b）和阶梯轴（图 14-1a）两类。其中阶梯轴在机械中应用最广泛，本章重点讨论阶梯轴。

（2）曲轴 图 14-1c 所示为汽车发动机曲轴。其重要功能是通过连杆机构将旋转运动转化为往复直线运动。

（3）挠性钢丝轴 它又被称为钢丝软轴（图 14-1d），具有良好的挠性，可以把转矩和旋转运动灵活地传到任何方位，常应用于软轴砂轮、软轴电动工具、背式割草机等。

2. 根据受载情况分类

根据承载情况的不同，轴可分为心轴、传动轴和转轴三种。

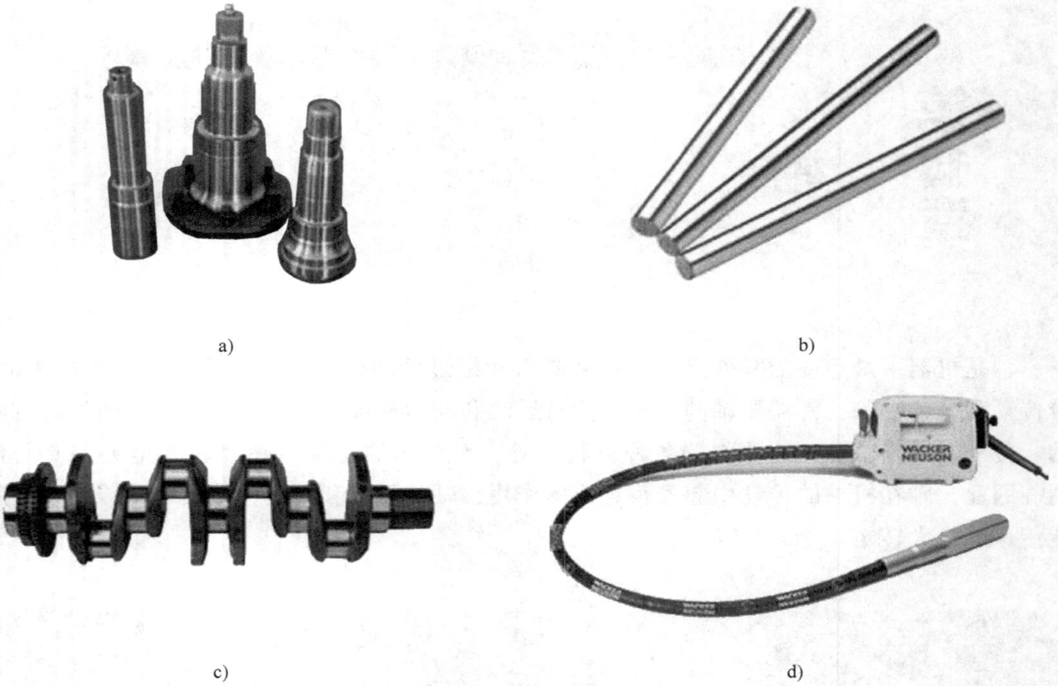

a)　b)　c)　d)

图 14-1　按轴线形状分类

a）阶梯轴　b）光轴　c）曲轴　d）挠性钢丝轴

（1）心轴　心轴是工作时只承受弯矩而不传递转矩的轴，通常可分为固定心轴和转动心轴两种。工作时不转动的心轴称为固定心轴，如自行车的前轴（图 14-2c）；工作时随转动零件一同转动的心轴称为转动心轴，如火车车轮轴（图 14-2b）。

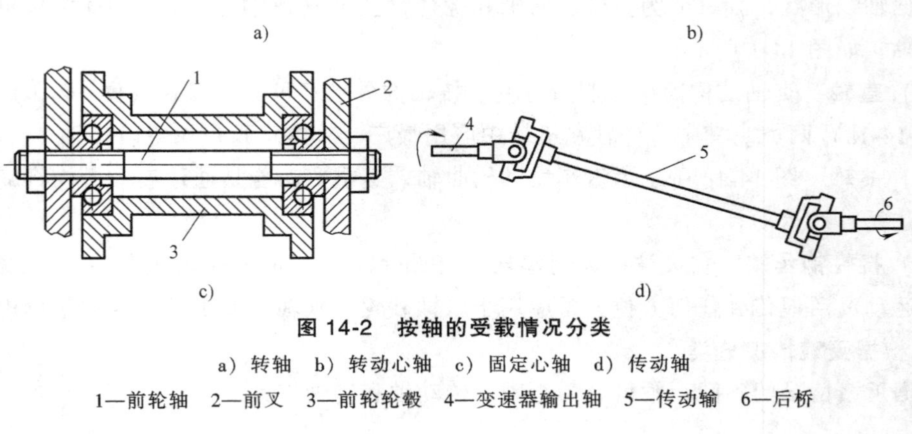

a)　b)　c)　d)

图 14-2　按轴的受载情况分类

a）转轴　b）转动心轴　c）固定心轴　d）传动轴

1—前轮轴　2—前叉　3—前轮轮毂　4—变速器输出轴　5—传动输　6—后桥

（2）传动轴　传动轴只传递转矩而不承受弯矩或弯矩很小，如汽车的传动轴（图 14-2d）。

（3）转轴　转轴既传递转矩又承受弯矩，在各种机器中最为常见，如装齿轮的转轴（图 14-2a）。

3. 其他分类方法

如：按照轴是否空心分为实心轴和空心轴；根据轴的截面形状可分为圆形截面轴和非圆形截面轴等。

14.1.2　轴的常用材料

轴一般承受变载荷，其产生的应力多为交变应力，使得轴的损坏常具有疲劳性质。因此，轴的材料应具有较高的抗疲劳性、较低的应力集中敏感性和良好的加工性能等特点。轴的材料主要是碳素钢、合金钢及铸铁等。

1. 碳素钢

碳素钢的强度虽然比合金钢低，但价格低廉，对应力集中的敏感性低，故应用较广。常用的碳素钢有 30、40、45 和 50 钢，其中以 45 钢最常用。为保证其力学性能，应进行调质或正火等热处理。对于载荷不大或不重要的轴，也可采用 Q235、Q275 等普通碳素钢，无须热处理。

2. 合金钢

合金钢相比碳素钢具有更高的力学性能和更好的淬火性能，但对应力集中比较敏感，价格较贵。对于受载大并要求尺寸紧凑、重量轻或耐磨性要求高的重要轴，以及处于非常温或腐蚀条件下工作的轴，常采用合金钢。常用的合金钢有 20Cr、40Cr、20CrMnTi、35CrMo、40MnB 等。由于常温下合金钢与碳素钢的弹性模量相差无几，当其他条件相同时，用合金钢代替碳素钢并不能提高轴的刚度。

3. 铸铁

轴也可以采用合金铸铁和球墨铸铁。铸铁具有流动性好、易于铸造成形、对应力集中不敏感等优点，且价格低廉，有良好的吸振性和耐磨性。但其强度和韧性较低，铸造质量不易控制。汽车中的曲轴和凸轮轴有时用球墨铸铁制造。轴的常用材料及其主要力学性能见表 14-1。

表 14-1　轴的常用材料及其主要力学性能

材料及热处理	毛坯直径/mm	硬度（HBW）	抗拉强度 R_m/MPa	屈服强度 R_{eL}/MPa	弯曲疲劳极限 σ_{-1}/MPa	应用说明
Q235			400	240	170	用于不重要或载荷不大的轴
35 钢正火	≤100	149～187	520	270	250	有好的塑性和适当的强度，可做一般曲轴、转轴等
45 钢正火	≤100	170～217	600	300	275	用于较重要的轴，应用最为广泛
45 钢调质	≤200	217～255	650	360	300	
40Cr 调质	25		1000	800	500	用于载荷较大而无很大冲击的重要轴
	≤100	241～286	750	550	350	
	>100～300	241～266	700	550	340	

（续）

材料及热处理	毛坯直径/mm	硬度（HBW）	抗拉强度 R_m/MPa	屈服强度 R_{eL}/MPa	弯曲疲劳极限 σ_{-1}/MPa	应用说明
40MnB 调质	25		1000	800	485	性能接近于 40Cr，用于重要的轴
	≤200	241~286	750	500	335	
35CrMo 调质	≤100	207~269	750	550	390	用于重载荷的轴
20Cr 渗碳、淬火、回火	15	56~62HRC	850	550	375	用于要求强度、韧性及耐磨性均较高的轴
	≤60		650	400	280	

轴的毛坯一般是轧制的圆钢或锻件。锻件内部组织比较均匀，因此，受力复杂的重要轴、大尺寸的轴及阶梯尺寸变化较大的轴，一般应采用锻件毛坯。

14.2 轴的结构设计

14.2.1 轴的结构设计概述

1. 轴的结构设计的主要要求

轴的结构设计比较复杂，没有标准的结构设计形式。其主要任务就是确定轴的合理的形状及其各部分的长度和直径。其主要要求如下：

1）轴应具有良好的工艺性，形状简单、便于加工。

2）轴上零件要易于装拆（制造安装要求）和调整。

3）轴和轴上零件要有准确的工作位置（定位）和可靠的相对固定（固定）。

4）应尽量改善轴的受力状况，减小应力集中，满足强度和刚度的要求。

2. 轴的组成与各部分名称

刚性轴虽各种各样，但基本上都是由轴颈、轴头、轴身及轴肩、轴环等几部分组成的。现结合图 14-3 所示的单级齿轮减速器的输出轴来说明。

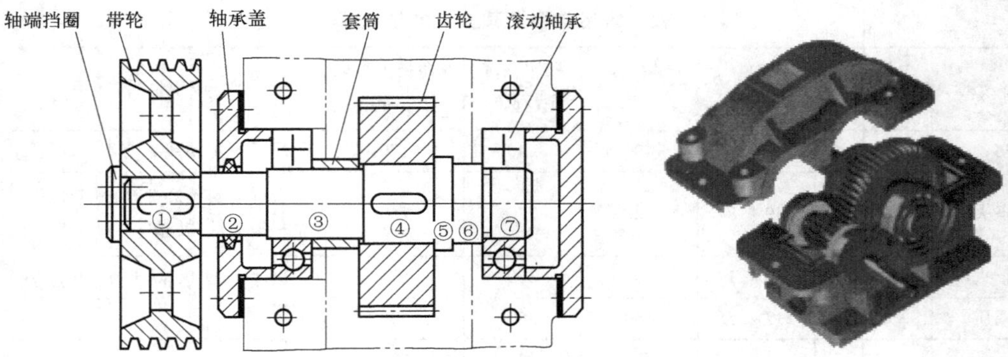

图 14-3 轴及轴上的零件

1）轴颈是轴中支承整个轴的部分。它一般与轴承配合，其直径应按轴承内径选取，如图 14-3 中的轴段③、⑦。

2）轴头是安装传动零件的部分。其直径应尽量取标准值，如图 14-3 中的轴段①、④。

3）轴身是连接轴头和轴颈的部分，如图 14-3 中的轴段②、⑥。

4）轴肩和轴环是阶梯轴的截面面积发生变化的部分。图 14-3 中的轴段⑤为轴环。轴肩分为定位轴肩（如图 14-3 中①和②、④和⑤、⑥和⑦间的轴肩）和非定位轴肩（如图 14-13 中②和③、③和④、⑤和⑥间的轴肩）两类。

14.2.2　制造安装要求

安装齿轮的轴主要为转轴。为便于轴上零件的装拆，常将轴设计成阶梯形。对于一般剖分式箱体中的轴，它的直径从轴端逐渐向中间增大。如图 14-3 所示的单级齿轮减速器的输出轴，其齿轮、套筒、左端滚动轴承、左轴承端盖和带轮依次从轴的左端装拆，另一滚动轴承、轴承端盖依次从轴的右端装拆。

另外还应注意：为使轴上零件易于安装，轴端及各轴段的端部应有倒角；轴上磨削的轴段应有砂轮越程槽（图 14-3 中⑥与⑦的交界处）；车制螺纹的轴段应有螺纹退刀槽（图 14-5b 所示安装双圆螺母螺纹段）；采用键连接时，为了加工方便，应将各轴段的键槽设计在同一加工直线上，并尽可能采用同一键槽截面尺寸，如图 14-3 中所示的两个键槽。

在满足使用要求的情况下，轴的形状和尺寸应力求简单，以便于加工。

14.2.3　轴上零件的定位和固定

轴上零件的定位和固定是不同的。定位是确保轴上零件在轴上占有正确的位置；而固定是确保已经在轴上占有正确位置的零件在工作中不改变其位置。一般来说，轴上零件的周向定位和固定是同时完成的，此过程就称为固定；而在轴向，定位与固定是分开完成的，因此需要分开讨论。

1. 轴上零件的周向固定

轴上零件的周向固定主要是为了传递转矩和防止零件与轴产生相对转动。周向固定大多采用键、花键、销、紧定螺钉及过盈配合等连接方式。在图 14-3 中，齿轮与轴、带轮与轴的周向固定依靠键连接，滚动轴承与轴的周向固定依靠过盈配合。轴旋转时，齿轮、带轮、轴承内圈随轴以同一转速一起旋转。常见的周向固定方式详见 12.1 节轴毂连接。

2. 轴上零件的轴向定位

轴上零件的轴向定位主要有轴肩和轴环、套筒、圆锥面三种方式。

1）轴肩和轴环定位，因结构简单、方便可靠、能承受较大的轴向载荷等优点，应用较多。在图 14-3 中，轴段①和②间的轴肩轴向定位 V 带轮，轴环⑤定位齿轮，轴段⑥和⑦间的轴肩使右端滚动轴承定位。

如图 14-4 所示，轴肩和轴环由定位面和过渡圆角组成。为保证轴上零件能紧靠定位面，定位轴肩的圆角半径 r 必须小于相配零件毂孔端部的倒角 C_1 或圆角半径 R。轴肩高 h 必须大于 C_1 或 R，一般取 $h=(2\sim3)C_1$。固定滚动轴承的轴肩高度 h 及圆角半径 r 应按滚动轴承的安装尺寸查取。轴环设计与定位轴肩相同。至于非定位轴肩，其直径变化仅为了装配方便或区别加工表面，故轴肩高度无严格要求，只要两轴段的直径稍有变化即可，一般取 1.5~2mm。

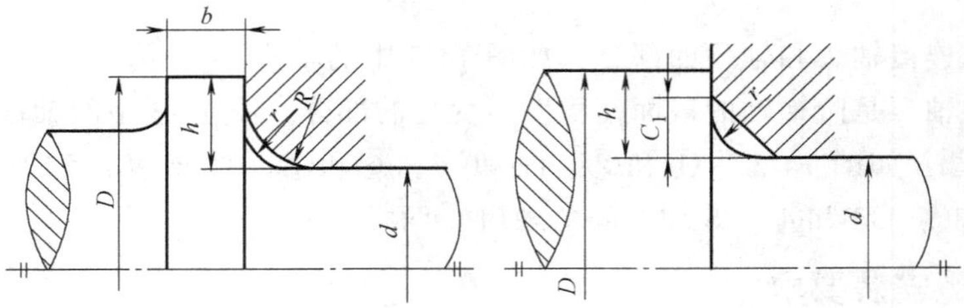

$h \approx (0.07d+3\text{mm}) \sim (0.1d+5\text{mm})$

$b \approx 1.4h$（与滚动轴承相配合处的h和b值，见滚动轴承标准）

图 14-4　轴肩和轴环定位

2）套筒定位主要用在轴的中部，当两个零件间距离较小时，常用套筒做定位元件。图 14-3 所示的套筒就是左端滚动轴承的定位元件。采用套筒定位，既能避免因采用轴肩而使轴径增大，又可减少应力集中源，简化了轴结构设计的同时并不削弱轴的强度。但套筒与轴的配合较松，也不宜用于高速旋转，还会稍微增加机器的重量。套筒还可兼做轴向固定元件，其设计同轴肩。

3）圆锥面定位主要用于轴端零件，又称为圆锥形轴头。如图 14-5a 所示，这种定位方式装拆方便，能消除轴与轮毂间的径向间隙，可兼做轴向固定。它适用于冲击载荷和对中性要求较高的场合，常与轴端挡圈联合使用，以实现轴端零件的双向固定。

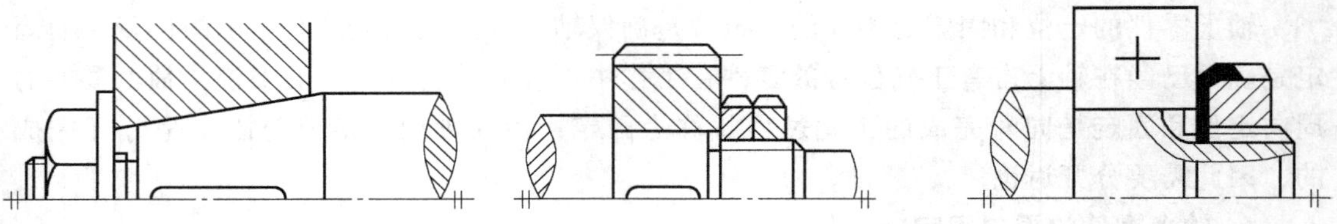

a)　　b)　　c)

图 14-5　轴上零件的定位与固定

3. 轴上零件的轴向固定

轴上零件的轴向固定的方式比较多，主要有套筒、圆螺母+弹性垫圈、双圆螺母、轴端挡圈、紧定螺钉、弹性挡圈等。下面分别讨论。

1）套筒除了可做定位元件以外，还可兼做轴向固定元件。如图 14-3 所示，齿轮就是靠套筒固定的。

2）当轴上相邻两零件间距较大，以致套筒太长或无法采用套筒时，可采用双螺母固定（图 14-5b）或圆螺母+止动垫片（图 14-5c）固定。它能传递较大的轴向力，但螺纹处有很大的应力集中，为避免过多地削弱轴的强度，一般采用细牙螺纹。这种结构主要用于固定轴端的零件。

3）轴端挡圈是采用压板+螺钉的方式固定轴端零件，可以承受较大的轴向力，其工作可靠，应用较广。图 14-3 所示 V 带轮的固定就采用轴端挡圈方式。轴端挡圈可采用单螺钉固定。为了防止轴端挡圈转动、螺钉松脱，可加圆柱销锁定轴端挡圈，如图 14-6a 所示，或如图 14-6c 所示，采用单螺钉加止动垫片的方式。也可采用双螺钉加止动垫片防松等固定方法，如图 14-6b 所示。

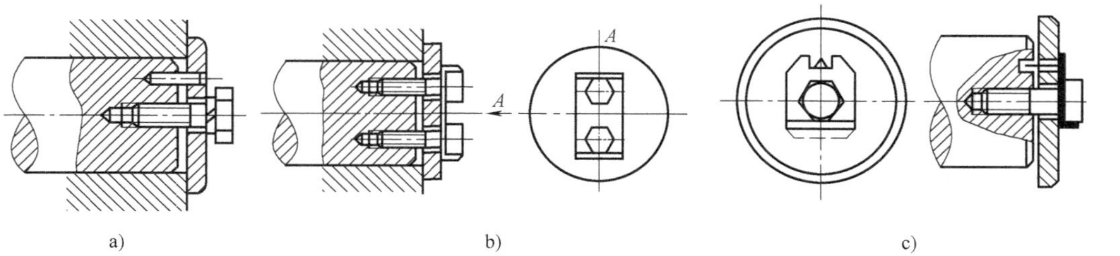

a)　　b)　　c)

图 14-6　轴端挡圈

4）弹性挡圈和紧定螺钉。弹性挡圈（图 14-7a）大多与轴肩联合使用，也可在零件两边各用一个挡圈，但只适用于轴向力不大的情况。但轴上的沟槽会引起应力集中，削弱轴的强度。紧定螺钉（图 14-7b）多用于光轴上零件的固定，优点是轴的结构简单，零件位置可以调整。紧定螺钉还可以兼做周向固定，但这种结构只能承受较小的力，而且不适用于高速转动的轴。

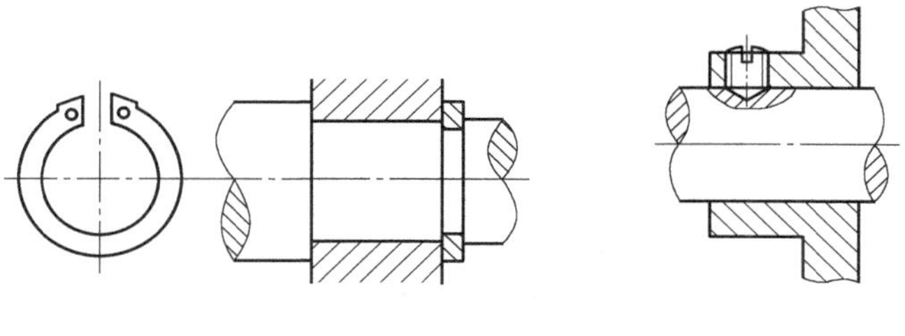

a)　　b)

图 14-7　弹性挡圈和紧定螺钉

a）弹性挡圈　c）紧定螺钉

14.2.4　各轴段直径和长度的确定

1. 确定轴的最小直径 d_{min}

零件在轴上的定位和装拆方案确定后，轴的形状便大体确定。轴的直径与轴上载荷大小有关。一般说来，不知道支反力的作用点时，不能确定弯矩的大小与分布情况，但可以求得轴所受的扭矩，因而可按轴所受的扭矩初步估算轴的最小直径 d_{min}（详情见 14.3 节）。然后再按轴上零件的装配方案和定位要求，在 d_{min} 的基础上逐步增加，以便确定各轴段的直径。

2. 确定阶梯轴各段直径的原则

1）应便于轴上零件的安装。因此，轴端直径最小。最初定位轴环直径最大，应放在轴的中间部位，但并不一定要对称。

2）对于加工精度、表面粗糙度不同的表面，其直径最好有所不同。

3）配合表面与非配合表面，甚至不同配合性质的表面，其直径应有所不同。

4）与轴上传动零件配合的轴头直径，应尽可能圆整成标准直径尺寸（见表 14-2），或以 0、2、5、8 结尾的尺寸；安装标准件（如滚动轴承、联轴器、密封圈等）部位的轴径，应取为相应的标准值及所选配合的公差。

5）非配合的轴身直径，可不取标准值，但一般应取整数。

表 14-2　标准直径尺寸系列　　　　（单位：mm）

标准直径	10	12	14	16	18	20	22	24	25	26	28
	30	32	34	36	38	40	42	45	48	50	53
	56	60	63	67	71	75	80	85	90	95	100

3. 确定各轴段的长度

1）确定各轴段的长度时，应考虑的因素有：轴上零件的宽度、零件固定的可靠性、工作和润滑要求及装拆工艺要求等。

2）轴头的长度取决于与其相配合的传动零件轮毂的宽度，应使轴头长度比所装零件轮毂的宽度小 2~3mm，以保证其轴向固定的可靠性，如图 14-3 中的①、④轴段。

3）选用套筒、圆螺母、轴端挡圈做轴向固定时，应把装零件的轴段长度设计得比轮毂短 2~3mm，以确保套筒、螺母或轴端挡圈能靠紧零件端面，如图 14-3 中的④轴段、图 14-5 和图 14-6 所示。

14.2.5　提高轴的强度和刚度的措施

轴和轴上零件的结构、工艺以及轴上零件的安装布置等对轴的强度和刚度有很大影响，因此，可以从结构和工艺两方面采取措施来提高轴的承载能力，减小轴的尺寸和质量，提高轴系的工作性能，使整个机器结构紧凑，性能良好。

1. 合理设计和合理布置轴上零件，减小最大载荷

轴上零件的合理设计和合理布置能减小轴的最大载荷，现举三个例子进行说明：

1）图 14-8a 所示卷筒的轮毂很长，轴上的弯矩较大，如把轮毂设计成两段（图 14-8b），不仅可以减小轴的最大弯矩，而且还能得到良好的轴孔配合。

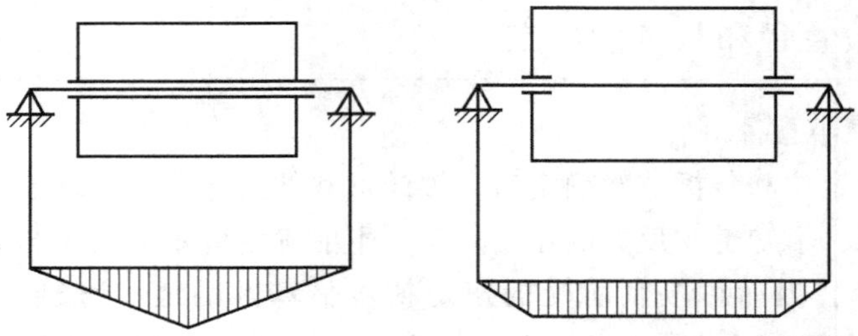

a)　　b)

图 14-8　卷筒的轮毂结构

a）不合理的结构　b）合理的结构

2）图 14-9 所示为分解运动机构，有一个输入轮和两个输出轮。如果把输入轮设置在轴的一端（图 14-9b），轴所受最大扭矩为 T_1+T_2；如果把输入轮设计在两个输出轮之间（图 14-9a），则轴所受的最大扭矩降低为 T_1。

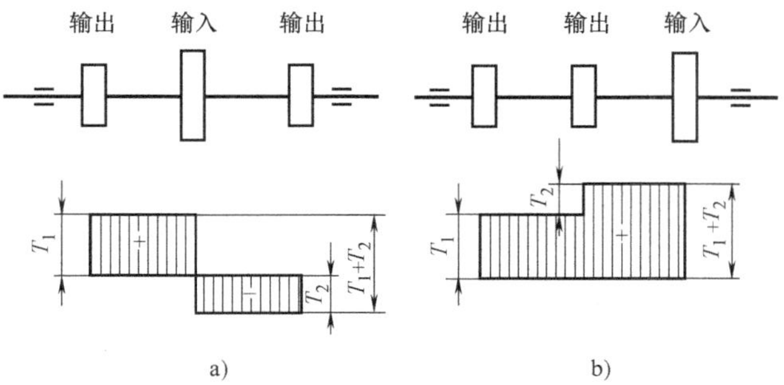

图 14-9 分解运动机构中轴的两种布置方案

3）图 14-10 所示为起重机卷筒的两种布置方案。图 14-10a 所示的结构中，大齿轮和卷筒连成一体，扭矩经大齿轮直接传给卷筒，故卷筒轴只受弯矩而不传递扭矩，在起重同样的载荷时，轴的直径可小于图 14-10b 所示结构中轴的直径。

2. 改进轴的结构，减小应力集中

改善轴的受力状况的另一个重要方面就是减小应力集中。合金钢对应力集中比较敏感，尤需加以注意。

1）零件截面发生突然变化的地方，都会产生应力集中现象。因此对阶梯轴来说，在截面尺寸变化处应采用圆角过渡，且圆角半径不宜过小（图 14-11a）。当圆角半径增大受到结构限制时，或圆角太大影响到零件的轴向定位时，可将圆弧延伸到轴环中，称为内切圆角（图 14-11c）；也可加装过渡肩环（图 14-11b）。应尽量避免在轴上（特别是应力大的部位）开横孔、切口或凹槽。必须开横孔时，孔边要倒圆。

2）轴上与零件毂孔配合的轴段会产生应力集中。配合越紧，零件材料越硬，应力集中越大。其原因是，零件轮毂的刚度比轴大，在横向力作用下，两者变形不协调，相互挤压，导致应力集中。尤其在配合边缘，应力集中更为严重。因此，重要的结构中，轴、轮毂上可开卸载槽（图 14-11a 和图 14-11d 中的 B 环槽）以减小局部应力，也可通过增大配合处的直径来减小应力集中，如图 14-12 所示。

3）选用应力集中小的定位方法。采用紧定螺钉、圆锥销钉、弹性挡圈、圆螺母等定位时，需在轴上加工出凹坑、横孔、环槽、螺纹，引起较大的应力集中，应尽量不用；用

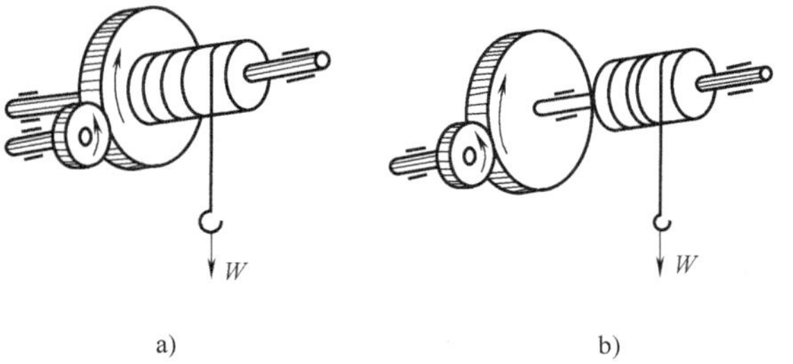

图 14-10 起重机卷筒

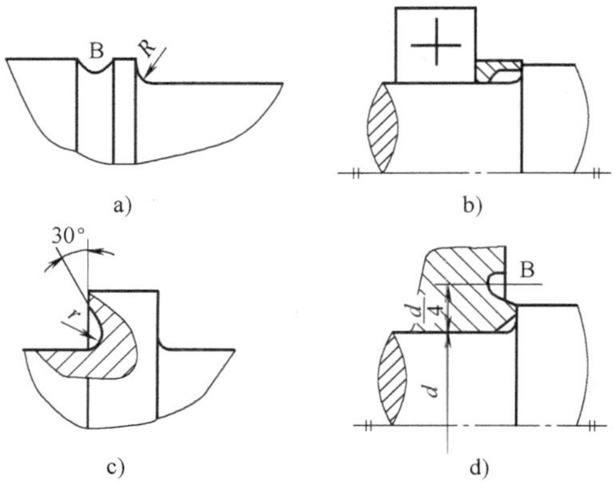

图 14-11 减小应力集中的措施

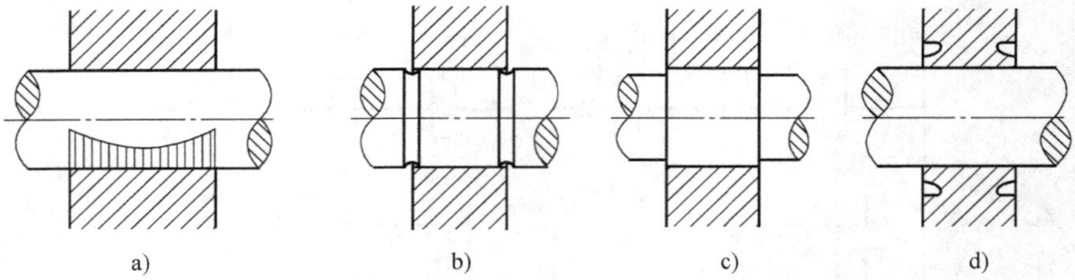

图 14-12 轴毂配合的应力集中及减轻措施

a）配合部位的应力集中 b）轴上开卸载槽 c）增大配合处的直径 d）毂端开卸载槽

套筒定位无应力集中。在条件允许时，用渐开线花键代替矩形花键，用盘形铣刀加工的键槽代替面铣刀加工的键槽，均可减小应力集中。

3. 改善表面质量，提高轴的疲劳强度

轴的表面越粗糙，其疲劳强度越低。因此，应合理减小轴的表面及圆角处的表面粗糙度值。当采用对应力集中甚为敏感的高强度材料制造轴时，这一点更应引起重视。

表面强化处理的方法有：高频感应淬火等热处理，表面渗碳、渗氮、碳氮共渗等化学热处理，碾压、喷丸等强化处理。通过碾压、喷丸进行表面强化处理时，可使轴的表层产生预压应力，从而提高轴的抗疲劳能力。

4. 采用空心轴，增大轴的刚度

采用空心轴对提高轴的刚度、减小轴的质量具有显著的作用。例如内径 d_1 与外径 d 的比值为 0.6 的空心轴与直径为 d 的实心轴相比，空心轴的截面系数减小 13%，而质量却减小 36%；内、外径之比仍为 0.6 的空心轴与质量相同的实心轴相比，截面系数可增大到 1.7 倍。

14.3 轴的强度计算

轴的强度计算应根据轴的承载情况，采用相应的计算方法。常见的轴的强度计算方法有以下两种：

1. 传动轴的强度计算

传动轴只受扭矩，就按照扭转强度计算，这种方法除了适用于只承受扭矩的传动轴的精确计算外，也可用于既受弯矩又受扭矩的转轴的近似计算。

1）对于只传递扭矩的圆截面传动轴，其强度条件为

$$\tau = \frac{T}{W_T} = \frac{9550 \times 10^6 P}{0.2d^3 n} \leqslant [\tau] \tag{14-1}$$

式中，τ 为轴的扭转切应力，单位为 MPa；T 为扭矩，单位为 N · mm；W_T 为抗扭截面系数，单位为 mm^3，对圆截面轴，$W_T = \frac{\pi d^3}{16} = 0.2d^3$；$P$ 为传递的功率，单位为 kW；n 为轴的转速，单位为 r/min；d 为轴的直径，单位为 mm；$[\tau]$ 为许用扭转切应力，单位为 MPa，见表 14-3。

2）对于既传递扭矩又承受弯矩的转轴，也可用式（14-1）初步估算轴的直径，但必须把轴的许用扭转切应力［τ］适当降低（表 14-3），以补偿弯矩对轴的影响。将降低后的许用应力代入式（14-1），并改写为设计公式为

$$d \geqslant \sqrt[3]{\frac{9550 \times 10^6}{0.2[\tau]}} \sqrt[3]{\frac{P}{n}} \geqslant C\sqrt[3]{\frac{P}{n}} \tag{14-2}$$

式中，C 是由轴的材料和承载情况确定的常数，见表 14-3。应用上式求出的 d 值，一般作为传递扭矩轴段的最小直径 d_{min}。

表 14-3　常用材料的［τ］值和 C 值

轴的材料	Q235,20	35	45	40Cr,35SiMn
$[\tau]$/MPa	12～20	20～30	30～40	40～52
C	160～135	135～118	118～107	107～98

注：当作用在轴上的弯矩比传递的扭矩小或只传递扭矩时，C 取较小值；否则取较大值。

2. 心轴的强度计算

心轴只承受弯矩而不承受扭矩。在一般情况下，作用在轴上的弯矩方向不变，故圆截面心轴的抗弯强度条件为

$$\sigma_b = \frac{M}{W} = \frac{M}{\pi d^3/32} \approx \frac{M}{0.1d^3} \leqslant [\sigma_b] \tag{14-3}$$

式中，σ_b 为轴的弯曲应力，单位为 MPa；M 为作用在轴上的弯矩，单位为 N · mm；W 为轴的抗弯截面系数，单位为 mm^3，对圆截面轴 $W = \frac{\pi d^3}{32} = 0.1d^3$；$d$ 为轴的直径，单位为 mm；$[\sigma_b]$ 为轴材料的许用弯曲应力，单位为 MPa。其值按下述情况选取：轴固定时，若载荷长期作用，取静应力状态下的许用弯曲应力 $[\sigma_{+1b}]$；若载荷时有时无，取脉动循环的许用弯曲应力 $[\sigma_{0b}]$；轴转动时，取对称循环的许用弯曲应力 $[\sigma_{-1b}]$。三个许用弯曲应力的取值见表 14-4。

设计轴的直径时，式（14-3）可以写成

$$d \geqslant \sqrt[3]{\frac{M}{0.1[\sigma_{-1b}]}} \tag{14-4}$$

表 14-4　轴在各种工况下的许用弯曲应力　（单位：MPa）

材料	σ_b	$[\sigma_{+1b}]$	$[\sigma_{0b}]$	$[\sigma_{-1b}]$
碳钢	400	130	70	40
	500	170	75	45
	600	200	95	55
	700	230	110	65
合金钢	800	270	130	75
	900	300	140	80
	1000	330	150	90

（续）

材料	σ_b	$[\sigma_{+1b}]$	$[\sigma_{0b}]$	$[\sigma_{-1b}]$
铸钢	400	100	50	30
	500	120	70	40

3. 转轴的强度计算

转轴既受扭矩也受弯矩。在结构设计初步（装配草图）完成后，轴的支点位置及轴上所受载荷的大小、方向和作用点均为已知。由此可做轴的受力分析，绘制弯矩图和扭矩图。而后就可按弯扭合成强度计算轴径了。

对于一般钢制的轴，可用第三强度理论（即最大切应力理论）求出危险截面的当量应力 σ_e，其强度条件为

$$\sigma_e=\sqrt{\sigma_b^2+4\tau^2}\leqslant[\sigma_b] \tag{14-5}$$

式中，σ_b 为危险截面上弯矩 M 产生的弯曲应力；τ 为扭矩 T 产生的扭转切应力。对于直径为 d 的圆轴，把式（14-1）和式（14-3）代入式（14-5），并注意到 $W_T=2W$，可得

$$\sigma_e=\sqrt{\left(\frac{M}{W}\right)^2+4\left(\frac{T}{2W}\right)^2}=\frac{1}{W}\sqrt{M^2+T^2}\leqslant[\sigma_b] \tag{14-6}$$

对于一般的转轴，即使载荷大小与方向不变，其弯曲应力 σ_b 也为对称循环变应力，而 τ 的循环特性往往与 σ_b 不同，所以应将式（14-6）中的扭矩 T 乘以折合系数 a，以考虑两者循环特性不同的影响，即

$$\sigma_e=\frac{M_e}{W}=\frac{1}{0.1d^3}\sqrt{M^2+(aT)^2}\leqslant[\sigma_{-1b}] \tag{14-7}$$

式中，M_e 为当量弯矩，$M_e=\sqrt{M^2+(aT)^2}$；a 为根据扭矩性质而定的折合系数。扭矩不变时，$a=\frac{[\sigma_{-1b}]}{[\sigma_{+1b}]}=0.3$；当扭矩脉动变化时，$a=\frac{[\sigma_{-1b}]}{[\sigma_{+1b}]}=0.6$；对于频繁正反转的轴，可作为对称循环变化，$a=1$。若扭矩的变化规律不清楚，一般可按脉动循环处理。$[\sigma_{-1b}]$、$[\sigma_{0b}]$、$[\sigma_{+1b}]$ 分别为对称循环、脉动循环及静应力状态下的许用弯曲应力，见表 14-4。对一般载荷方向、大小均不变的转轴，许用弯曲应力取 $[\sigma_{-1b}]$。式（14-7）也可用来校核轴的疲劳强度。

综上所述，按弯扭合成强度计算轴径的一般步骤如下：

1）将外载荷分解到水平面和垂直面内，求垂直面支承反力 F_v 和水平面支承反力 F_H。

2）作垂直面弯矩 M_v 图和水平面弯矩 M_H 图。

3）作合成弯矩 M 图，$M=\sqrt{M_v^2+M_H^2}$。

4）作扭矩 T 图。

5）弯扭合成，作当量弯矩 M_e 图。

6）计算危险截面轴径。由式（14-7）可得

$$d\geqslant\sqrt[3]{\frac{M_e}{0.1[\sigma_{-1b}]}} \tag{14-8}$$

式中，M_e 的单位为 N · mm；$[\sigma_{-1b}]$ 的单位为 MPa；d 的单位为 mm。

对于有键槽的截面，应将计算出的轴径加大 5%左右。若计算出的轴径大于结构设计

初步估算的轴径，则表明结构图中轴的强度不够，必须修改结构设计；若计算出的轴径小于结构设计的估算轴径，且相差不大，一般就以结构设计的轴径为准。

对于一般用途的轴，按上述方法设计计算即可。对于重要的轴，尚须做进一步的强度校核（如采用安全系数法），其计算方法可查阅有关参考书。

例 14-1 某单级斜齿轮减速器输出轴，经初步结构设计，确定了其结构尺寸和空间受力情况，如图 14-13 所示。已知作用在齿轮上的圆周力 $F_t=18000\text{N}$，径向力 $F_r=6260\text{N}$，轴向力 $F_a=2660\text{N}$，齿轮分度圆直径 $d_2=146\text{mm}$，作用在轴右端带轮上的外力 $F=4200\text{N}$（方向未定），$L=193\text{mm}$，$K=206\text{mm}$。轴的材料为 45 钢，调质处理。试计算该轴危险截面的直径。

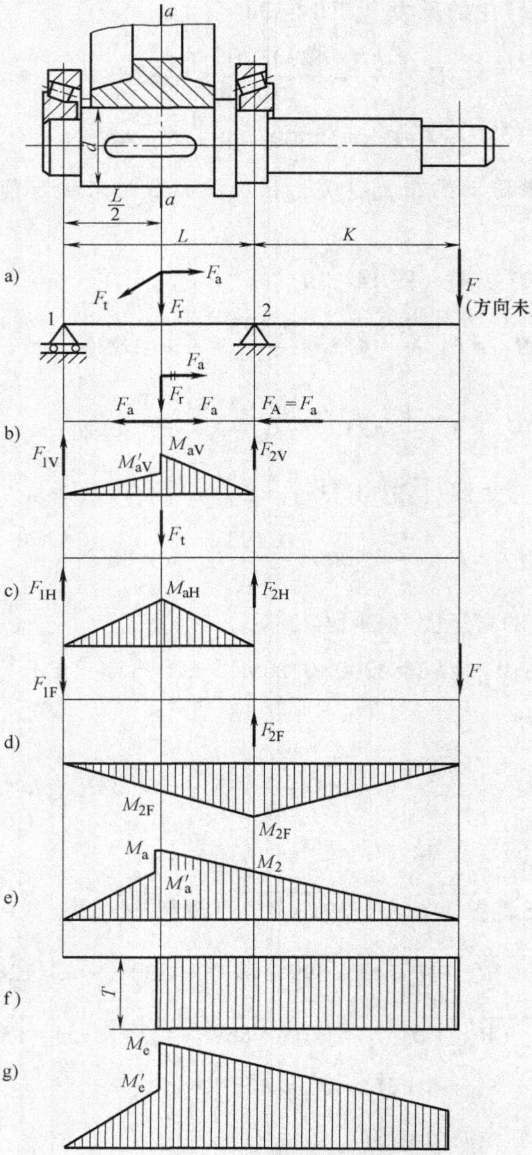

图 14-13 轴的强度计算

解 1）求垂直面的支承反力和绘制相应的弯矩图（图 14-13b）。

$$F_{1v}=\frac{F_r\dfrac{L}{2}-F_a\dfrac{d_2}{2}}{L}=\frac{6260\times\dfrac{193}{2}-2660\times\dfrac{146}{2}}{193}\text{N}=2124\text{N}$$

$$F_{2v}=F_r-F_{1v}=(6260-2124)\text{N}=4136\text{N}$$

2）求水平面的支承反力和绘制相应的弯矩图（图 14-13c）。

$$F_{1H}=F_{2H}=\frac{F_t}{2}=9000\text{N}$$

3）求力 F 在支点产生的反力（图 14-13d）。

$$F_{1F}=\frac{FK}{L}=\frac{4200\times206}{193}=4483\text{N}$$

$$F_{2F}=F+F_{1F}=(4200+4483)\text{N}=8683\text{N}$$

外力 F 的作用方向与带传动的布置有关，在具体布置尚未确定前，可按最不利的情况考虑。

4）绘制垂直面的弯矩图（图 14-13b）。

$$M_{aV}=F_{2v}\frac{L}{2}=4136\times\frac{0.193}{2}\text{N}\cdot\text{m}=399\text{N}\cdot\text{m}$$

$$M'_{aV}=F_{1v}\frac{L}{2}=2124\times\frac{0.193}{2}\text{N}\cdot\text{m}=205\text{N}\cdot\text{m}$$

5）绘制水平面的弯矩图（图 14-13c）。

$$M_{aH}=F_{1H}\frac{L}{2}=9000\times\frac{0.193}{2}\text{N}\cdot\text{m}=869\text{N}\cdot\text{m}$$

6）绘制力 F 产生的弯矩图（图 14-13d）。

$$M_{2F}=FK=4200\times0.206\text{N}\cdot\text{m}=865\text{N}\cdot\text{m}$$

力 F 产生的弯矩为

$$M_{aF}=F_{1F}\frac{L}{2}=4483\times\frac{0.193}{2}\text{N}\cdot\text{m}=433\text{N}\cdot\text{m}$$

7）绘制合成弯矩图（图 14-13e）。

考虑最不利的情况，把 M_{aF} 与 $\sqrt{M_{aV}^2+M_{aH}^2}$ 直接相加，即

$$M_a=\sqrt{M_{aV}^2+M_{aH}^2}+M_{aF}=(\sqrt{399^2+869^2}+433)\text{N}\cdot\text{m}=1389\text{N}\cdot\text{m}$$

$$M'_a=\sqrt{M'^2_{aV}+M_{aH}^2}+M_{aF}=(\sqrt{205^2+869^2}+433)\text{N}\cdot\text{m}=1326\text{N}\cdot\text{m}$$

$$M_2=M_{2F}=865\text{N}\cdot\text{m}$$

8）求轴传递的扭矩（图 14-13f）。

$$T=F_t\frac{d_2}{2}=18000\times\frac{0.146}{2}\text{N}\cdot\text{m}=1314\text{N}\cdot\text{m}$$

9）求危险截面的当量弯矩（图 14-13g）。

从图 14-13g 可见，*a-a* 截面最危险。认为轴的扭转切应力是脉动循环变应力，取折合系数 $\alpha=0.6$，代入上式，其当量弯矩为

$$M_e=\sqrt{M_a^2+(\alpha T)^2}=\sqrt{1389^2+(0.6\times1314)^2}\text{N}\cdot\text{m}=1597\text{N}\cdot\text{m}$$

10）计算危险截面处轴的直径。

轴的材料选用 45 钢，调质处理，由表 14-1 查得 $\sigma_b=650\text{MPa}$，由表 14-4 查得 $[\sigma_{-1b}]=60\text{MPa}$，则

$$d\geqslant\sqrt[3]{\frac{M_e}{0.1[\sigma_{-1b}]}}=\sqrt[3]{\frac{1597\times10^3}{0.1\times60}}\text{mm}=64.3\text{mm}$$

考虑键槽对轴的削弱，将 d 值加大 5%，故该危险截面的直径为

$$d=1.05\times64.3\text{mm}\approx68\text{mm}$$

14.4　轴的刚度计算

14.4.1　概述

对于一些有特殊要求的轴，如旋转精度要求较高的轴、受力较大的细长轴，除应满足强度要求外，还应满足刚度要求。

轴受载荷后要产生弯曲和扭转变形。变形过大，会影响轴上零件甚至整机的正常工作。例如，汽车发动机凸轮轴，如果其所产生的扭转角过大，就会影响发动机气门启闭时间，从而影响发动机的整体性能。又如，电动机中如果由于弯矩使轴产生的挠度过大，就会改变电动机转子之间的间隙，从而影响电动机的性能。对于一般的轴颈，如果弯矩所产生的转角过大，就会引起轴上的载荷集中，造成不均匀磨损和过度发热。轴上装齿轮的地方如果有过大转角，会使齿轮啮合发生偏载。因此，对于刚度要求高的轴，必须进行轴的刚度校核，设计时必须根据轴的工作条件限制其变形量。

轴的刚度分弯曲刚度和扭转刚度。弯曲刚度以挠度 y 和偏转角 θ 来度量，扭转刚度以扭转角 φ 来表示，如图 14-14 所示。轴的刚度计算准则为

$$\begin{cases}y\leqslant[y]\\\theta\leqslant[\theta]\\\varphi\leqslant[\varphi]\end{cases}\tag{14-9}$$

式中，$[y]$、$[\theta]$、$[\varphi]$ 分别为许用挠度、许用转角和许用扭角，其值见表 14-5。

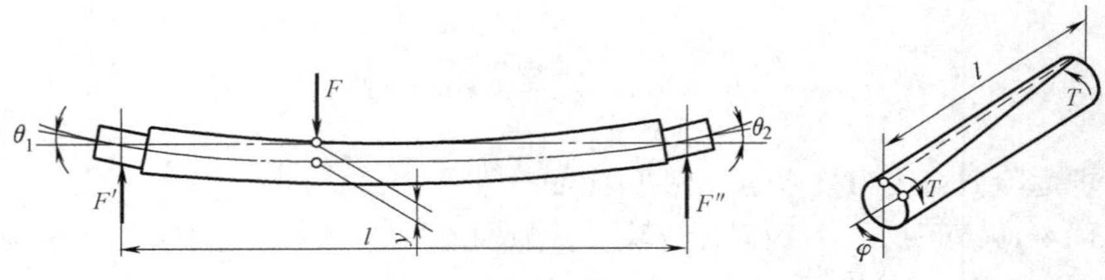

a)　　b)

图 14-14　轴的刚度

a）轴的挠度和转角　b）轴的扭角

表 14-5　轴的许用变形量 [y]、[θ] 和 [φ]

变形种类	适用场合	许用值	变形种类	适用场合	许用值
许用挠度 [y]/mm	一般用途的轴	(0.0003~0.0005)l	许用转角 [θ]/rad	滑动轴承	≤0.001
	刚度要求较高的轴	≤0.0002l		深沟球轴承	≤0.005
	感应电动机轴	≤0.1Δ		调心球轴承	≤0.05
	安装齿轮的轴	$(0.01\sim0.03)m_n$		圆柱滚子轴承	≤0.0025
	安装蜗轮的轴	(0.02~0.05)m		圆锥滚子轴承	≤0.0016
	l——支承间跨距； Δ——电机定子与转子间的气隙； m_n——齿轮法向模数； m——蜗轮模数			安装齿轮处轴的截面	0.001~0.002
			每米长的许用扭角 [φ]/[(°)/m]	一般传动	0.5~1
				较精密的传动	0.25~0.5
				重要传动	≤0.25

14.4.2　轴的弯曲变形计算

计算轴在弯矩作用下所产生的挠度 y 和转角 θ 的方法很多。在材料力学课程中已研究过两种：对等直径光轴，按挠度曲线的近似微分方程式积分求解；对机械中使用较多的阶梯轴，可用变形能法。

对阶梯轴进行受力分析时，常将其简化为一简支梁。如果对计算精度要求不高，则可用当量直径近似计算。即把阶梯轴看成是当量直径为 d_V 的光轴，当量直径为

$$d_V=\frac{\sum d_i l_i}{l} \tag{14-10}$$

式中，l_i 为阶梯轴第 i 段的长度，单位为 mm；d_i 为阶梯轴第 i 段的直径，单位为 mm；l 为阶梯轴的计算长度，单位为 mm。当载荷作用于两支承之间时，$l=L$（L 为支承跨距）；当载荷作用在外伸梁的悬臂端时，$l=L+K$（K 为轴的悬臂长度），单位均为 mm。

算出轴的当量直径 d_V 后，再按材料力学中的公式计算挠度 y 和转角 θ。

14.4.3　轴的扭转变形计算

等直径的轴受扭矩 T 作用时，其扭角 φ 可按材料力学中的扭转变形公式求出，即

$$\varphi=\frac{Tl}{GI_p}=\frac{32Tl}{G\pi d^4} \tag{14-11}$$

式中，T 为扭矩，单位为 N · mm；l 为轴受扭矩作用的长度，单位为 mm；G 为材料的切变模量，单位为 MPa；d 为轴径，单位为 mm；I_p 为轴截面的极惯性矩，$I_p=\dfrac{\pi d^4}{32}$。

对阶梯轴，其扭角 φ 的计算式为

$$\varphi=\frac{1}{G}\sum_{i=1}^{n}\frac{T_i l_i}{I_{pi}} \tag{14-12}$$

式中，T_i、l_i、I_{pi} 分别代表阶梯轴第 i 段上所传递的扭矩、该段的长度和极惯性矩，单位同式（14-11）。

例 14-2　一钢制等直径传动轴，已知传递的功率 $P=160\text{kW}$，轴的转速 $n=990\text{r/min}$，轴的许用切应力 $[\tau]=45\text{MPa}$，轴的长度 $l=1800\text{mm}$，轴在全长上的扭角不得超过 1°，钢的切变模量 $G=8\times10^4\text{MPa}$。试求此轴的直径。

解　1）按强度要求，根据式（14-1），应使

$$\tau=\frac{T}{W_T}=\frac{9.55\times10^6P}{W_T}=\frac{9.55\times10^6P}{0.2d^3n}\leqslant[\tau]$$

故轴的直径为

$$d\geqslant\sqrt[3]{\frac{9.55\times10^6P}{0.2[\tau]n}}=\sqrt[3]{\frac{9.55\times10^6\times160}{0.2\times45\times990}}\text{mm}=55.56\text{mm}$$

2）按扭转刚度要求，根据式（14-11），应使

$$\varphi=\frac{Tl}{GI_p}=\frac{32Tl}{G\pi d^4}\leqslant[\varphi]$$

式中，$T=\dfrac{9.55\times10^6P}{n}$；$[\varphi]=1°=\dfrac{\pi}{180}\text{rad}$。

则有

$$d\geqslant\sqrt[4]{\frac{32Tl}{G\pi[\varphi]}}=\sqrt[4]{\frac{32\times9.55\times10^6\times160\times1800}{8\times10^4\times\pi\times990\times\frac{\pi}{180}}}\text{mm}=67.11\text{mm}$$

所以，此转动轴的直径取决于扭转刚度要求。圆整后可取 $d=71\text{mm}$。

14.5　轴的振动稳定性

14.5.1　轴的振动概念

轴的转速达到一定值时，运转便不稳定而发生显著的反复变形，这种现象称为轴的振动。振动在机械中是普遍存在的问题。对于高速旋转和高精度要求的轴，振动稳定性更加重要。

振动可分为弯曲振动、扭转振动和纵向振动三种类型。下面分别介绍。

1. 轴的弯曲振动

轴是一个弹性体，在其旋转时，由于轴和轴上零件的材料的不均匀性、制造误差或对中不良等，造成重心偏移，产生以离心力为表征的周期性的干扰力，从而引起轴的弯曲振动（又称为横向振动）。在机械设计中，弯曲振动最为常见，尤其对直轴更是如此，必须加以注意。

2. 轴的扭转振动

当轴由于传递的功率或转速周期性的变化而产生周期性的扭转变形时，将会引起扭转振动。扭转振动也比较常见。

3. 纵向振动

当轴受到轴向周期性的干扰力时，会产生纵向振动。在一般通用机械中，轴的纵向振动的自振频率很高，超出了一般轴的工作转速范围，通常予以忽略。

本节只对最常见的轴的弯曲振动问题略加介绍。

14.5.2 轴的临界转速概念

干扰力会使轴产生强迫振动，当干扰力频率与轴的自振频率接近或相同时，将出现共振失效。如果继续提高转速，振动就会衰减，并趋于平稳，但是当转速达到另一较高的定值时，振动复又出现。共振无论对轴，还是对整个机器都具有很大的破坏性。轴产生共振时的转速称为轴的临界转速 n_c。临界转速大小与材料的弹性特性、轴的形状和尺寸、轴的支承形式和轴上零件的质量等有关，与轴的空间位置（垂直、水平或倾斜）无关。

对于高转速的轴，必须计算其临界转速，并使其工作转速 n 避开其临界转速 n_c。临界转速可以有多个，其中最低的一个称为一阶临界转速 n_{c1}，其余的为二阶临界转速 n_{c2}、三阶临界转速 n_{c3} 等。在工程上有实际意义的是前几阶的临界转速，其中以一阶临界转速 n_{c1} 产生的振动最为剧烈，也最危险。对于一般机器，只要轴的工作转速避开一阶临界转速 n_{c1} 即可消除共振。

轴的振动计算，就是检查轴的临界转速 n_c 与轴的工作转速 n 之间的差值，差值较大时能避免共振。如果差值太小，就有可能产生共振。避免轴共振的方法有两种：改变轴的临界转速和改变轴的工作转速。

改变轴的临界转速 n_c 称为调频，有多种方法。如改变轴的结构、尺寸，以及改变轴的支承跨度，通过改变轴的刚度来改变轴的临界转速。当然，如果允许改变轴的工作转速，在设计时，适当选择轴的转速，使其远离临界转速，同样可以避免共振。

对于工作转速低于一阶临界转速 n_{c1} 的轴，为减少共振危险，应提高其刚度来提高其 n_{c1}，这样的轴称为刚性轴。对于高速旋转的轴，如大型汽轮机、发电机及机组和航空喷气发动机的轴等，若采用刚性轴，将使其横截面尺寸过大。因而常采用工作转速高于一阶临界转速的办法避免共振的发生，并把这类轴称为挠性轴。为了避免轴的共振，对于刚性轴，通常使 $n \leqslant (0.75 \sim 0.8) n_{c1}$；对于挠性轴，一般使 $1.4n_{c1} \leqslant n \leqslant 0.77n_{c2}$。

14.5.3　汽车传动轴的稳定性

1. 引起传动轴振动的因素及减少振动的措施

在汽车设计中，传动轴的稳定性必须引起注意。汽车传动轴总成的不平衡是传动系统弯曲振动的一个激励源，当高速旋转时，将产生明显的振动和噪声。万向节中十字轴的轴向窜动、传动轴滑动花键中的间隙、传动轴总成两端连接处的定心精度、高速回转时传动轴的弹性变形、传动轴上点焊平衡片时的热影响等因素，都能改变传动轴总成的不平衡度，从而引起传动轴的振动。

提高滑动花键的耐磨性和万向节花键的配合精度、缩短传动轴长度并增加其弯曲刚度，都能降低传动轴的不平衡度。为了消除点焊平衡片的热影响，应在冷却后再进行动平衡检验。汽车传动轴的不平衡度，对于乘用车，在 3000~6000r/min 时应不大于 25~35g · cm；对于商用车，在 1000~4000r/min 时不大于 50~100g · cm。另外，传动轴总成的径向全跳动应不大于 0.5~0.8mm。

2. 汽车传动轴的临界转速

汽车传动轴属于刚性轴。长度一定时，汽车传动轴的截面尺寸应保证传动轴具有足够高的一阶临界转速 n_{c1}。它取决于传动轴的尺寸、结构及其支承情况。汽车传动轴的一阶临界转速为

$$n_{c1}=1.2\times10^{8}\frac{\sqrt{D_c^2+d_c^2}}{L_c^2} \tag{14-13}$$

式中，L_c 为传动轴的支承长度，单位为 mm，取两万向节的中心距；d_c 和 D_c 分别为传动轴轴管的内、外径，单位为 mm。

在设计传动轴时，取安全系数 $K=n_{c1}/n_{max}=1.2\sim2.0$，其中 n_{max} 为传动轴的最高转速，单位为 r/min。$K=1.2$ 用于精确动平衡、高精度的伸缩花键及万向节间隙比较小时。

由式（14-13）可知，空心轴比实心轴的 n_{c1} 高，且实心轴浪费材料，因此汽车传动轴一般都是空心的。另外，传动轴的支承长度 L_c 越短，其临界转速越高。因此，当传动轴长度超过 1.5m 时，为了提高 n_{c1} 以及出于总布置上的考虑，常将传动轴断开成两根或三根，万向节采用三个或四个，而在中间传动轴上加设中间支承。

思考练习题

14-1　轴在机器中的功用是什么？什么是转轴、心轴和传动轴？按承载情况，自行车的前轴、中轴和后轴及脚踏板轴分别是什么轴？后轮驱动的汽车，支承前轮和后轮的轴又分别是什么轴？

14-2　转动的轴所受的弯曲应力是否一定为变应力？

14-3　试说明下面几种轴材料的使用场合：Q235A、45、QT600-2、40CrNi。

14-4　进行轴的结构设计时应考虑哪些问题？

14-5　拟订轴上零件的装配方案时应注意哪些问题？

14-6　轴的强度计算方法有哪几种？什么情况需要先按扭矩初步估算轴径，然后再按弯扭合成强度进行计算？

14-7　在轴的弯扭合成强度校核中，α表示什么？为什么要引入α值？

14-8　在齿轮减速器中，为什么低速轴的直径要比高速轴的直径大得多？

14-9　如图 14-15 所示，常用的周向固定和轴向固定方法有哪些？各有何特点？将此齿轮固定在轴上（包括周向固定和轴向固定），试画出草图。

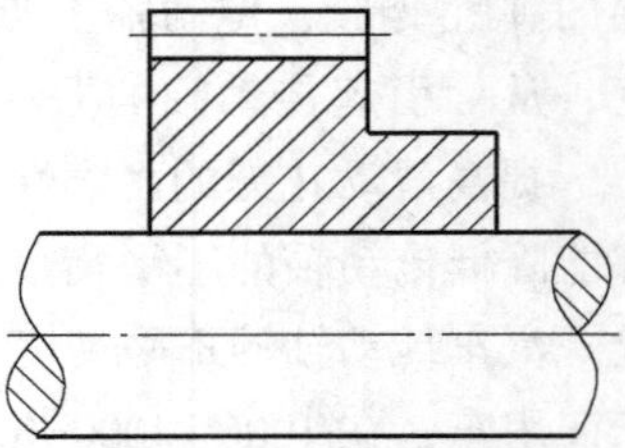

图 14-15　题 14-9 图

14-10　轴的某一端面有圆角、过盈配合、键槽三种应力集中，在计算时应力集中系数应按什么考虑？三种应力集中系数应相加、相乘，还是取其中的最大值？

14-11　为什么要进行轴的静强度校核计算？计算时是否要考虑应力集中等因素的影响？

14-12　为提高轴的强度和刚度，常采用哪些措施？

14-13　利用公式 $d \geqslant C\sqrt[3]{\dfrac{P}{n}}$ 估算轴的直径时，d 是转轴上的哪一个直径？系数 C 与什么有关？如何选择？

14-14　比较图 14-16 所示的齿轮轴轴系的错误结构与正确结构（轴承采用脂润滑），指出错在何处。

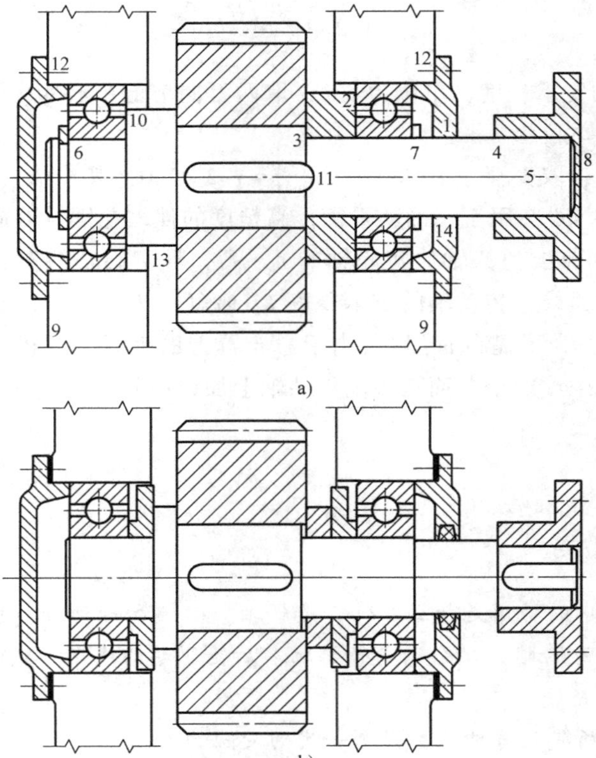

a)

b)

图 14-16　题 14-14 图

a）错误结构图　b）正确结构图

14-15　在图 14-17 中，Ⅰ、Ⅱ、Ⅲ、Ⅳ轴是心轴、转轴还是传动轴？心轴是固定的还是转动的？

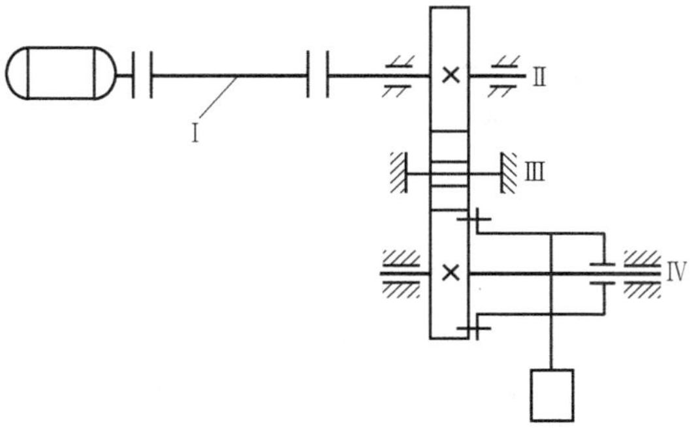

图 14-17　题 14-15 图

14-16　已知一传动轴传递的功率为 37kW，转速 $n=900\text{r/min}$，轴上有一个键槽，如果轴上的扭转切应力不许超过 40MPa，试求该轴的直径。

14-17　已知一传动轴直径 $d=32\text{mm}$，转速 $n=1725\text{r/min}$，如果轴上的扭转切应力不许超过 50MPa，该轴能传递多大的功率？

14-18　图 14-18 所示为两级圆柱齿轮减速器，已知高速级传动比 $i_{12}=2.5$，低速级传动比 $i_{34}=4$。若不计轮齿啮合及轴承摩擦的功率损失，试计算三根轴传递转矩之比，并按扭转强度估算三根轴的轴径之比。

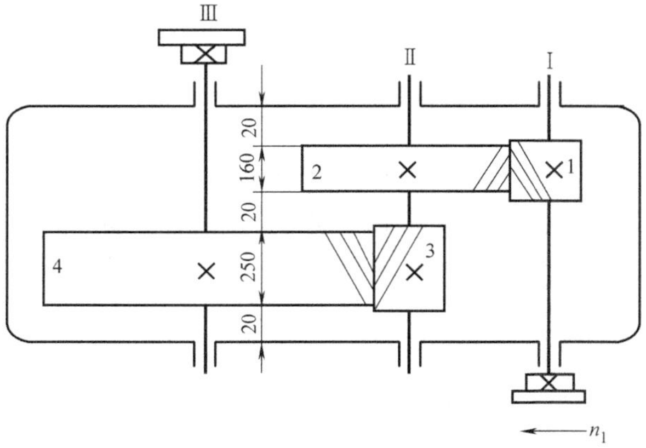

图 14-18　题 14-18、题 14-19 图

14-19　在图 14-18 所示的两级斜齿圆柱齿轮减速器中，已知中间轴Ⅱ传递的功率 $P=40\text{kW}$，转速 $n_2=200\text{r/min}$，齿轮 2 的分度圆直径 $d_2=688\text{mm}$，螺旋角 $\beta_2=12°50'$，齿轮 3 的分度圆直径 $d_3=170\text{mm}$，螺旋角 $\beta_3=10°29'$，轴的材料用 45 钢并调质处理，试按弯扭合成强度的计算方法求轴Ⅱ的直径。

第15章 滑动轴承

轴承是机器轴系结构中另外一个重要的支承部件。其主要作用有二：一为支承轴及轴上零件，并保持轴的旋转精度；二为减少转轴与支承之间的摩擦和磨损。根据工作时的摩擦性质，轴承分为滚动轴承和滑动轴承两大类。滚动轴承具有一系列优点，在现代机器中应用最广泛。但是在高速、高精度、重载、结构上要求剖分等场合，滑动轴承就显示出它的优异性能。因而在汽车发动机、汽轮机、离心式压缩机、大型电动机中，多采用滑动轴承。此外，在低速而带有冲击的机器中，如水泥搅拌机、滚筒清砂机、破碎机等，也常采用滑动轴承。并且在这些机器中，滑动轴承一般都是关键性的部件，其工作情况好坏直接影响整机的性能。

本章主要讨论滑动轴承，下章再讨论滚动轴承。

15.1 滑动轴承概述

15.1.1 滑动轴承分类

1. 按承载方向不同分类

按承载方向不同，滑动轴承可分为径向滑动轴承、止推滑动轴承和径向止推滑动轴承。承受径向载荷的滑动轴承称为径向滑动轴承；承受轴向载荷的滑动轴承称为止推滑动轴承；同时承受径向载荷和轴向载荷的滑动轴承称为径向止推滑动轴承。

2. 按润滑状态不同分类

按润滑状态不同，滑动轴承可分为液体润滑滑动轴承、不完全液体润滑滑动轴承和无润滑滑动轴承。滑动面完全被油膜分开，摩擦只在液体分子间产生的轴承称为液体润滑滑动轴承（液体摩擦滑动轴承）。它按油膜形成方式不同，又可分为液体动压滑动轴承和液体静压滑动轴承。滑动表面不能完全被油膜分开的轴承称为不完全液体滑动轴承（非液体摩擦润滑轴承）。工作前和工作时无润滑剂作用的轴承称为无润滑轴承。

本章主要讨论液体动压滑动轴承的结构、材料、参数选择及承载能力计算等，其他滑动轴承只做简单介绍。

15.1.2 滑动轴承的特点和应用

1. 优点及应用

滑动轴承除了抗冲击能力强、工作平稳、可靠、无噪声等优点之外，在某些工作条件下还有着显著的特殊优势。

1）液体润滑滑动轴承摩擦磨损很小，承载能力很大，抗冲击和振动，因此，广泛应用于高速、大功率（如汽轮机、燃气轮机、大型鼓风机等）和低速、重载（如轧钢机、水轮机等）的机械中。

2）液体润滑滑动轴承的运转平稳性极好，可以得到很高的旋转精度，因此常用作金属切削机床的主轴轴承（如磨床主轴轴承）。

3）剖分式滑动轴承便于安装和调整，这往往成为某些类型轴（如汽车发动机曲轴）及大型设备支承形式的唯一选择。

4）滑动轴承的径向尺寸比滚动轴承的小，适用于径向空间尺寸受到限制的场合。

5）不完全液体润滑滑动轴承具有结构简单、成本低廉、使用方便等优点，在转速不太高、载荷不太大及精度要求不高的不太重要的场合经常采用。

6）自润滑滑动轴承结构简单，可长期运转而无须加注润滑剂，适用于低速、轻载及不允许油污染的场合。

2. 缺点

1）起动摩擦阻力较大，起动时功率消耗多。

2）不适于大批量生产，互换性不好。

3）内部间隙大，加工精度不高。

4）润滑系统比较复杂。

15.1.3　滑动轴承的润滑

机械润滑的基础知识已经在 9.5.3 节中讨论过了。现在主要讨论如何选择滑动轴承的润滑剂和润滑方法。

1. 滑动轴承润滑剂的选择

润滑剂对滑动轴承的工作性能与寿命影响极大，在设计时，应注意选择合适的润滑剂，以确保滑动轴承有良好的工作性能和长的寿命。滑动轴承的润滑剂有润滑脂、润滑油及固体润滑剂，其中以润滑油应用最广。

（1）润滑脂的选择　对于要求不高、难以经常供油或摆动工作的不完全液体润滑滑动轴承，可采用润滑脂润滑。轴承平均压强高、滑动速度低时，应选用锥入度较小的润滑脂。润滑脂的滴点应高于轴承工作温度 15～20℃。温度高时应选用耐热的钠基脂或锂基脂。在潮湿的环境下，应选用耐水的钙基脂，避免选用钠基脂。润滑脂的选用可参见表 15-1。

表 15-1　滑动轴承润滑脂的选择

轴颈圆周速度 v/(m/s)	平均压力 p /MPa	最高工作温度 /℃	适用润滑脂
≤1	<1	75	3 号钙基脂
0.5～5	1～6.5	55	2 号钙基脂
≤0.5	>6.5	75	3 号钙基脂
0.5～5	>6.5	120	2 号钠基脂

（续）

轴颈圆周速度 $v/(m/s)$	平均压力 p /MPa	最高工作温度 /℃	适用润滑脂
≤0.5	>6.5	110	1号钙-钠基脂
≤1	1~6.5	50~100	锂基脂
≤0.5	>6.5	60	2号压延机脂

注：1. 在潮湿环境中，湿度在75~120℃的条件下，应考虑用钙-钠基润滑脂。
2. 工作温度在110~120℃时可用锂基脂或钡基脂。
3. 集中润滑时，黏度要小些。

（2）润滑油的选择 润滑油的物理及化学性能指标较多（具体见9.5.3节），以黏度和油性最重要。通常根据轴承的工作温度、平均压力和滑动速度确定滑动轴承润滑油的黏度和油性。高速的轴承应选用较小黏度的润滑油，以减小摩擦、降低温升；平均压力大的轴承，应选用黏度较大的润滑油，以免润滑油被挤出；起动频繁的轴承应选用油性较好的润滑油。对于液体动压润滑轴承，润滑油黏度应通过动力润滑计算确定；对于不完全液体润滑轴承，可由表15-2选择合适的黏度。

表15-2 不完全液体润滑轴承润滑油的选择

工作温度 /℃	平均压力 /MPa	轴颈圆周速度 $v/(m/s)$	运动黏度 $\nu_{40°}/(mm^2/s)$	适用油牌号举例
10~60	轻载 $p<3$	>9	5~22	7、10、15、22号轴承油
		9~5	15~46	15、22、32、46号轴承油，32、46号汽轮机油
		5~2.5	40~60	32、46号轴承油，46号汽轮机油
		2.5~1.0	40~75	46、68号轴承油，46号液压油
		1.0~0.3	46~75	46、68号轴承油，68号液压油
		0.3~0.1	65~120	68、100号轴承油，100号齿轮油
		<0.1	85~180	100、150号全损耗系统用油，100、150号齿轮油
	中载 $p=3\sim7.5$	2.0~1.2	65~90	68、100号轴承油
		1.2~0.6	65~120	68、100、150号轴承油，68、100号齿轮油
		0.6~0.3	110~120	100、150号轴承油，100号齿轮油
		0.3~0.1	115~180	150号轴承油，100、150号齿轮油
		<0.1	130~220	150号全损耗系统用油，150、220号齿轮油
20~80	重载 $p>7.5\sim30$	1.2~0.6	90~230	100、150号轴承油，100、150、220号齿轮油
		0.6~0.3	160~380	150号全损耗系统用油、15号汽油机油、680号蒸汽气缸油
		0.3~0.1	270~600	460号全损耗系统用油，220、320号齿轮油，1000号蒸汽气缸油
		<0.1	480~1100	460号全损耗系统用油，1000、1500号蒸汽气缸油

（3）固体润滑剂 固体润滑剂可以在摩擦表面形成固体膜以减小摩擦阻力。固体润滑剂主要有石墨、二硫化钼、聚氟乙烯树脂、软金属薄膜（如铅、金、银）等多个品种。石墨性能稳定，在350℃以上才开始氧化，并可在水中工作。二硫化钼用黏结剂涂在轴承表面

可以大大提高摩擦副的磨损寿命。聚氟乙烯树脂摩擦系数低，只有石墨的一半，可以用烧结法或粘结法形成聚氟乙烯膜黏附在轴瓦内表面。软金属薄膜主要用于真空及高温的场合。

一般在超出润滑油和润滑脂使用范围之外才考虑使用固体润滑剂，例如，大型可展开天线定向机构和铰链处的固体润滑、空间机器人采用的谐波齿轮减速器的固体润滑等。目前，其应用已渐渐广泛，例如可将固体润滑剂调和在润滑油中使用，也可以通过涂覆、烧结在摩擦表面形成覆盖膜，或者在固体润滑剂中混入金属或塑料粉末并烧结成形。

2. 润滑方式与润滑装置的选择

要保证滑动轴承在工作时获得充足的润滑剂，必须根据滑动轴承的工作条件选用恰当的润滑（供油）方式。设计时可参考表 15-3 来确定采用何种润滑方式。

表 15-3　滑动轴承润滑方式选择

系数 K	$\leqslant 2$	$>2\sim15$	$>15\sim30$	>30
润滑剂	润滑脂	润滑油		
润滑方式	油杯手工 定时润滑	针阀油杯 滴油润滑	油环，飞溅润滑， 需用水或循环油冷却	循环压力润滑
供油量 $Q/(\mathrm{L/min})$		$Q\geqslant\dfrac{\pi(D^2-d^2)B\rho g}{4}$		低速机械：$Q\approx(0.003\sim0.006)DB$ 高速机械：$Q\approx(0.06\sim0.15)DB$

注：系数 $K=\sqrt{pv^3}$；p 为轴颈上的平均压力，单位为 MPa；v 为轴颈圆周速度，单位为 m/s；D 为轴承直径，单位为 cm；d 为轴颈直径，单位为 cm；B 为轴承宽度，单位为 cm；ρ 为润滑油密度，$\rho=9\times10^{-4}\mathrm{kg/cm^3}$；$g$ 为重力加速度，$g=9.8\mathrm{m/s^2}$。

15.1.4　滑动轴承设计的主要任务

要正确地设计滑动轴承，应解决以下问题：①合理地确定轴承的结构型式；②合理选择轴瓦的材料和结构；③合理确定轴承的结构参数；④合理地选择润滑剂、润滑方式及润滑装置；⑤正确计算轴承工作能力及其热平衡。

15.2　滑动轴承的结构型式

15.2.1　径向滑动轴承的结构型式

1. 整体式

图 15-1 所示为常见的整体式径向滑动轴承的结构，灰铸铁轴承座用螺栓与机座连接，顶部开有进油或安装油杯的螺孔。套筒式轴瓦（或轴套）压装在轴承座中（对某些机器，也可直接压装在机座或机体孔中）。这种轴承结构简单、刚度较大、制造容易、成本低。其缺点是轴瓦磨损后间隙无法调整，轴颈只能从端部装入。因此，它仅适用于低速、轻载或间歇工作的机械。

2. 剖分式

图 15-2 所示为一种普通的剖分式滑动轴承结构，它由轴承盖、轴承座、剖分轴瓦和螺栓组成。轴承盖上制有螺孔，以便安装油杯或油管。润滑油通过轴承盖上的油孔和轴瓦

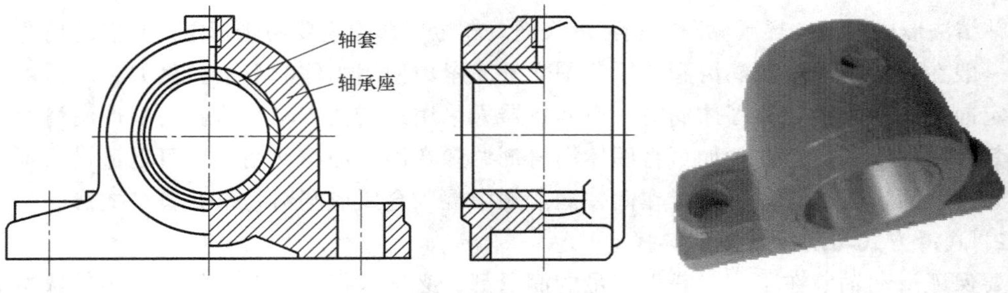

图 15-1　整体式径向滑动轴承

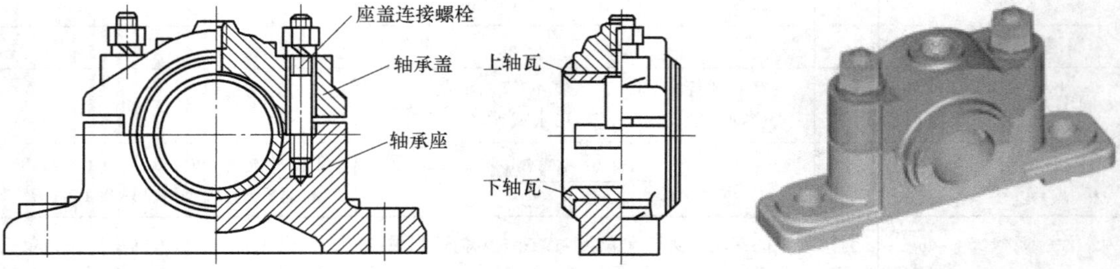

图 15-2　正剖分式径向滑动轴承

上的油槽流入轴承间隙润滑摩擦面。轴承盖应当适度压紧轴瓦，使轴瓦不能在轴承孔中转动。为了安装时易对中，轴承盖和轴承座的剖分面常做出阶梯形的止口（图 15-2）。

轴承剖分面最好与载荷方向近于垂直，以防剖分面位于承载区出现泄漏，降低承载能力。通常，多数轴承剖分面为水平剖分面（图 15-2），也有倾斜的剖分面（图 15-3）。若载荷 F 方向向下，则下轴瓦为承载区，上轴瓦为非承载区。润滑油一般应由非承载区引入。剖分式滑动轴承装拆比较方便，轴承间隙调整也可通过在剖分面上增减薄垫片实现。

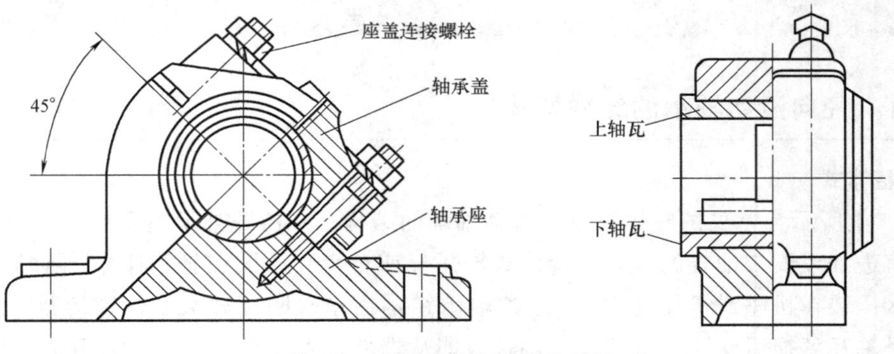

图 15-3　斜剖分式径向滑动轴承

轴瓦宽度与轴颈直径之比 B/d 称为宽径比，它是径向滑动轴承的重要参数之一。对于液体润滑滑动轴承，常取 $B/d=0.5\sim1$；对于不完全液体润滑滑动轴承，常取 $B/d=0.8\sim1.5$，有时可以更大些。

3. 自动调心式

当宽径比较大、轴弯曲变形或轴承孔倾斜时，易造成轴颈与轴瓦端部的局部接触（图 15-4a），引起剧烈的磨损和发热。因此，当 $B/d>1.5$ 时，宜采用自动调心式滑动轴承（图 15-4b）。这种轴承的特点是轴瓦外表面做成球面形状，与轴承盖和轴承座的球面内表面相配合，球面中心通过轴颈的轴线。因此，轴瓦可自动调心，从而保证轴颈与轴瓦的均匀接触。

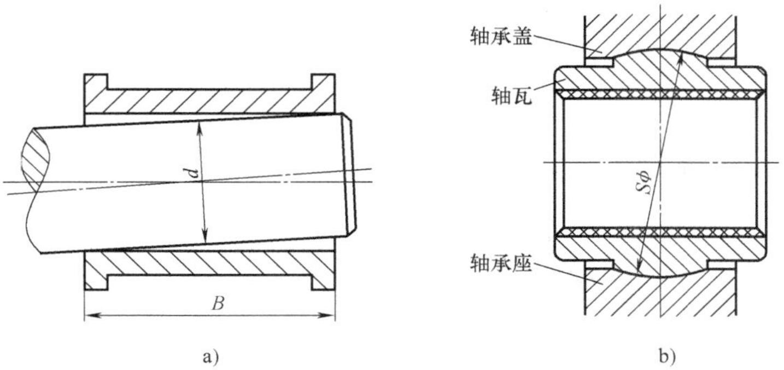

图 15-4　自动调心式滑动轴承

a）轴瓦端部的局部接触　（b）自动调心式

4. 间隙可调式

图 15-5 所示为间隙可调式径向滑动轴承的结构。图 15-5a 所示的轴套外表面为锥面，与内锥面的套筒相配合。轴套上开有一条纵向切口，使轴套具有弹性。套筒与轴承座和轴承盖相对位置不动，轴套两端的螺母与套筒螺纹连接，并与轴套接触。调整轴套两端的螺母可使轴套沿轴向移动，从而可调整轴颈与轴套的间隙。图 15-5b 所示为用于锥面轴颈的结构，轴套做成能与锥面轴颈相配合的内锥孔。没有套筒，螺母与轴套为螺纹连接。

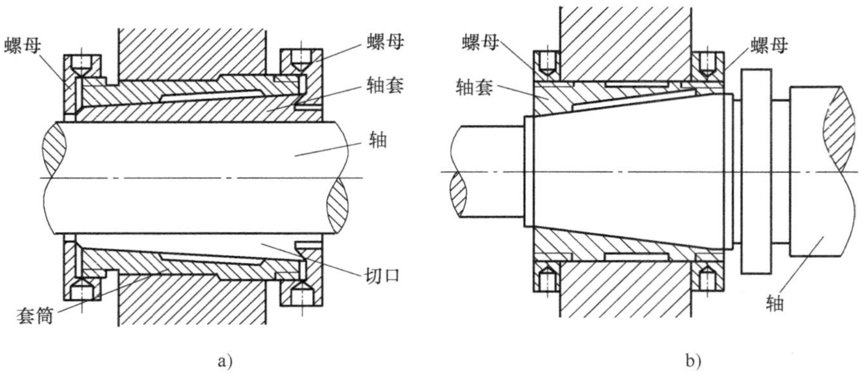

图 15-5　间隙可调式径向滑动轴承

15.2.2　止推滑动轴承

当轴受轴向力 F 时，应采用止推轴承。止推滑动轴承由轴承座和止推面组成，止推面可以利用轴的端面，也可在轴的中段做出凸肩或装上推力圆盘。常用的结构型式有实心式、空心式、单环式和多环式，如图 15-6 所示。实心式接触面上的压强分布不均匀，靠近边缘部分磨损较快，很少使用（图 15-6a）；空心式轴颈接触面上的压强分布较均匀，润滑条件相比实心式有所改善（图 15-6b）；单环式止推滑动轴承的止推面可以利用轴的端面或轴环端面，也可在轴的中段做出凸肩，其结构简单，润滑方便，广泛用于低速、轻载的场合（图 15-6c）；多环式止推滑动轴承采用多个环承担载荷，提高了承载能力，不仅能承受较大的轴向载荷，有时还可承受双向的轴向载荷（图 15-6d）。

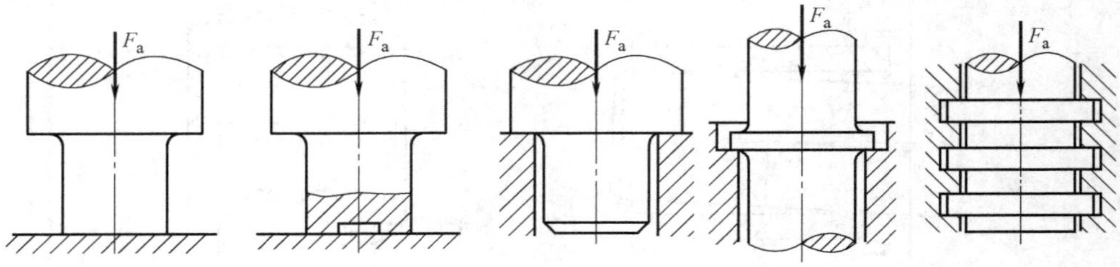

图 15-6　止推滑动轴承

图 15-7 所示是液体动压止推轴承，其原理将在后面讨论。沿轴承止推面按若干块扇形面积开出楔形。图 15-7a 所示为固定式止推轴承，其楔形的倾斜角固定不变，在楔形顶部留出平台，用来承受停车后的轴向载荷。图 15-7b 为可倾式止推轴承，其扇形块的倾斜角能随载荷、转速的改变而自行调整，因此性能更为优越。

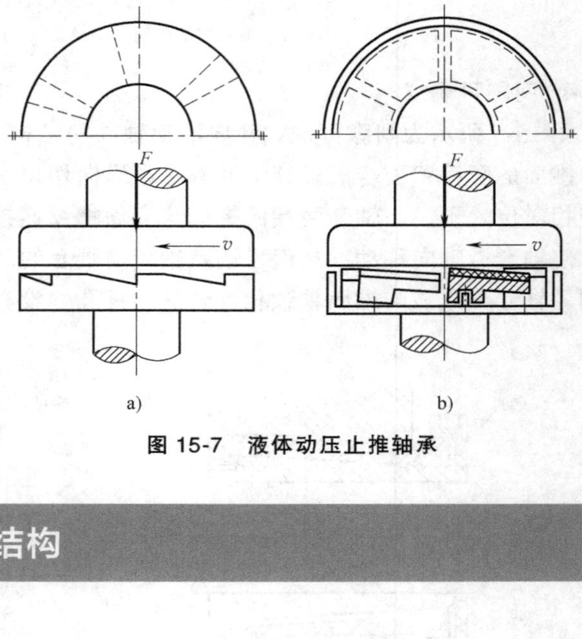

图 15-7　液体动压止推轴承

15.3　轴瓦的材料和结构

15.3.1　滑动轴承的失效形式

1. 磨粒磨损

进入轴承间隙的硬颗粒（如灰尘、砂粒等）有的嵌入轴承表面，有的游离于间隙中并随轴一起转动，它们都将对轴颈和轴承表面起研磨作用。在起动、停车或轴颈与轴承发生边缘接触时，它们都将加剧轴承磨损，导致几何形状改变、精度丧失，轴承间隙加大，使轴承性能在预期寿命前急剧恶化。

2. 刮伤

进入轴承间隙中的硬颗粒或轴颈表面粗糙的轮廓峰顶，会在轴承上划出线状伤痕，导致轴承因刮伤而失效。

3. 咬黏（胶合）

咬黏是指当轴承温升过高、载荷过大、油膜破裂时，或在润滑油供应不足的条件下，轴颈和轴承的相对运动表面材料发生黏附和迁移，从而造成轴承损坏。咬黏有时甚至可能导致相对运动中止。

4. 疲劳剥落

疲劳剥落是指在载荷反复作用下，轴承表面出现与滑动方向垂直的疲劳裂纹，当裂纹向轴承衬与衬背结合面扩展后，造成轴承衬材料的剥落。它与轴承衬和衬背因结合不良或结合力不足造成轴承衬的剥离有些相似，但疲劳剥落周边不规则，而结合不良造成的剥离则周边比较光滑。

5. 腐蚀

润滑油在大气中使用会不断氧化，所生成的酸性物质对轴承材料有腐蚀性。另外，大多数润滑油中还含有极压添加剂，也会腐蚀轴承材料。

另外，滑动轴承还可能出现气蚀、流体侵蚀、电侵蚀和微动磨损等损伤。

15.3.2　轴承材料

1. 对轴承材料的要求

轴承材料指的是制造轴瓦和轴承衬的材料。针对上述失效形式，轴承材料应具有如下性能：

1）较好的摩擦相容性。它是指轴颈与轴承材料直接接触时，防止发生黏附和形成边界润滑的性能。它要求轴承材料：①有良好的减摩性，即摩擦副具有低而稳定的摩擦系数；②有较好的抗胶合性，即材料具有较好的耐热性和抗黏附性，以防止因摩擦发热使油膜破裂后造成胶合；③材料与润滑剂有好的亲和力；④材料的热导率高等。

2）良好的摩擦顺应性、嵌入性和磨合性。顺应性指材料通过表层的弹塑性变形来补偿轴承滑动表面初始配合不良的能力，弹性模量低、塑性好的材料顺应性好。嵌入性是指材料容纳硬质颗粒嵌入，从而减轻轴承滑动表面发生刮伤或磨粒磨损的性能。顺应性好的金属材料，一般嵌入性也好。非金属材料则不一定，如石墨，弹性模量较低，但质硬、嵌入性不好。磨合性指轴瓦与轴颈表面经短期轻载运转后，提高表面平面度等而相互吻合的性质。

3）足够的强度和耐磨性。足够的疲劳强度可以保证轴瓦在变载荷作用下有足够的寿命；足够的抗压强度可以防止产生过大的塑性变形。耐磨性是指材料的抗磨性能（通常以磨损率表示）。

4）足够的耐蚀能力。

5）良好的工艺性和经济性。

应该指出的是，任何一种材料很难完全满足这些要求。因此选用轴承材料时，应根据轴承的具体工作条件，有侧重地选用较合适的材料。为了全面地满足对轴瓦材料各种性能的要求，较为常见的是做成双金属或三金属的轴瓦，以便在轴瓦性能上取长补短。

2. 常用轴承材料

轴承材料可分三大类：普通金属材料，如轴承合金、铜合金、铝合金和铸铁等；多孔质金属材料；非金属材料，如工程塑料、石墨等。常用滑动轴承轴瓦材料的性能见本书附录 E。

(1) 轴承合金 它又称为巴氏合金或白合金，其金相组织是在锡或铅的软基体中夹着锑、铜和稀土金属等硬金属颗粒。它的减摩性能最好，很容易和轴颈磨合，具有良好的抗胶合性和耐蚀性，但它的弹性模量和弹性极限都很低，机械强度比青铜、铸铁等低很多，一般只用作轴承衬的材料。锡基合金的热膨胀性质比铅基合金好，更适用于高速轴承。

(2) 铜合金 铜合金有锡青铜、铝青铜和铅青铜等。青铜有很高的疲劳强度，耐磨性和减摩性均很好，工作温度可高达 50℃，但可塑性差、不易跑磨，与之相配的轴颈必须淬硬。它适用于中速重载、低速重载的轴承。

(3) 铸铁 铸铁有灰铸铁、耐磨铸铁和球墨铸铁等。普通灰铸铁或加镍、铬、钛等合金成分的耐磨铸铁和球墨铸铁就可以做轴瓦材料，这是因为铸铁中的片状或球状石墨可起润滑作用，故具有一定的减摩性和耐磨性。但铸铁硬度高且脆，磨合性差，故只适用于轻载、低速和不受冲击载荷的场合。采用这种材料时，轴颈表面应较硬。

(4) 粉末冶金材料 将不同的金属粉末经压制烧结而成的多孔结构材料，称为粉末冶金材料，其孔隙占体积的 10%~35%，可存储润滑油，故又称为含油轴承。运转时，轴瓦温度升高，因油的膨胀系数比金属大，从而自动进入摩擦表面润滑轴承。停车时，因毛细管作用，润滑油被吸回孔隙中。含油轴承加一次油便可工作较长时间，若能定期加油，则效果更好。但由于它韧性差，宜用于载荷平稳、低速和加油不方便的场合。

(5) 非金属材料 非金属轴瓦材料以塑料居多，其优点是摩擦系数小，可承受冲击载荷，可塑性、磨合性良好，耐磨、耐腐蚀，可用水、油及化学溶液润滑。但它的导热性差、耐热性低、膨胀系数大、易变形。为改善这些缺点，可将薄层塑料作为轴承衬黏附在金属轴瓦上使用。塑料轴承一般用于温度不高、载荷不大的场合。

尼龙轴承自润滑性、耐蚀性、耐磨性、减振性等都较好。但它导热性不好，吸水性大，线膨胀系数大，尺寸稳定性不好，适用于速度不高或散热条件好的场合。

橡胶轴承弹性大，能减轻振动，使运转平衡，可以用水润滑，常用于离心水泵、水轮机等场合。

15.3.3 轴瓦结构

轴瓦是直接与轴颈相接触的重要零件，应具有一定的强度和刚度，并在轴承中定位可靠，便于输入润滑剂，容易散热，装拆方便。其结构设计是否合理对轴承的性能影响很大。

1. 轴瓦的型式和构造

在设计轴瓦时，不同的工作条件，应采用不同的结构型式。常用的轴瓦有整体式和剖分式两种结构。

1) 整体式轴瓦通常称为轴承衬套，简称轴套，用于整体式径向滑动轴承。其结构简单，用于轻载、低速或不重要的场合。按材料和制造方法不同，可分为整体轴套（图 15-8），单层、双层或多层材料的卷制轴套（图 15-9），以及烧结轴套三种。通常所说的非金属整体式轴瓦既可以是整体非金属轴套，也可以是在钢套上镶衬非金属材料。

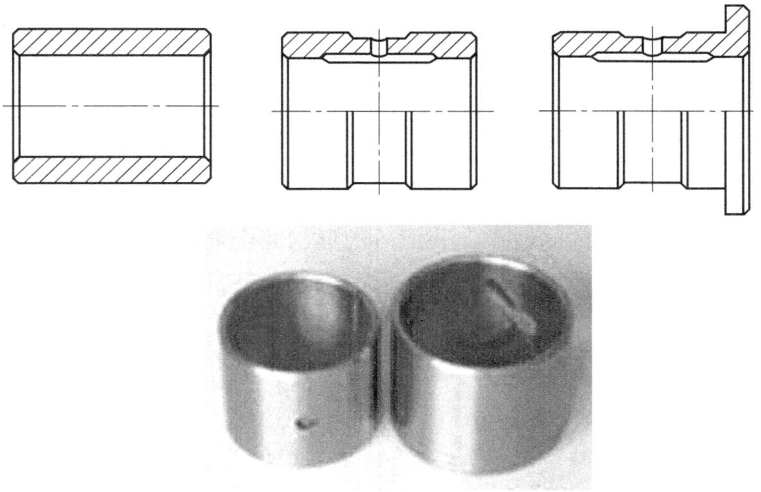

图 15-8　整体轴套

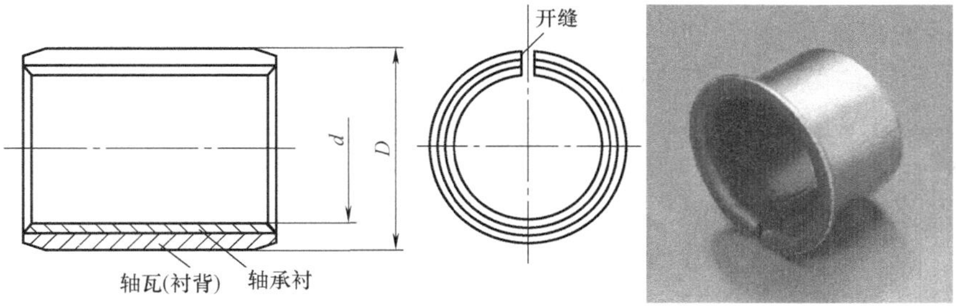

图 15-9　卷制轴套

2）剖分式（对开式）轴瓦用于剖分式滑动轴承，分厚壁轴瓦和薄壁轴瓦两种。剖分式轴瓦主要由上、下两半轴瓦组成，剖分面上开设有轴向油槽，载荷由下轴瓦承受。

厚壁轴瓦（图 15-10）常采用铸造方法制造。当采用贵重金属轴承材料制作轴瓦时，为了节省贵重材料和增加强度，常在轴瓦基体（钢或铜）内表面上浇铸一层轴承合金作为轴承衬，基体称为衬背。衬背强度高，轴承衬减摩性好，二者结合起来构成令人满意的

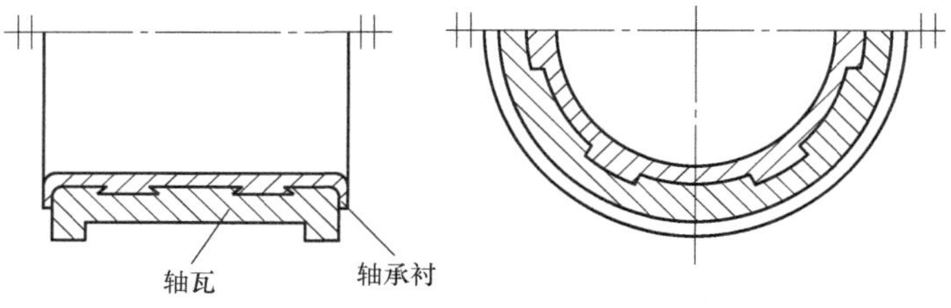

图 15-10　对开式厚壁轴瓦

轴瓦。轴承衬应可靠地贴合在轴瓦基体表面上，为此可采用如图 15-11 所示的燕尾槽（图 15-11b、d）、螺旋槽（图 15-11a）、V 形槽（图 15-11c、e）等结合形式。

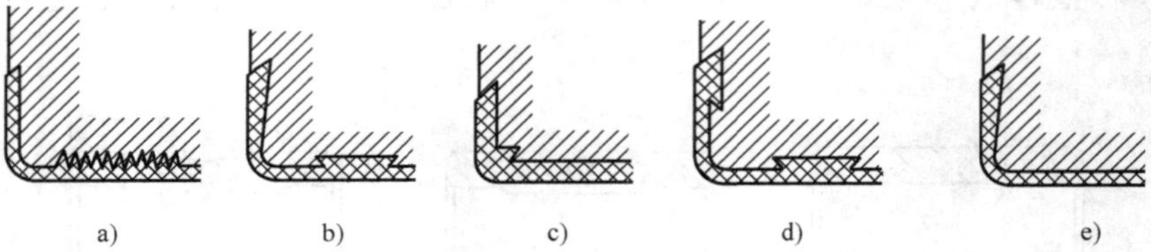

图 15-11　瓦背与轴承衬的结合形式

薄壁轴瓦（图 15-12）能采用双金属板连续轧制的工艺进行大批量生产，因此质量稳定、成本较低。但薄壁轴瓦的刚性差，装配后的形状完全取决于轴承座的形状，因此需对轴承座进行较精密的加工。薄壁轴瓦在汽车发动机、柴油机中得到了广泛应用。

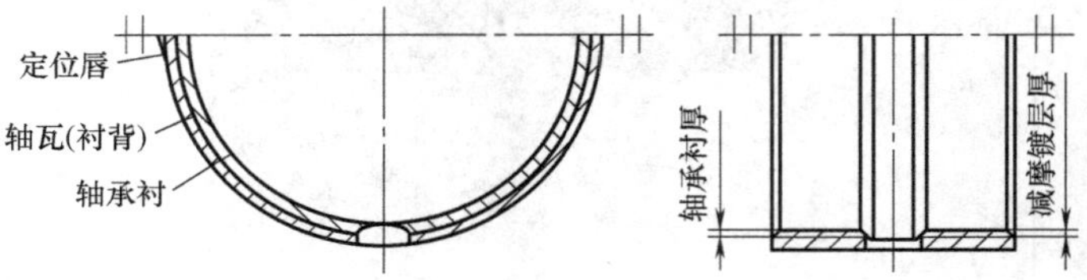

图 15-12　对开式薄壁轴瓦

2. 轴瓦的定位

轴承工作时轴瓦与轴承座之间不允许有相对移动。为了防止轴瓦在轴承座中沿轴向和周向移动，可将轴瓦两端做出凸缘（图 15-10）或定位唇（图 15-13a）用作轴向定位，或采用紧定螺钉（图 15-13b）、销钉（图 15-13c）将轴瓦固定在轴承座上。

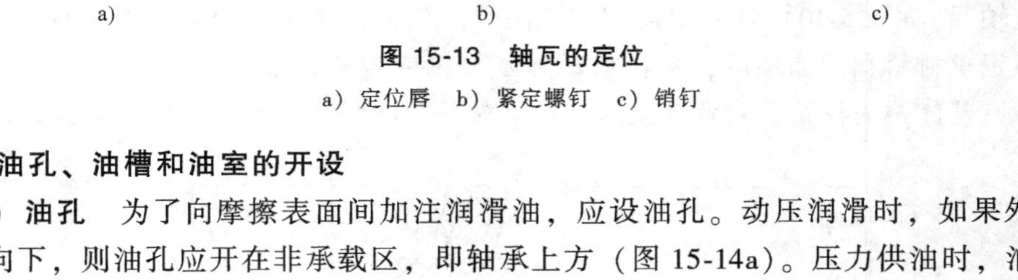

图 15-13　轴瓦的定位

a）定位唇　b）紧定螺钉　c）销钉

3. 油孔、油槽和油室的开设

（1）油孔　为了向摩擦表面间加注润滑油，应设油孔。动压润滑时，如果外载荷方向垂直向下，则油孔应开在非承载区，即轴承上方（图 15-14a）。压力供油时，油孔也可以开在两侧。

（2）油槽　为了向摩擦表面输送和分布润滑油，在轴瓦内表面开设有油槽。油槽有轴向的、周向的和斜向的（图 15-14b），也可以设计成其他型式的油槽。轴向油槽适用于载荷方向固定或变化不大的场合；周向油槽适用于载荷方向变化超过 180°，甚至旋转的场合。

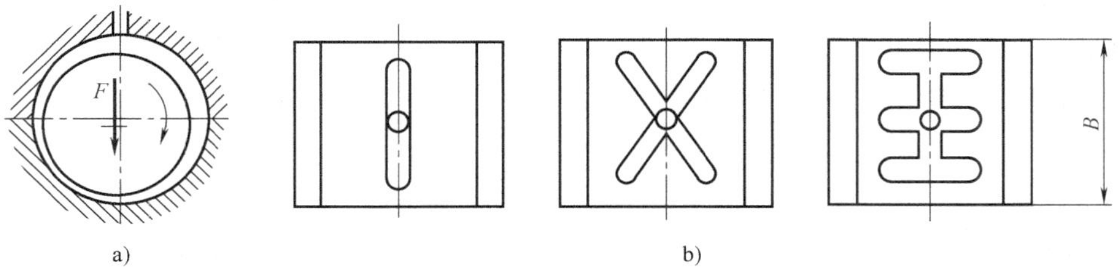

图 15-14　轴瓦上油孔、油槽的开设

a）油孔开在非承载区　b）油槽型式

轴向油槽分为单轴向油槽和双轴向油槽。单轴向油槽多用于整体式径向轴承、轴颈单向旋转的场合。单轴向油槽最好开在油膜厚度最大的位置（图 15-15a），以保证润滑油从压力最小的地方进入轴承。双轴向油槽多用于剖分式径向轴承，一般开在轴承剖分面处（剖分面多与载荷作用线成 90°），这种油槽允许轴颈双向旋转（图 15-15b）。轴向油槽不得在轴承的全长上开通，以免润滑油从端部流失过多，油槽长度一般为轴承长度的 70%。

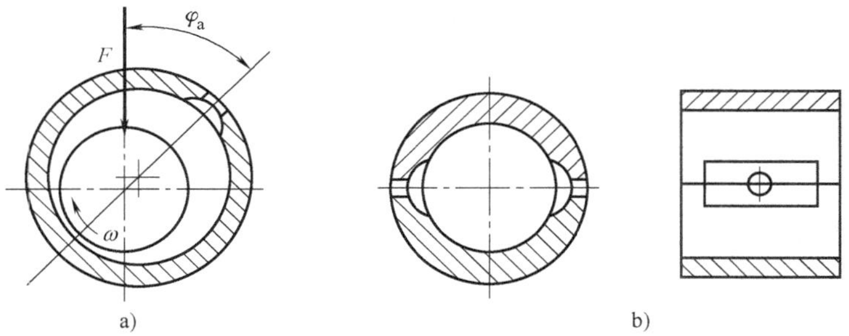

图 15-15　单轴向油槽和双轴向油槽

a）单轴向油槽开在油膜厚度最大的位置　b）双轴向油槽开在轴承剖分面

周向油槽通常设在轴承宽度中部，把轴承分为两个独立部分，计算时各承担载荷的一半，但其承载能力显著下降（图 15-16a），所以除非载荷方向大范围变动，一般不采用周向油槽。

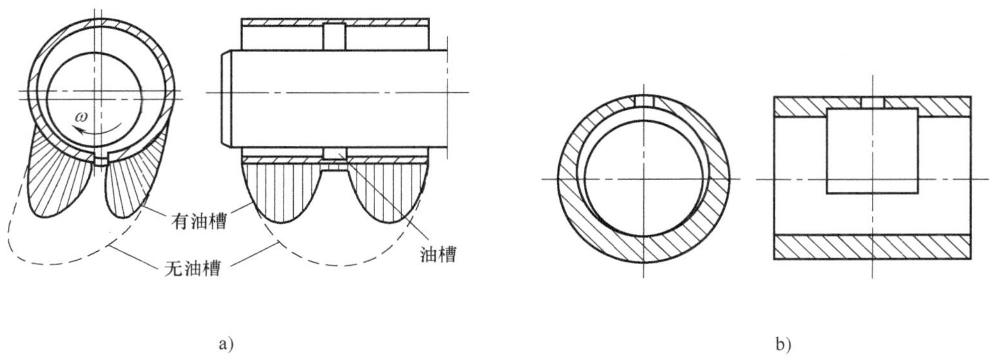

图 15-16　周向油槽和油室

a）周向油槽对轴承承载能力的影响　b）油室的位置与形状

(3) 油室 对某些载荷较大的轴承，为使润滑油沿轴向能较均匀地分布，在轴瓦内开有油室。油室的型式有多种，图 15-16b 为开在整个非承载区的油室；开在两侧的油室与图 15-15b 类似，只是将油槽的面积扩大，适于载荷方向变化或经常正、反向旋转的轴承。

15.4 不完全液体润滑滑动轴承的设计计算

工程实际中将工作要求不高、速度较低、载荷不大、难以维护等条件下工作的轴承，往往设计成不完全液体润滑滑动轴承。

不完全液体润滑滑动轴承工作时，轴颈与轴瓦表面间处于混合摩擦状态，其中有部分摩擦表面产生直接接触，因而主要的失效形式是磨粒磨损和胶合。因此，防止失效的关键是保证轴颈与轴瓦表面之间形成一层边界油膜，以避免轴瓦的过度磨粒磨损和轴承因温度升高而引起胶合。但由于边界油膜的强度和破裂温度受多种因素影响而十分复杂，其规律尚未完全被人们掌握。目前对不完全液体润滑滑动轴承的设计计算主要是进行轴承压强 p、轴承压强与滑动速度的乘积 pv 值和轴承滑动速度 v 的校核，使其不超过轴承材料的许用值。此外，在设计液体动压滑动轴承时，由于其起动和停车阶段也处于混合摩擦状态，也需要对 p、pv、v 进行校核。

15.4.1 径向轴承

1. 轴承的压强 p

限制轴承压强 p，以保证润滑油不被过大的压力挤出，从而避免轴瓦产生过度的磨损。即

$$p=\frac{F}{Bd}\leqslant[p] \tag{15-1}$$

式中，F 为轴承径向载荷，单位为 N；B 为轴瓦宽度，单位为 mm；d 为轴颈直径，单位为 mm；$[p]$ 为轴瓦材料的许用压强，单位为 MPa（见附录 E）。

2. 轴承的 pv 值

pv 值与摩擦功率损耗成正比，它简略地表征轴承的发热因素。pv 值越高，轴承温升越高，容易引起边界油膜的破裂。pv 值的校核公式为

$$pv=\frac{F}{Bd}\frac{\pi dn}{60\times1000}\leqslant[pv] \tag{15-2}$$

式中，n 为轴的转速，单位为 r/min；$[pv]$ 为轴瓦材料的许用值，单位为 MPa · m/s（见附录 E）。

3. 轴承的速度 v

为防止轴承因 v 过大而出现早期磨损，有时需校核 v，使

$$v=\frac{\pi dn}{60\times1000}\leqslant[v] \tag{15-3}$$

式中，[v] 为轴瓦材料的许用线速度，单位为 m/s（见附录 E）。

15.4.2　止推轴承

由图 15-17 可知，止推轴承应满足

$$p=\frac{F}{\frac{\pi}{4}(d_2^2-d_1^2)z}\leqslant[p] \quad (15\text{-}4)$$

$$pv_m\leqslant[pv] \quad (15\text{-}5)$$

式中，z 为轴环数；v_m 为轴环的平均速度，$v_m=\frac{\pi d_m n}{60\times1000}$，$d_m=\frac{d_1+d_2}{2}$为平均直径。止推轴承的 [$p$] 和 [$pv$] 值由本书附录 E 查取。对于多环止推轴承（图 15-17b），由于制造和装配误差使各支承面上所受的载荷不相等，[p] 和 [pv] 值应减小 20%～40%。

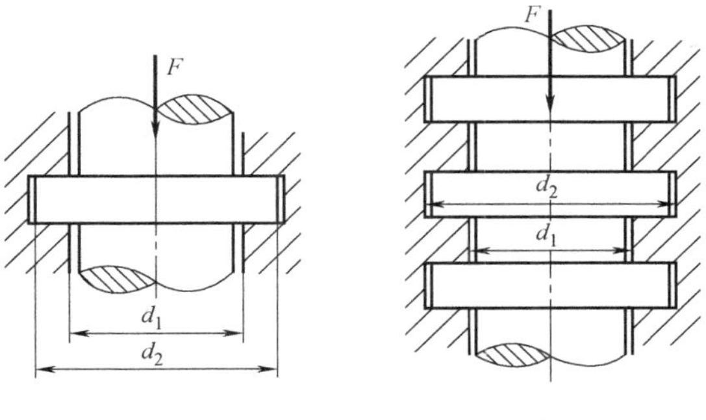

图 15-17　止推轴承

例 15-1　试按不完全液体润滑设计电动卷扬机卷筒两端的滑动轴承。钢绳拉力 W 为 100kN，卷筒转速为 100r/min，结构尺寸如图 15-18a 所示，其中轴颈直径 d=250mm。

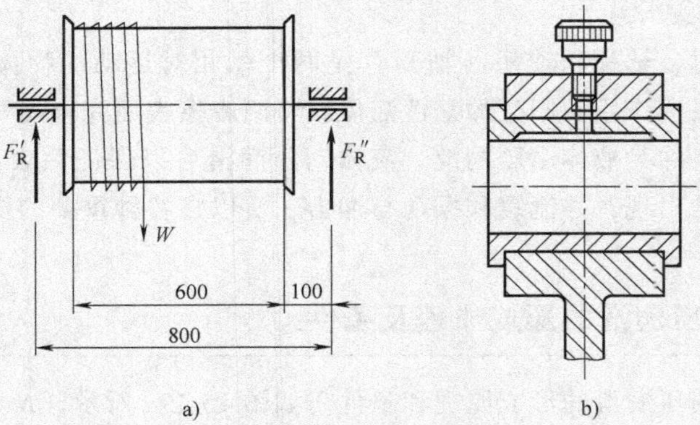

图 15-18　卷扬机卷筒的滑动轴承

解　1）选择轴承材料。卷扬机为一般机械，转速也不高，可选用铸造锡青铜（ZCuSn5Pb5Zn5）作为轴瓦材料。由本书附录 E 可查到，该材料的 [p]=8MPa，[pv]=15MPa·m/s，[v]=3m/s。

2）求滑动轴承上的径向载荷 F_R。

当钢绳在卷筒中间时，两端滑动轴承受力相等，且为钢绳上拉力的一半。但是，当钢绳绕在卷筒的边缘时，侧滑动轴承上受力达最大值，为

$$F'_R=F''_R=W\times\frac{700}{800}=100\times\frac{700}{800}\text{kN}=87.5\text{kN}$$

3）求轴瓦宽度 B，取宽径比 B/d=1.2，则

$$B=1.2\times250\text{mm}=300\text{mm}$$

4）校核轴承 p、v 及 pv 的值。

根据式（15-1）可得

$$p=\frac{F_{\mathrm{R}}}{Bd}=\frac{87.5\times10^{3}}{300\times250}\mathrm{MPa}=1.6\mathrm{MPa}\leqslant[p]$$

根据式（15-3）可得

$$v=\frac{\pi dn}{60\times1000}=\frac{3.14\times250\times100}{60\times1000}\mathrm{m/s}=1.31\mathrm{m/s}\leqslant[v]$$

根据式（15-2）可得

$$pv=\frac{F_{\mathrm{R}}}{Bd}\frac{\pi dn}{60\times1000}=1.6\times1.31\mathrm{MPa}\cdot\mathrm{m/s}=2.1\mathrm{MPa}\cdot\mathrm{m/s}\leqslant[pv]$$

根据上述计算可知，所选用的材料合适。查表 15-3，$K=\sqrt{pv^{3}}=1.9<2$。因此，轴承选用润滑脂润滑，人工定时用油杯加润滑脂，其结构如图 15-18b 所示。

15.5 液体动压润滑的原理和基本方程

滑动轴承工作时，轴颈和轴瓦（轴套）是两个做相对运动的物体的摩擦表面，利用轴颈本身回转时的泵油作用而产生的黏性液体膜将两摩擦表面完全隔开，由液体膜产生的压力来平衡外载荷，称为液体动压润滑。液体动压润滑可以保证两表面不发生直接接触，基本上可避免磨损的出现，并能缓和振动与冲击，所以在各种重要的机械或仪器中获得了广泛的应用。

15.5.1 液体动压润滑的形成原理及条件

下面介绍液体动压润滑的形成原理和条件。如图 15-19a 所示，A、B 两板平行，板间充满润滑油，板 B 静止不动，板 A 以速度 v 向左运动。由于润滑油的黏性及它与平板间的吸附作用，与板 A 紧贴的油层的流速等于板的速度 v；而贴近板 B 的油层则静止不动。于是形成各油层间的相对流动，这种流动是由于油层受到剪切作用而产生的，称为剪力流。当板上无载荷时，两平行板之间液体各流层的速度呈三角形分布，板之间带进的油量等于带出的油量，因而润滑油能维持连续流动。但若忽略液体受到挤压而产生的挤压效应，当板 A 受到向下作用的外载荷 F 时（图 15-19b），板 A 将下沉。这说明这时的油膜对外载荷 F 没有承受能力，也就是说两平行板之间不可能形成动压油膜。

若两平板相互倾斜成楔形收敛间隙（图 15-19c），且板 A 上承受载荷 F，当板 A 以速度 v 从间隙较大的一方移向间隙较小的一方时，两端的速度按照虚线所示的三角形分布，则必然进油多而出油少。由于液体实际上是不可压缩的，并且油沿 z 轴方向无流动的条件，则进入此楔形间隙的过剩油量，必将由进口 a-a 及出口 c-c 两处截面被挤出，即产生一种因压力而引起的流动，称为压力流。油液在剪力流和压力流的共同作用下，使进口处

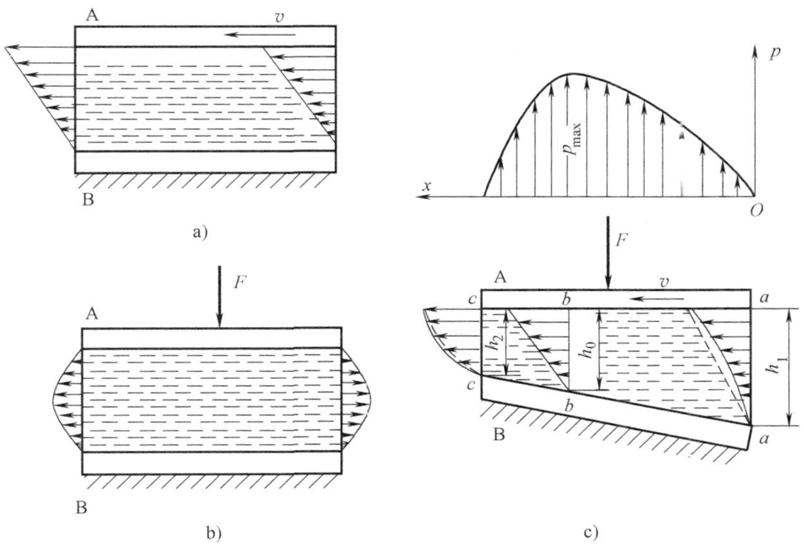

图 15-19 两相对运动平板间油层中的速度分布和压力分布

油的速度曲线呈内凹形，出口处油的速度曲线呈外凸形的抛物线流动形式，这是典型的两板间有压力油时板的两端流体流动的速度分布形状，说明在两板的间隙内流体形成了压力油膜（动压油膜），此压力油膜中液体压力将与外载荷 F 平衡。从图 15-19c 可见，从进口到出口之间，各截面的速度图是不相同的，但必有一截面 b-b，其油的速度呈三角形分布。下面将会分析，此截面的油压最大。

根据以上分析可知，形成动压油膜的必要条件是：①两工作表面间必须有楔形间隙；②两工作表面间必须连续充满润滑油或其他黏性流体；③两工作表面间必须有相对滑动速度，其运动方向必须保证润滑油从大截面流进，从小截面流出。此外，对于一定的载荷 F，必须使速度 v、黏度 η 及间隙等匹配恰当。

15.5.2 径向滑动轴承形成液体动压润滑的过程

将上面的移动平板 A 卷成较小圆筒形，作为轴颈；将静止平板 B 卷成较大的圆筒形，作为轴瓦。现进一步观察径向滑动轴承形成动压油膜的过程。图 15-20a 表示停车状态，轴颈沉在下部。轴颈表面与轴瓦孔表面构成了楔形间隙，并充满润滑油。假设轴颈为顺时针转动，这就基本满足了形成动压油膜的条件。

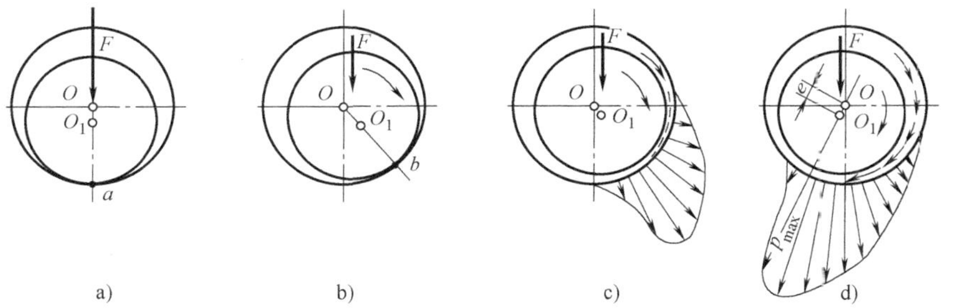

图 15-20 径向滑动轴承动压油膜形成的过程

开始起动时，由于摩擦力的作用，轴颈沿轴承孔内壁向上爬，如图 15-20b 所示。当转速继续增加时，楔形间隙内形成的油膜压力将轴颈抬起而与轴承脱离接触，如图 15-20c 所示。但此情况不能持久，油膜内各点压力的合力有向左推动轴颈的分力存在，因而轴颈继续向左移动。最后，当达到机器的工作转速时，轴颈则处于图 15-20d 所示的位置。此时油膜内各点的压力其垂直方向的合力与载荷 F 平衡，其水平方向的压力左、右自行抵消，于是轴颈就稳定在此平衡位置上旋转。从图中可以明显看出，轴颈中心 O_1 与轴承孔中心 O 不重合，$OO_1=e$，称为偏心距。其他条件相同时，工作转速越高，e 值越小，即轴颈中心越接近轴承孔中心。

15.5.3 液体动压润滑的基本方程

如图 15-21 所示，A 板沿 x 方向以速度 v 运动，B 板与 A 板倾斜放置并固定不动。假设：①z 向无限长，且润滑油在 z 向没有流动；②压力 p 不随 y 值的大小而变化，即同一油膜截面上压力为常数（由于油膜很薄，故这样假设是合理的）；③润滑油黏度 η 不随压力而变化，并且忽略油层的重力和惯性；④润滑油处于层流状态。

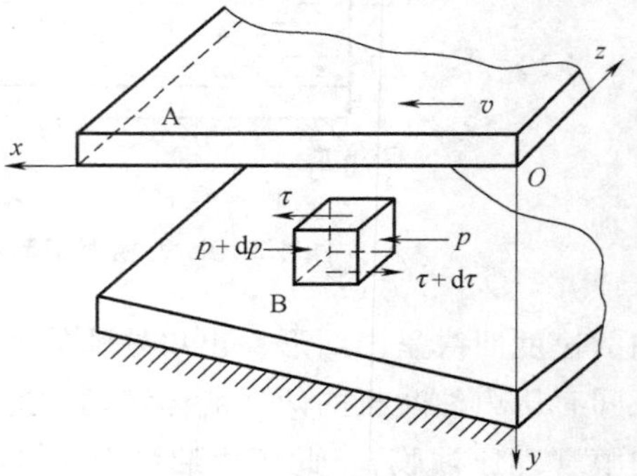

图 15-21　液体动压分析

在油膜中取出一微单元体，它承受油压 p 和内摩擦切应力 τ（图 15-21）。根据平衡条件，得

$$p\mathrm{d}y\mathrm{d}z-(\tau+\mathrm{d}\tau)\mathrm{d}x\mathrm{d}z-(p+\mathrm{d}p)\mathrm{d}y\mathrm{d}z+\tau\mathrm{d}x\mathrm{d}z=0$$

整理后，得

$$\frac{\mathrm{d}p}{\mathrm{d}x}=-\frac{\mathrm{d}\tau}{\mathrm{d}y}$$

根据 9.5.3 节介绍过的牛顿液体流动定律，可知

$$\tau=-\eta\frac{\mathrm{d}u}{\mathrm{d}y}$$

式中，u 为在某一垂直于 x 轴的截面上，处于不同 y 位置润滑油的速度。因此

$$\frac{\mathrm{d}p}{\mathrm{d}x}=\eta\frac{\mathrm{d}^2u}{\mathrm{d}y^2} \tag{15-6}$$

此式表明，任意一点的油膜压力 p 沿 x 方向的变化率$\frac{\mathrm{d}p}{\mathrm{d}x}$，与该点速度 u(y 向）的二阶导数有关，即与梯度（y 向）的一阶导数有关。

将式（15-6）对 y 积分（根据假设②，$\frac{\mathrm{d}p}{\mathrm{d}x}$是一常数），并注意到初始条件：当 $y=0$ 时，$u=v$；当 $y=h$ 时，$u=0$。得

$$u=\frac{1}{2\eta}\frac{\mathrm{d}p}{\mathrm{d}x}(y^2-hy)-\frac{y+h}{h}v \tag{15-7}$$

根据流体的连续性原理，流过不同截面的流量应该是相等的。即在 z 方向取单位长，

任意截面上的流量与 b-b 截面（图 15-19c）上的流量相等。经简化可得

$$\frac{\mathrm{d}p}{\mathrm{d}x}=6\eta v\frac{h-h_0}{h^3} \tag{15-8}$$

当 $h=h_0$（即图 15-19c 中 b-b 截面处）时，$\frac{\mathrm{d}p}{\mathrm{d}x}=0$，$p$ 有极大值 $p_{\max}$，所以 b 点是对应于 $p_{\max}$ 处的特定点。又$\frac{\mathrm{d}p}{\mathrm{d}x}=0$，根据式（15-6）即$\frac{\mathrm{d}^2u}{\mathrm{d}y^2}=0$，所以速度梯度$\frac{\mathrm{d}u}{\mathrm{d}y}$必须是常量，即 b-b 截面处的速度呈三角形分布。

式（15-8）为液体动压润滑的基本方程，称为一维雷诺（Reynolds）方程。它描述了两平板间油膜压力 p 的变化与润滑油的动力黏度 η、相对滑动速度 v 及油膜厚度 h 之间的关系。由式（15-8）可求出油膜压力 p 沿 x 方向分布的曲线（图 15-19c），再根据油膜压力的合力，便可确定油膜的承载能力。

15.6　径向动压轴承的几何关系和承载量的计算

15.6.1　径向动压轴承的几何参数

图 15-22 所示为轴承工作时轴颈的位置。轴颈和轴承的连心线 OO_1 与外载荷 F 的方向形成一偏位角 φ_a。在 OO_1 直线上，右上部分为轴颈和轴承孔的最大间隙 $h_{\max}$，左下部分为轴颈和轴承孔的最小间隙 $h_{\min}$。

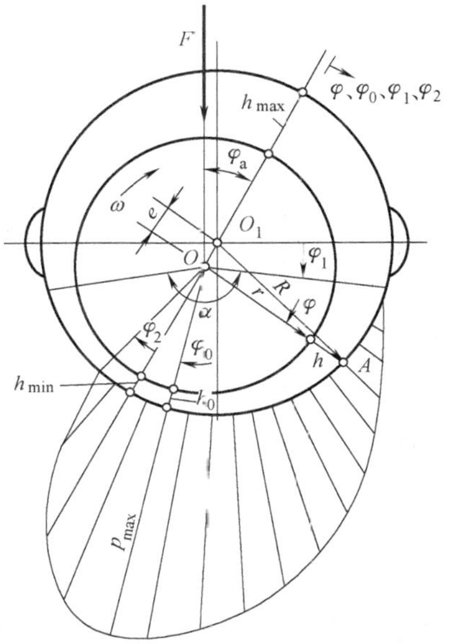

图 15-22　径向滑动轴承的几何参数和油压分布

轴承孔和轴颈的直径分别用 D 和 d 表示，则轴承直径间隙为

$$\Delta=D-d \tag{15-9}$$

半径间隙为

$$\delta=\frac{\Delta}{2} \tag{15-10}$$

直径间隙与轴颈直径 d 之比称为相对间隙 ψ，即

$$\psi=\frac{\Delta}{d}=\frac{\delta}{r} \tag{15-11}$$

轴在稳定运转时，轴颈中心 O 偏离孔中心 O_1 的距离，称为偏心距，用 e 表示。偏心距与半径间隙之比称为偏心率，以 X 表示，即

$$X=\frac{e}{\delta}$$

由图可见，最小油膜厚度为

$$h_{\min}=\delta-e=\delta(1-X)=r\psi(1-X) \tag{15-12}$$

仔细观察图 15-22，会发现用极坐标来描述轴颈在轴承孔中的运动，更显方便些。以轴颈中心 O 为极点，以射线 OO_1 为极轴，φ、φ_0、φ_1、φ_2 都是从极轴 OO_1 开始旋转的极角（即极轴是这些角的一个边）。对应于任意极角 φ 的轴承油膜厚度 h，可由 ΔAOO_1 应用余弦定理求得，即

$$R^2=e^2+(r+h)^2-2e(r+h)\cos\varphi$$

解上式并略去微量二次项 $\left(\dfrac{e}{R}\right)^2\sin^2\varphi$，可求得任意极角 φ 处的轴承油膜厚度为

$$h=\delta(1+X\cos\varphi)=r\psi(1+X\cos\varphi) \tag{15-13}$$

在油膜压力最大 p_{max} 处的油膜厚度为

$$h_0=\delta(1+X\cos\varphi_0) \tag{15-14}$$

式中，φ_0 为与 p_{max} 对应的极角。

15.6.2 径向动压轴承工作能力计算

将式（15-8）转换为极坐标形式，令 $\mathrm{d}x=r\mathrm{d}\varphi$，$v=r\omega$，并将 h、h_0（见图 15-19 中所示）值代入该式，则

$$\frac{\mathrm{d}p}{\mathrm{d}x}=6\eta\frac{\omega}{\psi^2}\frac{X(\cos\varphi-\cos\varphi_0)}{(1+X\cos\varphi)^3}$$

将上式从油膜压力起始角 φ_1，到任意角 φ 积分，可得极角为 φ 处的油膜压力为

$$p_\varphi=6\eta\frac{\omega}{\psi^2}\int_{\varphi_1}^{\varphi}\frac{X(\cos\varphi-\cos\varphi_0)}{(1+X\cos\varphi)^3}\mathrm{d}\varphi \tag{15-15}$$

把所有 p_φ 在外载荷方向的分量相加（积分），即可得单位宽度的油膜承载能力。再把全宽度上的承载能力相加（积分），可得总承载能力 F。考虑轴承有端泄，即两端的油压为零，油压沿宽度呈抛物线分布（图 15-23），且最大油压也有所降低。由此可得

$$F=\frac{\eta\omega Bd}{\psi^2}C_p=\frac{2\eta vB}{\psi^2}C_p \tag{15-16}$$

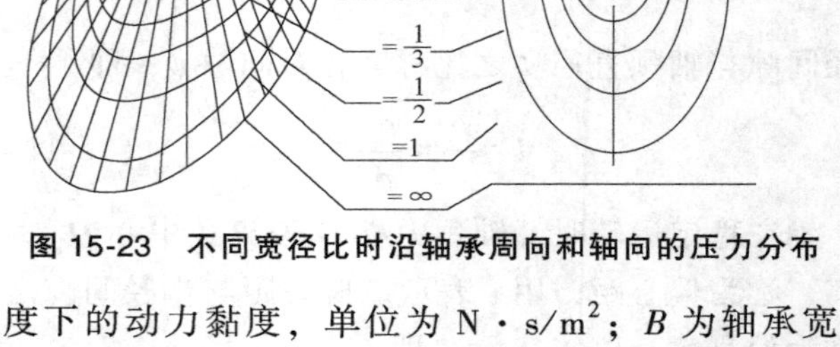

图 15-23 不同宽径比时沿轴承周向和轴向的压力分布

式中，η 为润滑油在轴承平均工作温度下的动力黏度，单位为 $\mathrm{N\cdot s/m^2}$；B 为轴承宽度，单位为 m；F 为承载力，单位为 N；v 为轴的圆周速度，单位为 m/s；C_p 为承载量系数，其值等于上述三重积分总值，与参数 X、B/d 及轴承包角 α 有关。由于求积分通解较困难，可用数值积分法求解。表 15-4 所示为轴瓦包角为 180°时，在非承载区提供无压供油的 C_p 值。

表 15-4　有限宽轴承的承载量系数 C_p

B/d	X													
	0.3	0.4	0.5	0.6	0.65	0.7	0.75	0.80	0.85	0.90	0.925	0.95	0.975	0.99
	承载量系数 C_p													
0.5	0.133	0.209	0.317	0.493	0.622	0.819	1.098	1.572	2.428	4.261	5.615	10.706	25.62	75.86
0.6	0.182	0.283	0.427	0.655	0.819	1.070	1.418	2.001	3.036	5.214	7.956	12.64	29.17	83.21
0.7	0.234	0.361	0.538	0.816	1.014	1.312	1.720	2.399	3.580	6.029	9.072	14.14	31.88	88.90
0.8	0.287	0.439	0.647	0.972	1.199	1.538	1.965	2.754	4.053	6.721	9.992	15.37	33.99	92.89
0.9	0.339	0.515	0.754	1.118	1.371	1.745	2.248	3.067	4.459	7.294	10.753	16.37	35.66	96.35
1.0	0.391	0.589	0.853	1.253	1.528	1.929	2.469	3.372	4.808	7.772	11.38	17.18	37.00	98.95
1.1	0.440	0.658	0.947	1.377	1.669	2.097	2.664	3.580	5.106	8.186	11.90	17.86	38.12	101.15
1.2	0.487	0.723	1.033	1.489	1.796	2.247	2.838	3.787	5.364	8.533	12.35	18.43	39.04	102.90
1.3	0.529	0.784	1.111	1.590	1.912	2.379	2.990	3.968	5.586	8.831	12.73	18.91	39.81	104.42
1.5	0.610	0.891	1.248	1.763	2.099	2.600	3.242	4.266	5.947	9.304	13.34	19.68	41.07	106.84

15.6.3　最小油膜厚度

由式（15-12）和表 15-4 可知，在其他条件不变的情况下，最小油膜厚度 h_{min} 越小，则 X 越大，C_p 也越大，即轴承的承载能力 F 也越大，然而，h_{min} 不能无限制地减小，这是因为它受到轴颈和轴瓦表面粗糙度、轴的刚度及几何形状误差等的限制。为保证轴承获得完全液体摩擦，最小油膜厚度 h_{min} 必须大于或等于许用油膜厚度［h］，即

$$h_{min}=r\psi(1-X)\geq[h] \tag{15-17}$$

而

$$[h]=S(Rz_1+Rz_2) \tag{15-18}$$

式中，Rz_1、Rz_2 分别为轴颈和轴瓦孔表面微观不平度的十点平均高度，对于一般轴承，可分别取 Rz_1 和 Rz_2 值为 3.2μm 和 6.3μm，或 1.6μm 和 3.2μm，对于重要轴承，可取 0.8μm 和 1.6μm；S 为安全系数，常取 $S\geq2$。

液体动压轴承除了需进行承载量计算，设计时还需进行热平衡计算，以检验润滑油温升是否合适。这部分内容可参阅相关机械设计手册。

15.7　其他型式滑动轴承简介

除了前面介绍的常用滑动轴承以外，还有不少其他滑动轴承，以下简要介绍其中的几种。

15.7.1　自润滑轴承

自润滑轴承是在不加润滑剂的状态下运转，靠轴承材料本身的自润滑性润滑。自润滑

轴承不能避免磨损，因而要选用磨损率低的材料制造。常用各种工程塑料和石墨作为轴承材料。为了减小磨损率，轴颈材料最好用不锈钢或镀硬铬的碳钢，轴颈表面硬度应大于轴瓦表面硬度。

自润滑轴承的使用寿命取决于磨损率，而磨损率取决于材料的力学性能和摩擦特性，并随载荷和速度的增加而加大，同时也受到工作条件的影响。温升是限制轴承承载能力的重要因素之一，故应将其 pv 值控制在允许的范围内。

这类轴承目前应用比较多的是镶嵌自润滑轴承，它是在普通滑动轴承的整体轴套或轴瓦上，通过合理设计与钻孔或拉槽后，将适当形状、尺寸与强度的固体润滑剂嵌入孔（槽）而成，可在无油（也可外部供油）的条件下工作。这种轴承主要用于油膜不能或不易形成的工况下，能承受大的稳定或变载荷，摩擦系数 $f=0.04\sim0.09$，使用温度范围为 $-190\sim700$℃，并可在高真空、强辐射、粉尘、潮湿或液体介质中正常运转。

15.7.2　多油楔滑动轴承

液体动压润滑径向滑动轴承只能形成一个油楔来产生液体动压油膜，故称为单油楔轴承。这种轴承结构简单，承载量大。但在轻载、高速条件下运转时，轴心容易偏离平衡位置（称为漂移），做有规律或无规律的运动，最终不能回到原来的平衡位置，这种状态称为轴承失稳。多油楔轴承的轴瓦可制成在轴承工作时产生多个油楔的结构型式。这种轴瓦可分成固定的和可倾的两类。

1. 固定瓦多油楔轴承

图 15-24a 所示为椭圆轴承，它的顶隙和侧隙之比常制成 1 : 2。它与单油楔圆轴承（图 15-20）相比，减小了顶隙而扩大了侧隙。顶隙减小，因而在顶部也可形成动压油膜；侧隙扩大，可增加端泄油量，以便降低轴承温升。工作时，椭圆轴承中形成上、下两个动压油膜，有助于提高稳定性。但与同样条件下的单油楔圆轴承相比，其摩擦损耗将会有所增加，而且供油量增大，承载量降低。

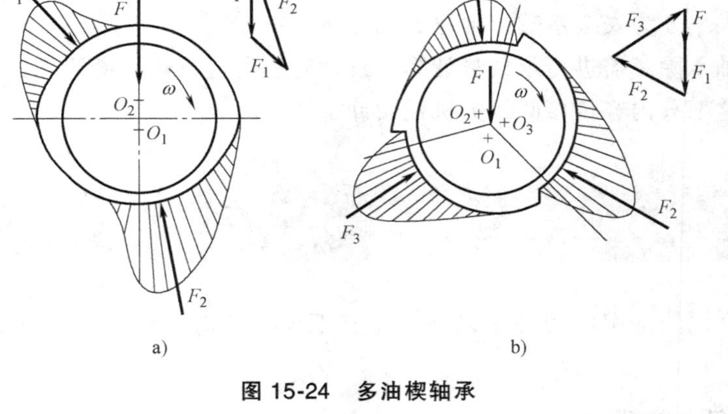

图 15-24　多油楔轴承

图 15-24b 所示为固定式三油楔轴承。它在工作时可以形成三个动压油膜，提高了旋转精度和稳定性，但其承载量为三个油楔中的油膜压力的向量和，比单油楔圆轴承低；其

摩擦损耗为三个油楔的损耗之和，比单油楔轴承损耗大。固定式三油楔轴承只允许轴颈沿一个固定的方向回转。

2. 可倾瓦多油楔轴承

图 15-25 所示为可倾瓦多油楔轴承，轴瓦由三块或三块以上（通常为奇数）的扇形块组成。扇形块背面有球铰链，并用调整螺钉支承。轴瓦的倾斜度可以随轴颈位置的不同而自动调整，以适应不同的载荷、转速和轴的弹性变形及偏斜等情况。保持轴颈与轴瓦间的适当间隙，便能形成液体摩擦的状态。

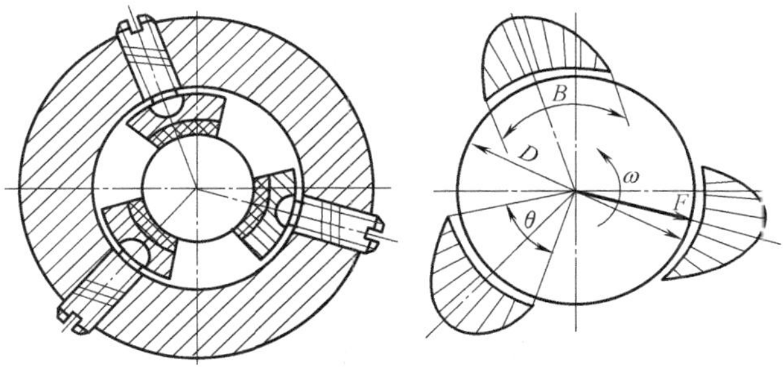

图 15-25　可倾瓦多油楔轴承

这种轴承的优点是，即使在空载运转时，轴与各个轴瓦也能处于某个偏心位置上，从而能形成几个承载油楔，使轴能稳定运转。

15.7.3　液体静压轴承

液体动压滑动轴承依靠轴颈回转时，把润滑油带进楔形间隙形成动压油膜来承受外载荷，但对经常起动、换向回转、低速、重载或有冲击载荷等的机器就不太合适，这时可考虑采用液体静压轴承。

1. 工作原理

液体静压轴承是依靠一个液压系统供给液压油，液压油进入轴承间隙里，强制形成压力油膜以隔开摩擦表面，靠液体的静压平衡外载荷。图 15-26 所示是液体静压轴承的示意图。高压油经节流器进入油腔，节流器是用来保持油膜稳定性的。当轴承载荷为零时，轴颈与轴孔同心，各油腔的油压彼此相等。当轴承受垂直向下的载荷 F 时，轴颈偏移，各油腔附近的间隙不同。受力大的油膜减薄，流量减小。因此经过这部分的节流器的流量也减小，在节流器中的压力损失也减小。因油泵的进油压力保持不变，所以下油腔中的压力将加大，上油腔的压力将减小，轴承依靠这个压力差平衡载荷 F。由此可见，液体静压轴承的刚度很大，当外载荷 F 有所变动时，轴承的回转中心可基本不改变，回转精度很高。

2. 节流器

常用的节流器有小孔节流器（图 15-27a）、毛细管节流器（图 15-27b）、滑阀节流器和薄膜节流器等。图 15-27 所示为毛细管节流器的结构。当油流经细长的管道时，产生一个压力降。压力降的大小与流量成正比，与毛细管长度 l 和油的黏度的乘积成正比，而与

毛细管直径 d 的 4 次方成反比。

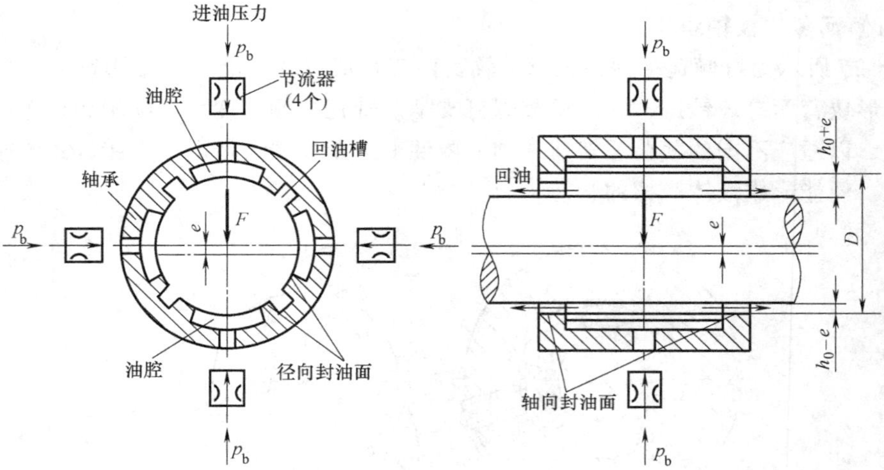

图 15-26　液体静压轴承示意图

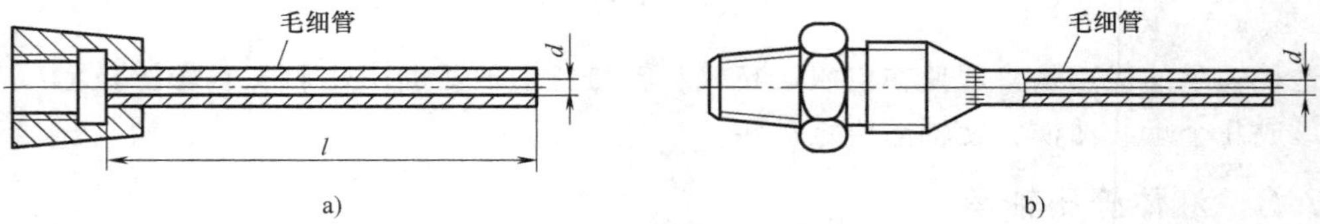

图 15-27　毛细管节流器的结构图

上述静压轴承中供油压力是恒定的，所以称为恒压系统。如果用定量泵，则可以建立无节流器的恒流系统静压轴承。恒流系统是通过改变供油压力来平衡外载荷的。

3. 液体静压轴承的特点

1）润滑状态和油膜压力与轴颈转速的关系很小，即使轴颈不旋转也可以形成油膜，因此可应用在转速极低的条件下形成液体摩擦润滑。

2）由于工作时轴颈与轴承不直接接触（包括起动、停车等），轴承不会磨损，故使用寿命长。

3）转速不高的轴承摩擦系数极小，因此起动力矩小，效率高。

4）形成油膜的刚性大，具有良好的吸振性，运转平稳，精度高。

5）其轴瓦加工精度远低于动压轴承。

但液体静压轴承必须有一套复杂的供给液压油的系统，设备费用高，维护管理也较麻烦，因此只有当动压轴承难以胜任时才采用静压轴承。汽车发动机的曲轴、凸轮轴等就使用静压轴承。

15.7.4　气体润滑轴承

当轴颈转速极高（$n>100000$r/min）时，采用液体润滑剂的轴承即使在液体摩擦状态下工作，摩擦损失还是很大的。过大的摩擦损失将降低机器的效率，引起轴承过热。如果改用气体润滑剂，就可极大地降低摩擦损失，这是由于气体的黏度显著地低于液体黏度。

气体润滑剂主要是空气，它既不需特别制造，用过之后也无须回收。此外氢的黏度比空气的低 1/2，适用于高速；氮具有惰性，在高温时使用，不会使机件生锈。

气体润滑剂除了黏度低的特点之外，其黏度随温度的变化也小，而且具有耐辐射性及对机器不会产生污染等，因而在高速、要求摩擦转矩很小、高低温（-263~600℃），以及有放射线存在的场合，气体润滑轴承显示了它的特殊优势。如在高速磨头、高速离心分离机、原子反应堆、陀螺仪表、电子计算机记忆装置等尖端技术产品上，由于采用了气体润滑轴承，克服了使用滚动轴承或液体润滑滑动轴承不能克服的困难。

随着现代工业的发展，旋转机械的转速越来越高，而且航空航天和核工业等领域的旋转机械要工作在极端高低温、真空等环境下，这就对轴承提出了更高的要求。

15.7.5　磁流体轴承

磁流体轴承与滑动轴承是不同的，磁流体轴承是利用同磁性相斥、异磁性相吸的原理做成的。图 15-28 是磁流体轴承的结构示意图。这种轴承由轴承定子、转子和轴组成。其中，轴承定子和转子是永久磁石（或电磁材料）做成的。

磁流体轴承也分为止推轴承（图 15-28a）和径向轴承（图 15-28b）两类。磁流体止推轴承利用永久磁石异性相吸的原理，而磁流体径向轴承利用永久磁石同性相斥的原理。它们都是利用吸引力或排斥力使转子悬浮起来。这些轴承承载量的大小与轴承内表面和转子外表面之间的距离的二次方成反比，与磁石间相互作用的吸引力或排斥力的乘积成正比。磁流体轴承可以保证轴承与转子之间无金属摩擦。这种轴承用在仪器、仪表中，可以提高仪器、仪表的灵敏度。

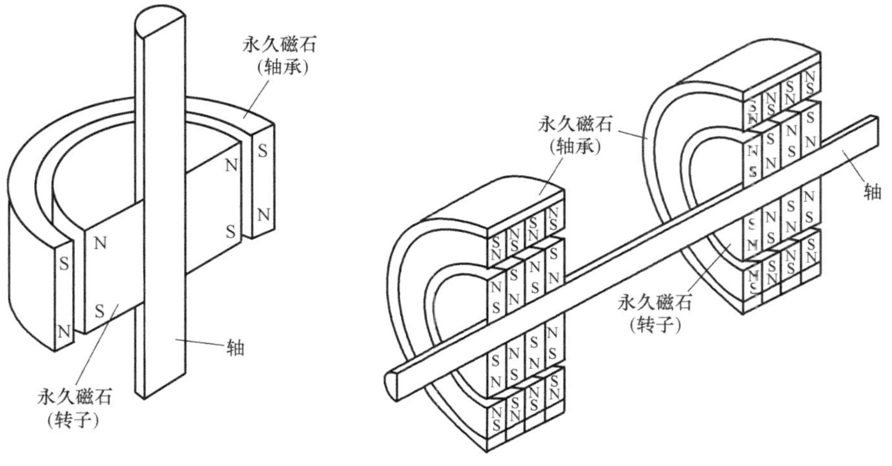

图 15-28　磁流体轴承的结构示意图

a）永久磁石止推轴承　b）永久磁石径向轴承

思考练习题

15-1　滑动轴承有哪些类型？各适用于什么场合？

15-2　试述滑动轴承润滑状态的类型。各类型有何特点？

15-3　滑动轴承中的油孔、油槽和油室有何作用？开在何处？为什么？

15-4　轴瓦的失效形式有哪些？对轴瓦材料有哪些要求？为什么要提出这些要求？列举几种轴瓦材料。

15-5　在条件性计算中限制 p、v、pv 值的主要原因是什么？

15-6　形成液体动压润滑的必要条件是什么？

15-7　试述径向滑动轴承形成液体动压润滑的过程。

15-8　对液体动压润滑径向滑动轴承，当转速增大而其他条件不变时，偏心率如何变化？外载荷增加而其他条件不变时，偏心率如何变化？润滑油黏度变化而其他条件不变时，偏心率如何变化？偏心率过大或过小有什么不好？

15-9　设计液体动压润滑径向滑动轴承时，当遇到下列情况应如何改进设计？①承载能力不足；②轴承工作温度超过许用值。

15-10　校核铸件清理滚筒上的一对滑动轴承。已知装载量及自重共 18000N，由两轴承平均分担，转速为 40r/min，两端轴颈的直径为 120mm，轴瓦宽径比为 1：2，材料为锡青铜（ZCuSn5Pb5Zn5），采用润滑脂润滑。

15-11　有一不完全液体径向滑动轴承，已知轴颈直径为 100mm，轴瓦宽度为 100mm，轴的转速为 1200r/min，轴承材料为 ZCuSn10Pb。它允许承受多大的径向载荷？

15-12　试设计某轻纺机械一转轴上的不完全液体径向滑动轴承。已知轴颈直径为 55mm，轴瓦宽度为 44mm，轴颈的径向载荷为 24200N，轴的转速为 300r/min。

第16章 滚动轴承

与滑动轴承相比，滚动轴承具有摩擦阻力小、起动快、效率高（0.98~0.99）、润滑和维护方便、易于互换、运转精度高和轴承组合结构较简单等优点，故在中速、中载和一般工作条件下运转的机器中得到广泛应用。其缺点是抗冲击能力较差，高速、重载下轴承寿命较低，且会出现振动和噪声，径向尺寸比滑动轴承大。

滚动轴承基本上都已经标准化，由专门厂家制造。一般使用者只需要根据具体工作条件正确选择轴承的类型和计算所需的尺寸，并进行轴承的组合设计。

16.1 滚动轴承概述

16.1.1 滚动轴承的基本结构

向心滚动轴承的基本结构由内圈、外圈、滚动体和保持架组成（图 16-1a、b）。内圈与轴颈装配，外圈与轴承座装配。通常是内圈随轴回转，外圈不动，但也有外圈回转而内圈不动或内、外圈分别按不同转速回转的使用情况。当内、外圈相对转动时，滚动体在内、外圈的滚道间滚动。内、外圈上的凹槽滚道可降低接触应力并限制滚动体轴向移动。

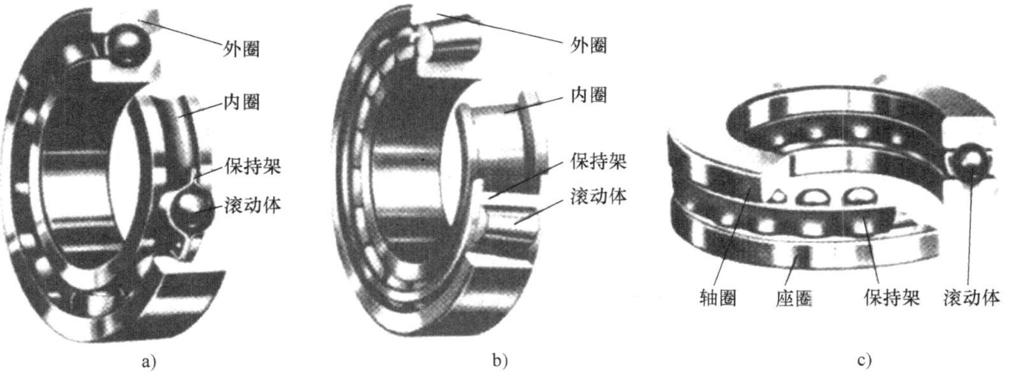

图 16-1 滚动轴承的基本结构

a）深沟球轴承 b）圆锥滚子轴承 c）推力球轴承

滚动体是滚动轴承的核心元件，它使相对运动表面间的滑动摩擦变为滚动摩擦，其形状、大小和数量直接影响轴承的承载能力。常用的滚动体有球和滚子两类（图 16-2）。保持架使滚动体沿圆周均匀分布，避免滚动体在运动中相互接触。

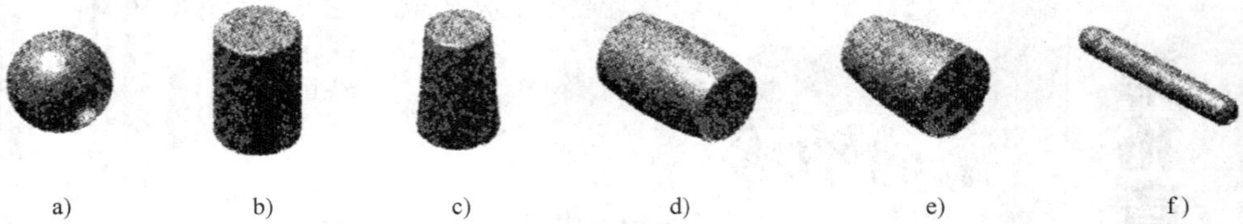

图 16-2　常用的滚动体

a）球　b）圆柱滚子　c）圆锥滚子　d）球面滚子　e）非对称球面滚子　f）滚针

圆柱滚子轴承或滚针轴承在某些情况下，可以没有内圈、外圈或保持架，这时轴颈或轴承座就起内圈或外圈的作用。还有一些轴承，除了以上四种基本零件外，还增加了其他特殊零件或具有特殊结构，以满足日益发展的生产需要。如：在外圈上加止动环或带密封盖的轴承，带有支座、法兰、拉紧和吊挂的轴承，适用于各种机械角传动的关节轴承，带离合器的轴承，在特殊工况下应用的可剖分式滚动轴承等。

16.1.2　滚动轴承的结构特性

1. 公称接触角

如图 16-3 所示，公称接触角是垂直于轴承轴线的平面与滚动体与外圈接触的法线之间的夹角，简称接触角。公称接触角与轴承受力、变形和轴承承载能力有关。公称接触角越大，轴承承受轴向载荷的能力越强。

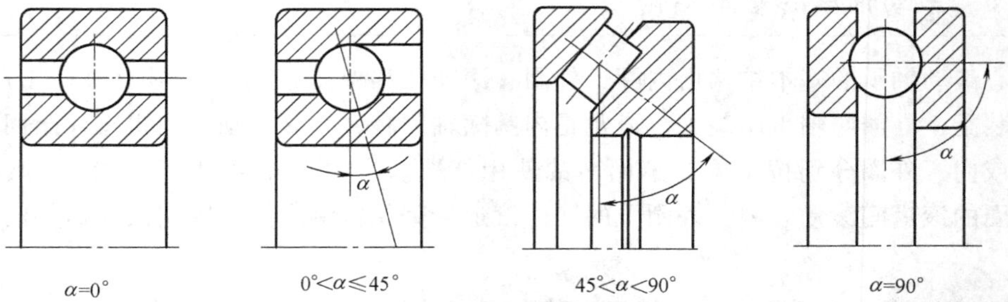

图 16-3　滚动轴承的公称接触角

2. 游隙

轴承游隙分为径向游隙和轴向游隙。如图 16-4a 所示，径向游隙 G_r 为在不同角度方向，不承受任何外载荷，一套圈相对另一套圈从一个径向偏心极限位置移到相反的极限位置的径向距离的算术平均值。如图 16-4b 所示，轴向游隙 G_a 为不承受任何外载荷，一套圈或垫圈相对于另一套圈或垫圈从一个轴向极限位置移到相反的极限位置的轴向距离的算术平均值。轴承游隙大小直接影响支承的运转精度、轴承内的载荷分布、振动、噪声、支承刚度及支承调心性能等性能指标。

3. 角度偏差和偏差角

如图 16-5 所示，滚动轴承内、外圈滚道轴线由于不平行而相互倾斜称为角度偏差。轴承内、外圈滚道轴线间由于不平行而形成的最大夹角称为偏差角 θ。滚动轴承允许的偏差角与其调心性能有关，滚动轴承允许的偏差角越大，调心能力越强。

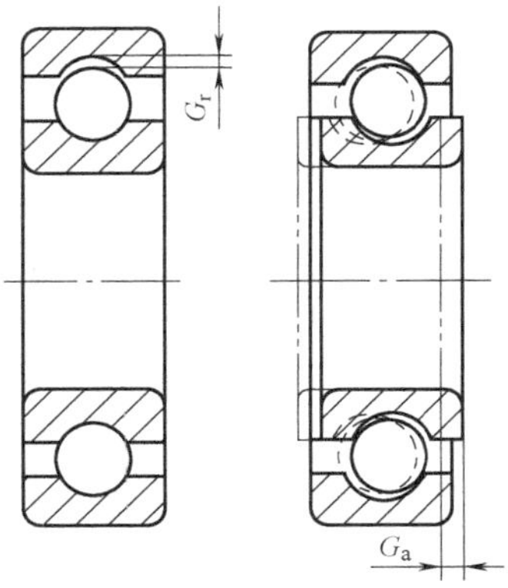

图 16-4　轴承游隙

a）径向游隙　b）轴向游隙

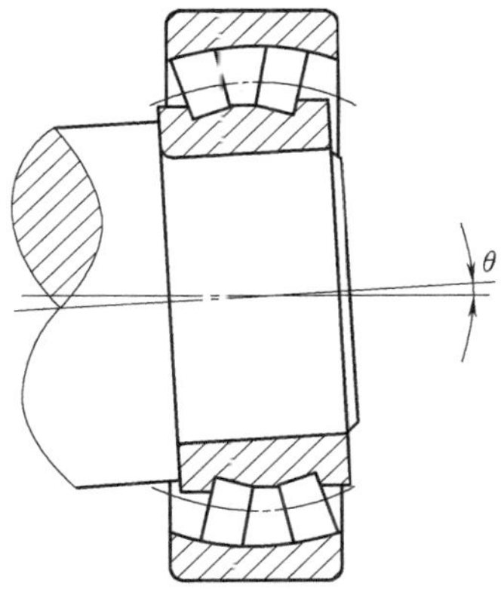

图 16-5　角度偏差和偏差角

16.1.3　滚动轴承的材料

轴承内、外圈和滚动体的材料应具有高硬度和高的接触疲劳强度、良好的耐磨性和耐冲击性。轴承元件一般采用轴承钢，如 GCr15、GCr15 SiMn、GCr18Mo 等材料制造，经热处理后硬度在 60～65HRC。工作表面要求磨削抛光。

对于保持架，要考虑的因素包括摩擦力、应变力和惯性力，在某些情况下还要考虑它与某些润滑剂、有机溶剂、冷却剂和制冷剂的化学反应。因此，保持架常选用较软的材料制造。冲压保持架一般用低碳钢板冲压后铆接或焊接而成，它与滚动体间有较大的间隙；实体保持架常用铜合金、铝合金或工程塑料经切削加工制成，有较好的定心作用。

滚动轴承内的密封件对轴承的性能与可靠性也有相当大的影响。它们的制造材料必须提供优异的抗氧化性、耐热性或耐化学腐蚀性。

近年来，国内外对陶瓷滚动轴承的研究、开发已取得了重大进展。陶瓷滚动轴承充分利用了工程陶瓷材料的优点。同钢轴承相比，陶瓷滚动轴承具有极限转速高、刚度高、精度保持性好、起动力矩小、运转性能好和寿命长等优点，还具有耐高温、耐腐蚀、耐磨损、无磁性和绝缘等特殊性能。其缺点是抗冲击能力比钢轴承差。适用于做轴承的陶瓷材料主要有氮化硅（Si_3N_4）、氧化锆（ZrO_2）、氧化铝（Al_2O_3）等，其中氮化硅综合性能最优，是陶瓷轴承的首选材料。陶瓷轴承可应用于航空航天、高真空领域和高速、高精度、高温、强磁场或耐腐蚀等场合。

16.2　滚动轴承的常用类型和选择

16.2.1　滚动轴承的类型

1. 按所能承受的载荷方向或公称接触角的不同分类

(1) 向心轴承　它主要用于承受径向载荷，其公称接触角 $0° \leqslant \alpha \leqslant 45°$。按其公称接触角的不同，又分为：

1）径向接触轴承：公称接触角 $\alpha=0°$ 的向心轴承，如深沟球轴承、圆柱滚子轴承等；

2）向心角接触轴承：公称接触角为 $0°<\alpha\leqslant45°$ 的向心轴承，如角接触球轴承、圆锥滚子轴承等。

（2）推力轴承 它主要用于承受轴向载荷，其公称接触角为 $45°<\alpha\leqslant90°$。按公称接触角的不同，又分为：

1）轴向接触轴承：公称接触角 $\alpha=90°$ 的推力轴承，如推力球轴承（图 16-1c）、推力圆柱滚子轴承等。这种轴承只能承受轴向载荷，且载荷作用线必须与轴线重合。如图 16-1c 所示，推力轴承的套圈有轴圈与座圈。轴圈与轴过盈配合并一起旋转，座圈的内径与轴保持一定间隙，置于机座中。因滚动体离心力大，滚动体与保持架摩擦发热严重，故该轴承用于轴向载荷大但转速不高的场合。单列球轴承仅承受单向轴向载荷；双列球轴承可承受双向轴向载荷。

2）推力角接触轴承：公称接触角为 $45°<\alpha<90°$ 的推力轴承，如推力角接触球轴承、推力调心滚子轴承等。

2. 按滚动体分类

（1）球轴承 它是滚动体为球的轴承。

（2）滚子轴承 它是滚动体为滚子的轴承：按滚子不同，滚子轴承又分为圆柱滚子轴承、圆锥滚子轴承、滚针轴承和调心滚子轴承等。

3. 按其能否调心分类

（1）调心轴承 它是滚道呈球面形，能调整轴承内、外圈滚道轴线间的角度偏差及角运动的轴承。

（2）非调心轴承 它是能阻抗轴承内、外圈滚道轴线不重合的轴承。

4. 按滚动体列数分类

按滚动体列数分，可分为单列轴承、双列轴承和多列轴承。

5. 按滚动体与内、外圈能否分离分类

按滚动体与内、外圈能否分离分，可分为可分离轴承和不可分离轴承。

通常，轴承按所能承受的载荷方向或公称接触角以及滚动体种类综合分类。滚动轴承的类型、简图、代号和一般特性见本书附录 F。常用滚动轴承的外形、名称及类型代号如图 16-6 所示。

16.2.2 滚动轴承的代号

滚动轴承的类型很多，而各类轴承又有不同的结构、尺寸、公差等级和技术要求。为便于组织生产和选用，规定了滚动轴承的代号。我国滚动轴承的代号由基本代号、前置代号和后置代号构成，按国家标准 GB/T 272—2017 的规定，其排列顺序见表 16-1。

1. 基本代号

基本代号表示轴承的基本类型、结构和尺寸，是轴承代号的基础。按国家标准生产的滚动轴承的基本代号，由轴承类型代号、尺寸系列代号和内径尺寸系列代号构成，见表 16-1。

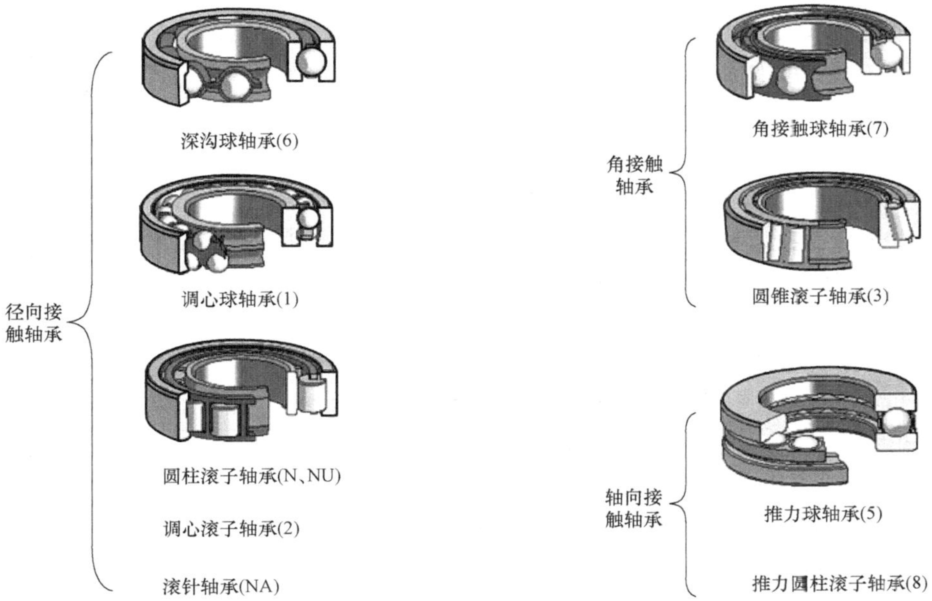

图 16-6 常用的滚动轴承

表 16-1 滚动轴承代号的排列顺序

<table>
<tr><td>前置代号(□)</td><td colspan="5">基本代号</td><td colspan="5">后置代号(□或加×)</td></tr>
<tr><td rowspan="3">轴承分部件代号</td><td>×(□)</td><td>×</td><td>×</td><td>×</td><td>×</td><td rowspan="3">内部结构代号</td><td rowspan="3">密封与防尘结构代号</td><td rowspan="3">保持架及其材料代号</td><td rowspan="3">公差等级代号</td><td rowspan="3">游隙代号</td></tr>
<tr><td rowspan="2">类型代号</td><td colspan="2">尺寸系列代号</td><td colspan="2" rowspan="2">内径尺寸系列代号</td></tr>
<tr><td>宽(高)度系列代号</td><td>直径系列代号</td></tr>
</table>

注：□—字母；×—数字。

(1) 类型代号 基本代号左起第一位为类型代号，用数字或字母表示，见本书附录 F 中的第三列。若代号为“0”（双列角接触球轴承），则可省略。

(2) 尺寸系列代号 尺寸系列代号由轴承的宽（高）度系列代号（基本代号左起第二位）和直径系列代号（基本代号左起第三位）组合而成。见本书附录 F 中的第四列。向心轴承和推力轴承的常用尺寸系列代号见表 16-2。

表 16-2 向心轴承和推力轴承的常用尺寸系列代号

代号	7	8	9	0	1	2	3	4	5	6
宽度系列	—	特窄	—	窄	正常	宽	特宽			
直径系列	超特轻	超轻		特轻		轻	中	重	—	

注：1. 宽度系列代号为 0 时可略去（但 2、3 类轴承除外）；有时宽度代号为 1、2 也被省略。
2. 特轻、轻、中、重以及窄、正常、宽等称呼为旧国家标准中的相应称呼。

图 16-7 所示为内径相同而直径系列不同的四种轴承的对比，外廓尺寸大则承载能力强。

(3) 内径尺寸系列代号 内径尺寸系列代号（基本代号左起第四、五位数字）表示轴承公称内径尺寸，按表 16-3 的规定标注。

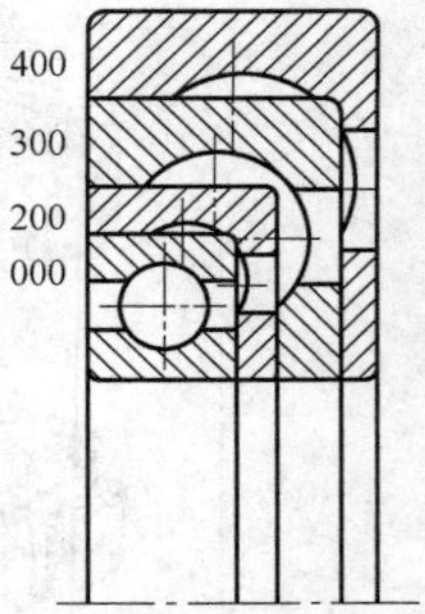

图 16-7　直径不同系列的对比

2. 前置代号

前置代号是轴承在结构形状、尺寸、公差和技术要求等有改变时，在基本代号左侧添加的补充代号（表 16-1）。成套轴承分部件代号为前置代号，用字母表示。如 L 表示带可分离内圈或外圈的轴承；R 表示不带可分离内圈或外圈的组件；K 表示滚子和保持架组件等。

3. 后置代号

后置代号是轴承在结构形状、尺寸、公差和技术要求等有改变时，在基本代号右侧添加的补充代号（表 16-1）。后置代号与基本代号空半个汉字距（代号中有符号“-”“/”除外）。下面仅介绍后置代号中的几种常用代号。

表 16-3　滚动轴承的内径尺寸系列代号

内径尺寸系列代号	00	01	02	03	04~99
轴承的内径尺寸/mm	10	12	15	17	数字×5

注：内径小于 10mm 和大于 495mm 的轴承的内径尺寸系列代号另有规定。

（1）内部结构代号　内部结构代号用字母表示，代表同一类型轴承的不同内部结构。滚动轴承内部结构常用代号见表 16-4。例如：C、AC 和 B 分别表示角接触球轴承的公称接触角为 15°、25°和 40°；E 表示内部结构设计改进，增大轴承承载能力的加强型；D 表示剖分式轴承等。

表 16-4　滚动轴承内部结构常用代号

轴承类型	代号	含义	示例
角接触球轴承	B C AC	$\alpha=40°$ $\alpha=15°$ $\alpha=25°$	7210 B 7005 C 7210 AC
圆锥滚子轴承	B	接触角 α 加大	32310 B
—	E	加强型	NU207 E

（2）公差等级代号　公差等级代号用数字和字母表示。轴承共有八个级别的公差等级，精度依次递增（表 16-5）。

表 16-5　公差等级代号

代　号	含　义	示　例
/PN	公差等级符合标准规定的普通级，代号中省略不表示	6203
/P6	公差等级符合标准规定的 6 级	6203/P6
/P6X	公差等级符合标准规定的 6X 级	30210/P6X
/P5	公差等级符合标准规定的 5 级	6203/P5
/P4	公差等级符合标准规定的 4 级	6203/P4
/P2	公差等级符合标准规定的 2 级	6203/P2
/SP	尺寸精度相当于 5 级，旋转精度相当于 4 级	234420/SP
/UP	尺寸精度相当于 4 级，旋转精度高于 4 级	234730/UP

（3）游隙代号　游隙代号用数字和字母表示，轴承共有九组游隙，游隙量依次增大（表 16-6）。

表 16-6　游隙代号

代　　号	含　　义	示　　例
/C2	游隙符合标准规定的 2 组	6210/C2
/CN	游隙符合标准规定的 N 组，代号中省略不表示	6210
/C3	游隙符合标准规定的 3 组	6210/C3
/C4	游隙符合标准规定的 4 组	NN 3006 K/C4
/C5	游隙符合标准规定的 5 组	NNU 4920 K/C5
/CA	公差等级为 SP 和 UP 的机床主轴用圆柱滚子轴承径向游隙	—
/CM	电动机深沟球轴承游隙	6204-2RZ/P6CM
/CN	N 组游隙。/CN 与字母 H、M 和 L 组合，表示游隙范围减半，或与 P 组合，表示游隙范围偏移，如： /CNH——N 组游隙减半，相当于 N 组游隙范围的上半部 /CNL——N 组游隙减半，相当于 N 组游隙范围的下半部 /CNM——N 组游隙减半，相当于 N 组游隙范围的中部 /CNP——偏移的游隙范围，相当于 N 组游隙范围的上半部及 3 组游隙范围的下半部组成	—
/C9	轴承游隙不同于现标准	6205-2RS/C9

公差等级代号与游隙代号需同时表示时，可进行简化，取公差等级代号加上游隙代号（N 组不表示）组合表示，如/P63 表示轴承公差等级 6 级，径向游隙 3 组。

（4）配置代号　配置代号代表一对轴承的配置方式（表 16-7）。

表 16-7　配置代号

代号	/DB	/DF	/DT
含义	成对背对背安装	成对面对面安装	成对串联安装
示例	7210 C/DB 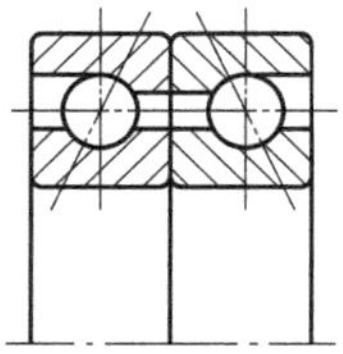	7210 C/DF 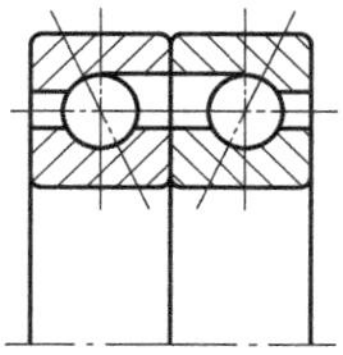	7210 C/DT 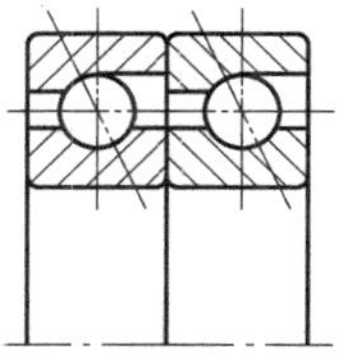

实际应用的滚动轴承类型很多，相应的轴承代号比较复杂。以上介绍的代号是最基本、最常用的部分，熟悉这部分代号，就可以识别和选用常用的轴承。关于滚动轴承详细的代号表示方法可查阅 GB/T 272—2017。

例 16-1　试说明滚动轴承代号 62203、7312 AC/P62 和 30222 B/P4 的含义。

解　1）代号 62203：6——深沟球轴承；22——轻宽系列；03——内径 $d=17\text{mm}$。

2）代号 7312 AC/P62：7——角接触球轴承；（0）3——中窄系列；12——内径

$d=60mm$；AC——接触角 $\alpha=25°$；/P6——6 级公差；2——第 2 组游隙 C2，当游隙与公差同时表示时，符号“C”可省略。

3）代号 30222 B/P4：3——圆锥滚子轴承；02——轻窄系列；22——内径 $d=110mm$；B——接触角 $\alpha=27°\sim30°$；/P4——4 级公差。

例 16-2 试说明滚动轴承代号 6208、7311 C/P5 和 303 10 的含义。

解 1）6208——内径为 40mm，尺寸系列为 02，0 级公差，0 组游隙的深沟球轴承。

2）7311 C/P5——内径为 55mm，尺寸系列为 03，公称接触角为 15°，5 级公差，0 组游隙的角接触球轴承。

3）303 10——内径为 50mm，尺寸系列为 03，正常结构，0 级公差，0 组游隙的圆锥滚子轴承。

16.2.3 滚动轴承类型的选择

滚动轴承类型多种多样，选用时可考虑以下几方面因素：

(1) 载荷的方向、大小和性质 向心轴承主要承受径向载荷，推力轴承主要承受轴向载荷。当滚动轴承同时承受径向和轴向载荷时，可选用角接触球轴承、圆锥滚子轴承。当轴向载荷较小时可选用深沟球轴承；当轴向载荷较大时，可选用接触角较大的推力角接触轴承或选用推力轴承和径向接触轴承的组合结构，以便分别承受轴向载荷和径向载荷。角接触球轴承和圆锥滚子轴承需成对安装使用。一般滚子轴承比球轴承的承载能力大，且承受冲击载荷的能力强。

(2) 转速 一般轴承的工作转速应低于极限转速。深沟球轴承、角接触球轴承和圆柱滚子轴承的极限转速较高，适用于高速运转场合，推力轴承的极限转速较低。

(3) 支承限位要求 固定支承限制两个方向的轴向位移，可选用能承受双向轴向载荷的轴承；单向限位支承可选用能承受单方向轴向载荷的轴承；游动支承轴向不限位，可选用内、外圈不可分离的向心轴承，它可在轴承座孔内游动，也可选用内、外圈可分离的圆柱滚子轴承，其内、外圈可以相对游动。

(4) 调心性能 当两个轴承座孔同轴度较低或轴的挠度较大，使轴承内、外圈滚道轴线间的偏差角较大时，应选用调心性能好的调心球轴承和调心滚子轴承。圆柱滚子轴承和滚针轴承调心可能性很小。

(5) 刚度要求 一般滚子轴承的刚度大，球轴承的刚度小。对于角接触球轴承、圆锥滚子轴承，采用预紧方法可以提高支承的刚度。

(6) 安装与拆卸 为了便于安装、拆卸和调整间隙，常采用内、外圈可分离的分离型轴承，如圆锥滚子轴承、圆柱滚子轴承和滚针轴承等。

(7) 其他要求 径向空间受限制的场合可选用滚针轴承；对轴承振动、噪声有要求的场合，可选用低噪声轴承。此外，还应考虑经济性和市场供应情况等。

几种常用滚动轴承的工作性能比较列于表 16-8，供选用轴承类型时参考。

表 16-8　常用滚动轴承工作性能比较

名称		深沟球轴承	角接触球轴承	调心球轴承	调心滚子轴承	圆柱滚子轴承		滚针轴承	圆锥滚子轴承	推力球轴承		推力圆柱滚子轴承	推力调心滚子轴承
						单挡边	无挡边			单向	双向		
承载能力	径向载荷	中	中	中	优	优	优	良	良	无	无	无	差
	轴向载荷	差	良	差	中	差	无	无	良	良	良	优	优
高速性		优	优	良	中	良	优	良	中	无	无	差	差
高精度性		优	优	中	中	优	优	中	良	良	中	中	差
低噪声性		优	优	中	差	优	良	差	中	中	中	中	中
刚性		中	中	差	中	良	良	良	良	×	×	优	良
调心性		差	中	优	优	×	×	×	中	×	×	×	优
摩擦性		优	优	良	中	优	优	差	中	良	良	中	中
可分离性		不可	可	不可	不可	可	可	可	可	可	可	可	可
可否用作固定支承		可	可	可	可	不可	不可	不可	可	不可	不可	不可	不可
可否用作游动支承		可	不可	可	可	可	可	可	不可	不可	不可	不可	不可
使用寿命		长	长	较短	较长	很长	很长	较长	很长	较短	较短	较长	较长
价格		低	低	较高	高	较低	较低	较低	较低	低	低	较低	高

16.3　滚动轴承的受载情况和失效形式

16.3.1　滚动轴承的受载情况

轴承是承受载荷而又旋转的支承件。作用在轴承上的载荷通过滚动体由一个套圈传递给另一个套圈。内、外圈相对转动，滚动体既绕自身中心自转，又绕轴承中心公转。

1. 向心轴承中的径向载荷分布

如图 16-8 所示，向心轴承（$\alpha=0°$）受纯径向载荷 F_r 的作用，假设内、外圈均不变形，而滚动体为弹性体。滚动体与滚道接触变形在弹性范围内，则内圈将会沿 F_r 方向下降，导致上半圈滚动体不受载，而下半圈滚动体由于各接触点上的弹性变形量不同，承受不同的载荷。处于 F_r 作用线下的滚动体承受的载荷最大，其他远离作用线的各滚动体，承载量逐渐减小。

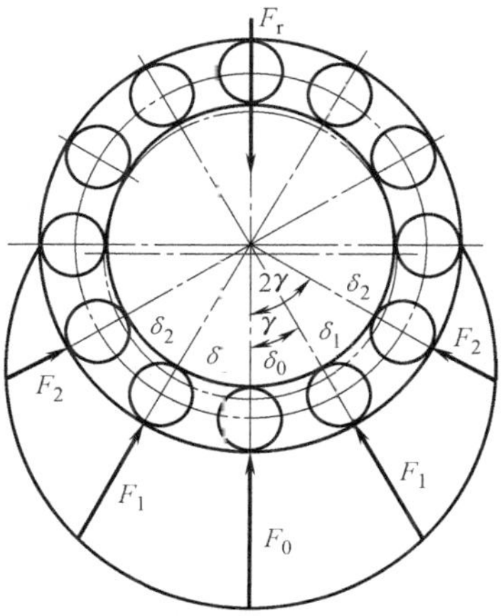

图 16-8　向心轴承中的径向载荷分布

1）经计算，承载区内，当为点接触的球轴承时，受载最大的滚动体上的载荷为

$$F_{max}=4.37\frac{F_r}{z} \tag{16-1}$$

2）经计算，承载区内，当为线接触的滚子轴承时，受载最大的滚动体上的载荷为

$$F_{max}=4.08\frac{F_r}{z} \tag{16-2}$$

式中，F_r 是轴承所受的径向力；z 是滚动体的总个数。

2. 推力轴承中的轴向载荷分布

接触角 $\alpha=90°$ 的推力轴承承受一中心轴向载荷 F_a 时，在理想状态下，可设各滚动体受载均匀，每个滚动体所受载荷为

$$F_Q=\frac{F_a}{z}$$

在实际工作中，轴承存在制造、安装等误差，因此常假设只有 80% 的滚动体承受载荷，得

$$F_Q=\frac{F_a}{0.8z} \tag{16-3}$$

3. 角接触轴承中的载荷分布

角接触球轴承（$0°<\alpha<90°$）和圆锥滚子轴承可以同时承受径向载荷 F_r 和轴向载荷 F_a 的作用，如图 16-9 所示。F 和 F_r 之间的夹角 β 称为载荷角。单个角接触球轴承和圆锥滚子轴承不能单独承受径向载荷的作用。这种工况下的内部载荷分布情况较复杂。根据研究，当 $F_a\approx1.25F_r\tan\beta$ 时，会有约半数的滚动体同时受载；当 $F_a\approx1.7F_r\tan\beta$ 时，开始使全部滚动体同时受载。

角接触轴承在径向载荷 F_r 和轴向载荷 F_a 作用下，轴承中最大滚动体的载荷可按下式计算：

$$F_{max}=\frac{F_r}{zJ_r\cos\alpha} \tag{16-4}$$

式中，J_r 为轴承的径向载荷分布积分，与公称接触角、滚动体数目和接触情况有关。

对于实际工作中的角接触轴承，为了保证能可靠地工作，应至少使下半圈的滚动体全部受载。故在安装这类轴承时，不能有较大的轴向窜动量，且应尽量使 $\beta=\alpha$，以充分发挥轴承的承载能力。

16.3.2 滚动轴承零件的应力情况

轴承在工作时，随着滚动体所处的位置不同，轴承各元件所受的载荷和应力随时都在变化。当滚动体进入承载区后，所受的载荷由零逐渐增大到最大值，然后再逐渐减小到零。就滚动体上某点而言，它的载荷及应力是周期性不稳定变化的，如图 16-10a 所示。

轴承工作时，假设内圈随轴转动而外圈固定，内圈上的某一点处于非承载区时应力为零，进入承载区后，与滚动体接触一次就承受一次载荷作用，载荷由零逐渐变为最大值再变为零。因此，内圈上该点的载荷和接触应力也是周期性不稳定变化的，如图 16-10b 所示。

对于固定的外圈上的某一点，每当一个滚动体滚过时，便承受一次载荷，其载荷是不变的。该点受稳定的脉动循环载荷作用，接触应力的变化如图 16-10c 所示。

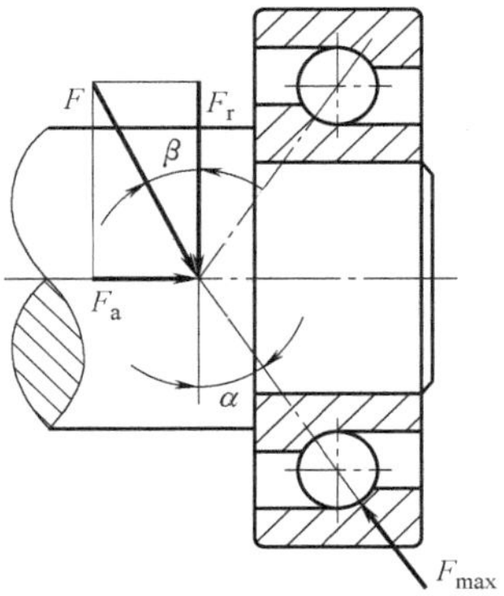

图 16-9　角接触轴承受力分析

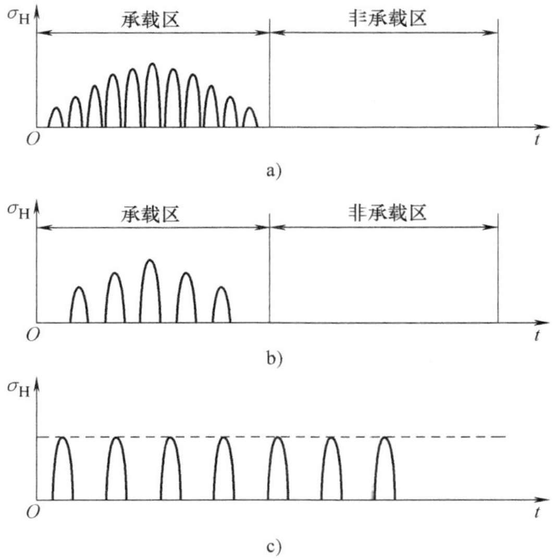

图 16-10　滚动轴承零件上的载荷及接触应力

a）滚动体上某点的接触应力变化　b）内圈上某点的接触应力变化

c）外圈上某点的接触应力变化

16.3.3　滚动轴承的失效形式和计算准则

1. 失效形式

（1）疲劳点蚀　滚动轴承工作时，内、外套圈相对转动，滚动体既自转又围绕轴承中心公转。对轴承受载情况分析可知，滚动体和套圈分别受到变化的脉动接触应力作用。因此，轴承工作一段时间后，接触表面就可能产生疲劳点蚀。点蚀发生后，噪声和振动加剧，发热严重，将导致轴承失效。制造、安装精度较高和使用、维护良好的轴承绝大多数会产生这种破坏形式。

（2）塑性变形　在过大的静载或冲击载荷作用下，轴承承载元件间的接触应力超过了元件材料的屈服极限，接触部位会发生塑性变形，形成凹坑，使轴承性能下降，摩擦阻力矩增大。这种失效多发生在低速、重载或做往复摆动的轴承中。

（3）磨损　由于润滑不充分、密封不好或润滑油不清洁，以及工作环境多尘，一些金属屑或磨粒性灰尘进入了轴承的工作部位，轴承将发生严重的磨损，导致轴承内、外圈与滚动体间隙增大，振动加剧及旋转精度降低而报废。

（4）胶合　在高速、重载条件下工作的轴承，因摩擦面发热而使温度急剧升高，将导致轴承元件的回火，严重时将产生胶合失效。

除上述失效形式以外，轴承还可能发生其他形式的失效。如装配不当而使轴承卡死、胀破内圈、挤碎滚动体和保持架，腐蚀性介质进入引起锈蚀等。在正常使用和维护的条件下，这些失效是可以避免的。

2. 计算准则

针对上述失效形式，应对轴承进行寿命和强度计算，以保证其可靠工作。计算准则为以下三方面：

1）一般转速（$n>10r/min$）的轴承，其主要失效形式为疲劳点蚀，应进行疲劳寿命计算。

2）极慢转速（$n\leqslant 10r/min$）或低速摆动的轴承，其主要失效形式是表面塑性变形，应按静强度计算。

3）高速轴承的主要失效形式为由发热引起的磨损、烧伤，故不仅要进行疲劳寿命计算，还要校核其极限转速。

16.4 滚动轴承的选择计算

16.4.1 滚动轴承的寿命和载荷

1. 轴承寿命

对于一个具体的轴承，轴承的寿命是指轴承中任何一个套圈或滚动体材料首次出现疲劳点蚀扩展之前，一个套圈相对于另一个套圈的转数或者在一定转速下工作的小时数。大量试验结果表明，一批型号相同的轴承（即结构、尺寸、材料、热处理及加工方法等都相同的轴承），即使在完全相同的条件下工作，它们的寿命也是不相同的，其寿命差异最大可达几十倍。因此，不能以一个轴承的寿命代表同型号一批轴承的寿命。

用一批同类型和同尺寸的轴承在同样工作条件下进行疲劳试验，得到轴承实际转数 L 与这批轴承中不发生疲劳破坏的百分率（即可靠度 R，其值等于某一转数时能正常工作的轴承占投入试验的轴承总数的百分比）之间的关系曲线如图 16-11 所示。由图可知，在一定运转条件下，对应于某一转数，一批轴承中只有一定百分比的轴承能正常工作到该转数，转数增加，轴承的损坏率将增加，而能正常工作到该转数的轴承所占的百分比则相应减少。

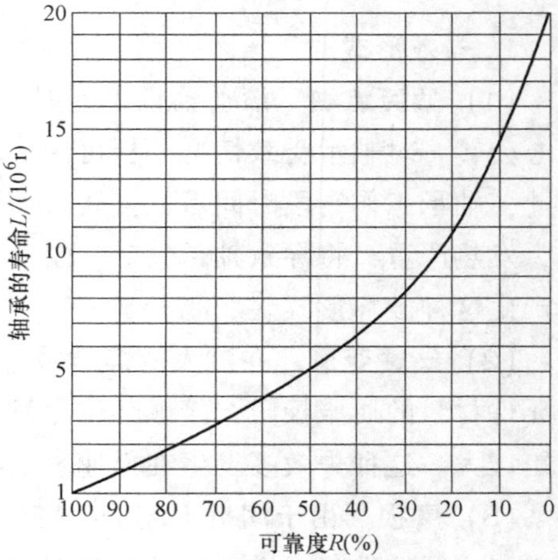

图 16-11 滚动轴承的寿命-可靠度曲线

2. 轴承的基本额定寿命

轴承的基本额定寿命是指一组在相同条件下运转的滚动轴承，10%的轴承发生点蚀破坏，而 90%的轴承未发生点蚀破坏前的转数，或在一定转速下工作的小时数，以 L（单位为 10^6r）或 L_h（单位为 h）表示。即按基本额定寿命选用的一批同型号轴承，可能有 10%的轴承发生提前破坏，有 90%的轴承寿命超过其基本额定寿命，其中有些轴承甚至还能工作更长时间。对于一个具体的轴承而言，能顺利地在基本额定寿命期内正常工作的概率为 90%，而在基本额定寿命期到达之前发生点蚀破坏的概率为 10%。

3. 基本额定动载荷和当量动载荷

(1) 基本额定动载荷 当一套轴承进入运转并且基本额定寿命为 10^6r 时，轴承所能承受的载荷称为基本额定动载荷，用 C 表示。对于向心轴承，因为它是在纯径向载荷下进行寿命试验的，所以其基本额定动载荷称为径向基本额定动载荷，记作 C_r；对于推力轴承，它是在纯轴向载荷下进行试验的，故称之为轴向基本额定动载荷，记作 C_a。

(2) 当量动载荷　如果作用在轴上的实际载荷既有径向载荷又有轴向载荷，则必须将实际载荷换算成与试验条件相当的载荷后，才能和基本额定动载荷进行比较。换算后的载荷是一种假定的载荷，故称为当量动载荷 P。当量动载荷的计算公式为

$$P=XF_r+YF_a \tag{16-5}$$

式中，F_r、F_a 分别为轴承的径向载荷及轴向载荷，单位为 N；X、Y 分别为径向动载荷系数及轴向动载荷系数。对于向心轴承，当 $F_a/F_r>e$ 时，可由表 16-9 查出 X 和 Y 的数值；当 $F_a/F_r<e$ 时，轴向力的影响可以忽略不计（这时表中 $Y=0$，$X=1$）。e 值列于轴承标准中，其值与轴承类型和 F_a/C_{0r} 值有关（C_{0r} 是轴承的径向额定静载荷），是衡量轴承承载能力的判别系数。以上 X、Y、e、C_{0r} 诸值由制定轴承标准的部门根据试验确定，初学者不必深究。

表 16-9　向心轴承当量动载荷的 X、Y 值

轴承类型		$\frac{F_a}{C_{0r}}$	e	$F_a/F_r>e$		$F_a/F_r\leq e$	
				X	Y	X	Y
深沟球轴承		0.014	0.19	0.56	2.30	1	0
		0.028	0.22		1.99		
		0.056	0.26		1.71		
		0.084	0.28		1.55		
		0.11	0.30		1.45		
		0.17	0.34		1.31		
		0.28	0.38		1.15		
		0.42	0.42		1.04		
		0.56	0.44		1.00		
角接触球轴承(单列)	$\alpha=15°$	0.015	0.38	0.44	1.47	1	0
		0.029	0.40		1.40		
		0.056	0.43		1.30		
		0.087	0.46		1.23		
		0.12	0.47		1.19		
		0.17	0.50		1.12		
		0.29	0.55		1.02		
		0.44	0.56		1.00		
		0.58	0.56		1.00		
		—	0.68	0.41	0.87	1	0
	$\alpha=40°$	—	1.14	0.35	0.57	1	0
圆锥滚子轴承(单列)		—	$1.5\tan\alpha$	0.4	$0.4\cot\alpha$	1	0
调心球轴承(双列)		—	$1.5\tan\alpha$	0.65	$0.65\tan\alpha$	1	$0.42\tan\alpha$

向心轴承只承受径向载荷时

$$P=F_r$$

推力轴承（$\alpha=90°$）只能承受轴向载荷，其轴向当量动载荷为

$$P=F_a$$

4. 基本额定寿命 *L*、基本额定动载荷 *C* 及当量动载荷 *P* 之间的关系

大量试验表明，滚动轴承的基本额定寿命 $L(10^6\text{r})$ 与基本额定动载荷 $C(\text{N})$、当量动载荷 $P(\text{N})$ 间的关系为

$$L=\left(\frac{C}{P}\right)^{\varepsilon} \tag{16-6}$$

式中，ε 为寿命指数，对于球轴承，$\varepsilon=3$，对于滚子轴承，$\varepsilon=10/3$；C 为基本额定动载荷，对于向心轴承，为 C_r，对于推力轴承，为 C_a。C_r、C_a 可在滚动轴承产品样本或设计手册中查得。

实际计算时，用小时表示轴承寿命比较方便，如用 n 代表轴的转速（r/min），则式（16-6）可写为

$$L_h=\frac{10^6}{60n}\left(\frac{C}{P}\right)^{\varepsilon} \tag{16-7}$$

考虑到轴承在温度高于100℃下工作时，基本额定动载荷 C 有所降低，故引进温度系数 f_t（$f_t\leqslant1$），对 C 值予以修正（f_t值见表 16-10）。同时，考虑到工作中的冲击和振动会使轴承寿命降低，为此又引进载荷系数 f_p（见表 16-11）。

表 16-10　温度系数 f_t

轴承工作温度/℃	100	125	150	200	250	300
温度系数 f_t	1	0.95	0.90	0.80	0.70	0.60

表 16-11　载荷系数 f_p

载荷性质	无冲击或轻微冲击	中等冲击	强烈冲击
f_p	1.0~1.2	1.2~1.8	1.8~3.0

做了上述修正后，轴承寿命计算式可写为

$$L_h=\frac{10^6}{60n}\left(\frac{f_tC}{f_pP}\right)^{\varepsilon} \tag{16-8}$$

式（16-8）是设计计算时常用的轴承寿命计算式，由此可确定轴承的寿命或型号。各类机器中轴承预期寿命 L_h 的参考值列于表 16-12 中。

表 16-12　轴承预期寿命 L_h 的参考值

使用场合	L_h/h
不经常使用的仪器和设备	500
短时间或间断使用，中断时不致引起严重后果	4000~8000
间断使用，中断会引起严重后果	8000~12000
每天工作 8h 的机械	12000~20000
24h 连续工作的机械	40000~60000

16.4.2　角接触向心轴承轴向载荷的计算

角接触向心轴承的结构特点是在滚动体和滚道接触处存在着接触角 α。当它承受径向载荷 F_r 时，作用在承载区内第 i 个滚动体上的法向力 F_i 可分解为径向分力 F_{ri} 和轴向分力 F_{si}（图 16-12）。各滚动体上所受轴向分力的和即为轴承的内部轴向力 F_s。F_s 的近似值可按照表 16-13 中的公式计算求得。

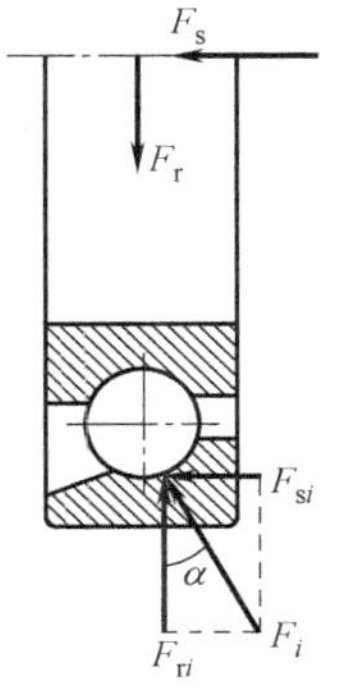

图 16-12　径向载荷产生的轴向分力

为了使角接触向心轴承的内部轴向力得到平衡，以免轴向窜动，通常这种轴承都要成对使用，对称安装。安装方式有两种：图 16-13a 为两外圈窄边相对（正装）；图 16-13b 为两外圈宽边相对（反装），图中 F_A 为轴向外载荷。计算轴承的轴向载荷 F_a 时还应将由径向载荷 F_r 产生的内部轴向力 F_s 考虑进去。图中 O_1、O_2 点分别为轴承 1 和轴承 2 的压力中心，即支反力作用点。O_1、O_2 与轴承端面的距离 a_1、a_2 可由轴承样本或有关手册查得，但为了简化计算，通常可认为支反力作用在轴承宽度的中点。

表 16-13　角接触向心轴承内部轴向力 F_s

轴承类型	角接触向心球轴承			圆锥滚子轴承
	$\alpha=15°$	$\alpha=25°$	$\alpha=40°$	$F_r/(2Y)$
F_s	eF_r	$0.68F_r$	$1.14F_r$	（Y 是 $\frac{F_a}{F_r}>e$ 时的轴向动载荷系数）

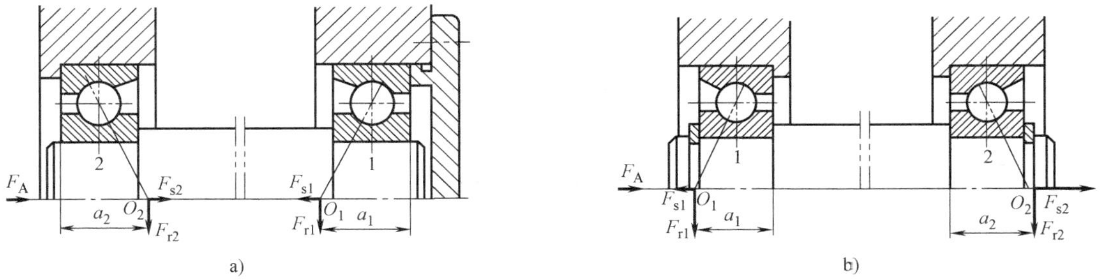

图 16-13　角接触向心轴承的安装方式

a）正装（面对面排列）　b）反装（背靠背排列）

若把轴和内圈视为一体，并以它为研究对象考虑轴系的轴向平衡，就可确定各轴承承受的轴向载荷。在图 16-13a 中，有两种受力情况：

（1）若 $F_A+F_{s2}>F_{s1}$　由于轴承 1 的右端已固定，轴不能向右移动，即轴承 1 被压紧，由力的平衡条件得

$$\begin{cases}轴承\ 1(压紧端)承受的轴向载荷:F_{a1}=F_A+F_{s2}\\ 轴承\ 2(放松端)承受的轴向载荷:F_{a2}=F_{s2}\end{cases} \tag{16-9}$$

（2）若 $F_A+F_{s2}<F_{s1}$　则轴承 2 被压紧，由力的平衡条件得

$$\begin{cases}轴承\ 1(放松端)承受的轴向载荷:F_{a1}=F_{s1}\\ 轴承\ 2(压紧端)承受的轴向载荷:F_{a2}=F_{s1}-F_A\end{cases} \tag{16-10}$$

总之，放松端轴承的轴向载荷等于它本身的内部轴向力；压紧端轴承的轴向载荷等于除本身内部轴向力外其余轴向力的代数和。很显然，这个总原则也适用于图 16-13b 所示的反安装。

16.4.3 滚动轴承的静强度校核

对于转速很低（$n \leqslant 10\text{r/min}$）或缓慢摆动的滚动轴承，一般不会产生疲劳点蚀，但为了防止滚动体和内、外圈产生过大的塑性变形，应进行静强度校核。

GB/T 4662—2012 规定，使受载最大的滚动体与内、外圈滚道接触处中心的接触应力达到某一定值的载荷称为基本额定静载荷 C_0，其值可查设计手册。

当轴承既受径向力又受轴向力时，可将它们折合成当量静载荷 P_0，应满足

$$P_0 = X_0 F_r + Y_0 F_a \leqslant \frac{C_0}{S_0} \tag{16-11}$$

式中，X_0、Y_0 分别为径向、轴向静载荷系数，其值可查表 16-14；S_0 为静强度安全系数，对于旋转精度与平稳性要求高或承受大冲击载荷时取 1.2~2.5，相反情况则取 0.5~0.8，一般情况取 0.8~1.2。

表 16-14　静载荷系数 X_0 和 Y_0

轴承类型		X_0	Y_0
深沟球轴承		0.6	0.5
角接触球轴承	7000 C	0.5	0.4
	7000 AC		0.38
	7000 B		0.2
圆锥滚子轴承		0.5	查设计手册

例 16-3　试求 NF207 圆柱滚子轴承允许的最大径向载荷，其基本额定动载荷 $C_r = 28500\text{N}$。已知工作转速 $n = 250\text{r/min}$，工作温度 $t < 100℃$，寿命 $L_h = 12000\text{h}$，载荷平稳。

解　对向心轴承，由式（16-8）可知

$$L_h = \frac{10^6}{60n}\left(\frac{f_t C}{f_p P}\right)^{\varepsilon}$$

由表 16-10 查得 $f_t = 1$；由表 16-11 查得 $f_p = 1$；对滚子轴承取 $\varepsilon = 10/3$。将以上有关数据代入上式，得

$$12000 = \frac{10^6}{60 \times 250}\left(\frac{1 \times 28500}{P}\right)^{\frac{10}{3}}$$

上式计算可得

$$P = F_r = 6001.55\text{N}$$

故在本题规定的条件下，NF207 轴承可承受的最大径向载荷为 6001.55N。

例 16-4 一水泵轴选用深沟球轴承支承。已知轴颈 $d=35\text{mm}$，转速 $n=2400\text{r/min}$，轴承所受径向载荷 $F_r=2000\text{N}$，轴向载荷 $F_a=500\text{N}$，要求使用寿命 $L_h=6000\text{h}$，试选择轴承型号。

解 1）求当量动载荷 P。因该向心轴承受 F_r 和 F_a 的作用，必须求出当量动载荷 P。计算时用到的径向系数 X、轴向系数 Y 要根据 F_a/C_{0r} 值查取，而 C_{0r} 是轴承的径向额定静载荷，在轴承型号未选出前暂不知道，故采用试算法。据表 16-9，暂取 $F_a/C_{0r}=0.028$，则 $e=0.22$。

因 $\dfrac{F_a}{F_r}=\dfrac{500}{2000}=0.25>e$，由表 16-9 查得 $X=0.56$，$Y=1.99$。由式（16-5）得

$$P=XF_r+YF_a=(0.65\times2000+1.99\times500)\text{N}=2295\text{N}$$

即轴承在 $F_r=2000\text{N}$ 和 $F_a=500\text{N}$ 作用下的使用寿命，相当于在纯径向载荷为 2295N 作用下的使用寿命。

2）计算所需的径向基本额定动载荷。根据式（16-8）有

$$L_h=\frac{10^6}{60n}\left(\frac{f_tC}{f_pP}\right)^\varepsilon$$

由表 16-10 查得 $f_t=1$；由表 16-11 查得 $f_p=1.1$；对球轴承取 $\varepsilon=3$。将以上有关数据代入上式，得

$$6000=\frac{10^6}{60\times2400}\left(\frac{1\times C_r}{1.1\times2295}\right)^3$$

$$C_r=21853.59\text{N}$$

3）选择轴承型号。查相关机械设计手册，选择 6207 轴承，其 $C_r=25500\text{N}>21853.59\text{N}$，$C_{0r}=15200\text{N}$，故 6207 轴承的 $\dfrac{F_a}{C_{0r}}=0.033$，与原估计接近，则该选型适用。

例 16-5 某工程机械传动装置中的轴，根据工作条件决定采用一对角接触球轴承支承（图 16-14），并暂定轴承型号为 7208 AC，该轴承的径向基本额定动载荷 $C_r=35200\text{N}$。已知轴承载荷 $F_{r1}=900\text{N}$，$F_{r2}=2000\text{N}$，$F_A=900\text{N}$，转速 $n=4800\text{r/min}$，运转中受中等冲击，预期寿命 $L_h=2200\text{h}$。试分析所选轴承型号是否恰当。

解 1）计算轴承 1 和 2 的轴向力 F_{a1} 和 F_{a2}。由前面讲述的内容可知，该轴承的后置代号 AC 表示 $\alpha=25°$。由表 16-13 查得轴承的内部轴向力为

$$F_{s1}=0.68F_{r1}=0.68\times900\text{N}=612\text{N}(\text{方向见图示})$$

$$F_{s2}=0.68F_{r2}=0.68\times2000\text{N}=1360\text{N}(\text{方向见图示})$$

因为

$$F_{s2}+F_A=(1360+900)\text{N}=2260\text{N}>F_{s1}$$

所以轴承 1 为压紧端，$F_{a1}=F_{s2}+F_A=2260\text{N}$，而轴承 2 为放松端，$F_{a2}=F_{s2}=1360\text{N}$。

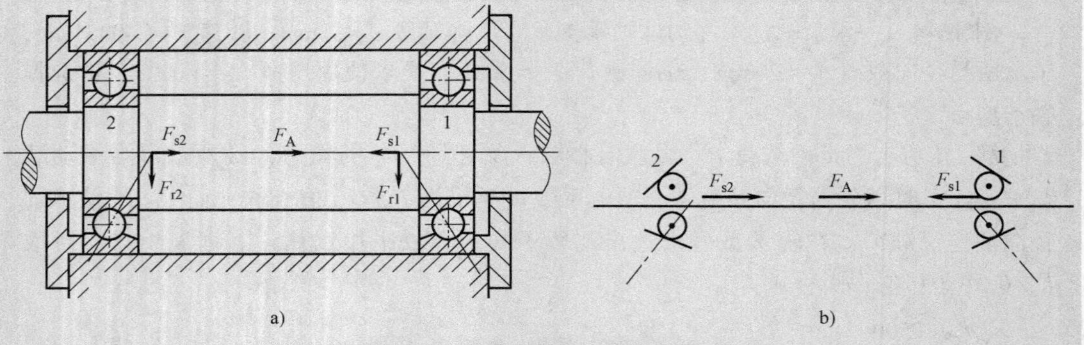

图 16-14　例 16-5 的轴承装置

a）装置示意图　b）轴向力

2）计算轴承 1 和 2 的当量动载荷。由表 16-9 查得 $e=0.68$，而 $F_{a1}/F_{r1}=2260/900=2.51>0.68$；$F_{a2}/F_{r2}=1360/2000=0.68=e$。查表 16-9 可得 $X_1=0.41$，$Y_1=0.87$；$X_2=1$，$Y_2=0$。根据式（16-5），当量动载荷为

$$P_1=X_1F_{r1}+Y_1F_{a1}=(0.41\times900+0.87\times2260)\text{N}=2335.2\text{N}$$

$$P_2=X_2F_{r2}+Y_2F_{a2}=(1\times2000+0\times1360)\text{N}=2000\text{N}$$

3）计算所需的径向基本额定动载荷 C_r。因轴的结构要求两端选择同样尺寸的轴承，而 $P_1>P_2$，故应以轴承 1 的径向当量动载荷 P_1 为计算依据。因受中等冲击载荷，查表 16-11 得 $f_p=1.5$；工作温度正常，查表 16-10 得 $f_t=1$，球轴承 $\varepsilon=3$。根据式（16-8）可得

$$C_{r1}=\frac{f_pP_1}{f_t}\left(\frac{60n}{10^6}L_h\right)^{\frac{1}{3}}=\frac{1.5\times2335.2}{1}\times\left(\frac{60\times4800}{10^6}\times2200\right)^{\frac{1}{3}}\text{N}=30084.61\text{N}$$

该轴承的径向基本额定动载荷 $C_r=35200\text{N}$。因为 $C_{r1}<C_r$，故所选 7208 AC 轴承适用。

16.5　滚动轴承的润滑与密封

16.5.1　滚动轴承的润滑

润滑对滚动轴承不仅可以降低摩擦阻力，还具有散热、减小接触应力、吸收振动、防止锈蚀等作用。

滚动轴承常用的润滑方式有油润滑和脂润滑两类，此外，特殊条件下也可以采用固体润滑剂。润滑方式的选择与轴承的速度有关，一般用滚动轴承的 dn 值（d 为滚动轴承内径，单位为 mm；n 为轴承转速，单位为 r/min）表示轴承的速度大小。适用于脂润滑和

油润滑的 dn 界限值见表 16-15。

表 16-15　适用于脂润滑和油润滑的 dn 界限值　（单位：10^4mm・r/min）

轴承类型	脂润滑	油润滑			
		油浴	滴油	循环油(喷油)	油雾
深沟球轴承	16	25	40	60	>60
调心球轴承	16	25	40	—	—
角接触球轴承	16	25	40	60	>60
圆柱滚子轴承	12	25	40	60	>60
圆锥滚子轴承	10	16	23	30	—
调心滚子轴承	8	12	20	25	—
推力球轴承	4	6	12	15	—

1. 脂润滑

脂润滑的优点是：润滑脂是一种黏稠的胶凝状材料，故润滑油膜强度高，能承受较大载荷，不易流失，容易密封，能防止灰尘等杂物侵入轴承内部，对密封要求不高，一次加脂可以维持相当长的一段时间。其缺点是：摩擦损失大，散热效果差。对于那些不便经常添加润滑剂的部位，或不允许润滑油流失而导致污染产品的工业机械来说，这种润滑方式十分适宜。但它只适用于 nd 值较低的场合。使用时，润滑脂的填充量要适中，一般为轴承内部空间的 1/3~2/3。常用的脂润滑方式有以下几种：

（1）填脂法　填脂法是一种最常用的脂润滑方式，即定期向滚动轴承工作表面填入适量的润滑脂。

（2）油杯法　油杯法是在轴承座上设置旋盖式油杯或压油油杯，定期旋动旋盖或用油枪将脂注入。这也是一种常用的脂润滑方式。

（3）压力供脂法　压力供脂法是依靠润滑脂泵供脂。此时应选用流动性好的润滑脂。

（4）集中供脂法　集中供脂法也是一种压力供脂法，通过润滑脂泵，同时向各个滚动轴承和其他部件供脂。同样，此时润滑脂应选用流动性、抗氧化性和耐蚀性好的润滑脂。

2. 油润滑

3 一般速度高的轴承均采用油润滑，润滑及冷却效果都较好。润滑油的主要性能指标是黏度。滚动轴承各元件接触面积小，单位面积压力大，润滑油的黏度在一般工作温度下，对于球轴承应不低于 13mm²/s，对于滚子轴承应不低于 20mm²/s 。载荷大、工作温度高时选高黏度油，这样容易形成油膜。润滑油的黏度可按轴承的速度因数 dn 和工作温度 t 来确定，如图 16-15 所示。常用的油润滑方式如下：

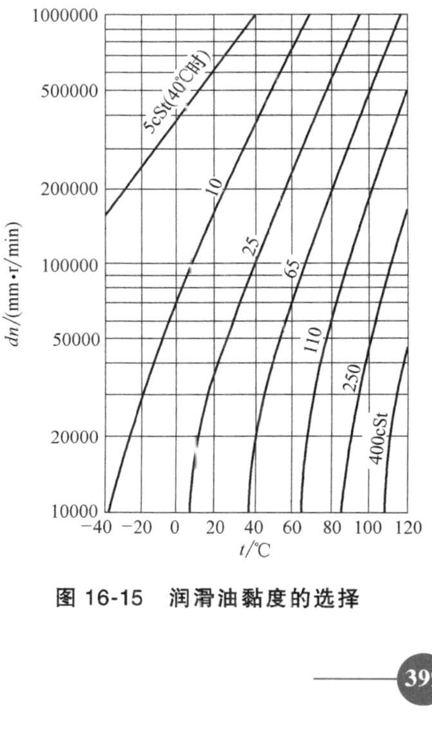

图 16-15　润滑油黏度的选择

（1）油浴润滑 油浴润滑也称为浸油润滑，如图16-16a所示，就是把轴承部分浸入润滑油中，使轴承每运转一周，每个滚动体都能浸入润滑油中一次，并把润滑油带到轴承的其他工作部位。油浴润滑适用于低速和中速的场合，当轴承轴线处于水平位置时，油面不应高于轴承静止时最低滚动体的中心位置。

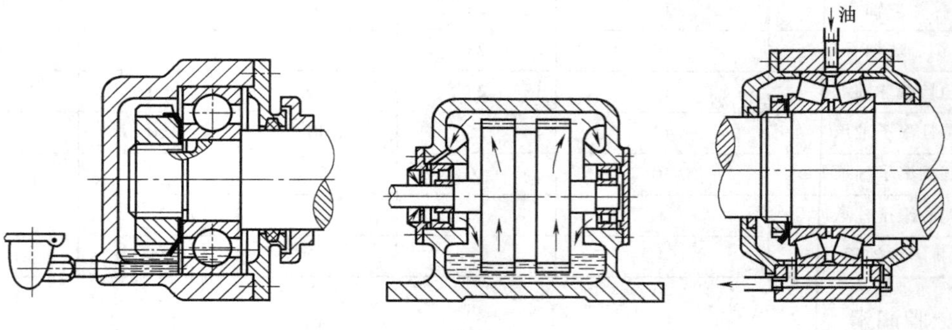

a)　　b)　　c)

图16-16 油润滑方式

a）油浴润滑　b）飞溅润滑　c）循环润滑

（2）滴油润滑 滴油润滑是通过油杯中的节流口向轴承滴油，达到对轴承润滑的目的。节流口可根据用油量调节。滴油润滑结构简单，使用方便，但润滑油黏度不宜过高，否则滴油不畅，会影响润滑效果。

（3）飞溅润滑 飞溅润滑是在闭式齿轮传动装置中滚动轴承常用的润滑方式，如图16-16b所示。它是利用浸入油池的旋转部件（如齿轮、甩油盘等）将润滑油溅起，润滑油溅到轴承上或沿箱壁流入预先设计好的油槽而进入滚动轴承内，对滚动轴承进行润滑。

（4）循环润滑 如图16-16c所示，循环润滑是利用油泵将润滑油从油箱中吸出，通过油管、油孔导入滚动轴承座中，再通过轴承座的回油口使油返回油箱，经冷却和过滤后再使用。循环润滑主要适用于转速较高、载荷较大的滚动轴承。循环润滑中常采用喷油润滑，主要适用于高速运转的滚动轴承。为了能够使润滑油充分进入高速轴承的内部相对运动表面，在轴承座进油口处增设喷嘴，以提高供油压力。喷油润滑就是依靠喷嘴把油喷射到轴承内圈和保持架之间的间隙中，同时对轴承起润滑和冷却作用。

（5）油雾润滑 油雾润滑是将润滑油在油雾发生器中变成油雾，通过油雾对轴承进行润滑。由于油雾在滚动轴承工作表面凝聚成油滴，实际上滚动轴承仍保持着稀油润滑状态。当轴承滚动体的线速度很高时，常采用油雾润滑，以避免由于供油过多，油的内摩擦增大而使轴承的工作温度升高。但油雾润滑产生的油雾可能会对环境造成不利影响。

3. 固体润滑

如果使用脂润滑和油润滑达不到滚动轴承所要求的润滑条件，或无法满足特定的工作条件，则可以使用固体润滑剂或设法提高滚动轴承自身的润滑性能。固体润滑是利用固体润滑剂粉末和涂层，或用低摩擦系数的抗磨材料代替润滑油和润滑脂，隔离相互接触的摩擦面，以达到减少金属间的摩擦和减缓磨损的目的，从而满足在特殊工作条件下滚动轴承的润滑要求。

固体润滑剂常采用的材料有石墨、二硫化钼、聚四氟乙烯、尼龙、铅等，主要用于极低温度、高温、高（强）辐射、太空、真空等特殊工况条件或不允许污染、不易维护、无法供油的场合中工作的轴承。常用的固体润滑方法有以下几种：

1）用黏结剂将固体润滑剂粘接在滚道和保持架上。

2）把固体润滑剂加入工程塑料和粉末冶金材料中，制成有自润滑性能的轴承材料。

3）用电镀、高频溅射、离子镀层、化学沉积等技术使固体润滑剂或软金属（金、银、铟、铅等）在轴承零件摩擦表面形成一层均匀、致密的薄膜。

16.5.2　滚动轴承的密封

轴承密封是为了防止润滑剂流失和防止灰尘、杂质、水分等侵入轴承内部。它按密封原理分为接触式和非接触式两类。

1. 接触式密封

接触式密封是通过轴承盖内部放置的密封元件与转动轴表面的直接接触而起密封作用。密封元件主要采用毛毡、橡胶圈、皮碗等软性材料，也可采用减摩性好的材料，如石墨、青铜、耐磨铸铁等。这种密封形式多用于转速不高的情况下。同时，与密封件接触的轴处硬度应在 40HRC 以上，表面粗糙度值在 $Ra1.6\sim1.4\mu m$，以防止轴及密封元件过快磨损。常用的结构型式有以下几种：

（1）毛毡油封　如图 16-17a 所示，密封元件为用细毛毡制成的环形毡圈标准件，在轴承盖上开出梯形槽，将毡圈嵌入梯形槽中并与轴密切接触。这种密封主要用于脂润滑的场合，它的结构简单，安装方便，但摩擦力较大，密封压紧力较小，且不易调节，只用于滑动速度小于 5m/s 的场合。当与毡圈油封相接触的轴表面经过抛光且毛毡质量高时，轴的圆周速度允许达到 7~8m/s。图 16-17b 所示的是压紧力可调的密封。

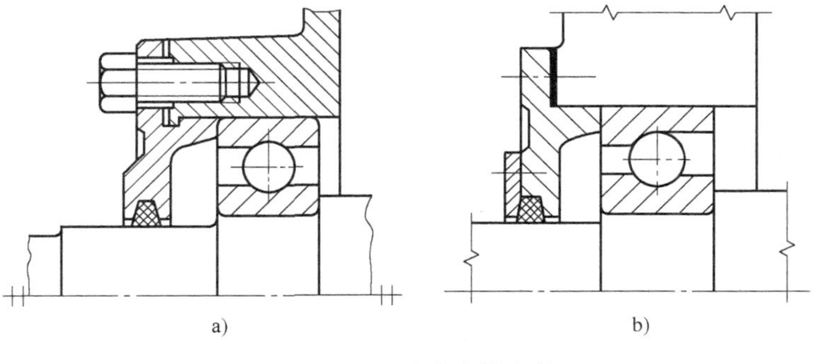

图 16-17　毛毡油封密封

（2）唇形密封　唇形密封是指在轴承盖的孔内，放置一个用耐油橡胶制成的唇形密封圈，依靠橡胶的弹力和环形螺旋弹簧压紧在密封圈的唇部，使唇部与轴密切接触，以便起到密封作用。有的唇形密封圈还带有一个金属外壳，可与轴承盖较精确地装配。如果密封的目的主要是封油，密封唇应朝内安装（图 16-18a）；如果主要是为了防止外界杂质的侵入，则密封唇应朝外安装（图 16-18b）；如果两个作用都有，最好放置两个唇形密封圈且密封唇方向相反，如图 16-18c 所示。这种密封结构简单、安装方便、易于更换、密封可靠，可用于轴的圆周速度小于 10m/s（轴颈精车）或小于 15m/s（轴颈磨光）的油润滑或脂润滑处。

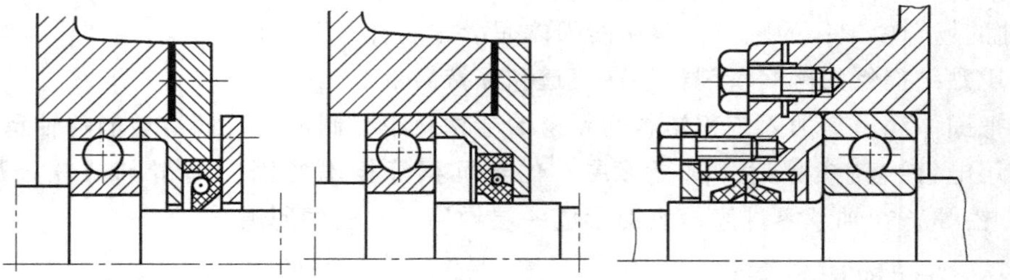

a)　　b)　　c)

图 16-18　唇形密封圈密封

2. 非接触式密封

接触式密封必然会在接触处产生摩擦，非接触式密封则可以避免此类缺陷，故多用于速度较高的结构中。常用的非接触式密封有以下几种：

(1) 隙缝密封　如图 16-19 所示，最简单的结构型式是在轴和轴承盖的通孔壁之间留出半径为 0.1~0.3mm 的隙缝。这对使用脂润滑的轴承来说，已具有一定的密封效果。如果在轴承盖的通孔内车出环形槽，如图 16-19b 所示，在槽中填充润滑脂，可以提高密封效果。

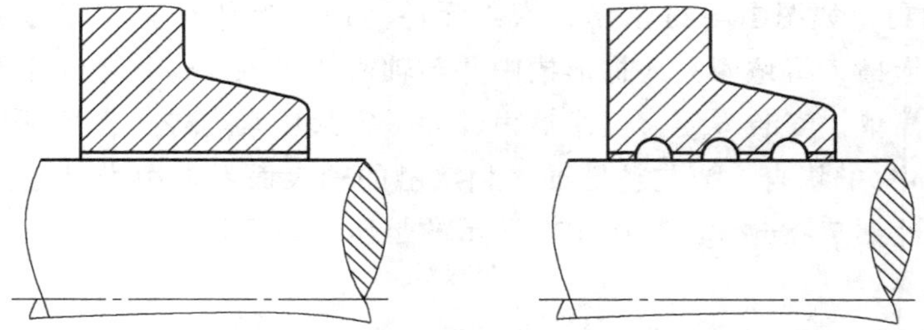

a)　　b)

图 16-19　隙缝密封

(2) 迷宫式密封　迷宫是指由旋转的和固定的密封件之间构成的隙缝是曲折的。根据部件的结构，迷宫可以沿径向布置，如图 16-20a 所示，也可以沿轴向布置，如图 16-20b 所

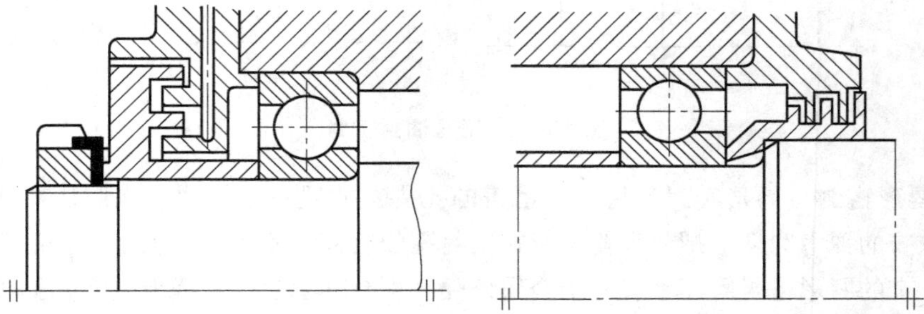

a)　　b)

图 16-20　迷宫式密封

a）径向迷宫式密封　b）轴向迷宫式密封

示。采用轴向迷宫时，端盖应为剖分式。隙缝中填充润滑脂，可增加密封效果。当轴因温度变化而伸缩或采用调心轴承做支承时，都有使旋转件与固定件相接触的可能，设计时一定要充分考虑。迷宫式密封对于脂润滑和油润滑都有效，特别是当环境比较脏或比较潮湿时，采用迷宫式密封是相当可靠的。

在重要的机器中，为了获得可靠的密封效果，常将多种密封形式合理地组合使用。例如迷宫式与毛毡式的组合密封，如图 16-21a 所示；迷宫式与隙缝式的组合密封，如图 16-21b 所示。

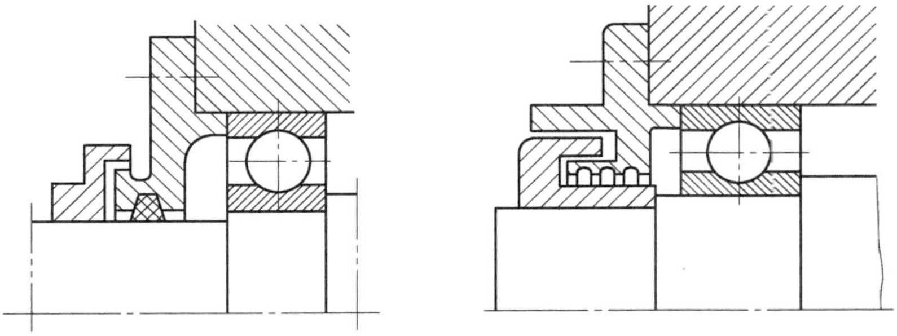

a)　　b)

图 16-21　组合密封

16.6　滚动轴承组合的结构设计

所谓滚动轴承组合是泛指轴、轴承和轴承座所组成的整个轴系。为了保证轴承在机器中正常工作，除合理选择轴承类型、尺寸外，还应正确进行轴承的组合设计，处理好轴承与其周围零件之间的关系。也就是要解决轴承的轴向位置固定、轴承与其他零件的配合、间隙调整、装拆和润滑密封等一系列问题。

16.6.1　滚动轴承的轴向固定和基本结构类型

1. 滚动轴承的轴向定位和固定方法

轴上零件的定位和固定在 14.2.3 节已经讨论过了。滚动轴承也是轴上的零件，因此，其定位和固定与其他轴上零件的定位与固定基本一致。滚动轴承轴向定位和固定分为内圈和外圈两种定位与固定。下面分别讨论。

(1) 内圈在轴上的轴向定位和固定方法　内圈在轴上通常以轴肩或套筒固定其一端的位置，若另一端也需固定，可根据轴向载荷大小采用弹性挡圈（图 16-22a）、压板（图 16-22b）和圆螺母（图 16-22c）等结构。

(2) 外圈在轴承座孔中的轴向定位和固定方法　外圈在座孔中的轴向定位和固定常用的方法有采用孔的台肩和孔用弹性挡圈（图 16-23a）、止动环嵌入轴承外圈的止动槽（图 16-23b）、轴承端盖（图 16-23c）和螺纹环（图 16-23d）等结构。

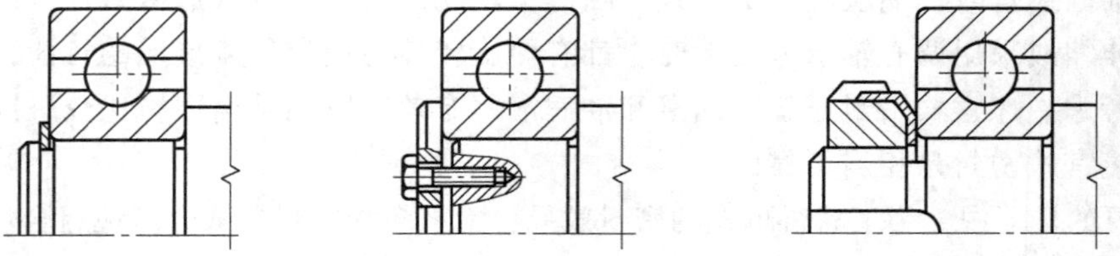

a)　　b)　　c)

图 16-22　内圈轴向紧固的常用方法

同时应注意，滚动轴承固定在轴上和座孔中时，轴肩和座孔台肩的倒圆半径必须小于轴承的倒圆半径，否则轴承不能安装到位。另外，轴肩和座孔台肩高度不能太小，否则轴承定位不好。

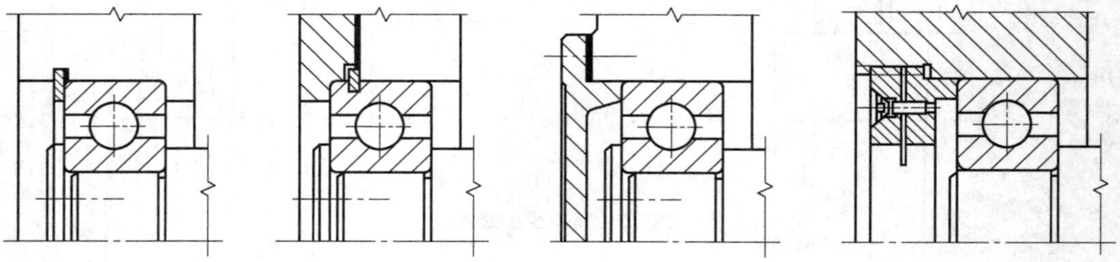

a)　　b)　　c)　　d)

图 16-23　外圈轴向紧固的常用方法

2. 滚动轴承限定轴的轴向位移的三种基本型式

（1）单向限定支承　它是只能限定单向轴向位移和承受单向轴向力的支承，如图 16-24a 所示。单向轴向载荷由轴肩传至轴承内、外圈，最后由端盖承受。采用这种型式的向心球轴承通常靠轴肩和端盖实现单向轴向固定。

（2）双向限定支承　它是限定轴的双向轴向位移并承受双向轴向力的支承，又称为固定支承。这种型式应使轴承相对于轴和轴承座双向固定。如图 16-24b 所示，轴承内圈由轴肩和双螺母实现双向轴向固定，轴承外圈由套杯挡肩和端盖实现双向轴向固定。

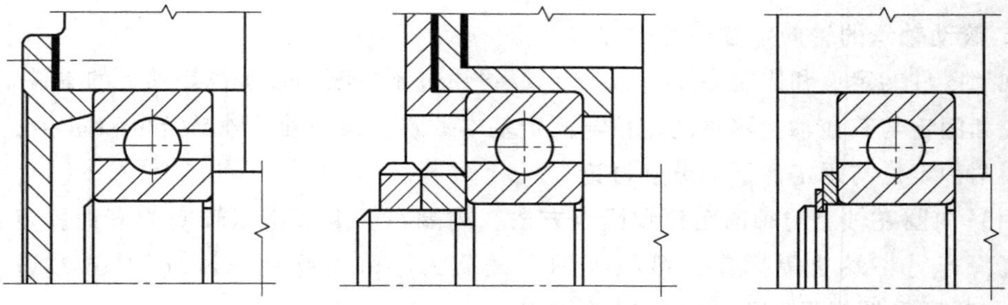

a)　　b)　　c)

图 16-24　滚动轴承支承的三种基本型式

（3）游动支承　它是只起径向定位、只能承受径向载荷的支承。如图 16-24c 所示，轴承内圈由轴肩和弹性挡圈实现双向轴向固定，轴承外圈与轴承座孔之间配合较松，外圈可在轴承座孔内游动。

16.6.2　滚动轴承的基本组合形式

为保证轴系在机器中有正确的工作位置，在传递轴向力时不轴向窜动，并且在轴受热膨胀后不致将轴承卡死，应合理进行轴承配置。滚动轴承支承有下列三种基本组合形式。

1. 两端单向固定

两端单向固定是轴系采用两个单向限定支承分别承受一个方向的轴向力的组合形式。

1）对于轴向力不大且跨距短的轴系，可采用一对内部游隙不可调的深沟球轴承（图 16-25a），使轴在轴向的两个方向都固定。

2）为补偿轴的受热伸长，轴承安装时，在不受轴向力的一端，轴承外圈与端盖间留有 $\Delta=0.25\sim0.4$mm 的轴向间隙（图 16-25b），但只能单方向受轴向力，留有间隙的一端不能受轴向载荷。

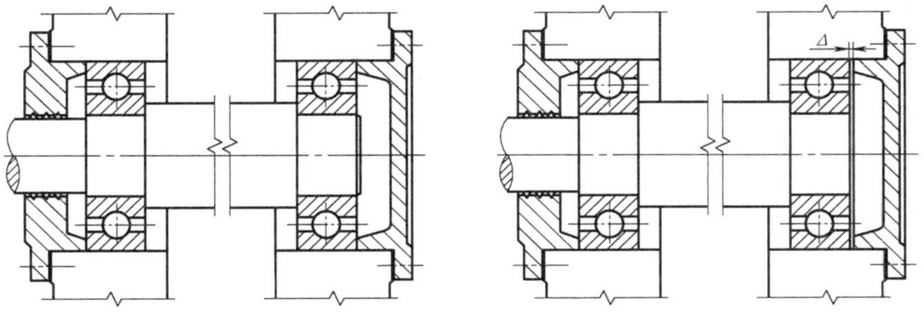

a)　　b)

图 16-25　两端单向固定的深沟球轴承支承结构及简图

3）当轴向力较大或承受双向轴向载荷时，可采用内部游隙可调的向心角接触轴承（图 16-26a）、圆锥滚子轴承（图 16-26b 为正装，图 16-26c 为反装）。

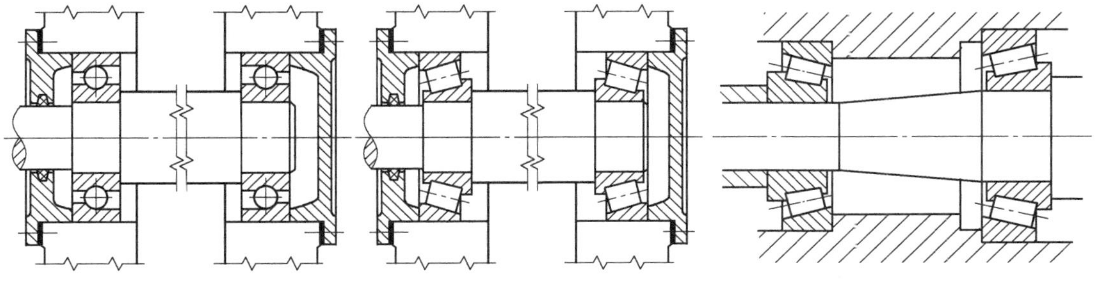

a)　　b)　　c)

图 16-26　两端单向固定的角接触轴承支承结构及简图

两端单向固定的组合形式结构简单，调整方便，适用于工作温度不高的短轴（跨距$Z<400$mm）。

2. 一端双向固定、另一端游动

当轴较长或工作温度较高时，其热伸长量大，宜采用一支点双向固定，另一支点游动的支承结构（图 16-27）。固定端轴承应能承受双向轴向载荷，故内、外圈在轴向都要固定，而游动端轴承应保证轴伸缩时能自由游动，以补偿轴的发热伸长。

1）若游动支承采用内、外圈不可分离型轴承，如深沟球轴承，只需固定内圈，其外圈可在座孔内轴向移动，如图 16-27a 和图 16-27c 所示。

2）若游动支承采用分离型的圆柱滚子或滚针轴承，则内、外圈都要固定，靠滚子与套圈间的游动来保证轴的自由伸缩，如图 16-27b 和图 16-27d 所示。

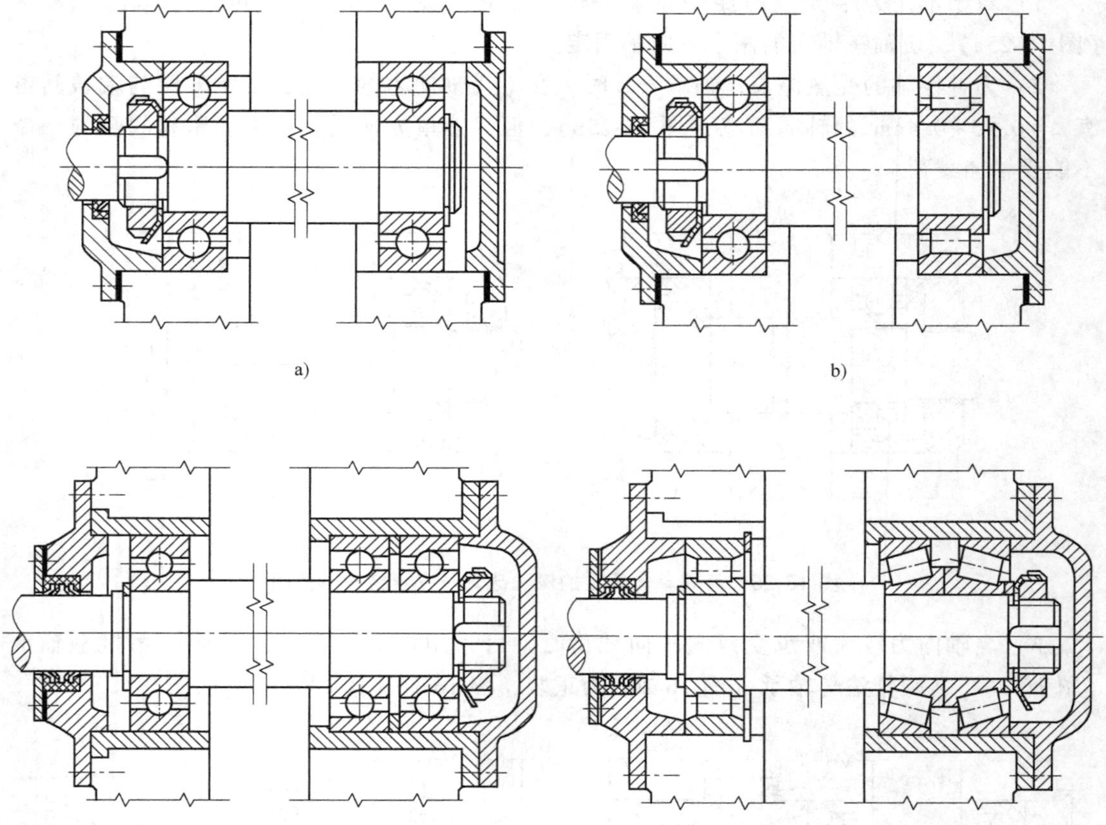

a)　b)　c)　d)

图 16-27　一端双向固定、另一端游动轴系

3）当轴向载荷较大时，固定支承可采用若干个轴承组合的形式，如图 16-28 所示。

3. 两端游动

此种组合形式用得很少，只用于某些特殊情况。如人字齿轮减速器的高速轴（图 16-29），由于人字齿轮的螺旋角加工不易左右一致，工作时可能产生轴向窜动，因此必须用两端游动的支承结构。但大齿轮轴必须是两端固定支承，以便轴系保持轴向固定。这种两端游动支承的特点是轴承内圈两端都必须轴向固定，并采用滚动体相对外圈（或内圈）可以轴向游动的轴承。

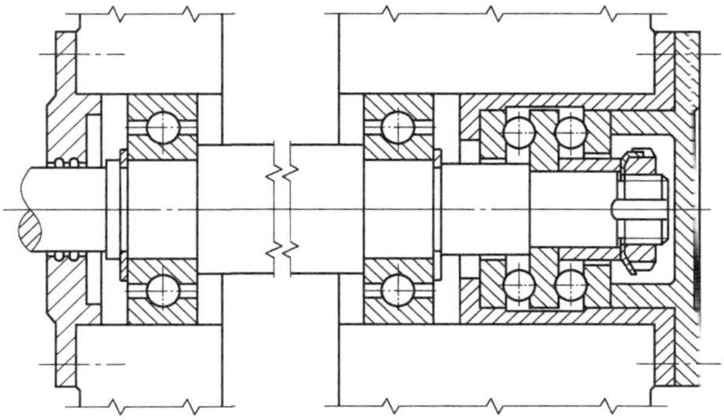

图 16-28 一端固定、另一端游动支承结构

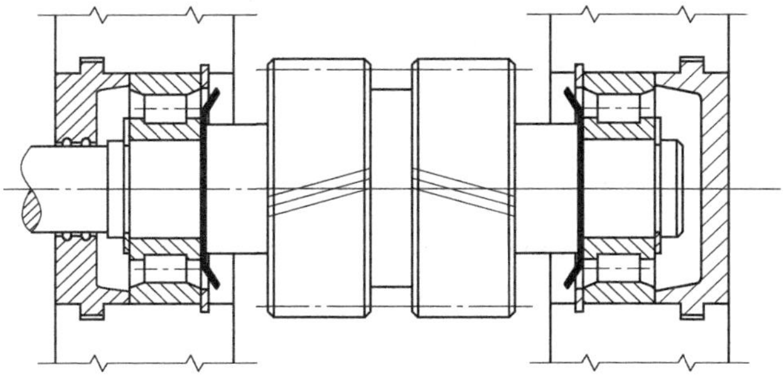

图 16-29 两端游动支承结构及简图（人字齿轮轴）

16.6.3 滚动轴承组合的调整

1. 轴承间隙的调整

轴承间隙的调整方法有：①靠增减轴承盖与机座间垫片厚度进行调整（图 16-30a）；②利用螺钉 1 通过轴承外圈压盖 3 移动外圈位置进行调整（图 16-30b），调整之后，用螺母 2 锁紧防松。

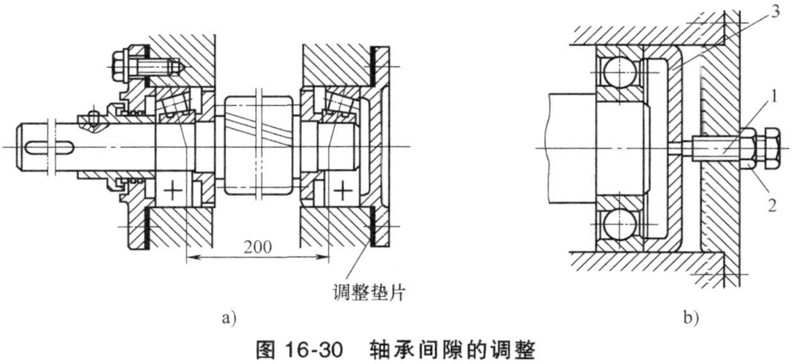

图 16-30 轴承间隙的调整

1—螺钉 2—螺母 3—压盖

2. 轴承的刚度和预紧

滚动轴承在载荷作用下的旋转精度取决于刚度。为了提高轴承的刚度，可以改变轴承的

组合方式。如同样的轴承做不同排列，支承的刚度也不同。图 16-31 所示为一对圆锥滚子轴承，当其反装（图 16-31b）时，两轴承载荷作用中心间的距离 B_2 比正装（图 16-31a）时 B_1 大，支承刚度较大。这种方案常见于机床主轴的前支承中。一般机器多采用正装，这是因为正装时的安装和调整都比较方便（轴承游隙靠外圈调节）。

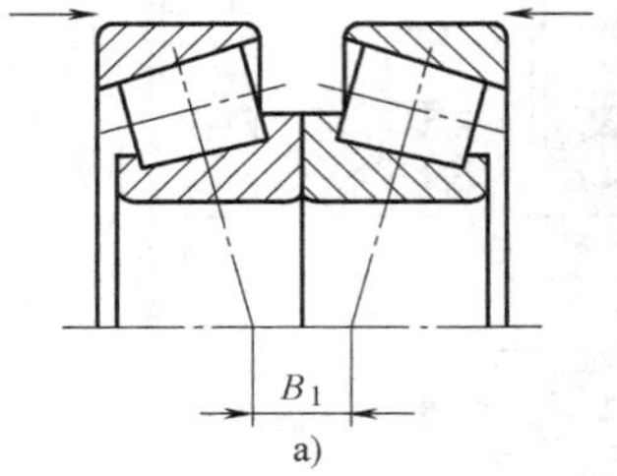

图 16-31　一对圆锥滚子轴承并列组合支点（$B_2>B_1$）

对某些可调游隙式轴承（如 6 类、7 类等），在安装时可给予一定的轴向压紧力（预紧力），以便提高其刚度。滚动轴承的预紧是指将轴承装入轴承座和轴上后，采取一定措施使轴承中的滚动体和内、外圈之间产生一定量的预变形，以保持内、外圈处于压紧状态。滚动轴承预紧的目的是提高支承的刚度和旋转精度，降低轴系的振动和噪声，防止滚动体与内、外圈滚道之间产生相对滑动，延长轴承寿命。例如，机床的主轴轴承刚度很重要，就必须采用预紧的措施。

一般向心角接触轴承都是成对预紧的。常用的预紧装置有：①两个相同型号的角接触轴承成对安装，通过套圈间加金属垫片（图 16-32a）或磨窄套圈（图 16-32b）来预紧；②两轴承中间装入长度不等的套筒来预紧，调整两套筒的长度以控制预紧力（图 16-32c）；③用弹簧预紧（图 16-32d），可得到稳定的预紧力，在高速运转时采用，但对轴承刚度提高不大。

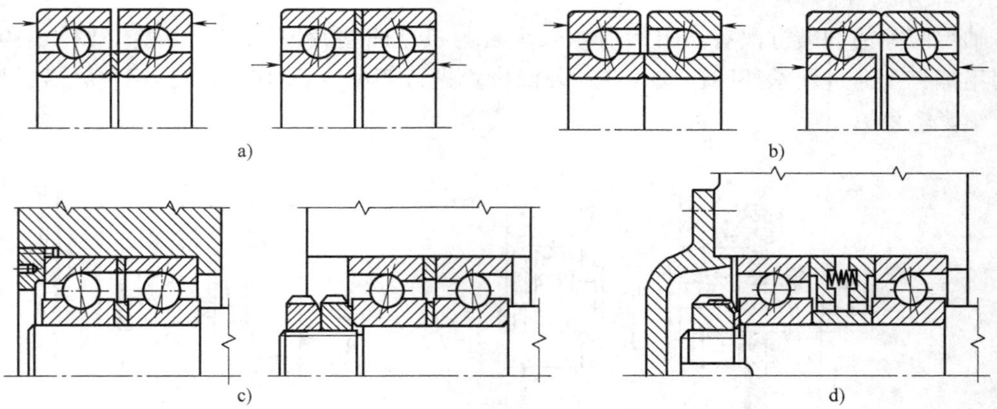

图 16-32　轴承的预紧结构

a）加金属垫片　b）磨窄套圈　c）内、外套筒　d）弹簧

3. 轴承组合位置的调整

轴承组合位置调整的目的是使轴上的零件（如齿轮、带轮等）具有准确的工作位置。如锥齿轮传动，要求两个节锥顶点相重合，方能保证正确啮合；又如蜗杆传动，则要求蜗轮中间平面通过蜗杆的轴线等。图 16-33 所示为锥齿轮轴承组合位置的调整，套杯与机座

间的垫片 1 用来调整锥齿轮轴的轴向位置，而垫片 2 则用来调整轴承的松紧度。

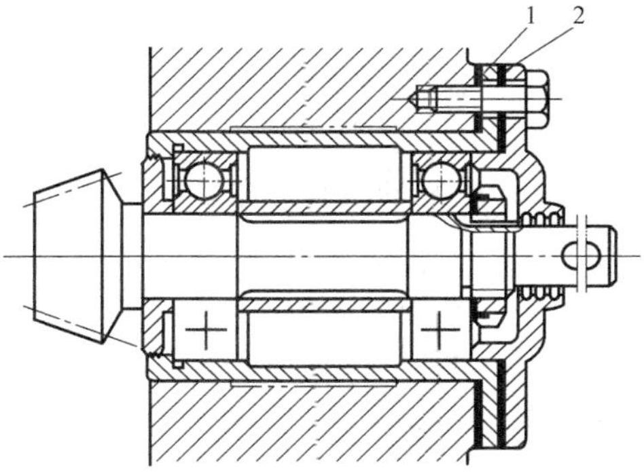

图 16-33　轴承组合位置的调整

图 16-34 是某型汽车双极主减速器和差速器剖视图。为便于进行锥齿轮副的啮合调整，主动和从动锥齿轮的轴向位置都可以略加移动。若减少左轴承盖处的调整垫片 6，同时将这些卸下来的垫片都加到右轴承盖调整垫片 13 处，则从动锥齿轮右移；反之则左移。增加轴承座和主减速器壳间的调整垫片 7 的厚度，主动锥齿轮则沿轴向离开从动锥齿轮；反之则靠

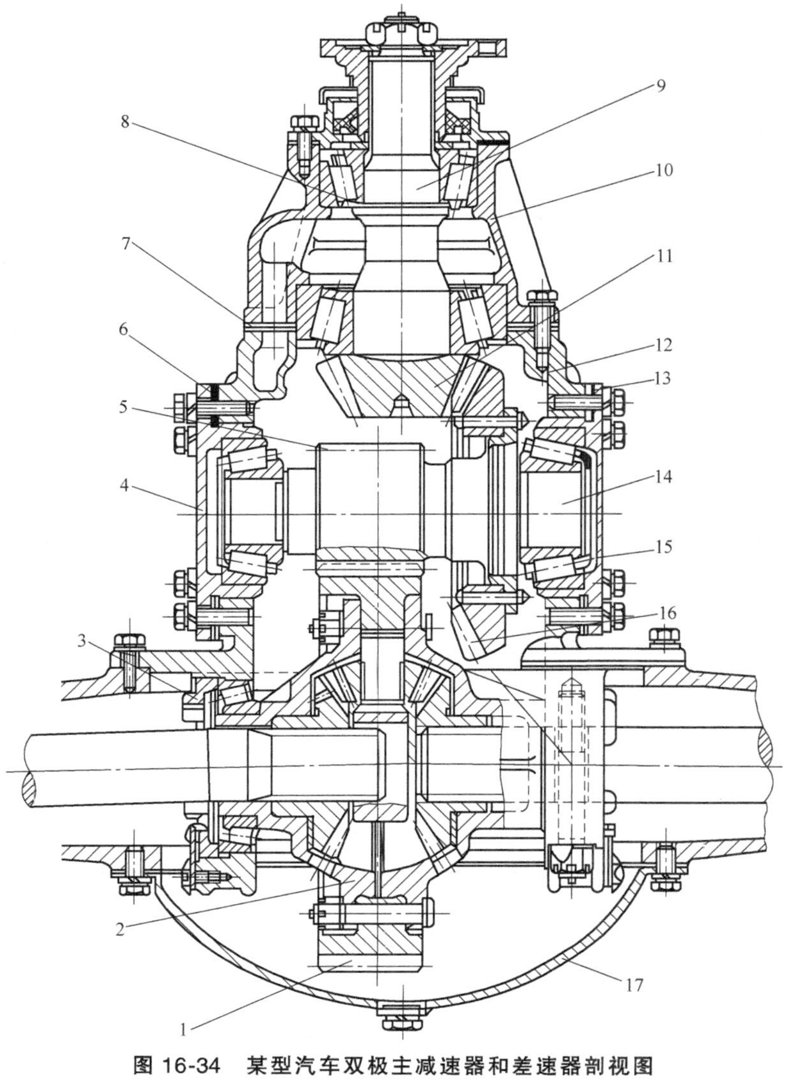

图 16-34　某型汽车双极主减速器和差速器剖视图

1—第二级从动齿轮　2—差速器　3—调整螺母　4、15—轴承盖　5—第二级主动齿轮　6、7、8、13—调整垫片　9—第一级主动齿轮轴　10—轴承座　11—第一级主动齿轮　12—主减速器　14—中间轴　16—第一级从动齿轮　17—后盖

近。主动锥齿轮轴轴承的预紧度，可通过增减调整垫片 8 的厚度来调整。单独调整垫片 6 和 13 可以改变中间轴圆锥滚子轴承的预紧度。支承差速器壳的圆锥滚子轴承的预紧度是靠旋动调整螺母 3 来实现的。如果左右两组垫片的总厚度的减量和增量不相等，则将破坏已调整好的中间轴轴承的预紧度。

16.6.4 滚动轴承的配合

由于滚动轴承是标准件，为了便于互换及适应大量生产，滚动轴承的公差与配合按 GB/T 307.1—2017 规定，轴承内圈孔与轴的配合采用基孔制，轴承外圈与轴承座孔的配合则采用基轴制。

选择配合时，应考虑载荷的方向、大小和性质，以及轴承类型、转速和使用条件等因素。当外载荷方向不变时，转动套圈应比固定套圈的配合紧一些。一般情况下是内圈随轴一起转动，外圈固定不动，故内圈与轴常取具有过盈的过渡配合，如轴的公差采用 k6、m6、n6、js6；外圈与座孔常取较松的过渡配合，如座孔的公差采用 H7、J7 或 JS7。当轴承做游动支承时，外圈与座孔应取间隙配合，如座孔公差采用 G7、G8、G9。减振器主要零件的推荐用配合及装拆方法见表 16-16。

表 16-16 减速器主要零件的推荐用配合及装拆方法

配合零件		推荐用配合	装拆方法
一般齿轮、蜗轮、带轮、联轴器与轴	一般情况	$\frac{H7}{r6}$	用压力机装拆
	较少装拆	$\frac{H7}{n6}$	
	小锥齿轮及经常装拆处	$\frac{H7}{m6}$、$\frac{H7}{k6}$	锤子装拆
滚动轴承内圈与轴	轻负荷（$P\leq 0.07C$）	j6、k6	用温差法或压力机装拆
	正常负荷 $0.07C<P\leq 0.15C$	k5、m5 m6、n6	
滚动轴承外圈与箱体轴承座孔		H7	用木锤或徒手装拆
轴承盖与箱体轴承座孔		$\frac{H7}{d11}$、$\frac{H7}{h8}$、$\frac{H7}{f9}$	徒手装拆
轴承套杯与箱体轴承座孔		$\frac{H7}{js6}$、$\frac{H7}{h6}$	
套筒、挡油盘与轴		$\frac{H7}{h6}$、$\frac{D11}{k6}$	

16.6.5 滚动轴承的安装与拆卸

设计轴承装置时，应使轴承便于装拆，以便在装拆过程中不致损坏轴承和其他零件。

1. 滚动轴承的安装

由于滚动轴承内圈与轴颈的配合一般较紧，安装前应在配合表面涂油，防止压入时产生咬伤。常见内圈与轴颈的装配方法有以下几种：

1）压力机压套，如图 16-35a 所示。

2）加热轴承安装法。此方法多用于过盈量大的中、大型轴承，加热温度为 80 ~ 90℃（不应超过 120℃）。

3）对于中、小型轴承，可用锤子敲击装配套筒将轴承装入。当轴承外圈与座孔配合较紧时，压力应施加在外圈上，如图 16-35b 所示。

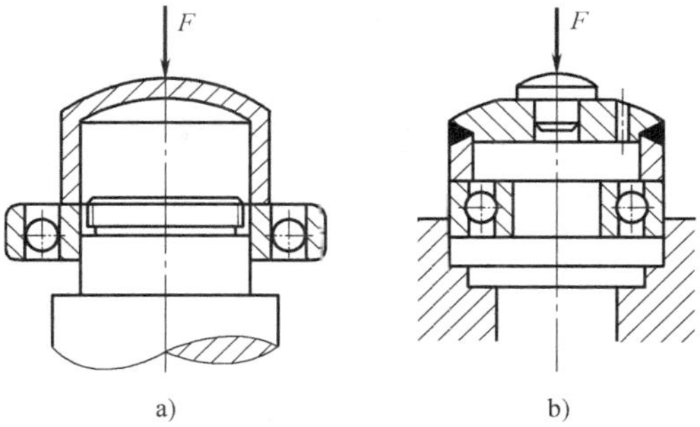

图 16-35　轴承的安装

2. 滚动轴承的拆卸

更换或定期检修轴承时，轴承要拆卸下来。经过长期运转的轴承，拆卸相当困难。常用的拆卸方法有压力机拆卸（图 16-36a）和拉拔工具拆卸（图 16-36b）。为便于拆卸，设计时应使轴承内圈比轴肩高（图 16-33），或外圈相对凸肩露出足够的高度 h，如图 16-37a 和图 16-37b 所示。对于不通孔，可在端部开设专用卸载螺孔，如图 16-37c 所示。

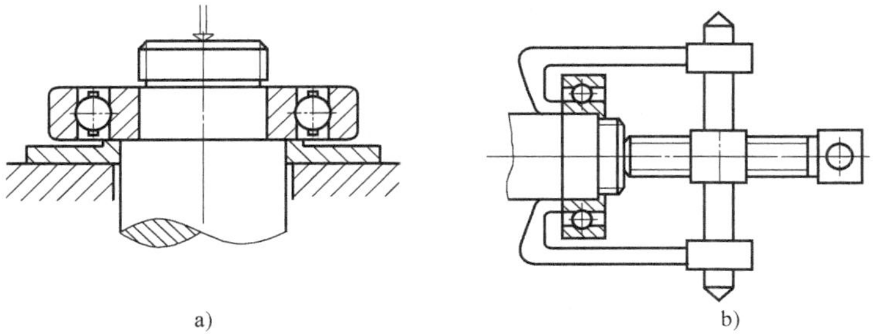

图 16-36　轴承内圈的拆卸

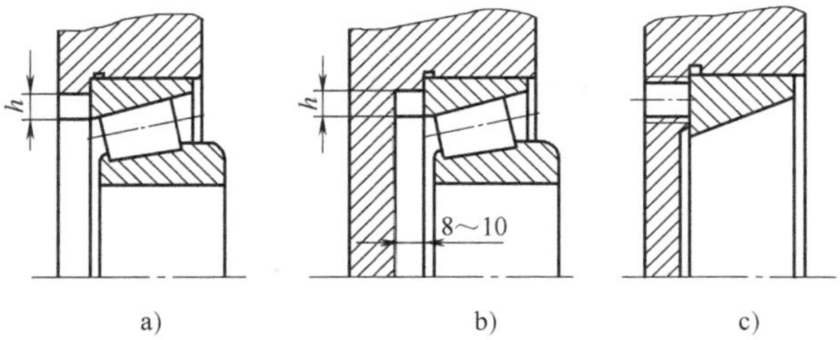

图 16-37　轴承外圈的拆卸

思考练习题

16-1　滚动轴承由哪些元件构成？各有什么作用？

16-2　球轴承和滚子轴承各有何优、缺点？分别适用于什么场合？

16-3　我国常用滚动轴承的类型有哪些？它们在承载能力、极限转速、调隙、调心等方面各有什么优、缺点？

16-4　滚动轴承代号是怎样组成的？基本代号包括哪几项？如何表示？试说明下列轴承代号的含义：6205、N308/P4、30307、7208 AC/P5、1208。

16-5　试述滚动轴承的基本额定寿命、基本额定动载荷、当量动载荷、基本额定静载荷的含义。

16-6　什么是接触角？接触角的大小对轴承承载有何影响？

16-7　滚动轴承负荷增大一倍时，轴承寿命改变了多少？轴承转速增大一倍时，轴承的寿命改变了多少？

16-8　滚动轴承尺寸选择的原则是什么？

16-9　滚动轴承的配置方式有几种？各适用于什么场合？

16-10　滚动轴承为什么要预紧？预紧的方法有哪些？

16-11　滚动轴承的速度对选择轴承润滑方式有何影响？

16-12　如何确定角接触球轴承或圆锥滚子轴承的轴向载荷？

16-13　滚动轴承的内圈与轴、外圈与轴承座孔各应采用什么配合？

16-14　滚动轴承组合设计时，应考虑哪些方面的问题？

16-15　滚动轴承的基本结构型式有哪几种？分别适用于什么场合？

16-16　按照滚动轴承组合设计的原则，并结合 14 章的相关内容，试把图 16-38 所示的装配草图细化为装配图。

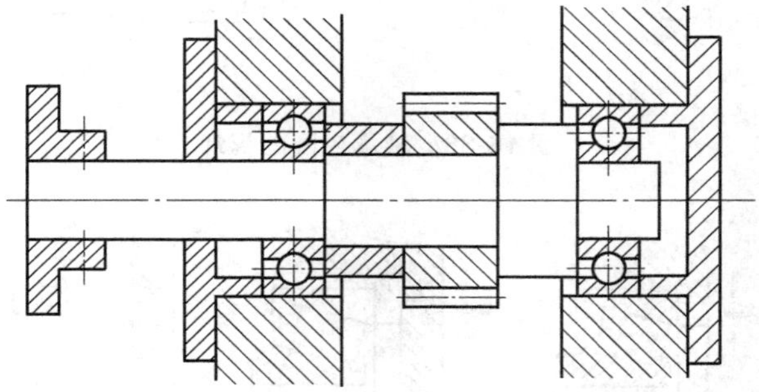

图 16-38　题 16-16 图

16-17　一深沟球轴承 6304 承受的径向力 $F_r=4\text{kN}$，载荷平稳，转速 $n=960\text{r/min}$，在室温下工作，试求该轴承的基本额定寿命，并说明能达到或超过此寿命的概率。若载荷改为 $F_r=2\text{kN}$，轴承的基本额定寿命是多少？

16-18　一矿山机械的转轴，两端用 6313 深沟球轴承支承，每个轴承承受的径向载荷 $F_r=5400\text{N}$，轴的轴向载荷 $F_a=2650\text{N}$，有轻微冲击，轴的转速 $n=1250\text{r/min}$，预期寿命 $L_h=5000\text{h}$，试分析该轴承是否适用。

16-19　根据工作条件，决定在某传动轴上安装一对角接触球轴承，反装排列，如图 16-39 所示。已知两个轴承的载荷分别为 $F_{r1}=1470\text{N}$，$F_{r2}=2650\text{N}$，外加轴向力 $F_A=1000\text{N}$，轴颈 $d=40\text{mm}$，转速 $n=5000\text{r/min}$，常温下运转，有中等冲击，预期寿命 $L_h=2000\text{h}$，试选择轴承型号。

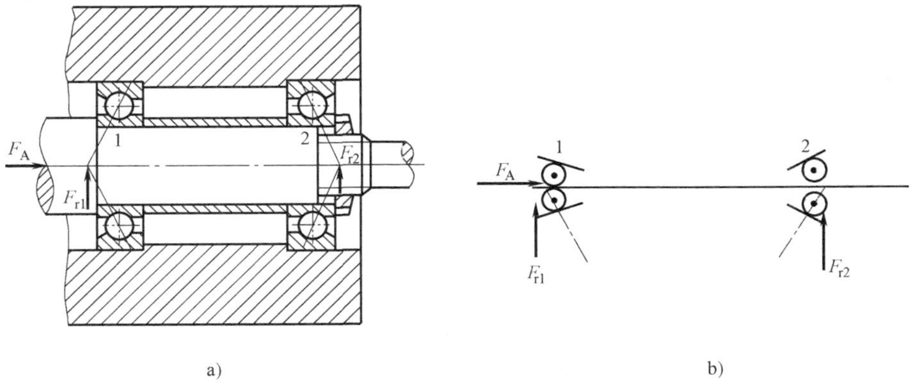

图 16-39　题 16-19 图

16-20　一齿轮轴由一对 30206 轴承支承，如图 16-40 所示，支点间的跨距为 200mm，齿轮位于两支点的中央。已知齿轮模数 $m_n = 2.5\text{mm}$，齿数 $z_1 = 17$，螺旋角 $\beta = 16.5°$，传递功率 $P = 2.6\text{kW}$，齿轮轴的转速 $n = 384\text{r/min}$。试求轴承的基本额定寿命（提示：先做齿轮受力分析，再求出轴承两端径向载荷 F_{r1}、F_{r2}，最后再求轴承寿命）。

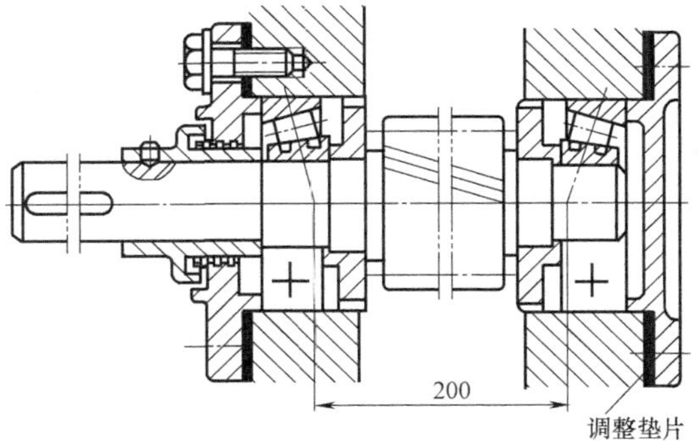

图 16-40　题 16-20 图

第17章 弹簧

弹簧是利用材料的弹性和结构特点，通过变形和储存能量而工作的弹性元件。在载荷的作用下它可以产生较大的弹性变形，将机械功或动能转变为变形能，在恢复变形时，又把变形能转变为机械功或动能。弹簧在工程中应用很广，在汽车上应用也很多。如汽车悬架的弹簧，其主要作用为缓冲和减振，是保证汽车舒适性的关键部件之一；汽车离合器的压紧弹簧，主要用来使压盘和从动摩擦片相互压紧以便传递动力，并使离合器接合平顺。本章主要介绍弹簧的类型、结构特点及常用弹簧的设计计算等。

17.1 弹簧概述

17.1.1 弹簧的基本功能

弹簧在工作中可以承受拉伸、压缩、扭转及弯曲等载荷，其基本功能如下：

(1) **缓冲与减振** 如汽车、火车车厢下的减振弹簧，联轴器中的吸振弹簧等。

(2) **储存及输出能量** 如钟表、玩具的发条、枪闩用弹簧等。

(3) **控制机构的运动** 如汽车发动机的气门弹簧，制动器、离合器中的控制弹簧等。

(4) **测量力的大小** 如测力器和弹簧秤中的弹簧。

(5) **调节压力** 如气压和液压系统中的调压弹簧等。

17.1.2 弹簧的基本类型

工程上有各种各样的弹簧，基本上可以分为三大类：圆柱螺旋弹簧、非圆柱螺旋弹簧和其他类型弹簧。圆柱螺旋弹簧又可分为圆柱螺旋压缩弹簧、圆柱螺旋拉伸弹簧、圆柱螺旋扭转弹簧、圆柱螺旋弯曲弹簧（图 17-1a）和不等节距圆柱螺旋弹簧五种；非圆柱螺旋弹簧又分为截锥螺旋弹簧、截锥涡卷弹簧、中凸形螺旋弹簧、中凹形螺旋弹簧、膜片弹簧、蛇形弹簧等多种；其他类型弹簧很多，如钢板弹簧、平面涡卷弹簧、碟形弹簧、环形弹簧、扭杆弹簧（图 17-1b）、空气弹簧（图 17-2a）和油气弹簧（图 17-2b）等。各类弹簧的特点和应用见表 17-1。

汽车悬架的减振弹簧主要有：圆柱螺旋压缩弹簧、不等节距圆柱螺旋弹簧、钢板弹簧、扭杆弹簧、空气弹簧和油气弹簧等；汽车离合器压紧弹簧主要有：圆柱螺旋压缩弹簧、膜片弹簧等；汽车发动机气门弹簧主要是圆柱螺旋压缩弹簧。

本章重点讨论圆柱螺旋压缩弹簧，汽车上常用的其他弹簧也有所涉及。

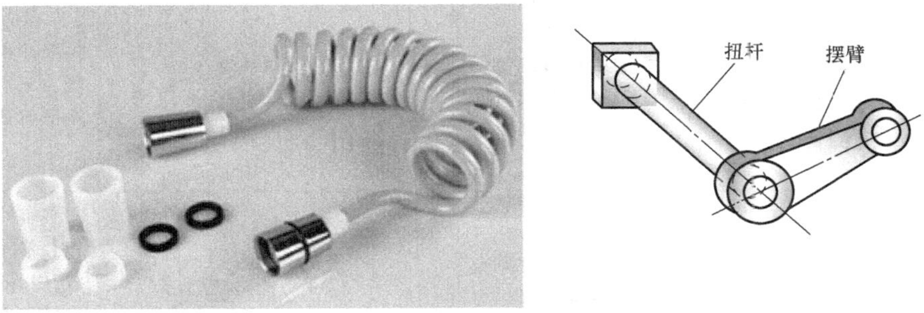

a)　　b)

图 17-1　圆柱螺旋弯曲弹簧和扭杆弹簧

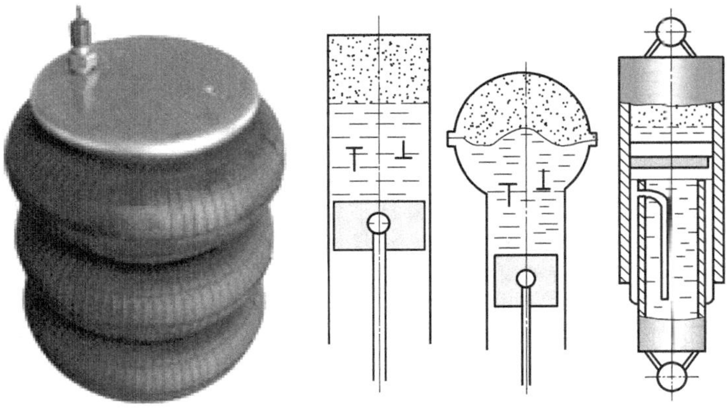

a)　　b)

图 17-2　空气弹簧和油气弹簧

表 17-1　弹簧的基本类型

类型	名称	简图	特点和应用	类型	名称	简图	特点和应用
圆柱螺旋弹簧	圆柱螺旋压缩弹簧	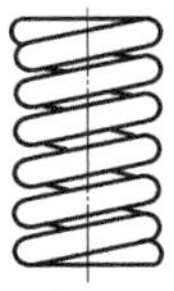	特性接近于直线型，刚度值较稳定，结构简单，制造方便，应用最广	圆柱螺旋弹簧	圆柱螺旋扭转弹簧	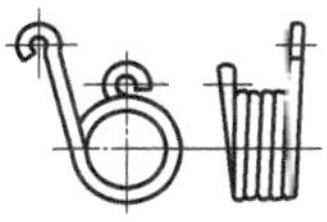	主要承受扭矩作用，特性曲线呈直线型
	圆柱螺旋拉伸弹簧	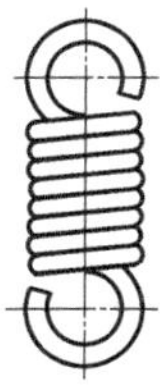	性能和特点与压缩弹簧相同，主要承受拉伸载荷，其特性曲线是直线型		不等节距圆柱螺旋弹簧	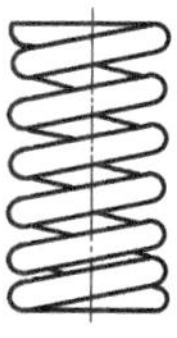	特性曲线为非线型，刚度及自振频率均为变值，有利于消除和缓和共振的影响，可用于高速变载场合

（续）

类型	名称	简图	特点和应用	类型	名称	简图	特点和应用
非圆柱螺旋弹簧	截锥螺旋弹簧		稳定性好，结构紧凑，其特性曲线开始是直线，随着载荷的增加，逐渐变成渐增型，有利于缓和冲击和共振	其他类型弹簧	钢板弹簧	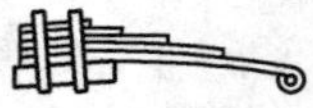	缓冲和减振性能好。主要用于各种车辆的悬架装置
	截锥涡卷弹簧	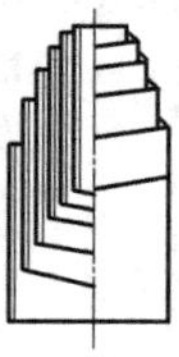	与截锥螺旋弹簧相似，但能吸收的能量更多		碟形弹簧	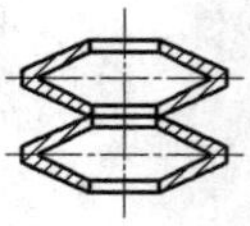	采用不同组合可得到不同的特性曲线，缓冲和减振能力强。多用于重型机械的缓冲和减振装置
	中凸形螺旋弹簧		特性与截锥螺旋弹簧相似		平面涡卷弹簧	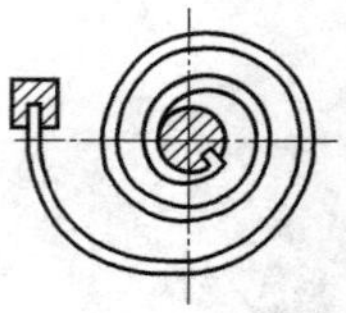	圈数多，变形角大，储存能量多。多用作压紧弹簧和仪器、钟表中的储能弹簧
	非圆柱螺旋弹簧	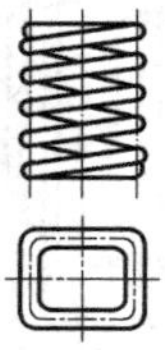	主要用在外廓尺寸受限制的场合。弹簧圈可以制成方形、矩形、椭圆形和梯形等		环形弹簧	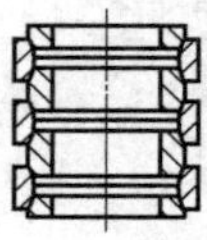	有很高的减振能力。用于重型设备的缓冲装置

17.1.3 弹簧的制造、材料和许用应力

1. 弹簧的制造

螺旋弹簧的制造过程包括：卷绕、两端加工、热处理、工艺性试验和强压或喷丸等。

（1）卷绕 卷绕也称为卷制，是将满足技术条件规定的弹簧钢丝绕制在心轴上，使之成为符合要求的螺旋形。大批生产时，弹簧的卷制是在自动机床上进行的；小批生产时，则常在普通车床上或者手工卷制。卷制方法分冷卷法和热卷法两种。冷卷法用以加工经预热处理后的碳素弹簧钢丝，常用于直径 $d<10$mm 的弹簧材料；热卷法常用于直径较大的弹簧材料，热卷时的温度根据弹簧材料直径 d 的大小在 800 ~1000℃选择。

（2）两端加工 卷制后，通常需进行端部加工。如压缩弹簧要制作端圈，拉伸弹簧和扭转弹簧要制作挂钩等。

（3）热处理 冷卷时，一般用冷拉的碳素弹簧钢丝在常温下卷成，不再淬火，只经低温回火消除内应力；热卷的弹簧卷成后须经过淬火和回火处理。

（4）工艺性试验 工艺性试验的目的是检验弹簧是否满足技术要求，其中弹簧的特性曲线是否符合要求是评价弹簧加工质量的重要依据。要特别指出的是，弹簧钢丝表面应光洁，没有裂纹和伤痕等缺陷，否则会严重影响弹簧的持久强度和抗冲击能力。

(5) 强压和喷丸　为了提高弹簧的承载能力，可对弹簧进行强压和喷丸处理。

1）强压处理是将弹簧预先压缩到超过材料的屈服极限（将弹簧压缩 2~3 次或持续压 6~48 h），使材料表层产生与工作应力方向相反的残余应力，以抵消部分工作应力，提高弹簧的承载能力。强压处理后的弹簧不允许再进行热处理。但应注意，在长期振动、高温（150~450℃）或腐蚀性介质中工作的弹簧不应进行强压处理，否则会过早发生疲劳破坏。

2）为提高弹簧的疲劳强度，可对其进行喷丸处理。喷丸处理是用钢丸或铁丸以一定的速度（通常为 50~80m/s）喷击弹簧，使其表面冷作硬化，产生有益的残余应力。经喷丸处理的弹簧其疲劳强度可提高 30%~50%。

2. 弹簧材料

弹簧在机械中常承受具有冲击性的变载荷，所以弹簧材料应具有高的弹性极限、疲劳极限、一定的冲击韧性、塑性和良好的热处理性能等。常用的弹簧材料有优质碳素弹簧钢、合金弹簧钢和有色金属合金等。

(1) 碳素弹簧钢　这类钢中碳的质量分数为 0.6%~0.9%，如 65、70、85 等碳素弹簧钢。这类钢价廉易得，热处理后具有较高的强度、适宜的韧性和塑性，但当弹簧丝直径大于 12mm 时，不易淬透，故仅适用于小尺寸的弹簧。

碳素弹簧钢丝按抗拉强度的高低分为 B、C、D 三级，分别适用于低、中、高应力弹簧。表 17-2 列出了碳素弹簧钢丝抗拉强度的下限值。由表中数据可看出，同一级材料，其抗拉强度随钢丝直径的增加而减小，这是因为直径大不容易淬透，所以设计碳钢弹簧时，先选定弹簧丝直径，然后校核其强度是否足够。

表 17-2　碳素弹簧钢丝的抗拉强度 R_m　（单位：MPa）

级别	钢丝直径 d/mm													
	0.5	0.8	1.0	1.2	1.6	2.0	2.5	3.0	3.5	4.0	4.5	5.0	6.0	8.0
B 级	1860	1710	1660	1620	1570	1470	1420	1370	1320	1320	1320	1320	1220	1170
C 级	2200	2010	1960	1910	1810	1710	1660	1570	1570	1520	1520	1470	1420	1370
D 级	2550	2400	2300	2250	2110	1910	1760	1710	1660	1620	1620	1570	1520	—

(2) 合金弹簧钢　承受变载荷、冲击载荷或工作温度较高的弹簧，需采用合金弹簧钢，常用的有硅锰钢和铬钒钢等。

(3) 有色金属合金　在潮湿、酸性或其他腐蚀性介质中工作的弹簧，宜采用有色金属合金，如硅青铜、锡青铜、铍青铜等。

选择弹簧材料时应充分考虑弹簧的工作条件（载荷的大小及性质、工作温度和周围介质的情况）、功用及经济性等因素，一般应优先采用碳钢。

3. 弹簧的许用应力

影响弹簧许用应力的因素很多，除了材料品种外，材料质量、热处理方法、载荷性质、弹簧的工作条件和重要程度及弹簧丝的尺寸等，都是确定许用应力时应予以考虑的。

通常，弹簧按其载荷性质分为三类：Ⅰ类——受变载荷作用次数在 10^6 以上或很重要的弹簧，如汽车发动机气门弹簧、电磁制动器弹簧；Ⅱ类——受变载荷作用次数在 10^3~10^5 及受冲击载荷的弹簧或受静载荷的重要弹簧，如调速器弹簧、安全阀弹簧、一般车辆弹簧；Ⅲ类——受变载荷作用次数在 10^3 以下，即基本上受静载荷的弹簧，如摩擦式安全离合器弹簧等。各类弹簧的许用应力见表 17-3。

表 17-3　螺旋弹簧的常用材料和许用应力

材料		许用切应力/MPa			推荐使用温度/℃	推荐硬度范围（HRC）	特性及用途
名称	牌号	Ⅰ类弹簧 $[\tau_{\mathrm{I}}]$	Ⅱ类弹簧 $[\tau_{\mathrm{II}}]$	Ⅲ类弹簧 $[\tau_{\mathrm{III}}]$			
碳素弹簧钢丝（可分为B、C、D三级）	65、70	$(0.3\sim0.38)R_m$	$(0.38\sim0.45)R_m$	$0.5R_m$	−40～130		强度高，但尺寸大则不易淬透。B、C、D级分别适用于低、中、高应力弹簧
	65Mn	340	455	570	−40～130		
合金弹簧钢丝	60Si2Mn	445	590	740	−40～200	45～50	弹性好，回火稳定性好，易脱碳，用于重载弹簧
	50CrVA	445	590	740	−40～210	45～50	疲劳强度高，淬透性和回火稳定性好，常用于受变载荷的弹簧
	60CrMnA	430	570	710	−40～250	47～52	耐高温，用于重载、大尺寸弹簧
青铜丝	QSi-3	196	250	333	−40～120		耐腐蚀，防磁
	QSn4-3	196	250	333	−250～120		

注：1. 钩环式拉伸弹簧因钩环过渡部分存在附加应力，其许用切应力取表中数值的 80%。
2. 对重要的、其损坏会引起整个机械损坏的弹簧，许用切应力 $[\tau]$ 应适当降低。例如受静载荷的重要弹簧，可按Ⅱ类选取许用应力。
3. 经强压、喷丸处理的弹簧，许用切应力可提高约 20%。
4. 极限切应力可取为：Ⅰ类，$\tau_s=1.67[\tau_{\mathrm{I}}]$；Ⅱ类，$\tau_s=1.25[\tau_{\mathrm{II}}]$；Ⅲ类，$\tau_s=1.12[\tau_{\mathrm{III}}]$。

17.2　圆柱螺旋压缩（拉伸）弹簧的设计计算

圆柱螺旋拉伸及压缩弹簧的外载荷（轴向力）均沿弹簧的轴线作用，它们的应力和变形计算是相同的。现以圆柱螺旋压缩弹簧为例进行分析。

17.2.1　弹簧的应力

如图 17-3 所示的圆柱螺旋压缩弹簧，其弹簧丝的截面是圆形的，直径为 d；弹簧中径为 D；螺旋角为 α。当圆柱螺旋压缩弹簧承受轴向载荷 F 时，在通过弹簧轴线的截面上，由于弹簧具有螺旋角 α，弹簧钢丝的截面 $A—A$ 为椭圆形，该截面上作用有切向力 F 和扭矩 $T=FD/2$，如图 17-3a 所示。垂直于弹簧钢丝轴线的法向截面 $B—B$ 为圆形，其上作用有切向力 $F\cos\alpha$、法向力 $F\sin\alpha$、弯矩 $M=T\sin\alpha$ 和扭矩 $T'=T\cos\alpha$，如图 17-3b 所示。由于弹簧的螺旋角 α 较小，可近似认为是 0°，因此 $A—A$ 面和 $B—B$ 面重合，都是圆形。该截

面上的切向力为 F，扭矩为 T，法向力及弯矩为零，如图 17-3c 所示。

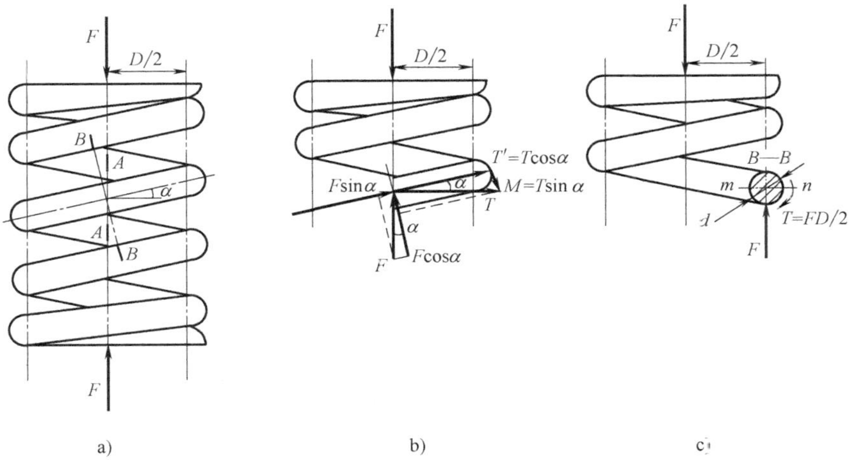

图 17-3　圆柱螺旋压缩弹簧的受力分析

如果不考虑弹簧丝的弯曲，按直杆计算，以 $W_T=\dfrac{\pi d^3}{16}$ 表示弹簧丝的抗扭截面系数，则扭矩 T 在截面上引起的最大扭转切应力（图 17-4）为

$$\tau'=\frac{T}{W_T}=\frac{FD/2}{\dfrac{\pi d^3}{16}}=\frac{8FD}{\pi d^3}$$

若剪力引起的切应力为均匀分布，则切应力为

$$\tau''=\frac{4F}{\pi d^2}$$

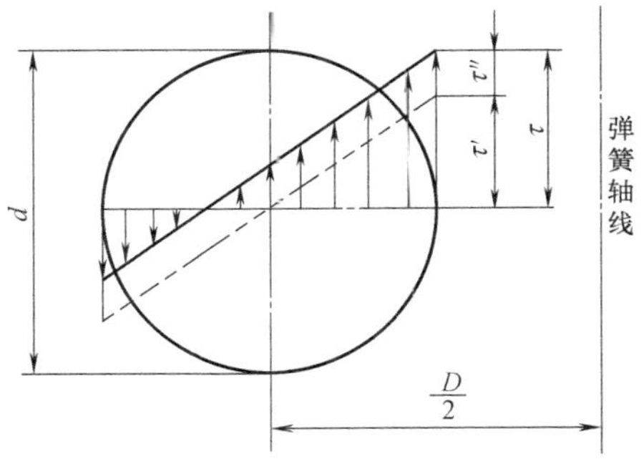

图 17-4　弹簧丝的应力

弹簧丝截面上的最大切应力 τ 发生在内侧，即靠近弹簧轴线的一侧（图 17-4），其值为

$$\tau=\tau'+\tau''=\frac{8FD}{\pi d^3}+\frac{4F}{\pi d^2}=\frac{8FD}{\pi d^3}\left(1+\frac{d}{2D}\right)$$

令 $C=D/d$，称为旋绕比或弹簧指数，是衡量弹簧曲率的重要参数，其推荐值见表 17-4。则弹簧丝截面上的最大切应力为

$$\tau=\frac{8FC}{\pi d^2}\left(1+\frac{0.5}{C}\right) \tag{17-1}$$

式中括号内的第二项为切应力 τ'' 的影响。

表 17-4　旋绕比 C 的推荐值

d/mm	0.2~0.4	0.5~1	1.1~2.2	2.5~6	7~16	≥18
$C=D/d$	7~14	5~12	5~10	4~9	4~8	4~16

进一步考虑弹簧钢丝螺旋角及曲率的影响，弹簧丝截面内侧的最大切应力及其强度条件为

$$\tau = K\frac{8FC}{\pi d^2} \leqslant [\tau] \tag{17-2}$$

式中，F、C、d 的意义同上；［τ］为材料的许用切应力；K 为弹簧的曲度系数，其计算式为

$$K=\frac{4C-1}{4C-4}+\frac{0.615}{C} \tag{17-3}$$

K 值可根据旋绕比 C 直接从图 17-5 查出。

式（17-3）中等号右侧第一项反映了弹簧丝曲率对扭转切应力的影响。如图 17-6 所示，弹簧丝在扭矩 T 作用下，截面 a-a'与 b-b'将相对转动一个小角度。由于内侧的纤维长度比外侧的短（即 $a'b'<ab$），内侧单位长度的扭转变形就比外侧的大，因此内侧的扭转切应力大于直杆的扭转切应力 τ'，而外侧则反之。显然，旋绕比 C 越小，内侧应力越大。式（17-3）中等号右侧的第二项反映了因 τ''不均匀分布对内侧应力产生的影响。

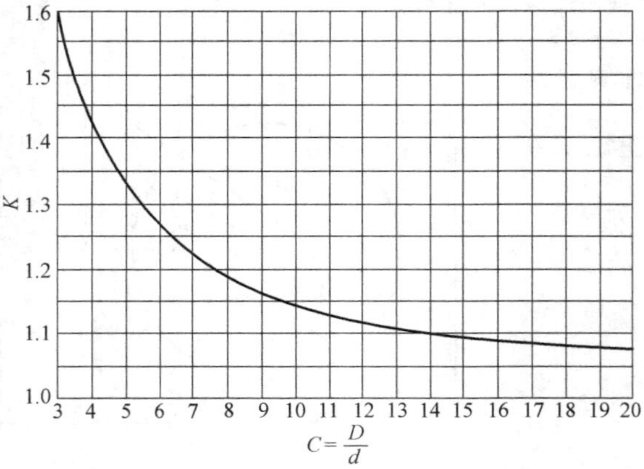

图 17-5　曲度系数 K

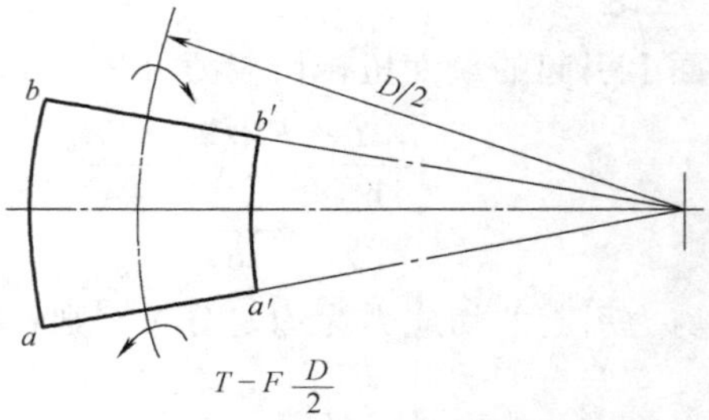

图 17-6　考虑曲率时弹簧丝的扭转切应力

17.2.2　弹簧的变形

变形计算的目的是确定弹簧的有效圈数 n。图 17-7 所示为等节距圆柱螺旋压缩弹簧，在轴向载荷作用下，弹簧产生轴向变形量为 λ，现截取微段弹簧丝 ds。当弹簧螺旋角 α 很小时，可认为半径 OC_1、OC_2 和微段弹簧丝的轴线 ds 在同一平面内。微段弹簧丝 ds 受扭矩 T 后，两端截面相对扭转了 $d\varphi$ 角，于是半径 OC_2 也相对于半径OC_1 扭转了一个角度 $d\varphi$，使点 O 移到 O'，从而使弹簧产生相应的轴向变形 $d\lambda$。

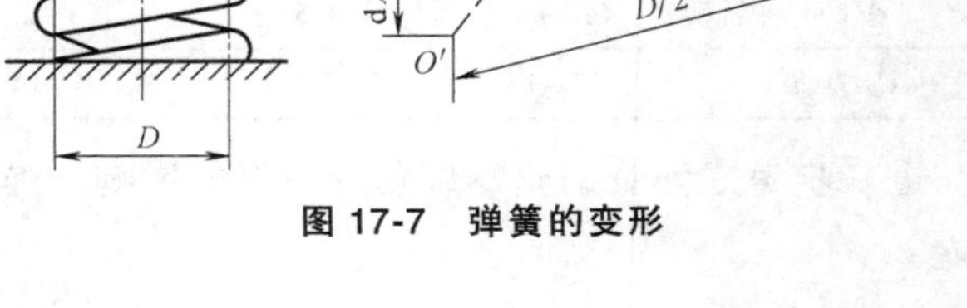

图 17-7　弹簧的变形

$$d\lambda=\frac{D}{2}d\varphi$$

根据轴的扭转变形公式（14-11）可得

$$d\lambda=\frac{D}{2}d\varphi=\frac{D}{2}\frac{T ds}{GI_p}=\frac{8FD^2 ds}{G\pi d^4} \tag{17-4}$$

式中，G 为弹簧材料的切变模量（钢：$G=8\times10^4$MPa；青铜：$G=4\times10^4$MPa）；其他符号意义同前。若弹簧的有效圈数（参与变形的圈数）为 n，则弹簧丝总的有效长度 $l=\pi Dn$。积分式（17-4）两端，可得弹簧的轴向变形量为

$$\lambda=\frac{8FD^3 n}{Gd^4}=\frac{8FC^3 n}{Gd} \tag{17-5}$$

使弹簧产生单位变形量所需的载荷称为弹簧刚度 k（也称为弹簧常数），即

$$k=\frac{F}{\lambda}=\frac{Gd^4}{8D^3 n}=\frac{Gd}{8C^3 n} \tag{17-6}$$

从式（17-6）可看出，当其他条件相同时，旋绕比 C 越小，弹簧刚度越大；反之则弹簧刚度越小。若 C 值过小，会使弹簧卷绕困难，并在弹簧内侧引起过大的应力。但 C 值过大，则弹簧易颤动。旋绕比 C 应在 4~16 的范围内，常用的为 $C=5\sim8$（见表 17-4）。此外，刚度 k 还与 G、d、n 有关，设计时应综合考虑这些因素的影响。

17.2.3　圆柱螺旋弹簧的结构及几何尺寸

1. 圆柱螺旋压缩弹簧的结构

压缩弹簧在自由状态下（不受外力），各圈之间有适当的间距，以保证其在压力作用下可以进行相应的变形。通常弹簧的两端圈应与邻圈并紧，称为死圈，它只起支承作用而不参与变形。当弹簧的工作圈数（有效圈数）$n\leqslant7$ 时，每端的死圈约为 0.75 圈；当 $n>7$ 时，每端的死圈为 1~1.75 圈。压缩弹簧的端部有多种结构型式，表 17-5 为常用的几种端部结构型式。磨平端面可以使弹簧受压时不致歪斜，因而在重要场合常采用 YⅠ型。当弹簧材料直径 $d\leqslant0.5$mm 时，两支承端可以不磨平；当 $d>0.5$mm 时，两支承端需要磨平且磨平部分不少于 3/4 圈，端头厚度不小于 $d/8$，d 为钢丝直径。

表 17-5　圆柱螺旋压缩弹簧端部结构型式

代号	YⅠ、RYⅠ	YⅡ	YⅢ	RYⅡ
简图	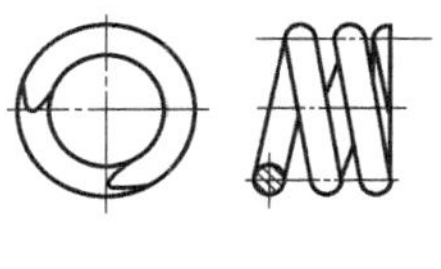	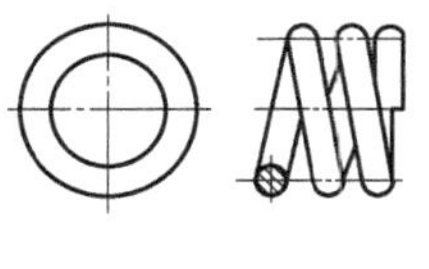	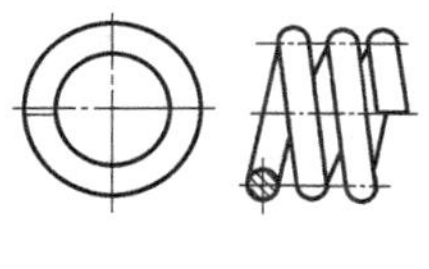	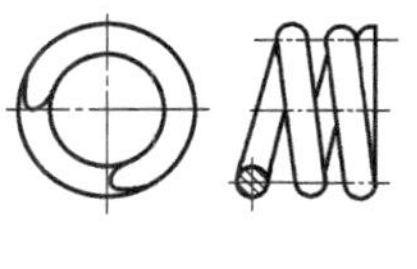
说明	两端圈并紧磨平 YⅠ：$n_2=1\sim2.5$ RYⅠ：$n_2=1.5\sim2.5$	两端圈并紧不磨平 $n_2=1.5\sim2$	两端圈不并紧 $n_2=0\sim1$	两端圈制扁且并紧 磨平或不磨平 $n_2=1.5\sim2.5$

注：1. 代号中有 R 的表示热卷弹簧，无 R 的表示冷卷弹簧。
2. n_2 表示压缩弹簧支承圈数，即弹簧端部用于支承或固定的圈数。

2. 圆柱螺旋拉伸弹簧的结构

拉伸弹簧在不受外力时，各圈之间应相互并紧，其常见端部结构见表 17-6。拉伸弹簧的端部做有钩环，以便安装和加载，钩环常由簧圈直接弯曲形成。这种结构制造方便，但会在挂钩内侧产生较大的弯曲应力，降低了弹簧的强度，因而通常用于弹簧材料直径 $d<10\text{mm}$、载荷不大或不重要的场合。在载荷较大或重要的场合，为避免上述因素的影响，常采用附加钩环结构（如 LⅦ、LⅧ型钩环），但会使其制造成本提高。

表 17-6　圆柱螺旋拉伸弹簧端部结构型式

代号	简图	说明	代号	简图	说明
LⅠ RLⅠ	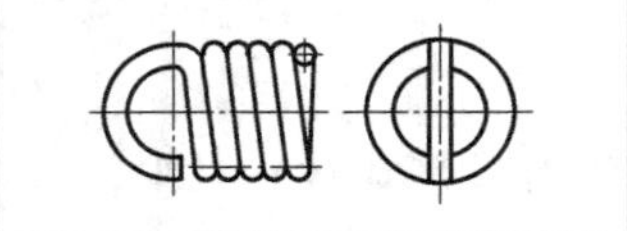	半圆钩环	LⅤ	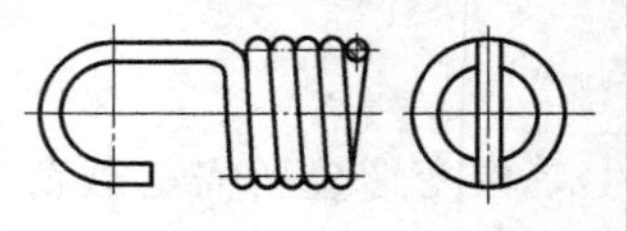	长臂半圆钩环
LⅡ RLⅡ	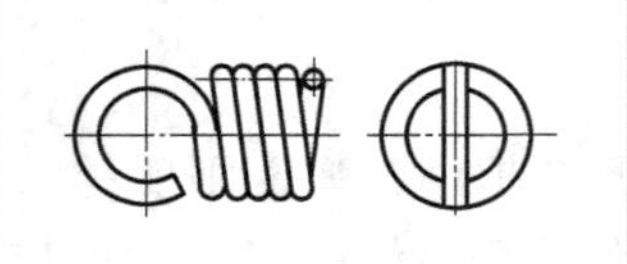	圆钩环	LⅥ	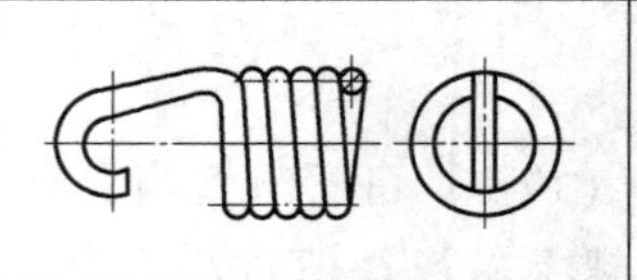	长臂小圆钩环
LⅢ RLⅢ	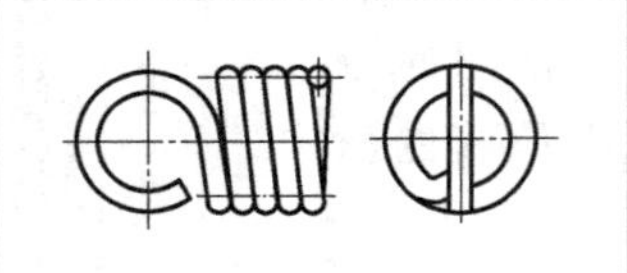	圆钩环压中心	LⅦ	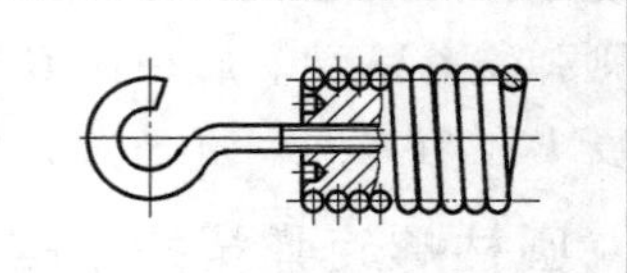	可调式拉簧
LⅣ	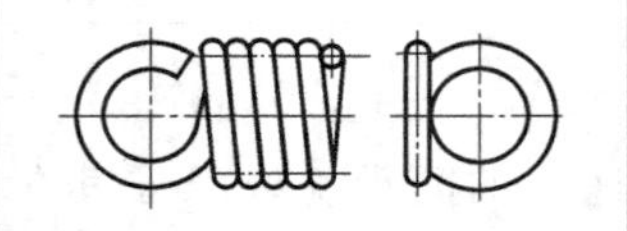	偏心圆钩环	LⅧ	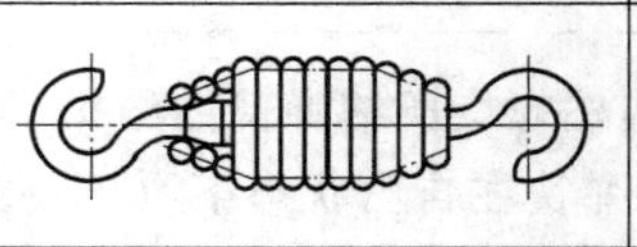	两端具有可转钩环

注：代号中有 R 的表示热卷弹簧，无 R 的表示冷卷弹簧。

3. 圆柱螺旋弹簧的几何尺寸

（1）计算公式　圆柱螺旋弹簧的主要几何尺寸有：弹簧丝直径 d、中径 D、内径 D_1、外径 D_2、节距 p、螺旋角 α、间距 δ、自由高度（压缩弹簧）或长度（拉伸弹簧）H_0，如图 17-8 所示。此外，还有工作圈数（有效圈数）n、总圈数 n_1 等。其几何尺寸计算公式见表 17-7。

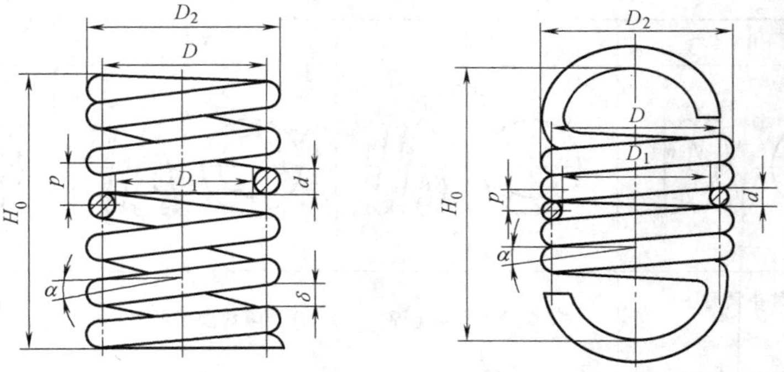

a)　　　　b)

图 17-8　圆柱螺旋弹簧

a）压缩弹簧　b）拉伸弹簧

表 17-7　圆柱压缩、拉伸螺旋弹簧的几何尺寸计算公式

名称与代号	压缩螺旋弹簧	拉伸螺旋弹簧
弹簧丝直径 d	由强度计算公式确定	
弹簧中径 D	$D=Cd$	
弹簧内径 D_1	$D_1=D-d$	
弹簧外径 D_2	$D_2=D+d$	
旋绕比 C	$C=D/d$，一般 $4\leqslant C\leqslant 16$	
螺旋角 α	$\alpha=\arctan p/(\pi D)$，对压缩弹簧，推荐 $\alpha=5°\sim9°$	
有效圈数 n	由变形条件计算确定，一般 $n>2$	
总圈数 n_1	压缩：$n_1=n+(2\sim2.5)$（冷卷）；拉伸：$n_1=n$ $n_1=n+(1.5\sim2)$（YⅠ型热卷）；n_1 的尾数为 1/4、1/2、3/4 或整圈，推荐用 1/2 圈	
自由高度或长度 H_0	两端圈磨平：$n_1=n+1.5$ 时，$H_0=np+d$ $n_1=n+2$ 时，$H_0=np+1.5d$ $n_1=n+2.5$ 时，$H_0=np+2d$ 两端圈不磨平：$n_1=n+2$ 时，$H_0=np+2d$ $n_1=n+2.5$ 时，$H_0=np+3.5d$	LⅠ型 $H_0=(n+1)d+D_1$ LⅡ型 $H_0=(n+1)d+2D_1$ LⅢ型 $H_0=(n+1.5)d+2D_1$
工作高度或长度 H_n	$H_n=H_0-\lambda_n$	$H_n=H_0+\lambda_n$，λ_n 为变形量
节距 p	$p=d+\lambda_{max}/n+\delta=\pi D\tan\alpha(\alpha=5°\sim9°)$	$p=d$
间距 δ	$\delta=p-d$	$\delta=0$
压缩弹簧高径比 b	$b=H_0/D$	
展开长度 L	$L=\pi Dn_1/\cos\alpha$	$L=\pi Dn$+钩部展开长度

（2）圆柱螺旋弹簧常用尺寸系列　表 17-8 为弹簧丝截面直径系列；表 17-9 为圆截面圆柱螺旋弹簧中径 D 系列；表 17-10 为圆截面圆柱螺旋弹簧有效圈数 n 系列；表 17-11 为圆柱螺旋压缩弹簧的自由高度系列。圆柱螺旋压缩弹簧的螺旋角 α 一般取 5°～9°，圆柱螺旋拉伸弹簧的 α 一般更小。螺旋角有左、右旋之分，常用的为右旋。

表 17-8　弹簧丝截面直径 d 系列（摘自 GB/T 1358—2009）　（单位：mm）

第一系列	0.1	0.12	0.14	0.16	0.2	0.25	0.3	0.35	0.4	0.45	0.5	0.6
	0.7	0.8	0.9	1	1.2	1.6	2	2.5	3	3.5	4	4.5
	5	6	8	10	12	15	16	20	25	30	35	40
	45	50	60	70								
第二系列	0.05	0.06	0.07	0.08	0.09	0.18	0.22	0.28	0.32	0.55	0.65	1.4
	1.8	2.2	2.8	3.2	5.5	6.5	7	9	11	14	18	22
	28	32	38	42	55							

注：优先选用第一系列。

表 17-9　圆截面圆柱螺旋弹簧中径 D 系列（摘自 GB/T 1358—2009）（单位：mm）

弹簧中径 D	0.3	0.4	0.5	0.6	0.7	0.8	0.9	1	1.2	1.4	1.6	1.8
	2	2.2	2.5	2.8	3	3.2	3.5	3.8	4	4.2	4.5	4.8
	5	5.5	6	6.5	7	7.5	8	8.5	9	10	12	14
	16	18	20	22	25	28	30	32	38	42	45	48

（续）

弹簧中径 D	50	52	55	58	60	65	70	75	80	85	90	95
	100	105	110	115	120	125	130	135	140	145	150	160
	170	180	190	200	210	220	230	240	250	260	270	280
	290	300	320	340	360	380	400	450	500	550	600	

表 17-10　圆截面圆柱螺旋弹簧有效圈数 n 系列（摘自 GB/T 1358—2009）

压缩弹簧	2	2.25	2.5	2.75	3	3.25	3.5	3.75	4	4.25	4.5	4.75
	5	5.5	6	6.5	7	7.5	8	8.5	9	9.5	10	10.5
	11.5	12.5	13.5	14.5	15	16	18	20	22	25	28	30
拉伸弹簧	2	3	4	5	6	7	8	9	10	11	12	13
	14	15	16	17	18	19	20	22	25	28	30	35
	40	45	50	55	60	65	70	80	90	100		

注：对于拉伸弹簧，由于两钩环相对位置不同，其尾数还可以为 0.25、0.5、0.75。

表 17-11　圆柱螺旋压缩弹簧的自由高度 H_0 系列（摘自 GB/T 1358—2009）　（单位：mm）

自由高度 H_0	4	5	6	7	8	9	10	11	12	13	14	15
	16	17	18	19	20	22	24	26	28	30	32	35
	38	40	42	45	48	50	52	55	58	60	65	70
	75	80	85	90	95	100	105	110	115	120	130	140
	150	160	170	180	190	200	220	240	260	280	300	320
	340	360	380	400	420	450	480	500	520	550	580	600
	620	650	680	700	720	750	780	800	850	900	950	1000

17.2.4　圆柱螺旋压缩弹簧的特性曲线和稳定性

1. 特性曲线

由式（17-5）可知，等节距圆柱螺旋弹簧在弹性变形范围内，其变形量 λ 和载荷 F 成正比，即两者间为直线关系。图 17-9 所示为圆柱螺旋压缩弹簧的载荷-变形曲线，称为弹簧的特性曲线。

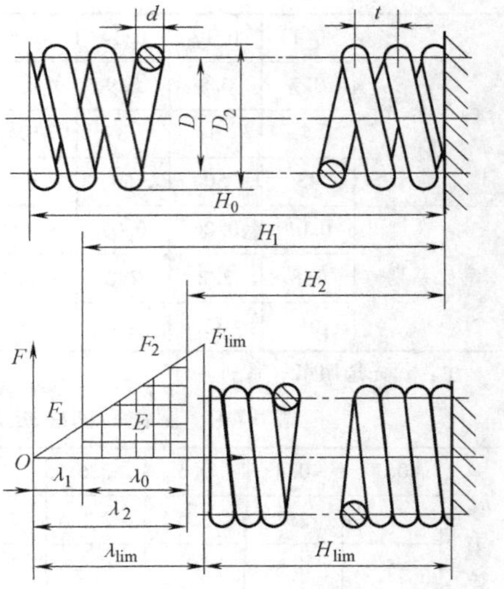

图 17-9　圆柱螺旋压缩弹簧的特性曲线

图 17-9 中，F_1 为最小工作载荷，即弹簧在安装位置时所受的压力。弹簧不应处于无载的自由状态，F_1 能使弹簧可靠地稳定在安装位置上，按弹簧的功用，F_1 在（$0.2\sim0.5$）F_2 范围内选取。F_2 为最大工作载荷，在 F_2 作用下，弹簧丝的最大应力 τ 不应超过材料的许用应力［τ］。F_{lim} 为极限载荷，即达到材料剪切屈服极限 τ_s 的载荷。H_1、H_2、H_{lim} 分别为对应于上述三种载荷作用时的弹簧高度。λ_1、λ_2、λ_{lim} 分别为对应于

上述三种载荷作用时的弹簧的轴向变形量。

为了在 F_2 作用时弹簧不致并紧，一般规定

$$\lambda_2 \leqslant 0.8n\delta \tag{17-7}$$

如图 17-9 所示，弹簧刚度为

$$k=\frac{F_1}{\lambda_1}=\frac{F_2}{\lambda_2}=\cdots=\text{常数} \tag{17-8}$$

在加载过程中，弹簧所储存的能量为变形能 E，即图 17-9 中用小方格表示的面积。在弹簧工作图中，应绘有弹簧的特性曲线，以作为检验和试验时的依据之一。

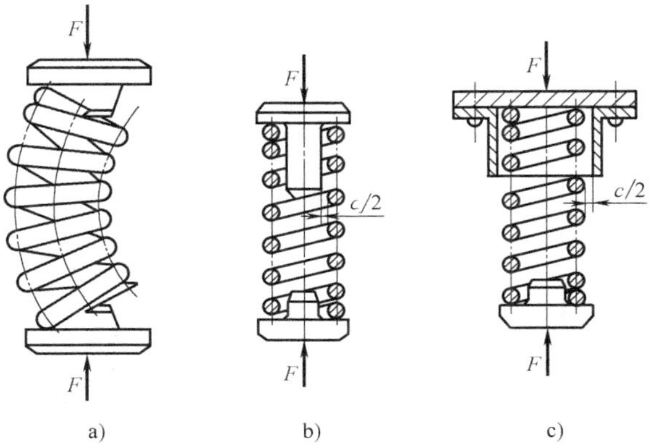

图 17-10　压缩弹簧的失稳及对策

2. 稳定性

在表 17-7 中，高径比 b 也是重要的参数之一。当 b 较大时，如果轴向载荷超过一定限度，压缩弹簧就会产生较大的侧向弯曲而失去稳定性（图 17-10a）。这种情况在工作中是不允许的，故设计时应校核 b 值，一般要求 b 值满足下述要求：

1）两端固定支承时，$b<5.3$。

2）一端固定，而另一端转动时，$b<3.7$。

3）两端都转动时，$b<2.6$。

如果所设计弹簧的 b 值不满足上述要求，则需加装导杆（图 17-10b）或导套（图 17-10c），且导杆或导套与弹簧之间应有一定间隙，间隙不应过大，工作时还应加润滑油。如果结构不允许加装导杆、导套，则应进行稳定性校核，相关内容可参考机械设计手册。

17.2.5　受变载荷作用弹簧的疲劳强度校核

弹簧在工作时承受的载荷不随时间变化，或虽受变载荷作用但应力循环次数 $N\leqslant 10^3$ 时，可只按静强度进行设计计算。对于承受变载荷的弹簧，当应力循环次数 $N>10^3$ 时，除按静强度进行设计计算外，还需进行疲劳强度校核和静强度校核。

1. 疲劳强度校核

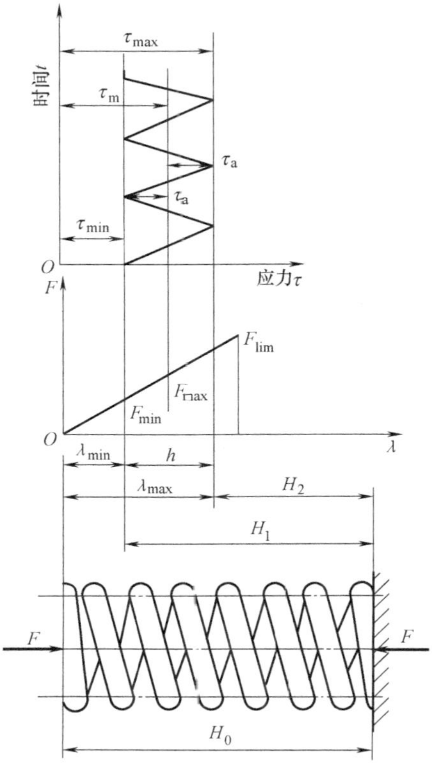

图 17-11　弹簧在变载荷作用下的应力变化状态

在变载荷作用下弹簧的应力变化情况如图 17-11 所示。当弹簧所受载荷在 F_{min} 及 F_{max} 之间变化时，

其最大、最小切应力分别为

$$\tau_{\max}=\frac{8KC}{\pi d^2}F_{\max} \tag{17-9}$$

$$\tau_{\min}=\frac{8KC}{\pi d^2}F_{\min} \tag{17-10}$$

对于 $\tau_{\min}$ 为常数的弹簧，其疲劳强度的安全系数为

$$S=\frac{\tau_0+0.75\tau_{\min}}{\tau_{\max}}\geqslant[S] \tag{17-11}$$

式中，τ_0 为弹簧材料的脉动疲劳极限，单位为 MPa，其值由表 17-12 选取；[S] 为许用安全系数，当弹簧设计计算及材料试验数据较准确时，取 $[S]=1.3\sim1.7$，准确度较低时取 $[S]=1.8\sim2.2$。

表 17-12　弹簧材料的脉动疲劳极限

载荷作用次数 N	10^4	10^5	10^6	10^7
τ_0	$0.45R_m$	$0.35R_m$	$0.33R_m$	$0.30R_m$

注：1. 此表适用于优质钢丝、不锈钢丝、铍青铜和硅青铜，但对于硅青铜、不锈钢丝，当 $N=10^4$ 时，$\tau_0=0.45R_m$。
2. 对喷丸处理的弹簧，表中数值可提高 20%。
3. R_m 为弹簧材料的抗拉强度，单位为 MPa。

2. 静强度校核

静强度安全系数 S_s 的校核式为

$$S_s=\frac{\tau_s}{\tau_{\max}}\geqslant[S_s] \tag{17-12}$$

式中，τ_s为弹簧材料的抗剪强度，单位为 MPa，其值可按下述数值选取，碳素弹簧钢取 $\tau_s=0.5R_m$，硅锰弹簧钢取 $\tau_s=0.6R_m$，铬钒弹簧钢取 $\tau_s=0.7R_m$；$[S_s]$为许用安全系数，其值与 [S] 相同。

例 17-1　已知一圆柱螺旋压缩弹簧，钢丝直径 $d=15$mm，$D=55$mm，$n=30$ 圈，材料为 65Mn，用在重要场合，受静载荷。在安全范围内该弹簧工作时最多可压缩多少？

解　只要先求出弹簧丝最大切应力 $\tau=[\tau]$ 时的最大工作载荷 F_2，就可求出该弹簧允许的最大压缩量。

1）求许用应力。由弹簧的材料、用途、载荷性质及表 17-3，按Ⅱ类弹簧取许用应力 $[\tau_{\mathrm{II}}]=455$MPa，$C=\frac{D}{d}=3.67$。

2）求最大切应力 $\tau=[\tau_{\mathrm{II}}]$ 时的最大工作载荷 F_2。由式（17-2），可解得

$$F_2=\frac{\pi d^2[\tau_{\mathrm{II}}]}{8KC}$$

根据 C 值，查图 17-5 得 $K=1.47$。将各值代入上式，得

$$F_2=\frac{3.14\times15^2\times455}{8\times1.47\times3.67}\text{N}=7448.18\text{N}$$

3）求 F_2 作用时的变形量 λ_2，切变模量 G 取 8×10^4MPa。由式（17-5）得

$$\lambda_2=\frac{8FC^3n}{Gd}=\frac{8\times7448.18\times3.67^2\times30}{8\times10^4\times15}\text{mm}=20.06\text{mm}$$

故此弹簧工作时，最多可压缩 20.06mm。

例 17-2　设计一阀用圆柱螺旋压缩弹簧。已知：弹簧的安装载荷 $F_1=70$N；最大工作载荷 $F_2=235$N；弹簧的工作行程 $h=10$mm；弹簧的外径 D_2 不得大于 18mm；载荷循环次数 $N=10^3$。

解　1）选择弹簧材料，确定许用应力。

弹簧为普通弹簧，应力不高，选用 65 碳素弹簧钢丝 C 级；$N=10^3$，属于Ⅱ类弹簧；设弹簧钢丝直径 $d=2.5$mm；由表 17-2 查得 $R_m=1660$MPa；查表 17-3 得 $[\tau]=(0.38\sim0.45)R_m=630.8\sim747$MPa，取 $[\tau]=747$MPa。

2）计算弹簧钢丝直径。

弹簧中径 $D=D_2-d=(18-2.5)$mm$=15.5$mm；旋绕比 $C=D/d=15.5/2.5=6.2$，符合表 17-4 的推荐。根据式（17-3），可得曲度系数为

$$K=\frac{4C-1}{4C-4}+\frac{0.615}{C}=\frac{4\times6.2-1}{4\times6.2-4}+\frac{0.615}{6.2}=1.24$$

根据式（17-2），可得弹簧钢丝直径

$$d\geqslant\sqrt{K\frac{8FC}{\pi[\tau]}}=\sqrt{1.24\times\frac{8\times235\times6.2}{3.14\times747}}\text{mm}=2.48\text{mm}$$

与初设值 $d=2.5$mm 吻合。

3）计算弹簧圈数。

根据式（17-8），弹簧刚度 k 为常量，则有

$$k=\frac{F_2}{\lambda_2}=\frac{F_2-F_1}{h}$$

$$\lambda_2=\frac{hF_2}{F_2-F_1}=\frac{10\times235}{235-70}\text{mm}=14.24\text{mm}$$

弹簧的切变模量 G 取 8×10^4MPa，根据式（17-5），弹簧的有效圈数为

$$n=\frac{\lambda_2Gd}{8F_2C^3}=\frac{14.24\times8\times10^4\times2.5}{8\times235\times6.2^3}=6.36$$

根据表 17-10，取 $n=6.5$。

4）确定端部结构。

采用两端并紧且磨平的结构，每端支承圈圈数 $n_2=1.25$。

5）计算主要几何尺寸。

弹簧外径：$D_2=D+d=(15.5+2.5)$mm$=18$mm。

弹簧内径：$D_1=D-d=(15.5-2.5)\text{mm}=13\text{mm}$。

弹簧间距：$\delta \geqslant \frac{\lambda_2}{0.8n}=\frac{14.24}{0.8\times 6.5}\text{mm}=2.74\text{mm}$。

弹簧节距：$p=d+\delta=(2.5+2.74)\text{mm}=5.24\text{mm}$，取 $t=5.5\text{mm}$。

弹簧总圈数：$n_1=n+2n_2=6.5+2\times 1.25=9$。

自由高度：$H_0=nt+2d=(6.5\times 5.5+2\times 2.5)\text{mm}=40.75\text{mm}$。

螺旋角：$\alpha=\arctan\frac{t}{\pi D}=\arctan\frac{5.5}{3.14\times 15.5}=6.45°$。

展开长度：$L=\frac{\pi D n_1}{\cos\alpha}=\frac{3.14\times 15.5\times 9}{\cos 6.45°}\text{mm}\approx 441\text{mm}$。

其他验算从略。设计图如图 17-12 所示。

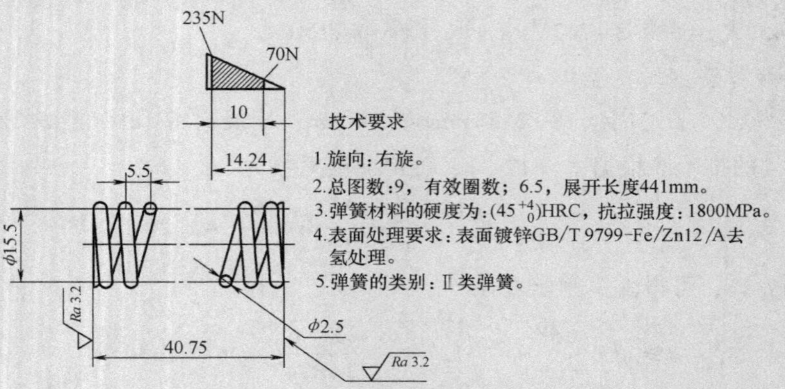

图 17-12　压缩弹簧工作图

17.3　汽车用弹簧简介

汽车上弹簧使用较多，本节主要对汽车离合器所用的膜片弹簧和汽车悬架系统所用的钢板弹簧、扭杆弹簧、空气弹簧及油气弹簧做简单介绍。

17.3.1　膜片弹簧

膜片弹簧属于前面介绍的碟形弹簧，主要用作离合器的压紧弹簧。

1. 膜片弹簧的结构

图 17-13 所示为轿车膜片弹簧离合器。膜片弹簧 5 靠中心部分开有 18 个径向切槽，形成多个弹性杠杆，而其余未切槽的截锥部分起弹簧作用。膜片弹簧 5 的两侧有钢丝支承环 6 和 11，膜片弹簧 5 的末端圆孔穿过固定铆钉 7 而处在两个支承环之间，借助于固定铆钉 7 将它们安装在离合器盖 1 上。两个支承环成为膜片弹簧工作的支点。当离合器盖 1 未固定到飞轮 13 上时，膜片弹簧 5 不受力而处于自由状态，如图 17-14a 所示。此时离合器

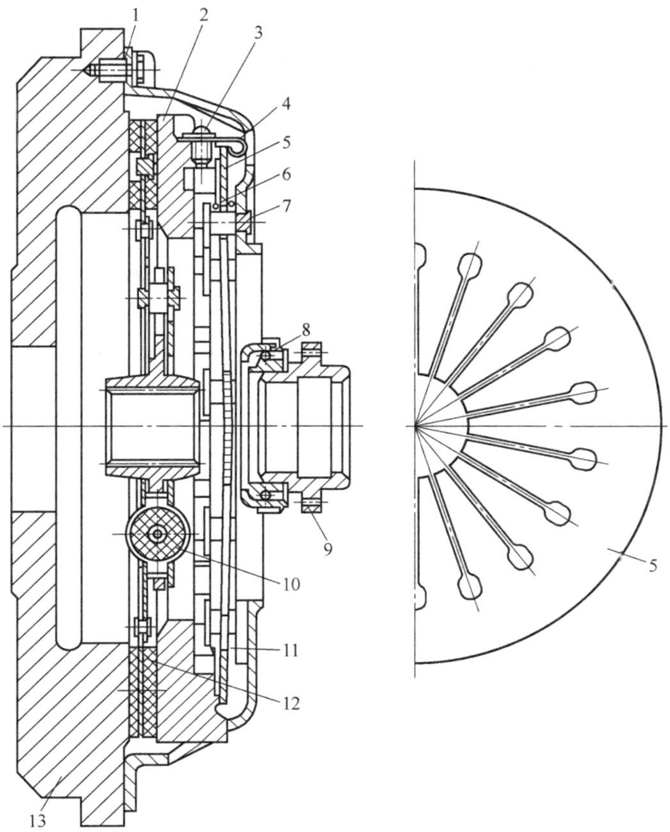

图 17-13　膜片弹簧离合器

1—离合器盖　2—压盘　3—螺钉　4—分离钩　5—膜片弹簧　6、11—钢丝支承环　7—固定铆钉
8—分离轴承　9—分离套筒　10—扭转减振器　12—从动盘　13—飞轮

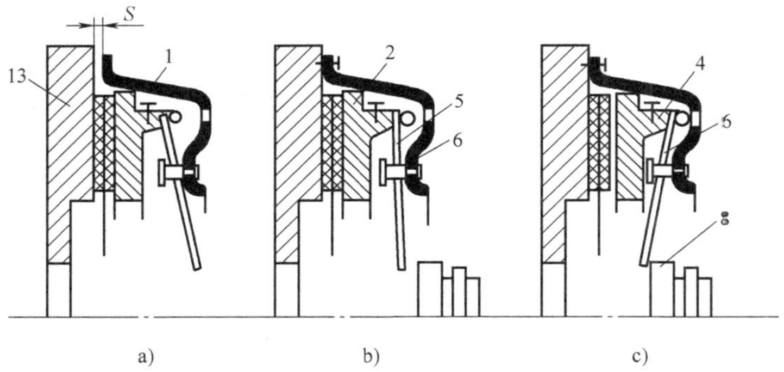

图 17-14　膜片弹簧离合器工作原理示意图（图注同图 17-13）

a）安装前位置　b）安装后（接合）位置　c）分离位置

盖 1 与飞轮 13 之间有一距离 S。当离合器盖 1 用螺栓固定到飞轮 13 上时，由于离合器盖 1 靠向飞轮 13，消除距离 S 后，离合器盖 1 通过钢丝支承环 11，压膜片弹簧 5 使其产生弹性变形（膜片弹簧锥顶角增大），此时膜片弹簧 5 的外圆周对压盘 2 产生压紧力而使离合器处于接合状态，如图 17-14b 所示。当踩下离合器踏板时，分离轴承 8 被推向前移，使

膜片弹簧 5 压在钢丝支承环 6 上，并以此为支点产生反向锥形变形，膜片弹簧 5 的外圆周向后翘起，通过分离钩 4 拉动压盘 2 后移使离合器分离，如图 17-14c 所示。

2. 膜片弹簧的结构特点

膜片弹簧的以上结构使其拥有许多优点，其轴向尺寸较小而径向尺寸很大，这就有利于在提高离合器转矩容量的情况下减小离合器的轴向尺寸。膜片弹簧离合器不需专门的分离杠杆，使结构简化，零件数目减少，质量减小，维修保养方便。由于膜片弹簧与压盘以整个圆周接触，使压力分布均匀，摩擦片的接触良好，磨损均匀。由于膜片弹簧轴向尺寸小，所以可以适当增加压盘的厚度，提高热容量；而且还可以在压盘上增加散热肋，及在离合器盖上开设较大的通风孔来改善散热条件。膜片弹簧的安装位置对离合器轴的中心线来说是对称的，因此它的压力不受离心力的影响，这一点对高速车辆十分重要。

3. 膜片弹簧离合器的弹性特性

图 17-15 所示为膜片弹簧和螺旋弹簧的弹性特性曲线比较。当离合器接合压紧力 F_a 相同时（两曲线交点 a），即两种离合器都在 a 点工作。但当离合器分离时，膜片弹簧和螺旋弹簧虽然都附加同一变形量（ΔL_1），然而膜片弹簧所需的作用力 F_b 却比螺旋弹簧所需的作用力 F'_b 小，且 $F_b<F_a$，故膜片弹簧具有操纵轻便的特点。

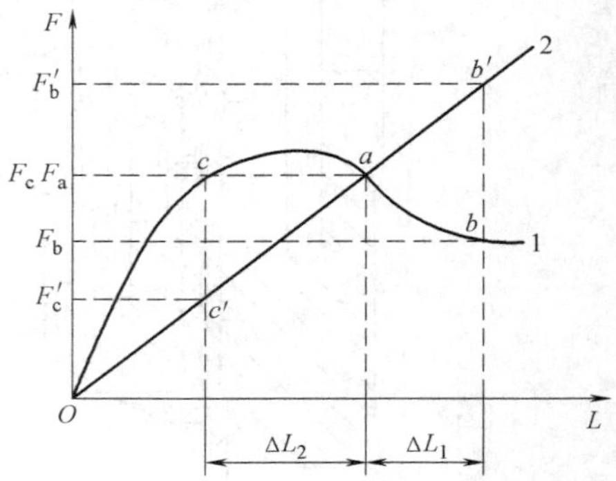

图 17-15　膜片弹簧与螺旋弹簧特性的曲线比较

1—膜片弹簧特性　2—螺旋弹簧特性

ΔL_1—分离时弹簧变形量　ΔL_2—磨损后弹簧伸长量

假设膜片弹簧与螺旋弹簧离合器的摩擦衬片的磨损储备量（ΔL_2）都相等，则两者在达到正常磨损极限的过程中，弹簧有变形量（ΔL_2）。但是，由于膜片弹簧的特性，使离合器的压紧力实际上几乎保持不变（由 F_a 变至 F_c）；而在螺旋弹簧离合器中，压紧力则直线下降（由 F_a 降为 F'_c）。因此，膜片弹簧离合器具有自动调节压紧力的特点，在正常磨损情况下，其工作很可靠。

鉴于上述优点，膜片弹簧离合器在现代汽车上得到了广泛应用。不仅在轿车上采用，在轻型、中型货车，甚至在重型货车上也得到了应用。

17.3.2　钢板弹簧

钢板弹簧是汽车悬架中应用最广泛的弹性组件，它是由若干片不等长但等宽（厚度可以相同，也可不同）的合金弹簧片组合而成的一根近似等强度的弹性梁。

1. 钢板弹簧的结构

图 17-16 所示为钢板弹簧的一般构造。钢板弹簧中最长的一片称为主片，其两端弯成卷耳，内装衬套，以便用弹簧销与固定在车架上的支架或吊耳进行铰链连接。各弹簧片用中心螺栓连接，并保证装配时各片的相对位置。中心螺栓距两端卷耳中心的距离可以相等，也可以不相等，相等的称为对称式钢板弹簧，如图 17-16a 所示；不相等的称为非对称式钢板弹簧，如图 17-16b 所示。

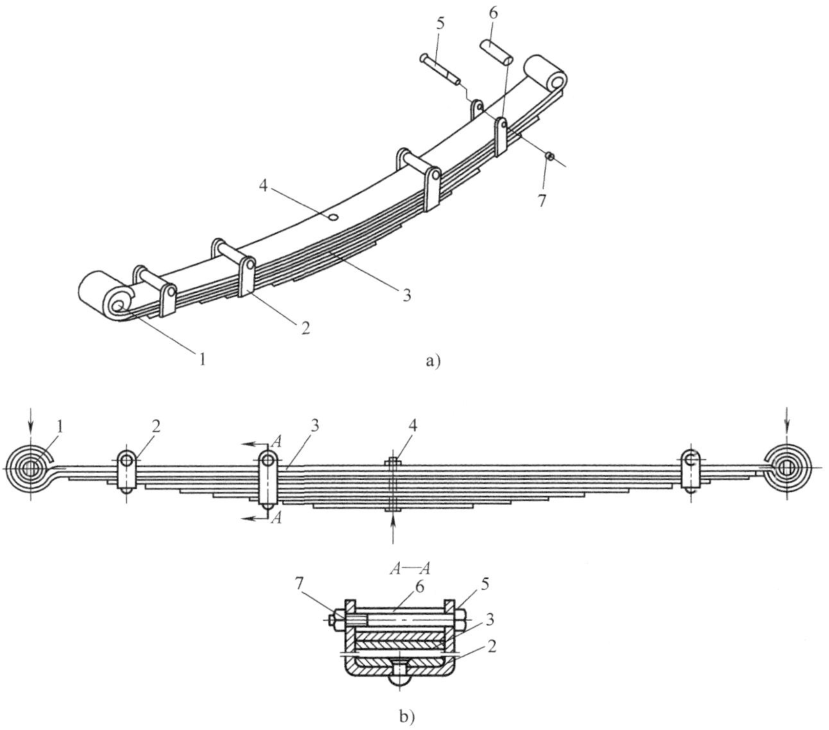

图 17-16　钢板弹簧

1—卷耳　2—弹簧夹　3—钢板弹簧　4—中心螺栓　5—螺栓　6—套管　7—螺母

由于主片卷耳受力严重，是薄弱处，故常将第二片末端也变成卷耳，包在主片卷耳的外面。为了使各片弹簧在变形时能够相对滑动，在主片卷耳与第二片卷耳之间留有较大的空隙。

2. 钢板弹簧的受力变形和润滑

当钢板弹簧安装在汽车悬架中，所承受的垂直载荷为正向时，各个力的方向和作用点如图 17-16b 中箭头所示，各弹簧片都受力变形，有向上拱弯的趋势。这时，车桥和车架便互相靠近。当车桥与车架互相远离时，钢板弹簧所受的正向垂直载荷和变形便逐渐减小，有时甚至会反向。

钢板弹簧因载荷而变形，因相对滑动而产生摩擦，可以促进车架振动的衰减。但各片间的干摩擦，将使车轮所受的冲击在很大程度上传给车架，降低了悬架缓和冲击的能力，并使弹簧各片加速磨损，这是不利的。为减少弹簧片的磨损，在装合钢板弹簧时，各片间需涂上较稠的润滑剂，并应定期进行保养。

3. 单片和少片钢板弹簧

近些年来，在许多汽车上采用了一种由单片或 2~3 片变厚度截面的弹簧片构成的少片变截面钢板弹簧，其弹簧片的截面尺寸沿长度方向是变化的，片宽保持不变，如图 17-17 所示。这种弹簧克服了多片钢板弹簧质量大、性能差的缺点。据统计，在两种弹簧寿命相等的情况下，少片变截面钢板弹簧可减轻质量 40%~50%，因此这种弹簧对实现车辆的轻量化、节约能源和合金弹簧钢材大为有利，其应用日渐广泛。

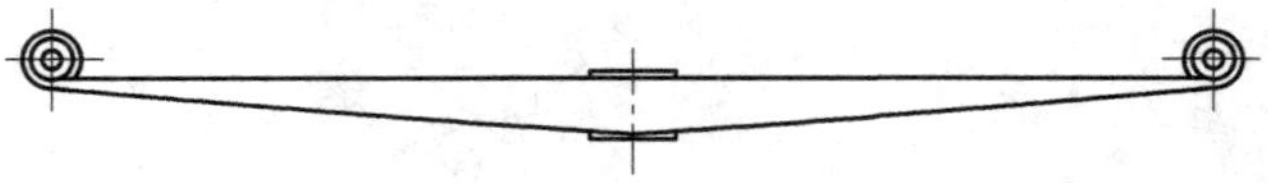

a)

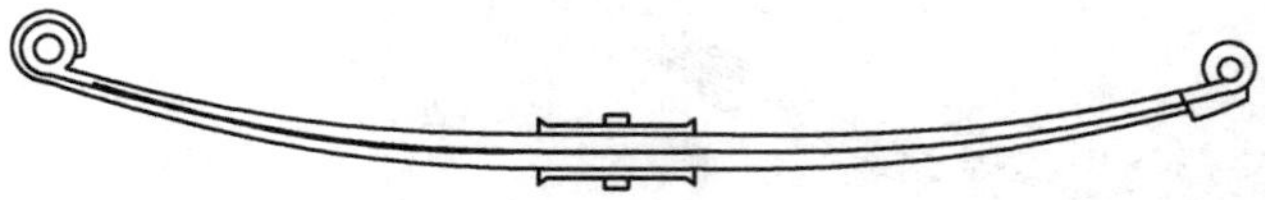

b)

图 17-17　单片和少片钢板弹簧

a）单片弹簧　b）少片弹簧

17.3.3　扭杆弹簧

扭杆弹簧总成用铬钒合金弹簧钢制成，其表面经过加工，很光滑。通常，为保护扭杆表面，在其上涂有环氧树脂，并包一层玻璃纤维，再涂一层环氧树脂，最后涂上沥青和防锈油漆，以防磨蚀和刮伤，从而提高了扭杆弹簧的使用寿命。

如图 17-1b 所示，扭杆弹簧是一根由弹簧钢制成的扭杆。扭杆截面通常为圆形，少数是矩形或管形。扭杆一端固定在车架上，另一端固定在悬架的摆臂上，摆臂与车轮相连。当车轮跳动时，摆臂便绕着扭杆轴线摆动，使扭杆产生扭转弹性变形，以保证车轮与车架的弹性连接。

扭杆弹簧在制造时，经热处理后会施加一定的与工作扭矩相反的扭转力矩载荷，使它有一个永久变形，因而具有一定的预应力，这样可以减小工作时的实际应力，有利于延长扭杆弹簧的使用寿命。但应注意，左右扭杆由于施加的扭转力矩有方向性，装在车上后承受工作载荷时扭转的方向应与预加在扭杆上的扭转方向一致，因而左右扭杆做有标记，安装时应注意。采用扭杆弹簧做弹性元件的悬架要设导向机构和减振器。与钢板弹簧相比，扭杆弹簧质量较小，不需润滑，保养、维修简便。

17.3.4　气体弹簧

气体弹簧是在一个密封的容器中充入压缩气体，利用气体的可压缩性实现其弹簧功能。这种弹簧的刚度是可变的。作用在弹簧上的载荷增加时，容器内的定量气体气压升高，弹簧的刚度增大；反之，当载荷减小时，弹簧内的气压下降，刚度减小，故它具有较理想的弹性特性。气体弹簧分为空气弹簧（图 17-18）和油气弹簧（图 17-19）两种。

1. 空气弹簧

空气弹簧是利用压缩空气做弹簧的。它根据压缩空气所用容器的不同，分为囊式（图 17-18a）和膜式（图 17-18b）两种型式。囊式空气弹簧是由夹有帘线的橡胶气囊和密闭在其中的压缩空气所组成的。气囊的内层用气密性好的橡胶制成，而外层则用耐油橡胶制成。气囊一般做成图示的两节，节与节之间围有钢质的腰环，避免了中间部分的径向扩张，并可防止两节之间相互摩擦。气囊的上下盖板将气囊密封。膜式空气弹簧的密闭气囊由橡胶膜片和金属压制件组成。

2. 油气弹簧

油气弹簧以气体（一般为惰性气体氮）作为弹性介质，用油液作为传力介质。油气弹簧类型有简单式油气弹簧、不带隔膜式油气弹簧、带隔膜式油气弹簧等。带隔膜式油气弹簧将气体和液体分开，便于充气并防止油液乳化。图 17-19 所示是带反压气室式油气弹簧，它有一个反压气室，相当于在简单的油气弹簧上加上一个方向相反的小型油气弹簧，用以提高空载时的弹簧刚度，使空载、满载的自然振动频率变化不大。目前此种弹簧多用在重型车和部分小客车上。

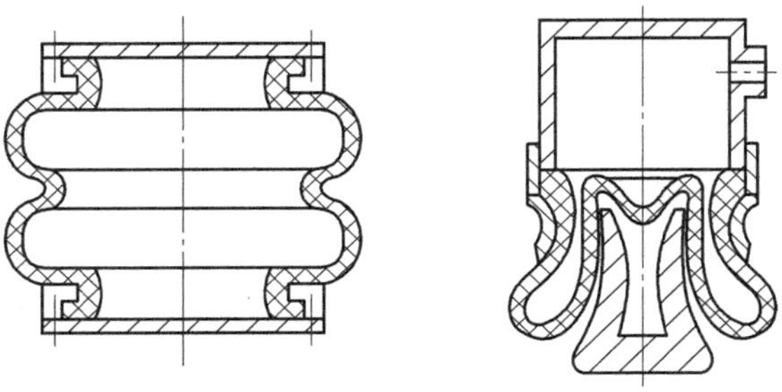

a)　　b)

图 17-18　空气弹簧

a）囊式空气弹簧　b）膜式空气弹簧

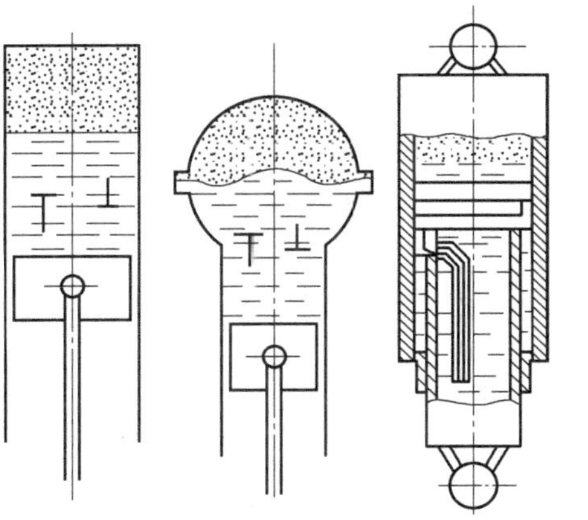

图 17-19　油气弹簧

思考练习题

17-1　弹簧主要有哪些功能？试举例说明。

17-2　弹簧制造时采用冷卷或热卷与弹簧丝直径有何关系？冷卷或热卷后的热处理方法有何区别？适用条件有哪些？

17-3　圆柱螺旋压缩（拉伸）弹簧受载时，弹簧丝截面上的最大应力点在什么位置？最大应力值如何确定？为何引入曲度系数 K？

17-4　什么是弹簧的特性曲线？它与弹簧的刚度有什么关系？定刚度弹簧和变刚度弹簧的特性曲线有何区别？

17-5　弹簧的旋绕比 C 是如何定义的？设计弹簧时，C 的取值范围是多少？C 值过大或过小有何不利？

17-6　圆柱螺旋压缩（拉伸）弹簧强度和刚度计算的目的是什么？

17-7　设计圆柱螺旋压缩弹簧时要考虑哪些主要参数？

17-8　如果钢丝直径不变，其他参数也相同，只是把弹簧直径增大，问：①在相同载荷作用下，弹簧的变形是增大还是减小？②要产生同样的变形，载荷应如何变化？

17-9　一个供蒸煮器用的立式小锅炉，炉顶上采用微启式弹簧安全阀，如图 17-20a 所示，安全行程 $\lambda_0=\frac{D_0}{25}\sim\frac{D_0}{10}$。阀座通径 $D_0=32$mm，要求阀门起跳气压 $p_1=0.33$MPa，阀门行程 $\lambda_0=2$mm，全开时弹簧受力 $F_2=340$N，结构要求弹簧的内径 $D_1>16$mm。试设计此安全阀上的压缩弹簧。若现有 $d=4$mm 的 60Si2Mn 钢丝，能否使用？（图 17-20b 所示为该弹簧的弹簧特性曲线。）

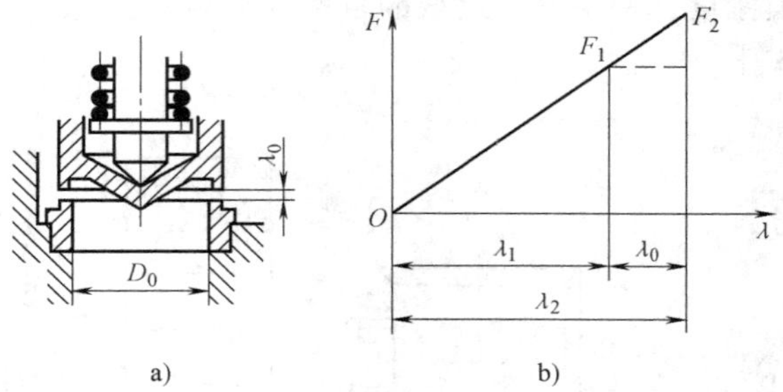

图 17-20　题 17-9 图

17-10　设计一承受循环载荷的螺旋拉伸弹簧，载荷循环次数 N 在 10^5 以内。安装载荷 $F_{min}=210$N，工作载荷 $F_{max}=500$N，工作行程 $h=\lambda_{max}-\lambda_{min}=(30\pm2)$mm，采用 LⅡ 圆钩环。要求弹簧外径 $D_2\leqslant26$mm。

17-11　设计一拉伸弹簧，载荷循环次数 $N=1.0\times10^5$。工作载荷 $F=160$N，工作载荷下变形量为 22mm，采用圆钩环，弹簧外径 $D_2=21$mm。

17-12　设计一圆柱螺旋压缩弹簧，已知弹簧最大工作载荷 $F_{max}=780$N，最小载荷 $F_{min}=200$N，最大变形量 $\lambda_{max}=45$mm，受有限疲劳寿命动载荷作用，两端固定支承，要求自由状态下的高度 $H_0<150$mm。

附录

附录 A　螺纹基本尺寸

表 A-1　普通螺纹的基本尺寸（摘自 GB/T 196—2003）　　（单位：mm）

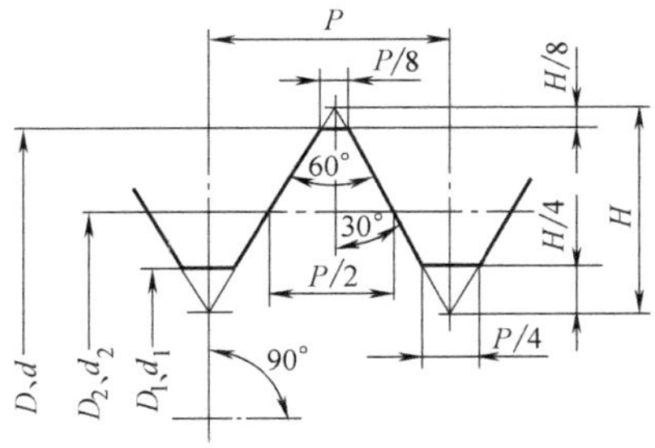

$H=0.866P$

$d_2=d-0.6495P$

$d_1=d-1.0825P$

D、d——内、外螺纹大径；

D_2、d_2——内、外螺纹中径；

D_1、d_1——内、外螺纹小径；

P——螺距。

标记示例：M24（粗牙普通螺纹，直径 24，螺距 3）

M24×1.5（细牙普通螺纹，直径 24，螺距 1.5）

公称直径(大径)	粗牙			细牙
	螺距 P	中径 D_2、d_2	小径 D_1、d_1	螺距 P
3	0.5	2.675	2.459	0.35
4	0.7	3.545	3.242	0.5
5	0.8	4.480	4.134	0.5
6	1	5.350	4.917	0.75
8	1.25	7.188	6.647	1,0.75
10	1.5	9.026	8.376	1.25,1,0.75
12	1.75	10.863	10.106	1.5,1.25,1
14	2	12.701	11.835	1.5,1.25,1
16	2	14.701	13.835	1.5,1
18	2.5	16.376	15.294	
20	2.5	18.376	17.294	
22	2.5	20.376	19.294	
24	3	22.051	20.752	2,1.5,1
27	3	25.051	23.752	
30	3.5	27.727	26.211	3,2,1.5,1

表 A-2 细牙普通螺纹的基本尺寸 （单位：mm）

螺距 P	中径 D_2、d_2	小径 D_1、d_1	螺距 P	中径 D_2、d_2	小径 D_1、d_1	螺距 P	中径 D_2、d_2	小径 D_1、d_1
0.35	$d-1+0.773$	$d-1+0.621$	1	$d-1+0.350$	$d-2+0.918$	2	$d-2+0.701$	$d-3+0.835$
0.5	$d-1+0.675$	$d-1+0.459$	1.25	$d-1+0.188$	$d-2+0.647$	3	$d-2+0.052$	$d-4+0.752$
0.75	$d-1+0.513$	$d-1+0.188$	1.5	$d-1+0.026$	$d-2+0.376$			

表 A-3 梯形螺纹的基本尺寸（摘自 GB/T 5796.3—2005） （单位：mm）

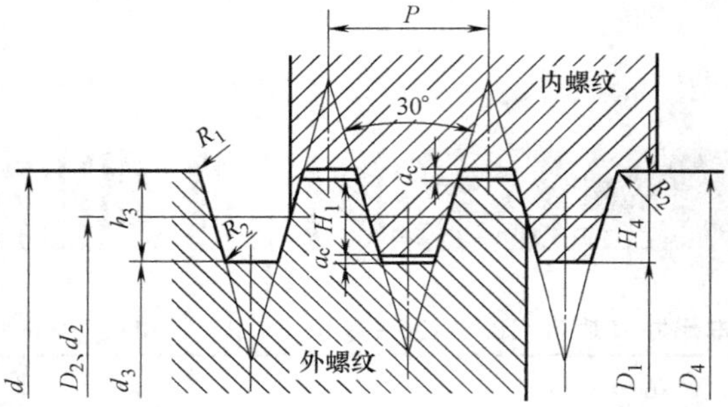

标记示例：

Tr48×8（梯形螺纹，直径 48，螺距 8）

螺距 P	螺纹牙高 $h_3=H_4$	牙顶间隙 a_c	公称直径 d 第 1 系列	公称直径 d 第 2 系列	中径 D_2、d_2	内螺纹小径 D_1
4	2.25	0.25	16、20	18	$d-2$	$d-4$
5	2.75	0.25	24、28	22、26	$d-2.5$	$d-5$
6	3.5	0.5	32、36	30、34	$d-3$	$d-6$
8	4.5	0.5	24、28、48、52	22、26、46、50	$d-4$	$d-8$
10	5.5	0.5	32、36、40、70、80	30、34、38、42、65、75	$d-5$	$d-10$
12	6.5	0.5	44、48、52、90、100	46、50、85、95、100	$d-6$	$d-12$

附录 B　普通平键和键槽的尺寸

（摘自 GB/T 1095—2003、GB/T 1096—2003）

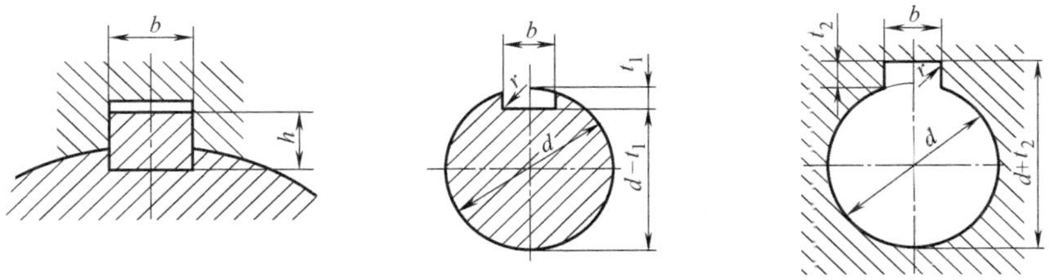

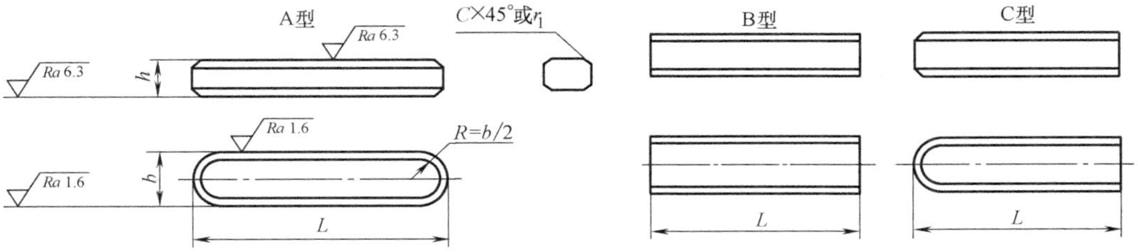

标记示例：

圆头普通平键（A 型），$b=16$、$h=10$、$L=100$ 的标记为：GB/T 1096—2003　键 16×10×100

平头普通平键（B 型），$b=16$、$h=10$、$L=100$ 的标记为：GB/T 1096—2003　键 B16×10×100

单圆头普通平键（C 型），$b=16$、$h=10$、$L=100$ 的标记为：GB/T 1096—2003　键 C16×10×100

轴的直径 d	键的尺寸				键槽		
	b	h	C 或 r	L	t_1	t_2	半径 r
自 6~8	2	2	0.16~0.25	6~20	1.2	1	0.08~0.16
>8~10	3	3		6~36	1.8	1.4	
>10~12	4	4		8~45	2.5	1.8	
>12~17	5	5	0.25~0.4	10~56	3.0	2.3	0.16~0.25
>17~22	6	6		14~70	3.5	2.8	
>22~30	8	7		18~90	4.0	3.3	
>30~38	10	8	0.4~0.6	22~110	5.0	3.3	0.25~0.4
>38~44	12	8		28~140	5.0	3.3	
>44~50	14	9		36~160	5.5	3.8	
>50~58	16	10		45~180	6.0	4.3	
>58~65	18	11		50~200	7.0	4.4	
>65~75	20	12	0.5~0.8	56~220	7.5	4.9	0.4~0.6
>75~85	22	14		63~250	9.0	5.4	

注：L 系列为 6，8，10，12，14，18，20，22，25，28，32，36，40，45，50，56，63，70，80，90，100，110，125，140，160，180，200，220，…。

附录 C　常用的齿轮材料及其力学性能

材料牌号	热处理方式	硬度	接触疲劳极限 σ_{Hlim}/MPa	弯曲疲劳极限 σ_{FE}/MPa
45	正火	156~217HBW	350~400	280~340
	调质	197~286HBW	550~620	410~480
	表面淬火	40~50HRC	1120~1150	680~700
40Cr	调质	217~286HBW	650~750	560~620
	表面淬火	48~55HRC	1150~1210	700~740
40CrMnMo	调质	229~363HBW	680~710	580~690
	表面淬火	45~50HRC	1130~1150	690~700
35SiMn	调质	207~286HBW	650~760	550~610
	表面淬火	45~50HRC	1130~1150	690~700
40MnB	调质	241~286HBW	680~760	580~610
	表面淬火	45~55HRC	1130~1210	690~720
38SiMnMo	调质	241~286HBW	680~760	580~610
	表面淬火	45~55HRC	1130~1210	690~720
	氮碳共渗	57~63HRC	880~950	790
38CrMoAlA	调质	255~321HBW	710~790	600~640
	渗氮	>850HV	1000	720
20CrMnTi	渗氮	>850HV	1000	715
	渗碳淬火,回火	56~62HRC	1500	850
20Cr	渗碳淬火,回火	56~62HRC	1500	850
ZG310-570	正火	163~197HBW	280~330	210~250
ZG340~640	正火	179~207HBW	310~340	240~270
ZG35SiMn	调质	241~269HBW	590~640	500~520
	表面淬火	45~53HRC	1130~1190	690~720
HT300	时效	187~255HBW	330~390	100~150
QT500-7	正火	170~230HBW	450~540	260~300
QT600-3	正火	190~270HBW	490~580	280~310

注：σ_{Hlim}、σ_{FE} 值与材料硬度呈线性正相关。表中的 σ_{Hlim}、σ_{FE} 数值，是根据 GB/T 3480—1997 提供的线图，依材料的硬度值查得，它适用于材质和热处理质量达到中等要求时。

附录 D　单根普通 V 带的基本额定功率

（包角 $\alpha=\pi$、特定基准长度、载荷平稳时）　　　　（单位：kW）

型号	小带轮基准直径 d_1/mm	小带轮转速 n_1/(r/min)															
		200	400	800	950	1200	1450	1600	1800	2000	2400	2800	3200	3600	4000	5000	6000
Z	50	0.04	0.06	0.10	0.12	0.14	0.16	0.17	0.19	0.20	0.22	0.26	0.28	0.30	0.32	0.34	0.31
	56	0.04	0.06	0.12	0.14	0.17	0.19	0.20	0.23	0.25	0.30	0.33	0.35	0.37	0.39	0.41	0.40
	63	0.05	0.08	0.15	0.18	0.22	0.25	0.27	0.30	0.32	0.37	0.41	0.45	0.47	0.49	0.50	0.48
	71	0.06	0.09	0.20	0.23	0.27	0.30	0.33	0.36	0.39	0.46	0.50	0.54	0.58	0.61	0.62	0.56
	80	0.10	0.14	0.22	0.26	0.30	0.35	0.39	0.42	0.44	0.50	0.56	0.61	0.64	0.67	0.66	0.61
	90	0.10	0.14	0.24	0.28	0.33	0.36	0.40	0.44	0.48	0.54	0.60	0.64	0.68	0.72	0.73	0.56
A	75	0.15	0.26	0.45	0.51	0.60	0.68	0.73	0.79	0.84	0.92	1.00	1.04	1.08	1.09	1.02	0.80
	90	0.22	0.39	0.68	0.77	0.93	1.07	1.15	1.25	1.34	1.50	1.64	1.75	1.83	1.87	1.82	1.50
	100	0.26	0.47	0.83	0.95	1.14	1.32	1.42	1.58	1.66	1.87	2.05	2.19	2.28	2.34	2.25	1.80
	112	0.31	0.56	1.00	1.15	1.39	1.61	1.74	1.89	2.04	2.30	2.51	2.68	2.78	2.83	2.64	1.96
	125	0.37	0.67	1.19	1.37	1.66	1.92	2.07	2.26	2.44	2.74	2.98	3.15	3.26	3.28	2.91	1.87
	140	0.43	0.78	1.41	1.62	1.96	2.28	2.45	2.66	2.87	3.22	3.48	3.65	3.72	3.67	2.99	1.37
	160	0.51	0.94	1.69	1.95	2.36	2.73	2.54	2.98	3.42	3.80	4.06	4.19	4.17	3.98	2.67	—
	180	0.59	1.09	1.97	2.27	2.74	3.16	3.40	3.67	3.93	4.32	4.54	4.58	4.40	4.00	1.81	—
B	125	0.48	0.84	1.44	1.64	1.93	2.19	2.33	2.50	2.64	2.85	2.96	2.94	2.80	2.61	1.09	
	140	0.59	1.05	1.82	2.08	2.47	2.82	3.00	3.23	3.42	3.70	3.85	3.83	3.63	3.24	1.29	
	160	0.74	1.32	2.32	2.66	3.17	3.62	3.86	4.15	4.40	4.75	4.89	4.80	4.46	3.82	0.81	
	180	0.88	1.59	2.81	3.22	3.85	4.39	4.68	5.02	5.30	5.67	5.76	5.52	4.92	3.92	—	
	200	1.02	1.85	3.30	3.77	4.50	5.13	5.46	5.83	6.13	6.47	6.43	5.95	4.98	3.47	—	
	224	1.19	2.17	3.86	4.42	5.26	5.97	6.33	6.73	7.02	7.25	6.95	6.05	4.47	2.14	—	
	250	1.37	2.50	4.46	5.10	6.04	6.82	7.20	7.63	7.87	7.89	7.14	5.60	5.12	—	—	
	280	1.58	2.89	5.13	5.85	6.90	7.76	8.13	8.46	8.60	8.22	6.80	4.26	—	—	—	
C	200	1.39	2.41	4.07	4.58	5.29	5.84	6.07	6.28	6.34	6.02	5.01	3.23				
	224	1.70	2.99	5.12	5.78	6.71	7.45	7.75	8.00	8.06	7.57	6.08	3.57				
	250	2.03	3.62	6.23	7.04	8.21	9.08	9.38	9.63	9.62	8.75	6.56	2.93				
	280	2.42	4.32	7.52	8.49	9.81	10.72	11.06	11.22	11.04	9.50	6.13	—				
	315	2.84	5.14	8.92	10.05	11.53	12.46	12.72	12.67	12.14	9.43	4.16	—				
	355	3.36	6.05	10.46	11.73	13.31	14.12	14.19	13.73	12.59	7.98	—	—				
	400	3.91	7.06	12.10	13.48	15.04	15.53	15.24	14.08	11.95	4.34	—	—				
	450	4.51	8.20	13.80	15.23	16.59	16.47	15.57	13.29	9.64	—	—	—				

注：本表摘自 GB/T 13575.1—2008。为了精简篇幅，表中未列出 Y 型、D 型和 E 型的数据，且分档也较粗。

附录 E 常用滑动轴承轴瓦材料的性能

材料	牌号	最大许用值			轴颈硬度/HBW	一般用途
		[p]/MPa	[v]/(m/s)	[pv]/(MPa·m/s)		
铸锡锑轴承合金	ZSnSb11Cu6 ZSnSb8Cu4	平稳载荷			150	用于重载、高速的重要轴承，如汽轮机、大于750kW 的电动机、内燃机、高转速的机床主轴的轴承等
		25	80	20		
		冲击载荷				
		20	60	15		
铸铅锑轴承合金	ZPbSb16Sn16Cu2	15	12	10	150	用于不剧变的重载、高速的轴承
	ZPbSb15Sn10	20	15	15	150	用于冲击载荷 $pv<10$MPa·m/s 或稳定载荷 $p\leq20$MPa 下的轴承
铸锡青铜	ZCuSn5Pb5Zn5	8	3	15	300~400	用于中载、中速工作的轴承
	ZCuSn10Pb	15	10	15		用于中速、重载及受变载荷的轴承
铸铅青铜	ZCuPb30	25(平稳) 15(冲击)	12(平稳) 18(冲击)	30	300	可受很大的冲击载荷，也适用于精密机床主轴轴承
铸铝青铜	ZCuAl10Fe5Ni5	15	4	12	200	用于低速、重载轴承
	ZCuAl10Fe3	20	5	15		
铸黄铜	ZCuZn38Mn2Pb2	10	1	10	200	用于冲击及平稳载荷的轴承
	ZCuZn16Si4	12	2	10		用于低速、中载轴承
	ZCuZn40Mn2	10	1	10		用于高速、中载轴承
铝基轴承合金	AlSn20Cu	28~35	14	—	300	用于高速、中载轴承，是较新的轴承材料，强度高、耐腐蚀
耐磨铸铁	HT300	0.1~6	0.75~3	0.3~4.5	150	用于低速、轻载、不受冲击的不重要轴承
灰铸铁	HT150，HT200，HT250	2~4	0.5~1	1~4	200~250	
尼龙-6 尼龙-66 尼龙-1010			5	0.09 (无润滑)		自润滑性、耐蚀性、耐磨性、减振性等都较好，而导热性不好，尺寸稳定性不好，适用于速度不高或散热条件好的场合
				1.6~2.5 (油润滑)		
橡胶		0.35	10	0.4		能隔振、消声、补偿误差，但导热性差，需加强冷却
酚醛塑料		40	12	0.5		抗胶合、强度高，但导热不好，不耐热
聚四氟乙烯		3.5	0.25	0.035		减摩性好，耐腐蚀，导热不好

附录 F　常用滚动轴承的类型、结构和特性

轴承名称 标准编号	轴承简图 承载方向	类型 代号	尺寸系列 代号	一般特性
调心球轴承 GB/T 281—2013	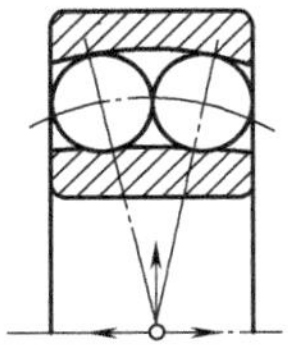	1	(0)2 22 (0)3 23	1. 承载能力较小,额定动载荷比为 0.6~0.9。 2. 主要承受径向载荷,也可同时承受少量的轴向载荷,不宜承受纯轴向载荷。 3. 具有很好的调心性,可以自动补偿由于轴的挠曲和壳体变形产生的同轴度误差,适用于支承座孔不能严格对中的部件中。 4. 极限转速中等
调心滚子轴承 GB/T 288—2013	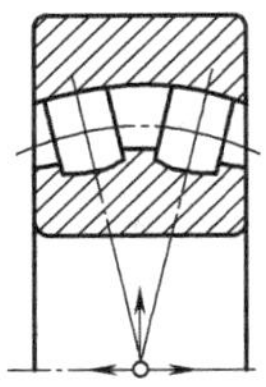	2	13 22 23 30 31 32 40 41	1. 承载能力大,额定动载荷比为 1.8~4。 2. 主要承受径向载荷,也能承受任一方向的轴向载荷,适于在重载和振动载荷下工作,不能承受纯轴向载荷。 3. 轴和外壳的轴向位移限制在轴向游隙范围内。 4. 调心性好,能补偿同轴度误差。 5. 极限转速低
圆锥滚子轴承 GB/T 297—2015	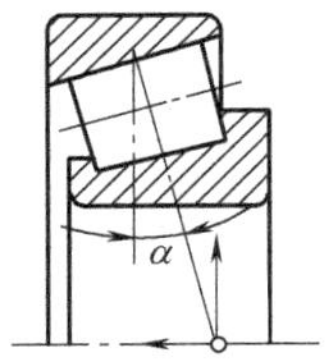 30000(α=10°~18°) 30000B(α=27°~30°)	3	02 03 13 20 22 23 29 30 31 32	1. 额定动载荷比为 1.5~2.5。 2. 能承受单向轴向载荷,在径向载荷作用下会产生附加轴向力,一般成对使用,接触角越大,轴向承载能力越大。 3. 能限制轴和外壳在一个方向的轴向位移。 4. 极限转速低
推力球轴承 GB/T 301—2015 单向	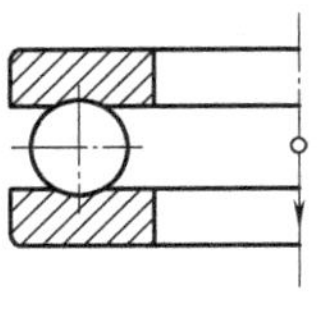	5	11 12 13 14	1. 承载能力较低,额定动载荷比为 1。 2. 不能承受径向载荷,只能承受一个方向的轴向载荷,可限制轴和外壳在一个方向的轴向位移。 3. 极限转速低
推力球轴承 GB/T 301—2015 双向	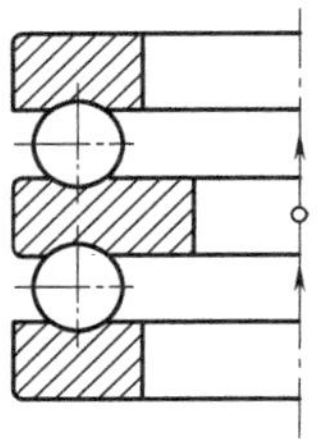	5	22 23 24	1. 承载能力较低,额定动载荷比为 1。 2. 不能承受径向载荷,能承受两个方向的轴向载荷,可限制轴和外壳在两个方向的轴向位移。 3. 极限转速低

（续）

轴承名称 标准编号	轴承简图 承载方向	类型 代号	尺寸系列 代号	一般特性
深沟球轴承 GB/T 276—2013	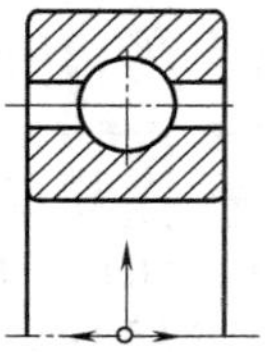	6	17 37 18 19 (0)0 (1)0 (0)2 (0)3 (0)4	1. 承载能力较小，额定动载荷比为 1。 2. 主要承受径向载荷，也可同时承受一定的轴向载荷。当轴承的径向游隙加大时，具有角接触轴承的功能，可承受较大的轴向载荷。 3. 允许一定的轴向位移，但轴向位移限制在轴向游隙范围内。 4. 摩擦系数小，极限转速高
角接触球轴承 GB/T 292—2007	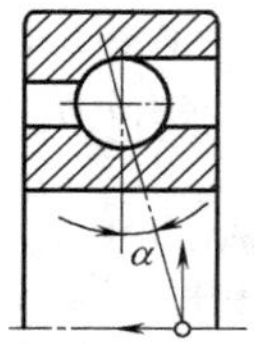 70000C(α=15°) 70000AC(α=25°) 70000B(α=40°)	7	19 (1)0 (0)2 (0)3 (0)4	1. 承载能力较大，额定动载荷比为 1~1.4。 2. 可以同时承受径向载荷和轴向载荷，也可承受纯轴向载荷，接触角越大，轴向承载能力越大。 3. 只能承受一个方向的轴向载荷，在承受径向载荷时，会引起附加轴向力，一般成对使用，使轴向力相平衡。 4. 极限转速高
推力圆柱 滚子轴承 GB/T 4663—2017	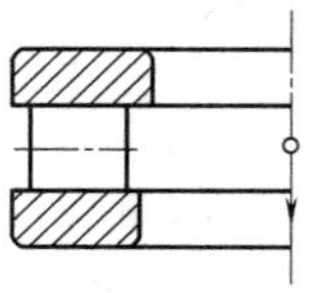	8	11 12	1. 承载能力较大，额定动载荷比为 1.7~1.9。 2. 可以承受单向轴向载荷。 3. 刚性好，占用轴向空间小。 4. 极限转速低
圆柱滚子轴承 GB/T 283—2007 外圈无挡边	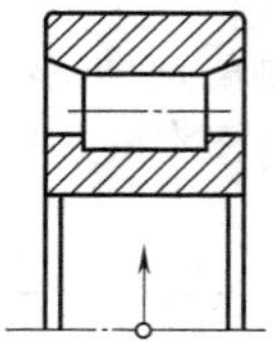	N	10 (0)2 22 (0)3 23 (0)4	1. 承载能力大，额定动载荷比为 1.5~3。 2. 不能承受轴向载荷。 3. 不能限制轴和外壳的轴向位移。 4. 属分离型轴承，安装、拆卸非常方便，尤其当内、外圈与轴和壳体都是过盈配合时，更显其优点。 5. 极限转速高
内圈无挡边	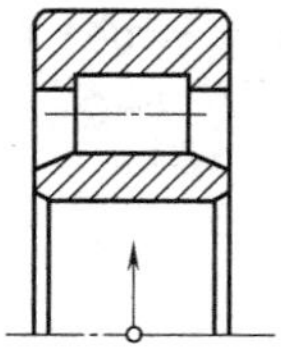	NU	10 (0)2 22 (0)3 23 (0)4	
内圈有单挡边	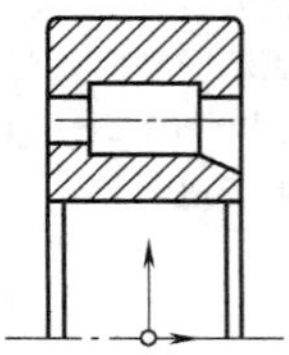	NJ	(0)2 22 (0)3 23 (0)4	1. 径向承载能力大，额定动载荷比为 1.5~3。 2. 能承受较小的单方向的轴向载荷。 3. 能限制轴和外壳的单向轴向位移。 4. 属分离型轴承，安装、拆卸非常方便，尤其当内、外圈与轴和壳体都是过盈配合时，更显其优点。 5. 极限转速中等

（续）

轴承名称 标准编号	轴承简图 承载方向	类型 代号	尺寸系列 代号	一般特性
滚针轴承 GB/T 5801—2006	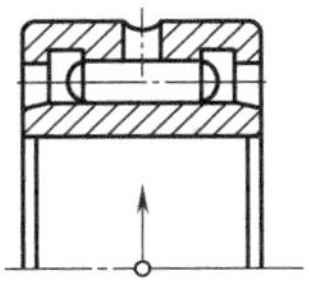	NA	48 49 69	1. 只能承受径向载荷，不能承受轴向载荷。 2. 滚动体为细而长的滚子（长度为直径的 3～5 倍，直径≤5mm），径向尺寸小，结构紧凑，适用于径向尺寸受限制的场合。 3. 极限转速中等

注：1. 尺寸系列代号中带括号的数字表示该数字在轴承代号中被省略。

2. 额定动载荷比是指同一尺寸系列（直径及宽度）各种类型和结构型式的轴承的基本额定动载荷与深沟球轴承（推力轴承则与单向推力球轴承）的基本额定动载荷之比。

3. 极限转速高、中、低是相对于深沟球轴承而言的。

参考文献

[1] 杨可桢，程光蕴，李仲生，等．机械设计基础［M］．6版．北京：高等教育出版社，2013.

[2] 郭为忠，于红英．机械原理［M］．北京：清华大学出版社，2010.

[3] 刘会英，张明勤，徐宁．机械原理［M］．4版．北京：机械工业出版社，2019.

[4] 汪建晓，孙学强，靳龙．机械原理［M］．2版．武汉：华中科技大学出版社，2017.

[5] 李良军．机械设计［M］．北京：高等教育出版社，2010.

[6] 王贤民，霍仕武．机械设计［M］．北京：北京大学出版社，2012.

[7] 王立涛，田君，李兵．机械设计基础［M］．武汉：华中科技大学出版社，2014.

[8] 张春林，赵自强．机械原理［M］．北京：机械工业出版社，2013.

[9] 陈家瑞．汽车构造：上册［M］．3版．北京：机械工业出版社，2009.

[10] 陈家瑞．汽车构造：下册［M］．3版．北京：机械工业出版社，2009.

[11] 郑伟光．汽车发动机构造与维修［M］．北京：机械工业出版社，2002.

[12] 幺居标．汽车底盘构造与维修［M］．北京：机械工业出版社，2002.

[13] 王望予．汽车设计［M］．4版．北京：机械工业出版社，2004.

[14] 钱锦武．汽车底盘构造与维修［M］．2版．大连：大连理工大学出版社，2010.

[15] 梁其续．汽车底盘检修［M］．北京：中国劳动社会保障出版社，2006.

[16] 冯永亮．汽车电控底盘检修［M］．北京：中国劳动社会保障出版社，2006.

[17] 李春明．汽车底盘电控技术［M］．北京：机械工业出版社，2004.

[18] 机械设计手册编委会．机械设计手册［M］．3版．北京：机械工业出版社，2004.